“十三五”普通高等教育本科系列教材
工程教育创新系列教材

PLC 电气控制与现场总线应用技术

PLC DIANQI KONGZHI YU
XIANCHANG ZONGXIAN YINGYONG JISHU

编　著　梁　涛　王　睿　解乃军
主　审　杨　鹏

中国电力出版社
CHINA ELECTRIC POWER PRESS

内 容 提 要

本书为“十三五”普通高等教育系列规划教材 工程教育创新系列教材。

本书全面详细介绍了西门子 S7 - 1200/1500PLC 编程及应用。全书分 8 章和附录，内容包括常用低压电器，电气控制线路的基本环节，电气控制系统设计，可编程控制器概述，S7 - 1200 系统配置与开发环境，S7 - 1200PLC 的指令系统，梯形图程序设计方法和现场总线。

本书可作为高等学校自动化类、电子信息类及电气类专业教材，也可供相关工程技术人员学习参考。

图书在版编目（CIP）数据

PLC 电气控制与现场总线应用技术/梁涛等编著. —北京：中国电力出版社，2019.12（2021.4 重印）
“十三五”普通高等教育本科规划教材. 工程教育创新系列教材
ISBN 978 - 7 - 5198 - 4127 - 0

Ⅰ. ①P… Ⅱ. ①梁… Ⅲ. ①PLC 技术－高等学校－教材 ②总线－技术－高等学校－教材
Ⅳ. ①TM571.6 ②TP336

中国版本图书馆 CIP 数据核字（2020）第 010384 号

出版发行：中国电力出版社
地　　址：北京市东城区北京站西街 19 号（邮政编码 100005）
网　　址：http：//www.cepp.sgcc.com.cn
责任编辑：罗晓莉（010-63412547）
责任校对：王小鹏
装帧设计：郝晓燕
责任印制：吴　迪

印　　刷：北京天宇星印刷厂
版　　次：2020 年 4 月第一版
印　　次：2021 年 4 月北京第二次印刷
开　　本：787 毫米×1092 毫米　16 开本
印　　张：24
字　　数：579 千字
定　　价：60.00 元

序

近年来，计算机、通信、智能控制等前沿技术的日新月异给高等教育的发展注入了新活力，也带来了新挑战。而随着中国工程教育正式加入《华盛顿协议》，高等学校工程教育和人才培养模式开始了新一轮的变革。高校教材，作为教学改革成果和教学经验的结晶，也必须与时俱进、开拓创新，在内容质量和出版质量上有新的突破。

教育部高等学校自动化类专业教学指导委员会按照教育部的要求，致力于制定专业规范和教学质量标准，组织师资培训、大学生创新活动、教学研讨和信息交流等工作，并且重视与出版社合作编著、审核和推荐高水平的自动化类专业课程教材，特别是“计算机控制技术”“自动检测技术与传感器”“单片机原理及应用”“过程控制”“检测与转换技术”等一系列自动化类专业核心课程教材和重要专业课程教材。

因此，2014年教育部自动化类专业教学指导委员会与中国电力出版社合作，成立了自动化专业工程教育创新课程研究与教材建设委员会，并在多轮委员会讨论后，确定了“十三五”普通高等教育本科规划教材（工程教育创新系列）的组织、编写和出版工作。这套教材主要适用于以教学为主的工程型院校及应用技术型院校电气类专业的师生，按照中国工程教育认证标准和自动化类专业教学质量国家标准的要求编排内容，参照电网、化工、石油、煤矿、设备制造等一般企业对毕业生素质的实际需求选材，围绕“实、新、精、宽、全”的主旨来编写，力图引起学生学习、探索的兴趣，帮助其建立起完整的工程理论体系，引导其使用工程理念思考，培养其解决复杂工程问题的能力。

优秀的专业教材是培养高质量人才的基本保证之一。这批教材的尝试是大胆和富有创造力的，参与讨论、编写和审阅的专家和老师们均贡献出了自己的聪明才智和经验知识，也希望最终的呈现效果能令大家耳目一新，实现宜教易学。

前　言

随着科学技术的发展，电气控制与PLC（可编程逻辑控制器）技术在各个领域的应用越来越广泛。PLC是在传统的继电器—接触器控制基础上发展起来的，它是以微机技术为核心的通用工业控制装置，它将继电器—接触器控制技术与计算机技术、通信技术融为一体，具有功能强大、环境适应性好、编程简单、使用方便等优点。SIMATIC S7-1200集成了以太网接口和很强的工艺功能，编程软件STEP 7 Basic集成了用于人机界面组态的WinCC Basic，硬件和网络的组态、编程和监控均采用图形化的方式。

本书全面介绍了常用低压电器、电气控制基础及S7-1200 PLC的编程和实际应用，共分为8章和附录。第一章介绍常用低压电器，主要包括低压电器结构、原理、选型及其使用原则；第二章介绍电气控制线路的基本环节，主要以三相异步电机的控制为例介绍了几种典型工业的控制线路；第三章通过简单实例说明电气控制系统设计的基本方法、步骤和原则；第四章介绍PLC的概述，包括PLC的工作原理、存储区寻址、数据类型、编程方法等；第五章介绍S7-1200 PLC的硬件、软件系统及开发环境和系统配置；第六章介绍S7-1200 PLC的指令系统；第七章以多个实例介绍梯形图程序设计的方法；第八章介绍现场总线方面的知识，包括各种工业现场总线的介绍，S7-1200 PLC的Modbus RTU通信，以及S7-1200 PLC与S7-1200 PLC和S7-1200 PLC与S7-300 PLC的以太网通信。

本书由梁涛任主编，王睿、解乃军任副主编，邹继行、张迎娟、侯振国，董玉兰等研究生参加了编写。本书在编写过程中参考了大量资料，编者在此向各位文献资料作者深表感谢。由于时间仓促及作者水平有限，书中若有不当之处，敬请各位指正。

梁　涛

河北工业大学

2019年9月

目　　录

第一章　常 用 低 压 电 器

本章简要介绍继电器—接触器控制的基本知识，是了解和掌握基本电气控制的必修内容。本章介绍的低压电器元件，多数由专业化的元件制造厂家生产，对于相关专业的技术人员来说，主要是能正确地选用电器元件。

本章主要内容有：常用低压电器；控制电器的结构和原理；控制电器的选用原则。核心是掌握接触器、继电器、断路器、按钮开关、主令电器等常规控制电器的结构、功能、动作原理、符号，并能够正确地选择使用。

1.1　低压电器的概述

1.1.1　低压电器的定义及分类

低压电器包括配电电器和控制电器两大类，它们是组成成套电气设备的基础配套元件。本书将低压电器定义为：根据使用要求及控制信号，通过一个或多个器件组合，能手动或自动分合额定电压在1500V（DC）、1200V（AC）及以下的电路，以实现对被控对象的控制、调节、变换、检测和保护等作用的基本器件。

利用电磁原理构成的低压电器元件，被称为电磁式低压电器；利用集成电路或电子元件构成的低压电器元件，被称为电子式低压电器；利用现代控制原理构成的低压电器元件或装置，被称为自动化电器、智能化电器或可通信电器。

低压电器的用途十分广泛，功能多样，分类方法很多，常用的分类方法有以下几种。

1. 按用途功能分类

控制电器：主要用于各种控制电路和控制系统，此类电器要求有一定的通断能力（小），操作频率要高，电器和机械寿命要长。如接触器、继电器、转换开关、启动器等。

主令电器：主要用于发送控制指令，此类电器要求操作频率高，抗冲击，电器和机械寿命长。如按钮、主令开关、行程开关和万能转换开关等。

保护电器：主要用于对电路和电气设备进行安全保护，此类电器要求有一定的通断能力，反应要灵敏，可靠性要高。如熔断器、热继电器、安全继电器、电压继电器、电流继电器和避雷器等。

配电电器：要用于供、配电系统中，进行电能输送和分配，此类电器要求分断能力强，限流效果好，动稳定及热稳定性能好。如刀开关、自动开关、隔离开关、转换开关及熔断器等。

执行电器：主要用于执行某种动作和传动功能，要求工作安全稳定、使用寿命长。如电磁铁、电磁离合器等。

2. 按类别分类

低压电器按类别分类可分为低压断路器、接触器、刀开关、熔断器、主令电器、继电器、执行电器、安装附件、成套电器、电工仪表、自动装置等。其中，每一类按功能、结构和工作原理又可分为若干类。表1-1总结了常用低压电器的主要种类及用途。

表1-1　常用低压电器的主要种类及用途

序号	类别	主要品种	用途
1	刀开关、隔离器	开启式刀开关	主要用于电源隔离和短路保护
		负荷开关	
		熔断器式刀开关	
		隔离器	
		隔离开关熔断器组	
2	熔断器	有填料熔断器	主要用于电路短路保护
		无填料熔断器	
		半封闭插入式熔断器	
		快速熔断器	
		自复熔断器	
3	断路器	万能式断路器	主要用于电路的电源开关，不频繁接通和断开的电路，并具有过载、短路、欠电压、漏电流等保护功能
		智能型（可通信）断路器	
		塑料外壳式断路器	
		模数化断路器	
		剩余电流保护断路器	
		真空断路器	
4	接触器	交流接触器	主要用于远距离频繁操作控制，以实现自动控制
		直流接触器	
		可逆接触器	
		切换电容器接触器	
		真空接触器	
		双电源自动转换开关	
5	热继电器	带断相保护热继电器	专用于对三相异步电动机过载保护
		热继电器	
6	继电器	电流继电器	用于各种控制电路中，实现逻辑控制，以及将被控量转换成标准的工业信号，实现物理量控制
		电压继电器	
		时间继电器	
		中间继电器	
		温度继电器	
		压力继电器	
		速度继电器	
		电磁继电器	

续表

序号	类别	主要品种	用途
7	主令电器	按钮	用于发布操作指令和信号，以及位置控制与保护、电源切换、控制回路切换、负荷通断等
		指示灯	
		限位开关、光电开关	
		微动开关	
		接近开关	
		万能转换开关	
		组合开关	
		凸轮控制器	
8	传感器	物理量传感器	监测压力、温度、流量等各种物理量
		电学量传感器	监测电流、电压等电量，并转换为标准值
		变送器	将监测的量输出为规定标准工业信号
		微机电系统（MEMS）	用于任何控制器的一体化微器件系统
9	成套装置	自耦减压启动器	用于电动机、电气控制线路操作，实现控制功能
		Y-△启动器	
		无功补偿启动装置	
		配电箱、照明箱、计量箱、插座箱	
		开关柜	
		控制柜	
		电力电子装置	
10	电气附件	接线端子、母线排、接插器、塑料护套、尼龙扎带、行线槽、母线槽、电缆桥架、电缆分支箱、绝缘端头、插头插座、连接器、缠绕管、导轨、连接导线等	用于电气装置安装
11	自动化装置	通用变频器	实现自动控制系统和网络化控制
		软启动器	
		可编程控制器	
		伺服控制器	
		步进控制器	
		人机界面	
		直流调速器	
12	保护与避雷装置	接地棒	用于线路保护，实现各种保护功能
		避雷器	
		消谐器	
		浪涌保护器	
		滤波器	

1.1.2 现代电气技术的一些概念

现在关于什么是“现代电气技术”尚没有明确的定义，但是现代电气技术跨领域地采用新材料、新产品、新技术及新应用的特征，是有别于传统电气技术的。它具有高性能、高可靠性、智能化、可通信、模块化、组合化和环保的时代特征。在即将来临的物联网、智能电网和智慧地球时代，现代电气技术将融合智能感知与识别技术、智能处理技术与智能终端技术，一些低压电器将成为智能电网中的智能终端设备和元件，电气技术将发生翻天覆地的变化。

1. 智能化电器

智能化电器（Intelligent Electrical Appliances）是一种带微处理器的集控制、保护、自诊断、故障记录、显示、通信等功能于一体的电器。智能化电器以微处理器为核心，集成了多种功能，具有感知、运算、分析、判断和执行的能力，可实现多个电器产品的功能。如智能化断路器的主要特征是装有智能脱扣器，可实现长延时、短延时、瞬时过电流等全电流范围、多段选择性保护，以及接地故障、欠电压保护等。可显示电压、电流、频率、有功功率、无功功率、功率因数等运行参数，还可派生电量监控及电能分析等功能。

2. 可通信电器

可通信电器（Communicatable Electrical Appliances）是一种具有双向通信功能的智能化电器，主要由智能化电器、智能控制器和通信适配器组成，带有内部总线，内置开放式通信协议，通过标准串行通信接口 RS-485 或 RS-232，或以太网通信接口等与适配器连接，通信规约标准化，可实现不同通信协议与 TCP/IP 协议的转换，具有智能控制、网络化控制、区域选择性保护、区域联锁和负载监控、故障预警、维护、运行管理等功能。能与多种现场总线（如 PROFIBUS-DP、DeviceNet、Modbus 和 ASi）通信，形成统一的监控、保护与信息网络系统。

3. 模数化、模块化和组合化电器

模数化使电器外形尺寸标准化，便于安装和组合，不同额定值或不同类型电器可实现部件通用化。例如，以 C45 为代表的各种品牌的小型化高分断能力低压断路器，按 9mm 模数宽度使产品外形标准化，不同系列不同额定值的低压断路器均可安装在同一 35mm 安装轨上，并可以与模数化的熔断器、隔离器和电源插座组合安装在一个安装平面上。

模块化电器通过不同的功能模块积木式组合，可使电器获得不同的功能，如新型小容量接触器都设计成多功能组合模块块式结构，在接触器主体的上下左右侧可按需要加装机械联锁、延时元件、辅助触点和瞬态过电压抑制元件等模块，以实现不同的功能要求。

组合化是实现电器产品多功能化的重要途径，一般有功能组合和组合功能两种方式，可以使不同功能的电器组合在一起，有利于使电器结构紧凑，减少线路中所需元件品种，并使保护特性得到良好配合。功能组合是由产品结构上采用独立功能的组件进行的积木式拼装，组合功能是把两种及以上的电器及其功能组合在一起。功能协调是组合电器和成套电器的基础，如刀开关—熔断器组合电器、熔断器—接触器组合电器等。

4. 物联网

物联网（The Internet of Things）被认为是继计算机、互联网、移动通信网之后的新的里程碑。物联网是将镶嵌了各种信息传感设备的“物体”，按规约化通信协议联网，通过各种有线和无线网络与互联网融合，进行信息交换和通信，实时采集任何联网和监控的“物体”的信息，并进行智能化识别、定位、跟踪、监控和管理的一种“物物相连的互联网”。

其中的“物”都具有唯一的标签或标识码（ID）和物理属性，使用智能接口和虚拟网络实现与信息网络的无缝结合。各种信息传感设备包括各种智能传感器、射频识别（RFID）、红外感应器、激光扫描器、无线数据通信、全球定位系统等。由此可见，物联网是对现有网络化、智能化、自动化系统的拓展与提升，其用户端拓展到了任何“物体”与“物体”之间的信息交互和通信，具有互联网、自动识别、通信和智能化特征。

物联网上部署了海量的各种类型的传感器，每个传感器都是一个信息源，获得的数据具有实时性，并不断更新数据，在网络传输中会形成海量信息，物联网从获得的海量信息中分析、加工和处理出有意义的数据，利用云计算、模式识别等智能识别技术，使处理后的数据适应不同的需求和应用。从网络架构上看，物联网可分为感知层、网络层和应用层。感知层由各种传感器及传感器网关构成感知终端，主要功能是识别物体、采集信息。网络层由各种局域网、互联网、有线和无线通信网、网络管理系统和云计算平台等组成，负责传递和处理感知层获取的信息。除有线线缆的通信协议和网络技术外，无线通信协议和网络技术包括RFID（Radio Frequency Identification）、GSM、WLAN、3G、LTE（Long Term Evolution）、WPAN（Wireless Personal Area Network）、WiMax（Worldwide Interoperability for Microwave Access）、Zigbee、NFC（Near Field Communication）、蓝牙等。应用层是物联网和用户（包括人、组织和其他系统）的接口，用于实现不同领域的应用。物联网的应用领域包括工业监控、公共安全、智能电网、智能物流、智能交通、智能家居、智能小区、智能医疗、智能城市、智能农业、智能环保和环境监测等专业网和局域网。

5. 3C认证与广泛采用国际标准

3C认证是中国强制认证制度（China Compulsory Certification）的英文缩写，也是国家对强制性产品认证使用的统一标识。它主要对涉及人类健康和安全、动植物生命和健康，以及环境保护与公共安全的产品实施强制性认证，确定统一适用的国际标准和国家标准，技术规则和实施程序，指定和发布统一的标志等。国际标准是指国际标准化组织（ISO）和国际电工委员会（IEC）所制定的标准，以及国际标准化组织（ISO）公布的国际组织所制定的某些标准。还有一些先进国家的产品标准，如欧盟CE认证标准、美国UL标准、德国VDE标准、英国BS标准、法国NF标准、日本JIS标准等。

采用国际标准生产是电器工业的重要技术基础，是电器工业科学技术发展的重要组成部分，是提高产品质量、参与国内外市场竞争和增强效益的重要手段，也是打破和减少技术性贸易壁垒的最基本的措施。近年来，我国电器工业广泛采用国际标准和国外先进标准，以及国家标准组织生产。

1.1.3 电磁机构

电磁机构是电磁式电器的感测部分，它的主要作用是将电磁能量转换成机械能量，带动触点动作，从而完成接通或分断电路。

电磁机构由吸引线圈、铁芯和衔铁等几部分组成。

1. 电磁机构的结构形式

磁路包括铁芯、衔铁和空气隙。吸引线圈通以一定的电压或电流，产生磁场及吸力，通过空气隙转换成机械能，从而带动衔铁运动使触点动作，以达到实验电路分断和接通的目的。图1-1是几种常用电磁机构结构形式。由图1-1可见衔铁可以直动，也可以绕某一支点转动。根据衔铁相对铁芯的运动方式，电磁机构有直动式和［见图1-1（a）、（b）、（c）］和拍合式两种，拍合式又有衔铁沿棱角转动［见图1-1（d)］和衔铁沿轴转动［见图1-1（e)］两种。

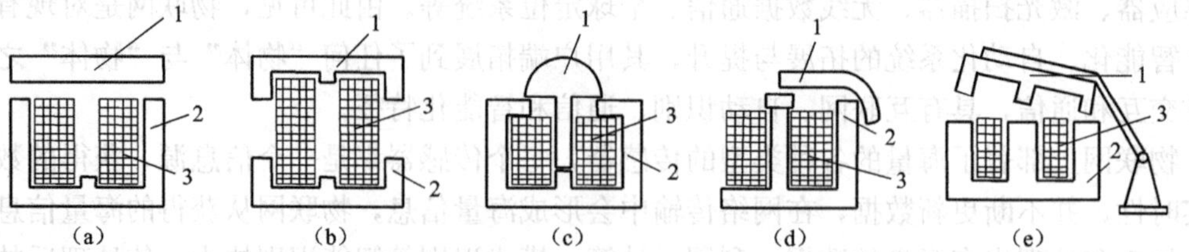

图1-1 常用电磁机构的结构形式

(a)、(b)、(c) 直动式电磁机构；(d)、(e) 拍合式电磁机构

1—衔铁；2—铁芯；3—线圈

2. 电磁机构的工作原理

电磁机构的工作特性常用吸力特性和反力特性来表达。电磁机构使衔铁吸合的力与气隙的关系曲线称为吸力特性；电磁机构使衔铁释放（复位）的力与气隙的关系曲线称为反力特性。

(1) 吸力特性。电磁机构的吸力 F 可近似为

$$F=\frac{1}{2\mu_0}B^2S=\frac{10^7}{8\pi}B^2S \tag{1-1}$$

式中，$\mu_0=4\pi\times10^{-7}\,\mathrm{H/m}$，$B$ 为气隙磁通密度，单位为T；S 为吸力处的铁心截面积，单位为 m^2。当 S 为常数时，F 与 B^2 成正比，也可以认为 F 与气隙磁通 Φ^2 成正比，即

$$F\propto\Phi^2 \tag{1-2}$$

由于励磁电流的种类对吸力特性的影响很大，所以要对交、直流电磁机构的吸力特性分别进行讨论。

1) 直流电磁机构的吸力特性。对于具有直流电压线圈的电磁机构，在稳态时磁路对电路没有影响，可以认为线圈电流与磁路气隙 δ 的大小无关，只与线圈电阻和外加电压有关。因为外加电压和线圈电阻不变，通过线圈的电流为常数，根据磁路定律有

$$\Phi=\frac{IN}{R_\mathrm{m}}=\frac{IN}{\delta/(\mu_0S)}=\frac{IN\mu_0S}{\delta} \tag{1-3}$$

$$F\propto B^2\propto\Phi^2\propto\frac{1}{\delta^2} \tag{1-4}$$

即直流电磁机构的吸力 F 与气隙 δ^2 的成反比，故吸力特性为二次曲线形状。它表明衔铁闭合前后吸力变化很大，气隙越小，吸力越大。

由于衔铁闭合前后励磁线圈的电流不变，所以直流电磁机构适用于动作频繁的场合，且吸合后电磁吸力大，工作可靠性高。

需要指出的是，当直流电磁机构的励磁线圈断电时，磁通势就由 IN 急速接近于0，电磁机构的磁通也发生相应的急剧变化，这会在励磁线圈中产生很大的反电动势。此反电动势可达到线圈额定电压的10～20倍，易使线圈因过电压而损坏，为此必须增加线圈放电回路。

2) 交流电磁机构的吸力特性。对于具有交流电压线圈的电磁机构，其吸力特性与直流电磁机构有所不同。设外加电压不变，交流吸引线圈的阻抗主要决定于线圈的电抗（电阻相对很小可以忽略)，则

$$U \approx E = 4.44 f\Phi N \tag{1-5}$$

$$\Phi = \frac{U}{4.44 fN} \tag{1-6}$$

当频率 f、匝数 N 和电压 U 均为常数时，Φ 为常数，由式（1-2）可知，F 也为常数，说明 F 与 δ 的大小无关。实际上由于漏磁通的存在，F 随着 δ 的减小略有增加。

当气隙 δ 变化时，根据式（1-3），Φ、N 均为常量，则吸引线圈的电流 I 与气隙 δ 成正比。如忽略线圈电阻，则可近似地认为 I 与 δ 呈线性关系，图 1-2 给出了 $I=f(\delta)$ 的关系曲线。

从上述结论还可以看出，对于一般的交流电磁机构，在线圈通电而衔铁尚未吸合瞬间，电流将达到吸合后额定电流的几倍甚至十几倍。如果衔铁卡住不能吸合，或者频繁开合动作，就可能烧毁线圈。这就是可靠性高或频繁动作的控制系统采用直流电磁机构，而不采用交流电磁机构的原因。

（2）反力特性。电磁机构使衔铁释放的力主要是弹簧的反力（忽略衔铁自身质量），弹簧的反力 F 与气隙 δ 的关系曲线如图 1-2 中的曲线 3 所示。

（3）吸力特性和反力特性的配合。电磁机构欲使衔铁吸合，应在整个吸合过程中，使吸力始终大于反力。但吸力也不能过大，否则会影响电器的机械寿命。反映在特性曲线上，就是保证吸力特性在反力特性的上方且尽可能靠近。在衔铁释放时，其反力特性必须大于剩磁吸力，以保证衔铁可靠释放。所以在特性图上，电磁机构的反力特性必须介于电磁吸力特性和剩磁吸力特性之间，如图 1-2 所示。

（4）交流电磁机构短路环的作用。对于单相交流电磁机构，由于磁通是交变的，当磁通通过零时吸力也为零，吸合后的衔铁在反力弹簧的作用下被拉开。磁通过零后吸力增大，当吸力大于反力时，衔铁又吸合。由于交流电源频率的变化，衔铁的吸力随每个频率周期二次过零，因而衔铁产生强烈振动与噪声，甚至使铁芯松散。解决的具体办法是在铁芯端面开一小槽，在槽内嵌入铜质短路环，如图 1-3 所示，加上短路环后，磁通被分为大小接近、相位相差约 90°电角度的两相磁通和，因两相磁通不会同时过零，又由于电磁吸力与磁通的二次方成正比，故由两相磁通产生的合成电磁吸力变化较为平坦，使电磁铁通电期间电磁吸力始终大于反力，铁芯牢牢吸合，这样就消除了振动和噪声，一般短路环包围 2/3 的铁芯端面。加短路环后的电磁吸力图如图 1-4 所示。图 1-4 中 φ_1 和 φ_2 分别为加上短路后的两相磁通，φ 为两相磁通相差的相位，F_1 和 F_2 分别为加上短路环后的两相磁通产生的吸力，F 为合成吸引力，F_r 为反力，F_{max} 和 F_{min} 分别为最大力和最小吸力。

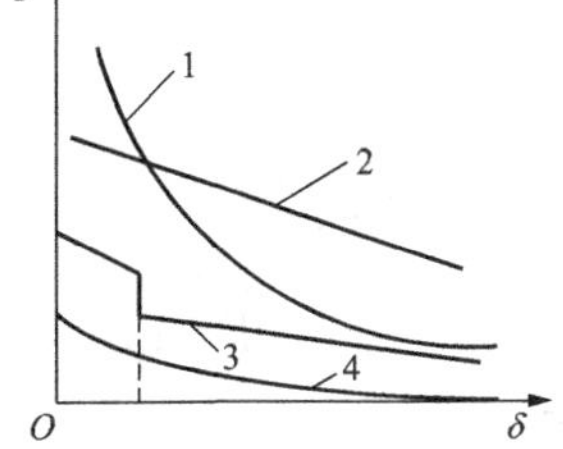

图 1-2 反力特性与吸力特性的配合关系

1—直流电磁机构的吸力特性；2—交流电磁机构的吸力特性；3—反力特性；4—剩磁特性

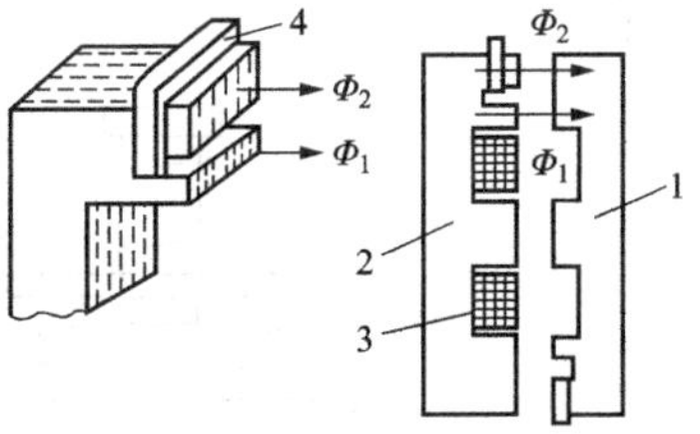

图 1-3 短路环

1—衔铁；2—铁芯；3—线圈；4—短路

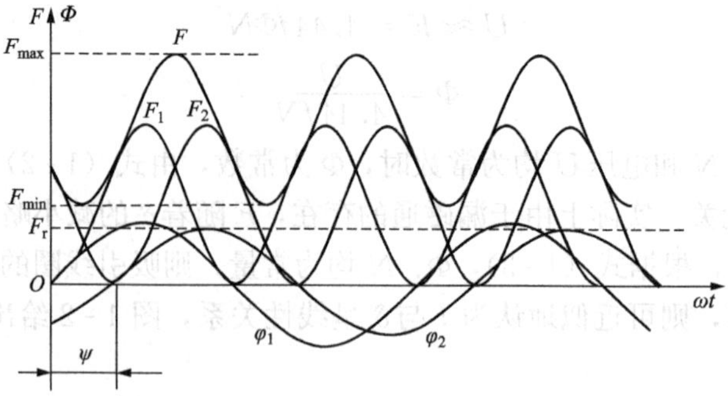

图1-4 电磁吸力图

3. 触点系统

触点是电器的执行部分，用于接通和分断电路。触点主要由动触点和静触点组成。其工作原理为：当电磁机构中的衔铁与铁芯吸合时，动触点在连动机构的带动下动作，使动触点和静触点闭合或断开。

(1) 触点的接触形式。触点按其接触形式分为点接触、线接触和面接触。图1-5 (a) 所示为点接触，它由两个半球形触点或一个半球形与一个平面形触点构成。它常用于小电流的电器中，如接触器的辅助触点或继电器触点。图1-5 (b) 所示为线接触，它的接触区域是一条直线。这种滚动线接触多用于中等容量电器的触点，如接触器的主触点。图1-5 (c) 所示为面接触，它可允许通过较大的电流。这种触点一般在接触面上镶有合金，以减少触点接触电阻和提高耐磨性，多用作较大容量接触器或断路器的主触点。

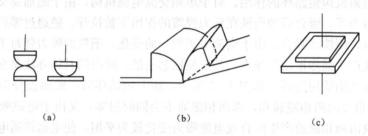

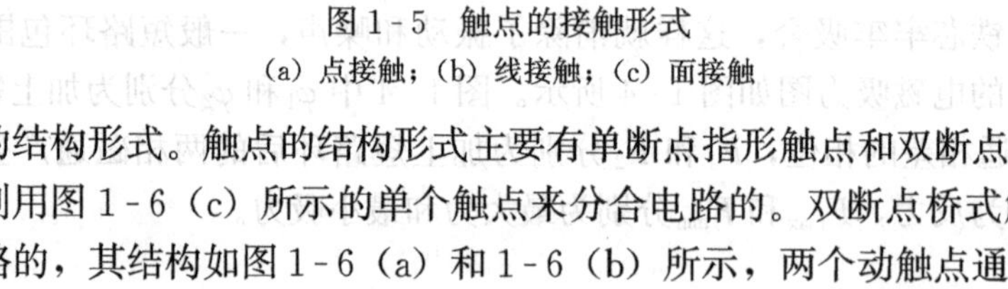

(a) (b) (c)

图1-5 触点的接触形式

(a) 点接触；(b) 线接触；(c) 面接触

(2) 触点的结构形式。触点的结构形式主要有单断点指形触点和双断点桥式触点。单断点指形触点是利用图1-6 (c) 所示的单个触点来分合电路的。双断点桥式触点是利用两个触点来分合电路的，其结构如图1-6 (a) 和1-6 (b) 所示，两个动触点通过触桥相连，同时动作。

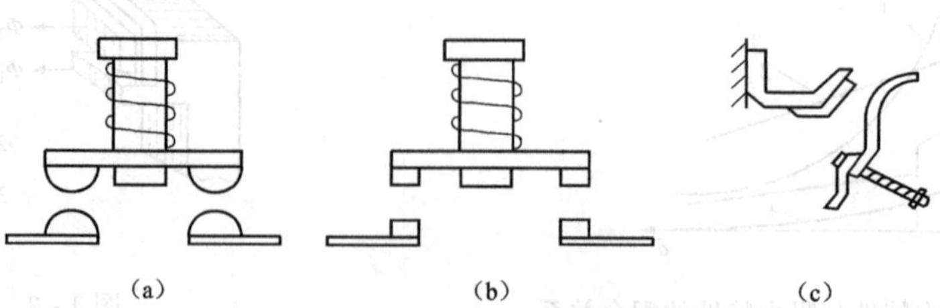

(a) (b) (c)

图1-6 触头的结构形式

(a) 桥式触点；(b) 桥式触点面；(c) 接触指形触点

由于触点的工作特点，要求必须具有良好的导电和导热性能，通常用铜制成。但是铜的表面容易氧化生成氧化铜，增大触点的接触电阻，使触点的损耗增大，温度上升。所以对于容量较小的电器，如机床电气控制电路所应用的接触器、继电器等，常采用银质材料做触点，其优点是银的氧化膜电阻率与纯银相近；对于大中容量的电器，采用铜质触点，常采用滚动接触，可将氧化膜去掉。

4. 电弧的产生和灭弧方法

电弧是触点间气体在强电场作用下产生的放电现象。当动静触点在通电状态下分开的瞬间，动静触点的间隙很小，于是在触点间形成很强的电场（$E=U/s$，其中 s 为间隙）。在高热和强电场作用下，金属内部的自由电子从阴极表面电离出来，向阳极加速移动，这些自由电子在运动中撞击中性气体分子，使它们产生正离子和电子。于是，在触点间隙产生大量的带电粒子，使绝缘的气体变成了导体，形成了炽热的电子流，绝缘的气体变成了导体。电路通过这个游离区时消耗的电能转换为热能和光能，发出光和热的效应，产生高温并发出强光，即电弧。

(1) 电弧的产生条件。当被分断电路的电流超过 0.25～1A，分断后加在触点间隙两端的电压超过 12～20V（根据触点材质的不同取不同值）时，在触点间隙中会产生电弧。

(2) 电弧的危害。电弧的危害包括延长电路的分断时间，将触点烧坏，严重时，会引起电器和周围设备的损坏，甚至造成火灾。因此，在使用大电流的电器时，必须采取合适的灭弧措施。

(3) 灭弧方法。在开关触点断开时，加速触点分离，将电弧迅速拉长，从而降低了开关触点之间的电场强度，使电场不足以维持电弧的燃烧，从而使电弧熄灭。

常用的灭弧方法有以下几种。

1) 电动力灭弧。图 1-7 所示为电动力灭弧的工作原理。

图 1-7 中为一种双断点桥式触点，双断口就是在一个回路中有两个产生断开电弧的间隙。当触点断开时，在断口中产生电弧。触点 1 和触点 2 的载体流在弧区产生图中以×表示的磁场，根据左手定则，电弧电流要受到一个指向外侧的电磁力 F 的作用，使电弧向外运动并拉长，同时迅速穿越冷却介质而加快冷却并熄灭。这种灭弧方法效果较弱，一般多用于小功率的电器中。

2) 磁吹灭弧。这种灭弧的原理是使电弧处于磁场中间，利用电磁场力“吹”长电弧，使其进入冷却装置，加速电弧冷却，促使电弧迅速熄灭。

磁吹灭弧的工作原理如图 1-8 所示。

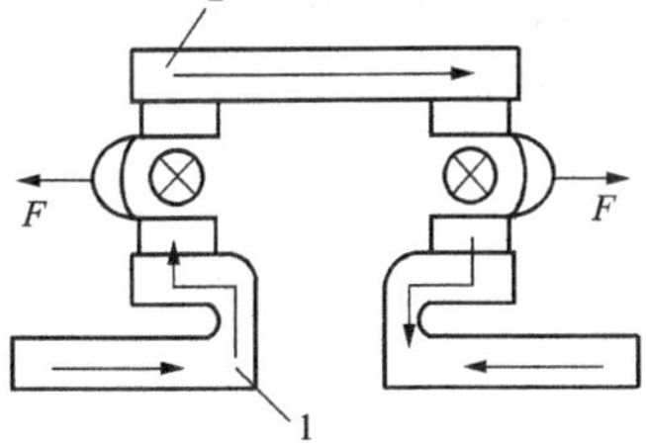

图 1-7 电动力灭弧的工作原理

1—静触点；2—动触点

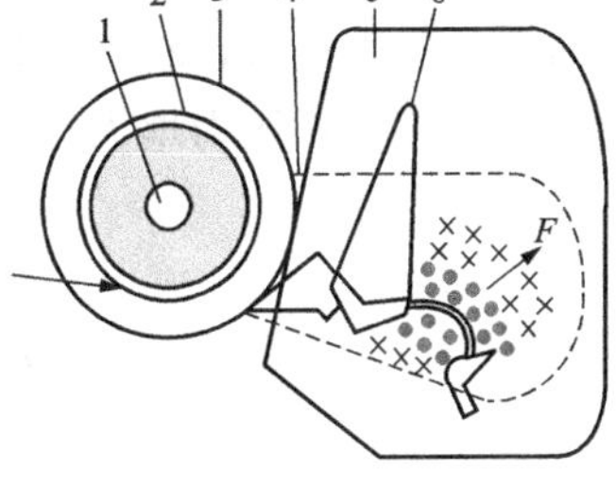

图 1-8 磁吹灭弧的工作原理

1—铁芯；2—绝缘管；3—吹弧线圈；4—导磁颊片；5—灭弧罩；6—熄弧角

在触头电路中串入一个磁吹线圈。当触点电流通过线圈时要产生磁场，根据右手定则可知，触点周围的磁场方向是向内的，如图中的“×”所示。触点分开的瞬间所产生的电弧就是载流体，它产生的磁通如图 1-8 中“×”和“·”所示，电弧电流在磁场的作用下会产生电磁力，根据左手定则判定，力的方向是向上的，故电弧被拉长并吹入灭弧罩中。熄弧角和静触点相互连接，其作用是引导电弧向上运动，将热量传递给罩壁，促使电弧熄灭。

由于这种灭弧装置是利用电弧电流本身灭弧的，因而电弧电流越大，灭弧能力越强。它广泛应用于直流接触器中。

3）灭弧栅灭弧。灭弧栅灭弧的工作原理如 1-9 所示。

灭弧栅是由多片镀铜薄钢片（栅片）组成，它们安放在电器触头上方的灭弧栅内，彼此之间相互绝缘。当触头分断电路时，在触点之间产生电弧，电弧电流产生磁场，由于钢片磁阻比空气磁阻小得多，因此，电弧上方的磁通非常稀疏，而下方的磁通却非常密集，这种上疏下密的磁场将电弧拉入灭弧罩内，当电弧进入灭弧栅后，被分割成数段串联的短弧。这样每两片灭弧栅片可以看做一对电极，而每对电极间都有 150～250V 的绝缘强度，使整个灭弧栅的绝缘强度大大加强。而每个栅片间的电压不足以达到电弧燃烧电压，同时栅片吸收电弧热量，使电弧迅速冷却，所以电弧进入灭弧栅后就很快熄灭了。这种灭弧装置常用于交流灭弧。

4）窄缝灭弧。这种灭弧方法是利用灭弧罩的窄缝来实现的。灭弧罩通常用耐高温的陶土、有机固体材料等制成，内部只有一个纵缝，缝的下部宽些上部窄些，如图 1-10 所示。

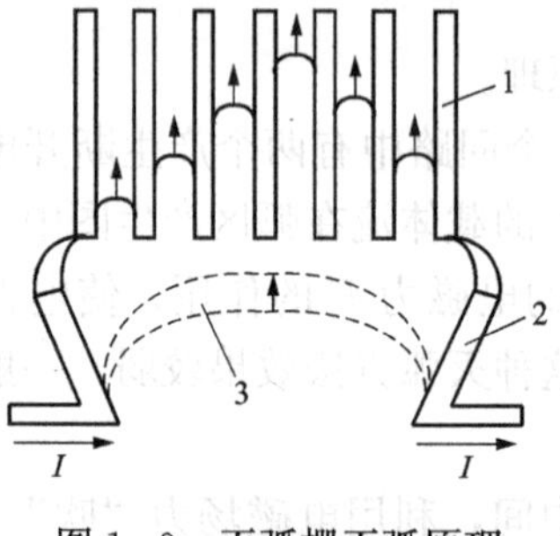

图 1-9 灭弧栅灭弧原理

1—灭弧栅片；2—触点；3—电弧

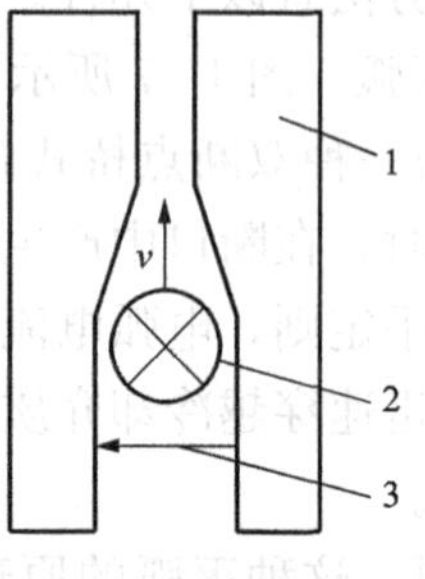

图 1-10 窄缝灭弧原理

1—纵缝中的电流；2—电弧电流；3—灭弧磁场

触点间的电弧在磁吹线圈产生的磁场和电动力的作用下被拉长，进入灭弧栅片的狭缝中。电弧与栅片紧密接触，将热量传递给室壁，加强去游离。同时，有机固体介质在高温作用下分解而产生气体，压力增大，使电弧强烈冷却，最终熄灭。窄缝灭弧常用于交流和直流接触器。

1.2 接　触　器

接触器是一种用来频繁地接通或断开交直流主电路及大容量控制电路的自动切换电器。在大多数情况下，其控制对象是电动机，也可用于其他电力负载，如电热器、电焊机、变压器等。接触器具有控制容量大、低电压释放保护、寿命长、能远距离控制等优点。

接触器按其主触点控制的主电路中电流种类可分为直流接触器和交流接触器。它们的线圈电流种类既有与各自主触头电流相同的，也有不同的，如对于重要场合使用的交流接触器，为了工作可靠其线圈可采用直流励磁方式。

按其主触头的极数（主触点的个数）来分，则直流接触器有单极和双极两种；交流接触器有三极、四极和五极三种。其中用于单相双回路控制可采用四极接触器，用于多速电动机的控制或自耦减压启动控制可采用五极接触器。

接触器主要由电磁机构、触点系统和灭弧装置组成。

1.2.1 交、直流接触器的特征

1. 交流接触器

当线圈通电后，在电磁力的作用下，衔铁闭合动作，带动动触点动作，使动断触点断开，动合触点闭合，线路接通。当线圈断电或电压显著降低时，会导致电磁力下降或者消失，此时衔铁在反作用弹簧的作用下释放，触点复位，实现了低压保护功能。

当交变磁通穿过铁芯时，将产生涡流和磁滞损耗，使铁芯发热。为减少铁损，铁芯用硅钢片冲压而成。为便于散热，线圈做成短而粗的圆筒状绕在骨架上。

2. 直流接触器

直流接触器主要用于远距离接通和分断直流电路及频繁地控制直流电动机的启动、停止、反转、反接制动等。

直流接触器的结构和工作原理与交流接触器基本相同，但也有区别。直流接触器的线圈通以直流电，铁芯中不会产生涡流及磁滞损耗，因而不会发热。在工艺方面，铁芯用整块钢块制成。为使线圈散热良好，通常将线圈绕制成长而薄的圆筒状。

1.2.2 接触器的图形符号及文字符号

接触器的图形符号及文字符号见表 1-2。

表 1-2　　接触器的图形符号及文字符号

名　　称	图 形 符 号	文 字 符 号
线圈		KM
动合主触点		KM
动合辅助触点		KM
动断辅助触点		KM

动合主触点通常用于主电路，流过大电流（须加灭弧装置）。动合、动断辅助触点通常用于控制电路，流过小电流（无须加灭弧装置）。

1.2.3 接触器的型号及代表意义

交流接触器的型号及代表意义如下。

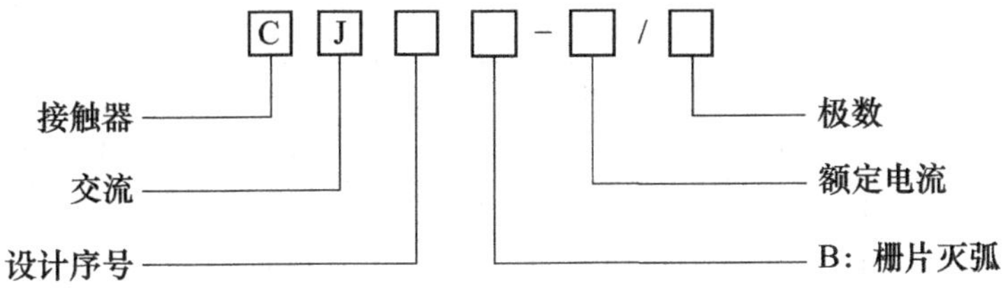

直流接触器的型号及代表意义如下。

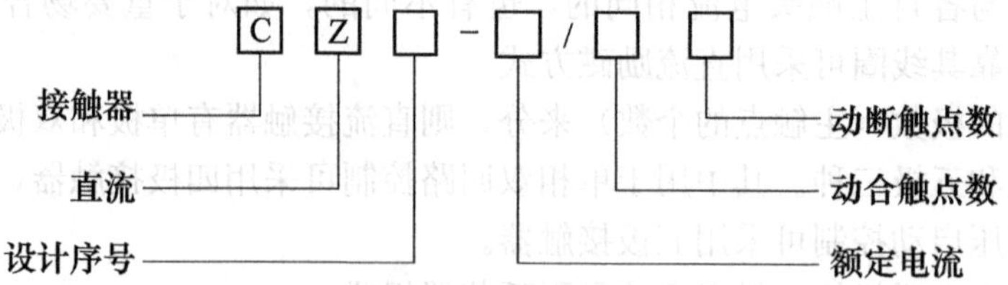

常用的CJ20系列交流接触器技术参数见表1-3。

表1-3　　CJ20系列交流接触器主要技术参数

型号	辅助触点额定电流/A	吸引线圈额定电压/V	主触点额定电流/A	主触点额定电压/V	可控制电动机最大功率/kW	机械/电气寿命/次	万次操作频率/(次/h)
CJ20-10	5	交流 36，127，220，380	10	380/220	4/2.2	1000/100	1200
CJ20-16			16		7.5/4.5		
CJ20-25			25		11/5.5		
CJ20-40			40		22/11		
CJ20-63			63		30/18	600/120	1200
CJ20-100			100		50/28		
CJ20-160			160		85/48		
CJ20-250			250		132/80	300/60	600
CJ20-600			600		220/115		

常用的CZ0系列直流接触器主要技术参数如表1-4所示。

表1-4　　CZ0系列直流接触器主要技术参数

型号	额定电压/V	额定电流/A	额定操作频率/(次/h)	主触点级数		最大分断电流/A	辅助触头形式及数目		吸引线圈功率/W
				动合	动断		动合	动断	
CZ0-40/20	440	40	1200	2	—	160	2	2	22
CZ0-40/02		40	600	—	2	100	2	2	24
CZ0-100/10		100	1200	1	—	100	2	2	24
CZ0-100/01		100	600	—	1	250	2	1	24
CZ0-100/20		100	1200	2	—	400	2	2	30
CZ0-150/10		150	1200	1	—	600	2	1	30
CZ0-150/01		150	600	—	1	375	2	1	25
CZ0-150/20		150	1200	2	—	600	2	2	40
CZ0-250/10		250	600	1	—	1000	5（其中1对动合，另4对可任意组合成动合或动断）		31
CZ0-250/20		250	600	2	—	1000			40
CZ0-400/10		400	600	1	—	1600			28
CZ0-400/20		400	600	2	—	1600			43
CZ0-600/10		600	600	1	—	2400			50

1.2.4 接触器的技术参数

接触器的选用主要根据主电路的电压和电流来选择，此外也要根据控制电路来选择其触点数量、电磁线圈的额定电压、工作频率等。其主要技术参数如下。

（1）额定电压。主触点的额定工作电压，应大于或等于负载的额定电压。此外还有辅助触点的额定电压和电磁线圈的额定电压。通常电压等级分为：

交流接触器 127V、220V、380V、580V、660V、1140V。

直流接触器 110V、220V、440V、660V。

（2）额定电流。接触器的额定电流是指主触头所在电路的额定电流。

（3）电磁线圈的额定电压。指控制回路的电源电压，通常电压等级分为：

交流接触器 36V、127V、220V、380V。

直流接触器 24V、48V、110V、220V。

（4）约定发热电流。在接触器非封闭条件下，按照规定条件进行试验，接触器各部件连续工作 8h，其温升小于极限值所能承受的最大电流。

（5）通断和分断能力。在规定条件下，能在给定电压下接通和分断的预期电流值的能力。要求在此电流下，接触器分断和接通时，不发生熔焊、飞弧和过分磨损等情况。

（6）机械寿命和电气寿命。机械寿命指接触器在无负载和无维修的条件下所能操作的循环次数。电气寿命指在正常条件下，无维修时的操作循环次数。

（7）操作频率。每小时允许操作的次数。该参数是一个重要的指标，其影响接触器的电气寿命、灭弧室的工作条件、线圈温升等。

1.2.5 接触器的选择

接触器使用广泛，只有根据不同使用条件正确选用，才能保证接触器可靠运行，使接触器的技术参数满足控制线路的要求。

（1）根据负载性质和接触器负担的工作任务来选择相应的接触器的类型。使用时，一般交流负载用交流接触器，直流负载用直流接触器，但对于频繁动作的交流负载，可选用带直流线圈的交流接触器。选择类别时，若电动机承担一般任务，其接触器可选 AC3 类；若承担重任务可选用 AC4 类。

（2）额定电压应大于或等于主电路工作电压。

（3）额定电流应大于或等于被控电路的额定电流，对于电动机负载，还应根据其运行方式适当增加或减小额定电流。

（4）吸引线圈的额定电压和频率要与所在控制电路选用的电压和频率相一致。

【例 1-1】 三相 380V 交流电动机的额定功率 5.5kW，现用接触器控制其启动，电动机功率因数 0.85，电动机效率 0.82。请在以下接触器中选择正确的型号。

A. CJ20-10　　　　B. CJ20-16

C. CJ20-25　　　　D. CJ20-40

接触器控制电阻性负载时，主触点的额定电流应大于或等于负载的额定电流。若负载为电动机，则其额定电流为

$$I_N = \frac{P_N \times 10^3}{\sqrt{3} U_N \eta \cos\varphi} \tag{1-7}$$

式中：I_N 为电动机额定电流（A）；P_N 为电动机额定功率（kW）；U_N 为电动机额定电压

(V)；$\cos\varphi$为电动机功率因数，其值一般为0.85～0.9；η为电动机的效率，其值一般为0.8～0.9。

1.2.6 接触器常见故障分析

(1) 触点过热。造成触点发热的主要原因有：触点接触压力不足；触点表面接触不良；触点表面被电弧灼伤烧毛等。以上原因都会使触点接触电阻增大，使触点过热。

(2) 触点磨损。触点磨损的原因有：电气磨损，由触点间电弧或电火花的高温使触点金属气化和蒸发所造成；机械磨损，由于触点闭合时的撞击，触点表面的相对滑动摩擦等造成。

(3) 线圈断电后触点不能复位。其原因有：触点熔焊在一起；铁芯剩磁太大；反作用弹簧弹力不足；活动部分机械被卡住；铁芯端面有油污等。上述原因都会使线圈断电后衔铁不能释放，致使触点不能复位。

(4) 衔铁振动和噪声。产生振动和噪声的主要原因有：短路环损坏或脱落；衔铁歪斜或铁芯端面有锈蚀、尘垢，使动、静铁芯接触不良；反作用弹簧弹力太大；活动部分机械卡住而使衔铁不能完全吸合等。

(5) 线圈过热或烧毁。线圈中流过的电流过大时，就会使线圈过热甚至烧毁。发生线圈电流过大的原因有：线圈匝间短路；衔铁与铁芯闭合后有间隙；操作频繁，超过了允许操作频率；外加电压高于线圈额定电压等。

1.3 继　电　器

继电器是一种根据某种输入信号的变化而接通或断开控制电路，以实现自动控制和保护电力拖动装置目的的低压电器。继电器的输入信号可以是电流、电压和功率等电量，也可以是温度、时间、速度、压力等非电量，而输出则是触点的动作，或者是电参数的变化。所以，继电器在控制电路中起着控制、放大、保护等作用。

继电器是一种利用各种物理量的变化，将电量或非电量信号转化为电磁力（有触点式）或使输出状态发生阶跃变化（无触点式），从而通过其触点或突变量促使在同一电路或另一电路中的其他器件或装置动作的一种控制元件。根据转化物理量的不同，可以构成各种各样不同功能的继电器，以用于各种控制电路中进行信号传递、放大、转换、联锁等，从而使控制主电路和辅助电路的器件或设备按预定的动作程序进行工作，达到自动控制和保护目的。

1.3.1 继电器的特性

1. 继电器特性

继电器的主要特性是输入—输出特性，又称继电特性，如图1-11所示。

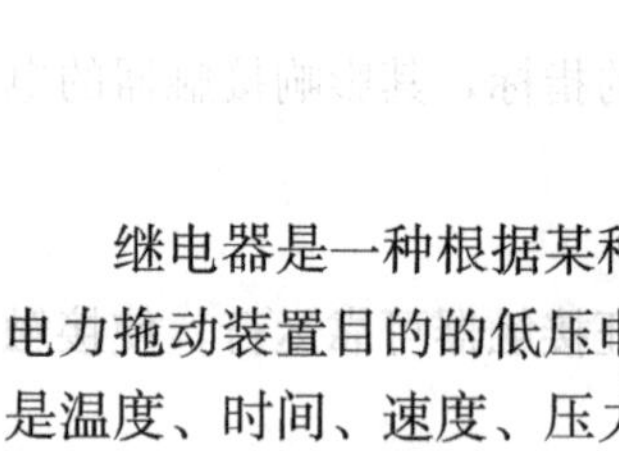

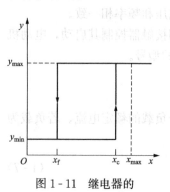

图1-11　继电器的输入—输出特性

当输入信号x从零开始变化，在达到一定值之前，继电器不动作，输出信号y不变，维持$y=y_{min}$。当输入信号x达到x_c时，继电器立即动作，输出信号y由y_{min}突变到y_{max}，再进一步加大输入量，输出也不再变化，而保持$y=y_{max}$。当x从某个大于x_c的值x_{max}开始减小，大于一定值x_f时，输出仍保持不变($y=y_{max}$)。当降低到x_f时，输出信号y骤然降至y_{min}，继续减

小 x 的值，y 也不会再变化，仍为 y_{min}。图中 x_c 为继电器的动作值，x_f 为继电器的返回值。由于继电器的触点通常用于控制回路，触点容量较小，因此对其触点容量及转换能力的要求不高，所以继电器一般没有灭弧系统，触点结构也比较简单。

2. 继电器的主要参数

（1）额定参数。它指输入的额定值及触点的额定电压和额定电流。

（2）动作参数。它指继电器的动作值和返回值，如图 1-11 中的 x_c 和 x_f。

（3）返回系数。$K_f = x_f / x_c$，称为继电器的返回系数，它是继电器重要参数之一。K_f 值是可以调节的。

例如，一般继电器要求低的返回系数，K_f 值应为 0.1～0.4，这样当继电器吸合后，输入量波动较大时不致引起误动作。欠电压继电器则要求高的返回系数，K_f 值在 0.6 以上。设某继电器 $K_f = 0.66$，吸合电压为额定电压的 90%，则电压低于额定电压的 50%时，继电器释放，起到欠电压保护作用。

（4）动作时间。它指继电器的吸合时间和释放时间。吸合时间是指从线圈接受电信号到衔铁完全吸合所需的时间；释放时间是指从线圈失电到衔铁完全释放所需的时间。一般继电器的吸合与释放时间为 0.05～0.15s，快速继电器为 0.005～0.05s，它的大小影响继电器的操作频率。

（5）整定值。对动作参数人为调整值，一般根据用户使用要求进行调节。

1.3.2 继电器的分类

继电器主要分类方法如下。

（1）按动作原理分。电磁式继电器、感应式继电器、热继电器、机械式继电器、电动式继电器和电子式继电器等。

（2）按反应参数分。电流继电器、电压继电器、时间继电器、速度继电器和压力继电器等。

（3）按动作时间分。瞬时继电器、延时继电器等。

（4）按用途分。控制继电器、保护继电器等。控制继电器包括中间继电器、时间继电器和速度继电器等；保护继电器包括热继电器、电压继电器和电流继电器等。

（5）按结构特点分。接触器式继电器、微型（超小型、小型）继电器、舌簧继电器、电子式继电器、固体继电器和可编程控制继电器等。

1.3.3 常用典型继电器

1. 电磁式继电器

电磁式继电器是应用最早同时也是应用最多的一种继电器，是由电磁机构和触点系统等组成，触点容量较小（一般为 5A 以下）且无灭弧装置，对其动作准确性要求较高。

电磁式继电器的典型结构如图 1-12 所示，由线圈、电磁系统、反力系统和触点系统等组成。当线圈通电时，电磁铁芯产生的电磁吸力大于弹簧的反作用力，使

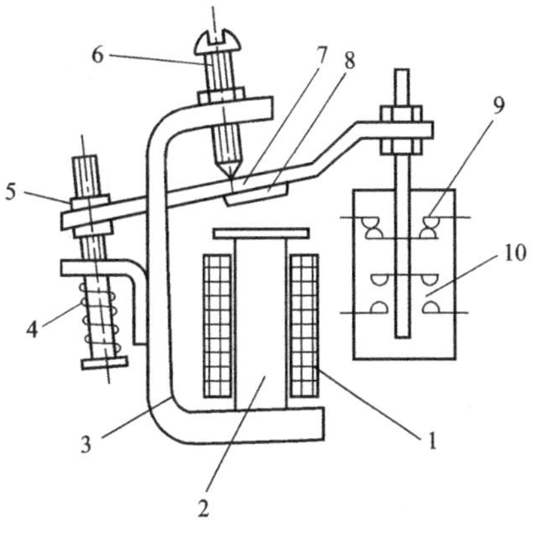

图 1-12 电磁式继电器的典型结构

1—线圈；2—铁芯；3—铁轭；4—弹簧；5—调节螺母；6—调节螺钉；7—衔铁；8—非磁性垫片；9—动断触头；10—动合触头

得衔铁向下发生一段位移，导致动断触点断开，动合触点闭合；当线圈断电时，衔铁在弹簧反力作用下复位，导致继电器的动合触点复位，回到断开状态，动断触点复位闭合。

电磁式继电器装设不同的线圈后可分别制成电流继电器、电压继电器和中间继电器。这种继电器的线圈有交流和直流两种，直流的继电器再加装筒套后可以构成电磁式时间继电器。

各种电磁式继电器的型号及代表意义如下。

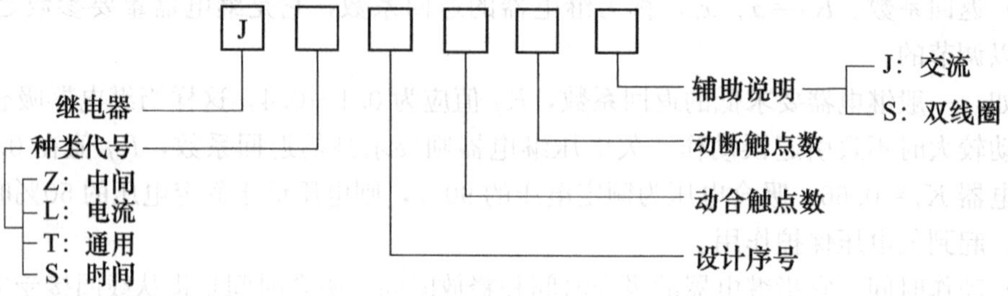

（1）电流继电器。触点的动作与线圈电流大小有关的继电器称为电流继电器。使用时电流继电器的线圈和负载串联，反映电流信号。为了不影响电路正常工作，其线圈匝数少、导线粗、线圈阻抗小。按吸合电流大小的不同，电流继电器可分为欠电流继电器和过电流继电器。电流继电器的实物图如图 1-13 所示。

图 1-13 电流继电器的实物图

电路正常工作时，欠电流继电器吸合动作，当电路电流减小到某一整定值以下时，欠电流继电器释放，对电路起欠电流保护作用。

电路正常工作时，过电流继电器不动作，当电路中电流超过某一整定值时，过电流继电器吸合动作，对电路起过电流保护。

表 1-5 列出了 JL18 系列交、直流电流继电器主要技术参数。

表 1-5 **JL18 系列交、直流电流继电器主要技术参数**

型号	线圈额定值		结构特征
	工作电压/V	工作电流/A	
JL18-1.0	交流 380 直流 220	1.0	1. 触头工作电压：交流 380V 直流 220V 2. 发热电流 10A，可自动及手动复位
JL18-1.6		1.6	
JL18-2.5		2.5	
JL18-4.0		4.0	
JL18-6.3		6.3	
JL18-10		10	
JL18-16		16	
JL18-25		25	
JL18-40		40	

其文字符号为 KI，图形符号如图 1-14 所示。

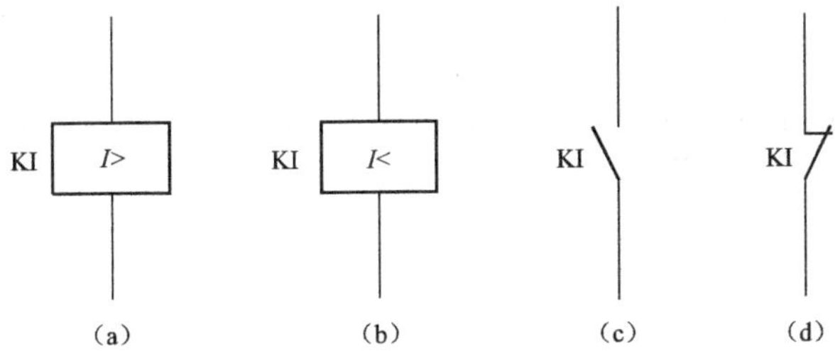

图 1-14　电流继电器的图形符号和文字符号
(a) 过电流继电器线圈；(b) 欠电流继电器线圈；
(c) 动合触点；(d) 动断触点

在选用电流继电器时，首先要注意线圈电压的种类和等级应与负载电路一致。另外，根据对负载的保护作用（是过电流还是欠电流）来选择电流继电器的类型。最后，根据控制电路的要求选择触点的类型（是动合还是动断）和数量。

(2) 电压继电器。触点的动作与线圈电压的大小有关的继电器称为电压继电器。使用时，电压继电器的线圈与负载并联，其线圈匝数多、导线细、线圈阻抗大。电压继电器反映的是电压信号。根据动作电压值的不同，电压继电器分为欠电压继电器和过电压继电器。电压继电器的实物如图 1-15 所示。

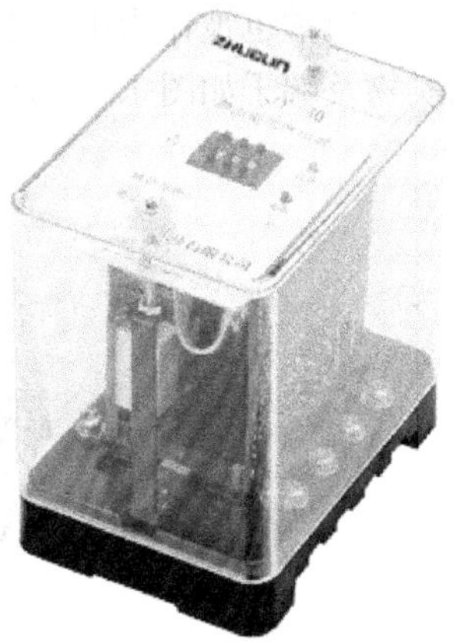

图 1-15　电压继电器的实物图

电路正常工作时，欠电压继电器吸合，当电路电压减小到某一整定值 [$(30\%\sim50\%)U_N$] 以下时，欠电压继电器释放，对电路实现欠电压保护。

电路正常工作时，过电压继电器不动作，当电路电压超过某一整定值 [一般为 $(105\%\sim120\%)U_N$] 时，过电压继电器吸合，对电路实现过电压保护。

零电压继电器是当电路电压降低到 $(5\%\sim25\%)U_N$时释放，对电路实现零电压保护。

表 1-6 列出了 JZ7 系列电压继电器主要技术参数。

表 1-6　JZ7 系列电压继电器主要技术参数

型号	触点额定电压/V	触点额定电流/A	触点对数		吸引线圈额定电压/V	机械/电气寿命/次 万次操作频率/(次/h)
			动合	动断		
JZ7-44	500	5	4	4	交流 50Hz 时 12、36、127、220、380	300/100 1200
JZ7-62			6	2		
JZ7-80			8	0		

电压继电器的文字符号为 KV，图形符号如图 1-16 所示。

在选用电压继电器时，首先要注意线圈电压的种类和等级应与控制电路一致。另外，根据在控制电路中的作用（是过电压还是欠电压）来选择电压继电器的类型。最后，根据控制电压的要求选择触点的类型（是动合还是动断）和数量。

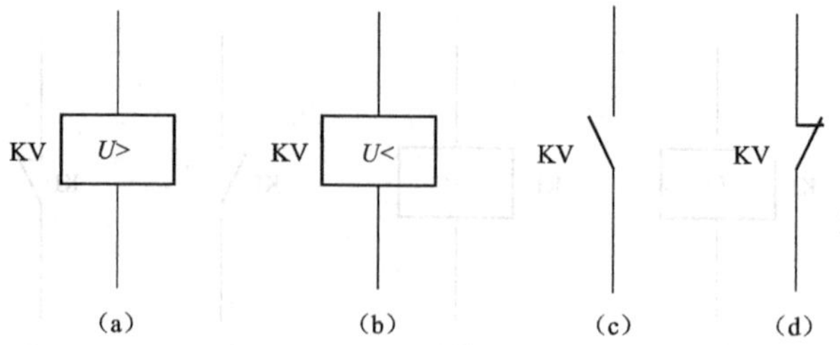

图 1-16　电压继电器的图形符号和文字符号

(a) 过电压继电器线圈；(b) 欠电压继电器线圈；(c) 动合触点；(d) 动断触点圈

(3) 中间继电器。中间继电器是在控制电路中起信号传递、放大、切换和逻辑控制等作用，主要用于增加触点数量，实现逻辑控制，它是将一个输入信号变成多个输出信号的继电器。中间继电器实质上是一种电磁式电压继电器，特点为触点数量多。中间继电器对动作参数无要求，其主要要求是在电压为零时可靠地释放，所以中间继电器无调节装置。中间继电器的工作原理和接触器相同，其种类繁多，除了专用的中间继电器外，额定电流小于 5A 的接触器通常也被作为中间继电器来使用，但是中间继电器一般只用于控制电路。中间继电器的实物及端子如图 1-17 所示。

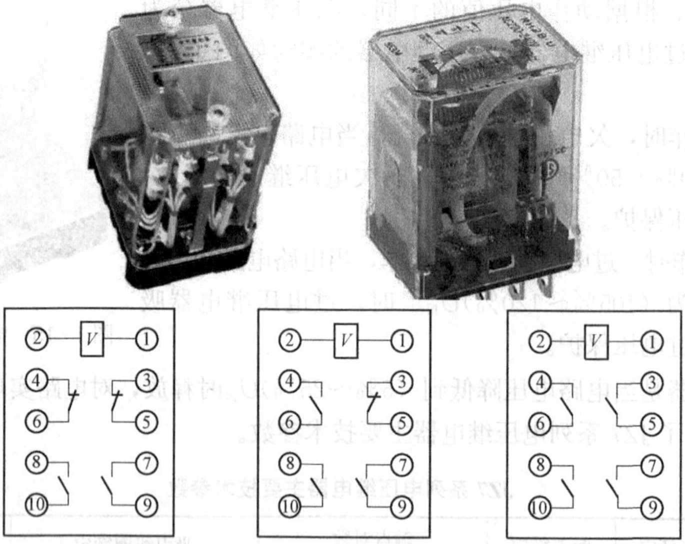

图 1-17　中间继电器的实物及端子图

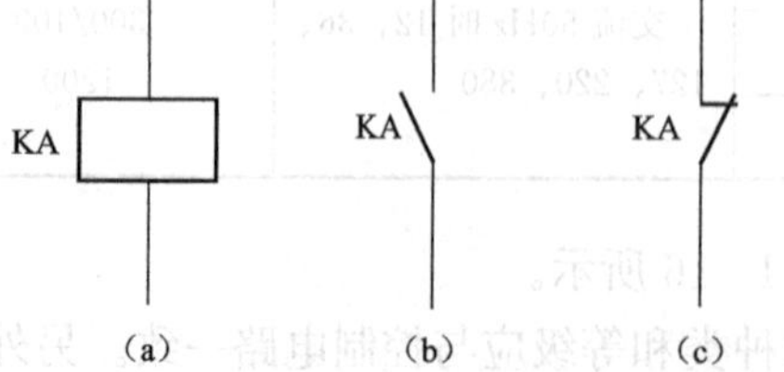

图 1-18　中间继电器的图形符号和文字符号

(a) 中间继电器；(b) 动合触点；(c) 动断触点圈

中间继电器的主要技术参数有额定电压、额定电流、触点对数及线圈电压种类和规格等。

中间继电器的文字符号为 KA，图形符号如图 1-18 所示。

在选用中间继电器时，首先要注意线圈的电压种类和电压等级应与控制电路一致。另外，要根据控制电路的需求来确定触点的形式和数量。当一个中间继电器的触点数量不够用时，也可以将两个中间继电器并联使用，以增加触点的数量。

2. 时间继电器

从得到输入信号（线圈的通电或断电）开始，经过一定的延时后才输出信号（触点的闭合或断开）的继电器，称为时间继电器。

时间继电器的延时方式有通电延时和断电延时两种。通电延时：接收输入信号后延迟一定的时间，输出信号才发生变化。当输入信号消失后，输出瞬时复原。断电延时：接收输入信号时，瞬时产生相应的输出信号。当输入信号消失后，延迟一定的时间，输出才复原。

时间继电器的图形及文字符号如图 1-19 所示。

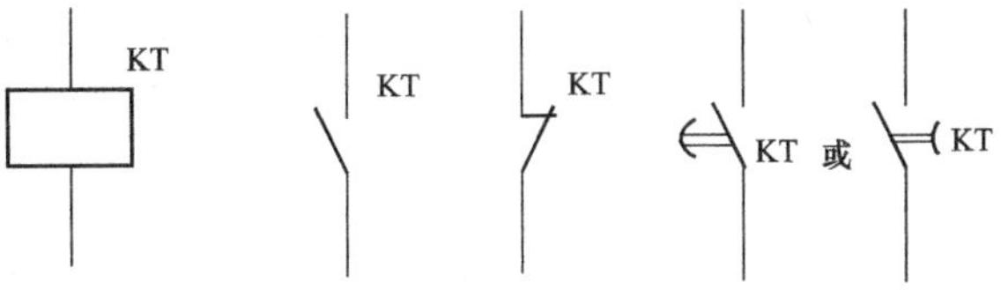

（a）　（b）　（c）

图 1-19　时间继电器的图形及文字符号

（a）线圈；（b）瞬时动作的触点；（c）延时闭合的动合触点

按照通电延时和断电延时两种形式，空气阻尼式时间继电器的延时触点有：延时断开动合触点、延时断开动断触点、延时闭合动合触点和延时闭合动断触点。

时间继电器的图形及文字符号见表 1-7。

表 1-7　　时间继电器图形及文字符号

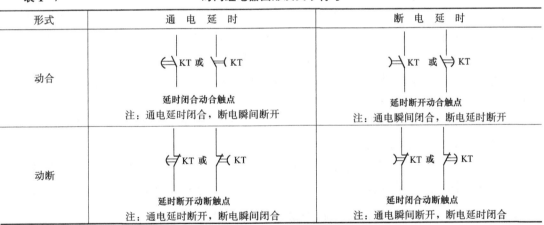

形式	通电延时	断电延时
动合	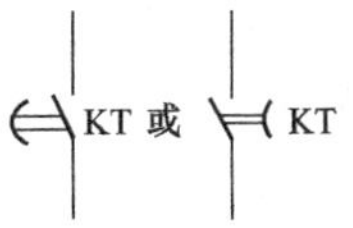 延时闭合动合触点 注：通电延时闭合，断电瞬间断开	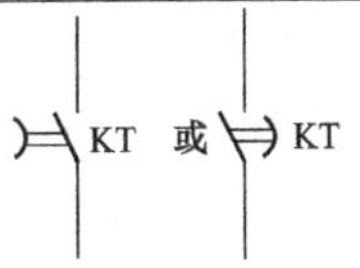 延时断开动合触点 注：通电瞬间闭合，断电延时断开
动断	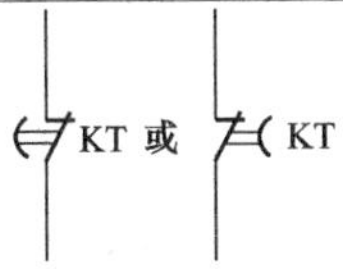 延时断开动断触点 注：通电延时断开，断电瞬间闭合	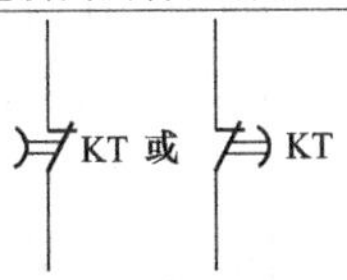 延时闭合动断触点 注：通电瞬间断开，断电延时闭合

时间继电器的种类很多，常用的有空气阻尼式、电动机式、电子式等。

（1）空气阻尼式时间继电器。空气阻尼式时间继电器是利用空气阻尼作用达到延时的目的。它由电磁机构、延时机构和触点组成。

空气阻尼式时间继电器的电磁机构有交流、直流两种。延时方式有通电延时型和断电延时型（改变电磁机构位置，将电磁铁翻转 180°安装）。当动铁芯（衔铁）位于静铁芯和延时机构之间位置时为通电延时型；当静铁芯位于动铁芯和延时机构之间位置时为断电延时型。其中 JS7-A 系列时间继电器为时间继电器的典型代表，其原理如图 1-20 所示。

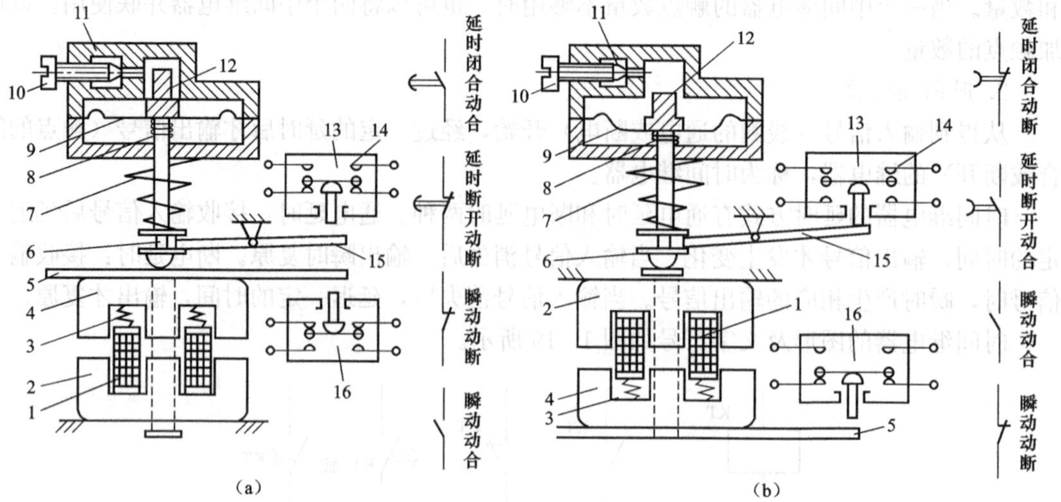

图 1-20 JS7-A 系列时间继电器原理图

(a) 通电延时型；(b) 断电延时型

1—线圈；2—静铁芯；3、7、8—弹簧；4—衔铁；5—推板；6—顶杆；9—橡皮膜；10—螺钉；11—透气孔；12—活塞；13、16—微动开关；14—延时触点；15—杠杆

现以通电延时型为例说明其工作原理。当线圈 1 得电后衔铁（动铁芯）4 吸合，活塞杆（顶杆）6 在塔形弹簧 8 作用下带动活塞 12 及橡皮膜 9 向上移动，橡皮膜下方空气室空气变得稀薄形成负压，活塞杆只能缓慢移动，其移动速度由进气孔气隙大小来决定。经一段延时后，活塞杆通过杠杆 15 压动微动开关 13，使其触头动作，起到通电延时作用。

当线圈断电时，衔铁释放，橡皮膜下方空气室内的空气通过活塞肩部所形成的单向阀迅速排出，使活塞杆、杠杆、微动开关等迅速复位。由线圈得电到触头动作的一段时间即为时间继电器的延迟时间，其大小可以通过螺钉 10 调节进气孔气隙大小来改变。

断电延时型继电器的结构、工作原理与通电延时型相似，只是电磁铁安装方向不同，即当衔铁吸合时推动活塞复位，排出空气。当衔铁释放时，活塞杆在弹簧作用下使活塞向上移动，实现断电延时。在线圈通电和断电时，微动开关 16 在推板 5 的作用下都能瞬时动作，其触点即为时间继电器的瞬动触点。

国产 JS7-A 系列空气阻尼式时间继电器技术参数见表 1-8。其中，JS7-2A 和 JS7-4A 既带有延时动作触点，又带有瞬时动作触点；JS7-1A 和 JS7-2A 是通电延时型继电器。

表 1-8 JS7-A 系列空气阻尼式时间继电器技术参数

型号	吸引线圈额定电压/V	触点额定电压/V	触点额定电流/A	延时范围/s	延时动作触点				瞬时动作触点	
					通电延时		断电延时		动合	动断
					动合	动断	动合	动断		
JS7-1A	14，36，110，127，220，380，420	380	5	各种型号均有 0.4～0.6 和 0.4～180 两种产品	1	1	—	—	—	—
JS7-2A					1	1	—	—	1	1
JS7-3A					—	—	1	1	—	—
JS7-4A					—	—	1	1	1	1

空气阻尼式时间继电器结构简单，价格低廉，延时范围 0.4～180s，但是延时误差较大，难以准确地整定延时时间，常用于延时准确度要求不高的交流控制电路。

日本生产的空气阻尼式时间继电器体积比 JS7-A 系列小 50%以上，橡皮膜用特殊的塑料薄膜制成，其气孔准确度要求很高，延时时间可达几十分钟，延时准确度为±10%。

(2) 电动式时间继电器。它由同步电动机、减速齿轮机构、电磁离合系统及执行机构组成，电动式时间继电器延时时间长，可达数十小时，延时准确度高，但结构复杂，体积较大，常用的有 JS10、JS11 系列和 7PR 系列。

(3) 电子式时间继电器。随着电子技术的发展，电子式继电器也迅速发展。这类时间继电器体积小，延时范围大、延时准确度高、寿命长，已日益得到广泛应用。

早期产品多是阻容式，近期开发的产品多为数字式，又称计数式，其结构是由脉冲发生器、计数器、放大器及执行机构组成，具有延时时间长、调节方便、精度高的优点，有的还带有数字显示，应用很广，可取代阻容式、空气阻尼式、电动机式等时间继电器。我国生产的产品有 JSJ 系列和 JS14P 系列等。

(4) 时间继电器的选用。选用时间继电器时，首先应考虑满足控制系统所提出的工艺要求和控制要求，并根据对延时方式的要求选用通电延时型或断电延时型。对于延时要求不高和延时时间较短的，可选用价格相对较低的空气阻尼式；当要求延时准确度较高、延时时间较长时，可选用电子式；在电源电压波动大的场合，采用空气阻尼式比用电子式的好，而在温度变化较大处，则不宜采用空气阻尼式时间继电器。总之，选用时除了考虑延时范围、准确度等条件外，还应考虑控制系统对可靠性、经济性、工艺安装尺寸等要求。

3. 热继电器

热继电器是利用电流流过热元件时产生的热量，使双金属片发生弯曲而推动执行机构动作的一种保护电器。它主要用于交流电动机的过载保护、断相及电流不平衡运动的保护及其他电器设备发热状态的控制。热继电器还常和交流接触器配合组成电磁启动器，广泛用于三相异步电动机的长期过载保护。

电动机在实际运行时，如拖动生产机械进行工作过程中，若机械出现不正常的情况或电路异常使电动机过载，则电动机转速下降、绕组中的电流将增大，使电动机的绕组温度升高。若过载电流不大且过载的时间较短，电动机绕组不超过允许温升，这种过载是允许的。但若过载时间长，过载电流大，电动机绕组的温升就会超过允许值，使电动机绕组老化，缩短电动机的使用寿命，严重时甚至会使电动机绕组烧毁。因此，必须对电动机进行长期过载保护。热继电器就是利用电流的热效应原理，在出现电动机不能承受的过载时切断电动机电路，为电动机提供过载保护的保护电器。

(1) 热继电器的结构与工作原理。热继电器结构原理如图 1-21 所示。热继电器主要由热元件、双金属片和触点等组成，利用电流热效应原理工作。热元件由发热电阻丝制成。双金属片由两种热膨胀系数不同的金属碾压而成，下层一片的热膨胀系数大，上层一片的热膨胀系数小。当双金属片受热时，会出现弯曲变形。使用时，把热元件串接于电动机的主电路中，而动断触点串接于电动机的控制电路中。

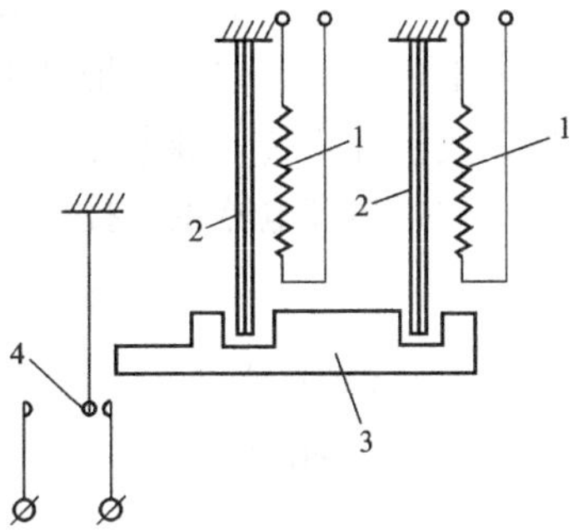

图 1-21 热继电器结构
1—热元件；2—双金属片；3—导板；4—触点

当电动机正常运行时，热元件产生的热量虽能使双金属片弯曲，但还不足以使热继电器的触点动作。当电动机过载时，双金属片弯曲位移增大，推动导板使动断触点断开，从而切断电动机控制电路以起保护作用。热继电器动作后一般不能自动复位，要等双金属片冷却后按下复位按钮复位。热继电器动作电流的调节可以借助旋转凸轮于不同位置来实现。

热继电器的双金属片从升温到发生形变断开动断触点有一个时间过程，不可能在短路瞬时迅速分断电路，所以不能作为短路保护，只能作为过载保护。这种特性符合电动机等负载的需要，可避免电动机启动时的短时过电流造成不必要的停车。

热继电器在保护形式上分为两相保护式和三相保护式两类。在三相异步电动机电路中，一般采用两相结构的热继电器，即在两相主电路中串接热元件。如果发生三相电源严重不平衡、电动机绕组内部短路或绝缘不良等故障，使电动机某一相的线电流比其他两相要高，而这一相没有串接热元件，热继电器也不能起保护作用，这时需采用三相结构。

热继电器的图形符号和文字符号如图1-22所示。

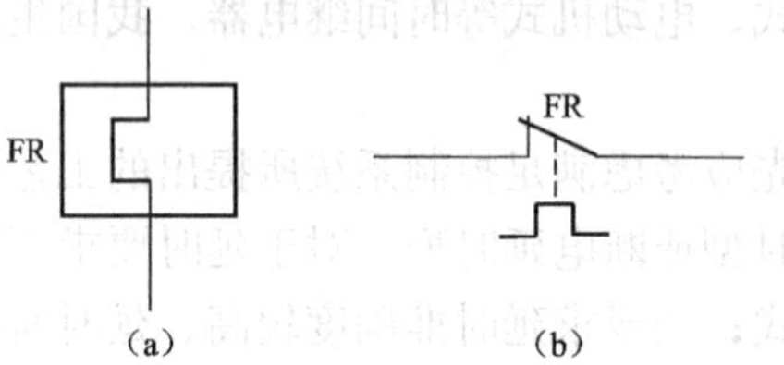

图1-22　热继电器的图形符号和文字符号
(a) 发热元件；(b) 动断触点

(2) 断相保护热继电器。对于三相感应电动机，定子绕组为△连接的电动机必须采用带断相保护的热继电器。因为将热继电器的热元件串接在△连接的电动机的电源进线中，并且按电动机的额定电流来选择热继电器，当故障线电流达到额定电流时，在电动机绕组内部，电流较大的那一相绕组的故障相电流将超过额定相电流。但由于热元件串接在电源进线中，所以热继电器不会动作，但对电动机来说就有过热危险了。

为了对△连接的电动机进行断相保护，必须将3个热元件分别串接在电动机的每相绕组中，这使热继电器的整定电流值按每相绕组的额定电流来选择。但是这种接线复杂、麻烦，且导线也较粗。我国生产的三相笼型电动机、功率在4kW或以上者大都采用△连接，为解决这类电动机的断相保护，设计了带有断相保护装置的三相结构热继电器。

JR16系列为断相保护热继电器。断相保护结构如图1-23所示。图中虚线表示动作位置，图1-23 (a) 为断电时位置。当电流为额定电流时，3个热元件正常发热，其端部均向左弯曲并推动上、下导板同时左移，但不能到达动作线，继电器动合触点不会动作，如图1-23 (b) 所示。当电流过载到达整定的电流时，双金属片弯曲较大，把导板和杠杆推到动作位置，继电器触点动作，如图1-23 (c) 所示。当一相（设U相）断路时，U相热元件温度由弯曲状态伸直，推动上导板右移；同时由于V、W相电流较大，故推动下导板向左移，使杠杆扭转，继电器动作，起到断相保护作用，如图1-23 (d) 所示。

(3) 热继电器主要技术参数与选用。热继电器型号表示意义如下。

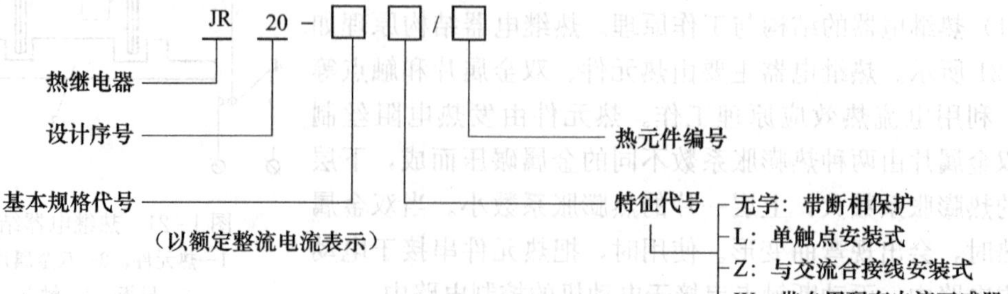

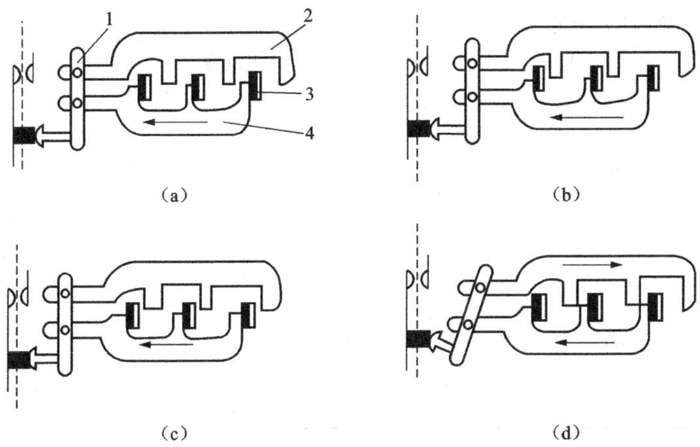

图 1-23 带断相保护的热继电器结构图

(a) 断电时；(b) 额定电流时；(c) 整定电流时；(d) 一相断路时

1—杠杆；2—上导板；3—发热元件；4—下导板

热继电器的选择主要根据电动机的额定电流来确定其型号及热元件的额定电流等级。热继电器的整定电流通常等于或稍大于电动机的额定电流，每一种额定电流的热继电器可装入若干种不同额定电流的热元件。

由于热惯性的原因，热继电器不能用于短路保护。因为发生短路事故时，要求电流立即断开，而热继电器却因为热惯性不能立即动作，所以在电动机启动或短时过载时，继电器不会动作，从而保证了电动机的正常工作。

现以 JR16 系列热继电器为例介绍一下热继电器的主要技术参数，JR16 系列继电器的技术参数如表 1-9 所示。

表 1-9 JR16 系列热继电器的技术参数

热继电器型号	热继电器额定电流值/A	热元件		
		编号	额定电流值/A	刻度电流调节范围值/A
JR16-20/3 JR16-60/3D	20	1	0.35	0.25～0.3～0.35 0.32～0.4～0.5 0.45～0.6～0.72 0.68～0.9～1.1 1.0～1.3～1.6
		2	0.5	
		3	0.72	
		4	1.1	
		5	1.6	
		6	2.4	1.6～2.0～2.4 2.2～2.8～3.5 3.2～4.0～5.0 4.5～6.0～7.2 6.8～9.0～11 10.0～13.0～16.0 14.0～18.0～22.0
		7	3.5	
		8	5.0	
		9	7.2	
		10	11.0	
		11	16.0	
		12	22.0	

续表

热继电器型号	热继电器额定电流值/A	热元件		
		编号	额定电流值/A	刻度电流调节范围值/A
JR16-60/3 JR16-20/3D	60	13	22.0	14.0～18.0～22.0
		14	32.0	22.0～26.0～32.0
		15	45.0	28.0～36.0～45.0
		16	63.0	40.0～50.0～63.0
JR16-150/3 JR16-150/3D	150	17	63.0	40.0～50.0～63.0
		18	85.0	53.0～70.0～82.0
		19	120.0	75.0～100.0～120.0
		20	160.0	100.0～130.0～160.0

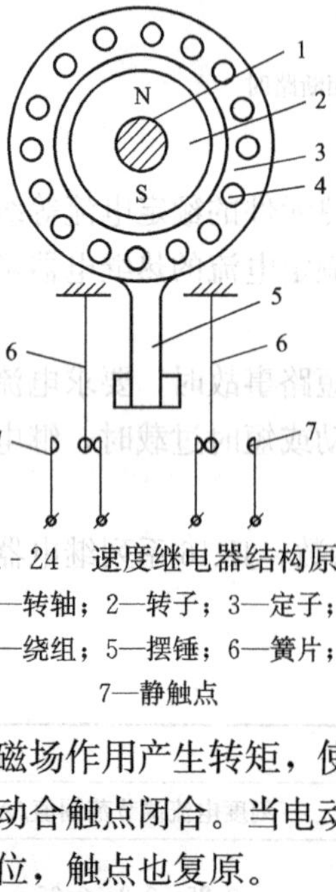

图 1-24 速度继电器结构原理

1—转轴；2—转子；3—定子；4—绕组；5—摆锤；6—簧片；7—静触点

JR20 系列热继电器是我国最新产品，250A 以上的都配有专门的速饱和电流互感器，其一次绕组串接于电动机主电路中，二次绕组与热元件串联。

4. 速度继电器

速度继电器主要用于笼型异步电动机的反接制动控制，也称反接制动继电器。其结构原理如图 1-24 所示。

从结构上看，速度继电器与交流电动机类似，它主要由定子、转子和触点 3 部分组成。定子的结构与笼型异步电动机相似，是一个笼型空心圆环，由硅钢片冲压而成，并装有笼型绕组。转子是一块永久磁铁。

速度继电器的轴与电动机的轴相连接。转子固定在轴上，定子与轴同心。当电动机转动时，速度继电器的转子随之转动，绕组切割磁场产生感应电动势和电流，此电流和永久磁铁的磁场作用产生转矩，使定子向轴的转动方向偏摆，通过定子柄拨动触点，使动断触点断开、动合触点闭合。当电动机转速下降到接近零时，转矩减小，定子柄在弹簧力的作用下恢复原位，触点也复原。

常用的感应式速度继电器有 JY1 和 JFZ0 系列。JY1 系列继电器能在 1000r/min 的转速下可靠工作。JFZ0 系列继电器触点改用微动作关触点动作速度不受定子柄偏转快慢的影响。JFZ0 系列 JFZ0-1 型继电器适用于 300～1000r/min。JFZ0-2 型适用于 1000～3000r/min。速度继电器有两对动合、动断触点，分别对应于被控电动机的正、反转运行。一般情况下，速度继电器触点在转速达 120r/min 时能动作，在转速达到 100r/min 左右时能恢复原位。

速度继电器根据电动机的额定转速进行选择。使用时，速度继电器的转轴应与电动机同轴连接，安装接线时，正反向的触点不能接错，否则不能起到反接制动时接通和分断反向电源的作用。

速度继电器图形及文字符号如图 1-25 所示。

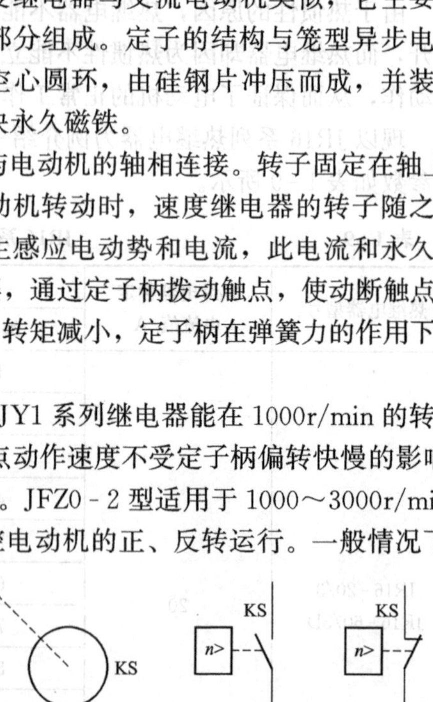

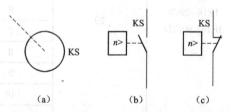

图 1-25 速度继电器的图形、文字符号

(a) 速度继电器线圈；(b) 动合触点；(c) 动断触点

1.4 配 电 电 器

低压配电电器是指正常或事故状态下，接通或者断开用电设备和供电电网所用的电器，广泛应用于电力配电系统，实现电能的输送和分配及系统的保护。这类电器一般不经常操作，机械寿命的要求比较低，但要求动作准确迅速、工作可靠、分断能力强、操作过电压低、保护性能完善、动稳定和热稳定性能高等。常用的低压配电电器包括：开关电器和保护电器等。

1.4.1 开关电器

低压开关主要用于隔离、转换及接通和分断电路。低压开关多数作为机床电路的电源开关、局部照明电路的控制，有时也可用来直接控制小容量电动机的启动、停止和正反转控制。

低压开关一般为非自动切换电器，常用的主要类型有刀开关、转换开关和低压断路器等。

1. 刀开关（QS）

刀开关又称隔离开关，是一种结构简单的手动电器，主要用于隔离电源、启动不频繁和制动容量小于 7.5kW 的异步电动机。现在很多的应用场合中，刀开关已被低压断路器取代。

刀开关主要由操作手柄、触刀、触点座和底座组成。其形式有单极、双极和三极。最简单的刀开关（手柄操作式单极开关）示意图如图 1-26 所示。

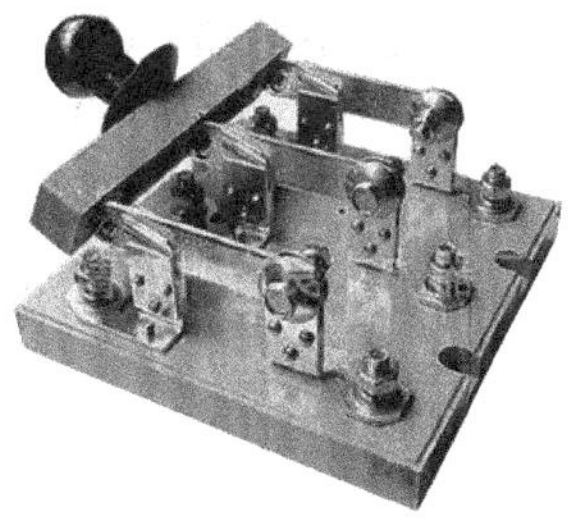

图 1-26 手柄操作式单极开关

刀开关的操作方式为通过手动使触刀插入或离开触点插座。

刀开关在安装时，手柄头应向上，不能倒装或平装，避免手柄由于重力自由下落导致误动作或合闸。接线时，将电源进线接在静触点侧进线座，负载线接在动触点侧出线座，这样能保证拉闸后，手柄及负载与电源隔离，避免意外事故发生。

（1）常用的刀开关。刀开关的主要类型有 HD 型单投刀开关（板用刀开关）、HS 型双投刀开关（刀型转换开关）、HK 型开启式负荷开关、HH 型封闭式负荷开关和 HR 型熔断器式刀开关等。常用的产品有 HK1、HK2 系列开启式负荷开关，HH3、HH4 系列封闭式负荷开关，HR3、HR5 系列熔断器式刀开关，HD11、HD12、HD13、HD14 系列单投刀开关，HS11、HS12、HS13 系列双投刀开关。

1）HD 型单投刀开关和 HS 型双投刀开关。

HD 型单投刀开关可以用来接通或断开负载电路。我国目前生产的单投刀开关主要有 HD11、HD12、HD13 及 HD14 系列，额定电压为交流 500V 及以下、直流 440V 及以下，额定电流为 100～1500A。图 1-27 所示为 HD 型单投刀开关的结构示意图、图形符号和文字符号。

HS 型双投刀开关只是用来隔离电流的隔离开关。主要产品为 HS11、HS12 和 HS13 系列。

图 1-28 所示为 HS 型双投刀开关的结构示意图、图形符号和文字符号。

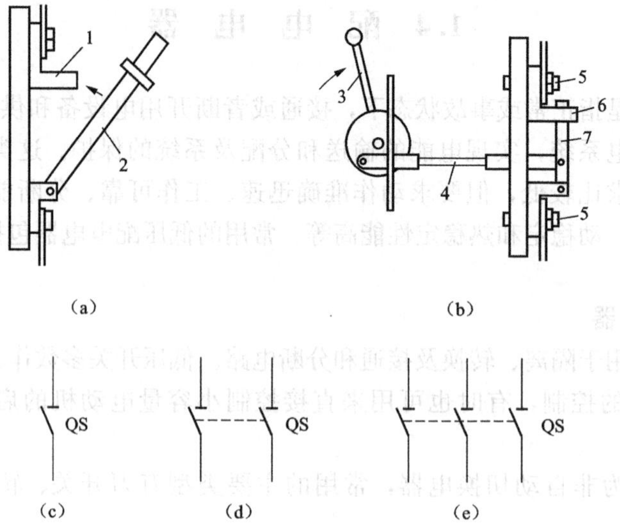

图 1-27　HD型单投刀开关的结构示意图、图形符号和文字符号

(a) 直接手动操作；(b) 手柄操作；(c) 一般隔离开关符号；(d) 手动隔离开关符号；(e) 三极单投隔离开关符号
1—静触点；2—动触点；3—操作杆；4—传动杆；5—接线端；6—静触点；7—助触点

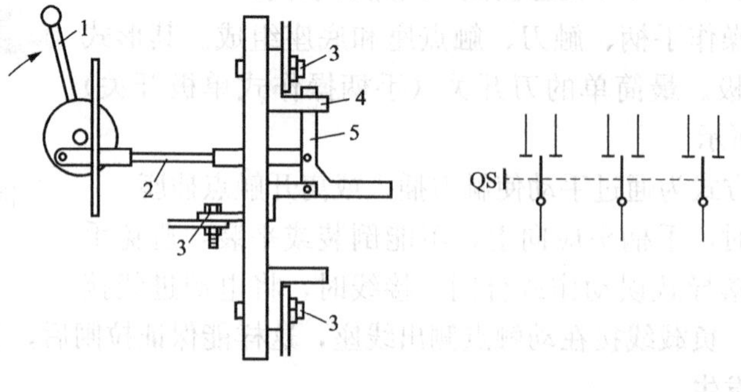

图 1-28　HS型双投刀开关的结构示意图、图形符号和文字符号

1—操作杆；2—传动杆；3—接线端；4—静触点；5—动触点

HD11、HD12、HD13、HD14系列单投刀开关及HS11、HS12、HS13系列双投刀开关适用于额定电压为交流380V、直流400V，额定电流为600～1500A的配电设备中，作为不频繁地手动接通与分断交、直流电路或作隔离开关用。

2）HK型开启式负荷开关。开启式负荷开关又称胶盖瓷底开关或胶盖闸刀开关，有时直接称它为刀开关，可见其在刀开关中具有很强的代表性。该开关由上胶盖、插座、闸刀、操作瓷柄、胶盖紧固螺母、出线座、熔丝、闸刀座、瓷底座和进线座等零件装配而成。如图1-29所示为开启式负荷开关的外观和结构图。

HK型开启式负荷开关在低压线路中，作为一般电灯、家用电器等控制开关用，也可作为分支线路的配电开关。在降低容量的情况下，三极的刀开关还可以用作小容量感应电动机的非频繁启动控制开关。由于刀开关具有价格便宜、使用维修方便的优点，因此普遍地被用来操作和控制许多机械的拖动电动机。

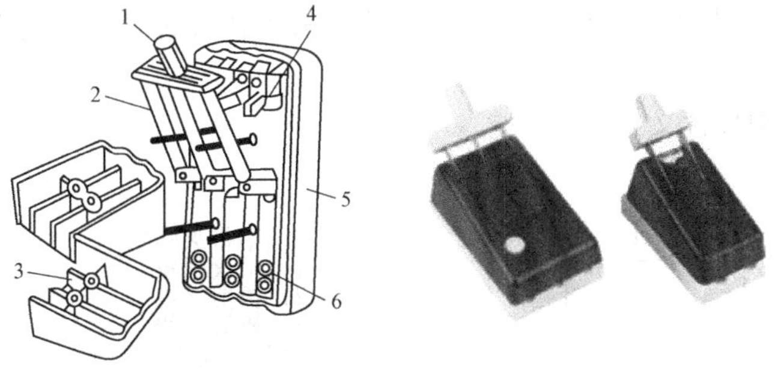

(a) (b)

图 1-29 开启式负荷开关外观和结构

(a) 结构；(b) 外观

1—瓷柄；2—动触点；3—胶盖；4—静触点；5—瓷底；6—熔丝接头

3) HH 型封闭式负荷开关。封闭式负荷开关又称铁壳开关，它是在刀开关基础上改进设计的一种开关。它是由刀开关、熔断器、速断弹簧等组成的，并装在金属壳内。如图 1-30所示为封闭式负荷开关外观和结构图。

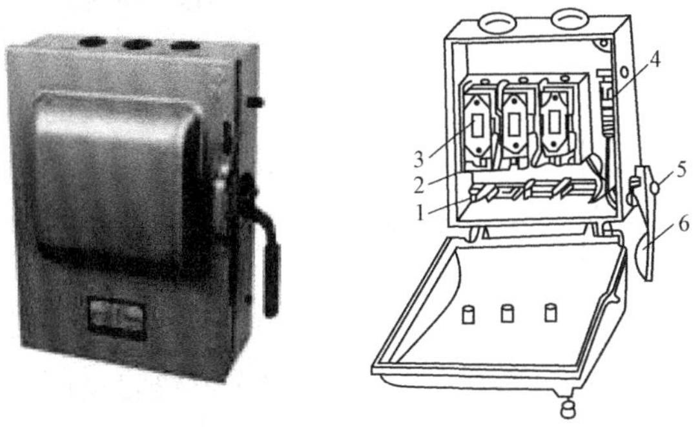

(a) (b)

图 1-30 封闭式负荷开关

(a) 外观；(b) 结构

1—闸刀；2—夹座；3—熔断；4—速动弹簧；5—转轴；6—手柄

封闭式负荷开关的特点有：①触点设有灭弧室（罩），电弧不会喷出，不必顾虑会发生相间短路及烧损零件等事故。②熔断器的分断能力强，一般为 5kA，有的高达 50kA 以上。③操作机构为储能合闸式，且有连锁装置。这样不仅使开关的合闸和分闸速度与操作速度无关，从而改善开关的动作性能和灭弧性能，而且提高了安全性。④封闭的外壳可保护操作人员免受电弧灼伤。

HH3、HH4 系列封闭式负荷开关，操作机构具有速断弹簧与机械联锁，用于非频繁启动、28kW 以下的三相异步电动机。

4) 熔断器式刀开关。熔断器式刀开关又称熔断器式隔离开关，它是以熔体或带有熔体的载熔件作为动触点的一种隔离开关。常用的型号有 HR3、HR5 系列，额定电压为 380V（AC），440V（DC），额定电流可达 600A。熔断器式刀开关用于具有高短路电流的配电电路和电动机电路中，作为电源开关、隔离开关、应急开关及电路保护用，但一般不能直接开关单台电动机。熔断器式刀开关是用来代替各种低压配电装置刀开关和熔断器的组合电器。

（2）刀开关的型号含义如下。

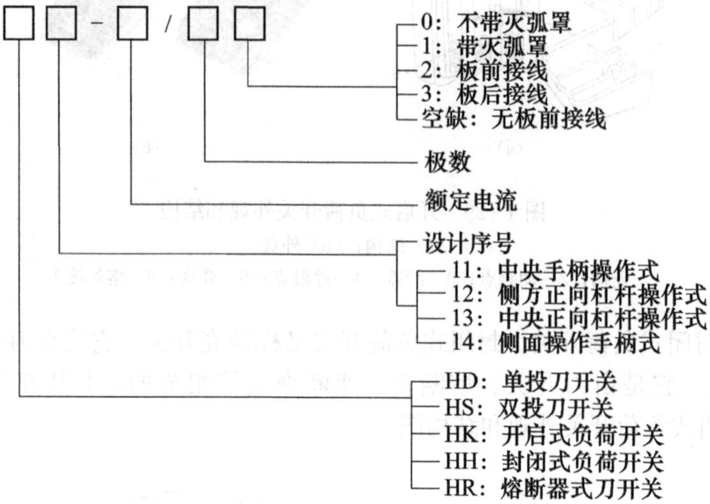

（3）刀开关的图形符号和文字符号如图1-31所示。

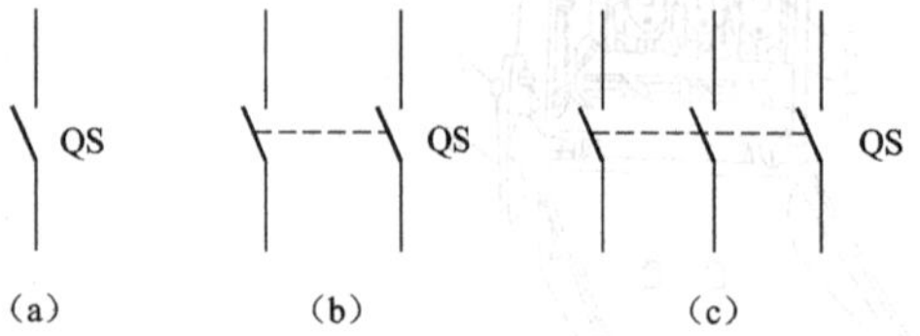

图1-31　刀开关的图形符号和文字符号
（a）单极；（b）双极；（c）三极

（4）刀开关的选用。刀开关的种类多，而且各有特点，选择时应考虑以下两个方面。

1）刀开关结构形式的选择。应根据刀开关的作用和装置的安装形式选择是否带灭弧装置，若分断负载电流时，应选择带灭弧装置的刀开关。根据装置的安装形式来选择，是正面、背面还是侧面操作形式，是直接操作还是杠杆传动，是板前接线还是板后接线的结构形式。

2）刀开关的额定电流的选择。刀开关的额定电流一般应等于大于所分断电路中各个负载额定电流的总和。对于电动机负载，应考虑其启动电流，所以应选用额定电流大一级的刀开关。若再考虑电路出现的短路电流，还应选用额定电流更大一级的刀开关。

2. 组合开关（QS）

组合开关又称转换开关，实质上是一种特殊刀开关。其操作较灵巧，靠动触片的左右旋转来代替刀开关的推合与拉开。它具有多触点、多位置、体积小、性能可靠、操作方便、安装灵活等特点。多用在机床电气控制电路中作为电源的引入开关，也可用作不频繁地接通和断开的电路、换接电源和负载及控制5kW及以下的小容量异步电动机的正反转和Y-△启动。

结构上组合开关采用叠装式触点元件组合，图1-32所示为HZ10-10/3型组合开关的外观和结构图。

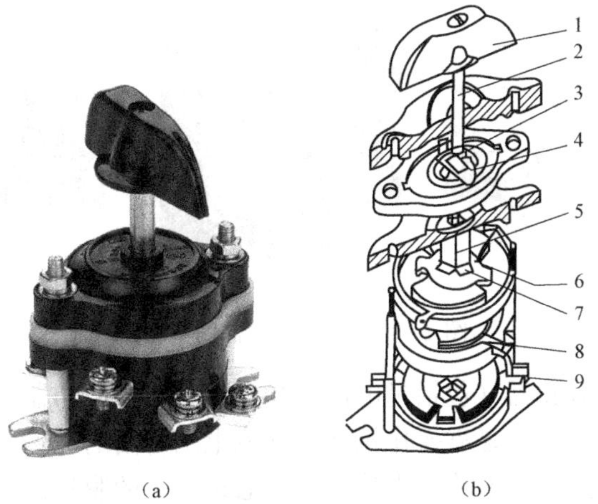

图 1-32 HZ10-10/3 型组合开关的外观和结构
(a) 外观；(b) 结构
1—手柄；2—转轴；3—扭簧；4—凸轮；5—绝缘杆；6—绝缘垫板；
7—动触片；8—静触片；9—接线柱

它由多节触片分层组合而成，上部是由凸轮、扭簧、手柄等零件构成的操作机构，该机构由于采用了扭簧储能，可使开关快速闭合或分断，能获得快速动作，从而提高开关的通断能力，使动静触点的分合速度与手柄旋转速度无关。组合开关的图形符号和文字符号如图 1-33 所示。

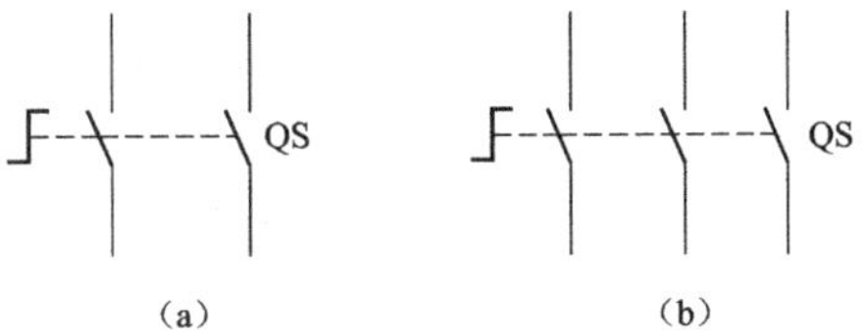

图 1-33 组合开关的图形符号和文字符号
(a) 双极；(b) 三极

3. 低压断路器（QF）

低压断路器俗称自动空气开关，是低压配电网中的主要开关电器之一，它不仅可以接通和分断正常负载电流、电动机工作电流和过载电流，而且可以接通和分断短路电流。在不频繁操作的低压配电电路或开关柜（箱）中作为电源开关使用，并对电路，电器设备及电动机等实行保护，当它们发生严重过电流、过载、短路、断相、漏电等故障时，能自动切断电路，起到保护作用，应用十分广泛。

低压断路器是低压配电系统中的主要电器，也是结构最复杂的低压电器，与低压熔断器比较，具有保护方式多样化、可以多次使用、恢复供电快等优点，但有结构复杂、价格高缺点。低压断路器除了用于低压配电电路外，也可以作为不频繁启动的电动机的控制和保护电器。

低压断路器按照用途分有配电（照明）、限流、灭磁、漏电保护等；按动作时间分有一般型和快速型；按结构分有框架式（万能式 DW 系列）、塑壳式（装置式 DZ 系列）和模块式小型断路器（C45 系列）。低压断路器的实物如图 1-34 所示。

(1) 结构。低压断路器主要由触点系统、灭弧装置、保护装置、操作机构等组成。低压断路器的触点系统一般由主触点、弧触点和辅助触点组成。灭弧装置采用栅片灭弧方法，灭弧栅一般由长短不同的钢片交叉组成，放置在绝缘材料的灭弧室内，构成低压断路器的灭弧

图 1-34　低压断路器的实物图

装置。保护装置由各类脱扣器（包括过电流脱扣器、欠电压脱扣器、热脱扣器、分励脱扣器和自由脱扣机构）构成。开关是靠操作机构手动或电动合闸的。触点闭合后，自由脱扣器机构将触点锁在合闸位置上。当电路发生故障时，通过各自的脱扣器使自由脱口机构动作，自动跳闸，以实现短路、失压、过载等保护功能。低压断路器有较完善的保护装置，但构造复杂、价格较贵、维修麻烦。低压断路器的内部结构如图 1-35 所示。

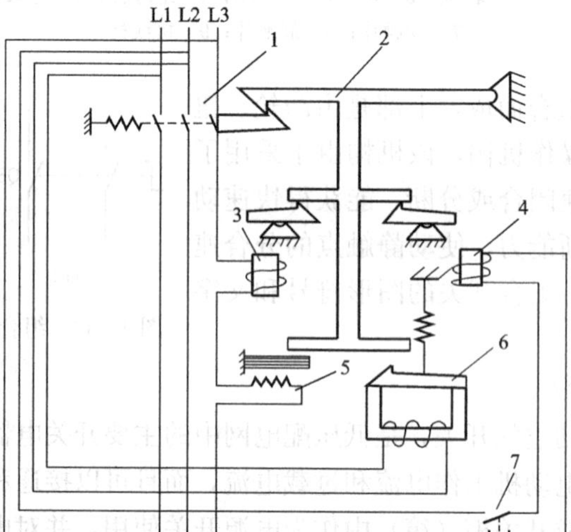

图 1-35　低压断路器的内部结构

1—主触点；2—自由脱扣机构；3—过电流脱扣器；4—分励脱扣器；
5—热脱扣器；6—欠电压脱扣器；7—启动按钮

（2）工作原理。如图 1-35 所示，图中低压断路器的 3 个副主触点串联在被保护的三相主电路中，当搭钩钩住弹簧时，主触点保持闭合状态。当电路发生短路或严重过载时，过电流脱扣器的衔铁吸合，使自由脱扣器机构动作，切断主触点，实现了短路保护；当电路过载时，热脱扣器的热元件发热使双金属片向上弯曲，推动自由脱扣机构动作，切断主触点，实现了过载保护；当电路欠电压时，欠电压脱扣器的吸力减小或失去吸力，将衔铁释放，也使自由脱扣机构动作，切断主触点，实现了失压保护；分励脱扣器则作为远距离控制用，在正常工作时，其线圈是断电的，在需要距离控制时，按下启动按钮，使线圈通电，衔铁带动自由脱扣机构动作，使主触点断开。

（3）常用的低压断路器。目前，常用的低压断路器主要按结构形式分为万能框架式断路器、塑壳式断路器和模块式断路器。

1）万能框架式断路器。万能框架式断路器主要由触点系统、操作机构、过电流脱扣器、分励脱扣器、欠电压脱扣器、附件及框架等部分组成，全部组件进行绝缘后装于框架结构底座中。万能框架式断路器一般容量较大，具有较高的短路分断能力和较高的动稳定性，适用于交流 50Hz，在额定电压 380V 的配电网络中作为配电干线的主保护。

目前，万能框架式断路器常用的主要系列型号有 DW16（一般型）、DW15、DW15HH（多功能、高性能型）、ME、AE、AH 等。其中，DW15 系列断路器是我国自行研制生产的，全系列具有 1000A、1500A、2500A 和 4000A 等几个型号；ME、AE、AH 等系列断路器是利用引进技术生产的，它们的规格型号较为齐全（ME 开关电流等级从 630A 至 5000A 共 13 个等级），额定分断能力比 DW15 系列更强，常用于低压配电干线的主保护。

2）塑壳式断路器。塑壳式断路器的主要特征是有一个采用聚酯绝缘材料模压而成的外壳，这个封闭型外壳内装触点系统、灭弧室及脱扣器等，可手动或者电动（对大容量断路器而言）合闸，有较高的分断能力和动稳定性，有较完善的选择性保护功能，广泛用于配电线路。

目前，塑壳式断路器常用系列型号有 DZ15、DZ20、DZX19 和 C65N 等，其他型号有 H（引进美国西屋电气公司技术制造）、NZM（德国金钟默勒公司）等系列。其中，C65N 断路器具有体积小，分断能力高、限流性能好、操作轻便，型号规则齐全、可以方便地在单级结构基础上组合成二级、三级、四级断路器等优点，广泛使用于 60A 及以下的民用照明支干线及支路中（多用于住宅用户的进线开关及商场照明支路开关）。

3）模块式小型断路器。模块式小型断路器在结构上具有外形尺寸模数化（9mm 的倍数）和安装导轨化的特点，常用的主要型号有 C45、DZ47 等系列。

（4）低压断路器的型号含义如下。

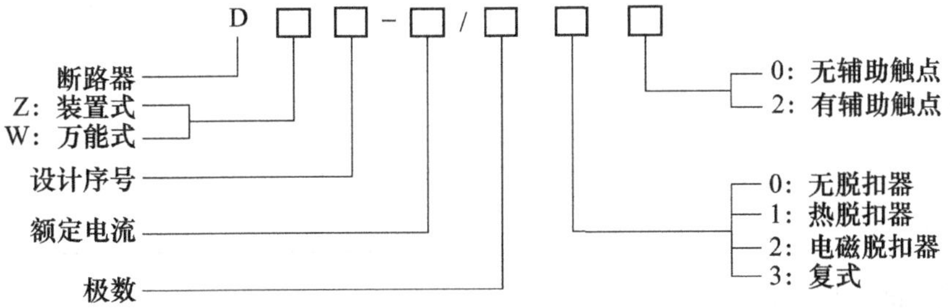

（5）低压断路器的图形符号和文字符号如图 1-36 所示。

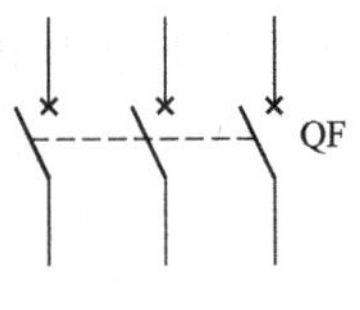

图 1-36　低压断路器的图形符号和文字符号

(6) 低压断路器的主要技术参数。

国产低压断路器 DZ15、DZX10 系列的技术参数见表 1-10 和表 1-11。

表 1-10　DZ15 系列断路器的技术参数

<table>
<tr><th>型　号</th><th>壳架额定电流
/A</th><th>额定电压
/V</th><th>级数</th><th>脱扣器额定电流
/A</th><th>额定短路通断能力
/kA</th><th>电气、机械寿命
/次</th></tr>
<tr><td>DZ15-40/1901</td><td rowspan="4">40</td><td>220</td><td>1</td><td rowspan="4">6，10，16，20，
25，32，40</td><td rowspan="4">3
(cosφ=0.9)</td><td rowspan="4">15000</td></tr>
<tr><td>DZ15-40/2901</td><td rowspan="3">380</td><td>2</td></tr>
<tr><td>DZ15-40/3901
DZ15-40/3902</td><td>3</td></tr>
<tr><td>DZ15-40/4901</td><td>4</td></tr>
<tr><td>DZ15-63/1901</td><td rowspan="4">63</td><td>220</td><td>1</td><td rowspan="4">10，16，20，25，
32，40，50，63</td><td rowspan="4">5
(cosφ=0.7)</td><td rowspan="4">10000</td></tr>
<tr><td>DZ15-63/2901</td><td rowspan="3">380</td><td>2</td></tr>
<tr><td>DZ15-63/3901
DZ15-63/3902</td><td>3</td></tr>
<tr><td>DZ15-63/4901</td><td>4</td></tr>
</table>

表 1-11　DZX10 系列断路器的技术参数

<table>
<tr><th rowspan="2">型　号</th><th rowspan="2">级数</th><th rowspan="2">脱扣器额定电流/A</th><th colspan="2">附件</th></tr>
<tr><th>欠电压（或分励）脱扣器</th><th>辅助触点</th></tr>
<tr><td>DZX10-100/22</td><td>2</td><td rowspan="4">63，80，100</td><td rowspan="12">欠电压：AC220，380
分励：AC220，380
DC24，48，110，220</td><td rowspan="4">一开一闭
两开两闭</td></tr>
<tr><td>DZX10-100/23</td><td>2</td></tr>
<tr><td>DZX10-100/32</td><td>3</td></tr>
<tr><td>DZX10-100/33</td><td>3</td></tr>
<tr><td>DZX10-200/22</td><td>2</td><td rowspan="4">100，120，140，
170，200</td><td rowspan="8">两开两闭
四开四闭</td></tr>
<tr><td>DZX10-200/23</td><td>2</td></tr>
<tr><td>DZX10-200/32</td><td>3</td></tr>
<tr><td>DZX10-200/33</td><td>3</td></tr>
<tr><td>DZX10-630/22</td><td>2</td><td rowspan="4">200，250，300，350，
400，500，630</td></tr>
<tr><td>DZX10-630/23</td><td>2</td></tr>
<tr><td>DZX10-630/32</td><td>3</td></tr>
<tr><td>DZX10-630/33</td><td>3</td></tr>
</table>

(7) 低压断路器的选用。

1）根据线路对保护的要求确定低压断路器的类型和保护形式，如框架式、塑料外壳式或限流式等。

2）低压断路器的额定电压和额定电流应不小于电路正常工作电压和工作电流。

3）热脱扣器的整定电流应与所控制的电动机的额定电流或负载额定电流一致。

4）欠电压脱扣器额定电压应等于被保护线路的额定电压。

5）过电流脱扣器的额定电流大于或等于线路的最大负载电流。

6）断路器的极限分断能力应大于线路的最大短路电流的有效值。

7）配电线路中的上、下级断路器的保护特性应协调配合，下级的保护特性应位于上级保护特性的下方且不相交。

8）初步选定低压断路器的类型和各项技术参数后，还要和其上、下级开关做保护特性的协调配合，从总体上满足系统对选择性保护的要求。

1.4.2 熔断器

熔断器是一种广泛应用的最简单有效的保护电器之一，其主要组成是低熔点金属丝或金属薄片制成的熔体。当使用时，熔体串联在被保护的电路中，正常情况下，熔体相当于一根导线，当发生短路或过载时，电流很大，熔体因过热熔化而切断电路。

熔断器在电路中作过载和短路保护之用，作为保护电器，具有结构简单、体积小、质量轻、使用和维护方便、价格低廉、可靠性高等优点。熔断器互相配合或与其他开关电器的保护特性配合，在一定短路电流范围内可满足选择性保护要求。熔断器与其他开关电器组合可构成各种熔断器组合电器，如熔断器式隔离器、熔断器式刀开关、隔离器熔断器组和负荷开关等。

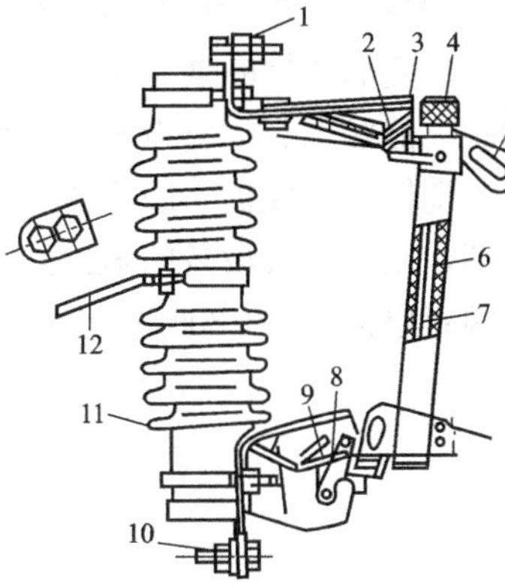

图 1-37 RW4-10 型跌落式熔断器的基本结构

1—上接线端；2—上静触点；3—上动触点；4—管帽；5—操作环；6—熔管；7—熔体；8—下动触点；9—下静触点；10—下接线端；11—绝缘子；12—固定安装板

1. 熔断器的结构及工作原理

熔断器一般由绝缘底座、熔体、熔管、填料及导电部件等组成。熔体是熔断器的主要组成部分，它既是检测元件又是执行元件。熔体由易熔金属材料铅、锡、银、铜及合金制成，通常做成丝状、片状、带状或笼状。熔管一般由硬质纤维或瓷质绝缘材料制成半封闭式或封闭式外壳，熔体装于其内。熔管的作用是便于安装熔体和有利于熔体熔断时熄灭电弧。如图 1-37 所示是 RW4-10 型跌落式熔断器的基本结构。

熔断器串联于被保护电路中，当电路发生短路或过电流时，通过熔体的电流使其发热，当达到熔体金属溶化温度时就会自行熔断。这期间伴随着燃弧和熄弧过程，随之切断故障电路，起到保护作用。

2. 熔断器的安—秒特性

熔断器的安—秒特性也称熔化特性，或保护特性，反映熔体的通过电流与熔断时间之间的关系，它和热继电器的保护特性一样，也具有反时限特性。因为电流通过熔体时产生的热量与电流的二次方和电流通过的时间成正比，因此电流越大，熔体熔断的时间越短。如图 1-38所示，这里 I 为熔体电流，t 为熔断时间。在特性中，有一个熔断电流与不熔断电流的分界线，与此相对应的电流称为最小熔断电流 I_R，熔体在额定电流下，绝不应熔断，所以最小熔断电流必须大于额定电流。

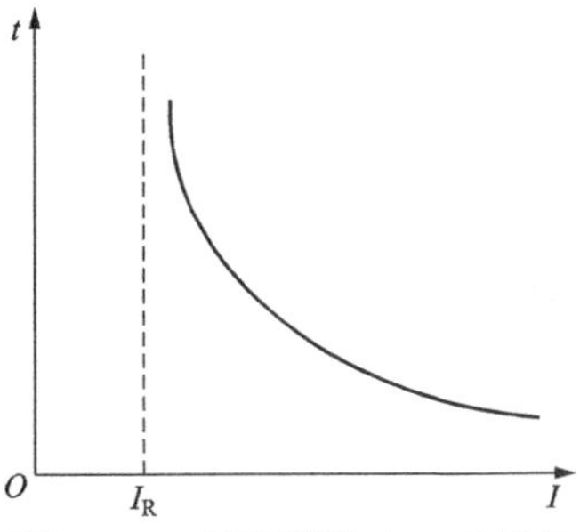

图 1-38 熔断器的安—秒特性

电路正常工作时，流过熔体的电流小于或等于它的额定电流。这时，由于熔体发热温度尚未达到熔体的熔点，所以熔体不会熔断，电路仍保持接通。因此，熔断器对轻度过载反应比较迟钝，一般只能作短路保护用。如表 1-12 中列出了某熔断器的熔断电流与熔断时间的数值关系。

表 1-12 熔断器安—秒特性数值关系

熔断电流	$(1.25\sim1.3)I_N$	$1.6I_N$	$2I_N$	$2.5I_N$	$3I_N$	$4I_N$
熔断时间	∞	1h	40s	8s	4.5s	2.5s

3. 熔断器的分类

熔断器的种类很多，按结构来分有瓷插式、螺旋式、无填料密封管式和有填料密封管式。按用途来分有一般工业用熔断器、半导体器件保护用快速熔断器和特殊熔断器（如具有两段保护特性的快慢动作熔断器、自复式熔断器）。

（1）瓷插式熔断器。常用的瓷插式熔断器为 RC1A 系列，如图 1-39 所示，它由瓷盖、瓷底座、静触点、动触点和熔体组成，动触点在瓷盖两端，熔体沿凸起部分跨接在两个动触点上。瓷插式熔断器一般用于交流 50Hz，额定电压 380V 及以下、额定电流 200A 以下的电路末端，用于电气设备的短路保护和照明电路的保护，具有价格便宜、更换方便的优点。熔断器额定电流为 5～200A，分 7 种规格。

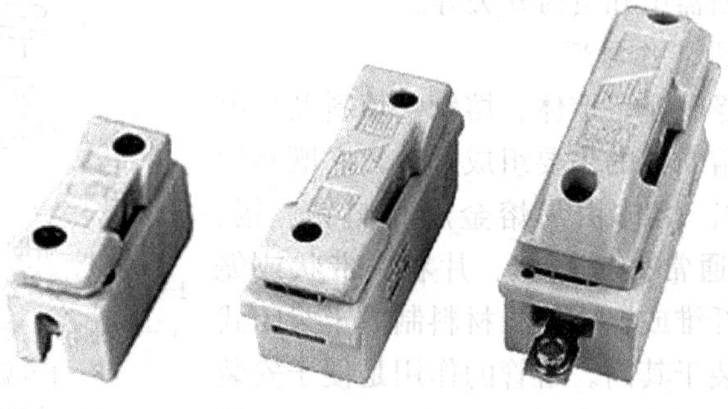

图 1-39 瓷插式熔断器

（2）有填料螺旋式熔断器。如图 1-40 所示，它由瓷帽、熔管、瓷套及瓷座等组成。熔管是一个瓷管，其一端标有不同颜色的熔断指示器，当熔体熔断时指示器弹出，便于发现并

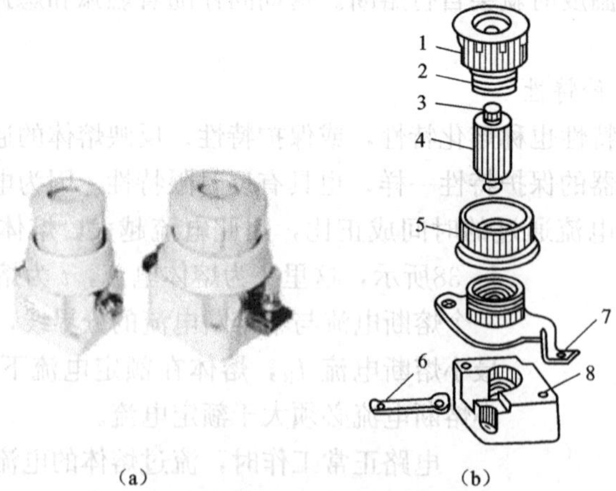

图 1-40 有填料螺旋式熔断器

(a) 外型；(b) 结构

1—瓷帽；2—熔管；3—瓷套；4—上接线端；5—下接线端；6—瓷座；7—上接线座；8—下接线座

更换同型号的熔管。有填料螺旋式熔断器外形结构如图 1-40（b）所示。这种熔断器的特点是其熔管内充满了石英砂填料，以增强熔断器的灭弧能力。因为石英砂具有很大的热惯性与较高的绝缘性能，且它为颗粒状，同电弧接触面大，能大量吸收电弧的能量，使电弧很快冷却，从而能够加快电弧熄灭过程。

（3）无填料封闭管式熔断器。这种熔断器由熔管、熔体和插座组成，熔体被封闭在无充填料的熔管内，其外形结构如 1-41 图所示。15A 以上熔断器的熔管由钢纸管、黄铜套管和黄铜帽等构成，新产品中熔管已用耐电弧的玻璃钢制成。常用的无填料封闭管式熔断器有 RM7 和 RM10 系列。这种熔断器的额定电流范围为 15～1000A，分为 7 种规格。这种结构的熔断器有两个特点：一是采用变截面锌片作熔体。当电路过载或短路时，变截面锌片狭窄部分的温度急剧升高并首先熔断，在短路时，熔体的几个狭窄部分同时熔断，形成较大空隙，灭弧更容易；二是采用钢纸管或三聚氰胺玻璃作熔管，当熔体熔断时，熔管在电弧作用下，分解大量气体，使管内压力迅速增大，促使电弧迅速熄灭。这种熔断器的优点是灭弧力强，熔体更换方便，被广泛用于发电厂、变电所和电动机的保护。

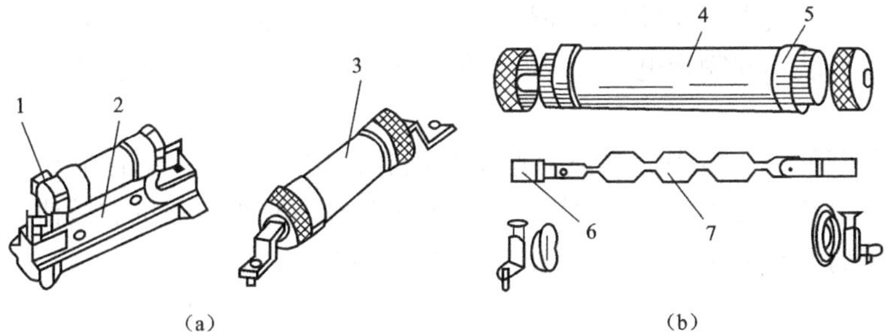

图 1-41 无填料封闭式熔断器

（a）外型；（b）结构

1—插座；2—底座；3—熔管；4—钢纸管；5—黄铜套管；6—触刀；7—熔体

（4）新型熔断器。自复式熔断器是应用非线性电阻元件（金属钠等）在高温下电阻特性突变的原理制成的。自复式熔断器由金属钠制成熔丝，它在常温下具有高电导率（略次于铜），短路电流产生的高温能使钠汽化，气压增高，高温高压下气态钠的电阻迅速增大，呈高电阻状态，从而限制了短路电流。当短路电流消失后，温度下降，气态钠又变为固态钠，恢复原来良好的导电性能，故自复式熔断器可重复使用。因其只能限流，不能分断电路，故常与断路器串联使用，以提高分断能力。目前自复式熔断器有 RZ1 系列熔断器，它适用于交流 380V 的电路中与断路器配合使用。熔断器的实物如图 1-42 所示。

图 1-42 熔断器

4. 熔断器的图形和文字符号

熔断器型号的含义及电气图形和文字符号如图 1-43 所示。

5. 熔断器的主要技术参数

（1）额定电压。熔断器的额定电压是指熔断器长期工作时和分断后能够承受的电压，它取决于线路的额定电压，其值一般等于或大于电气设备的额定电压。

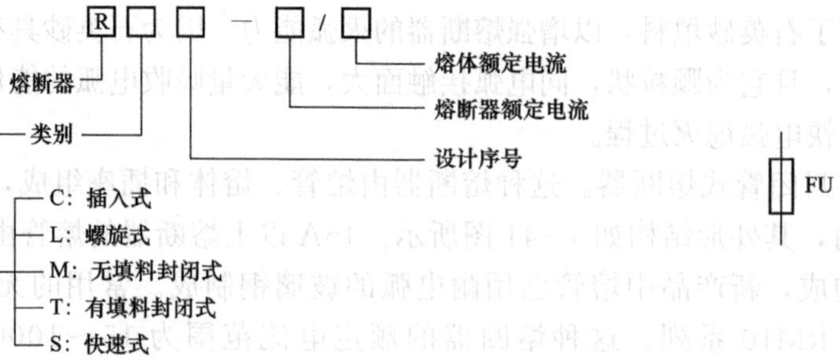

(a) (b)

图1-43 熔断器的型号含义及图形和文字符号

(a) 熔断器型号含义；(b) 熔断器的电气图形和文字符号

(2) 额定电流。

熔体的额定电流表示熔体在正常工作时不熔断的工作电流。熔断器的额定电流是指熔断器长期工作时，各部分温升不超过规定值时所能承受的电流。

熔断器的额定电流等级比较少，而熔体的额定电流等级比较多，即在一个额定电流等级的熔断管内可以分装不同额定电流等级的熔体，但熔体的额定电流最大不能超过熔断器额定电流。

(3) 极限分断能力。极限分断能力通常是指在额定电压及一定的功率因数（或时间常数）下切断短路电流的极限能力，常用极限断开电流值（周期分量的有效值）来表示。熔断器的极限分断能力必须大于线路中可能出现的最大短路电流。

6. 熔断器的选型

熔断器的选型主要是选择熔断器的类型、额定电流、额定电压。

(1) 熔断器类型的选择。熔断器主要根据使用场合及负载的保护特性和短路电流的大小来选择不同的类型。例如：对于容量小的电动机和照明支线，作为过载及短路保护，通常选用铅锡合金熔体的RQA系列熔断器；对于较大容量的电动机和照明干线，则应着重考虑短路保护和分断能力，通常选用具有较高分断能力的RM10和RL1系列的熔断器；当短路电流很大时，宜采用具有限流作用的RT0和RT12系列的熔断器。

(2) 熔体的额定电压和电流的选择。

1) 熔断器的额定电压选择必须等于或高于熔断器安装处的电路额定电压。

2) 保护无启动过程的平稳负载（如照明线路、电阻、电炉等）时，熔体额定电流略大于或等于负荷电路中的额定电流。

3) 保护单台长期工作的电机时，熔体电流可按最大启动电流选取，也可按下式选取：

$$I_{RN} \geqslant (1.5 \sim 2.5) I_N$$

式中：I_{RN}为熔体额定电流，I_N为电动机额定电流。

如果电动机频繁启动，式中系数1.5～2.5可适当加大至3～3.5，具体应根据实际情况而定。

4) 保护多台长期工作的电机供电干线可按下式选取：

$$I_{RN} \geqslant (1.5 \sim 2.5) I_{Nmax} + \sum I_N$$

式中：I_{Nmax}为容量最大单台电机的额定电流，$\sum I_N$为其余电动机额定电流之和。

1.5 主 令 电 器

主令电器是自动控制系统中用于发送或转换控制指令的辅助控制电器，用于控制接触器、继电器或其他电器线圈，使电路接通或分断，从而到达控制生产机械的目的。主令电器应用广泛，种类繁多，按其作用可以分为控制按钮、行程开关、限位开关、接近开关、万能转换开关（组合开关）、主令电器及其他主令电器，如脚踏开关、倒序开关、紧急开关、钮子开关等。

1.5.1 按钮开关

1. 按钮开关的结构和原理

按钮开关是一种应用十分广泛的主令电器。按钮在低压控制电路中用于手动发出控制信号，以控制电路自动工作。

按钮开关由按钮帽、复位弹簧、桥式触点和外壳组成，如图 1-44 所示。

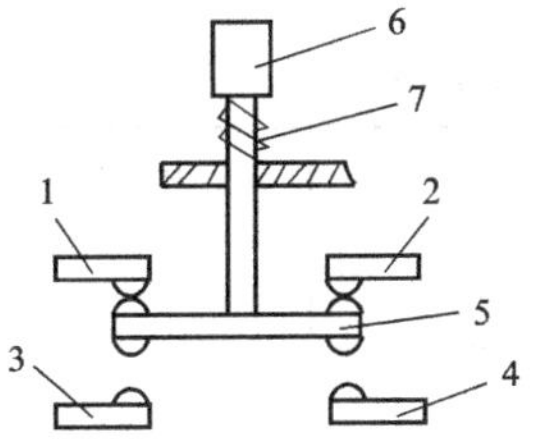

图 1-44 按钮的结构图

1、2—动断静触点；3、4—动合静触点；5—桥式触点；6—按钮帽；7—复位弹簧

2. 按钮开关的分类

按钮开关按用途和结构的不同，分为启动按钮、停止按钮和复合按钮等。

启动按钮带有动合触点，手指按下按钮帽，动合触点闭合；手指松开，动合触点复位。启动按钮的按钮帽采用绿色。

停止按钮带有动断触点，手指按下按钮帽，动断触点断开；手指松开，动断触点复位。停止按钮的按钮帽采用红色。

复合按钮带有动合触点和动断触点，手指按下按钮帽，先断开动断触点再闭合动合触点；手指松开，动合触点和动断触点先后复位。复合按钮用于联锁控制电路中。

国产按钮开关产品有 LAY、LA、NP 等系列。国外进口及引进产品品种亦很多。新型产品和国外品牌产品多是模块组合式，选购时需要根据需要分别选用不同形式的按钮、基座和触点模块等部件组装而成。

3. 按钮开关的型号意义

按钮开关的型号意义如下。

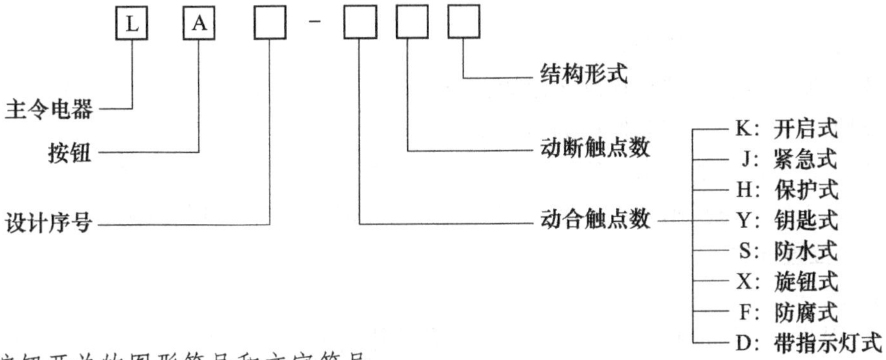

4. 按钮开关的图形符号和文字符号

按钮开关的图形符号和文字符号如图 1-45 所示。

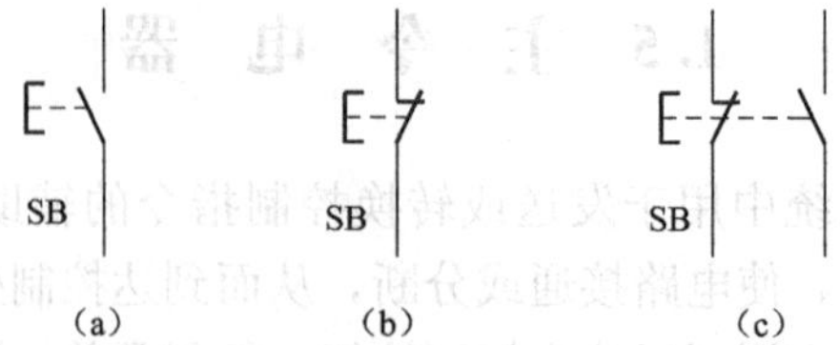

图 1-45 按钮开关的图形符号和文字符号
(a) 动合触点；(b) 动断触点；(c) 复式触点

5. 按钮开关的主要技术参数

常用按钮开关的主要技术参数见表 1-13。

表 1-13 **常用按钮开关的技术参数**

型号	额定电压/V	额定电流/A	结构形式	触点对数/副		按钮数	按钮颜色
				动合	动断		
LA2	500	5	元件	1	1	1	黑、绿、红
LA10-2K	500	5	元件（开启式）	2	2	2	黑、绿、红
LA10-3K	500	5	元件（开启式）	3	3	3	黑、绿、红
LA10-2H	500	5	元件（保护式）	2	2	2	黑、绿、红
LA10-3H	500	5	元件（保护式）	3	3	3	红、绿、红
LA18-22J	500	5	元件（紧急式）	2	2	1	红
LA18-44J	500	5	元件（紧急式）	4	4	1	红
LA18-66J	500	5	元件（紧急式）	6	6	1	红
LA18-22Y	500	5	元件（钥匙式）	2	2	1	本色
LA18-44Y	500	5	元件（钥匙式）	4	4	1	本色
LA18-22X	500	5	元件（旋钮式）	2	2	1	黑
LA18-44X	500	5	元件（旋钮式）	4	4	1	黑
LA18-66X	500	5	元件（旋钮式）	6	6	1	黑
LA19-11J	500	5	元件（紧急式）	1	1	1	红
LA19-11D	500	5	元件（带指示灯）	1	1	1	红、绿、黄、蓝、白

6. 按钮开关的选用

按钮开关的选用主要遵循以下原则。

（1）根据使用场合，选择控制按钮的种类，如开启式、防水式、防腐式等。

（2）根据用途，选择控制按钮的结构型式。

（3）根据控制回路的需求，确定按钮数，如单按钮、双钮、三钮、多钮等。

（4）根据工作状态指示和工作情况的要求，选择按钮及指示灯的颜色。

1.5.2 位置开关

1. 行程开关

（1）行程开关的结构和原理。行程开关又称为限位开关或位置开关，是一种利用生产机械运动部件的碰撞来发出控制指令的主令电器。是用于控制机械设备的运动方向、行程或位置的一种自动控制器件。

行程开关品种繁多，结构形式多种多样，但其基本结构主要由滚轮和撞杆（操作机构）、触点系统（微动开关）、接线端子、传动部分和壳体等几个部分组成。按结构不同可以分为直动式、滚轮式、微动式。行程开关结构如图 1-46 所示。

行程开关的结构、工作原理与按钮基本相同。区别是行程开关不靠手动而是利用运动部件上的挡块碰压而使触点动作，有自动复位和非自动复位两种。行程开关的图形、文字型号如图 1-47 所示。

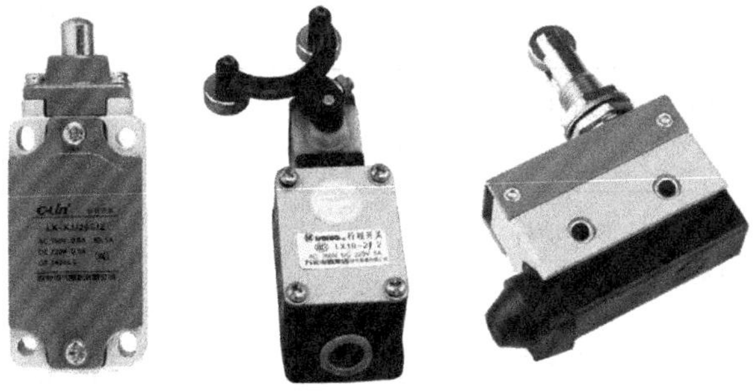

(a) (b) (c)

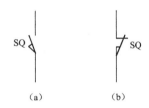

图 1-46 行程开关的结构图

(a) 直动式；(b) 滚动式；(c) 微动式

(a) (b)

图 1-47 行程开关的图形、文字型号

(a) 动合触点；(b) 动断触点

目前，国内生产的行程开关有 LS、LX、LXK、LXW、WL、JLXK 等系列。另外还有大量的国外及我国香港、台湾地区的产品。

(2) 行程开关的型号意义。

行程开关的型号意义如下。

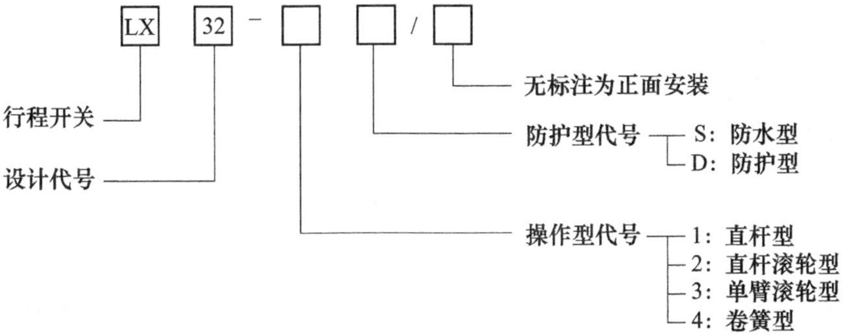

(3) 行程开关的主要技术参数。

行程开关的主要技术参数见表 1-14。

表 1-14　　行程开关的主要技术参数

型　号	额定电压 /V	额定电流 /A	结构形式	触点对数		工作行程	超行程
				动合	动断		
LX19K	交流 380 直流 220	5	元件	1	1	3mm	1mm
LX19-001	交流 380 直流 220	5	无滚轮，仅用传动杆，能自复位	1	1	<4mm	>3mm

续表

型　　号	额定电压/V	额定电流/A	结构形式	触点对数		工作行程	超行程
				动合	动断		
LXK19-111	交流 380 直流 220	5	单轮，滚轮装在传动杆内侧，能自动复位	1	1	0～30°	0～20°
LX19-121	交流 380 直流 220	5	单轮，滚轮装在传动杆外侧，能自动复位	1	1	0～30°	0～20°
LX19-131	交流 380 直流 220	5	单轮，滚轮装在传动杆凹槽内	1	1	0～30°	0～20°
LX19-212	交流 380 直流 220	5	双轮，滚轮装在U形传动杆内侧，不能自动复位	1	1	0～30°	0～15°
LX19-222	交流 380 直流 220	5	双轮，滚轮装在U形传动杆外侧，不能自动复位	1	1	0～30°	0～15°
LX19-232	交流 380 直流 220	5	双轮，滚轮装在U形传动杆内外侧各一，不能自动复位	1	1	0～30°	0～15°
JLXK1-111	交流 500	5	单轮防护式	1	1	12°～15°	≤30°
JLXK1-211	交流 500	5	双轮防护式	1	1	0～45°	≤45°
JLXK1-311	交流 500	5	直动防护式	1	1	1～3mm	2～4mm
JLXK1-411	交流 500	5	直动滚轮防护式	1	1	1～3mm	2～4mm

（4）行程开关的选用原则。

1）根据应用场合及控制对象选择种类。

2）根据安装使用环境选择防护对象。

3）根据控制回路的电压和电流选择行程开关系列。

4）根据此运动机械与行程开关的传力和位移关系选择行程开关的头部型式。

2. 接近开关

（1）接近开关的结构和原理。接近开关又称无触点行程开关，是一种非接触式位置开关（传感器），它不仅能代替有触点行程开关，还可以用于高频计数、测速、页面控制、零件尺寸检测、加工程序的自动衔接等的非接触式控制。

接近开关由感应头、振荡器、放大器和外壳组成。它的原理框图如图1-48所示。当运动部件与接近开关的感应头接近时，输出器就会检测信号。接近开关按其工作原理分类，有

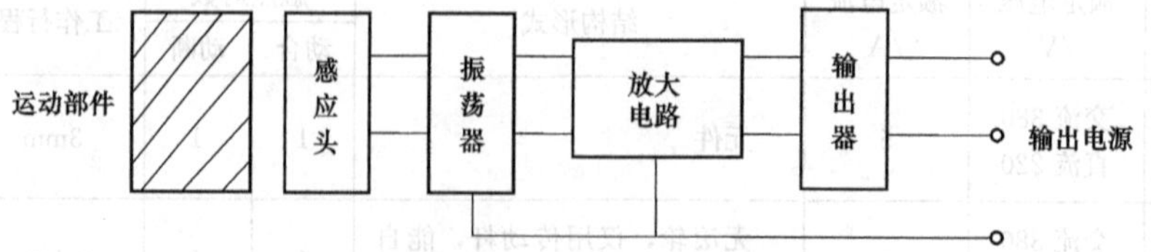

图1-48　接近开关的原理框图

电感式、电容式、霍尔式、超声波式、红外光电式、非磁性金属感应智能式等。工作电源种类有交流和直流两种；输出形式有两线制、三线制和四线制三种，输出类型有 NPN 型、互补 NPN 型晶体管输出和继电器输出等。

接近开关的图形与文字符号如图 1-49 所示。

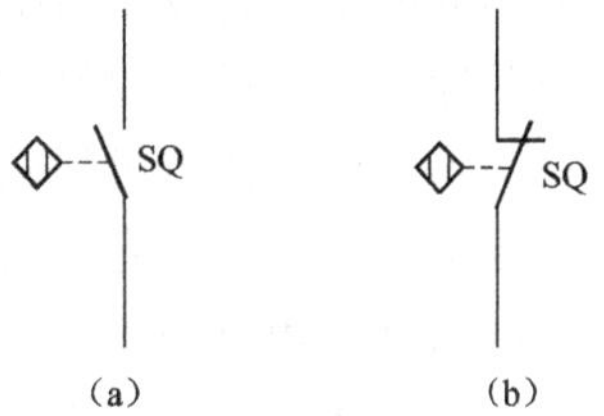

图 1-49 接近开关的图形与文字符号

(a) 动合触点；(b) 动断触点

(2) 接近开关的分类。

1) 电感式接近开关。电感式接近开关有模拟量输出电感式、本安型、永磁式等类型。

模拟量输出电感式接近开关又称线性位移传感器，与普通电感式接近开关工作原理相同，但没有固定的开关点，而是当金属检测物接近检测面时，输出一个与目标物的距离（与目标物的材质有关）成比例的电流或电压线性输出信号，经线性处理，被内部信号放大器放大后输出。

本安型接近开关又称 NAMUR 开关或安全开关，由电感振荡器和解调器组成，它能将金属检测物与传感器的位移变化转换成电流信号的变化，安装在有爆炸危险的环境中，通常与相应的放大开关一起使用。

永磁式接近开关又称舌簧传感器或磁性开关，它利用永久磁铁的吸力驱动舌簧开关而输出信号。当磁性目标接近时，舌簧闭合，经放大输出开关信号。适用于气动、液压、气缸和活塞泵的位置测定及限位开关，能安装在金属中，可紧密安装，可穿过金属进行检测。其检测距离随检测体磁场的强弱变化而变化。

电感式接近开关的产品种类十分丰富，常用的国产接近开关有 LJ、LM、PL、CJ、SJ、AB 和 LXJ 等，另外，国外及引进产品亦在国内应用广泛。

2) 电容式接近开关。电容式接近开关主要是由电容式高频振荡器和放大器组成，感应界面是一个圆形平板电极，与振荡电路的地线形成传感界面分布电容。如果没有物体接近感应界面，带浮动电极的高频振荡器不振荡，当有金属导体或其他介质物体（固体、液体或粉状物体）接近传感界面时，使浮动电极产生的电场变化，物体和接近开关的介电常数发生变化，从而改变其耦合电容值，高频振荡器产生振荡，从而使输出信号发生跃变，经放大器输出电信号。振荡器的振荡和停振信号由放大器转换成二进制开关信号，从而起到“开”“关”的控制作用。电容式接近开关广泛应用于机械、制药、钢铁、玻璃、化工、造纸、物流、包装、采矿等领域。

3) 光电式接近开关。光电式接近开关简称光电开关，它是利用光电效应原理将光强度的变化转换成电信号的变化，利用投光器发出的光束、被检测物对光束的遮挡或反射，由同步回路选通电路，从而检测物理物体有无。所有能反射光线的物体均可被检测。

根据光电开关在检测物体时投光器所发出的光线被折回到受光器的途径的不同，光电开关可分为遮断型和反射型两类。反射式光电开关又分为反射镜反射型及被测物漫反射型。具体产品有漫反射式、镜反射式、对射式、槽式和光纤式等。

光电开关应用广泛，如用于对材料的定位剪切控制；控制液位的上下限值。另外在行程控制、直径限制、转速检测、气流量控制等方面也广泛应用。

4) 霍尔接近开关。霍尔接近开关是一种有源磁电转换器件，是在霍尔效应原理的基础上，利用集成封装工艺制作而成，它把磁感应强度 B 输入信号转换成数字电压（电流）信号，具有记忆保持功能。能直接和晶体管及TTL MOS等逻辑电路连接。霍尔接近开关由电压调整、霍尔电压发生器、差分放大器、施密特触发器和集电极开路的输出级组成。

5）超声波接近开关。超声波接近开关主要由压电陶瓷传感器、发射超声波和接受反射波用的电子装置及调节检测范围用的程控桥式开关等部分组成。当超声波接近开关发出超声波脉冲时，通过接收反射波计算出检测距离，并转换为输出信号，继电器和模拟量输出。它在6cm～10m范围可精确测量至毫米，具有很好的重复精确性，对于恶劣的工业环境中，其性能不受声、电、光、灰尘和污物的影响。常用来检测液面、定位、限位或堆垛探测控制、高度测量、距离测量、装瓶计数等。

（3）接近开关选用原则。

1）在一般的工业生产场所，通常都选用涡流式接近开关和电容式接近开关。

2）在环境条件比较好、无灰尘污物的场合，可采用光电接近开关。

3）在防盗系统中，自动门通常使用热释电接近开关、超声波接近开关、微波接近开关。

1.5.3 万能转换开关

1. 万能转换开关的原理和结构

万能转换开关是一种多挡多段、控制多回路的主令电器，当操作手柄转动时，带动开关内部的凸轮转动，从而使触头按规定顺序闭合或断开。目前，常用的转换开关类型主要有万能转换开关和组合开关两大类。两者的结构和工作原理类似，组合开关是一种专用于某种场合下的专用开关，万能转换开关是一种通用型开关，在某种应用场合下两者可相互替代。

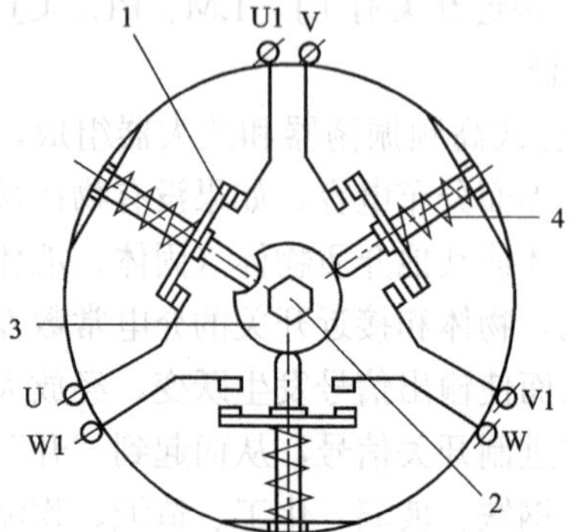

图1-50 转换开关结构示意图

1—触点；2—转轴；3—凸轮；4—触点，弹簧

万能转换开关由接触系统、定位机构、手柄、多层绝缘壳体等部件组成。动触头是双断点对接式的触桥并装在可动支架中，在手柄转轴旋转至不同位置时，相应的电路接通或断开。转换开关结构示意图如图1-50所示。

定位机构采用棘轮棘爪式结构，不同的棘轮和凸轮可组成不同的定位模式，从而得到不同的输出开关状态，即手柄操作位置是以角度表示的，触点的分合状态与操作手柄的位置有关，如0°、30°、45°、60°、90°、120°等多种定位角度，手柄在不同的转换角度，触点的状态是不同的，可按要求组成不同接法的开关，以适应不同电路的要求。

万能转换开关的图形及文字符号如图1-51（a）所示，其触点接线表可从设计手册中查到。如图1-51（b）所示，显示了开关的挡位、触点数目及接通状态，表中“×”表示触点接通，空白表示断开，由接线表才可以画出其图形符号，如图1-51（a）所示。其具体画法是：用虚线表示操作手柄的位置，用“·”表示触点的闭合和打开状态，即若触点图形符号下方的虚线位置上画“·”，则表示当操作手柄处在该位置时，该触点处于闭合状态；若在虚线位置上未画“·”，则表示该触点处于打开状态。

常用的万能转换开关有LW5、LW6、LW12、LW15等系列。

2. 转换开关的选用原则

转换开关选用原则如下。

(1) 按额定电压和工作电流选用相应的万能转换开关系列。

(2) 按操作需要选定手柄式和定位特征。

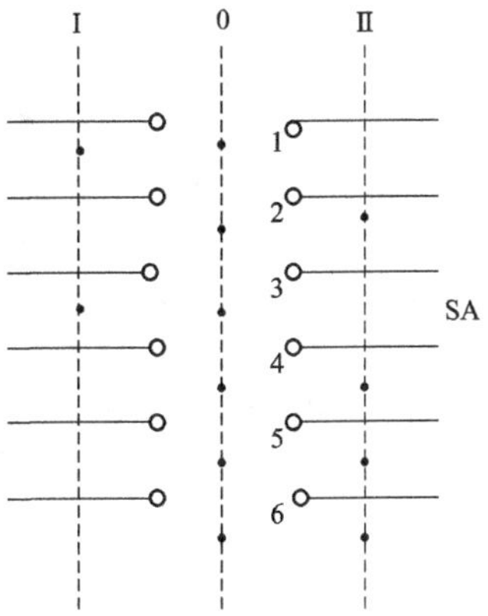

(a)

触点号	I	0	II
1	×	×	
2		×	×
3	×	×	
4		×	×
5		×	×
6		×	×

(b)

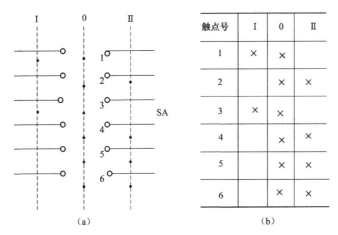

图 1-51 万能转换开关符号及通断表

(a) 图形及文字符号；(b) 通断表

(3) 按控制要求参照转换开关产品样本，确定触点数量和接线图编号。

(4) 按用途选择面板及标志。

1.6 低压电器的产品型号

为了管理、生产和使用方便，对各种用途结构的低压电器，都要按照标准规定编制型号。我国低压电器产品按 4 级制规定编制型号。

1.6.1 全型号组成形式

全型号组成形式如下。

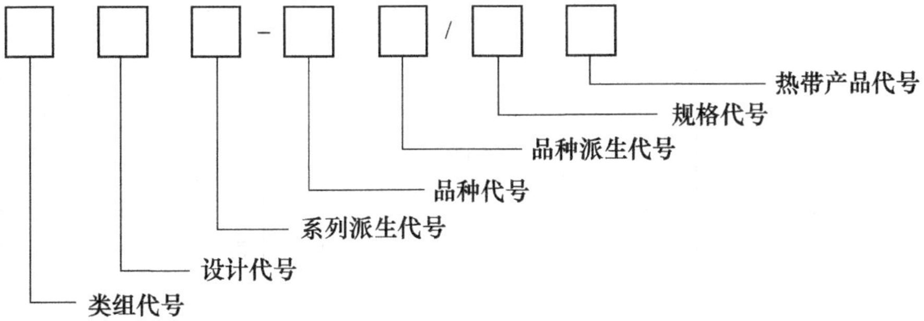

1.6.2 全型号各组成部分的确定

1. 类组代号

第一级和第二级代表电器的类别和特征，并以汉语拼音字母表示。第一位为类别代号；第二、第三位为组别代号，表示产品名称。低压电器产品的类别及组别代号见表 1-15，其

表 1-15 低压电器产品的类别及组别代号

代号	名称	A	B	C	D	G	H	J	K	L	M	P	Q	R	S	T	U	W	X	Y	Z
H	刀开关和转换开关	—	—	—	单投（板用）刀开关	—	封闭式负荷开关	—	开启式负荷开关	—	—	—	—	熔断器式刀开关	刀型转换开关	—	—	—	—	其他	组合开关
R	熔断器	—	—	插入式	—	—	汇流排式	—	—	螺旋式	无填料封闭管式	—	—	—	快速	有填料封闭管式	—	—	限流	其他	—
D	低压断路器	—	—	—	—	—	—	—	—	—	灭磁	—	—	—	快速	—	—	万能式	限流	其他	塑料式外壳
K	控制器	—	—	—	—	鼓形	—	—	—	—	—	平面	—	—	—	凸轮	—	—	—	其他	—
C	接触器	—	—	—	—	高压	—	交流	—	—	—	中频	—	—	时间	通用	—	—	—	其他	直流
Q	启动器	按钮式	—	磁力	—	—	—	减压	—	—	—	—	—	—	手动	—	油浸	—	Y-△	其他	综合
J	控制继电器	—	—	—	—	—	—	—	—	电流	—	—	—	热	时间	通用	—	温度	—	其他	中间
L	主令电器	按钮	—	—	—	—	—	接近开关	主令控制器	—	—	—	—	—	主令开关	足踏开关	旋钮	万能转换开关	行程开关	其他	—
Z	电阻器	—	板形原件	冲片原件	带形原件	管形原件	—	—	—	—	—	—	—	—	烧结原件	铸铁原件	—	—	电阻器	其他	—
B	变阻器	—	—	悬臂式	—	—	—	—	—	励磁	—	频敏	启动	—	石墨	启动调速	油浸启动	液体启动	滑线式	其他	—
T	调整器	—	—	—	电压	—	—	—	—	—	—	—	—	—	—	—	—	—	—	—	—
M	电磁铁	—	—	—	—	—	—	—	—	—	—	—	牵引	—	—	—	—	起重	—	液压	制动
A	其他	—	触电保护器	插销	灯	—	接线盒	—	—	电铃	—	—	—	—	—	—	—	—	—	—	—

竖排字母是类别代号，横排字母是组别代号。

2. 设计代号

第三级是设计代号，表示同一类产品的设计系列。产品的系列是按不同的设计原理、性能参数及防护种类，并根据优先系数设计的。设计代号用数字表示。

3. 基本规格代号

第四级是基本规格代号，表示产品的品种，用数字表示。

4. 通用派生代号

通用派生代号按表 1 - 16 加注。

表 1 - 16　　通 用 派 生 代 号

派生代号	意　　义
A、B、C、D…	结构设计稍有改进或变化
C	插入式
J	交流、防溅式
Z	直流、自动复位、防震、正向、重任务
W	无灭弧装置、无极性
N	逆向、可逆
S	有锁住机构、手动复位、防水式、三相、3 个电源、双线圈
P	电磁复位、防滴式、单相、两个电源、电压的
K	开启式
H	保护式、带缓冲装置
M	密封式、灭磁、母线式
L	电流的
Q	防尘式、手车式
F	高返回、带分励脱扣
T	按湿热带临时措施制造
TH	湿热带
TA	干热带

习题与思考题

1. 电磁式电器主要由哪几部分构成？各部分的作用是什么？

2. 常用的灭弧方法有哪些？

3. 单相交流电磁机构为什么要设置短路环？它的作用是什么？三相交流电磁铁是否要装设短路环？

4. 接触器是怎样选择的？主要考虑哪些因素？

5. 线圈电压为220V的交流接触器，误接入380V交流电源会发生什么问题？为什么？

6. 熔断器的额定电流、熔体的额定电流和熔体的极限分断电流三者有什么区别？

7. 交流接触器在运行中有时线圈断电后，衔铁仍无法断开，电动机不能停止，这时应该如何处理？故障原因在哪里？应如何排除？

8. 时间继电器和中间继电器在电路中各起什么作用？在什么情况下可以用中间继电器来代替接触器启动电动机？

9. 两个相同的交流线圈能否串联使用？为什么？

10. 某机床的电动机为JO2-42-4型，额定功率为5.5kW，电压为380V，电流为12.5A，启动电流为额定电流的7倍，现用按钮进行启停控制，要有短路保护和过载保护，试选用哪种型号的接触器、按钮、熔断器、热继电器和组合开关？

第二章　电气控制线路的基本环节

电气控制线路是将各种有触点的继电器、接触器、按钮、行程开关等电器元件，按一定方式连接起来组成的。其作用是实现对电力拖动系统的启动、反向、制动和调速等运行性能的控制，实现对拖动系统的保护，满足生产工艺要求，实现生产加工自动化。

任何复杂的电气设备或系统都是由基本控制线路组成的。本章主要介绍组成电气控制线路的基本环节和典型控制线路，由浅入深，由易到难，逐步掌握电气控制线路的分析及阅读方法。

2.1　低压电器的主要技术性能指标

本节从低压电器的使用和选用角度阐述有关低压电器的主要技术性能指标和参数，了解这些内容对正确选用和使用电器元件及正确进行设计工作十分重要。

2.1.1　主电路电器和控制电器

电气控制电路的特性包括电流种类、交流电路的额定频率、额定控制电路电压U_e（性质和频率）、额定控制电源电压U_s（性质和频率）。U_N是在控制电路中控制开关的接触触点上所出现的电压。U_s是加在控制电路的输入端上的电压，由于接入了电源变压器、整流器或电阻器等，控制电源电压可能与控制电路电压不同。U_e和额定频率是决定控制电路绝缘性能的参数。U_s和额定频率是决定控制电路操作和温升特性的参数。正确的操作条件是当控制电路通过最大电流时，控制电源电压值既不应小于$85U_s$，亦不应大于$110U_s$。开路时，控制电源电压应不超过额定控制电源电压U_s的120%。

低压电器根据其在线路中的作用和用途通常分为两大类：主电路开关电器和辅助电路控制电器。

主电路开关电器系指用于电气控制中配电线路或系统主电路中的开关电器及其组合，主要包括刀开关（或刀形转换开关）、隔离器（隔离开关）、熔断器及其与其他开关电器的组合、断路器（包括与其组合或联用的各种脱扣器和继电保护器）、接触器和主要由接触器与继电保护器组成的启动器等。这些开关电器在不同电路中有不同的用途和不同的配合关系，其特征和主要参数也各不相同。选用主电路开关器，首先是要保证满足电路功能要求，即负载要求，同时也要做到所选开关电器在技术、经济指标等各方面合理，在满足所负担的配电、控制和保护任务的前提下，能充分发挥本身所具备的各种功能和作用。为此，在选用时需了解各种开关电器的用途、分类、性能和主要参数，以及各种电器的选用原则，同时还要分析具体的使用条件和负载要求，如电源数据、短路特性、负载特点和要求等，以便提出合理的选用要求。

辅助电路控制电器指在电路中起发布命令、控制、转换、信号和联络作用的逻辑电器，包括各种主令控制电器、控制继电器、传感器触头和具有不同功能的其他控制触点等。主电路开关电器上的辅助触点及控制附件也包括在辅助电路控制电器的范围之内。辅助电路控制电器种类繁多，其动作原理和在电路中所起的作用也各不相同。

选用辅助电路控制电器，除应满足电路对辅助电路控制电器的电气要求外，还应满足一系列其他要求，如生产过程工艺要求等，这些要求随电气控制系统的动作原理、防护等级、功能执行元件类型和具体设计的不同而异。此外，还要求这些电器具备安装方便、端子标记清晰、接线简便等。

2.1.2 有关低压电器的主要技术性能、参数的概念

1. 关于开关电器的通断工作类型

(1) 隔离，指开关电器把电气设备和电源“隔开”的功能，用在对电气设备的带电部分进行维修时确保人员和设备的安全。隔离不仅要求各电流通路之间、电流通路和邻近的接地零部件之间应保持规定的电气间隙，电器的动、静触点之间也应保持规定的电气间隙。能满足隔离功能的开关电器是隔离器。如果在维修期间需要确保电气设备一直处于无电状态，应选用操作机构能在分断位置上锁的隔离器。

(2) 无载（空载）通断，指接通或分断电路时不分断电流，分开的两触头间不会出现明显电压的情况。选用无载通断的开关电器时，必须有其他措施可保证不会出现有载通断的可能性，否则有造成事故、损坏设备，甚至危及人身安全的危险。无载通断的开关电器仅在某些专门器件使用，如隔离器。

(3) 有载通断，是相对于无载通断而言的，其开关电器需接通和分断一定的负载电流，具体负载电流的数据随负载类型而异。例如，有的隔离器产品也能在非故障条件下接通和分断电路，其通断能力应大致和其需要通断的额定电流相同。产品样本中隔离器和熔断器式隔离器的通断能力常按额定电流的倍数给出，因此有些隔离器也能分断各种工作过电流，如电动机的启动电流。

(4) 控制电动机通断，通常指电动机开关。电动机开关是指用来接通和分断电动机的开关电器或电路，其通断能力应能满足控制按不同工作制（如点动和反接）工作的各种型号电动机的要求。电动机开关有控制开关、电动机用负荷开关、接触器和电动机用断路器及其组合控制电路等。

(5) 在短路条件下通断，应选用有短路保护功能的开关电器。断路器就是一种不仅可接通和分断正常负载电流、电动机工作电流和过载电流，而且可接通和分断短路电流的开关电器。

(6) 通电持续率，电器的有载时间与工作时间之比，常用百分数表示。

(7) 通断能力。开关电器在规定的条件下，能在给定的电压下接通和分断的预期电流值。

(8) 分断能力。开关电器在规定的条件下，能在给定的电压下分断的预期电流值。

(9) 接通能力。开关电器在规定的条件下，能在给定的电压下接通的预期电流值。

(10) I^2t 特性。在规定的条件下的 I^2t 值为预期电流或电压的函数。

2. 有关的电网参数

选用开关电器时，必须考虑额定电压、额定频率和过电流（短路、过载）等数据。当按额定绝缘电压 U_i 和额定工作电压 U_e 选用开关电器时，电网电压和电网频率是决定性因素。额定绝缘电压 U_i 是标准电压，指在规定条件下，用来度量电器及其部件的不同电位部分的绝缘强度、电气间隙和爬电距离的名义电压值。除非另有规定，此值为电器的最大额定工作

电压。各种开关电器及其附件的绝缘等级都根据这个电压确定。某一开关电器的额定工作电压U_e指在规定条件下，保证电器正常工作的电压值，它又和其他一些因素有关，如断路器的工作电压就和其通断特性有关，电动机启动器则和工作制及使用类别有关。在交流三相系统中，线电压或相电压是基础数据。开关电器可根据其特性参数（如通断能力和使用寿命）规定不同的额定工作电压值。但开关电器的最高额定工作电压不得超过其额定绝缘电压。各种开关电器的额定绝缘电压U_i和额定工作电压U_e都在相应的产品样本和说明书中列出。在按短路强度和额定通断能力选用开关电器时，短路点处的短路电流值是一个决定性因素，常用以下指标来衡量。

（1）峰值耐受（短路）电流I_p（动稳定短路强度）。I_p是电路中允许出现的最大瞬时短路电流值，其电动力效应也最大。指在规定的使用和性能条件下，开关电器在闭合位置上所能承受的电流峰值。

（2）额定短时耐受电流I_s（热稳定短路强度）。I_s是电路中允许出现的短时电流。指在规定的使用和性能条件下，开关电器在指定的短时间（I_s电流）内，于闭合位置上所能承载的电流。开关电器必须能承受这个电流持续1s而不会遭到破坏。

（3）额定短路分断能力。指在规定的条件下，包括开关电器出线端短路在内的分断能力。如断路器在额定频率和给定功率因数、额定工作电压提高10%的条件下能够分断的短路电流。它用短路电流周期分量的有效值表示。

（4）额定短路通断能力。指在规定的条件下，能在给定电压下接通和分断的预期电流值。对有短路保护功能的开关电器的额定短路通断能力是指其在额定工作电压提高10%、频率和功率因数均为额定值的条件下能够接通和分断的额定电流。额定短路接通能力以电器安装处预期短路电流的峰值为最大值，额定短路分断能力则以短路电流周期分量的有效值表示。在选用时应保证开关电器的额定短路通断能力高于电路中预期短路电流的相应数据。

（5）约定脱扣电流。在约定时间内能使继电器或脱扣器动作的规定电流值。

（6）约定熔断电流。在约定时间内能使熔断体熔断的规定电流值。

对一般的开关电器的分断能力、接通能力和通断能力是指在给定的电压下分断、接通和通断的相对应的预期电流值。在选用时应保证开关电器的额定通断能力高于电路中预期电流的相应数据。

3. 电流参数

当按额定电流选用开关电器时，开关电器的额定工作类型（如连续工作、断续工作或短时工作等）是主要决定因素。按照开关电器的发热特性，开关电器的下列额定电流概念是不同的。

（1）额定持续电流I_u。I_u是在规定条件下，电器在长期工作制下，各部件的温升不超过规定极限值时所承载的电流值。开关电器在正常工作条件和环境条件下能够连续、长期承受而无须调整，且不会产生过热的电流。对于可调式电器，如热泄电器，其连续工作电流即该电器能调整到的最高电流值。

（2）额定工作电流I_N。I_N是根据开关电器的具体正常使用条件确定的电流值。指在规定条件下，保证电器正常工作的电压值。它和额定电压、电网频率、额定工作制、使用类别、触点寿命及防护等级等诸因素有关。一个开关电器可以有不同的工作电流值。

(3) 额定发热电流 I_r。I_r是在规定条件下试验时，电器在八小时工作制下，各部件的温升不超过规定极限值时所能承载的最大电流值。

(4) 发热电流 I_c。I_c是在约定时间内，各部件的温升不超过规定极限值时所能承载的最大电流值。

(5) 分断电流 I_b。I_b是在分断操作时，在电弧开始瞬间流过电器一个极的电流值。

(6) 预期分断电流 I_{pb}。I_{pb}对应于分断过程开始瞬间所确定的预期电流。

(7) 预期接通电流 I_{pm}。I_{pm}是在规定条件下，电器接通时所产生的预期电流。

根据国家标准和IEC标准，电动机开关电器和其他负载开关电器的使用情况和负载条件及额定工作电流或电动机的额定功率和额定电压。正常使用条件指电器在正常条件下的分断和接通，这是确定触点寿命的基本指标，也是设计灭弧室的重要依据。非正常使用条件定义为在偶然发生的事故状态下分断和接通，这是确定电器额定接通能力和额定分断能力的决定因素。

4. 开关电器动作时间的参数

(1) 断开时间为开关电器从断开操作开始瞬间起，到所有极的弧触点都分开瞬间止的时间间隔。

(2) 燃弧时间为电器分断电路过程中，从（弧）触点断开（或熔断体熔断）出现电弧的瞬间开始，至电弧完全熄灭为止的时间间隔。

(3) 分断时间为从开关电器的断开时间开始，到燃弧时间结束的时间间隔。

(4) 接通时间为开关电器从闭合操作开始瞬间起，到电流开始流过主电路瞬间止的时间间隔。

(5) 闭合时间为开关电器从闭合操作开始瞬间起，到所有极的触头都接触瞬间止的时间间隔。

(6) 通断时间为从电流开始在开关电器一个极流过瞬间起，到所有极的电弧最终熄灭瞬间止的时间间隔。

5. 额定工作制

额定工作制是对元件、器件或设备所承受的运行条件的分类。工作制可分为连续、短时、周期性或非周期性几种类型。周期性工作制包括一种或多种规定了持续时间的额定负载，非周期性工作制中的负载和转速通常在允许的运行范围内变化。国家标准GB 755—2000《旋转电机定额和性能》（等同IEC 60034-1：1996）规定了电机工作制分类共10种（S1～S10）。低压电器和电控设备多与电动机配套使用，故其工作制分类相互联系。我国低压电器行业选择了S1～S3三种工作制，并补充了八小时工作制和周期工作制两种工作制，对辅助电路控制电器有八小时工作制、不间断工作制、断续周期工作制和短时工作制4种标准工作制，但对断续周期工作制的操作频率分级有所不同。八小时工作制是指电器的导电电路每次通以稳定电流时间不得超过八小时的一种长期工作制。周期工作制则指无论负载变动与否，总是有规律地反复进行的工作制。下面仅分述S1～S3工作制。

S1 连续工作制，指在恒定负载（如额定功率）下连续运行相当长时间，可以使设备达到热平衡的工作条件。这时系统中的元件必须正确选择，使其能无限期承载恒定的负载电流而无须采取什么措施，并且不会超过元件本身所允许的温升。

S2 短时工作制，指与空载时间相比，有载时间较短的工作制。电机在恒定负载下按给定的时间运行，在该时间内不足以达到热稳定时停机。电器元件在额定工作电流 I_e 恒定的一个工作周期内不会达到其允许温升，而在两个工作周期之间的间隔时间又很长，能使元件冷却到环境温度。因此，在 S2 工作制下，电器元件承载电流 $I_{s2}>I_e$，不会超过允许温升。S2 工作制时，有载时间 t_{s2} 也就是电器元件的升温时间，它可以长到元件在此期间能达到允许温升的程度。负载电流 I_{s2} 越大，则允许的有载时间（升温时间）越短。当环境温度升高时，允许的有载时间 t_{s2} 也会相应缩短。如果短时工作制电流在有载时间 t_{s2} 内不能保持稳定，则必须确定其方均根值，这是影响温升的主要因素。因此，方均根值 I_q 是确定电器元件在短时工作制下温升的决定性因素

$$I_q=\sqrt{\frac{I_1^2t_1+I_2^2t_2+\cdots+I_n^2t_n}{t_1+t_2+\cdots+t_n}} \tag{2-1}$$

S3 断续周期工作制，指开关电器有载时间和无载时间周期性地相互交替分断接通，有载时间和无载时间都很短，使电器元件既不能在一个有载时间内升温到额定值，也不能在一个无载时间内冷却到常温。断续周期工作制用通电持续率（负载因数）$d\cdot f$ 来描述，$d\cdot f=t_{s3}/t_s$。周期时间 t_s 是有载时间 t_{s3} 和无载时间 t_0 的总和（$t_s=t_3+t_0$）。实际上，断续周期工作制是由一系列有载时间和无载时间组成的，即长短不同的一些有载时间被一些长短不同的无载时间所分隔，并且其组合顺序周期性地出现。负载因数应为

$$d\cdot f=\frac{\sum t_{s3}}{\sum t_{s3}+\sum t_0}\times 100\% \tag{2-2}$$

在无其他协议的情况下，电动机在断续周期工作制时的工作周期为 10min，实际上，这个周期长度应看作最大周期长度。

6. 使用类别

电器的使用类别用于确定电器的用途，有关产品标准规定了相应的使用类别。使用类别通常用额定工作电流的倍数、额定工作电压的倍数及其相应的功率因数或时间常数、短路性能、选择性，以及其他使用条件等来表征电器额定接通和分断能力的类别。不同类型的低压电器元件的使用类别是不同的，常见低压电器的使用类别具体分类见表 2-1。

表 2-1　低压开关设备和控制设备使用类别举例

电流种类	类别	典型用途	有关产品标准
交流	AC-20	无条件下“闭合”和“断开”电路	GB 14048.3—2002
	AC-21	通断电阻负载，包括通断适中的过载	
	AC-22	通断电阻电感混合负载，包括通断适中的过载	
	AC-23	通断电动机负载或其他高电感负载	
	AC-1	无感或微感负载、电阻炉	GB 14048.4—2003
	AC-2	绕组式电动机的启动、分断	
	AC-3	笼型异步电动机的启动，运转中分断	
	AC-4	笼型异步电动机的启动、反接制动与反向运转、点动	
	AC-5a	控制放电灯的通断	
	AC-5b	白炽灯的通断	
	AC-6a	变压器的通断	
	AC-6b	电容器组的通断	
	AC-8a	具有过载继电器手动复位的密封制冷压缩机中的电动机控制	
	AC-8b	具有过载继电器自动复位的密封制冷压缩机中的电动机控制	

续表

电流种类	类别	典型用途	有关产品标准
交流	AC-12 AC-13 AC-14 AC-15	控制电阻性负载和光电耦合器隔离的固态负载 控制变压器隔离的固态负载 控制小容量电磁铁负载 控制交流电磁铁负载	GB 14048.5—2001
	AC-52a AC-52b AC-53a AC-53b AC-58a AC-58b	绕组式电动机启动器控制：八小时工作制，带载启动、加速、运转 绕组式电动机启动器控制：断续工作制 笼型异步电动机启动控制：八小时工作制，带载起动、加速、运转 笼型异步电动机启动控制：断续工作制 具有过载继电器自动复位的密封制冷压缩机中的电动机控制：八小时工作制，带载起动、加速、运转 具有过载继电器自动复位的密封制冷压缩机中的电动机控制：断续工作制	GB 14048.6—1998
	AC-40 AC-41 AC-42 AC-43 AC-44 AC-45a AC-45b	配电线路包含有感应磁阻的阻性和电抗性负载 无感或微感负载、电阻炉 绕组式电动机的启动、分断 笼型异步电动机的启动，运转中分断 笼型异步电动机的启动、反接制动与反向运转①、点动② 控制放电灯的通断 白炽灯的通断	GB 14048.9—1998
	AC-140 AC-31 AC-33 AC-35 AC-36	拉制维持（封闭）电流≤0 2A小型电机负载，如接触器式继电器 无感或微感负载 电动机负载或包括电机、阻性负载和达到30%白炽灯的混合负载 控制放电灯负载 白炽灯负载	GB/T 14048.10—1999
	AC-7a AC-7b	家用及类似用途的微感负载 家用电动机负载	CB 17885
	AC-51 AC-55a AC-55b AC-56a AC-56b	无感或微感负载、电阻炉 控制放电灯的通断 白炽灯的通断 变压器通断 电容器组的通断	IEC 600947-4-3
交流和直流	A	无额定短时耐受电流要求的电路保护	CB 14048.2—2001
	B	具有额定短时耐受电流要求的电路保护	
直流	DC-20 DC-21 DC-22 DC-23	无载条件下“闭合”和“断开”电路 通断电阻负载，包括通断适中的过载 通断电阻电感混合负载，包括通断适中的过载（如并励电动机） 通断高电感负载（如串励电动机）	CB 14048.3—2002
	DC-1 DC-3 DC-5 DC-6	无感或微感负载、电阻炉 并励电动机的启动、反接制动与反向运转①、点动②、电动机的动态分断 串励电动机的启动、反接制动与反向运转①、点动②、电动机的动态分断 白炽灯的通断	GB 14048.4—2003

续表

电流种类	类别	典　型　用　途	有关产品标准
直流	DC-12 DC-13 DC-14	控制电阻性负载和光电耦合隔离的固态负载 控制电磁铁负载 控制电路中有经济电阻的直流电磁铁负载	GB 14048.5—2001 GB/T 14048.10—1999
	DC-40 DC-41 DC-43 DC-45 DC-46	配电线路包含有感应磁阻的阻性和电抗性负载 无感或微感负载、电阻炉 并励电动机的启动、反接制动与反向运转①、点动②、电动机的动态分断 串励电动机的启动、反接制动与反向运转①、点动②、电动机的动态分断 白炽灯的通断	GB 14048.9—1998
	DC-31	阻性负载	GB 14048.11—2002
	DC-33	电动机负载或混合负载（包含电动机）	
	DC-36	白炽灯负载	

① 反接制动与反向运转意指当电动机正在运转时通过反接电动机原来的连接方式，使电动机迅速停止或反转。

② 点动意指在短时间内激励电动机一次或重复多次，以此使被驱动机械获得小的移动。

7. 开关电器的操作频率和使用寿命

开关电器的操作频率与其工作制有关，同时还取决于实际使用情况。如连续运转的成套设备仅在大修或定期维修时才与电网断开，而一组机床随班次变化就可能每天或每周分断一次，有的机床是按每小时一次或更高的频率接通和分断的，还有些自动控制机床每小时可以通断几千次以上。在选用和安装开关电器时，应当充分考虑实际工作时的操作频率和所要求的使用寿命，合理确定开关电器的操作频率和使用寿命指标。

（1）开关电器的允许操作频率。允许操作频率是规定开关电器在每小时内可能实现的最高操作循环次数。按每小时多少次给出。这涉及一台开关电器每小时可能开关的次数，其机械寿命也受操作频率的影响。在实际应用中，了解开关电器在额定工作条件下的允许操作频率是很重要的。额定工作条件用不同的使用类别给出。和双金属保护电器一起安装使用的断路器和接触器，其允许操作频率按双金属片的能力确定。

（2）开关电器的机械寿命。开关电器的机械寿命是指开关电器在需要修理或更换零件前所能承受的无载操作循环次数。按操作次数给出。机械寿命是由运动零部件的闭合动作决定的，动作时所需作用力越大，传动机构的结构力就越大，材料所受应力也越大。如隔离器和大电流断路器的触点压力都很大，零件质量也大，其机械寿命也就相应降低；如欲提高机械寿命参数，选用触点压力较小的专用开关电器，如接触器。

（3）开关电器的电寿命。开关电器的电寿命是在规定的正常工作条件下，开关电器无须修理或更换零件的负载操作循环次数取决于触点在不受严重损坏（仍能保持正常功能）的前提下可以承受的通断次数。在接通或分断负载电流时，触点会受到应力作用。接通过程中，动触点可能发生误动，会受到电弧烧损。在触点烧损方面，分断电弧电流是一个重要因素。由此引起的触点烧损程度，取决于具体的通断工作条件，因而和电压、电流及时间诸因素有关。

8. 低压电器的污染等级（摘自 GB 14048.1—2006）

低压电器的污染等级是根据导电或吸湿的尘埃、游离气体或盐类和相对湿度的大小，以及由于吸湿或凝露导致表面介电强度和/或电阻率下降事件发生的频度，而对环境条件做出的分级。污染等级与电器使用所处的环境条件有关。污染等级（摘自 GB 14048.1—2006）如下。

污染等级 1，无污染或仅有干燥的非导电性的污染。

污染等级 2，一般情况下仅有非导电性污染，但必须考虑到偶然由于凝露造成短暂的导电性。

污染等级 3，有导电性污染，或由于预期的凝露使干燥的非导电性污染变成导电性的。

污染等级 4，造成持久性的导电性污染，例如由于导电尘埃或雨雪所造成的污染。

除非其他有关产品标准另有规定外，工业用电器一般适用于污染等级为 3 级的环境。但是，对于特殊用途和微观环境可考虑采用其他的污染等级。家用及类似用途的电器一般用于污染等级为 2 级的环境。

9. 低压电器外壳防护等级（摘自 GB 4942.2—1993）

低压电器外壳防护等级是指电器外壳能防止外界固体异物进入壳内触及带电部分或运动部件，以及防止水进入壳内的防护程度。表示防护等级的标志符号由表征字母“IP（Interna - tional Protection）”和附加在其后的两个表征数字及补充字母所组成。

不同的 IP 等级对设备防护外界固体和液体进入的能力做出了具体规定。国家标准 GB 4942规定了低压电器外壳的各个等级的含义、标志方法和实验考核要求。

第一种防护：防止人体触及带电零部件和防止外界固体异物进入。

第二种防护：防止外界液体进入而引起的有害影响。

第一位数字及数后补充字母表示第一种防护的各个等级，第二位数字则表示第二种防护的各个等级。

第一位表征数字及数后补充字母表示电器具有对人体和壳内部件的防护，防止人体触及或接近壳体内带电部分或触及壳体内如扇叶类的转动部件，以及防止固体异物进入电器的等级，共分为 9 个等级，从低级到高级排列依次为 0、1、2L、3L、4L、3、4、5、6，凡符合某一防护等级的外壳，亦符合所有低于该防护等级的各级。第二位表征数字表示由于外壳进水而引起有害影响的防护，防止水进入电器的等级，共分为 9 个等级，见表 2 - 2 和表 2 - 3。如不要求防护时，被省略的数字应用字母“X”代替，如 IPX5、IP2X 或 IPXX；当防护的内容有所增加，用补充字母来表示，如 IP55R，R 表示在特殊环境下使用。W 表示在特定气候条件下使用的补充字母。N 表示在特定尘埃环境条件下使用的补充字母。L 表示在规定固体异物条件下使用的补充字母。

表 2 - 2　　第一位表征数字及数后补充字母表示的防护等级

第一位表征数字及数后补充字母	表征符号	防护等级	
		简述	含义
0	IP0X	无防护	无专门防护
1	IP1X	防止大于 50mm 的固体异物	能防止人体的某一大面积（如手）偶然或意外触及壳内带电部分或运动部件，但不能防止有意识地接近这些部分 能防止直径大于 50mm 的固体异物进入壳内
2L	IP2LX	防止大于 12.5mm 的固体异物	能防止直径大于 12.5mm 的固体异物进入壳内和防止手指或长度不大于 80mm 的类似物体触及壳内带电部分或运动部件

续表

第一位表征数字及数后补充字母	表征符号	防护等级	
		简述	含义
3	IP3X	防止大于 2.5mm 的固体异物	能防止直径（或厚度）大于 2.5mm 的工具及金属线等进入壳内
3L	IP3LX	防止大于 12.5mm 的固体异物进入和防止 2.5mm 的探针触及	能防止直径大于 12.5mm 的固体异物进入壳内和防止长度不大于 100mm，直径为 2.5mm 的试验探针触及壳内带电部分和运动部件
4	IP4X	防止大于 1mm 的固体异物	能防止直径（或厚度）大于 1mm 的固体异物进入壳内
4L	IP4LX	防止大于 12.5mm 的固体异物进入和防止 1mm 的探针触及	能防止直径大于 12.5mm 固体异物进入壳内和防止长度不大于 100mm，直径为 1mm 的试验探针触及壳内带电部分和运动部件
5	IP5X	防尘	不能完全防止尘埃进入壳内，但进尘量不足以影响电器的正常运行
6	IP6X	尘密	无尘埃进入

表 2-3　第二位表征数字表示的防护等级

第二位表征数字	表征符号	防护等级	
		简述	含义
0	IPXO	无防护	无专门防护
1	IPX1	防滴	垂直滴水应无有害影响
2	IPX2	15°防滴	当电器从正常位置的任何方向倾斜至 15°以内任一角度时，垂直滴水应无有害影响
3	IPX3	防淋水	与垂直线成 60°范围以内的淋水应无有害影响
4	IPX4	防溅水	承受任何方向的溅水应无有害影响
5	IPX5	防喷水	承受任何方向由喷嘴喷出的水应无有害影响
6	IPX6	防海浪	承受猛烈的海浪冲击或强烈喷水时，电器的进水量应不致达到有害的影响
7	IPX7	防浸水影响	当电器浸入规定压力的水中经规定时间后，电器的进水量应不致达到有害影响
8	IPX8	防潜水影响	电器在规定的压力下长时间潜入水时，水应不进入壳内

2.2 电气制图规则

电气图是电气工程中通用的技术语言和重要的技术交流工具，是指导设计、生产和施工的重要技术文件。电气图用标准图形符号、文字和图示法绘制的表示电气系统、装置和设备各组成部分相互关系及其连接关系的电气工作原理图、施工图等技术文件，以描述电气系统或电气装置的构成和功能，并提供产品装配和使用信息的一种简图。常用电气图包括系统图或框图、逻辑图、功能表图、电路图、接线图或接线表布置图、设备元件材料表和安装图等。电气图常用的表达形式有简图和表图。简图可简称为图，如电路图、接线图等。电气图中各组件常用的表示方法有多线表示法、单线表示法、连接表示法、半连接表示法、不连接表示法和组合法等。根据图的用途，图面布置、表达内容、功能关系等，具体选用其中一种表示法也可将几种表示法结合运用。

2.2.1 电气制图标准

电气技术文件作为交流电气技术信息的载体，其编制规则和电气图形符号是电气工程的语言，只有规范化才能满足国内外技术交流的需要。国际上大多数发达国家都将国际电工委员会（IEC）标准作为统一电气工程语言的依据。我国于1983年成立了全国电气信息结构、文件编制和图形符号标准化技术委员会（The Chinese Standardization Technical Committee for Electrical Information Structures，Documentation and Graphical Symbols），代号为SAC/TC27，简称标委会。国际标委会对口IEC的第3工作组IEC/TC3。

电气技术文件所涉及的电气制图标准主要有电气技术文件的编制标准、电气简图用图形符号标准和电气设备用图形符号三大类。1964年我国首次系统地制定了电气图形符号和文字符号等系列标准。1986年以后，陆续采用国际标准制定新的电气技术制图标准，如参照IEC 60617《电气简图用图形符号》、IEC 61082《电气技术用文件的编制》、IEC 61346《工业系统、成套装置与设备以及工业产品　结构原则和检索代号》等系列标准，颁布了我国自主制定的GB/T 4728《电气简图用图形符号》系列标准，统一了电气制图规则。电气技术文件的编制的主要标准见表2-4。表2-4中前3项是电气技术文件编制的基本标准；第4～6项为结构原则与检索代号；第7、8两项为文件和文件编制管理标准；其他是一部分电气制图规则和标准。

表2-4　　电气技术文件的编制标准

序号	标准编号	标准名称
1	GB/T 6988.1—1997	电气技术用文件的编制　第1部分：一般要求
	GB/T 6988.2—1997	电气技术用文件的编制　第2部分：功能性简图
	GB/T 6988.3—1997	电气技术用文件的编制　第3部分：接线图和接线表
	GB/T 6988.4—2002	电气技术用文件的编制　第4部分：位置文件与安装文件
	GB/T 6988.5—2006	电气技术用文件的编制　第5部分：索引
	GB/T 6988.6—1993	控制系统功能表图的绘制
	GB/T 2900.18—1992	电工术语　低压电器
2	GB/T 18135—2000	电气工程CAD制图规则
3	GB/T 19045—2003	明细表的编制
4	GB/T 5094.1—2002	工业系统、装置与设备以及工业产品　结构原则与参照代号　第1部分：基本规则
	GB/T 5094.2—2003	工业系统、装置与设备以及工业产品　结构原则与参照代号　第2部分：项目的分类与分类码
	GB/T 5094.3—2005	工业系统、装置与设备以及工业产品　结构原则与参照代号　第3部分：应用指南
	GB/T 5094.4—2005	工业系统、装置与设备以及工业产品　结构原则与参照代号　第4部分：概念的说明
5	GB/T 18656—2002	工业系统、装置与设备以及工业产品　系统内端子的标识
6	GB/T 16679—1996	信号和连接线的代号
7	GB/T 19529—2004	技术信息与文件的构成
8	GB/T 19678—2005	说明书的编制　构成、内容和表示方法

续表

序号	标准编号	标准名称
9	GB 7947—2010	人机界面标志标识的基本和安全规则　导体的颜色或字母数字标识
10	GB/T 4026—2010	人机界面标志标识的基本和安全规则　设备端子和导体终端的标识
11	GB 4884—1985	绝缘导线的标记
12	GB/T 5489—1985	印制板制图
13	GB/T 10609.1—1989	技术制图　标题栏
	GB/T 10609.2—1989	技术制图　明细栏
14	GB/T 14689—1993	技术制图　图纸幅面和格式
15	GB/T 14691—1993	技术制图　字体
16	GB/T 17564.1—2011	电气项目的标准数据元素类型和相关分类模式　第1部分：定义　原则和方法
	GB/T 17564.2—2005	电气元器件的标准数据元素类型和相关分类模式　第2部分：EXPRESS字典模式
	GB/T 17564.3—1999	电气元器件的标准数据元素类型和相关分类模式　第3部分：维护和确认的程序
17	QJ 3154—2002	计算机辅助设计电气制图基本规定及管理要求
18	GB/T 5465.1—2007	电气设备用图形符号基本规则　第1部分：原形符号的生成
19	GB/T 5465.2—1996	电气设备用图形符号
20	GB/T 11499—2001	半导体分立器件文字符号
21	GB/T 4728.1—2005	电气简图用图形符号　第1部分：一般要求
	GB/T 4728.2—2005	电气简图用图形符号　第2部分：符号要素、限定符号和其他常用符号
	GB/T 4728.3—2005	电气简图用图形符号　第3部分：导体和连接件
	GB/T 4728.4—2005	电气简图用图形符号　第4部分：基本无源元件
	GB/T 4728.5—2005	电气简图用图形符号　第5部分：半导体管和电子管
	GB/T 4728.6—2008	电气简图用图形符号　第6部分：电能的发生与转换
	GB/T 4728.7—2008	电气简图用图形符号　第7部分：开关、控制和保护器件
	GB/T 4728.8—2008	电气简图用图形符号　第8部分：测量仪表、灯和信号器件
	GB/T 4728.9—2008	电气简图用图形符号　第9部分：电信：交换和外围设备
	GB/T 4728.10—2008	电气简图用图形符号　第10部分：电信：传输
	GB/T 4728.11—2008	电气简图用图形符号　第11部分：建筑安装平面布置图
	GB/T 4728.12—2008	电气简图用图形符号　第12部分：二进制逻辑元件
	GB/T 4728.13—2008	电气简图用图形符号　第13部分：模拟元件
22	GB/T 16902.1—2004	图形符号表示规则　设备用图形符号　第1部分：原形符号
23	GB/T 20295—2006	GB/T 4728.12和GB/T 4728.13标准的应用

2.2.2　电气工程图及技术文件

1. 电气工程图

电气工程图是为电气工程的系统设计、设备制造、施工和维修而绘制、编制的成套图样和文字说明等，称为电气技术文件。电气工程图的表达形式有简图、表图、表格和文字等。简图是电气工程图的最常用表达形式，用以表达电气系统的工作原理、系统结构等，系统图、电路图、接线图等都属于简图。简图是用图形符号、带注释的围框或简化外形表示电气系统或设备的组成及其连接关系的一种图；表图是表示两个或两个以上变量之间关系的一种图。表图的表达形式主要是图而不是表。如电路波形图、数字电路的时序图、凸轮控制器手柄位置与触点闭合的示意图等；表格是把数据按纵横排列的一种表达形式，主要用于说明电气系统、设备的组成或连接关系，提供工作参数及技术数据等内容，如转换开关的接线表、设备元件表、技术文件清单等都属于表格。文字是使用语言文字的一种信息表达方式，如各种说明书及各项说明中的语言文字。此外，在电气工程中，有时还采用按投影法绘制的图，如电控柜的箱体结构图，这类图属于电气工艺机械制图。在绘制电气工程图时，首先要明确图的使用场合和表达对象，然后需考虑采用何种形式进行表达。

2. 电气技术文件

电气技术文件包括概略图、逻辑图、电路图、接线图等电气简图，也包括接线表、元件表、说明书等设计文件。电气技术文件编制中的文件，按其用途及使用特征等进行分类，主要有功能、位置、接线、项目表及说明等技术文件。在编制电气技术文件时，应注意技术文件的正确性、完整性和统一性。技术文件的正确性是指电气技术文件提供的图样、说明及其他资料必须正确无误，能满足设计要求达到的性能指标。另外，电气工程图中所采用的图形符号、文字说明、格式、画法等，均必须符合国家标准及有关规定。技术文件的完整性是指文件中的图样、说明及其他资料，要满足制造、施工、维修的需要，应该提供的图样等有关资料不能省略或简化。技术文件的统一性是指文件中的各种图样、文字说明要前后一致，符号、名称、数据等不能中途更改或丢失。

2.2.3 电气控制技术中常用的图形、文字符号

电气线路图是由各种电器元件的图形符号、要素符号、限定符号等组成，图形符号是电气图的主体和基本单元，是电气技术文件中的“象形文字”，是构成电气“工程语言”的“词汇”。电气图形符号包括图用图形符号、设备用图形符号、标志用图形符号和标注用图形符号等。必须严格遵照表 2-5 所列出的及其他国家标准绘制，如 GB 4728.1～GB 4728.13《电气简图用图形符号》、GB/T 18135—2008《电气工程 CAD 制图规则》等。电气图中的图形和文字符号必须符合最新的国家标准。正确熟练地理解、绘制和识别各种电气图形符号是电气制图与读图的基本功。

1. 电气控制技术中常用的电气图形符号

常用的电气图形符号见表 2-5。

表 2-5　　常用的电气图形符号

名称	图形符号	文字符号	名称		图形符号	文字符号	名称		图形符号	文字符号
一般三极电源开关	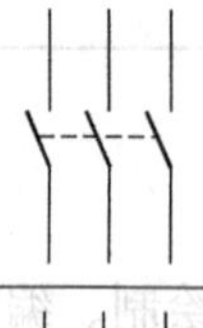	QS	速度继电器	动合触点	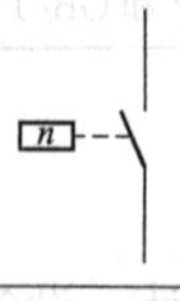	BV	继电器	动断触点		相应继电器符号
低压断路器	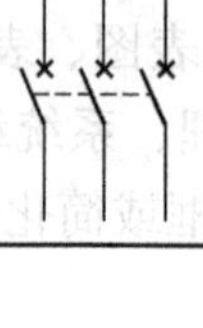	QF		动断触点	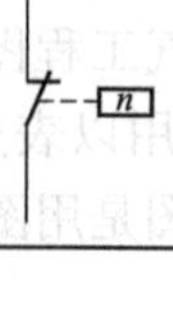			动合触点		相应继电器符号

续表

名称		图形符号	文字符号	名称		图形符号	文字符号	名称	图形符号	文字符号
位置开关	动合触点		SQ	时间继电器	线圈	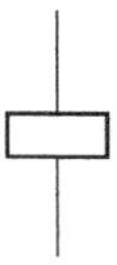	KT	熔断器		FU
	动断触点				延时闭合动合触点	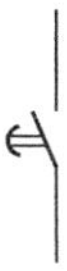		熔断器式刀开关		QS
	复合触点	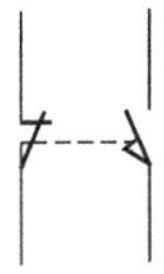			延时打开动断触点			熔断器式隔离开关		QS
转换开关		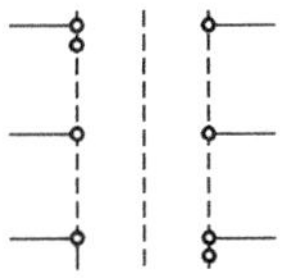	SA		延时闭合动断触点			熔断器式负荷开关		QM
按钮	启动	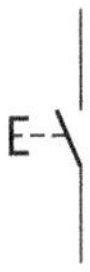	SB		延时打开动合触点			桥式整流装置		
	停止			热继电器	热元件	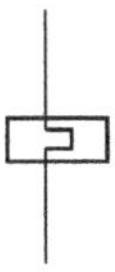	FR	蜂鸣器		H
	复合	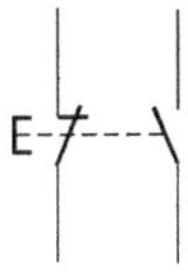			动断触点			信号灯	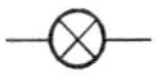	HL
接触器	线圈	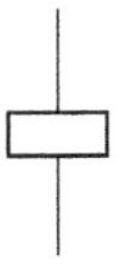	K、KM	继电器	中间继电器线圈	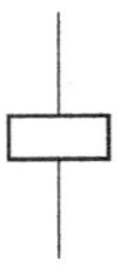	KM	电阻器	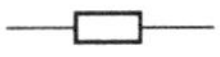	R
	主触点				欠电压继电器线圈	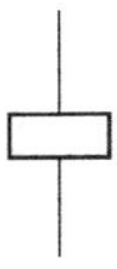	KV	接插器		X

续表

名称	图形符号	文字符号	名称	图形符号	文字符号	名称	图形符号	文字符号
接触器 动合辅助触点		K、KM	继电器 过电流继电器线圈	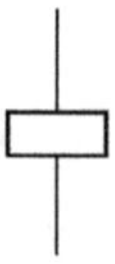	KA	电磁铁	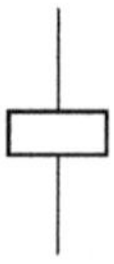	YA
接触器 动断辅助触点		K、KM	继电器 欠电流继电器线圈	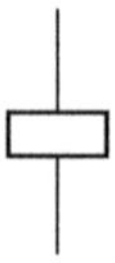	KA	电磁吸盘	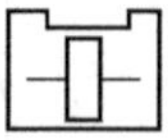	YH
直流串励电动机	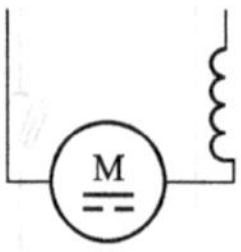	M	PNP 型三极管	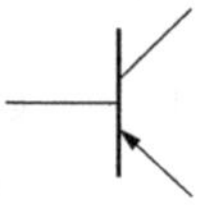	V	导线的连接	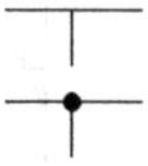	
直流并励电动机	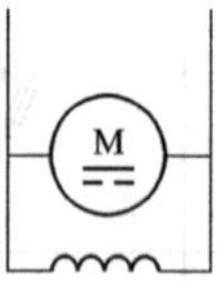	M	NPN 型三极管	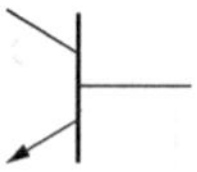	V	导线跨越而不连接		
三相笼型异步电动机	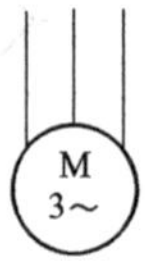	M	晶闸管（阴极侧受控）	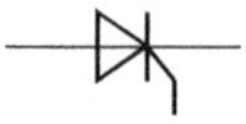	V	绞合导线（示出二股）	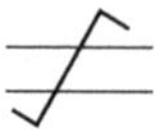	
三相绕组转子异步电动机		M	半导体二极管	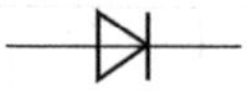	V	屏蔽导线	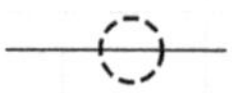	
他励直流电动机	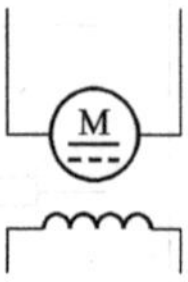	M	接近敏感开关动合触点	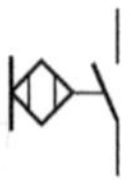	SQ	保护线		
复励直流电动机	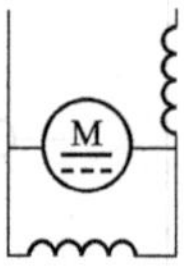	M	磁铁接近时动作的接近开关的动合触点	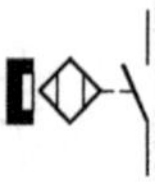	SQ	保护和中性共用线	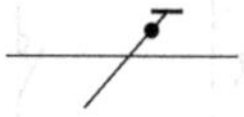	

续表

名称	图形符号	文字符号	名称	图形符号	文字符号	名称	图形符号	文字符号
直流电机		G	“与”元件	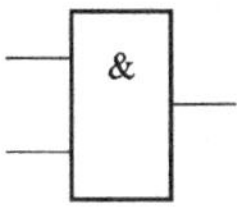		先断后合的转换触点		K
单相变压器			“或”元件	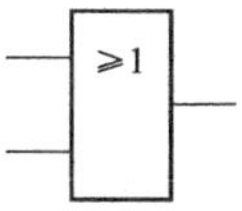		中间断开的双向触点		K
		T	“非”元件	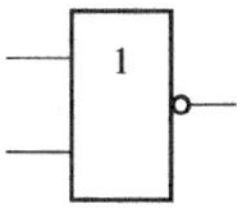		带接地插孔的三相插座	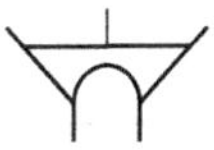	X
整流变压器			阀的一般符号		Y	带接地插孔的三相插座暗装	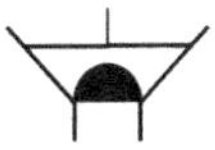	X
照明变压器			电磁阀	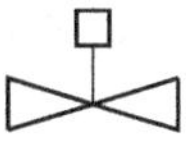	Y	单相插座暗装		X
控制电路电源用变压器		TC	电动阀	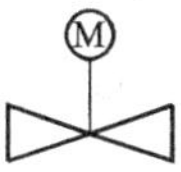		单极开关暗装密闭（防水）防爆	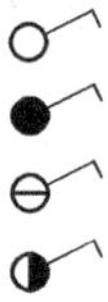	S
电位器	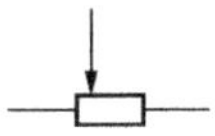	RP	屏、台、箱、柜的一般符号					
三相自耦变压器	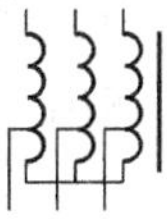	T	配电箱			二极开关暗装密闭（防水）防爆	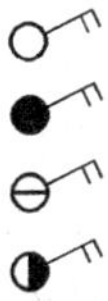	S
			带线端标记的端子板	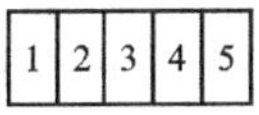	X			

2. 电气制图的一般规则

在电气工程中，图样的种类很多，但在绘制这些图样时，还会遇到一些共性问题，如图幅尺寸、图线、字体及连接线的表示等。电气图的图纸幅面、标题栏、明细表和字体等，应符合 GB/T 14689—1993《技术制图　图纸幅面和格式》标准。

（1）引线的画法。电气图用图线形式主要有 4 种，箭头形式有 3 种，见表 2-6 和表 2-7。

表 2-6　图线的形式和应用范围

图线名称	图线形式	一般应用	图线宽度/mm
实线	————————	基本线、简图主要内容（图形符号及连线）用线、可见轮廓线、可见导线	0.25、0.35、0.5、0.7、1.0、1.4、2.0
虚线	----------	辅助线、屏蔽线、机械（液压、气动等）连接线、不可见导线、不可见轮廓线	
点画线	—·—·—·—	分界线（表示结构、功能分组用）、围框线、控制及信号线路（电力及照明用）	
双点画线	—··—··—	辅助围框线	

表 2-7　箭头形式及意义

箭头名称	箭头形式	意义
空心箭头	——>——	用于信号线、信息线、连接线，表示信号、信息、能量的传输方向
实心箭头	——►——	用于说明非电过程中材料或介质的流向
普通箭头	——→	用于说明运动或力的方向，也用作可变性限定符、指引线和尺寸线的一种末端

指引线用于将文字或符号引注至被注释的部位，用细实线画成，并在末端加注标记。如末端在轮廓线内，加一黑点，如末端在轮廓线上，加一实心箭头；如末端在连接线上，加一短斜线或箭头。

（2）简图的布局。简图的布局通常采用功能布局法和位置布局法。功能布局法是按功能划分，以便使绘图元件在图上的布置及功能关系易于理解。在系统图、电路图中常采用功能布局法。位置布局法是使绘图元件在图上的布置能反映实际相对位置的一种布局方法。常用在系统安装简图、接线图与平面布置图中。

简图的绘制应做到布局合理，排列均匀，使图面清晰地表示出电路中各装置、设备和系统的构成及组成部分的相互关系，以便看图。

布置简图时，首先要考虑如何有利识别各种逻辑关系和信息的流向，重点要突出信息流及各级逻辑间的功能关系，并按工作顺序从左到右，从上到下排列。表示导线或连接线的图线都应是交叉和折弯最少的直线。图线水平布置时，各个类似项目应纵向对齐；垂直布置时，各个类似项目应横向对齐。功能相关的项尽量靠近，以使逻辑关系表达得清楚；同等重要的并联通路，应按主电路对称布置；只有当需要对称布置时，才可采用斜交叉线。图中的引入线和引出线，应画在图边沿或图样边框附近，以便清楚地表达输入输出关系及各图间的衔接关系，尤其是大型图需绘制在几张图上时更为重要。

（3）连接线的表示方法。电气图中的各种设备、元器件的图形通过实线连接线连接。连接线可以是导线，也可以是表示逻辑流、功能流的图线。一张图中连接线宽度应保持一致，但为了突出和区别某些功能，也可用不同粗细的连接线凸显，如在电动机控制电路中，主电路、一次电路、主信号通路等采用粗实线表示，测量和控制引线用细实线表示。无论是单根还是成组连接线，其识别标记一般标注在靠近水平连接线的上方或垂直连接线的左方。允许连接线中断，但中断两端应加注相同的标记。导线连接交叉处若易误解，则应加实心圆点，否则可不加实心圆点。

(4) 围框。电气图中的围框有点画线围框和双点画线围框两种。当需要在图上显示出图的某一部分，如功能单元、结构单元、项目组（继电器等）时，可用点画线围框表示。为了图面的清晰，围框的形状可以是不规则的。在表示一个单元的围框内，对于在电路功能上属于本单元而结构上不属于本单元的项目，可用双点画线围框围起来，并在框内加注释说明。

(5) 电器元件的表示方法。同一电气设备、元件在不同类型的电气图中往往采用不同的图形符号表示。如具有机械的、磁的和光的功能联系的元件，在驱动部分和被驱动部分之间具有机械连接关系的器件和元件等，在电气图中可将各相关部分用集中表示法、半集中表示法和分离表示法表示，见表 2-8。

表 2-8　器件和元件集中表示法、半集中表示法、分离表示法的比较

方　法	表 示 方 法	特　点
集中表示法	元件的各组成部分在图中靠近集中绘制，如继电器线圈和其触点	易于寻找项目的各个部分，适用于较简单的图
半集中表示法	元件的某些部分在图上分开绘制，并用虚线表示相互关系，虚线连接线可以弯折、交叉和分支，如复合按钮和其触点	可以减少连线往返和交叉，图面清晰，但会出现穿越图面的连接线
分离表示法	元件的各组成部分在图上分开绘制，不用连接线而用项目代号表示相互关系，并表示出在图上的位置	可减少连线往返和交叉，连接线不穿越图面，但是为了寻找被分开的各部分，需要采用插图或表格

(6) 元器件技术数据的表示方法。元器件技术数据，如元器件型号、规格、额定值等，可直接标在图形符号近旁，必要时可放在项目代号的下方。技术数据也可标在仪表、集成块等的方框符号或简化外形符号内。技术数据也常用表格形式给出。

2.3　电气控制系统图

为了表达生产机械电器控制系统的结构、组成、原理等设计意图，同时也为了便于电气系统的安装、调试、使用和维修，需要将电气控制线路中的各种电器元件及其连接按照一定的图形符号和文字符号表达出来，这种图形就是电气控制系统图。

常用的电气控制系统图有 3 种，即电气原理图、电气安装接线图和电气元件布置图。各种图有其不同的用途和规定的表达方式。

2.3.1　电气图形符号和文字符号

1. 图形符号

图形符号通常指用图样或其他文件表示一个设备或概念的图形、标记或字符。它由一般符号、符号要素、限定符号等组成。

(1) 一般符号。一般符号是用以表示某类产品或产品特征的一种简单符号，它们是各类元器件的基本符号。如一般电阻、电容的符号。

(2) 符号要素。符号要素是一种具有确定意义的简单图形，必须同其他图形组合以构成一个设备或概念的完整符号。如三相绕组式异步电动机是由定子、转子及各自的引线等几个符号要素构成的，这些符号要求有确切的含义，但一般不能单独使用，其布置也不一定与符号所表示的设备实际结构相一致。

(3) 限定符号。限定符号是用以提供附加信息的一种加在其他符号上的符号。限定符号一般不能单独使用，但它可使图形符号更具多样性。如在电阻器一般符号的基础上分别加上不同的限定符号，则可得到可变电阻器、压敏电阻器、热敏电阻器等。

2. 文字符号

文字符号表示某一类设备或者元件的通用符号。为了区别不同的电气设备、电气元件，或者同种元件或同类设备在电路中的不同作用，必须在图形符号的旁边标注相应的文字。文字符号分为基本文字符号和辅助文字符号，要求用大写正体拉丁字母表示。

(1) 基本文字符号。基本文字符号有单字母符号和双字母符号两种。

单字母符号是按照拉丁字母顺序将各种电气设备、装置和元器件划分为23大类，每一大类用一个专用的单字母符号表示。如“C”代表电容器类，“M”代表电动机类。

双字母符号是由一个代表大类的单字母符号与另一个表示元件某些特性的字母组成。组合形式要求单字母符号在前，另一个字母在后。如“M”代表电动机类，“MD”代表直流电动机。

(2) 辅助文字符号。辅助文字符号是用以表示电气设备、装置和元器件，以及线路的功能、状态和特征的。如“RD”表示红色，“L”表示限制等。辅助文字符号可以放在表示种类的单字母符号后面组成双字母符号，如“YB”表示电磁制动器，“SP”表示压力传感器等。辅助文字符号也可以单独使用，如“ON”表示接通，“N”表示中性线等。

2.3.2 电气原理图

电气原理图是根据工作原理而绘制的，具有结构简单、层次分明、便于研究和分析等优点，在各种电器控制设计与制作中，都得到广泛应用。

1. 电路绘制

电器控制线路图中的支路、接点，一般都加上标号。

主电路标号由文字符号和数字组成。文字符号用以标明主电路中的元件或线路的主要特征；数字标号用以区别电路不同线段。三相交流电源引入线采用L1、L2、L3标号，电源开关之后的三相交流电源主电路分别标U、V、W。如U11表示电动机的第一相的第一个接点代号，U21（有时可将后面的“1”省略）为第一相的第二个接点代号，以此类推。

控制电路由三位或三位以下的数字组成，交流控制电路的标号一般以主要压降元件（如电器元件线圈）为分界，左侧用奇数标号，右侧用偶数标号。直流控制电路中正极按奇数标号，负极按偶数标号。

绘制电气原理图应遵循以下原则。

(1) 电器控制线路根据电路通过的电流大小可分为主电路和控制电路。主电路包括从电源到电动机的电路，是强电流通过的部分，用粗线条画在原理图的左边。控制电路是通过弱电流的电路，一般由按钮、电器元件的线圈、接触器的辅助触点、继电器的触点等组成，用细线条画在原理图的右边。

(2) 电气原理图中，所有电器元件的图形、文字符号必须采用国家规定的统一标准。

(3) 采用电器元件展开图的画法。同一电器元件的各部件可以不画在一起，但需用同一文字符号标出。若有多个同一种类的电器元件，可在文字符号后加上数字序号，如KM1、KM2等。

(4) 所有按钮、触点均按没有外力作用和没有通电时的原始状态画出。

(5) 控制电路的分支线路，原则上按照动作先后顺序排列，两线交叉连接时的电气连接点须用黑点标出。

如图 2-1 所示为笼型电动机正、反转控制线路的电气原理图。

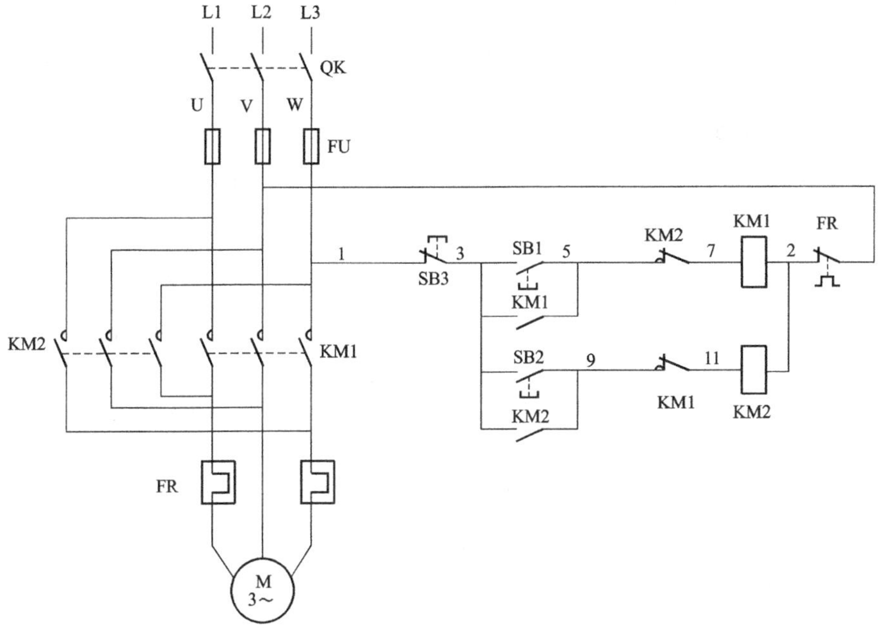

图 2-1　笼型电动机正、反转控制线路的电气原理图

2. 元器件位置表示法

在绘制和阅读、使用电路时，往往需要确定元器件、连线等的图形符号在图上的位置。如：①当继电器、接触器在图上采用分开表示法（线圈与触头分开）绘制时，需要采用图或表格表明各部分在图上的位置；②较长的连接线采用中断画法，或者连接线的另一端需要画到另一张图上去时，除了要在中断处标记中断标记外，还需标注另一端在图上的位置；③在供使用、维修的技术文件（如说明书）中，有时需要对某一元件或器件做注释和说明，为了找到图中相应的元器件的图形符号，也需要注明这些符号在图上的位置；④在更改电路设计时，也需要表明被更改部分在图上的位置。

图上位置表示法通常有 3 种：电路编号法、表格法和横坐标图示法。

(1) 电路编号法。图 2-2 所示的某机床电气原理图就是用电路编号法来表示元器件和线路在图上的位置的。

电路编号法特别适用于多分支电路，如继电控制和保护电路，每一编号代表一个支路。编制方法是对每个电路或分支电路按照一定顺序（自左至右或自上至下）用阿拉伯数字编号，从而确定各支路项目的位置。例如，图 2-2 有 8 个电路或支路，在各支路的下方顺序标有电路编号 1～8。图上方与电路编号对应的方框内的“电源开关”等字样表明其下方元器件或线路功能。

继电器和接触器的触点位置采用附加图表的方式表示，此图表可以画在电路图中相应线圈的下方，此时，可只标出触点的位置（电路编号）索引，也可以画在电路图上的其他地方。以图中线圈 KM1 下方的图表为例，第一行用图形符号表示主辅触点种类，表格中的数字表示此类触点所在的支路的编号。如第 2 列中的数字“6”表示 KM1 的一个常开触点在第 6 支路内，表中的“×”表示未使用的触点。有时，所附图表中的图形符号也可以省略不画。

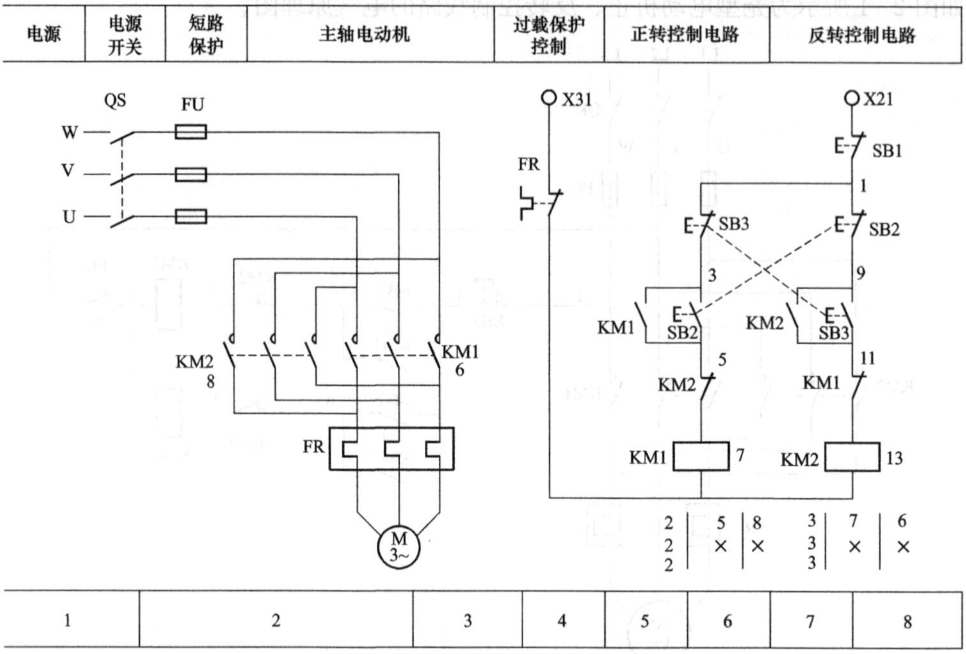

图 2-2　某机床电气原理图

（2）横坐标标注法。电动机正反转横坐标图示法电气原理图如图 2-3 所示。采用横坐标标注法，线路各电器元件均按横向画法排列。

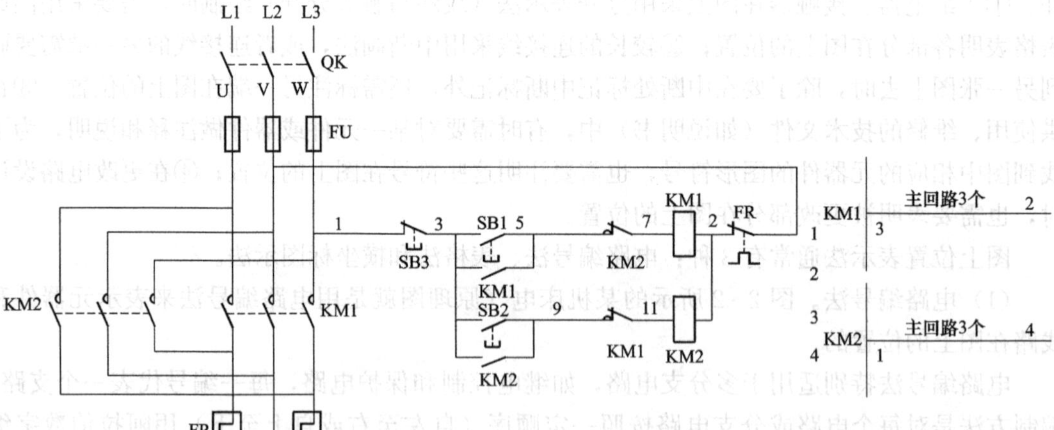

图 2-3　电动机正、反转横坐标图示法电气原理图

各电器元件线圈的右侧，由上到下标明各支路的序号 1，2，…，并在该电器元件线圈旁标明其动合触点（标在横线上方）、动断触点（标在横线下方）在电路中所在支路的标号，以便阅读和分析电路时查找。

例如接触器 KM1 动合触点在主电路有三对，控制电路 2 支路中有一对；动断触点在控制电路 3 支路中有一对。此种表示法在机床电气控制线路中普遍采用。

2.3.3　电气元件布置图

电气元件布置图主要是用来表明电气设备上所有电机、电器的实际位置，是机械电气控制设备制造、安装和维修必不可少的技术文件。布置图根据设备的复杂程度或集中绘制在一张图上，或将控制柜与操作台的电器元件布置图分别绘制。绘制布置图时机械设备轮廓用双点画线画出，所有可见的和需要表达清楚的电器元件及设备，用粗实线绘制出其简单的外形轮廓。电器元件及设备代号必须与有关电路图和清单上的代号一致。电气元件布置图如图2-4所示。

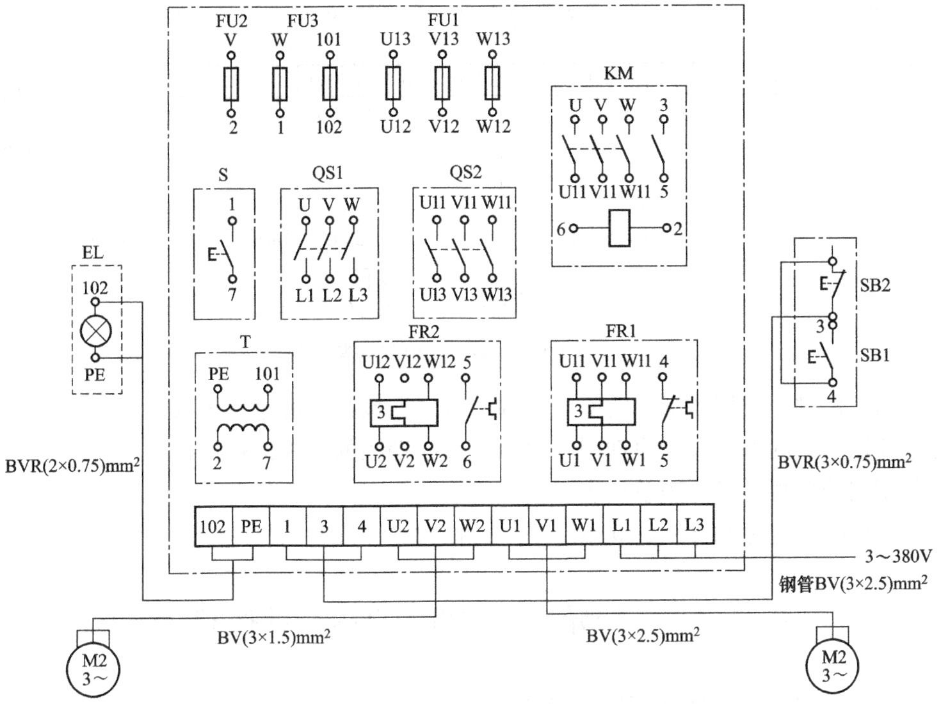

图 2-4　电气元件布置图

2.3.4　电气安装接线图

电气安装接线图是用规定的图形符号，按各电气元器件相对位置绘制的实际接线图，所表示的是各电气元器件的相对位置和它们之间的电路连接状况，并标注出所需数据，如接线端子号、连接导线参数等，主要用于电气设备的安装配线、线路检查、线路维修和故障处理。实际应用中通常与电气原理图和元件布置图一起使用。

在电气安装接线图中，各电气元器件的文字符号、元件连接顺序、线路号码编制都必须与电气原理图一致。图 2-5 是 C620-1 型车床电气安装接线图。

电气安装接线图的绘制原则如下。

各电气元件用规定的图形、文字符号绘制，同一电气元件各部件必须画在一起。各电气元件的位置，应与实际安装位置一致。

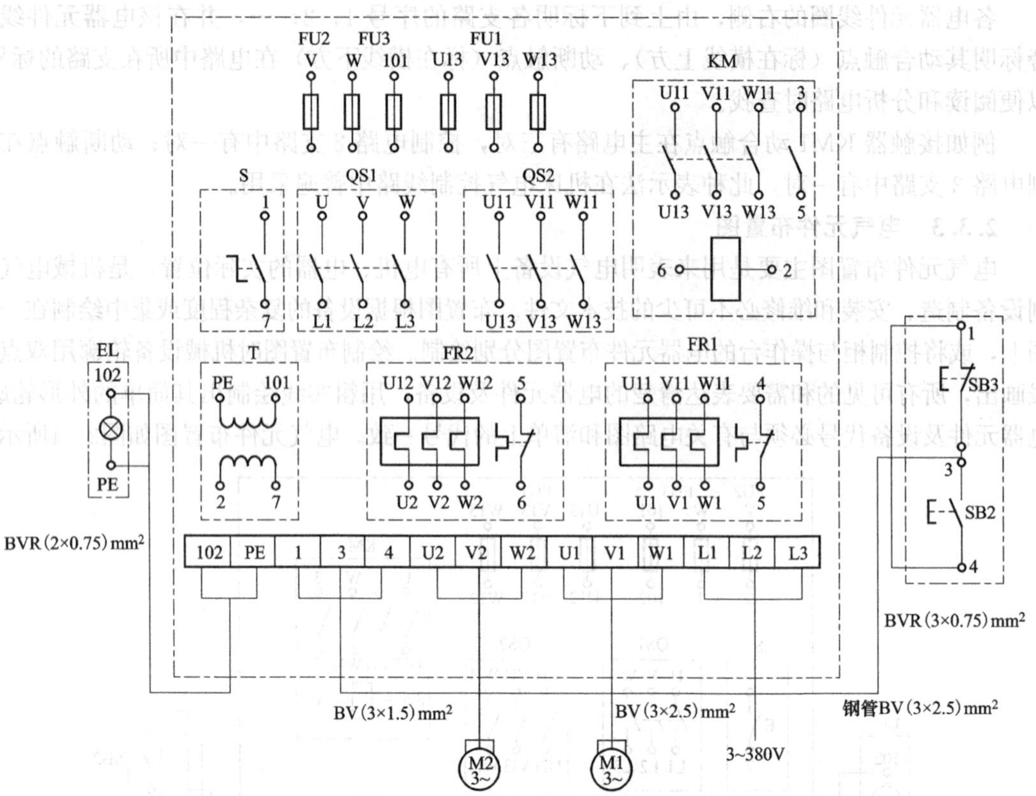

图 2-5 C620-1 型车床电气安装接线图

不在同一控制柜或配电屏上的电气元件的电气连接必须通过端子板进行。各电气元件的文字符号及端子板的编号应与原理图一致，并按原理图的接线进行连接。

走向相同的多根导线可用单线表示。

画连接线时，应标明导线的规格、型号、根数和穿线管的尺寸。

2.4 三相异步电动机的直接启动控制

2.4.1 三相笼型电动机直接启动控制

在供电变压器容量足够大时，小容量笼型电动机可直接启动。直接启动的优点是电气设备少，线路简单。缺点是启动电流大，容易引起供电系统电压波动，干扰其他用电设备的正常工作。

1. 采用刀开关直接启动控制

图 2-6 为采用刀开关直接启动控制线路。工作过程如下：合上刀开关 QK，电动机 M 接通电源全电压直接启动。打开刀开关 QK，电动机 M 断电停转。这种线路适合于小容量、启动不频繁的笼型电动机，如小型台钻、冷却泵、砂轮机等。熔断器起短路保护作用。

2. 采用接触器直接启动控制

(1) 点动运行控制。如图 2-7 所示，主电路由刀开关 QK、熔断器 FU、交流接触器 KM 的主触头和笼型电动机 M 组成；控制电路由启动按钮 SB 和交流接触器线圈 KM 组成。

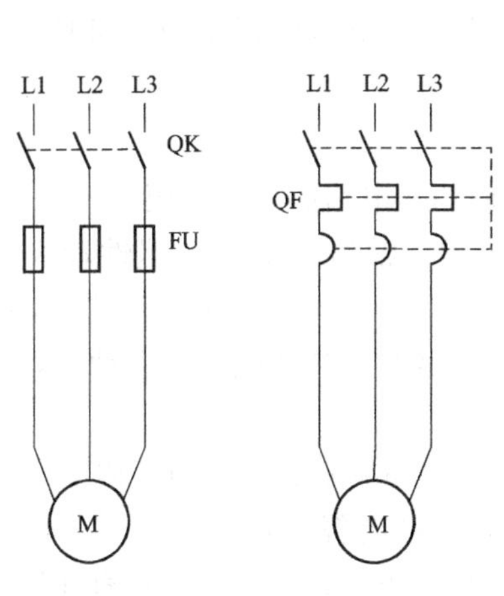

(a)　　(b)

图 2-6　刀开关直接启动控制线路

(a) 开启式负荷开关控制；(b) 自动空气开关控制

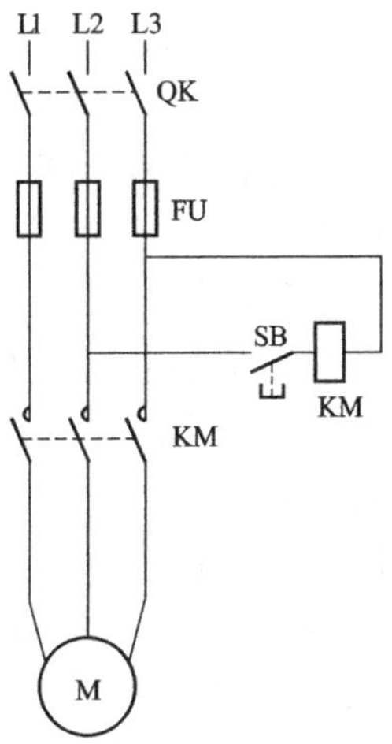

图 2-7　点动运行控制线路

线路的工作过程如下。

启动：先合上刀开关 QK→按下启动按钮 SB→接触器 KM 线圈通电→KM 主触点闭合→电动机 M 通电直接启动。

停机：松开 SB→KM 线圈断电→KM 主触点断开→M 断电停转。

从线路可知，按下按钮，电动机转动，松开按钮，电动机停转，这种控制就称为点动控制，它能实现电动机的短时转动，常用于机床的对刀调整和“电动葫芦”等。

(2) 连续运行控制。在实际生产中，往往要求电动机实现长时间连续转动，即所谓的连续控制。

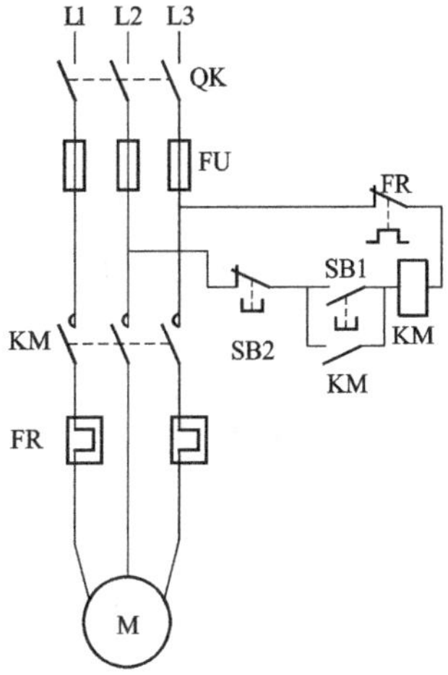

图 2-8　连续运行控制线路

如图 2-8 所示。主电路由刀开关 QK、熔断器 FU、接触器 KM 的主触点、热继电器 FR 的发热元件和电动机 M 组成，控制电路由停止按钮 SB2、启动按钮 SB1、接触器 KM 的动合辅助触点和线圈、热继电器 FR 的动断触点组成。

线路工作过程如下。

启动：先合上刀开关QK → 按下启动按钮SB1 → 接触器 → KM线圈通电 →

→ KM主触点闭合（松开SB1）
→ KM辅助触点闭合
→ 电动机M接通电源运行

停机：按下停止按钮SB2 → KM线圈断电 → KM主触点和辅助动合触点断开 → 电动机M断电停转。

在连续控制中，当启动按钮 SB 松开后，接触器 KM 的线圈通过其辅助动合触点的闭合仍继续保持通电，从而保证电动机的连续运行。这种依靠接触器自身辅助动合触点而使线圈保持通电的控制方式，称为自锁或自保。起到自锁作用的辅助动合触头称为自锁触点。

在图 2-8 线路中，把接触器 KM、熔断器 FU、热继电器 FR 和按钮 SB1、SB2 组装成一个控制装置，称为电磁启动器。电磁启动器有可逆和不可逆两种：不可逆电磁启动器可控制电动机单向直接启动、停止；可逆电磁启动器由两个接触器组成，可控制电动机的正、反转。

图 2 - 8 设有以下保护环节。

1）短路保护短路时熔断器 FU 的熔体熔断而切断电路起保护作用。

2）电动机长期过载保护采用热继电器 FR。由于热继电器的热惯性较大，即使发热元件流过几倍于额定值的电流，热继电器也不会立即动作。因此，在电动机启动时间不太长的情况下，热继电器不会动作，只有在电动机长期过载时，热继电器才会动作，用它的动断触点使控制电路断电。

3）欠电压、失电压保护通过接触器 KM 的自锁环节来实现。当电源电压由于某种原因而严重欠电压或失电压（如停电）时，接触器 KM 断电释放，电动机停止转动。当电源电压恢复正常时，接触器线圈不会自行通电，电动机也不会自行启动，只有在操作人员重新按下启动按钮后，电动机才能启动。图 2 - 8 所示控制线路具有如下优点：①防止电源电压严重下降时电动机欠电压启动；②防止电源电压恢复时，电动机自行启动而造成设备和人身事故；③避免多台电动机同时启动造成电网电压严重下降。

（3）既能点动又能连续运行控制。在生产实践中，机床调整完成后，需要连续进行切削加工，则要求电动机既能点动又能长动。控制线路如图 2 - 9 所示。

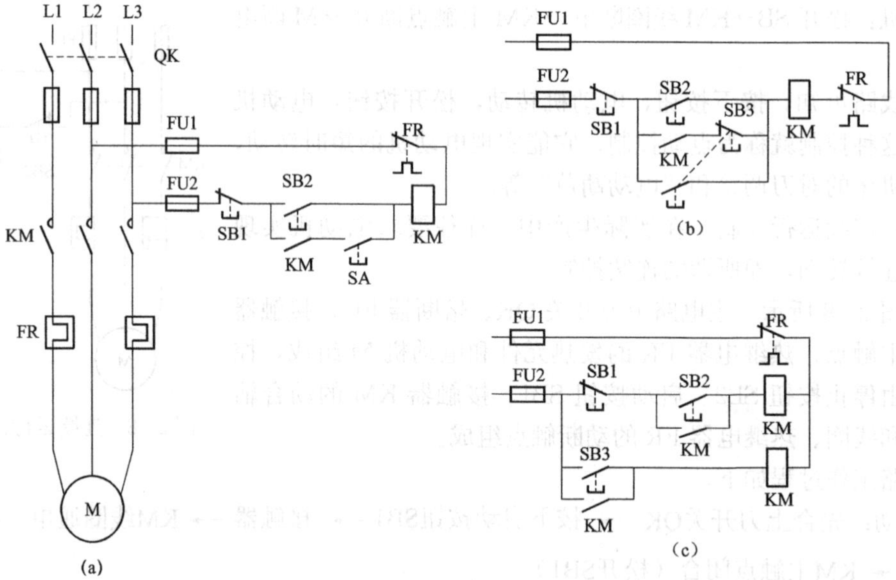

图 2 - 9 长动与点动控制

（a）简单线路；（b）采用复合按钮 SB3；（c）采用中间继电器 KA

图 2 - 9（a）的线路比较简单，采用钮子开关 SA 实现控制。点动控制时，先把 SA 打开，断开自锁电路，按动 SB2，KM 线圈通电，电动机 M 点动；长动控制时，把 SA 合上，按动 SB2，KM 线圈通电，自锁触点起作用，电动机 M 长动。

图 2 - 9（b）的线路采用复合按钮 SB3 实现控制。点动控制时，按下复合按钮 SB3，断开自锁回路，KM 线圈通电，电动机 M 点动；长动控制时，按下启动按钮 SB2，KM 线圈

通电，自锁触点起作用，电动机 M 长动。此线路在电动控制时，若接触器 KM 的释放时间大于复合按钮的复位时间，则点动结束，SB3 松开时，SB3 动断触点已经闭合但接触器 KM 的自锁触点尚未打开，会使自锁电路继续通电，则线路不能实现正常的点动控制。

图 2-9（c）的线路采用中间继电器 KM 进行控制。点动控制时，按动启动按钮 SB3，KM 线圈通电，电动机 M 实现点动；长动控制时，按下启动按钮 SB2，中间继电器 KA 线圈通电，KM 线圈通电并自锁，电动机 M 实现长动。此线路多用了一个中间继电器，但提高了工作的可靠性。

2.4.2　多地同时控制

多地同时控制就是在两地或者多地控制同一台电动机的控制方式，控制方法为启动动合按钮并联，停止动断按钮串联。多地控制线路图如图 2-10 所示。

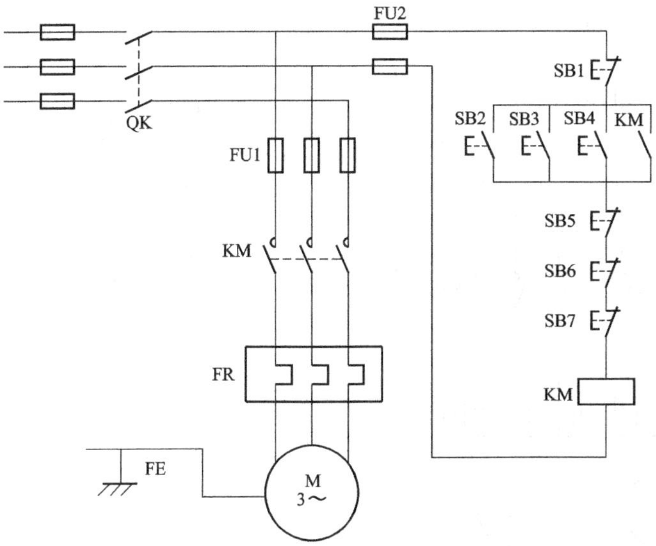

图 2-10　多地控制线路图

采用三个按钮同时控制一台电机的启动和停止，即所谓的多地同时控制。在图 2-10 中，SB2 和 SB5 分别为第一个启动按钮和停止按钮，SB3 和 SB6 为第二个启动按钮和停止按钮，SB4 和 SB7 为第三个启动按钮和停止按钮。SB1 为总停止按钮。当按下 SB2、SB3、SB4 中任何一个启动按钮时，KM 线圈通电，KM 主触点闭合，KM 辅助触点闭合实现自锁。当按下 SB5、SB6、SB7 中任何停止按钮时，KM 线圈断电，KM 主触点和辅助触点断开，电动机停止运行。当按下总停止按钮 SB1 时，KM 线圈断电，KM 主触点和辅助触点断开，电动机停止运行。这样就实现了多地同时控制的一种功能。

2.4.3　电动机顺序控制

电机的顺序控制即控制多台电机按照控制要求进行先后的启动和停止。现有两台电机控制两条传送带，示意图如图 2-11 所示。控制要求为 M1 启动后 M2 才能启动，M2 停止后 M1 才能停止，M2 可以单独停止。

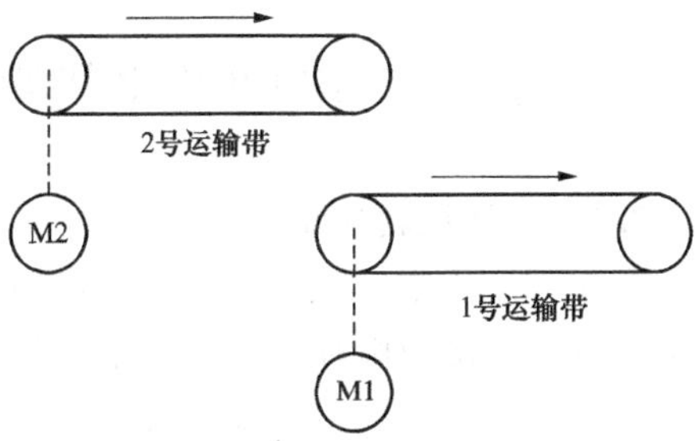

图 2-11　传送带示意图

电机顺序控制线路图如图 2-12 所示。总刀开关为 QK，SB1 和 SB3 分别为控制 1 号传送带的 1 号电机的启动按钮和停止按钮，SB2 和 SB4 分别为控制 2 号传送带的 2 号电机的启动按钮和停止按钮。当要运行传送带时，合上刀开关 QK，按下 1 号电机的启动按钮 SB1，线圈 KM1 通电，KM1 动合主触点闭合，KM1 动合辅助触点闭合并实现自锁，1 号电机带动 1 号传送带运行。按下 2 号电机的启动按钮 SB2，线圈 KM2 通电，KM2 动合主触点闭合，KM2 动合辅助触点闭合并实现自锁，2 号电机带动 2 号传送带运行。当要停止传送带时，按下 2 号电机的停止按钮 SB4，KM2 线圈断电，KM2 动合主触点和辅助触点断开，2 号电机停止运行。按下 1 号电机的停止按钮 SB3，KM1 线圈断电，KM1 动合主触点和辅助触点断开，1 号电机停止运行。

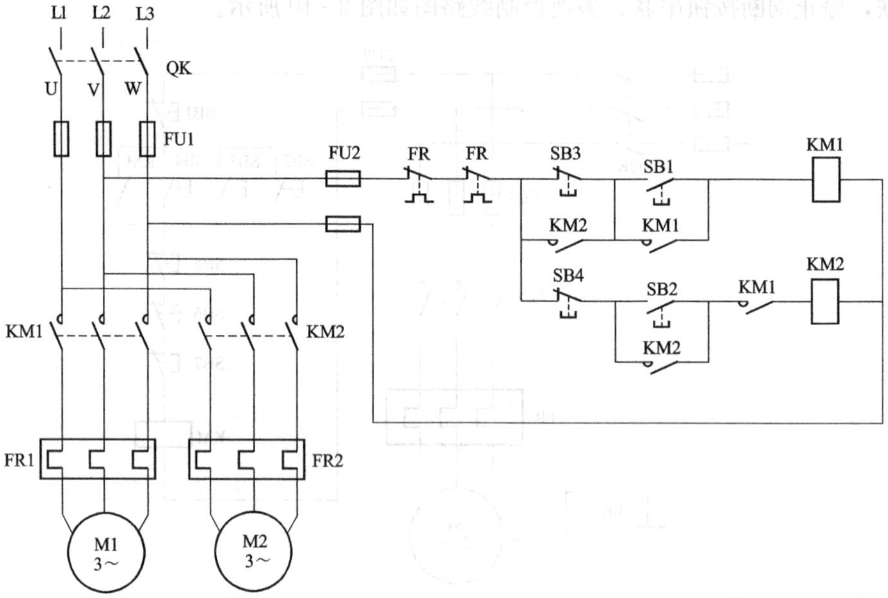

图 2-12　电机顺序控制线路图

当要启动电机时，如果不先启动 1 号电机，则 SB2 所在支路的 KM1 动合辅助触点一直处于常开状态，即使闭合 SB2 线圈 KM2 也不会处于通电状态，2 号电机不能启动。当要停止运行电机时，如果不先停止 2 号电机，则与 1 号电机停止按钮 SB3 并联的动合辅助触点会一直处于闭合状态，即使断开 SB3 线圈 KM1 也不会断电，1 号电机不能停止运行。这就实现了控制要求，M1 先启动后 M2 才能启动，M2 停止后 M1 才能停止，M2 可以单独停止。

2.5　三相异步电动机的正反转控制、行程控制、时间控制

2.5.1　正反转控制

在实际应用中，往往要求生产机械改变运动方向，如工作台前进与后退、起重机起吊重物的上升与下降及电梯的上升与下降等，这就要求电动机能实现正、反转。

由三相异步电动机转动原理可知，若要电动机逆向运行，只要将接于电动机定子的三相电源线中的任意两相对调一下即可，可通过两个接触器来改变电动机定子绕组的电源相序来

实现。为了避免短路事故，对正反转控制线路最基本的要求是：必须保证两个接触器不能同时工作。电动机正、反转控制线路如图 2-13 所示。图中，接触器 KM1 为正向接触器，控制电动机 M 正转；接触器 KM2 为反向接触器，控制电动机 M 反转。

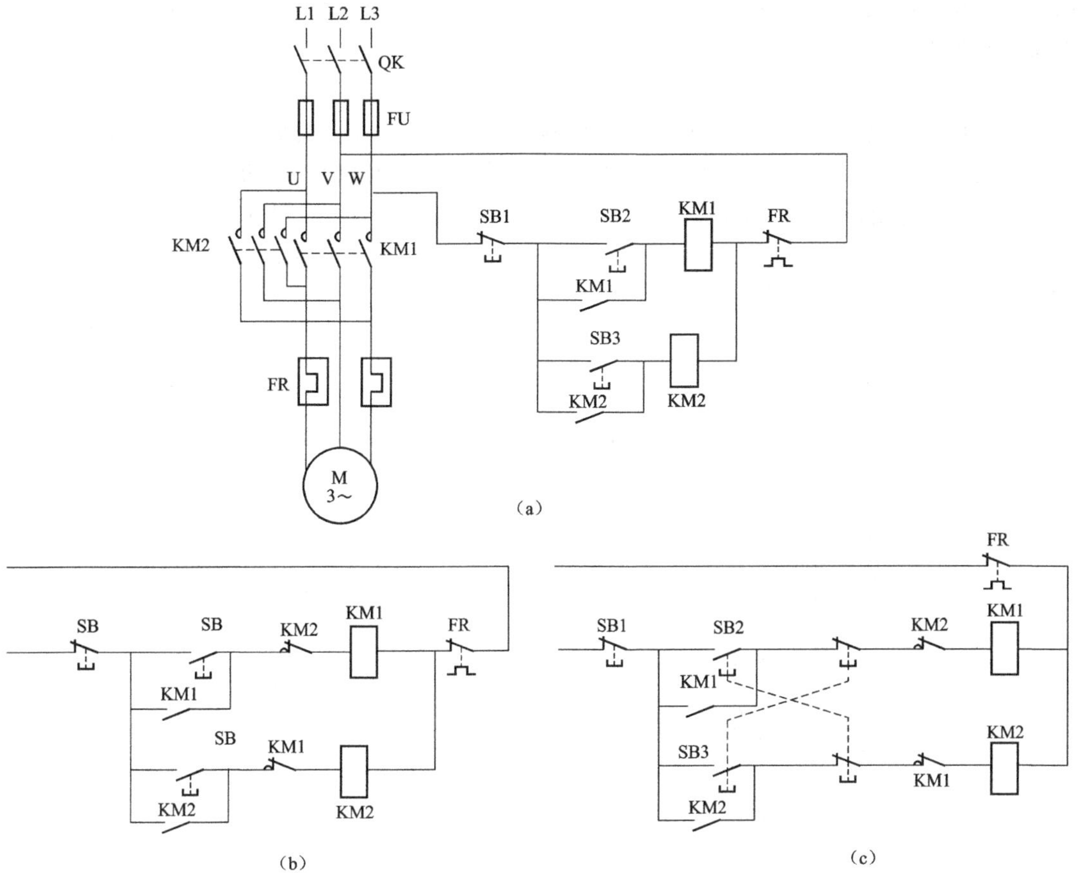

图 2-13 电动机正、反转控制线路

(a) 原线路；(b) 设置联锁环节；(c) 加入复合按钮

图 2-13（a）的工作过程如下。

正转控制：合上刀开关 OK→按下正向启动按钮 SB2→正向接触器 KM1 通电→KM1 主触点和自锁触点闭合→电动机 M 正转。

反转控制：合上刀开关 OK→按下反向启动按钮 SB3→反向接触器 KM2 通电→KM2 主触点和自锁触点闭合→电动机 M 反转。

停机：按下停止按钮 SB1→KM1（或 KM2）断电→电动机 M 停转。

该控制线路必须要求 KM1 与 KM2 不能同时通电，否则会引起主电路电源短路，为此要求线路设置必要的联锁环节，如图 2-13（b）所示。将其中一个接触器的动断触点串入另一个接触器线圈电路中，则任何一个接触器先通电后，即使按下相反方向的启动按钮，另一个接触器也无法通电，这种利用两个接触器的辅助动断触点互相控制的方式，称为电气互锁，或称为电气联锁。起互锁作用的动断触点称为互锁触点。另外，该线路只能实现“正—停—反”或者“反—停—正”控制，即必须按下停止按钮后，再反向或正向启动，这对需要频繁改变电动机运转方向的设备来说，是很不方便的。为了提高生产效率，简便正、反向操作，常利用复合按钮组成“正—停—反”或“反—停—正”的互锁控制，如图 2-13（c）所示。复合按钮的动断触点同样起到互锁的作用，这样的互锁称为机械互锁。该线路既有接触器动断触点的电气互锁，也有复合按钮动断触点的机械互锁，即具有双重互锁。该线路操作方便，安全可靠，故广泛应用。

2.5.2 行程控制

行程控制，就是当运动部件到达一定行程位置时采用行程开关来进行控制。行程开关是由装在运动部件上的挡块来撞动的，所以它具有限位功能和自动往返功能。

图 2-14 是用行程开关来控制工作台前进与后退的示意图和控制电路。

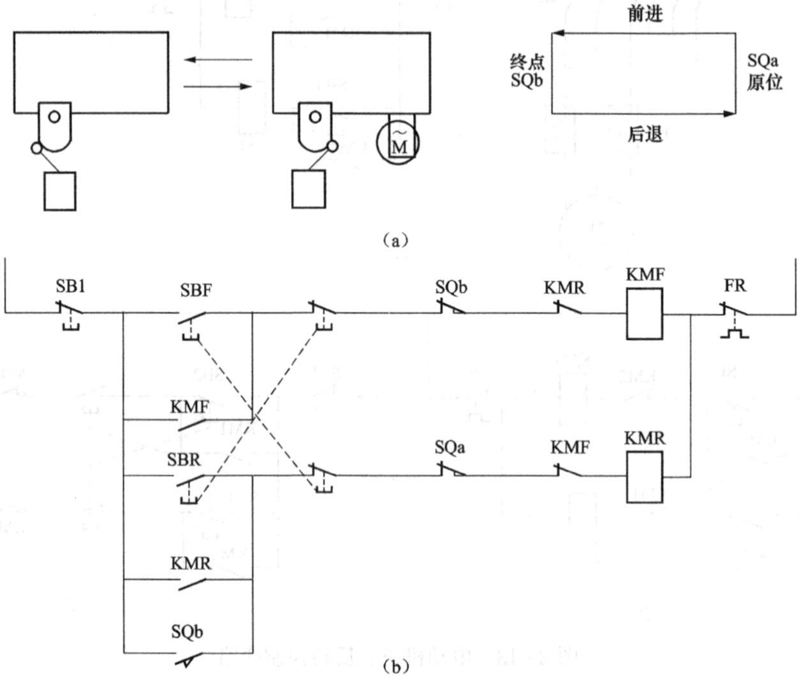

图 2-14 用行程开关来控制工作台前进与后退

（a）示意图；（b）控制电路

行程开关 SQa 和 SQb 分别装在工作台的原位和终点，由装在工作台上的挡块来撞动。工作台由电动机 M 带动。电动机的主电路和图 2-13 中的是一样的，控制电路也只是多了行程开关的三个触点图。

工作台在原位时，其上挡块将原位行程开关 SQa 压下，将串接在反转控制电路中的动断触点压开。这时电动机不能反转。按下正转启动按钮 SBF，电动机正转，带动工作台前进。当工作台到达终点时（如这时机床加工完成），挡块压下终点行程开关 SQb，将串接在正转控制电路中的动断触点 SQb 压开，电动机停止正转。与此同时，将反转控制电路中的动合触点 SQb 压合，电动机反转，带动工作台后退。退到原位，挡块压下 SQ，将串接在反转控制电路中的动断触点压开，于是电动机在原位停止。

如果工作台在前进中按下反转按钮 SBR，工作台立即后退，到原位停止。

行程开关除用来控制电动机的正反转外，还可实现终端保护、自动循环、制动和变速等各项要求。在行程控制中，也常用接近开关。

2.5.3　时间控制

时间控制，就是采用时间继电器进行延时控制。如电动机的Y－△转换启动，先是Y连接，经过一定时间待转速上升到接近额定值时换成△连接。这就得用时间继电器来控制。

在交流电路中常采用空气式时间继电器，它是利用空气阻尼作用而达到动作延时的目的的。下面是时间控制的基本线路。

（1）设计两台电机 M1、M2 控制电路，同时满足以下要求。

1）按下启动按钮，M1 运行 5s 后，M2 自动启动。

2）按下停止按钮，M1 和 M2 同时停机。

3）任何一台电机发生过载时，两台电机全部停止运行。

图 2－15 是电机顺序启动，同时停止控制线路，SB1 为停止按钮，SB2 为启动按钮。图中包含通电延时继电器 KT1 的一个延时闭合触点。

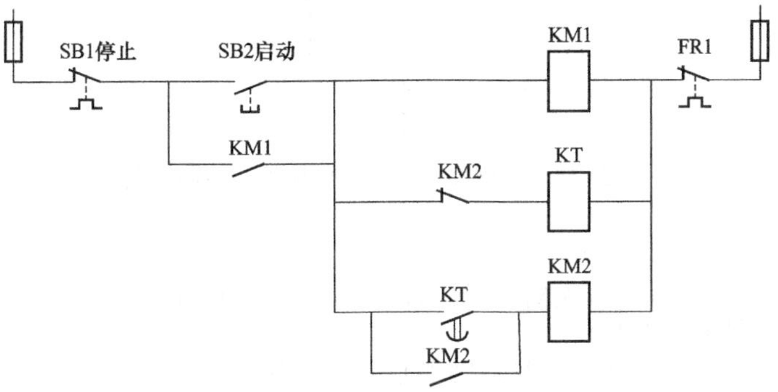

图 2－15　电机顺序启动，同时停止控制线路

线路工作过程如下。

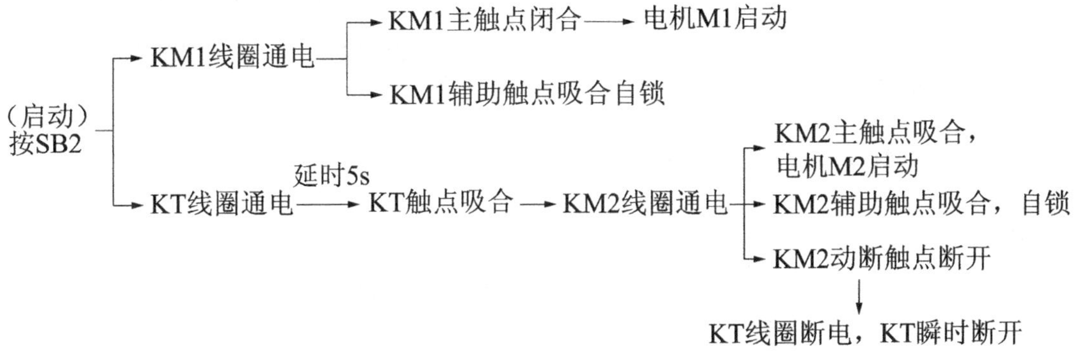

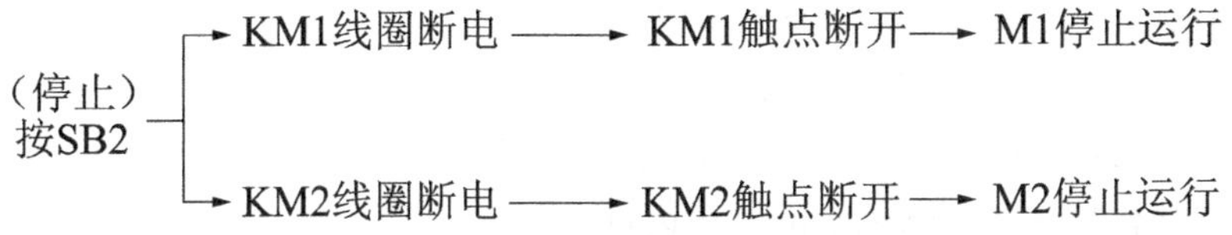

（2）设计两台电机 M1，M2 控制电路，同时满足以下要求。

1）按下启动按钮，M1 运行 5s 后，M2 自动启动。

2）按下停止按钮，M1 立即停机，延时 3s 后，M2 自动停机。

3）任何一台电机发生过载时，两台电机全部停止运行。

图 2 - 16 是电机顺序启动，顺序停止控制线路，SB1 为停止按钮，SB2 为启动按钮。图中包含通电延时继电器 KT1 的一个延时闭合触点和断电延时继电器 KT2 的一个延时断开触点。

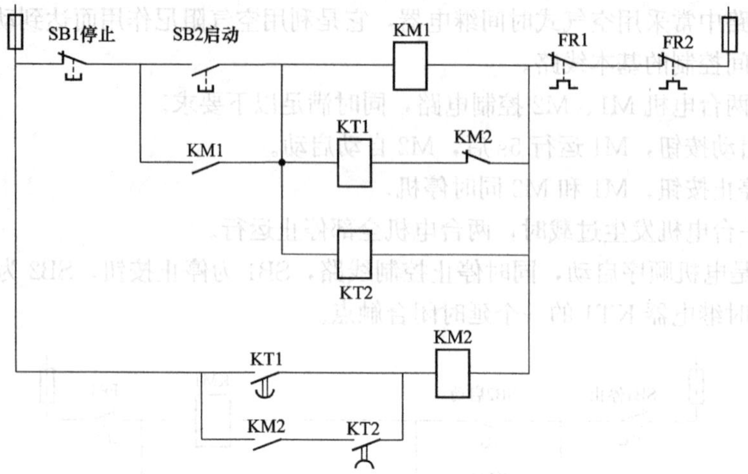

图 2 - 16　电机顺序启动，顺序停止控制线路

线路的工作过程如下。

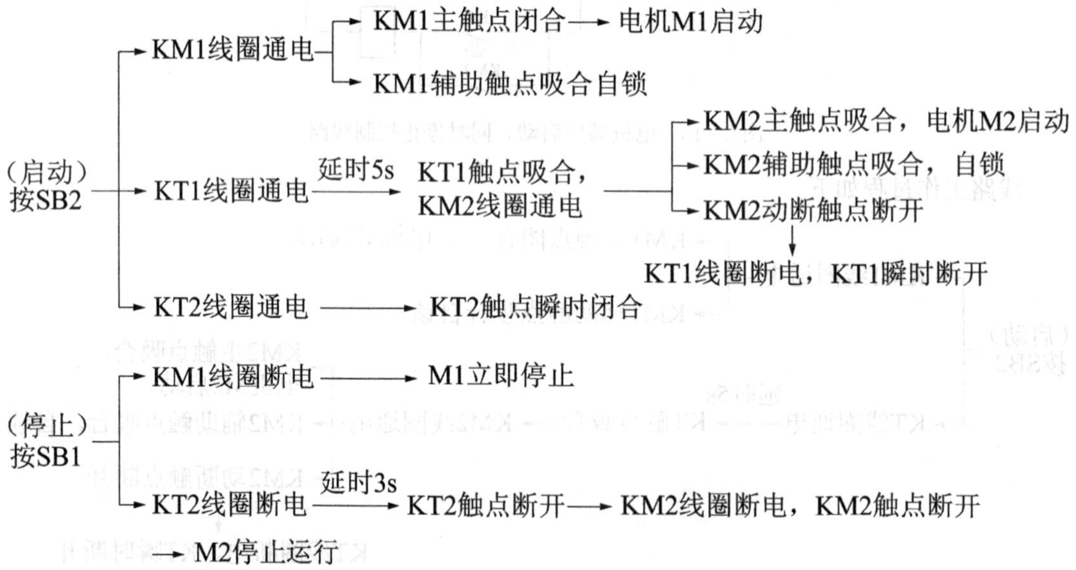

（3）设计两台电机 M1，M2 控制电路，同时满足以下要求。

1）按下启动按钮，M1 运行 5s 后，M2 自动启动。

2）按下停止按钮，M2 立即停机，延时 3s 后，M1 自动停机。

3）任何一台电机发生过载时，两台电机全部停止运行。

图 2 - 17 是电机顺序启动，逆序停止的控制线路，SB1 为急停按钮，SB2 为启动按钮，SB3 为停止按钮。图中包含通电延时继电器 KT1 的一个延时闭合触点和断电延时继电器 KT2 的一个延时断开触点。

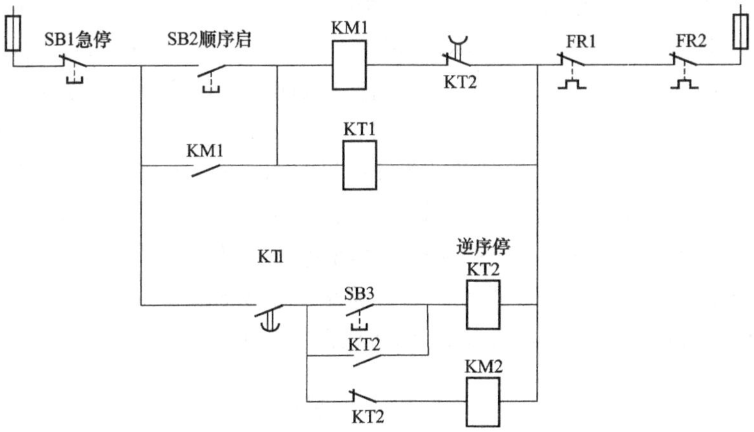

图 2-17　电机顺序启动，逆序停止控制线路

线路工作过程如下。

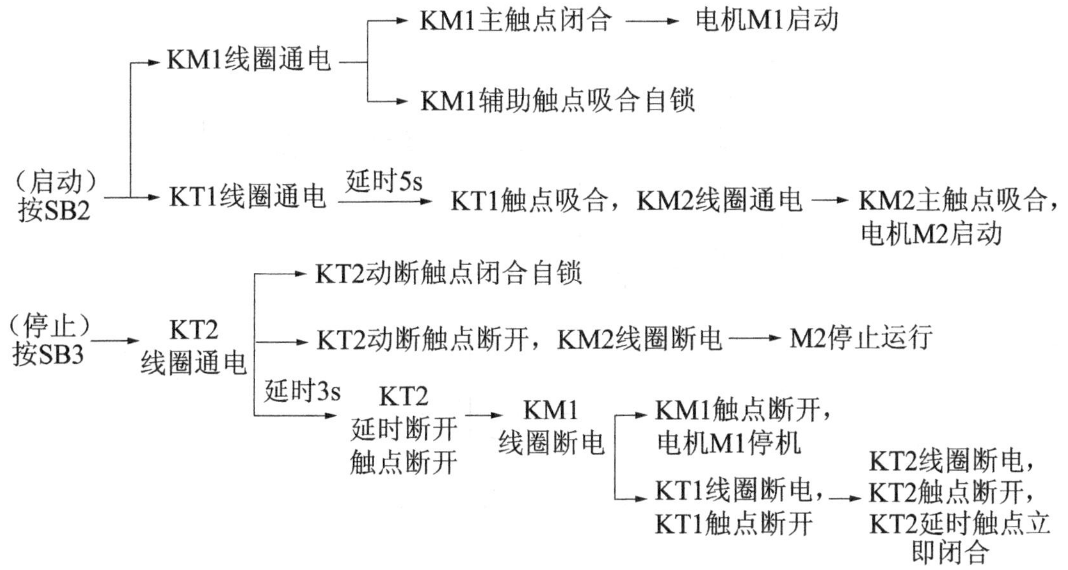

2.5.4　综合举例

如图 2-18 所示为运料小车的模型示意图，设计一个控制电路，同时满足以下要求。

（1）小车启动后，前进到 A 地，然后做以下往复运动。

图 2-18　运料小车示意图

到 A 地后停 2min 等待装料，然后自动走向 B。

到 B 地后停 2min 等待卸料，然后自动走向 A。

（2）有过载和短路保护。

（3）小车可以停在任意位置。

小车时间控制线路图如图 2-19 所示，SB4 为系统的总开关，SB1 和 SB2 分别为小车逆向行驶和正向行驶的按钮开关。当按下 SB4 时，线圈 KA 通电，KA 动合触点闭合并自锁。

当按下 SB1 时，线圈 KM1 通电，KM1 动合辅助触点闭合并自锁，小车逆向行驶。当行驶到 B 点时，碰到 B 点限位开关 SQ_b，SQ_b 动断触点打开，动合触点闭合，KT1 线圈通电开始计时，2min 计时时间到，KT1 通电延时闭合开关闭合，KM2 线圈通电，KM2 动合触点闭合并自锁，小车正向行驶。当行驶到 A 点时，碰到 A 限位开关 SQa，SQa 动断触点打开，动合触点闭合，KT2 线圈通电开始计时，2min 计时时间到，KT2 通电延时闭合开关闭合，KM1 线圈通电，KM1 动合触点闭合并自锁，小车逆向行驶。循环往复此过程。如果想使小车停止运动，按下停止按钮 SB3，电路断电，小车停止运动。

其中 SB4 开关意为“准备好”按钮，若线路图中缺少 SB4 及中间继电器 KA，小车正处在触碰两个限位开关的位置将不能停车，不能满足在任意位置停车的要求。

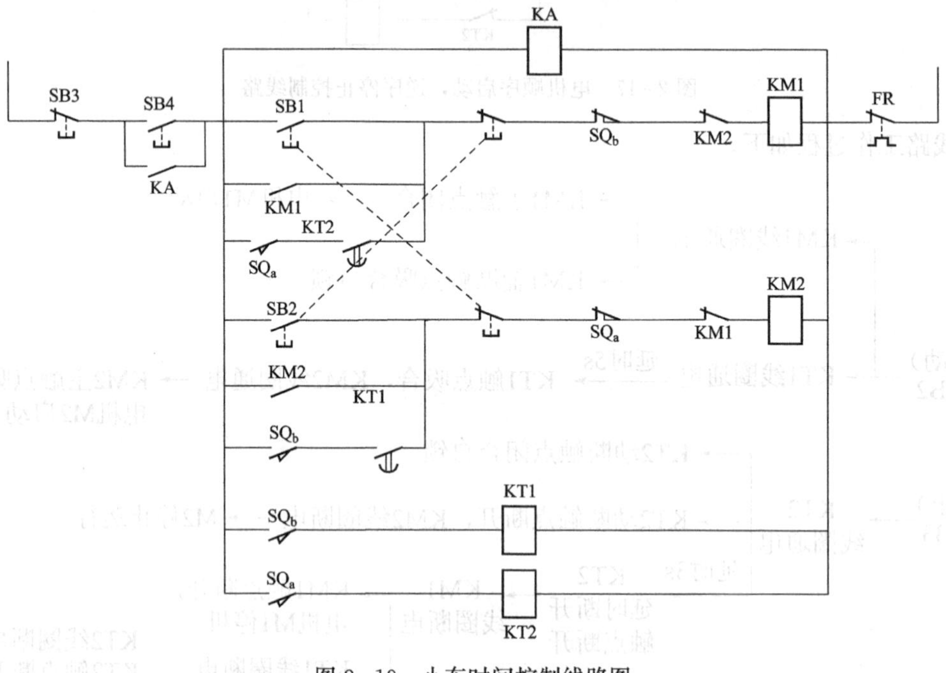

图 2-19　小车时间控制线路图

2.6　三相鼠笼电动机减压启动控制

三相笼型电动机直接启动控制线路简单、经济、操作方便。但是异步电动机的全压启动电流一般可达到额定电流的 4～7 倍，过大的启动电流会减低电动机的寿命，使变压器二次电压大幅下降，减小了电动机本身的启动转矩，甚至使电动机无法正常启动，过大的电流还会引起电源电压波动，影响同一供电网络中其他设备的正常工作。所以对于容量较大的电动机来说，必须采用减压启动的方法，以限制启动电流。

减压启动虽然可以减小启动电流，但也降低了启动转矩，因此仅适用于空载或轻载启动。

三相笼型电动机的减压启动方法有定子绕组串电阻（或电抗器）减压启动、自耦变压器减压启动、Y-△减压启动、延边三角形减压启动等。

2.6.1　定子绕组串电阻减压启动控制

控制线路按时间原则实现控制，依靠时间继电器延时动作来控制各电器元件的先后顺序动作。控制线路如图 2-20 所示。启动时，在三相定子绕组中串入电阻 R，从而减低了定子绕组上的电压，待启动后，再将电阻 R 切除，使电动机在额定电压下投入正常运行。

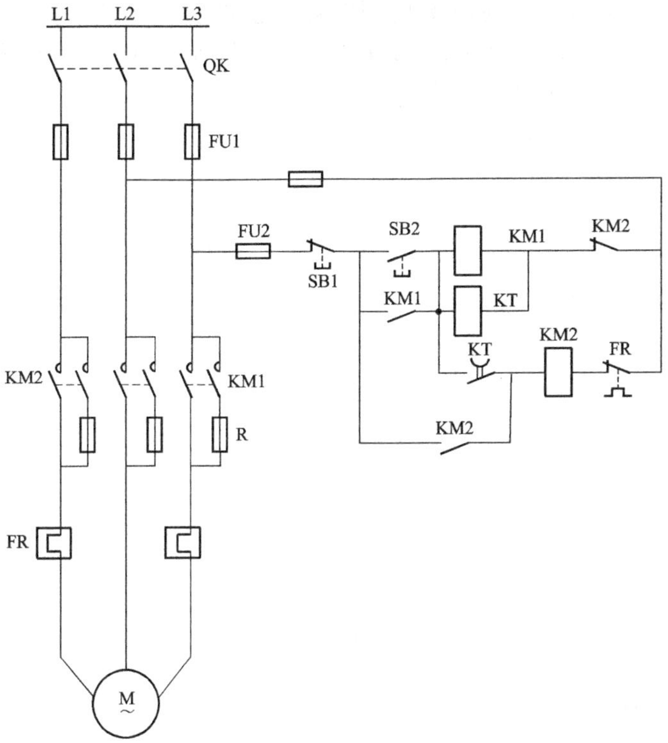

图 2-20　定子绕组串减压启动控制线路

启动过程如下：

合上刀开关QK → 按下启动按钮SB2 → 接触器KM1通电 → KM1主触点闭合 → 定子绕组串入电阻R启动

按下启动按钮SB2 → 时间继电器KT通电 → 延时t（s） → KT延时闭合动合触点接触器KM2线圈通电

KT延时闭合动合触点接触器KM2线圈通电 → KM2主触点闭合，短接电阻R机 → 电动机M全压投入运行

KT延时闭合动合触点接触器KM2线圈通电 → KM2动断辅助触点断开 → KM1断电；→ KT断电

2.6.2　Y-△减压启动控制

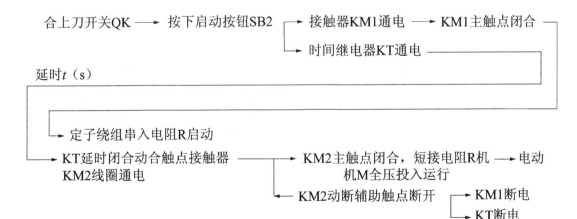

电动机绕组接成三角形时，每相绕组所承受的电压是电源的线电压（380V）；而接成星

形时，每相绕组所承受的电压是电源的相电压（220V）。对于正常运行时定子绕组接成三角形的笼型异步电动机，控制线路也是按时间原则实现控制。启动时将电动机定子绕组连接成星形，加在电动机每相绕组上的电压为额定电压的 $1/\sqrt{3}$，从而减小了启动电流。待启动后按预先整定的时间把电动机换成三角形连接，使电动机在额定电压下运行。Y-△启动控制分为通电延时型和断电延时型，通电延时型控制线路如图 2-22 所示。

Y-△启动方式减少了多少启动电流，可以做如下推理。如图 2-21 所示，图 2-21（a）中为Y接线图，图 2-21（b）为△接线图。

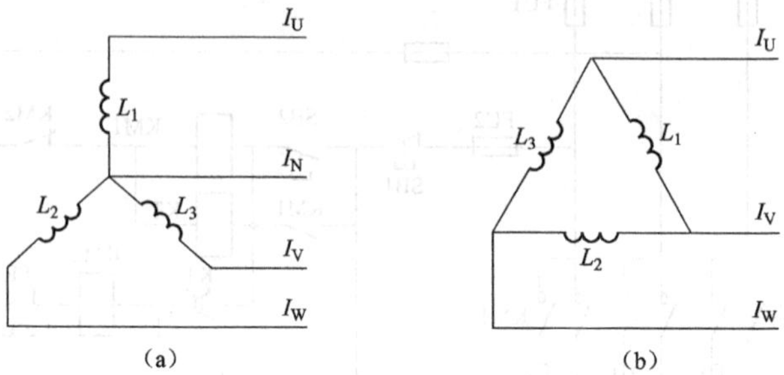

图 2-21 Y-△接线图

（a）星形连接；（b）三角形连接

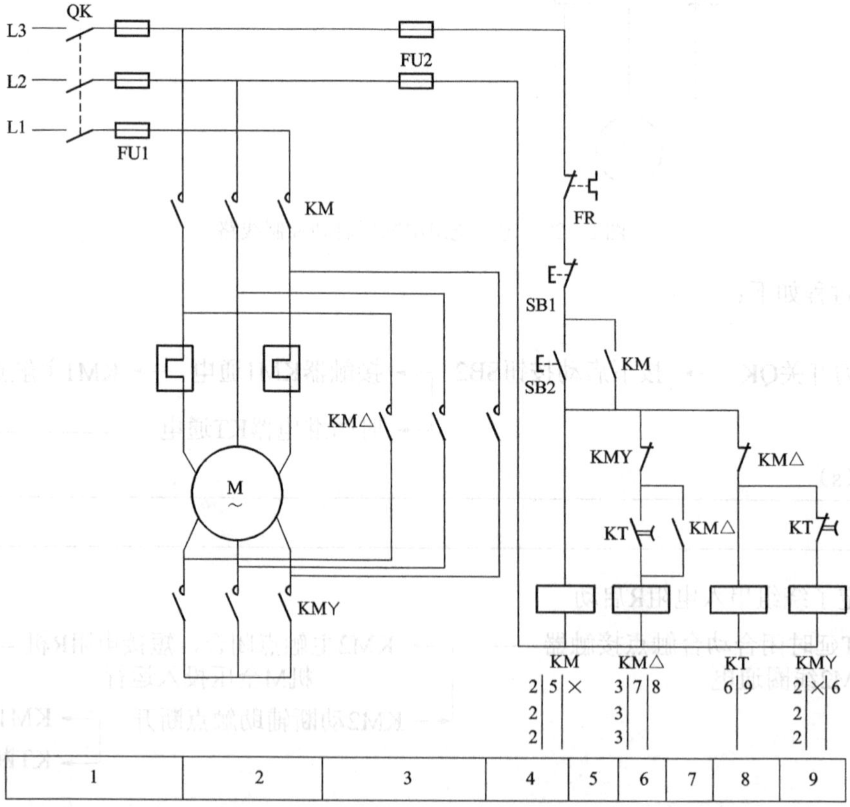

图 2-22 通电延时型Y-△减压启动控制线路

若负载为星形连接法，线电流与相电流相等，则可以得到式（2-3）

$$I_L = I_P = \frac{U_P}{R} = \frac{U_L/\sqrt{3}}{R} = \frac{U_L}{\sqrt{3}R} \tag{2-3}$$

若负载为三角形连接法，线电压与相电压相等，则可以得到式（2-4）

$$I_L = \sqrt{3}I_P = \sqrt{3}\frac{U_P}{R} = \sqrt{3}\frac{U_L}{R} \tag{2-4}$$

结合式（2-1）和式（2-2）可以推算出星形连接法启动电流为三角形连接法启动电流的三分之一。

启动过程如下。

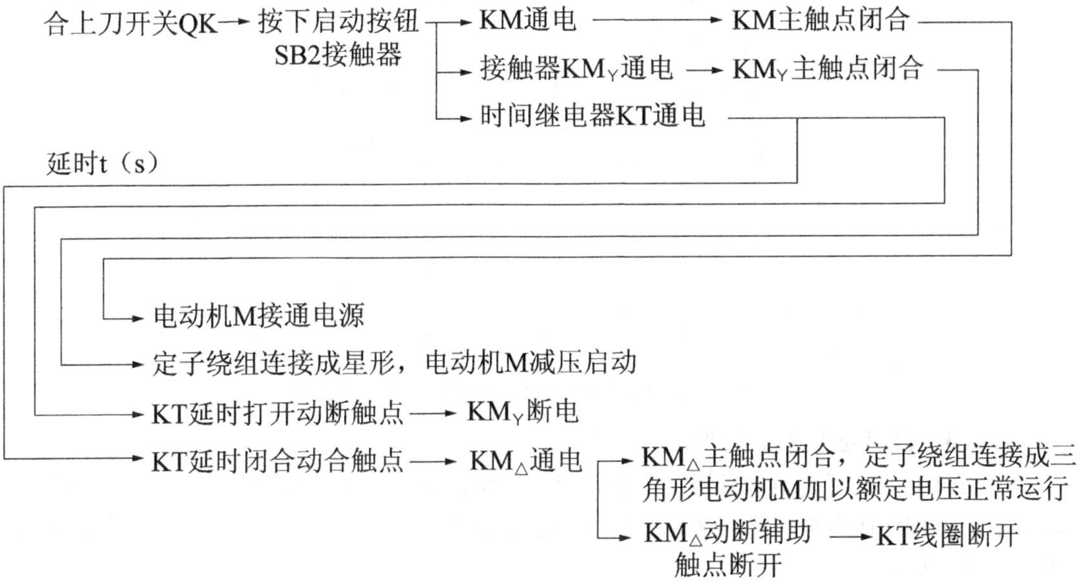

断电延时型控制线路如图2-23所示。

启动过程如下。

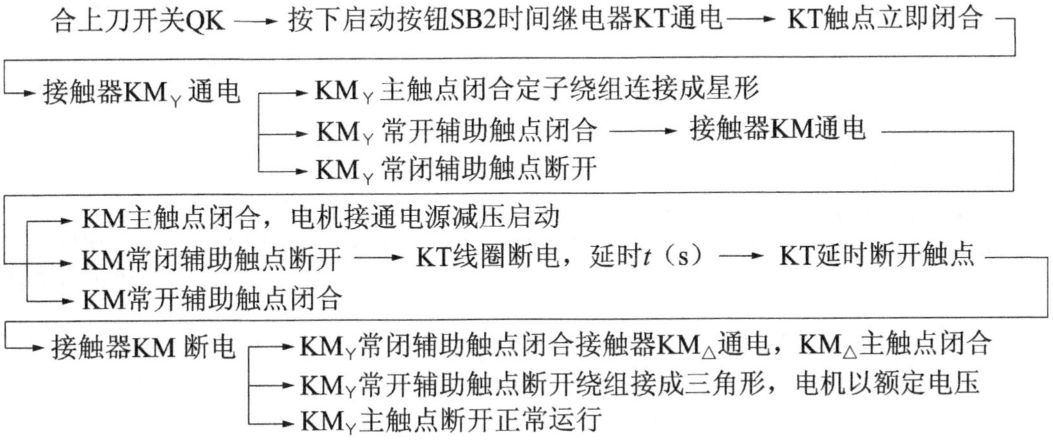

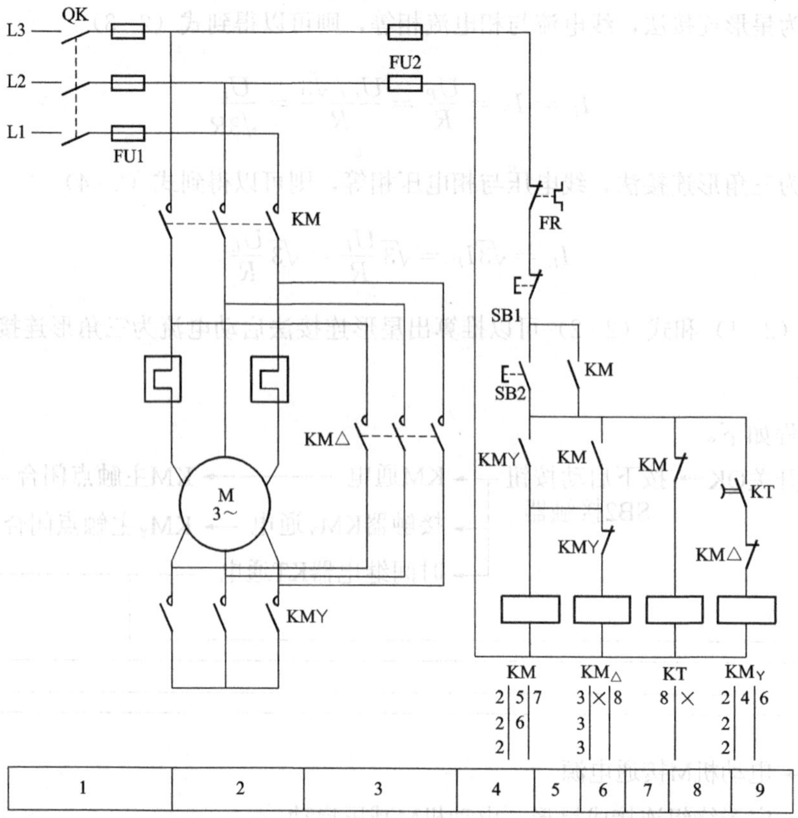

图 2-23　断电延时型Y-△减压启动控制线路

2.6.3　自耦变压器减压启动的控制

启动时电动机定子串入自耦变压器，定子绕组得到的电压为自耦变压器的二次电压，启动完毕，自耦变压器被切除，额定电压加于定子绕组，电动机以全电压投入运行。控制线路如图 2-24 所示。

启动过程如下。

合上刀开关QK → 按下启动按钮SB2 → 接触器KM1线圈通电 → KM1主触点
　　　　　　　　　　　　　　　　→ 时间继电器KT线圈通电 → 延时t（s）

→ KT辅助触点闭合 → 电动机定子串自耦变压器减压启动

→ KT延时打开动断触点 → KM1线圈断电 → 切除自耦变压器

→ KT延时闭合动合触点 → KM2线圈通电 → KM2主触点闭合 → 电动机M全压正常运行

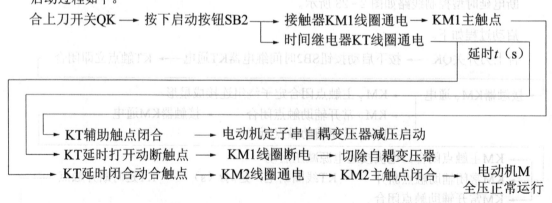

将图 2-24 中两种控制线路（a）和（b）相比较，（b）图中增加了中间继电器 KA。（a）图中同时使 KM1 通电，KM2 断电。而（b）图中由于增加了中间继电器 KA，只有 KM1 先断电，KM2 才能通电，增加了线路的安全性和稳定性。

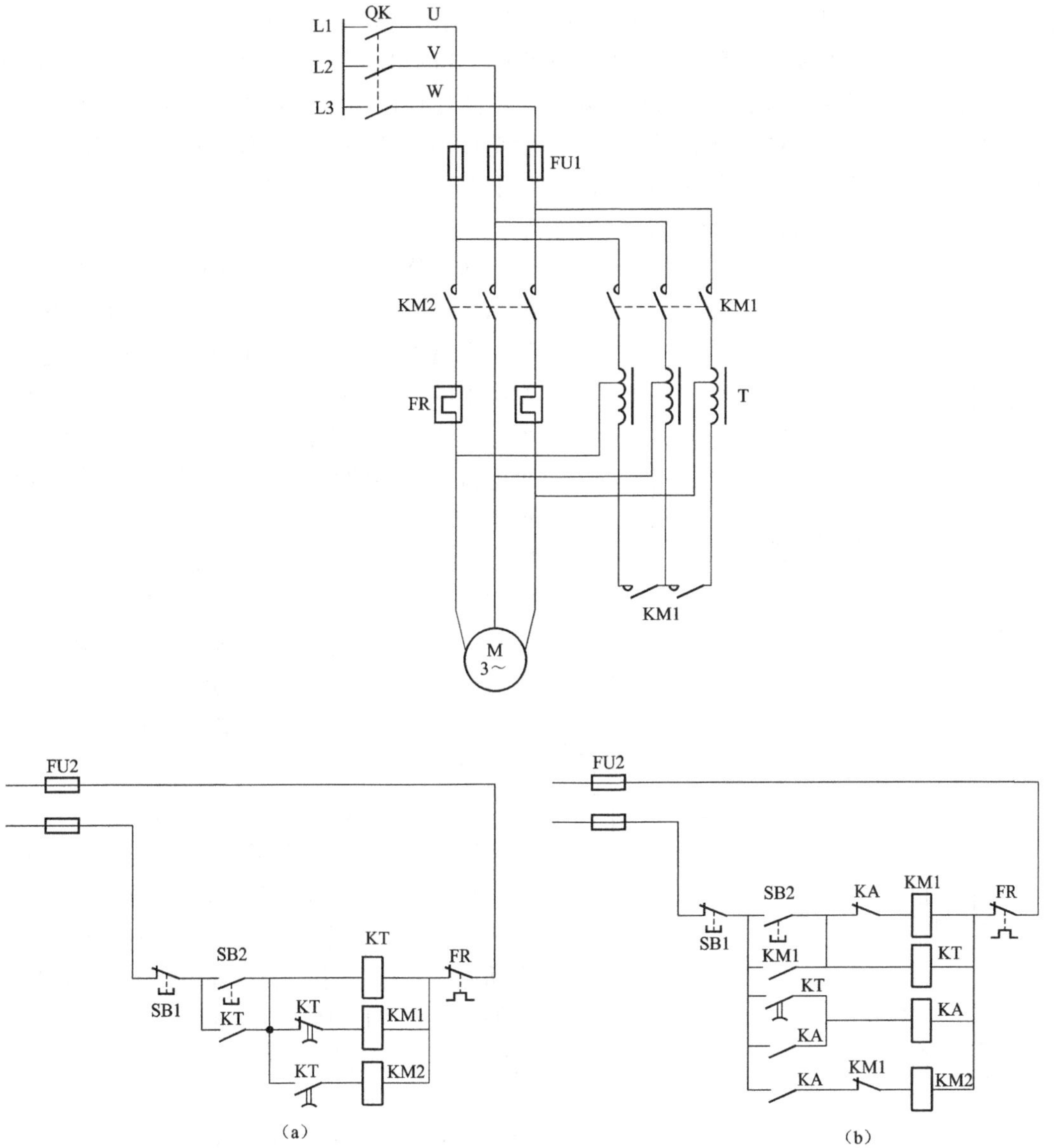

图 2-24　定子串自耦变压器启动的控制线路
(a) 控制线路一；(b) 控制线路二

2.7　三相绕线转子电动机的启动控制

在大、中容量电动机的重载启动时，增大启动转矩和限制启动电流两者之间的矛盾十分突出。三相绕组式电动机的优点之一，是可以在转子绕组中串接电阻或频敏变阻器进行启动，由此达到减小启动电流、提高转子电路的功率品质因数和增加启动转矩的目的。一般要求启动转矩较高的场合，绕组式异步电动机的应用非常广泛，如桥式起重机吊钩电动机、卷扬机等。

2.7.1　转子绕组串接启动电阻启动控制

串接于三相转子电路中的启动电阻，一般都是连接成星形。在启动前，启动电阻全部接入电路，在启动过程中，启动电阻被逐级地短接。电阻被短接的方式有三相电阻不平衡短接法和三相电阻平衡短接法。不平衡短接法是转子每相的启动电阻按先后顺序被短接，而平衡短接法时转子三相的启动电阻同时被短接。使用凸轮控制器来短接电阻宜采用不平衡短接法，因为凸轮控制器中对各触头闭合顺序一般是按不平衡短接法来设计的，故控制线路简单，如桥式起重机就是采用这种控制方式。使用接触器来短接电阻时宜采用平衡短接法。下面介绍使用接触器控制的平衡短接法启动控制。

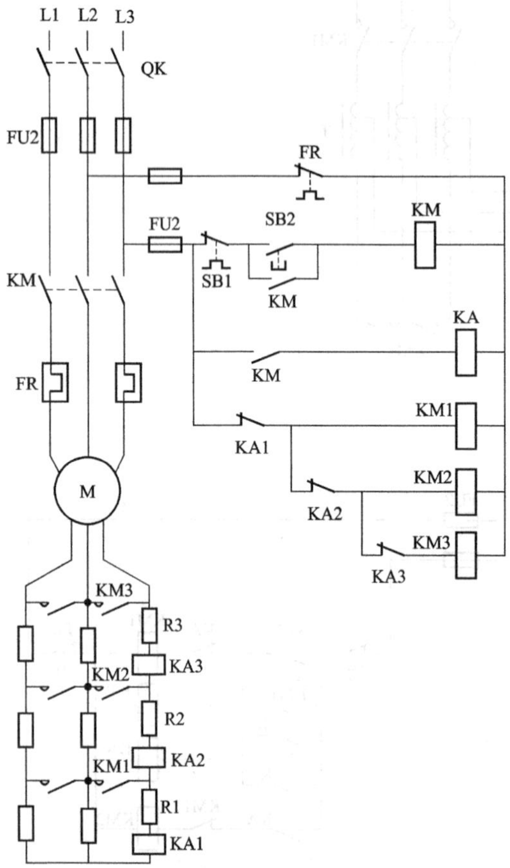

图 2-25 转子绕组串电阻启动控制线路

转子绕组串电阻启动控制线路如图 2-25 所示。该线路按照电流原则实现控制，利用电流继电器根据电动机转子电流大小的变化来控制电阻的分组切除。KA1～KA3 为欠电流继电器，其线圈串接于转子电路中，KA1～KA3 三个电流继电器的吸合电流值相同，但释放电流值不同，KA1 的释放电流最大，首先释放，KA2 次之，KA3 的释放电流最小，最后释放。刚启动时启动电流较大，KA1～KA3 同时吸合动作，使全部电阻接入。随着电动机转速升高电流减小，KA1～KA3 依次释放，分别短接电阻，直到将转子串接的电阻全部短接。

启动过程如下。

合上开关 QK，按下启动按钮 SB2，接触器 KM 通电，电动机 M 串入全部电阻（$R_1+R_2+R_3$）启动，中间继电器 KA 通电，为接触器 KM1～KM3 通电做准备。随着转速的升高，启动电流逐步减小，首先 KA1 释放，KA1 动断触点闭合，KM1 通电，转子电路中 KM1 动合触点闭合短接第一级电阻 R_1；其次 KA2 释放，KA2 动断触点闭合，KM2 通电，转子电路中 KM2 动合触点闭合短接第二级电阻 R_2，最后 KA3 释放，KA3 动断触点闭合，KM3 通电，转子电路中 KM3 动合触点闭合，短接最后一段电阻 R_3，电动机启动过程结束。

控制线路中设置了中间继电器 KA，是为了保证转子串入全部电阻之后电动机才能启动。若没有 KA，当启动电流由零上升但尚未到达电流继电器的吸合电流值时，KA1～KA3 不能吸合，将使接触器 KM1～KM3 同时通电，则转子电阻（$R_1+R_2+R_3$）全部被短接，则电动机直接启动。设置 KA 后，在 KM 通电后才能使 KA 通电，KA 动合触点闭合，此时启动电流已达到欠电流继电器的吸合值，其动断触点全部打开，使 KM1～KM3 线圈均断电，确保转子串入全部电阻，防止电动机直接启动。

2.7.2 转子绕组串接频敏变阻器启动控制

在绕组转子电动机的转子绕组串电阻启动过程中，由于逐级减小电阻，启动电流和转矩突然增加，故产生一定的机械冲击力。同时由于串接电阻启动，使线路复杂，工作不可靠，而且电阻本身比较粗笨，能耗大，使控制箱体积较大。从 20 世纪 60 年代开始，我国开始推广应用自己独创的频敏变阻器。频敏变阻器的阻抗随着转子电流频率的下降自动减小，常用于容量较大的绕组转子电动机，是一种较为理想的启动方法。

频敏变阻器实质上是一个特殊的三相电抗器。铁芯由 E 型厚钢板叠成，为三相三线式，每一个铁芯上套有一个绕组，三相绕组连接成星形，将其串接于电动机转子电路中，相当于接入一个铁损较大的电抗器。频敏变阻器等效电路如图 2-26 所示，图中，R_d为绕组直流电阻，R 为铁损等效电阻，L 为等效电感，R、L 值与转子电流频率有关。

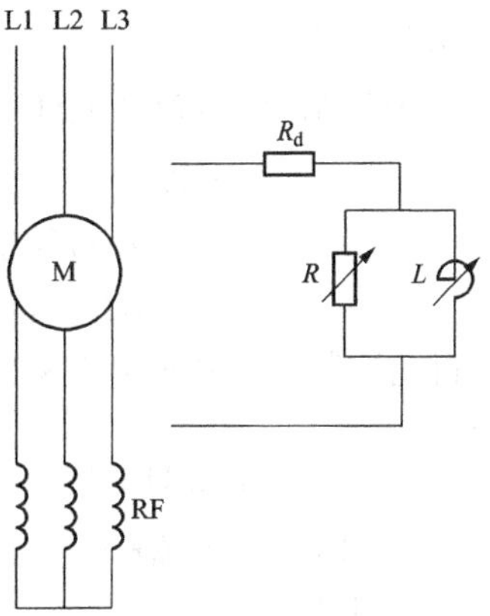

图 2-26　频敏变阻器等效电路

在启动过程中，转子电流频率是变化的。启动时，转速等于 0，转差率 $s=1$，转子电流的频率 f_2与电源频率 f_1的关系为 $f_2=sf_1$，所以启动时 $f_2=f_1$，频敏变阻器的电感和电阻均为最大，转子电流受到抑制。随着电动机转速的升高而 s 减小，f_2下降，频敏变阻器的阻抗也随之减小。所以，绕组转子电动机转子串频敏变阻器启动时，随着电动机转速的升高，变阻器阻抗也自动逐渐减小，实现了平滑的无级启动。这种启动方式在桥式启重机和空气压缩机等电气设备中获得广泛应用。

转子绕组串接频敏变阻器的启动控制线路如图 2-27 所示。该线路可利用转换开关 SC 选择自动控制和手动控制两种方式。在主电路中，TA 为电流互感器，作用是将主电路中的大电流变换成小电流进行测量。另外，在启动过程中，为避免因启动时间较长而使热继电器 FR 误动作，在主电路中，用 KA 的动断触点将 FR 的发热元件短接，启动结束投入正常运行时，FR 发热元件才接入电路。

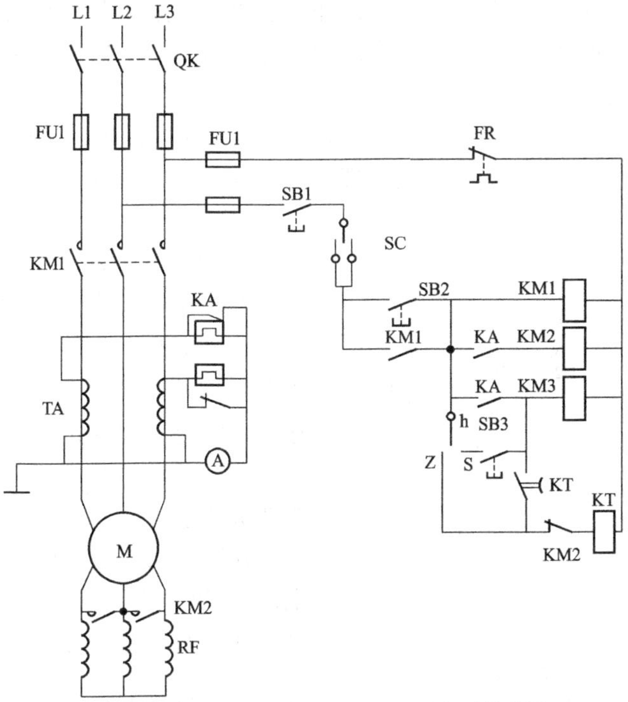

图 2-27　转子绕组串接频敏变阻器的启动控制线路

启动过程如下。

手动控制：将转换开关SC置于“s”位置 → 按下启动按钮SB2 → 接触器KM1通电 → KM1主触点闭合，电动机M转子中串入频敏变阻器 → 待电动机启动结束，按下启动按钮SB3，中间继电器KM2通电 → KM2主触点闭合，将频敏变阻器短接，启动过程结束。

自动控制：将转换开关SC置于“z” → 合上刀开关QK → 按下启动按钮SB2 →
→ 接触器KM1通电 → KM1主触点闭合 → 电动机M转子电路串入频敏变阻器启动
→ 时间继电器KT通电 → KT延时闭合动合触点 → 中间继电器KA通电 —延时t（s）→
→ KA动合触点闭合 → 接触器KM2通电 → KM2主触点闭合，将频敏变阻器短接，时间继电器KT断电，启动过程结束

2.8　三相异步电动机的调速控制

异步电动机调速常用来改善机床的调速性能和简化机械变速装置。根据三相异步电动机的转速为

$$n=\frac{60f_1}{p}(1-s) \tag{2-5}$$

式中：s为转差率；f_1为电源频率，Hz；p为定子绕组的磁极对数。

三相异步电动机的调速方法主要有：改变定子绕组连接方式的变极调速、改变转子电路电阻调速、电磁转差调速、变频调速和串级调速等。本节主要对前二种调速方法进行介绍。

2.8.1　变级调速

一些机床中，为了获得较宽的调速范围，采用了双速电动机，也有的机床采用三速、四速电动机，以获得更宽的调速范围，其原理和控制方法基本相同。这里以双速异步电动机为例进行分析。

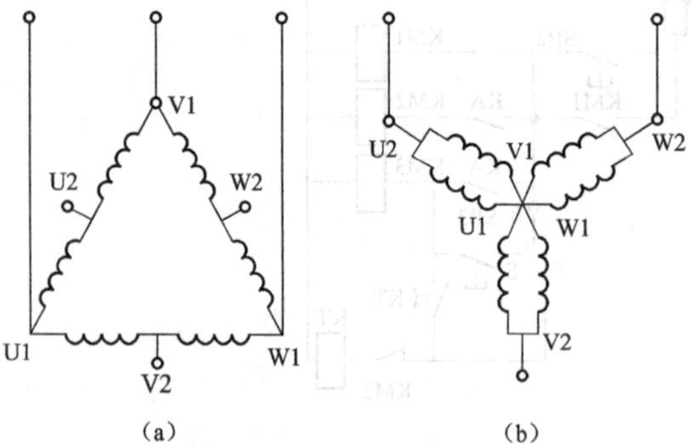

图2-28　双速异步电动机三相定子绕组△/YY连接
(a) △接法；(b) YY接法

1. 双速异步电动机定子绕组的连接方式

双速异步电动机三相定子绕组△/YY连接如图2-28所示。其中，图2-28（a）为（三角形）连接，图2-28（b）为YY（双星形）连接。转速的改变是通过改变定子绕组的连接方式，从而改变磁极对数来实现的，故称为变极调速。

在图2-28中，出线端U1、V1、W1接电源，U2、V2、W2端子悬空，绕组为三角形接法，每相绕组中两个线圈串联，成四个极，磁极对数$P=2$，其同步转速$n=\frac{60f}{p}=$

$\frac{60\times50}{2}=1500\text{r/min}$，电动机为低速；在图 2-28（b）中，出线端 U1、V1、W1 短接，而 U2、V2、W2 接电源，绕组为双星形连接，每相绕组中两个线圈并联，成两个极，磁极对数 $P=1$，同步转速 $n=3000\text{r/min}$，电动机为高速。可见双速电动机高速运转时的转速是低速运转时的两倍。

2. 双速电动机高、低速控制电路

用时间继电器控制的双速电动机高、低速控制线路如图 2-29 所示。

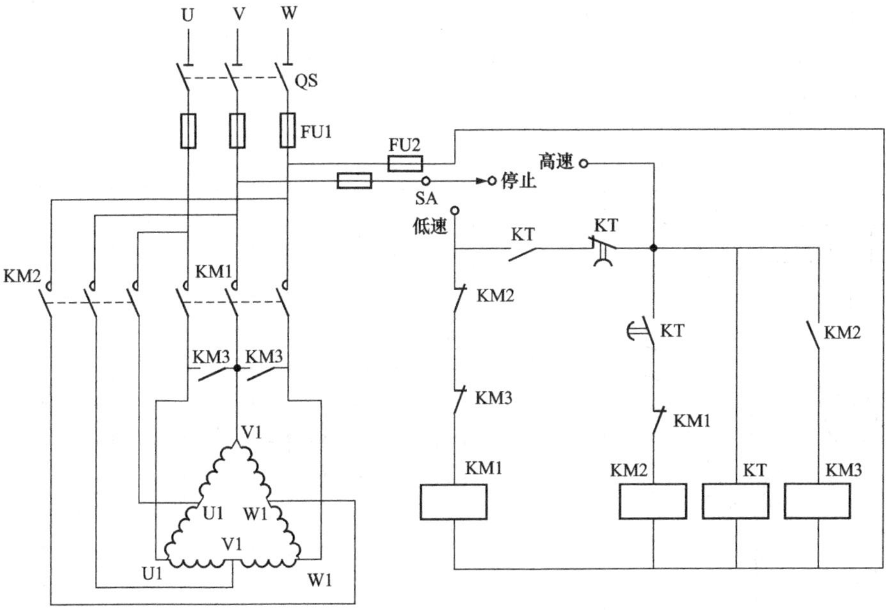

图 2-29　时间继电器控制的双速电动机高、低速控制线路

图 2-29 中，用三个接触器控制电动机定子绕组的连接。当接触器 KM1 的主触点闭合，KM2、KM3 主触点断开时，电动机定子绕组为三角形接法，对应“低速”挡；当接触器 KM1 主触点断开，KM2、KM3 的主触点闭合时，电动机定子绕组为双星形接法，对应“高速”挡。为了避免“高速”启动电流对电网的冲击，本线路在“高速”挡时，先以“低速”启动，待启动电流过去后，再自动切换到“高速”运行。SA 是具有三个挡位的转换开关。当扳到中间位置时，为“停止”位，电动机不工作；当扳倒“低速”挡位后，接触器 KM1 线圈得电动作，其主触点闭合，电动机定子绕组的三个出线端 U1、V1、W1 与电源相接，定子绕组接成三角形，低速运转；当扳到“高速”挡位时，时间继电器 KT 线圈首先得电动作，其瞬动动合触点闭合，接触器 KM1 线圈得电动作，电动机定子绕组接成三角形低速启动。经过延时，KT 延时断开的动断触点断开，KM1 线圈断电释放，KT 延时闭合的动合触点闭合，接触器 KM2 线圈得电动作。紧接着，KM3 线圈也得电动作，电动机定子绕组被 KM2、KM3 的主触点换接成双星形，以高速运行。

2.8.2　变更转子外串电阻的调速

绕组转子电动机可采用转子串电阻的方法调速。随着转子所串电阻的减小，电动机的转速升高，转差率减小。改变外串电阻阻值，使电动机工作在不同的人为特性上，可获得不同的转速，实现调速的目的。

绕组转子电动机广泛用于起重机、吊车一类生产机械上，通常采用凸轮控制器进行调速控制。图 2-30 就是采用凸轮控制器控制电动机正、反转和调速的线路。

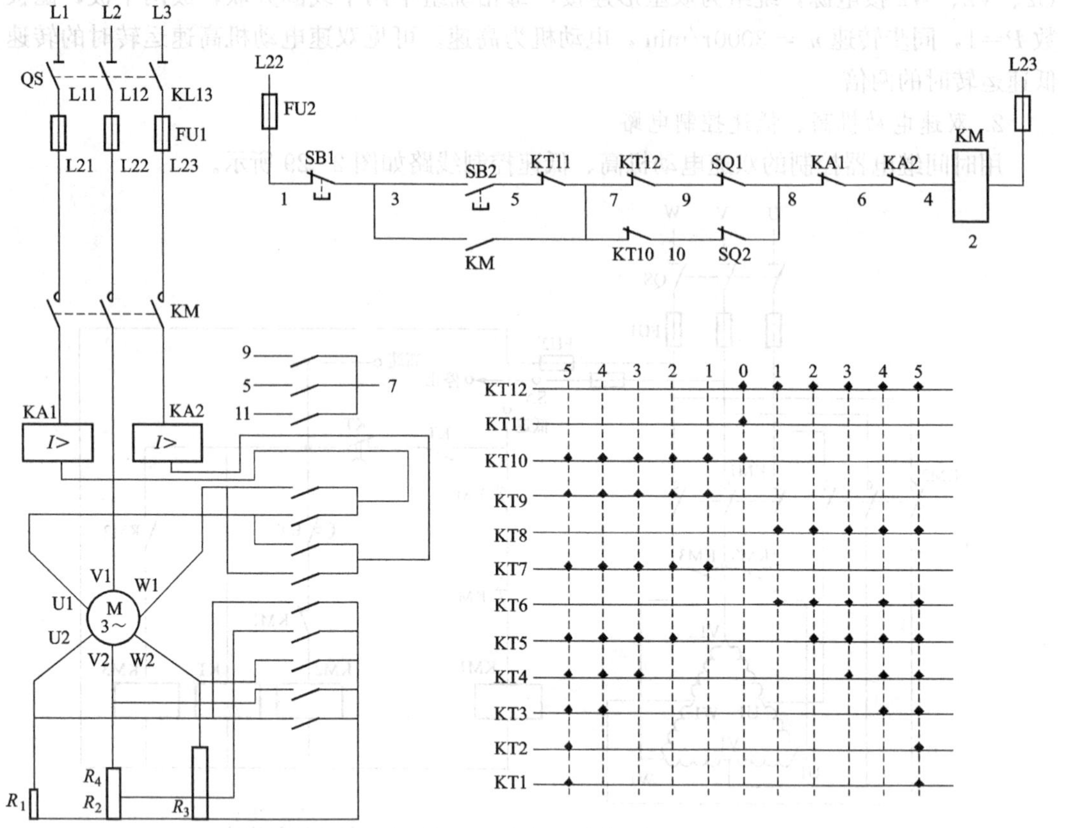

图 2-30 凸轮控制器控制电动机正、反转和调速线路

在电动机 M 的转子电路中，串接了三相不对称电阻，在启动和调速时，由凸轮控制器的触点进行控制。定子电路电源的相序也由凸轮控制器进行控制。

该凸轮控制器的触点展开图如图 2-30 所示。列上的虚线表示“正”“反”五个挡位和中间“0”位，每一根行线对应凸轮控制器的一个触点。黑点表示该位置触点接通，没有黑点则表示不同。触点 KT1～KT5 与转子电路串接的电阻相连接，用于短接电阻，控制电动机的启动和调速。

线路工作过程如下。

将凸轮控制器手柄置“0”，KT10、KT11、KT12 三对触点接通。合上电源开关 QK。

按 SB2→KM 线圈得电并自锁→KM 主触点闭合→将凸轮控制器手柄扳到正向“1”位→触点 KT12、KT6、KT8 闭合→M 定子接通电源，转子串入全部电阻（$R_1+R_2+R_3+R_4$）正向低速起动→将 KT 手柄扳到正向“2”位→KT12、KT6、KT8、KT5 四对触点闭合→切除电阻 R_1，M 转速上升→将凸轮控制器手柄从正向“2”位依次转向“3”“4”“5”位时，触点 KT4～KT1 先后闭合，R_2、R_3、R_4 被依次切除，M 转速逐步升高至额定转速运行。

当凸轮控制器手柄由“0”位扳到反向“1”位时，触点 KT10、KT9、KT7 闭合，M

电源相序改变而反向启动。将手柄从“1”位依次扳向“5”位时，M 转子所串电阻被依次切除，M 转速逐步升高。其过程与正转时相同。

限位开关 SQ1、SQ2 分别与凸轮控制器触点 KT12、KT10 串接，在电动机正、反转过程中，对运动机构进行终端位置保护。

2.9　三相异步电动机的制动控制

在实际生产中，为了实现快速、准确停车，缩短时间，提高生产效率，对要求停转的电动机强迫其迅速停车，必须对电动机进行制动控制。

三相异步电动机的制动方法有机械制动和电气制动两种。机械制动是利用机械装置来强迫电动机迅速停车。常用的机械装置是电磁抱闸，抱闸装置由制动电磁铁和闸瓦制动器组成。机械制动可以分为断电制动和通电制动。制动时，将制动电磁铁的线圈切断或接通电源，通过机械抱闸制动电动机。此外，电磁离合器制动也是机械制动常用的方法之一。电气制动是使电动机停车时产生一个与转子原来旋转方向相反的制动转矩，迫使电动机转速迅速下降。电气制动常用的方法有反接制动、能耗制动和回馈制动。

2.9.1　电磁抱闸制动

电磁抱闸的外形和结构如图 2-31 所示。他的主要工作部分是电磁铁和闸瓦制动器。磁铁由电磁线圈、静铁芯、衔铁组成；闸瓦制动器由闸瓦、闸轮、弹簧、杠杆等组成。其中闸轮与电动机转轴相连，闸瓦对闸轮制动力矩的大小可通过调整弹簧弹力来改变。

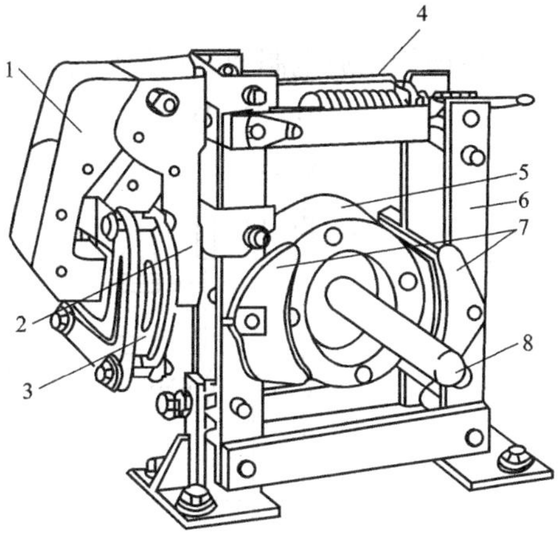

图 2-31　电磁抱闸的外形和结构

1—衔铁；2—铁芯；3—线圈；4—弹簧；5—闸轮；6—杠杆；7—闸瓦；8—轴

电磁抱闸分为断电制动和通电制动两种。

1. 电磁抱闸断电制动

电磁抱闸断电制动的控制线路如图 2-32 所示。

断电制动型的工作原理如下：当制动电磁铁的线圈得电时，制动器的闸瓦与闸轮分开，无制动作用；当线圈失电时，闸瓦紧紧抱住闸轮制动。通电制动型则是在线圈得电时，闸瓦紧紧抱住闸轮制动；当线圈失电时，闸瓦与闸轮分开，无制动作用。

线路工作原理如下。

合上电源开关 QS。

启动运转：按下启动按钮 SB2，接触器 KM 线圈得电，其自锁触点和主触点闭合，电动机 M 接通电源，同时电磁抱闸制动器线圈得电，衔铁与铁芯吸合，衔铁克服弹簧拉力，迫使制动杠杆向上移动，从而使制动器的闸瓦与闸轮分开，电动机正常运转。

制动停转：按下停止按钮 SB1，接触器 KM 线圈失电，其自锁触点和主触点分断，电动机 M 失电，同时电磁抱闸制动器线圈也失电，衔铁与铁芯分开，在弹簧拉力的作用下，闸瓦紧紧抱住闸轮，电动机因制动而停转。

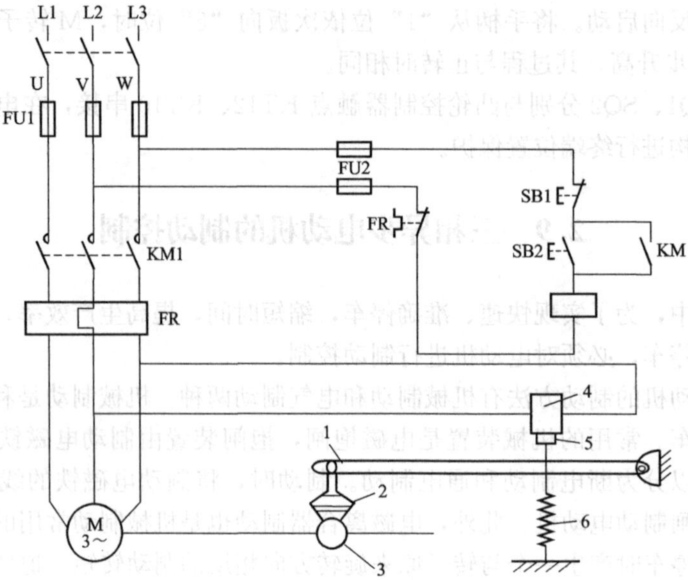

图 2-32 电磁抱闸断电制动控制线路

1—杠杆；2—闸瓦；3—闸轮；4—线圈；5—衔铁；6—弹簧

2. 电磁抱闸通电制动

电磁抱闸通电制动的控制线路如图 2-33 所示。

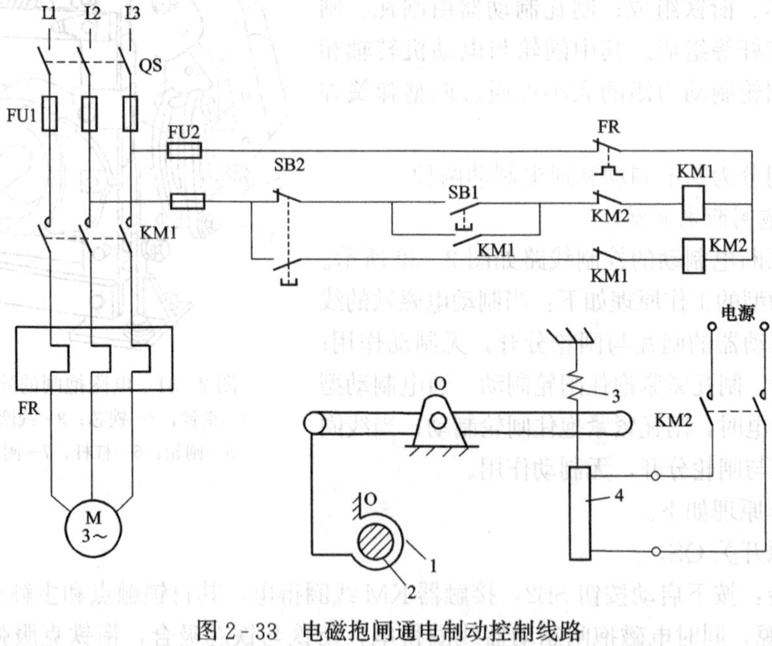

图 2-33 电磁抱闸通电制动控制线路

1—闸瓦；2—闸轮；3—弹簧；4—电磁铁

通电制动控制是指与断电制动型相反，电动机通电运行时，电磁抱闸线圈无电，闸瓦与闸轮分开。当电动机主电路断电的同时，使电磁抱闸线圈通电，闸瓦抱住闸轮开始制动。

线路工作原理如下。

合上电源开关 QS。

启动运转：按下启动按钮 SB1，接触器 KM1 线圈通电，KM1 主触点闭合，电动机正常运转，因其动断触点断开，使接触器 KM2 线圈断电，因此电磁抱闸线圈回路不通电，电磁抱闸的闸瓦与闸轮分开，电动机正常运转。

制动停转：按下停止复合按钮 SB2，因其动断触点断开，KM1 线圈断电，电动机定子绕组脱离三相电源，同时 KM1 的动断辅助触点恢复闭合。这时如果 SB2 按到底，则由于其动合触点闭合，而使 KM2 线圈得电，KM2 触点闭合使电磁抱闸线圈通电，吸引衔铁，使闸瓦抱住闸轮实现制动。

电磁抱闸制动的特点是制动力矩大，制动迅速，可靠安全，停车准确。其缺点是制动越快，冲击震动就越大，对机械设备不利。由于这种制动方法较简单，操作方便，所以在生产现场得到广泛应用，电磁抱闸制动装置体积大，对于空间位置比较紧凑的机床一类的机械设备来说，由于安装困难，故采用比较少。至于选用哪种电磁抱闸制动方式，要根据生产机械工艺要求决定。一般在电梯、吊车、卷扬机等一类升降机械上，应采用电磁抱闸断电制动方式；像机床一类经常需要调整加工件位置的机械设备，往往采用电磁抱闸通电制动方式。

2.9.2　电磁离合器制动

图 2-34 是电磁离合器制动控制线路。电磁离合器 YC 的线圈接入控制线路。

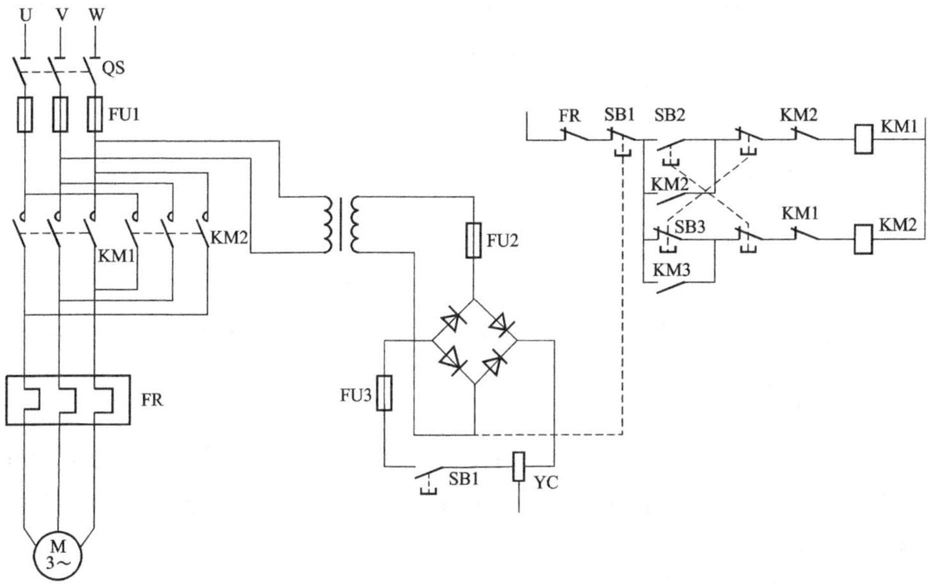

图 2-34　电磁离合器制动控制线路

线路工作原理如下。

当按下 SB2 或 SB3，电动机正向或反向启动，由于电磁离合器的线圈 YC 没有得电，离合器不工作。

按下停止按钮 SB1，SB1 的动断触点断开，将电动机定子电源切断，SB1 的动合触点闭合使电磁离合器 YC 得电吸合，将摩擦片压紧，实现制动，电动机惯性转速迅速下降。

松开按钮 SB1 时，电磁离合器线圈断电，结束强迫制动，电动机停转。

电磁离合器的优点是体积小，传递力矩大，操作方便，运行可靠，制动方式比较平稳且迅速，并易于安装在机床一类的机械设备内。

2.9.3　反接制动

电气制动常用三种方法为反接制动、能耗制动、回馈制动，三种制动方式的制动效率和制动力矩各有不同。三种制动方式原理图如图2-35所示。

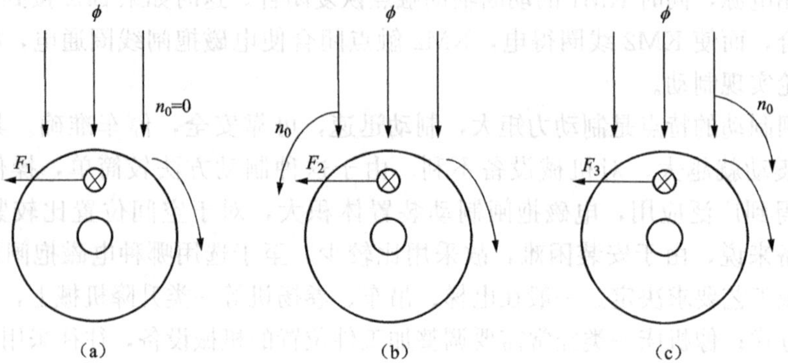

图2-35　制动方式原理图

(a) 能耗制动；(b) 反接制动；(c) 回馈制动

从图2-35中可以看出，用三种方式进行制动时，电机的相对速度和制动力，见表2-9。

表2-9　　电机相对速度和制动力

制动方式	相对速度	制动力
能耗制动	n_0	F_1中等
反接制动	$n+n_0$	F_2最大
回馈制动	$n-n_0$	F_3最小

反接制动是利用改变电动机电源的相序，使定子绕组产生的旋转磁场与转子旋转方向相反，因而产生制动转矩的一种制动方法。应注意的是，当电动机转速接近零时，必须立即断开电源，否则电动机会反向旋转。

另外，由于反接制动电流较大，制动时需要在定子回路中串入电阻以限制制动电流，这个电阻称为反接制动电阻。反接制动电阻的接线方法有两种：对称电阻接法和不对称电阻接法，如图2-36所示。

1. 单向运行反接制动控制线路

单向运行的三相异步电动机反接制动控制线路如图2-37所示。控制线路按速度原则实现控制，通常采用速度继电器。速度继电器与电动机同轴相连，在120～3000r/min范围内，速度继电器触点动作；当转速低于100r/min时，其触点复位。

线路工作过程如下。

合上开关QS。

(1) 启动。

按下启动按钮SB2→接触器KM1通电并自锁电动机→电动机M启动运行→速度继电器KS的动合触点闭合，为制动做好准备。

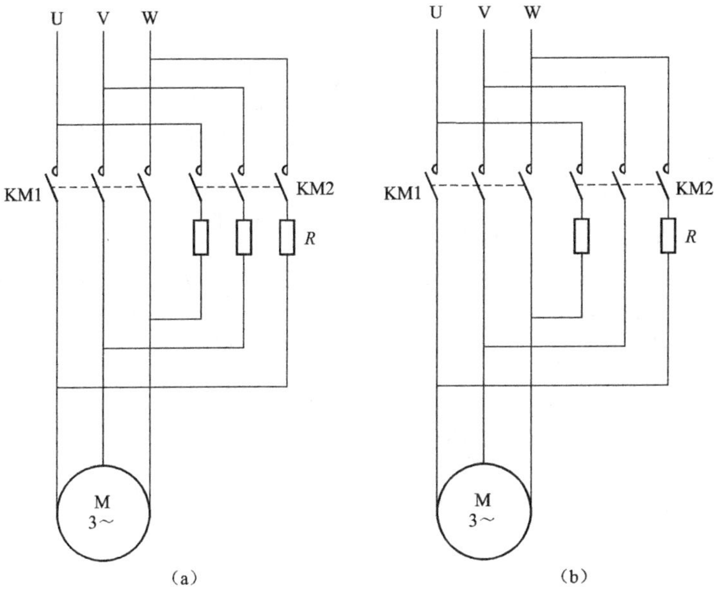

图 2-36　三相异步电动机反接制动电阻接法

(a) 对称电阻接法；(b) 不对称电阻接法

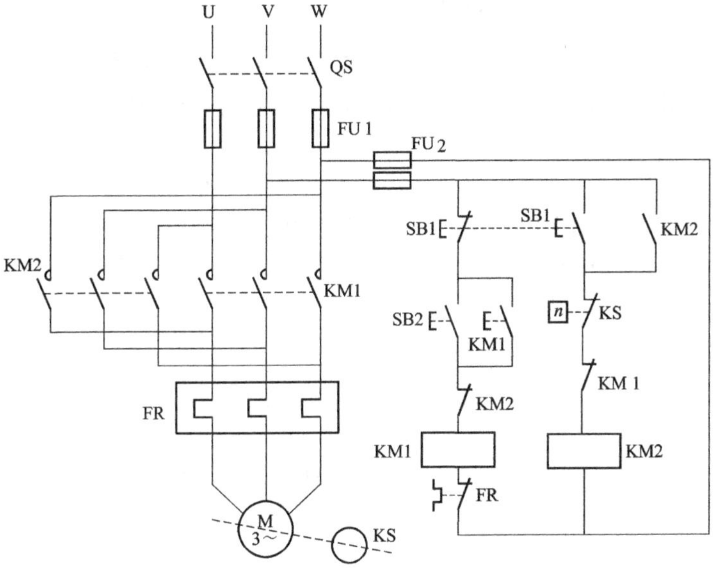

图 2-37　单向运行的三相异步电动机反接制动控制线路

(2) 制动。

制动时按下停止按钮 SB1→KM1 断电，M 脱离电源→KM2 线圈通电并自锁，电动机的惯性还很高，KS 的动合触点依然处于闭合状态→KM2 主触点闭合，定子绕组串入限流电阻 R 进行反接制动电动机转速 $n\approx 0\text{r/min}$ 时，KS 的动合触点断开→KM2 断电，电动机制动结束。

2. 电动机可逆运行反接制动控制线路

图 2-38 所示为电动机可逆运行反接制动控制线路。

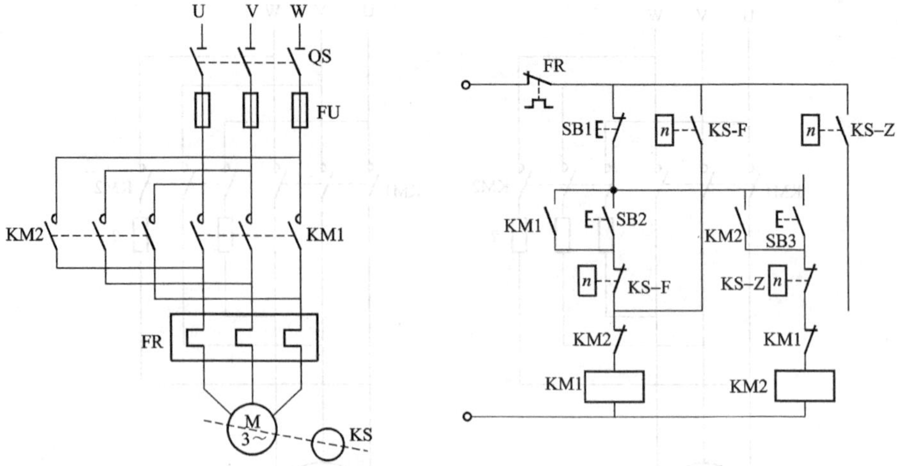

图 2-38 电动机可逆运行反接制动控制线路

线路工作过程如下。

合上电源开关 QS。

（1）正向启动。

按下启动按钮SB2 ⟶ KM1 线圈得电并自锁 ⟶ KM1主触点闭合 ⟶ M正向启动运行；
⟶ KM1互锁触点断开 ⟶ 速度继电器KS-Z的动断触点断开，动合触点闭合为 KM2 线圈参加反接制动做好准备。

（2）正向运行时的制动。

按下SB1 ⟶ KM1线圈断电释放 ⟶ 由于惯性，M仍转动 ⟶ KSZ动合触点仍闭合 ⟶ KM2线圈得电 ⟶ M定子绕组电源改变相序，M进入正向反接制动状态 ⟶ 当M转速$n≈0$r/min时，KS-Z的动断触点和动合触点均复位 ⟶ KM2线圈断电，正向反接制动结束。

（3）反向起动。

按下SB3 ⟶ KM2线圈得电并自锁 ⟶ KM2主触点闭合 ⟶ M反向启动运行；
⟶ KM2互锁触点断开 ⟶ 速度继电器KS-F的动断触点断开，动合触点闭合为KM1线圈参加反接制动做好准备。

（4）反向运行时的制动。

按下SB1 ⟶ KM2线圈断电释放 ⟶ 由于惯性，M仍转动 ⟶ KS-F动合触点仍闭合 ⟶ KM1线圈得电 ⟶ M定子绕组电源改变相序，M进入反向反接制动状态 ⟶ 当M转速$n≈0$时，KS–F的动断触点和动合触点均复位 ⟶ KM1线圈断电，反向反接制动结束。

反接制动的优点是制动力矩大，制动效果好。但是电动机在反接制动时旋转磁场的相对速度很大，对传动部件的冲击大，能量消耗也大，只适用于不经常启动、制动的设备，如铣床、镗床、重型车床主轴等的制动中。

2.9.4　能耗制动

能耗制动，就是在电动机脱离三相交流电源之后，在定子绕组任意两相通入直流电流，以获得大小和方向不变的恒定磁场，利用转子感应电流与恒定磁场的作用产生制动的电磁转矩，以达到制动的目的。根据制动控制的原则，有时间继电器控制与速度继电器控制两种形式。

1. 单向能耗制动控制线路

（1）按时间原则控制的单向能耗制动控制线路如图 2 - 39 所示。

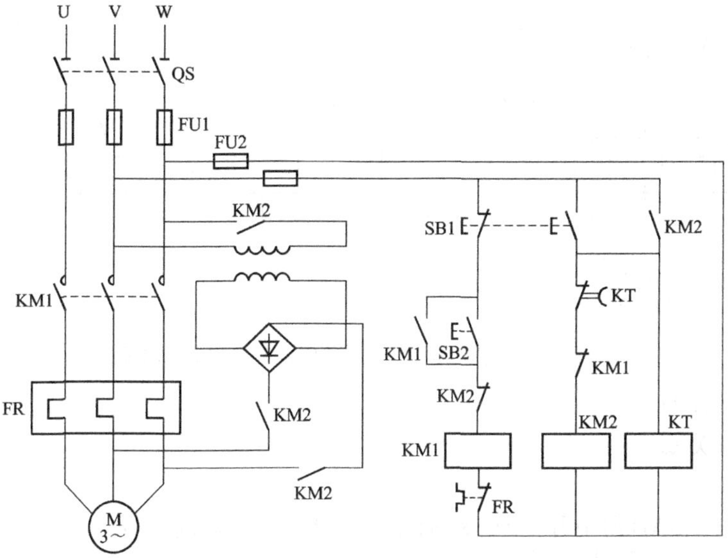

图 2 - 39　按时间原则控制的单向能耗制动控制线路

图 2 - 39 中整流装置由变压器和整流元件组成，提供制动用直流电。KM2 为制动用接触器，KT 为时间继电器，控制制动时间的长短。

线路工作过程如下。

合上电源开关 QS。

1）启动。

按下SB2 → KM1线圈得电并自锁 → KM1动断辅助触点断开；
　　　　　　　　　　　　　　 → KM1主触点闭合 → 电动机M启动运行。

2）制动停车。

按下复合按钮SB1 → KM1断电 → 电动机M断开 → 交流电源KM2通电
　　　　　　　　　　　　　　　　　　　　　 → 时间继电器KT通电

→ 电动M两相定子绕组通入直流电，电动机能耗制动；
→ KT动断触点延时断开 → KM2断电 → 电动机M切断直流电，能耗制动结束。
　　　　　　　　　　　　　　　　　 → KT断电。

（2）按速度原则控制的单向能耗制动控制线路如图 2 - 40 所示。

该线路与图 2 - 40 的控制线路基本相同，只不过是用速度继电器 KS 取代了时间继电器 KT。KS 安装在电动机轴的伸出端，其动合触点取代时间继电器 KT 延时断开的动断触点。

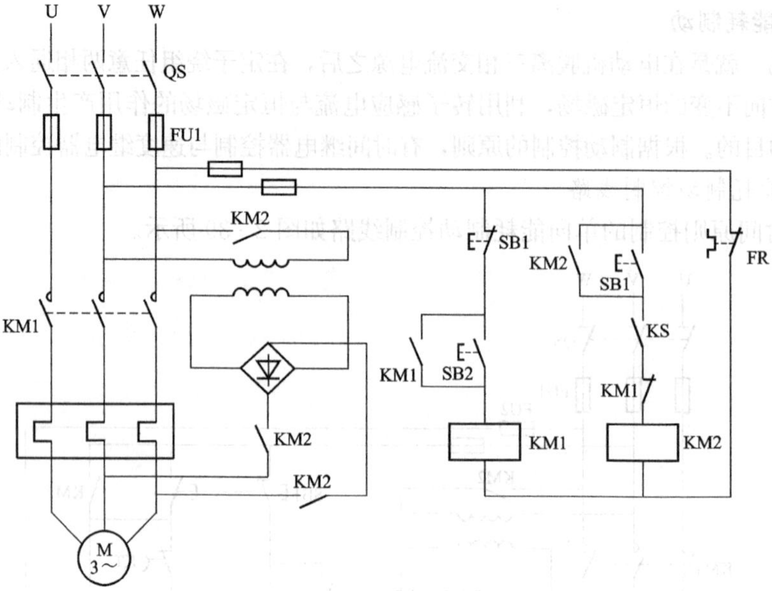

图 2-40　速度原则控制的单向能耗制动控制电路

线路工作过程如下。

合上电源开关 QS。

1）启动。

按下SB2 → KM1得电并自锁 → KM1主触点闭合，M启动运行；
→ KM1互锁的动断触电断开，KS动合触点闭合，为能耗制动做好准备。

2）制动停车。

按下SB1 → KM1线圈断电 → KM1主触点断开，M断开交流电源；
→ KM1互锁触点闭合，M由于惯性仍在旋转，KS动合触点闭合 → KM2得电并自锁 → KM2主触点闭合 → M定子绕组通入直流电流，进行能耗制动 → 当M转速 $n\approx 0$时，KS动合触点复位 → KM2断电释放，M制动结束。

2. 按时间原则控制的可逆运行能耗制动控制线路

图 2-41 为电动机按时间原则控制可逆运行能耗制动控制线路。

图 2-41 中，接触器 KM1、KM2 分别控制电动机 M 的正反转。SB2 为正向启动按钮，SB3 为反向启动按钮，SB1 为停止按钮。如果电动机正处于正向运行过程中，需要停止，其制动工作过程如下。

按下SB1 → KM1线圈断电 → KM1主触点释放，切断M三相交流电源；
→ KM3线圈得电 → KM3主触点闭合 → M定子绕组通入直流电流，对M进行正向能耗制动；
→ KT线圈得电 → M转速下降到接近零，KT延时断开的动断触点断开 → KM3、KT相继断电释放，M制动结束。

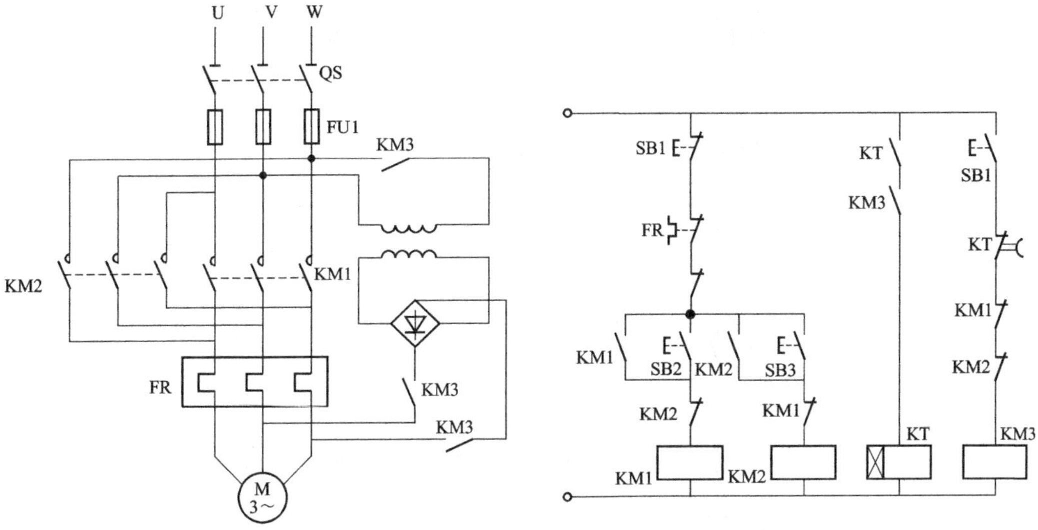

图 2-41　按时间原则控制的可逆运行能耗制动控制线路

能耗制动的实质是把电动机转子储存的机械能转变成电能，又消耗在转子的制动上。显然，制动的作用的强弱与通入直流电流的大小和电动机的转速有关。

2.9.5　回馈制动

回馈制动，又称发电制动、再生制动，主要用在起重机械和多速异步电动机上。

当起重机在高处开始放重物时，电动机转速 n 小于同步转速 n_1，这时电动机处于电动运行状态；但由于重力的作用，在重物的下放过程中，会使电动机的转速 n 大于同步转速 n_1，这时电动机处于发电运行状态，转子相对于旋转磁场切割磁力线的运动方向会发生改变，其转子电流和电磁转矩的方向都与电动运行时相反，电磁力矩变为制动力矩，从而限制了重物的下降速度，保证了设备和人身安全。

对多速电动机变速时，如使电动机由二级变为四级，定子旋转磁场的同步转速 n_1 由 3000r/min 变为 1500r/min，而转子由于惯性仍以原来的转速 n（接近 3000r/min）旋转，此时 $n>n_1$，电动机产生回馈制动。

回馈制动是一种比较经济的制动方法，制动时不需改变电路即可从电动运行状态自动地转入发电制动状态，把机械能转换成电能再回馈到电网，节能效果显著，缺点是应用范围小，仅当电动机转速大于同步转速时才能实现发电制动。

习题与思考题

1. 电气系统图主要有哪些？各有什么作用？
2. 绘制电气原理图应遵循哪些原则？
3. 电气安装接线图与电气原理图有哪些不同？
4. 什么叫自锁、互锁？如何实现？
5. 分析如下图所示线路中，哪种线路能实现电动机正常连续运行和停止？哪种不能为什么？

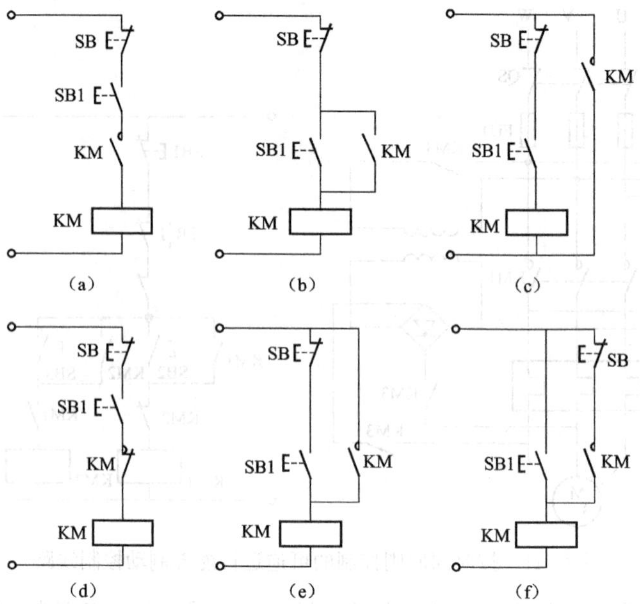

图 2-42 题5图

6. 三相异步电动机直接启动常用的方法有哪些？各有什么特点？

7. 三相异步电动机的调速方法有哪些？各有什么特点？

8. 三相异步电动机电气制动常用的方法有哪些？各有什么特点？

9. 电气控制线路中常用的保护环节有哪些？各采用什么电气元件？

10. 在有自动控制的机床上，电动机由于过载而自动停车后，有人立即按启动按钮，但不能开车，试说明可能是什么原因？

11. 试设计三台笼型异步电动机的启、停控制线路，要求：

(1) M1 启动 10s 后，M2 自动启动；

(2) M2 运行 8s 后，M1 停止，同时 M3 自动启动；

(3) 再运行 20s 后，M2 和 M3 停止。

12. 设设计一个按速度原则控制的可逆运行的能耗制动控制线路（含主电路）。

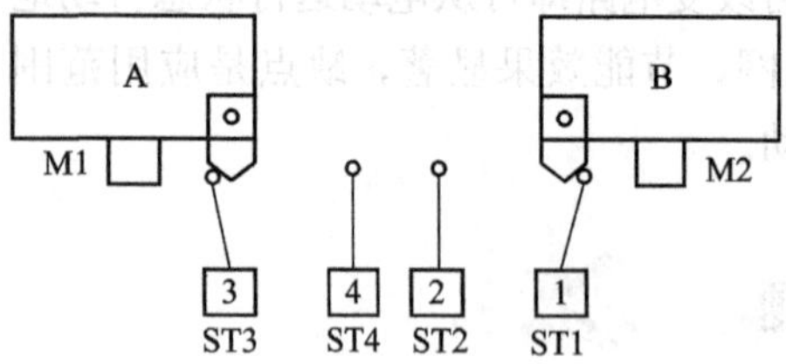

图 2-43 题 13 图

13. 根据图 2-43 设计工作台控制电路。启动后工作台控制要求：

(1) 运动部件 A 从 1 到 2；

(2) 运动部件 B 从 3 到 4；

(3) 运动部件 A 从 2 回到 1；

(4) 运动部件 B 从 4 回到 3；自动循环以上过程。

第三章　电气控制系统设计

在学习电动机的启动、调速、制动等基本控制线路及一些生产机械的控制线路后，不仅应掌握继电器—接触器控制线路的典型环节，具备一般生产机械电气控制线路的分析能力，而且应具备一般生产机械电气控制系统的设计能力。本章介绍继电器—接触器电气控制系统的设计方法，包括电气控制线路设计的内容、一般程序、设计原则、设计方法和步骤，以及电气控制系统的安装、调试方法，并列举了实例。

3.1　电气控制系统设计的内容

电气控制系统设计的基本任务是根据控制要求，设计和编制出设备制造、安装、使用和维修过程中所必要的图样、资料，包括电气总图、电气原理线路图、电气箱及控制面板的电器元件布置图、电气安装图、接线图等，编制外购件目录、单台消耗清单、设备说明书等资料。由此可见，电气控制系统的设计包括原理设计和工艺设计两部分，现以电力拖动控制系统为例说明两部分的内容。

3.1.1　原理设计

原理设计的主要内容如下。

（1）拟定电气设计任务书（技术条件）。

（2）确定电力拖动方案（电气传动形式）及控制方案。

（3）选择电动机，包括电动机的类型、电压等级、容量及转速，并选择出具体型号。

（4）设计电气控制的原理框图，包括主电路、控制电路和辅助控制电路，确定各部分之间的关系，拟定各部分的技术要求。

（5）设计并绘制电气原理图，计算主要技术参数。

（6）选择电器元件，制定电机和电器元件明细表，以及装置易损件及备用件的清单。

（7）编写设计说明书。

3.1.2　工艺设计

工艺设计的主要目的是便于组织电气控制装置的制造，实现电气原理设计所要求的各项技术指标，为设备安装、使用和维修提供必要的图样资料。

工艺设计的主要内容如下。

（1）根据已设计完成的电气原理图及选定的电器元件，设计电气设备的总体配置，绘制电气控制系统的总装配图及总接线图。总图应反映出电动机、执行电器、电气箱各组件、操作台布置、电源及检测元件的分布状况和各部分之间的接线关系与线路铺设方式、连接方式，这一部分的设计资料供总体装配调试及日常维护使用。

（2）按照电气原理框图或划分的组件，对总原理图进行编号、绘制各组件原理电路图，列出各组件的元件目录表，并根据总图编号标出各组件的进出线号。

（3）根据各组件的原理电路及选定的元件目录表，设计各组件的装配图（包括电器元件布置图和安装图）和接线图。该图主要反映各电器元件的安装方式和接线方式，这部分资料是各组件电路装配和生产管理的依据。

（4）根据组件的安装要求，绘制零件图样，并标明技术要求，这部分资料是机械加工和对外协作加工所必需的技术资料。

（5）设计电气箱，根据组件的尺寸及安装要求，确定电气箱结构与外形尺寸，设置安装支架，标明安装尺寸，安装方式，各组件的连接方式，通风散热及开门方式。在这一部分的设计中，应注意操作的人性化、维护的方便性与造型的美观性。

（6）根据总原理图、总装配图及各组件原理图等资料，进行汇总，分别列出外购件清单、标准件清单及主要材料消耗定额，这部分是生产管理和成本核算所必须具备的技术资料。

（7）编写使用说明书。

在实际设计过程中，根据生产机械设备的总体技术要求和电气系统的复杂程度，可对上述步骤做适当的调整及修正。

3.2 电气控制系统分析

本节通过对典型生产机械电气控制系统的实例分析，进一步学习、掌握电气控制电路的组成及各种基本控制电路在具体电气控制系统的应用，掌握分析电气控制系统的方法，培养电气控制图的能力，加深对机械设备中机械、液压与电气控制紧密配合的理解，为实际工作中对设备电气控制系统进行分析打下基础。

设备整体系统分析有如下三个方面。

（1）机械设备概况调查。通过阅读生产机械设备的有关技术资料，了解设备的基本结构及工作原理、设备的传动系统类型及驱动方式、主要技术性能和规格、运动要求等。

（2）电气设备及电气元件选用状况分析。明确电动机作用、型号规格及控制要求，了解各种电器的工作原理、控制作用及功能。

（3）机械设备与电气设备和电气元件的连接关系分析。了解被控设备和采用的电气设备、电气元件的基本状况，还应确定两者之间的连接关系，即信息采集传递和运动输出的形式和方法。信息采集传递过程是通过设备上的各种操作手柄、撞块、挡铁及各种现场信息检测机构作用到主令信号发生元件上，并将信号采集传递到电气控制系统中；运动输出关系是明确电气控制系统中的执行元件将驱动力送到机械设备上的相应点，并实现设备要求的各种动作。

机械设备电气控制系统的分析步骤（化整为零）。

（1）设备运动分析。包括液压传动分析。

（2）主电路分析。确定电路中用电设备的数目、接线状况、控制要求。

（3）控制电路分析。分析各种控制功能的实现。

经过“化整为零”，逐步分析了每一个局部电路的工作原理及各部分之间的控制关系之后，还必须用“集零为整”的方法，统观整个电路的保护环节及电气原理图中其他辅助电路（如检测、信号指示、照明等电路）。检查整个控制线路，看是否有遗漏，特别要从整体去检查和理解各控制环节之间的联系，理解电路中每个元件所起的作用。下面以普通车床的电气控制系统为例进行分析。

3.2.1 普通车床电气控制系统

在金属切削机床中，卧式车床是机械加工中应用最广泛的一种机床，它的工艺范围很广，能完成多种多样的加工工序；加工各种轴类、套筒类和盘类零件上的回转表面，如车削内外圆柱面、圆锥面、环槽及成型回转面；车削端面及各种常用螺纹；配合钻头、铰刀等还可进行孔加工。

总体来看，由于卧式车床运动形式简单，采用机械调速的方法，因此相应的控制电路也不算复杂。

1. 车床的主要结构和工作要求分析

C650 卧式车床外形结构如图 3-1 所示。

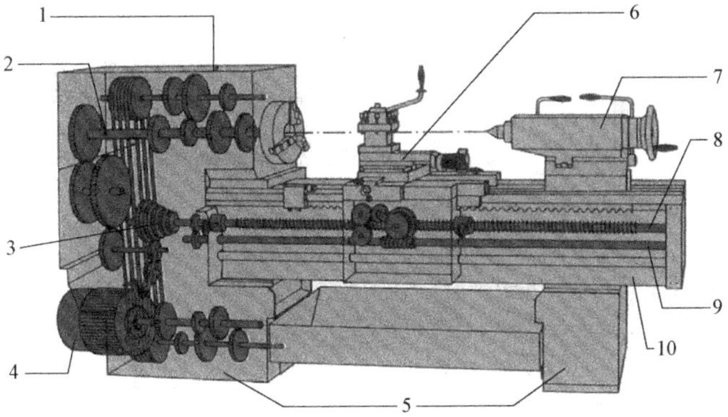

图 3-1 C650 卧式车床外形结构图

1—主轴变速齿轮箱；2—主轴；3—进给变速；4—交流异步电动机；5—支撑底座；6—拖板与刀架；7—尾座；8—丝杆；9—光杆；10—床身

C650 卧式车床：中型车床，可加工的最大工件回转直径为 1020mm、长度为 3000mm。

主运动是主轴通过卡盘带动工件的旋转运动，它的运动速度较高，消耗的功率较大；进给运动是由拖板箱带动拖板和刀架做纵、横两个方向的运动。进给运动的速度较低，所消耗的功率也较少。由于在车削螺纹时，要求主轴的旋转速度与刀具的进给速度保持严格的比例，因此，C650 卧式车床的进给运动也由主轴电动机来拖动。由于加工的工件尺寸较大，加工时其转动惯量也比较大，为提高工作效率，须采用停车制动。在加工时，为防止刀具和工件温度过高，需要配备冷却泵及冷却泵电动机。为减轻工人的劳动强度，以及减少辅助工时，要求拖板箱能够快速移动。

2. 控制要求分析

C650 卧式车床控制要求如下。

(1) 主电动机 M1 控制要求：三相笼型异步电动机，完成主轴运动和进给运动的拖动。

直接启动，能够正、反两个方向旋转，并可对正、反两个旋转方向进行电气停车制动，为加工、调整方便，还具有点动功能。

(2) 冷却泵电动机 M2 控制要求：采用直接启动，并且为连续工作状态。

(3) 快速移动电动机 M3 控制要求：可根据需要随时手动控制起停。

3.2.2 C650 卧式车床电气控制系统

C650 卧式车床电气控制线路如图 3-2 所示。

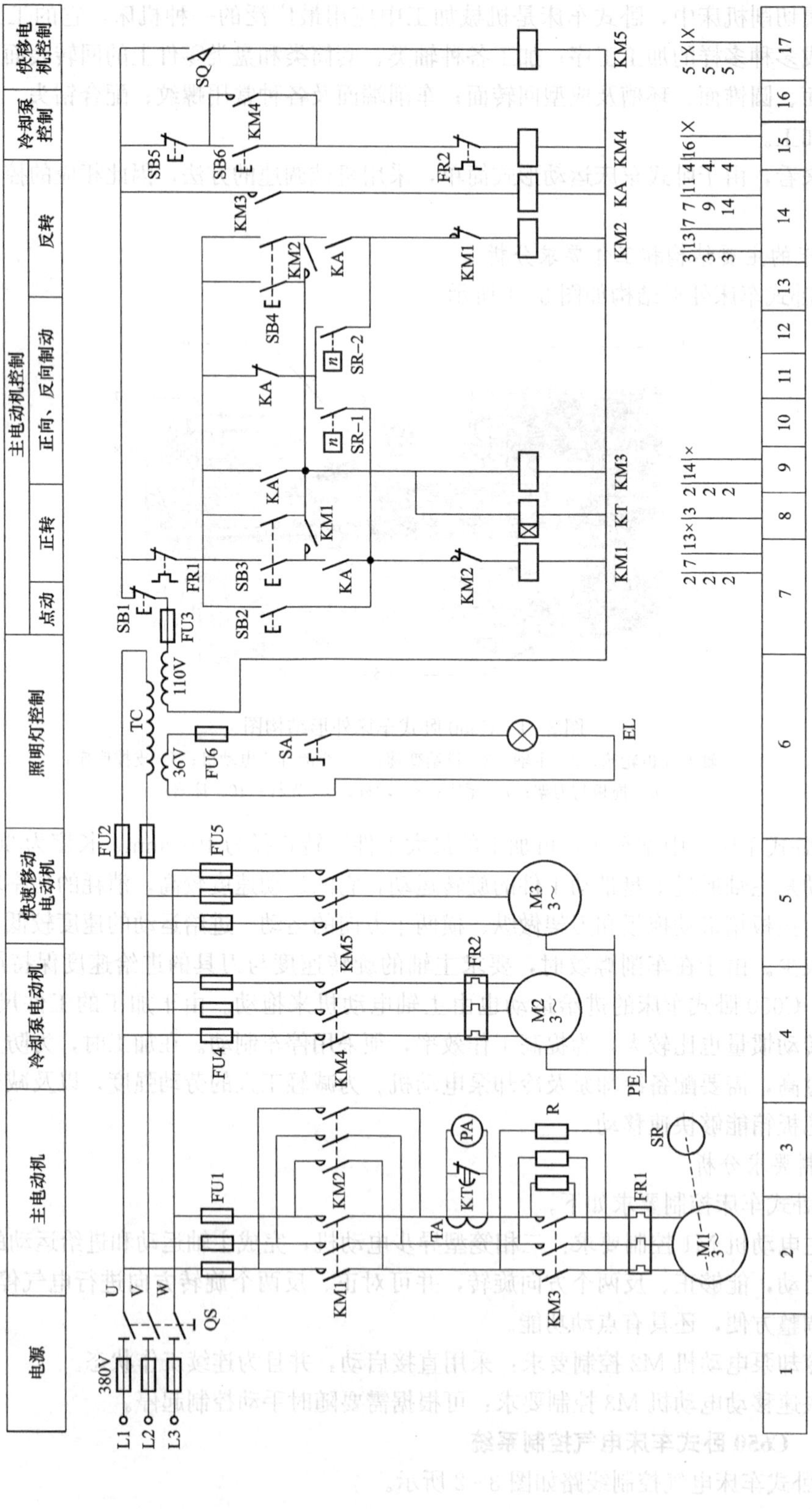

图 3-2　C650 卧式车床电气控制线路图

(1) C650 卧式车床控制主电路分析。C650 卧式车床控制主电路如图 3-3 所示。

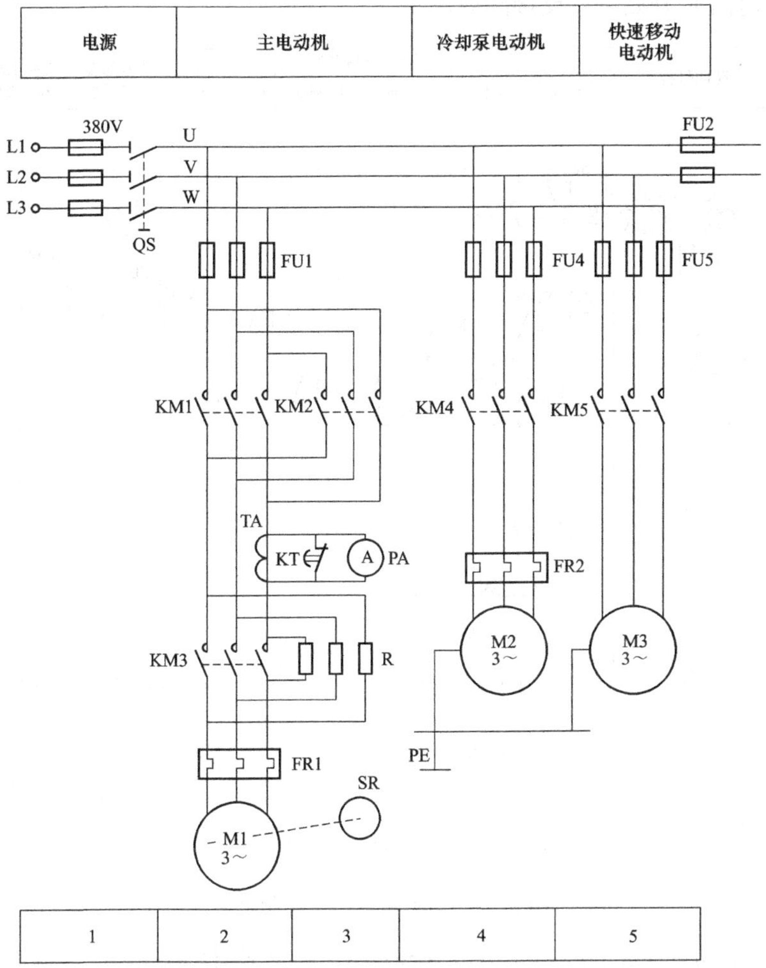

图 3-3 C650 卧式车床控制主电路

1) M1（主电动机）：①KM1、KM2 实现正反转；②KM3 用于点动和反接制动时串入电阻 *R* 限流；③KT 与电流表 PA 用于检测运行电流；④速度继电器 SR 用于反接制动时转速的过零检测。

2) M2（冷却泵电动机）：KM4 用于启停控制（长动）。

3) M3（快速移动电动机）：KM5 用于启停（点动）控制。

分别由熔断器 FU1、FU4、FU5 对电动机 M1、M2、M3 实现短路保护，由热继电器 FR1、FR2 对 M1 和 M2 进行过载保护，快速移动电动机 M3 由于是短时工作制，所以不需要过载保护。

(2) 控制电路分析。C650 卧式车床控制电路如图 3-4 所示。

1) 如图 3-4 所示，主电动机 M1 的控制主要分为点动控制，正反转控制及反接制动控制。SB2 用于电机的正转点动控制。按下 SB2 时，KM1 线圈接通，电机开始正转，松开 SB2，KM1 线圈断开，电机停止。SB3 和 SB4 用于电机的正反转控制，当按下 SB3 时，KM1 线圈接通，KM1 辅助触点闭合形成自锁，电机开始正转；当按下 SB4 时，KM2 线圈接通，KM2 辅助触点闭合形成自锁，电机开始反转。当按下停止按钮 SB1 时，KM3 线圈接通并串入限流电阻 R 开始进行反接制动。

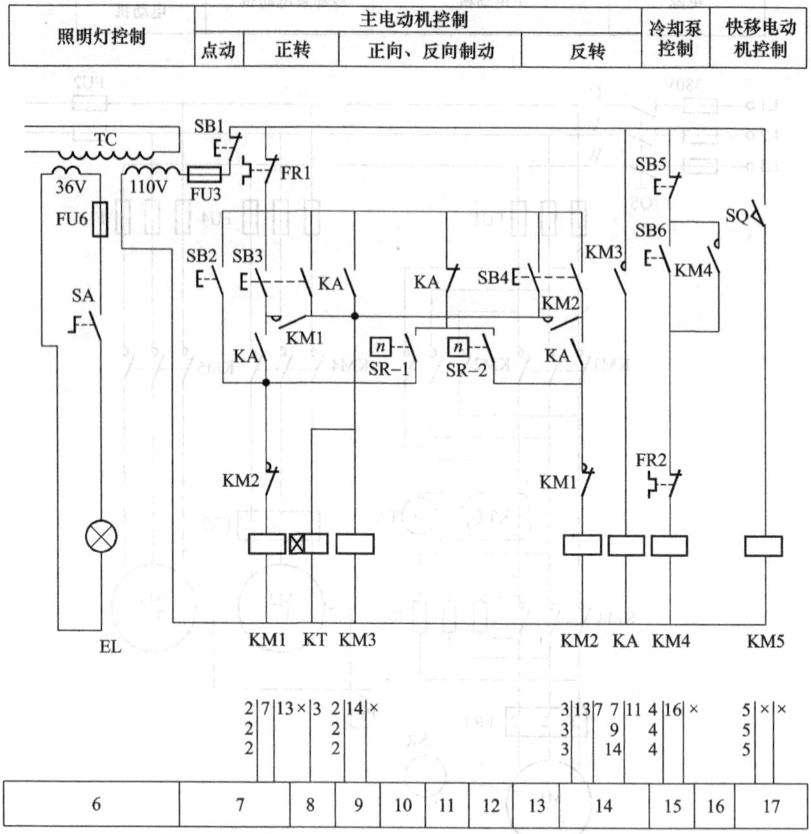

图 3-4　C650 卧式车床控制电路

2）冷却泵电动机 M2 的控制。主要由 SB5、SB6 及 KM4 构成启停控制电路。当按下启动按钮 SB6 时，线圈 KM4 接通，KM4 主触点闭合，KM4 辅助触点闭合形成自锁，电机开始运转。按下停止按钮 SB5 时，KM4 线圈断开，KM4 主触点断开，电机停止运转。

3）刀架的快速移动电机 M3 的控制。刀架操作手柄控制刀架拖板的工步移动和快速移动。按动操作手柄点动按钮，压下位置开关 SQ，KM5 线圈通电，KM5 主触点闭合，电动机 M3 开始运行。

3.3　电气控制线路的一般设计法

电气控制系统的设计一般包括确定施动方案、选择电动机的容量和设计电气控制线路。一般设计法，通常是根据生产工艺的控制要求，利用各种典型的控制环节，直接设计出控制线路。

3.3.1　经验设计法

经验设计法，通常是根据生产工艺的控制要求，利用各种典型的控制环节，直接设计出控制电路。它要求设计人员必须掌握和熟悉大量的典型控制电路，以及掌握多种典型线路的设计资料，同时具有丰富的经验，在设计过程中还需要多次反复地修改、实验，才能使线路符合设计的要求。即使这样，设计出来的线路可能还不是最简单的，所用的电气触点不一定最少，所得出的方案也不一定是最佳方案。

经验设计法的主要原则如下。

（1）尽量减少控制电源种类及控制电源的用量。在控制线路比较简单的情况下，可直接采用电网电压；当控制系统所用电器数量比较多时，应采用控制变压器降低控制电压，或采用直流低电压控制。

（2）尽量减少电器的数量。尽量选用相同型号的电器和标准件，以减少备用量；尽量选用标准的、常用的或经过实际考验过的线路和环节。

（3）尽量缩短连接导线的长度和数量。设计控制线路时，应考虑各个元件之间的实际接线。如图 3-5 所示，图 3-5（a）接线是不合理的，因为按钮在操作台或面板上，而接触器在电气柜内，这样接线就需要由电气柜二次引出接到操作台的按钮上。而图 3-5（b）可减少引出线。

（4）线路中应尽量减少多个电器元件依次动作后才能接通另一个电气元件，电气连接图如图 3-6 所示。

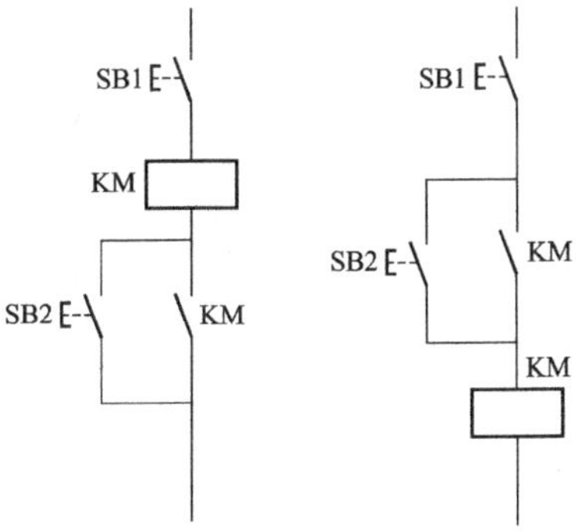

（a）　（b）

图 3-5　电气连接图

（a）不合理；（b）合理

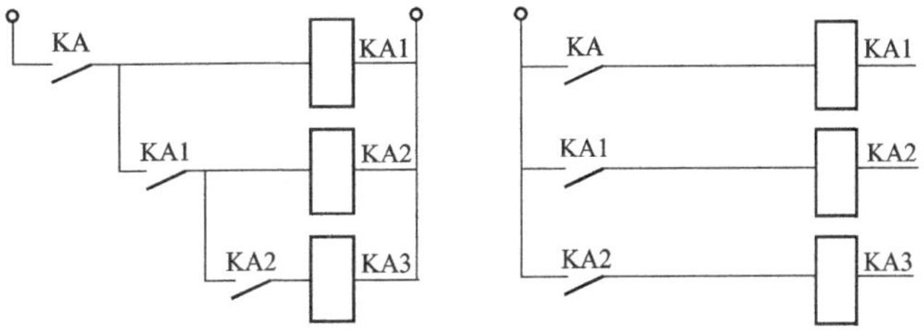

（a）　（b）

图 3-6　电气连接图

（a）不合理；（b）合理

（5）正确连接触点。在控制电路中，应尽量将所有触点接在线圈的左端或上端，线圈的右端或下端直接接到电源的另一根母线上。

（6）正确连接电器的线圈。在交流控制电路中不能串联两个电器的线圈，因为每一个线圈上所分到的电压与线圈阻抗成正比，两个电器动作总是有先有后，不可能同时吸合。

在直流控制电路中，对于电感较大的电磁线圈，如电磁阀、电磁铁或直流电动机励磁线圈等不宜与相同电压等级的继电器直接并联工作。如图 3-7（a）所示直流电磁铁 YA 与继电器 KA 并联，在 KM1 触点闭合，接通电源时，可正常工作，但在 KM1 触点断开后，由于电磁铁线圈产生的电感比继电器线圈大，在

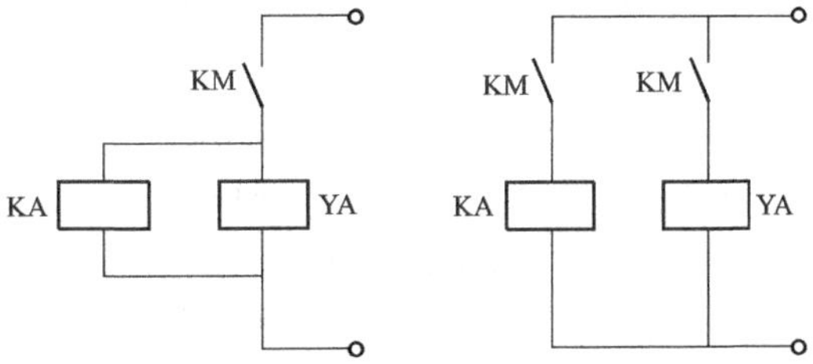

（a）　（b）

图 3-7　电磁铁与继电器线圈的连接

（a）不合理；（b）合理

断电时，继电器很快释放，但电磁铁线圈产生的自感电动势可能会使继电器又吸合一段时间，从而造成继电器误动作。图3-7（b）为较合理的控制电路。

（7）注意避免出现寄生回路。在控制电路的动作过程中，如果出现不是由于误操作而产生的意外接通电路，称为寄生回路。图3-8所示为电动机可逆运行控制线路，为了节省触点，指示灯RHL和LHL采用了图中所示的接法。此线路只有在电动机正常工作情况下才能完成启动、正反转及停止操作。如果电动机在正转中（KMR吸合）发生过载，FR触点断开时会出现图中虚线所示的寄生回路。由于RHL电阻较小，接触器在吸合的状态下的释放电压较低，因而寄生回路的电流有可能使KMR无法释放，电动机在过载时得不到保护而烧毁。

（8）防止竞争现象。继电器、接触器控制电路如果用自身触点切断线圈的导电电路，在电气导通时就会产生竞争现象。图3-9（a）所示为反身自停电路，存在电气导通的竞争现象，图3-9（b）所示为无竞争的反身自停电路。

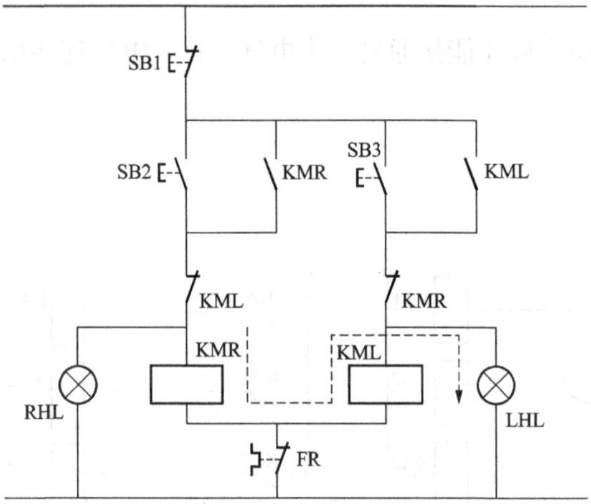

图3-8　寄生回路

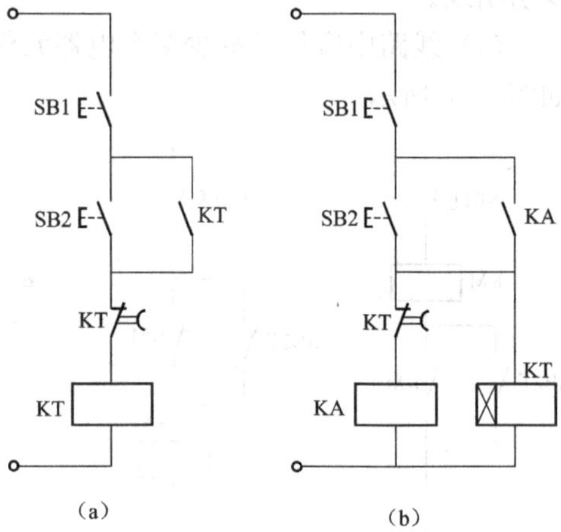

图3-9　反身自停电路

（a）不能正常工作；（b）能正常工作

3.3.2　经验设计法的一般步骤

采用经验设计法设计控制线路，通常分以下几个步骤。

（1）首先根据生产工艺的要求，画出功能流程图。

（2）确定适当的基本控制环节。对某些控制要求，用一些成熟的典型控制环节来实现。

（3）根据生产工艺要求逐步完善线路的控制功能，并适当配置联锁和保护等环节，成为满足控制要求的完整线路。

设计过程中，要随时增减元器件和改变触点的组合方式，以满足被控系统的工作条件和控制要求，经过反复修改得到理想的控制线路。在进行具体线路设计时，一般先设计主电路，然后设计控制电路、信号电路、局部特殊电路等。初步设计完后，应当仔细地检查，反复地验证，看线路是否符合设计的要求，并进一步使之完善和简化，最后选择适当的电器元件的规格型号，使其能充分实现设计功能。

3.3.3　设计举例

【例3-1】　现有三台电动机（笼型异步电动机）M1、M2、M3，控制要求如下。

（1）启动时：电动机 M3 先启动，之后 M2 才能启动，最后 M1 启动。

（2）停止时：M1 先停车，之后 M2 停车，最后 M3 停车，有一定的时间间隔。

（3）无论 M2、M3 哪一个出故障，M1 都必须停车。

（4）有必要的保护措施。

试用电气控制线路的一般设计法，设计控制电路。

解： 分析过程。

主电路设计。由于电网容量相对于电动机容量来讲足够大，而且这三台电动机又不同时启动，所以不会对电网产生很大的冲击。因此采取直接启动。由于电动机不经常启动、制动，对于制动时间和停车准确度也没有特殊要求，停止时采用自由停车。三台电动机都用熔断器作短路保护，用热继电器作过载保护。由此，设计出主电路如图 3-10 所示。

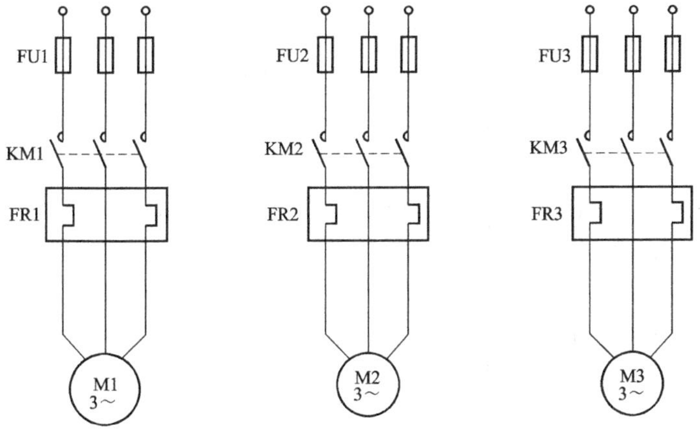

图 3-10 主电路图

基本控制电路设计。三台电动机由三个接触器控制它们的启动和停止。启动时，顺序为 M3、M2、M1（有一定的时间间隔），可用 M3 接触器的动合触点去控制 M2 接触器的线圈，用 M2 接触器的动合触点控制 M1 接触器的线圈。停车时，顺序为 M1、M2、M3（有一定的时间间隔），用 M1 接触器的动合触点与控制 M2 触器的动断按钮并联，用 M2 接触器的动合触点与控制 M3 接触器的动断按钮并联。其基本控制线路如图 3-11 所示。由图 3-7 可见，当 KM3 动作后，按下 SB3，KM2 线圈才能通电动作，然后按下 SB1，KM1 线圈通电动作，这样就实现了电动机的顺序启动。同理，当 KM1 断电释放，按下 SB4，KM2 线圈才能断电，然后按下 SB6，KM3 线圈断电，这样就实现了电动机的顺序停车。

控制线路特殊部分的设计。在图 3-11 所示的控制线路很显然是手动控制，为了实现自动控制，在此可以用时间为变化参量，利用时间继电器作为输出器件的控制信号。以通电延时的动合触点作为启动信号，以断电延时的动合触点作为停车信号。为使这三台电动机自动地按顺序工作，可以加入中间继电器 KA。

联锁保护环节的设计。按下 SB1 发出停车指令时，KT1、KT2、KA 同时断电，KA 常开触头瞬时断开，接触器 KM2、KM3 如果不加自锁，则 KT3、KT4 的延时将不起作用，KM2、KM3 线圈将瞬时断电，电动机不能按顺序停车，因此必须加上自锁环节。三个热继电器的保护触头均串联在 KA 的线圈电路中，这样，不管发生什么情况，电动机都可以顺序停车，如图 3-12 所示。线路的失压保护由继电器 KA 来实现。

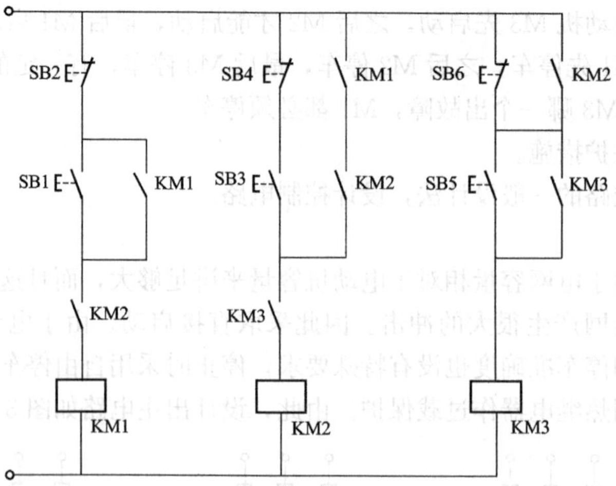

图 3-11　控制电路的基本部分

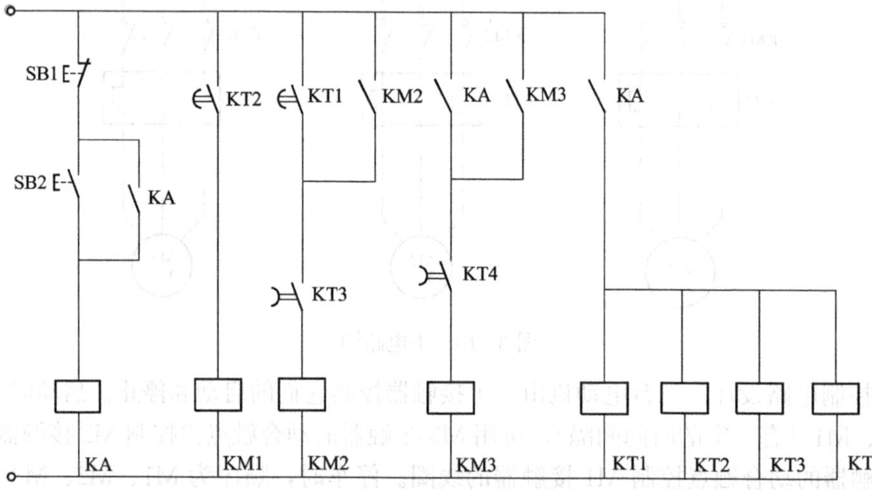

图 3-12　控制电路的联锁部分

最终的线路设计。根据以上设计步骤设计出完整的控制线路，如图 3-13 所示。

线路工作过程：按下启动按钮 SB2，继电器 KA 通电吸合并自锁，KA 的一个动合触点闭合，接通时间继电器 KT1～KT4，其中 KT1、KT2 为通电延时型时间继电器，KT3、KT4 为断电延时型时间继电器。所以，KT3、KT4 的动合触点立即闭合，为接触器 KM2 和 KM3 的线圈通电准备条件。KA 的另一个动合触点闭合，与 KT4 一起接通接触器 KM3，使电动机 M3 首先启动，经过一段时间，达到 KT1 的整定时间，则时间继电器 KT1 的动合触点闭合，使 KM2 通电吸合，电动机 M2 启动，再经过一段时间，达到 KT2 的整定时间，则时间继电器 KT2 的动合触点闭合，使 KM1 通电吸合，电动机 M1 启动。

按下停止按钮 SB1，继电器 KA 断电释放，4 个时间继电器同时断电，KT1、KT2 的动合触点立即断开，KM1 断电，电动机 M1 停车。由于 KM2 自锁，所以，只有达到 KT3 的整定时间，KT3 断电，使 KM2 断电，电动机 M2 停车，最后，达到 KT4 的整定时间，KT4 断电，使 KM3 断电，电动机 M3 停车。

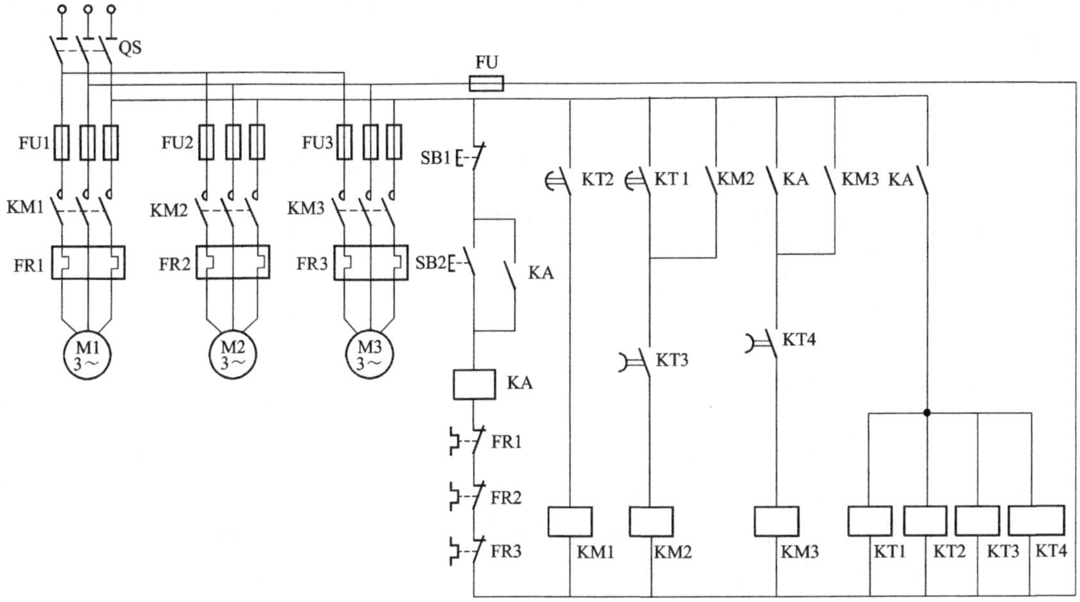

图 3-13　完整的电路图

3.3.4　逻辑设计法

逻辑设计法就是利用逻辑代数这一数学工具来实现电气控制线路的设计。它根据生产工艺的要求，将执行元件的工作信号及主令电器的接通与断开状态看成逻辑变量，将它们之间根据控制要求形成的连接关系用逻辑函数关系式来描述，然后再运用逻辑函数基本公式和运算规律进行简化，使之成为所需要的最简"与""或"关系式，再根据最简式画出与其相对应的电气控制线路图，最后再做的检查和完善，获得需要的控制线路。

1. 三种基本逻辑运算所描述的电器控制过程

(1) 逻辑与。图 3-14 表示动合触点 KA1 与 KA2 串联的逻辑与电路。当动合触点 KA1 与 KA2 同时闭合时，即 KA1=1，KA2=1，则接触器 KM 通电，即 KM=1；当动合触点 KA1 与 KA2 任一个不闭合，即 KA1=0 或 KA2=0，则 KM 断电，即 KM=0。可用逻辑与关系式表示为

$$KM=KA1 \cdot KA2 \tag{3-1}$$

逻辑与的真值表见表 3-1。

表 3-1　逻辑与的真值表

KA1	KA2	KM=KA1·KA2
0	0	0
0	1	0
1	0	0
1	1	1

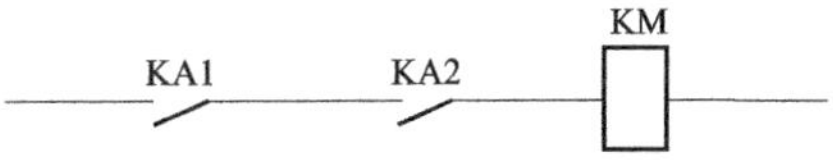

图 3-14　逻辑与电路

(2) 逻辑或。图 3-15 表示动合触点 KA1 与 KA2 并联的逻辑或电路。当动合触点 KA1 或 KA2 闭合时，即 KA1=1 或 KA2=1，则接触器 KM 通电，即 KM=1；当动合触点 KA1

与KA2都不闭合，即KA1=0且KA2=0，则KM断电，即KM=0。可用逻辑或关系式表示为

$$KM = KA1 + KA2 \tag{3-2}$$

逻辑或的真值表见表3-2。

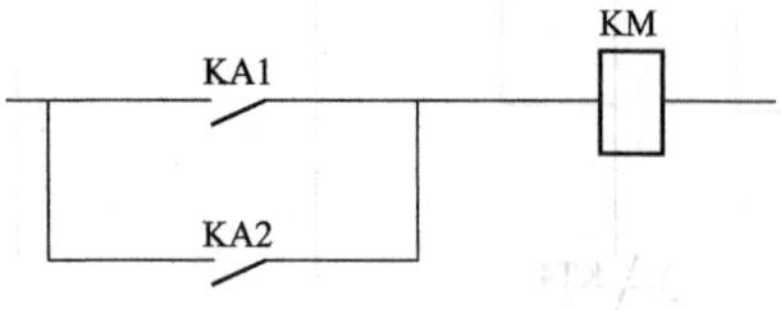

图3-15 逻辑或电路

表3-2 逻辑或的真值表

KA1	KA2	KM=KA1+KA2
0	0	0
0	1	1
1	0	1
1	1	1

（3）逻辑非。图3-16表示与继电器动合触点KA相对应的动断触点$\overline{KA}$与接触器KM串联的逻辑非电路。当继电器线圈通电（KA=1）时，动断触点$\overline{KA}$断开（$\overline{KA}=0$），则KM=0；当KA断电（KA=0）时，动断触点$\overline{KA}$闭合（$\overline{KA}=1$），则KM=1。

图3-16可用逻辑非关系式表示为

$$KM = \overline{KA} \tag{3-3}$$

逻辑非的真值表见表3-3。

表3-3 逻辑非的真值表

KA	$KM=\overline{KA}$
1	0
0	1

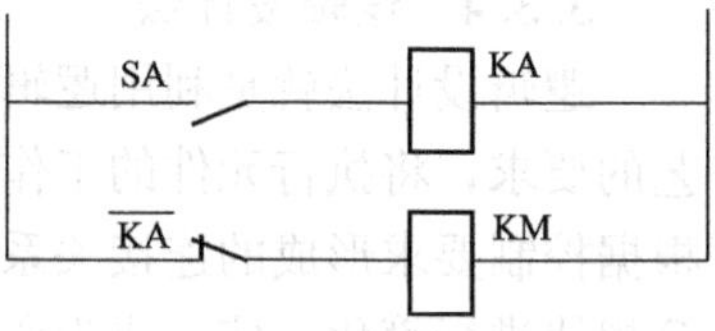

图3-16 逻辑非电路

2. 逻辑代数与电气控制线路

逻辑代数定理、公理与电气控制线路之间有一一对应的关系，即逻辑代数公理、定理在控制线路的描述中仍然适用。运用逻辑函数的化简可以使电气控制线路简化。例如：

$$\begin{aligned} KM &= KA1 \cdot KA3 + \overline{KA1} \cdot KA2 + KA1 \cdot \overline{KA3} \\ &= KA1 \cdot (KA3 + \overline{KA3}) + \overline{KA1} \cdot KA2 \\ &= KA1 + \overline{KA1} \cdot KA2 \\ &= KA1 + KA2 \end{aligned}$$

表3-4 逻辑代数常用的基本公式和运算规律

序列号	名称		恒等式	对应的继电器控制线路
1	基本定律	0和1定则	$0+A=A$	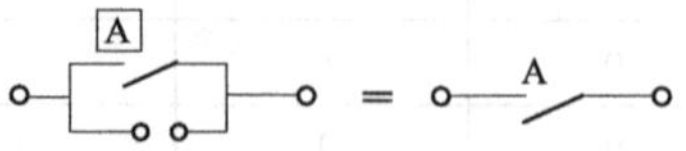
2			$1\cdot A=A$	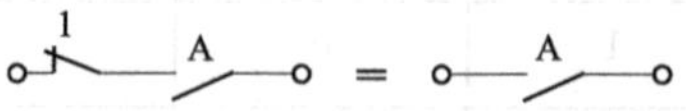
3			$1+A=1$	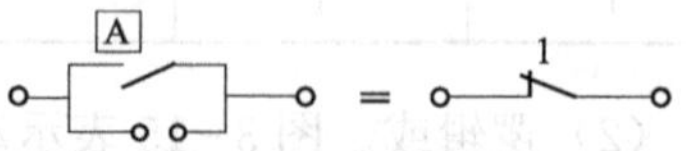
4			$0\cdot A=0$	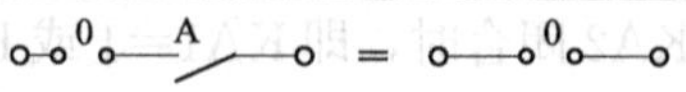

续表

序列号	名　　称		恒　等　式	对应的继电器控制线路
5	基本定律	互补定律	$A+\overline{A}=1$	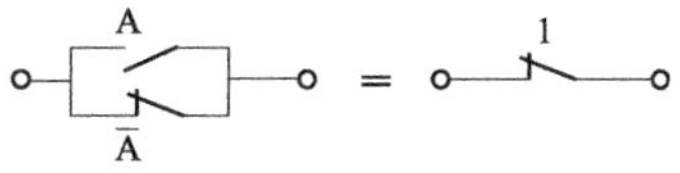
6			$A\cdot\overline{A}=0$	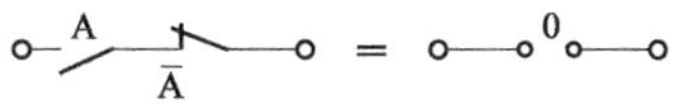
7		同一定律	$A+A=A$	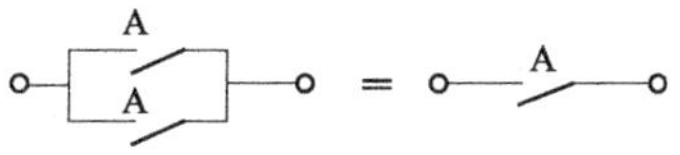
8			$A\cdot A=A$	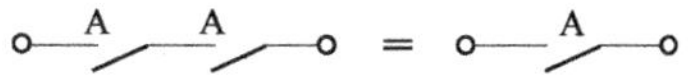
9		反转定律	$\overline{\overline{A}}=A$	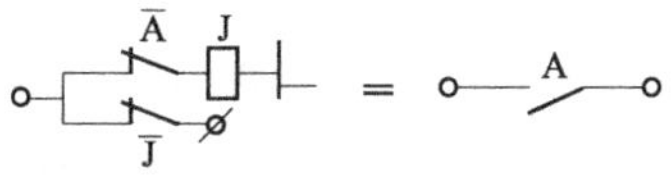
10	交换律		$A+B=B+A$	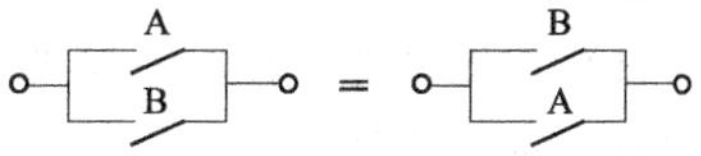
11			$A\cdot B=B\cdot A$	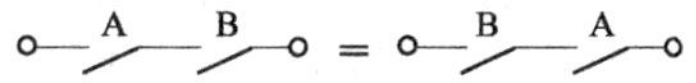
12	结合律		$(A+B)+C=A+(B+C)$	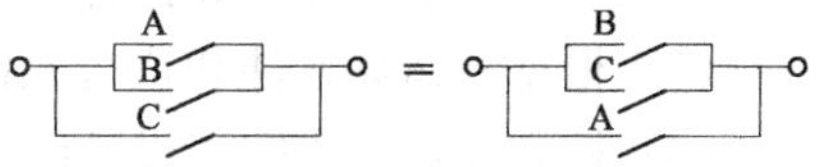
13			$A\cdot B\cdot C=B\cdot C\cdot A$	
14	分配律		$A\cdot(B+C)=A\cdot B+A\cdot C$	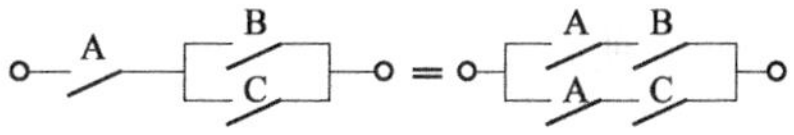
15			$A+B\cdot C=(A+B)\cdot(A+C)$	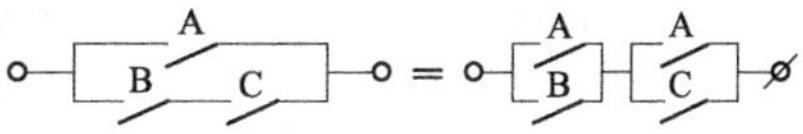
16	反演律		$\overline{A+B}=\overline{A}\cdot\overline{B}$	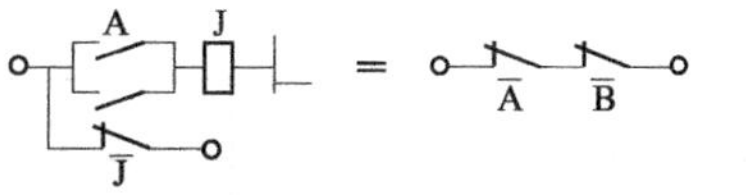
17			$\overline{A\cdot B}=\overline{A}+\overline{B}$	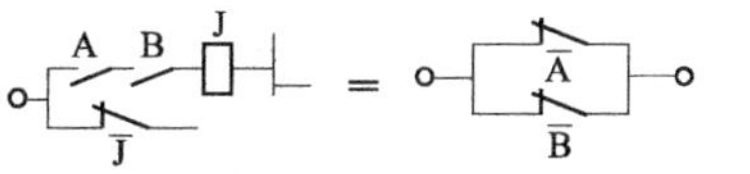

续表

序列号	名　　称	恒　等　式	对应的继电器控制线路
18		$A+A\cdot B=A$	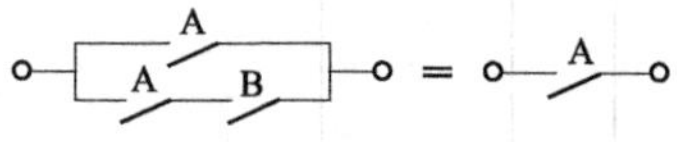
19		$A\cdot(A+B)=A$	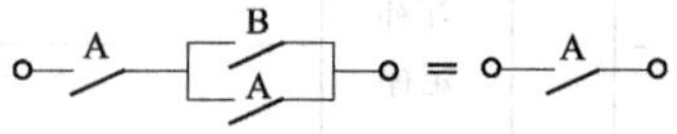
20		$A+\overline{A}\cdot B=A+B$	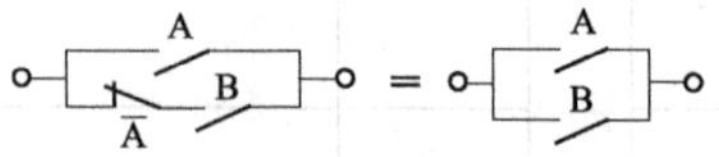
21	吸收律	$A\cdot(\overline{A}+B)=A\cdot B$	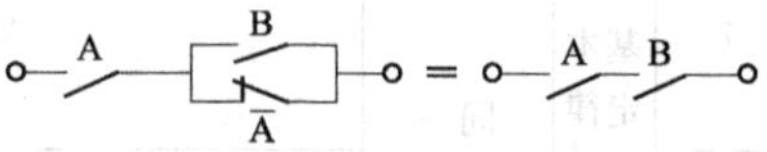
22		$A\cdot B+\overline{A}\cdot C+B\cdot C=A\cdot B+\overline{A}\cdot C$	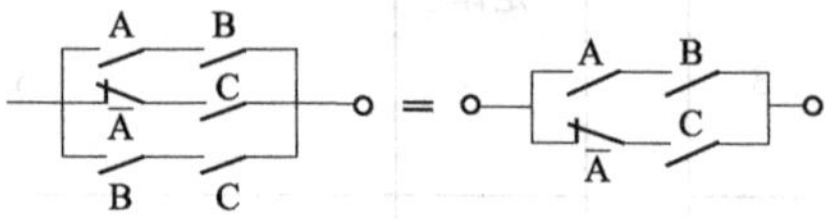
23		$(A+B)(\overline{A}+C)(B+C)=(A+B)(\overline{A}+C)$	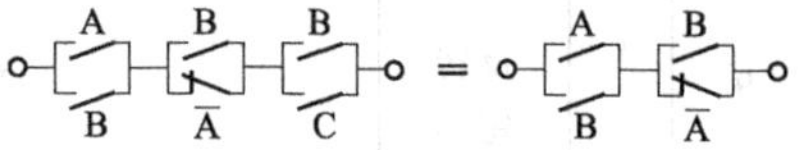

3. 电气控制线路逻辑设计的步骤

（1）首先将电气控制系统的工作过程和控制要求用文字的形式表述出来，或是以图形图解的方式示意清楚。

（2）根据电气控制系统的工作过程以及控制要求绘制逻辑关系图。

（3）布置运算元件工作区间。

（4）写出各运算元件和执行元件的逻辑表达式。

（5）根据各运算元件和执行元件的逻辑表达式绘制电气控制系统线路图。

（6）检查并进一步完善设计线路。

例如，某电动机只有在继电器 KA1、KA2、KA3 中任何一个或任何两个继电器动作时才能运转，而在其他任何情况下都不运转。

电动机的运转由接触器 KM 控制。根据题目的要求列出接触器通电状态的真值表。如表 3-5 所示。

表 3-5　　接触器通电状态的真值表

KA1	KA2	KA3	KM
0	0	0	0
0	0	1	1
0	1	0	1
0	1	1	1
1	0	0	1
1	0	1	1
1	1	0	1
1	1	1	0

根据真值表，接触器 KM 通电的逻辑函数式为

$$
\begin{aligned}
KM = {} & KA1 \cdot \overline{KA2} \cdot \overline{KA3} + \overline{KA1} \cdot KA2 \cdot \overline{KA3} + \overline{KA1} \cdot \overline{KA2} \cdot KA3 \\
& + KA1 \cdot KA2 \cdot \overline{KA3} + KA1 \cdot KA3 \cdot \overline{KA2} + KA3 \cdot KA2 \cdot \overline{KA1}
\end{aligned}
$$

利用逻辑代数基本公式进行化简得：

$$KM = \overline{KA1} \cdot (KA2 + KA3) + KA1 \cdot (\overline{KA3} + \overline{KA2})$$

详细过程不再赘述。

根据简化的逻辑函数关系式，可绘制如图 3－17 所示的电器控制图。

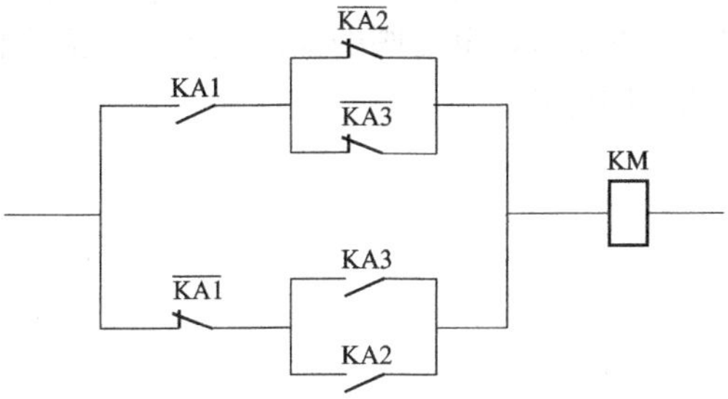

图 3－17 电器控制电路

习题与思考题

1. 电气控制设计应遵循的原则是什么？设计内容包括哪些方面？
2. 如何根据设计要求选择拖动方案与控制方式？
3. 正确选择电动机容量有什么重要意义？
4. 经验设计法的内容是什么？如何应用经验设计法？
5. 对比经验设计法和逻辑设计法的优缺点？
6. 将图 3－18 的线路进行简化。

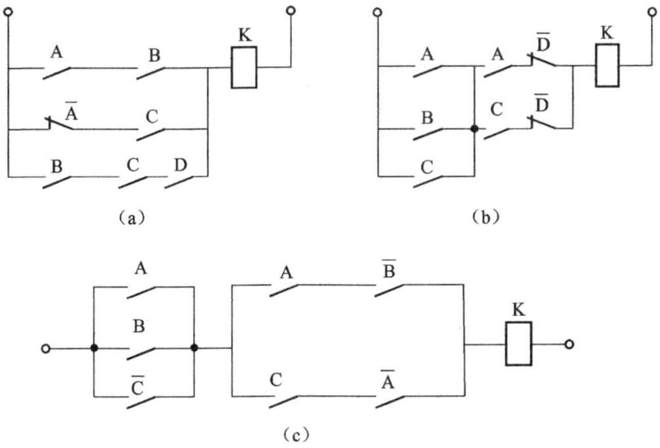

图 3－18 题 6 图

7. 已知某电气控制线路的逻辑函数关系式如下：

$$KM1 = SB1 \cdot KA1 + (\overline{SB2} + \overline{KA2}) \cdot KM1$$

$$KM2 = (\overline{SB4} + \overline{KA2}) \cdot (SB3 \cdot KA1 + KM2)$$

画出与此逻辑关系表达式相对应的电气控制线路图。

8. 某电动机要求只有在继电器 KA1、KA2、KA3 中任何一个或两个动作时才能运转，而在其他条件下都不运转，试用逻辑设计法设计其控制电路。

9. 某两位四通电磁阀控制液压缸活塞进退的控制要求如下。

(1) 按下启动按钮后，电磁阀 YA 得电，液压缸活塞杆前进。

(2) 活塞杆碰到行程开关 SQ 时，电磁阀的电磁铁失电，活塞杆后退至原位处，停下。

试设计满足上述要求的控制电路。

第四章　可编程控制器概述

第一部分介绍了继电器—接触器控制的基础及电气控制系统设计，由于继电接触器控制系统具有结构简单、能满足大部分场合电气顺序逻辑控制的要求，在工业控制领域一直占据主导低位。但是继电接触器控制系统具有设备体积大、可靠性差、动作速度慢、接线复杂、通用性和灵活性较差等缺点。大规模集成电路及微型计算机技术的发展，给电气控制技术开拓了新的前景。可编程逻辑控制器（Programmable Logic Controller，PLC）是一种新型的工业控制器，除了具有继电器系统的优点还拥有体积小、质量轻、耗电低、编程灵活、功能齐全、应用面广等优点，因此在工业生产过程控制中被广泛应用。

4.1　PLC 的产生和发展

4.1.1　PLC 的产生背景

可编程控制器是 20 世纪 60 年代开始发展起来的一种新型工业控制装置，用于取代传统的继电器控制系统，可实现逻辑控制、顺序控制、定时、计数等功能。高性能 PLC 还能实现数字运算、数据处理、模拟量调节及联网通信。它具有通用性强、可靠性高、指令系统简单、编程简单易学、易于掌握、体积小、维修工作量小、现场连接安装方便等优点，广泛应用于冶金、采矿、建材、石油、化工、机械制造、汽车、电力、造纸、纺织、装卸、环保等领域，尤其在机械加工、机床控制上应用广泛。

1968 年，美国通用汽车公司（GM）年提出了公开招标研制新型工业控制器的设想，并从用户角度提出了新一代控制器应具备的十大条件，如下。

（1）编程简单，可在现场修改程序。

（2）维护方便，最好是插件式。

（3）可靠性高于继电器控制柜。

（4）体积小于继电器控制柜。

（5）可将数据直接送入管理计算机。

（6）在成本上可与继电器控制柜竞争。

（7）输入可以是交流 115V。

（8）在扩展时，原有系统只需做很小变更。

（9）输出为交流 115V，2A 以上，能直接驱动电磁阀。

（10）用户程序存储器容量至少能扩展到 4KB。

这些要求实际是上将继电接触器的简单易懂、使用方便和价格低的优点，与计算机的功能完善、通用性好和灵活性好的优点结合了起来，使继电接触器控制的硬连接线逻辑变为计算机操控的软件逻辑编程，采取程序修改的方式改变控制功能。这是从接线逻辑向存储逻辑进步的重要标志，是由接线程序控制向存储程序控制的转变。

1969 年，美国数字设备公司（DEC）研制出了第一台 PLC PDP - 14，并在 GM 公司汽车生产线上试用成功，取得了满意的效果，PLC由此诞生。1971年，日本开始生产PLC；1973年，欧洲开始生产PLC；我国从1974年开始研制，1977年开始应用于工业中。到现在，世界各国的一些著名电器厂家几乎都在生产PLC，PLC已作为一个独立的工业设备进行生产，并成为当代电气控制装置的主导。

随着微处理器技术日趋成熟，可编程逻辑控制器的处理速度大大提高，功能不断完善，性能不断提高，不但能进行逻辑运算、开关量处理，还能进行数字运算、数据处理、模拟量调节，体积缩小，实现了小型化。因此，美国电气制造协会NEMA（National Electrical Manufactures Association）将之正式命名为PC（Programmable Controller）。为了避免与个人计算机PC（Personal Computer）混淆，很多文献中以及人们习惯上仍将可编程控制器称为PLC。

4.1.2 PLC的发展趋势

1. 向两极发展

在产品规模方面，向两极发展。一方面，小型PLC向微型化、多功能、实用性发展以适应单机及小型自动控制的需要有些可编程控制器的体积非常小。如三菱公司FX系列PLC与以前的F1系列PLC相比较，其体积只有前者的1/3左右；由于PLC向微型化发展，其应用已经不仅局限在工业领域。1999年三菱公司推出的AlPHA系列就是面向民用的超小型PLC，采用整体式结构，广泛应用于楼宇自动化、家庭自动化和商业领域。另一方面，向高速度、大容量、技术完善的大型PLC方向发展。大型PLC的IO点数多达14336点，使用32位微处理器、多CPU并行工作和大容量存储器，有的PLC用户程序存储器容量最大达几十兆字节。随着复杂系统控制的要求越来越高和微处理器与计算机技术的不断发展，人们对PLC的信息处理速度要求也越来越高，要求用户存储器容量也越来越大。

2. 向通信网络化发展

PLC网络控制是当前控制系统和PLC技术发展的潮流。PLC与PLC之间的联网通信、PLC与上位计算机的联网通信已得到广泛应用。目前，PLC制造商都在发展自己专用的通信模块和通信软件以加强PLC的联网能力。各PLC制造商之间也在协商制定通用的通信标准，以构成更大的网络系统。

3. 向模块化、智能化发展

模块本身具有CPU，可与PLC主机并行操作，在可靠性、适应性、扫描速度和控制准确度等方面都对PLC做了补充。为满足工业自动化各种控制系统的需要，近年来，PLC厂家先后开发了不少新器件和模块，如智能I/O模块、温度控制模块和专门用于检测PLC外部故障的专用智能模块等，这些模块的开发和应用不仅增强了功能，扩展了PLC的应用范围，还提高了系统的可靠性。

4. 编程语言和编程工具的多样化和标准化

由于PLC的硬件、软件体系结构都是封闭的，各个厂家的CPU和I/O模块相互不能通用，各个公司的总线、通信网络和通信协议一般也是专用。尽管各种系列主要以梯形图编程，但具体的指令系统和表达方式并不一致。为解决这个问题，IEC（国际电工委员会）于1994年5月公布了可编程控制器标准（IEC 1131），其中的第三部分是可编程控制器的编程语言标准。标准中规定了五种标准语言，其中梯形图（Ladder diagram）和功能块图（Function block diagram）为图形语言，指令表（Instruction list）和结构文本（Struction text）为文本语言，还有一种是顺序功能图（Sequential function chart）。多种编程语言的并存、互补与发展是 PLC 软件进步的一种趋势。PLC 厂家在使硬件及编程工具换代频繁、丰富多样、功能提高的同时，日益向制造自动化协议（Manufacturing Automation Protocd，MAP）靠拢，使 PLC 的基本部件，包括输入输出模块、通信协议、编程语言和编程工具等方面的技术规范化和标准化。

5. 工业 4.0 与 PLC

《中国制造 2025》与“德国工业 4.0”有异曲同工之处，同样处于“4.0”发展领先地位的美国也有自己的“工业互联网”战略计划。《中国制造 2025》提出，推进制造过程智能化、数字化控制、状态信息实时监测和自适应控制，作为工厂最底层的工业控制层面，PLC 肩上的任务可谓越来越重，企业对其应用效率要求越来越高。进入工业 4.0 时代后，未来 PLC 产品需拥有更强的通信能力，更高性能的配置，随着自动化系统数据的大幅度增加，PLC 需要大幅度升级配置来应对快速增长的系统数据，实现自动化和信息化的融合，此外，随着工厂变得更加智能化，PLC 也需要更加重视和相关工业产品的兼容性和灵活性。

4.2 PLC 的概念

4.2.1 PLC 的定义

国际电工委员会（IEC）与 1982 年 11 月颁发了 PLC 标准草案第一稿，1985 年 1 月颁布了第二稿，1987 年颁布了第三稿。草案中对 PLC 的定义是：“PLC 是一种数字运算操作的电子系统，专为在工业环境下应用而设计。它采用了可编程序的存储器，用来在其内部存储执行逻辑运算、顺序控制、定时、计数和算数运算等操作指令，并通过数字式或模拟式的输入或输出，控制各种类型的机械或生产过程。PLC 及其有关外围设备，都按易于与工业系统连成一个整体、易于扩充其功能的原则设计。”

早期的 PLC 主要由分立元件和中小规模集成电路组成，它采用了一些计算机技术，但简化了计算机的内部电路，对工业现场环境适应性较好，指令系统简单，一般只具有逻辑运算的功能，称之为可编程逻辑控制器。随着微电子技术和集成电路的发展，特别是微处理器和微计算机的迅速发展，在 20 世纪 70 年代中期，美国、日本、联邦德国等的一些厂家引入了微机技术、微处理器及其他大规模集成电路芯片等，构成其核心部件，使 PLC 具有了自诊断功能，可靠性有了大幅度提高。

定义强调了可编程控制器直接应用于工业环境，必须具有很强的抗干扰能力、广泛的适应能力和应用范围。这是区别于一般微机控制系统的一个重要特征。上述定义也表明可编程控制器内部结构和功能都类似于计算机，它是“专为在工业环境下应用而设计”的工业计算机。

4.2.2 PLC 的特点

1. 编程简单

梯形图是使用最多的 PLC 编程语言，其符号和表达式与继电器电路原理图相似，形象直观，易学易懂。有继电器电路基础的电气技术人员只要很短的时间就可以熟悉梯形图语言，并用来编写用户程序。

2. 控制灵活

PLC产品已经标准化、系列化、模块化，配备有品种齐全的各种硬件装置供用户选择，用户能灵活方便地进行系统配置，组成不同功能、不同规模的系统。PLC用存储逻辑取代接线逻辑，减少了继电器控制系统中的中间继电器、时间继电器、计数器等器件，硬件配置确定后，可以通过修改用户程序，不用改变硬件，方便快速地适应工艺条件的变化，具有很好的柔性。

3. 功能强，可扩展性好，性价比高

一台PLC内有成百上千个可供用户使用的编程软元件，有很强的逻辑判断、数据处理、PID调节和数据通信功能，可以实现复杂的控制功能。如果元件不够，只要加上需要的扩展单元即可，扩展非常方便。PLC有较强的带负载能力，可以直接驱动一般的电磁阀和交流接触器。PLC的安装接线也很方便，一般用接线端子连接外部接线。因此与相同功能的继电器系统相比，具有很高的性价比。

4. 可维护性好

PLC的配线与其他控制系统的配线相比要少得多，故可以省下大量的配线，减少大量的安装接线时间，使开关柜体积缩小，节省大量费用。可编程控制器的故障率低，且有完善的自诊断和显示功能，便于迅速地排除故障。

5. 可靠性高

传统的继电器控制系统使用了大量的中间继电器、时间继电器，由于触点接触不良，容易出现故障。PLC用软件代替了中间继电器和时间继电器，仅剩下与输入或输出有关的少量硬件元件，接线可减少到继电器控制系统的1/10以下，大大减小了因触点接触不良造成的故障。

PLC采取了一系列硬件和软件抗干扰措施，具有很强的抗干扰能力，平均无故障时间达到数万小时以上，可以直接用于强烈干扰的工业生产现场。PLC被广大用户认为最可靠的工业设备之一。

6. 体积小、能耗低

小型PLC的体积仅相当于几个继电器的大小，而复杂的控制系统，由于采用了PLC，省去了传统继电器控制系统中的大量中间继电器和时间继电器，因此使得开关柜的体积大大缩小，一般可减到1/2～1/10，并使系统的能耗也相应地减小。

4.2.3 PLC的分类

目前，PLC的不同厂家或是同一厂家的不同产品种类繁多，功能各有侧重。根据不同的角度可将PLC分成不同的类型，常用的分类方法有如下两种。

1. 按I/O点数和存储器容量分类

（1）小型PLC。I/O点数在256点以下，用户程序存储器容量在2KB以下的可编程逻辑控制器称为小型PLC。其中I/O点数小于64点的PLC又称为超小型或微型PLC。属于小型PLC的外国产品型号有日本松下电工FPI系列、德国西门子公司的S5-95U型等。

（2）中型PLC。I/O点数为256～2048点，用户程序存储器容量为2～8KB的可编程逻辑控制器称为中型PLC。型号有日本三菱的A1系列。

（3）大型PLC。I/O点数在2048点以上，用户程序存储器容量在8KB以上的可编程逻辑控制器称为大型PLC。型号有德国西门子公司的S5-155U型，I/O点数有10000个，具有多个处理器；美国 AB 公司的 PLC - 3 型，I/O 点数有 8192 个等。

2. 按结构型式分类

（1）整体式结构，又称单元式或箱体式，是目前使用最普遍的一种型式。这种结构的 PLC 是把电源、CPU、输入/输出、存储器、通信接口和外部设备接口等集成为一个整体，构成一个独立的复合模块，通常小型 PLC，如西门子 S7 - 200 和 S7 - 1200 系列都是整体式结构，这种结构体积小，安装调试方便。

（2）模块式结构，是将 PLC 按功能分为电源模块、主机模块、开关量输入模块、开关量输出模块、模拟量输入模块、模拟量输出模块、机架接口模块、通信模块和专用功能模块等，根据需要搭建 PLC 结构。这种积木式结构可以灵活地配置成小、中、大型系统。

（3）叠装式 PLC，将整体式结构紧凑和模块式结构配置灵活的特点结合起来、其 CPU、电源等单元也为各自独立的模块，但安装不用基板，而用电缆连接，且各模块可以一层一层地叠装。

（4）分布式 PLC，各组成模块可以被安装在不同的工作场所，中央控制 PLC（通常称为主站）的形式安装于控制室，将 I/O 模块（通常称为远程 I/O）与功能模块以工作站（通常称为从站）的形式安装于生产现场的设备上。主站与从站之间一般需要通过总线（如 SIEMENS 公司的 PROFIBUS - DP 等）进行连接和通信。

3. 按功能分类

（1）低档 PLC：具有逻辑运算、定时、计数、移位及自诊断、监控等基本功能，还可有少量模拟量输入/输出、算术运算、数据传送和比较、通信等功能，主要用于逻辑控制、顺序控制或少量模拟量控制的单机控制系统。

（2）中档 PLC：除具有低档 PLC 的功能外，还具有较强的模拟量输入/输出、算术运算、数据传送和比较、数制转换、远程 I/O、子程序、通信联网等功能，有些还可增设中断控制、PID 控制等功能，适用于复杂控制系统。

（3）高档 PLC：除具有中档 PLC 的功能外，还增加了带符号算术运算、矩阵运算、位逻辑运算、平方根运算及其他特殊功能函数的运算、制表及表格传送功能等。

4.2.4　PLC 的主要性能指标

各个厂家的 PLC 产品虽然各有特色，但从总体上来讲，可用下面几项指标来衡量对比其性能。

1. 存储器容量

厂家提供的存储器容量指标通常是指用户程序存储器容量，它决定 PLC 可以容纳的用户程序的长短。一般以字节为单位计算，每 1024 个字节为 1KB。中、小型 PLC 的存储器容量一般在 8KB 以下，大型 PLC 的存储器容量可达到 256KB～2MB。有些 PLC 的用户程序存储器需要另购外插的存储器卡，或者用存储器卡扩充。

2. I/O 点数

I/O 点数即 PLC 面板上连接输入、输出信号用的端子个数，是评价一个系列的 PLC 可适用于何等规模的系统的重要参数。I/O 点数越多，控制的规模就越大。通常厂家的技术手册都会给出相应 PLC 的最大数字 I/O 点数及最大模拟量 I/O 通道数，以反映该类型 PLC 的最大输入、输出规模。

3. 扫描速度

扫描速度是指PLC执行程序的速度，是对控制系统实时性能的评价指标。PLC的处理速度一般用基本指令的执行时间来衡量，即一条基本指令的扫描速度。

4. 内部寄存器

内部寄存器用于存放中间结果、中间变量、定时计数等数据，其数量的多少及容量的大小直接关系到编程的方便及灵活与否。

5. 指令系统

指令种类的多少是衡量PLC软件系统功能强弱的重要指标。指令越丰富，用户编程越方便，越容易实现复杂功能，说明PLC的处理能力和控制能力越强。

6. 特殊功能及模块

除基本功能外，特殊功能及模块也是评价PLC技术水平的重要指标。如自诊断功能、通信联网功能、远程I/O能力等。PLC所能提供的功能模块有高速计数模块、位置控制模块、闭环控制模块等。近年来，智能模块的种类日益增多，功能也越来越强。

7. 扩展能力

PLC的扩展能力反映在两个方面：大部分PLC用I/O扩展单元进行I/O点数的扩展，有的PLC使用各种功能模块进行功能的扩展。

8. 工作环境

PLC对工作环境有一定的要求，应尽量避免安装在有大量粉尘和金属屑的场所，避免阳光直射，避免有腐蚀性气体和易燃气体的场所，尽量避免连续的震动和冲击，PLC适宜的温度范围通常为0～55℃，对湿度的要求是小于85%（无结露）。

4.3 PLC的硬件系统组成

PLC实质上是一种为工业控制而设计的专用计算机，它与一般计算机的结构及组成相似，都是由硬件和软件两大部分组成。为了便于接线，扩充功能，便于操作与维护，以及提高系统的抗干扰能力，其结构及组成又与一般计算机有所区别。

PLC的基本组成包括中央处理单元（CPU）、存储器单元、输入/输出（I/O）单元、电源单元、接口单元及外部设备（如编程器），如图4-1所示。

主机内的各部分均通过电源总线、控制总线、地址总线和数据总线连接。根据实际控制对象的需要配备一定的外部设备，可构成不同的PLC控制系统。常用的外部设备有编程器、打印机、EPROM写入器等。PLC还可以配置通信模块与上位机及其他的PLC进行通信，构成PLC的分布式控制系统。

1. 中央处理器单元

中央处理器单元（CPU）一般由控制器、运算器和寄存器组成，这些电路都集成在一个芯片内。CPU通过数据总线、地址总线和控制总线与存储单元、输入输出接口电路相连接。

PLC中所用CPU随机型的不同而有所不同，一般有以下几类芯片。

（1）通用微处理器，常用8位机和16位机，如Intel公司的8080、8086、8088、80186、80286、80386等，低档PLC用Z80A型微处理器作CPU较为普遍。

（2）单片机，常用的有Intel公司的MCS48/51/96系列芯片。由单片机作CPU制成的

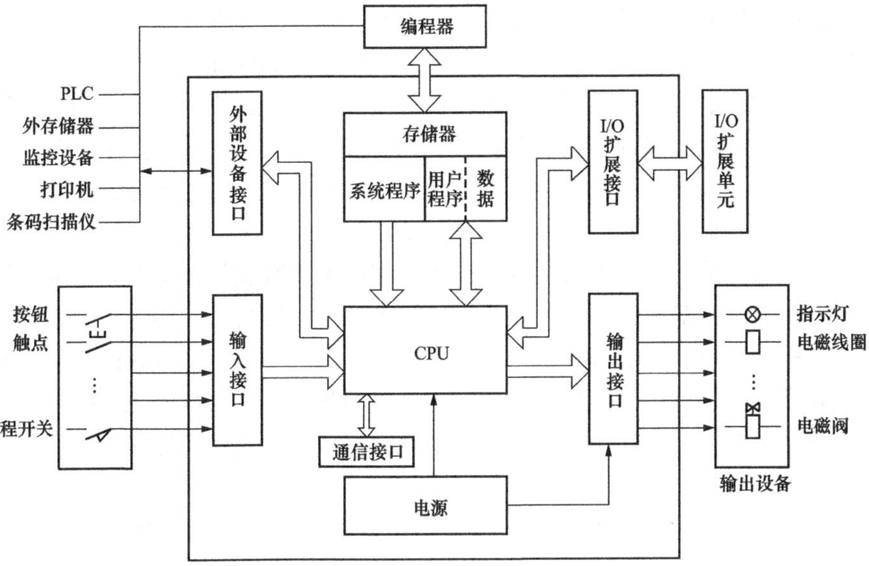

图 4-1　PLC 的基本组成

PLC 体积小，同时逻辑处理能力、数值运算能力都有很大的提高，增加了通信功能，这为高档机的开发和应用及机电一体化创造了条件。

(3) 位片式微处理器，如美国 1975 年推出的 AMD2900/2901/2903 系列双极型位片式微处理器广泛应用于大型 PLC 设计中。它具有速度快、灵活性强和效率高等优点。

在小型 PLC 中，大多采用 8 位通用微处理器和单片机芯片；在中型 PLC 中，大多采用 16 位通用微处理器和单片机芯片；在大型 PLC 中，大多采用双极型位片式微处理器。在高档 PLC 中，往往采用多 CPU 系统来简化软件的设计、进一步提高其工作速度。CPU 的结构形式决定了 PLC 的基本性能。

与一般微处理器的概念相同，CPU 是 PLC 的核心部件，在整个系统中起到类似人体神经中枢的作用，来协调控制整个系统。它完成 PLC 所进行的逻辑运算、数值计算及信号变换等任务，并发出管理、协调 PLC 各部分工作的控制信号。

CPU 的主要作用如下。

(1) 接收并存储由个人计算机（PC）或专用编程器输入的用户程序和数据。

(2) 诊断电源、内部电路工作状态和编程过程中的语法错误。

(3) 进入运行状态后，用扫描方式接收现场输入设备的检测元件状态和数据，并存入对应的输入映像寄存器或数据寄存器中。

(4) 进入运行状态后，从存储器中逐条读取用户程序，解释执行用户程序，完成逻辑运算、数字运算、数据传递等任务。

(5) 依据运算结果刷新有关标志位的状态和输出映像寄存器的内容，再由输出映像寄存器的位状态或数据寄存器的有关内容实现输出控制、制表、打印或数据通信等功能。

2. 存储器单元

PLC 的存储器单元可分为三个部分：系统程序存储器、用户程序存储器和工作数据存储器。

(1) 系统程序存储器。系统程序存储器用于存放 PLC 生产厂家编写的系统程序，系统程序在出厂时已经被固化在 PROM 或 EPROM 中。这部分存储区不对用户开放，用户程序不能访问和修改。PLC 的所有功能都是在系统程序的管理下实现的。

(2) 用户程序存储器。用户程序存储器可分为程序存储区和数据存储区。程序存储区用于存放用户编写的控制程序，数据存储区存放的是程序执行过程中所需要的或者所产生的中间数据，包括输入/输出过程映象、定时器、计数器的预置值和当前值等。用户程序存储器容量的大小才是我们真正关心的，通常情况下，厂家提供的 PLC 存储器容量，若无特别说明，均指用户程序存储器容量。

(3) 工作数据存储器。工作数据存储器用来存放工作数据的存储器，一般采用随机存储器（RAM）。在工作数据存储器区有元器件映像寄存器和数据表。其中元器件映像寄存器用来存储开关量输入/输出状态，以及定时器、计数器、辅助继电器等内部元器件的开关状态。数据表用来存放各种数据，它存储用户程序执行时的某些可变参数及 A - D 转换得到的数字量和数字运算结果等。在 PLC 断电时能保持数据的存储区为数据保持区。

3. 电源单元

电源单元将外界提供的电源转换成 PLC 的工作电源后，提供给 PLC。有些电源单元也可以作为负载电源，通过 PLC 的 I/O 接口向负载提供直流 24V 电源。PLC 的电源一般采用开关电源，输入电压范围宽，抗干扰能力强。

电源单元还提供掉电保护电路和后备电池电源，以维持部分 RAM 存储器的内容在外界电源断电后不会丢失。在控制面板上通常会有发光二极管（LED）指示电源的工作状态，便于判断电源工作是否正常。

4. 输入/输出单元

PLC 的输入/输出单元也叫 I/O 单元，对于模块式的 PLC 来说，I/O 单元以模块形式出现，所以又称为 I/O 模块。I/O 单元是 PLC 与工业现场的接口，现场信号与 PLC 之间的联系通过 I/O 单元来实现。工业现场的输入和输出信号包括数字量和模拟量两类，因此，I/O 单元也有数字 I/O 和模拟 I/O 两种，前者又称为 DI/DO，后者又称为 AI/AO。

输入单元将来自现场的电信号转换为中央处理器能够接收的电平信号。如果是模拟信号，就需要进行 A/D 转换，变成数字量，最后送给中央处理器进行处理；输出单元则将用户程序的执行结果转换成现场控制电平，或者模拟量，输出至被控对象，如电磁阀、接触器、执行机构等。

作为抗干扰措施，输入/输出单元都带有光电耦合电路，将 PLC 与外部电路隔离。此外，输入单元带有滤波电路和显示，输出单元带有输出锁存器、显示、功率放大等部分。

PLC 的输入单元类型通常有直流、交流、交直流 3 种；输出单元通常有继电器方式、晶体管方式、晶闸管方式 3 种。继电器输出方式可带交、直流两种负载，晶体管方式可带直流负载，晶闸管方式可带交流负载。如下表 4 - 1 所示为 S7 - 1200 的 3 种 CPU 有着不同电源电压和输入、输出电压的版本。

表 4 - 1　　S7 - 1200 CPU 的版本

版本	电源电压	DI 输入电压	DO 输出电压	DO 输出电流
DC/DC/DC	DC 24V	DC 24V	DC 24V	0.5A，MOSFET
DC/DC/Relay	DC 24V	DC 24V	DC 5～30V，AC 5～250V	2A，DC 30W/AC 200W
AC/DC/Relay	AC 85～264V	DC 24V	DC 5～30V，AC 5～250V	

PLC 的输入/输出单元还应包括一些功能模块。所谓功能模块，就是一些智能化的输入和输出模块。例如，温度检测模块、位置检测模块、位置控制模块、PID 控制模块等。

下面介绍几种常用的 I/O 单元的工作原理。

(1) 开关量输入单元。按照输入端电源类型的不同，开关量输入单元可分为直流输入单元和交流输入单元。

1) 直流输入单元。直流输入单元的电路如图 4-2 所示，图中画线框内是 PLC 内部的输入电路，只画出对应于一个输入点的输入电路，各个输入点所对应的输入电路均相同。图 4-2 中，T 为一个光耦合器，R_1 为限流电阻，R_2 和 C 构成滤波电路，可滤除输入信号中的高频干扰。LED 显示输入点的状态。

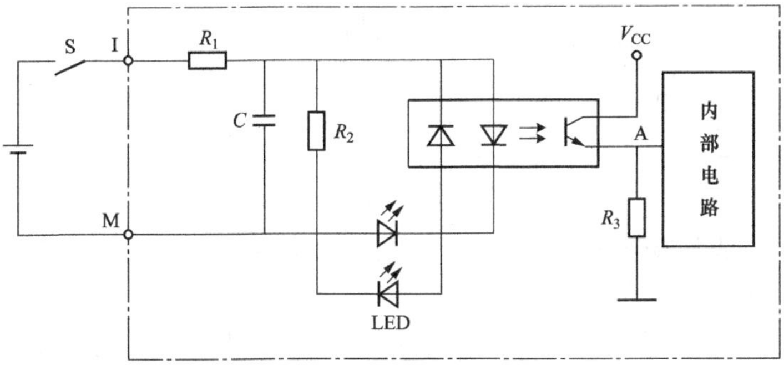

图 4-2 PLC 直流输入单元电路图

其工作过程为：当 S 闭合时，光耦合器导通，LED 点亮，表示输入开关 S 处于接通状态。此时 A 点为高电平，该电平经过滤波器送到内部电路中。当 CPU 访问该路信号时，将该输入点对应的输入映像寄存器状态置 1。当 S 断开时，光耦合器不导通，LED 不亮，表示输入开关 S 处于断开状态。此时 A 点为低电平，当 CPU 访问该路信号时，将该输入点对应的输入映像寄存器状态置 0。

2) 交流输入单元。交流输入单元结构与直流输入单元结构类似，工作原理基本相同，其电路如图 4-3 所示。图 4-3 所示中只画出对应于一个输入点的输入电路，各个输入点所对应的输入电路相同。图 4-3 中，电容 C 为隔直电容，对交流相当短路。R_1 和 R_2 构成分压电路。光耦合器有两个反向并联的发光二极管，任何一个导通都可以使光敏晶体管导通，显示用的两个发光二极管也是反向并联的。所以这个电路可以接收外部的交流输入电压。

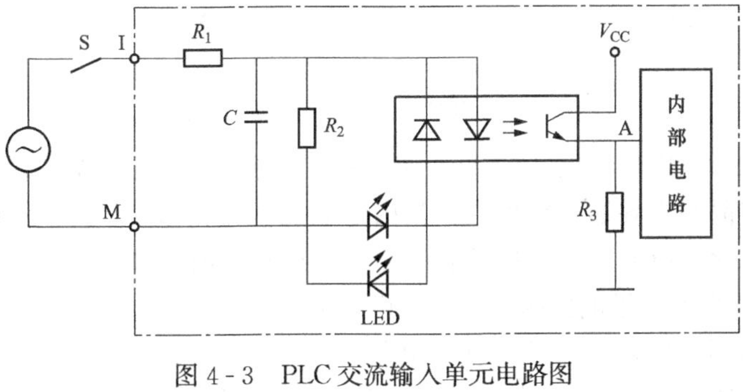

图 4-3 PLC 交流输入单元电路图

(2) 开关量输出单元。按照输出电路所用开关器件不同，PLC的开关量输出单元可分为晶体管输出单元、晶闸管输出单元和继电器输出单元。

1) 晶体管输出单元。晶体管输出单元电路如图4-4所示。画线框内是PLC内部的输出电路。框外右侧为外部用户接线。图中只画出对应于一个输出点的输出电路，各个输出点所对应的输出电路均相同。

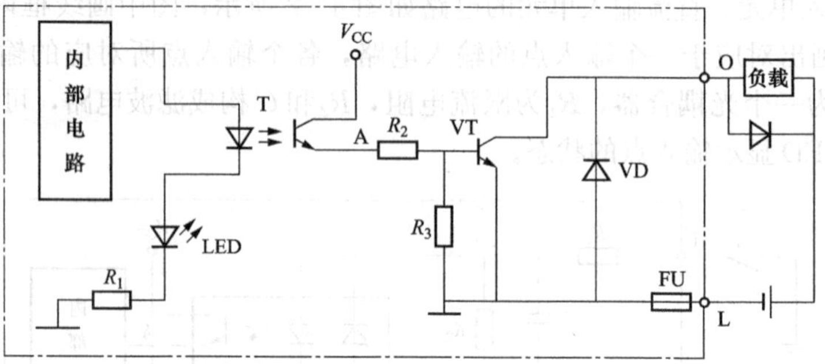

图4-4 PLC晶体管输出单元电路图

图4-4中，T是光耦合器，LED指示输出点的状态，VT为输出晶体管，VD为保护二极管，FU为熔断器，防止负载短路时损坏PLC。

其工作原理为：当对应于晶体管VT的内部继电器的状态为1时，通过内部电路使光耦合器T导通，从而使晶体管VT饱和导通，因此负载得电。指示灯LED点亮，表示该输出点状态为1；当对应于晶体管VT的内部继电器的状态为0时，光耦合器T并不导通，从晶体管VT截止，负载失电。如果负载是感性的，则必须与负载并接续流二极管，负载通过续流二极管释放能量。此时LED不亮，表示该输出点的状态为0。

2) 双向晶闸管输出单元。双向晶闸管输出单元如图4-5所示。在双向晶闸管输出单元中，输出电路采用的开关器件是光控双向晶闸管，R_2C为阻容保护电路，图中只画出对应于一个输出点的输出电路，各个输出点所对应的输出电路均相同。

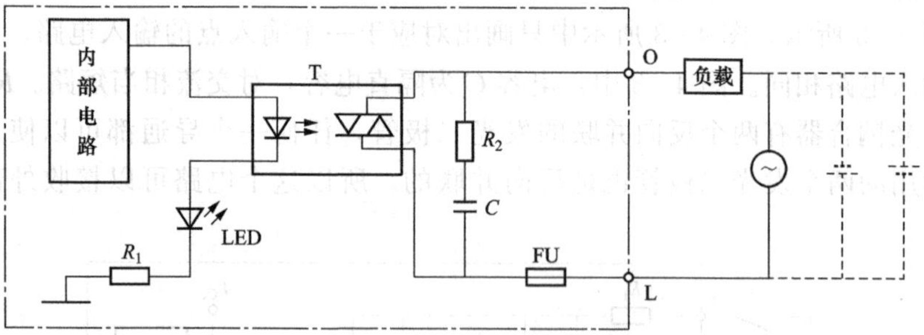

图4-5 PLC晶闸管输出单元电路图

其工作原理为：当内部继电器的状态为0时，发光二极管导通发电，不论负载电源极性如何，都能使双向晶闸管导通负载得电；当内部继电器的状态为0时，双向晶闸管关断，负载失电，指示灯熄灭。电源可以根据负载的需要选用直流或交流。

3) 继电器输出单元。继电器输出单元电路采用小型直流继电器作输出的开关器件，电路如图4-6所示。画线框内是PLC内部输出电路，框外右侧是外部用户接线电路。K为直流继电器。图中只画出对应于一个输出点的输出电路，各个输出点所对应的输出电路均相同。

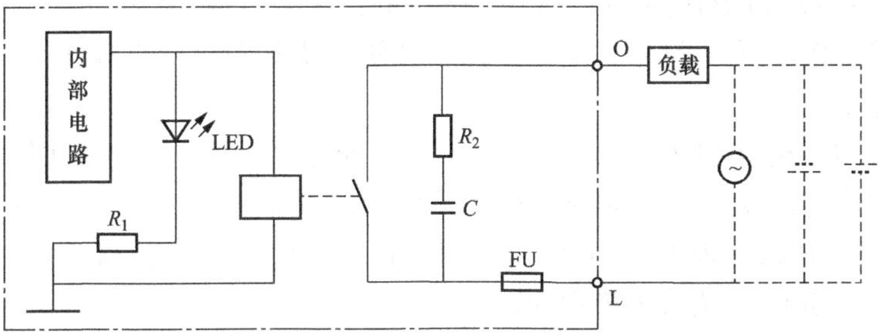

图 4-6 PLC 继电器输出单元电路图

其工作原理为：当内部继电器的状态为 1 时。K 得电吸合，其动合触点闭合，负载得电，LED 点亮，表示电路接通。当内部继电器的状态为 0 时。K 失电，其动合触点闭合，负载失电，LED 点灭，表示该输出点断开。继电器输出型 PLC 的电源可以根据需要选用直流或交流电源，继电器触点寿命一般为 10～30 万次。由于继电器是触点输出，所以它的输出接口可以使用交流或直流电源。继电器输出方式最常用，其优点是带载能力强，缺点是动作频率与响应速度慢（响应时间为 10ms）。

5. 外部接口

接口单元包括扩展接口、存储器接口、编程接口与通信接口。

扩展接口用于扩展 I/O 模块，使 PLC 的控制规模配置更加灵活，实际上为总线形式。可配置开关量的 I/O 模块，也可配置模拟量、高速计数等特殊 I/O 模块及通信适配器等。

存储器接口用于扩展用户程序存储区和用户数据参数存储区，可以根据使用的需要扩展存储器，内部接到总线上。

编程接口用于连接编程器或 PC，由于 PLC 本身不带编程器或编程软件，为实现编程及通信、监控，在 PLC 上专门设有编程接口。

通信接口使 PLC 与 PLC、PLC 与 PC 或其他智能设备之间可建立通信。

6. 通信接口

(1) 在通用串行通信接口中，常用的有 RS-232C 接口、RS-422 接口及 RS-485 接口，S7-1200 PLC 的串口通信模块有两种型号，分别是 CM1241 RS-232 接口模块和 CM1241 RS-485 接口模块。CM1241 RS-232 接口模块支持基于字符的自由口协议和 MODBUS RTU 主从协议。CM1241 RS-485 接口模块支持基于字符的自由口协议、MODBUS RTU 主从协议及 USS 协议。

串行通信协议有两种方式：并行通信和串行通信。串行通信是指在单根数据线上将数据一位一位地依次传送。接收数据时，每次从单根数据线上一位一位地依次接收，再把它们拼成一个完整的数据。并行通信指数据的各位同时传送。并行方式传输数据速度快，但占用的通信线多，传输数据的可靠性随距离的增加而下降，只适用于近距离的数据传送。在远距离数据通信中，一般采用串行通信方式，它具有占用通信线少、成本低等优点。

(2) PROFIBUS 是一种国际化的、开放的、不依赖于设备生产商的现场总线标准由三个兼容部分组成，即 PROFIBUS - DP（Decentralized Periphery）、PROFIBUS - PA（Process Automation）、PROFIBUS-FMS（Field Bus Message Specification）。

PROFIBUS-DP：是一种高速低成本通信，用于设备级控制系统与分散式 I/O 的通信。

使用 PROFIBUS - DP 可取代办 24V DC 或 4～20mA 信号传输。

PROFIBUS - PA：专为过程自动化设计，可使传感器和执行机构连在一根总线上，并有本征安全规范。

PROFIBUS - FMS：用于车间级监控网络，是一个令牌结构、实时多主网络。PROFIBUS 提供了三种数据传输类型：用于 DP 和 FMS 的 RS - 485 传输；用于 PA 的 IEC 1158 - 2 传输；光纤。PROFIBUS 协议是根据 ISO7498 国际标准，以开放式系统互联网络（Open System Interconnection—SIO）作为参考模型的。

（3）PROFINET 是源自 PROFIBUS 现场总线国际标准组织（PI）的开放的自动化总线标准；基于工业以太网标准；使用 TCP/IP 协议和 IT 标准；实现自动化技术与实时以太网技术的统一；能无缝集成其他现场总线系统。

S7 - 1200 PLC 本体上集成了一个 PROFINET 通信接口，支持以太网和基于 TCP/IP 的通信标准，使用这个通信口可以实现 S7 - 1200 PLC 与编程设备的通信、与 HMI 触摸屏的通信，以及与其他 CPU 之间的通信。这个 PROFINET 物理接口支持 10Mbit/s/100Mbit/s 的 RJ - 45 口，支持电缆交叉自适应。

以太网是在 20 世纪 70 年代研制开发的一种基带局域网技术，使用同轴电缆作为网络媒体，采用载波多路访问和冲突/检测（Carrier Sense Multiple Access/Collision Detection，CSMA/CD）机制，数据传输速率达到 10MB PS。但是如今以太网更多地被用来指各种采用 CSMA/CD 技术的局域网。以太网的帧格式与 IP 是一致的，特别适合于传输 IP 数据。以太网由于具有简单方便、价格低、速度高等优点。以太网最初是由 XEROX 公司研制而成的，并且在 1980 年由数据设备公司 DEC（DIGIAL EQUIPMENT CORPORATION）、Intel 公司和 Xerox 公司共同使之规范成形。后来它被作为 802.3 标准为电气与电子工程师协会（IEEE）所采纳。以太网络的基本特征是采用一种为载波监听多路访问及冲突/检测（CSMA/CD）的共享访问方案，即多个工作站都连接在一条总线上，所有的工作站都不断向总线上发出监听信号，但在同一时刻只能有一个工作站在总线上进行传输，而其他工作站必须等待其传输结束后再开始自己的传输。

7. 外部设备

PLC 的外部设备种类很多，总体来说可以概括为 4 大类：编程设备、监控设备、存储设备、输入/输出设备。

（1）编程设备。采用个人计算机作为 PLC 系统的开发工具是目前的发展趋势，各厂家均提供可安装在个人计算机上的专用编程软件，用户可直接在计算机上以联机或脱机的方式编写程序，可使用多种编程语言，开发功能也很强大，具备监控能力、通信能力，还可对用户程序进行仿真。

（2）监控设备。PLC 将现场数据实时上传给监控设备，监控设备则将这些数据动态实时显示出来，以便操作人员和技术人员随时掌握系统运行的情况，操作人员能够通过监控设备向 PLC 发送操控指令，通常把具有这种功能的设备称为人机界面。PLC 厂家通常都提供专用的人机界面设备，目前使用较多的有操作屏和触摸屏等，通过专用的开发软件可设计用户工艺流程图，与 PLC 联机后能够实现现场数据的实时显示。操作屏同时还提供多个可定义功能的按键，而触摸屏则可以将控制键直接定义在流程图的画面中，使得控制操作更加直观。

（3）存储设备。存储设备用于保存用户程序，避免用户程序丢失。主要有存储卡、存储磁带、软磁盘或只读存储器等多种形式，配合这些存储载体，有相应的读写设备和接口部件。

（4）输入/输出设备。输入/输出设备是用于接收信号和输出信号的专用设备，如条码读入器、打印机等。

4.4 PLC 的软件系统

4.4.1 软件的分类

PLC 的软件包括系统软件和应用软件两大部分。

1. 系统软件

系统软件是指系统的管理程序、用户指令的解释程序及一些供系统调用的专用标准程序块等。系统管理程序用以完成 PLC 运行相关时间分配、存储空间分配管理和系统自检等工作。用户指令的解释程序用以完成用户指令变换为机械码的工作。系统软件在用户使用 PLC 之前就已经装入机内，并永久保存，在各种控制工作中都不能更改。

2. 应用软件

应用软件又称为用户软件、用户程序，是由用户根据控制要求，采用 PLC 专用的程序语言编制的。

4.4.2 应用软件常用的编程语言

PLC 的编程语言，根据生产厂商和机型的不同而不同。由于目前没有统一的通用语言，所以在使用不同厂商的 PLC 时，同一种编程语言也有所不同。国际电工委员会（IEC）于 1994 年公布了 PLC 标准（IEC 61131），标准定义了五种 PLC 编程语言：梯形图（Ladder Logic Programming Language，LAD）、语句表（Instruction List，ITL）、功能块图（Function Block Diagram，FBD）、结构化文本（Structured Text，ST）、顺序功能图（Sequential Function Chart，SFC）。

1. 梯形图

梯形图（LAD）是在传统的继电器控制系统中常用的接触器、继电器电路图的基础上演变而来的，在形式上类似电气控制电路图。梯形图中的左、右垂直线称为左、右母线，通常将右母线省略。在左、右母线之间是由触点、线圈或功能框组合的有序网络。梯形图的输入总是在图形的左边，输出总是在图形的右边。从左母线开始，经过触点和线圈（或功能框），终止于右母线，从而构成一个梯级。在一个梯级中，左、右母线之间是一个完整的“电路”，“能流”只能从左到右流动，不允许“短路”“开路”，也不允许“能流”反向流动。

梯形图中的基本编程元素有：母线、触点、线圈和功能框。

母线：位于梯形图的最左侧，代表电源。

触点：代表逻辑控制条件。触点闭合时表示能流可以流过。触点有动合触点和动断触点两种。

线圈：代表逻辑输出的结果。能流到，线圈被激励。

功能框：代表某种特定功能的指令。能流通过功能框时，执行功能框所代表的功能。如定时器、计数器。

图 4-7 是典型的梯形图示意图。

PLC 梯形图的一个关键概念是“能流”，这仅是概念上的“能流”在图 4-7 中所示，把左母线假想为电源的“相线”，而将右母线（右母线可以省略）假想为电源的“零线”，如果有“能流”从左至右流向线圈，则线圈被激励。

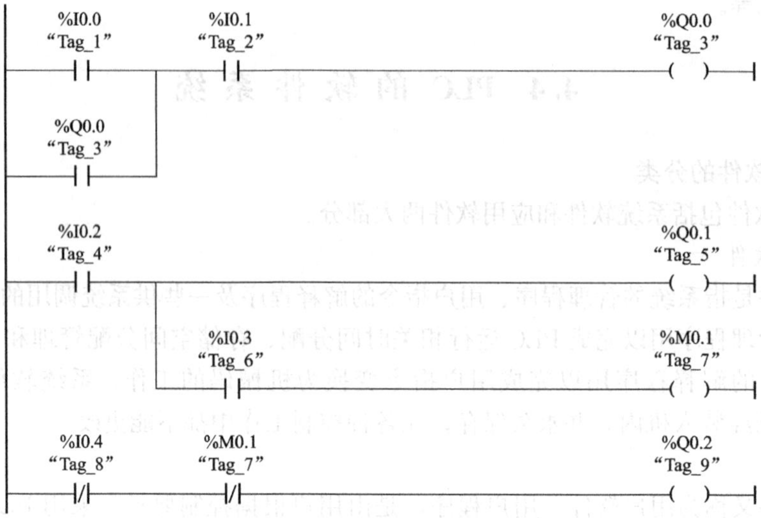

图 4-7 梯形图示意图

梯形图是用图形符号连接而成，这些符号与继电器控制电路图中的常开触点、常闭触点、并联、串联、继电器线圈是相对应的，每个触点线圈对应有一个编号。由于梯形图具有形象、直观的特点，因此是目前用得最普遍的一种 PLC 编程语言。

PLC 中的编程元件可看成和实际继电器类似的元件，具有动合、动断触点及线圈，线圈的得电失电将导致触点的动作。再用母线代替电源线，用能流的概念代替电流概念，采用绘制继电器电路图类似的思路绘制出梯形图，但是又与继电器—接触器控制系统有区别。

（1）PLC 采用梯形图编程是模拟继电器控制系统的表示方法，因而梯形图内各种元件也沿用了继电器的叫法，称为软继电器。每个软继电器实际上是存储器中的一位。

（2）梯形图中流过的“电流”不是物理电流，而是“能流”，它只能从左到右、自上而下流动，且不允许倒流。

（3）梯形图中的动合、动断触点不是现场物理开关的触点，而是对应于寄存器中相应位的状态。动合触点理解为取位状态操作，动断触点理解为位状态取反。在梯形图同一元件的动合、动断触点的切换没有时间延迟，而继电器控制系统中复合动合、动断触点是属于先断后合型。

（4）梯形图中的输出线圈不是物理线圈，不能用它直接驱动现场执行机构。

（5）PLC 的输入/输出继电器、中间继电器、定时器、计数器等编程元件的动合、动断触点可无限次反复使用，因为存储单元中的位状态可取用任意次。而继电器控制系统中的继电器的触点数是有限的。

编写梯形图程序时，还应遵循下列规则。

（1）每一逻辑行必须从左母线开始画起，右母线可以省略，触点不能放在线圈的右边，如图 4-8 中所示。

（2）梯形图中的线圈、定时器、计数器和功能指令框一般不能直接连接在左母线上，可通过特殊的中间继电器来完成，如图 4－9 所示。

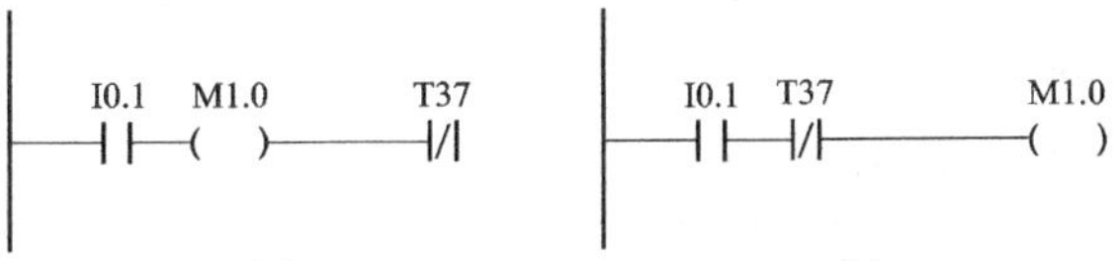

(a)　(b)

图 4－8　PLC 梯形图

(a) 错误梯形图；(b) 正确梯形图

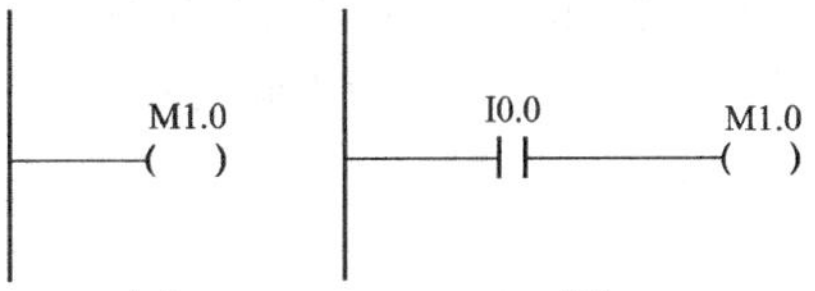

(a)　(b)

图 4－9　PLC 梯形图

(a) 错误梯形图；(b) 正确梯形图

（3）在梯形图中每个编程元素应按一定的规则进行标记，不同的编程元素常用不同的字母符号和一定的字符串来标记。在同一程序中，同一标记的线圈只能出现一次，通常不能重复使用，但是它的触点可以无限次使用。

（4）几个串联支路的并联，应将串联多的触点组尽量安排在最上面；几个并联回路的串联，应将并联回路多的触点组尽量安排在最左边，如图 4－10 所示。

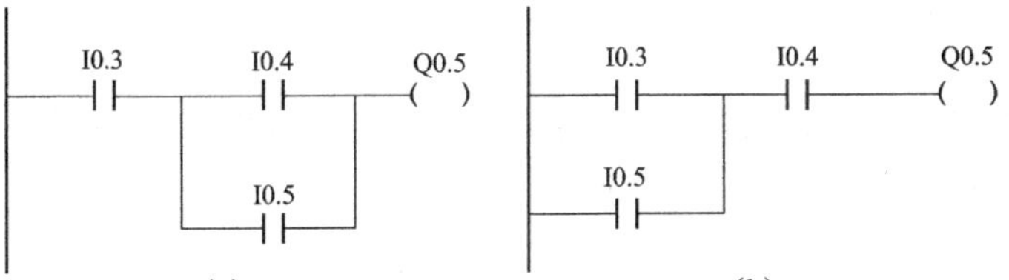

(a)　(b)

图 4－10　PLC 梯形图

(a) 错误梯形图；(b) 正确梯形图

（5）在梯形图编程时，只有在一个梯级编制完整后才能继续后面的程序编制，从上至下、从左至右，左侧总是安排输入触点，并且把并联触点多的支路靠近最左端，输入触点不论是外部的按钮、行程开关，还是继电器触点，在图形符号上只用动合触点和动断触点两种表示方式，而不计及其物理属性，输出线圈可用圆形或椭圆形表示。

（6）梯形图的触点可以任意串联、并联，而输出线圈只能并联，不能串联。

（7）桥式电路必须经过修改后才能画出梯形图，如图 4－11 所示。

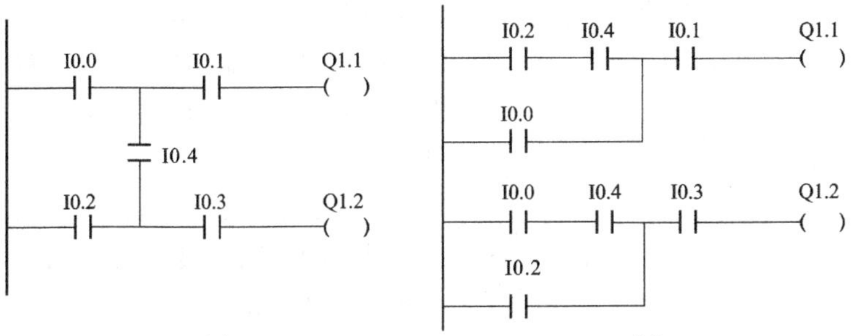

(a)　(b)

图 4－11　PLC 梯形图

(a) 错误梯形图；(b) 正确梯形图

2. 指令表

语句是指令表（IL）编程语言的基本单元，是用一个或几个容易记的字符来表示PLC的控制功能。每条语句是由操作码和操作数组成。不同厂家的PLC往往采用不同的语句表符号集。表4-2为不同公司PLC的命令语句表举例。

表4-2 不同公司PLC的命令语句表程序举例

序号	西门子	三菱	通用电气	欧姆龙	参数	注释
000	A	LD	STR	LD	X_0	梯级开始，输入动合触点X_0
001	O	OR	OR	OR	Y_1	并联自保持触点Y_1
002	AN	ANI	AND NOT	AND NOT	Y_1	串联动断触点X_1
003	=	OUT	OUT	OUT	Y_1	输出Y_1，本梯级结束
004	A	LD	STR	LD	X_2	梯级开始，输入动合触点X_2
005	=	OUT	OUT	OUT	Y_2	输出Y_2，本梯级结束

操作码用助记符表示，它表示CPU要完成的某种操作功能。操作数指出了为执行某种操作所用的元件或数据。

通常梯形图程序、功能块图（FBD）程序、语句表（STL）程序可有条件地、方便地转换（以网络为单位转换）。语句表可以编写梯形图和功能块图无法编写的程序。如图4-12所示为梯形图、功能块图与语句表的转换。

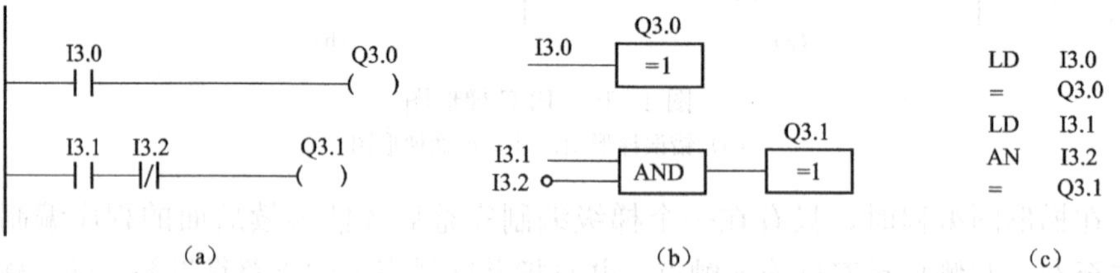

图4-12 PLC编程语言转换
(a) 梯形图；(b) 功能块图；(c) 语句表

下面为S7-200 PLC所支持的基本指令表指令。

(1) 逻辑控制指令。LD（Load）表示栈装载指令，对应于电路开始的动合触点。LDN（Load Not）也属于栈装载指令，对应于电路开始的动断触点。LD、LDN指令不只用于网络块逻辑计算开始时与母线相连的动合和动断触点，在分支电路块的开始也要使用LD、LDN指令。在语句表中，用“=”表示输出指令。当执行输出指令时，将栈顶值复制到由操作数地址指定的存储器位。NOT表示取反指令。

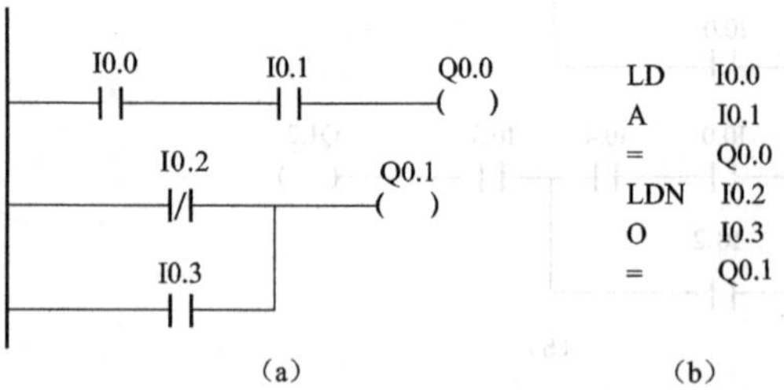

图4-13 语句表的基本指令及对应的梯形图
(a) 梯形图；(b) 语句表

A（And）表示逻辑“与”指令，用于单个动合触点的串联连接；AN（And Not）用于单个动断触点的串联连接。O（Or）表示逻辑“或”指令，用于单个动合触点的并联连接；ON（Or Not）为或反指令，用于单个动断触点的并联连接。如图4-13所示。

(2) 栈指令。栈装载与（ALD）指令和栈装载或（OLD）指令用于将两个或两个以上的触点组串、并联，如图 4-14 所示。触点的串、并联指令只能将单个触点与别的触点或电路串、并联。在触点组开始时要使用 LD、LDN 指令，每完成一次触点组的串或并联操作，要写上一个 ALD 或 OLD 指令。ALD 和 OLD 指令无操作数。

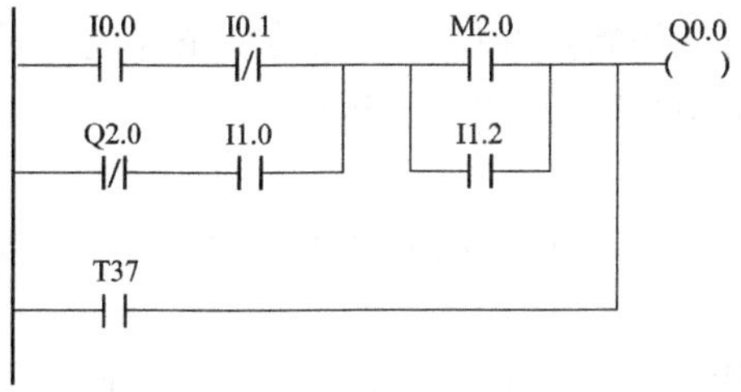

(a)

```
S4 ┌ S2 ┌ S0 ┌ LD   I0.0
   │    │    └ AN   I0.1
   │    │ S1 ┌ LDN  Q2.0
   │    │    └ A    I1.0
   │    └      OLD
   │ S3 ┌      LD   M2.0
   │    └      O    I1.2
   └           ALD
               O    T37
               =    Q0.0
```

(b)

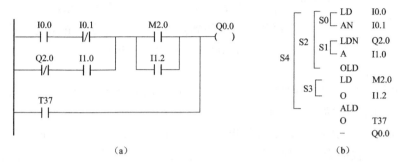

图 4-14 栈装载与和栈装载指令应用及对应的梯形图

(a) 梯形图；(b) 语句表

逻辑堆栈操作指令有逻辑入栈指令（LPS）、逻辑读栈指令（LRD）、逻辑出栈指令（LPP）。LPS 是分支电路开始指令，LPP 为分支电路结束指令，因此 LPS 和 LPP 必须成对使用，中间的支路用 LRD 指令，最后一条支路必须使用 LPP 指令。如图 4-15 所示为逻辑堆栈指令的应用及对应梯形图。

由上面的梯形图于指令表的转换关系可以看出，PLC 中的微控制器在执行用户编写的梯形图时，首先将梯形图转化为指令表语句，然后再翻译为机器语言逐条执行，这就体现了 PLC 工作的“逐行顺序扫描”特性。

3. 功能块图

功能块图（FBD）编程语言实际上以逻辑功能符号组成功能块来表达命令的图形语言，与数字电路中的逻辑图一样，它极易表现条件与结果之间的逻辑功能。如图 4-16 所示，功能块图使用类似“与门”“或门”的方框来表示逻辑运算关系。方框左侧为输入变量，右侧为输出变量，输入/输出端的小圆圈表示“非”运算，方框由导线连接，信号沿着导线自左向右流动。

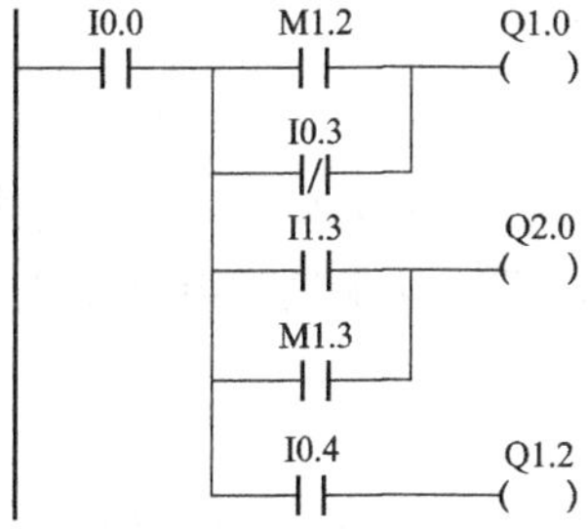

(a)

```
LD   I0.0
LPS
LD   M1.2
ON   I0.3
ALD  Q1.0
=
LRD
LD   I1.3
O    M1.3
ALD
=    Q2.0
LPP
A    I0.4
=    Q1.2
```

(b)

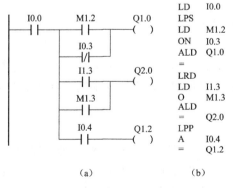

图 4-15 逻辑堆栈操作指令应用以及对应梯形图

(a) 梯形图；(b) 语句表

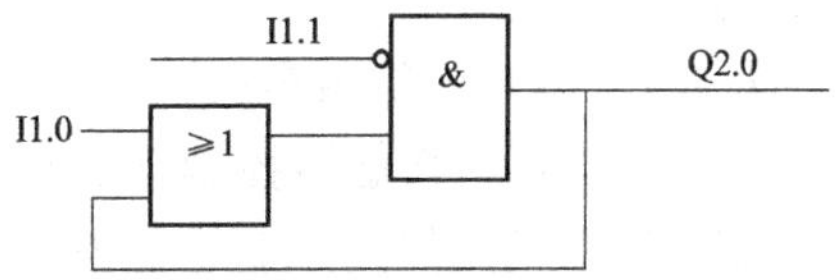

图 4-16 功能块图

4. 顺序功能图

顺序功能图（SFC）又叫状态转移图，是一种真正的图形化的编程语言。它用来表达一

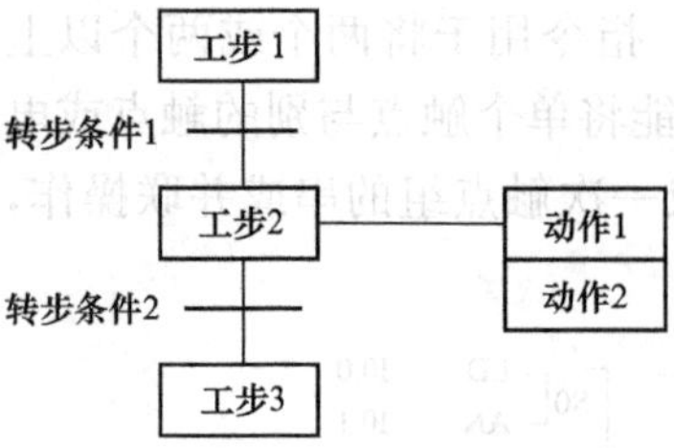

图 4-17 顺序功能图

个顺序控制过程，可以对具有并发、选择等复杂结构的系统进行编程。

SFC 作为一种步进顺控语言，可对一个过程进行控制，并显示该过程的状态。将用户应用的逻辑分为状态和转移条件，来代替一个长的梯形图程序。如图 4-17 所示，SFC 程序的运行从初始步开始，每次转换条件成立时执行下一步，在遇到 END 步时结束向下运行。

5. 结构化文本

结构化文本（ST）是一种高级的文本语言，可以用来描述功能、功能块和程序的行为，还可以在顺序功能图中描述步、动作和转变的行为。

ST 语言表面上与 PASCAL 语言很相似，但它是一个专门为工业控制应用开发的编程语言，具有很强的编程能力，与梯形图相比，它能实现复杂的算术计算，编写的程序简单紧凑。例如：

```
LD   START
O    LAMP
AN   STOP
=    LAMP
```

用 ST 表示就是：

```
LAMP:(START  OR  LAMP)AND  NOT  (STOP)
```

西门子的 S7-1200 PLC 还支持 SCL（Structured Control Language）结构控制性语言，SCL 符合定义于 DIN EN/IEC 61131-3 的高水平结构化文本的文本语言，它特别适合编写程序复杂的算法、数学函数、数据管理和过程优化，是一种类似于 Pascal 的高级编程语言。

如“IF THEN Inp：＝1；ELSE Inp：＝0；”所对应的梯形图如图 4-18 所示。

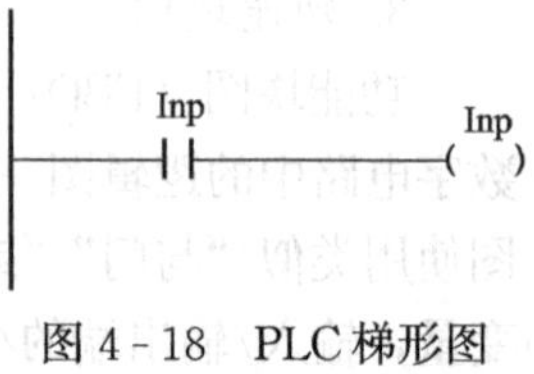

图 4-18 PLC 梯形图

4.5 PLC 的工作原理

可编程控制器是基于电子计算机的工业控制器，从 PLC 产生的背景来看，PLC 系统与继电器—接触器控制系统有着极深的渊源，因此，可以比照继电器—接触器控制系统来学习 PLC 的工作原理。

4.5.1 PLC 的等效电路

一个继电器—接触器控制系统必然包含三部分：输入部分、逻辑电路部分、输出部分。输入部分的组成元件大体上是各类按钮、转换开关、行程开关、接近开关、光电开关等；输出部分则是各种电磁阀线圈、接触器、信号指示灯等执行元件。将输入与输出联系起来的就是逻辑电路部分，一般由继电器、计数器、定时器等元件的触点、线圈按照要求的逻辑关系连接而成，能够根据一定的输入状态输出所要求的控制动作。

PLC 系统也同样包含这三部分，唯一的区别是，PLC 的逻辑电路部分用软件来实现，用户所编制的控制程序体现了特定的输入/输出逻辑关系。例如，如图 4-19 所示为一个典型的启动/停止控制电路，由继电器元件组成。电路中有两个输入，分别为启动按钮 SB1、停止按钮 SB2；一个输出为接触器 KM。图中的输入/输出逻辑关系由硬件连线实现。

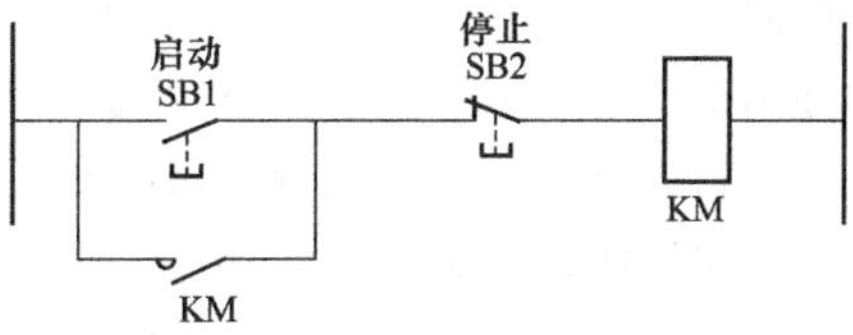

图 4-19 继电器启动/停止控制电路

当用 PLC 来完成这个控制任务时，可将输入条件接入 PLC，而用 PLC 的输出单元驱动接触器 KM，它们之间要满足的逻辑关系由程序实现。与图 4-19 等效的 PLC 控制器如图 4-20 所示。两个输入按钮信号经过 PLC 的接线端子进入输入接口电路，PLC 的输出经过输出接口、输出端子驱动接触器 KM；用户程序所采用的编程语言为梯形图语言。两个输入分别接入 I0.0 和 I0.1 端口，输出所用端口为 Q0.0，图 4-20中各画出 8 个输入端口和 8 个输出端口，实际使用时可任意选用。输入映象对应的 PLC 内部的数据存储器，而非实际的继电器线圈。

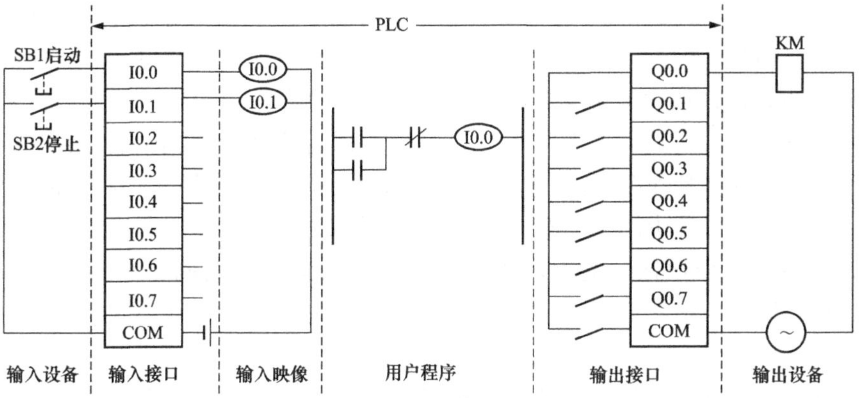

图 4-20 PLC 等效电路

图 4-20 中，I0.0～I0.7，Q0.0～Q0.7 分别表示输入、输出端口的地址，也对应着存储器空间中特定的存储位，这些位的状态（ON 或者 OFF）表示相应输入、输出端口状态。每一个输入、输出端口的地址是唯一固定的，PLC 的接线端子号与这些地址一一对应。由于所有的输入、输出状态都是由存储器位来表示的，它们并不是物理上实际存在的继电器线圈，所以常称它们为软元件，它们的动合、动断触点可以在程序中无限次使用。

4.5.2 PLC 的工作过程

PLC 是一种工业计算机，它的扫描工作过程大致分为三个基本阶段：输入采样阶段、程序执行阶段、输出刷新阶段，如图 4-21 所示。在整个运行期间，PLC 的 CPU 以一定的扫描速度重复执行上述 3 个阶段。

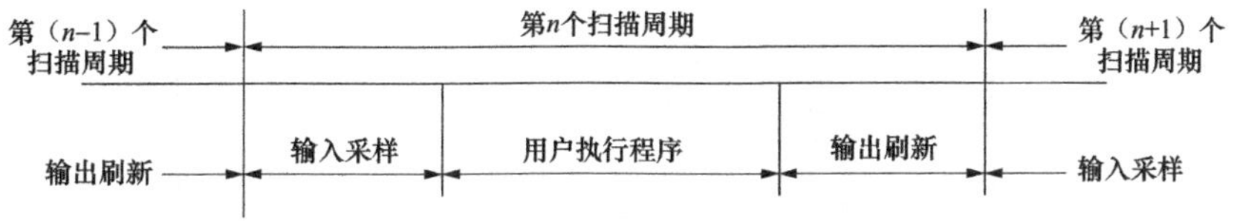

图 4-21 可编程控制器的工作过程

1. 输入采样阶段

在这个阶段，PLC 逐个扫描每个输入端口，将所有输入设备的当前状态保存到相应的存储区，把专用于存储输入设备状态的存储区称为输入映像寄存器。图 4-20 中以线圈形式标出的 I0.0、I0.1，实际上是输入映像寄存器的形象比喻。

输入映像寄存器的状态被刷新后，将一直保存，直至下一个循环才会被重新刷新，所以当输入采用阶段结束后，如果输入设备的状态发生变化，也只能在下一个周期才能被PLC接收。

2. 程序执行阶段

PLC将所有的输入状态采集完毕后，进入用户程序的执行阶段。所谓用户程序的执行，并非是系统将CPU的工作交由用户程序来管理，CPU所执行的指令仍然是系统程序中的指令。在系统程序的执行下，CPU从用户程序存储区逐条读取用户指令，经解释后执行相应动作，产生相应结果，输出到相应的输出映像寄存器，其间需要用到输入映像寄存器、输出映像寄存器的相应状态。

当CPU在系统程序的管理下扫描用户程序时，按照自上而下、先左后右的顺序依次读取梯形图中的指令。以图 4-20 中的用户程序为例，CPU首先读到的是动合触点 I0.0，然后在输入映像寄存器中找到 I0.0 的当前状态，接着从输出映像寄存器中得到 Q0.0 的当前状态，两者的当前状态进行“或”逻辑运算，结果暂存。CPU读到的下一条梯形图指令是 I0.1 的动断触点，同样从输入映像寄存器中得到 I0.1 的状态，将 I0.1 动断触点的当前状态与上一步的暂存结果进行逻辑“与”运算，最后根据运算结果得到输出线圈 Q0.0 的状态（ON或者OFF），并将其保存到输出映像寄存器中，也就是对输出映像寄存器进行刷新。

注意：程序执行过程中用到了 Q0.0 的状态，该状态是上一个周期执行的结果。

当用户程序被完全扫描一遍后，所有的输出映象都被依次刷新，系统进入下一个阶段——输出刷新阶段。

3. 输出刷新阶段

在这个阶段，系统程序将输出映像寄存器中的内容传送到输出锁存器中，经过输出接口、输出端子输出，驱动外部负载。输出锁存器一直将状态保持到下一个循环周期，而输出映像寄存器的状态在程序执行阶段是动态的。

用户程序执行过程中，集中输入与集中输出的工作方式是PLC的一个特点。

如图 4-22 为PLC控制器的整个工作过程。

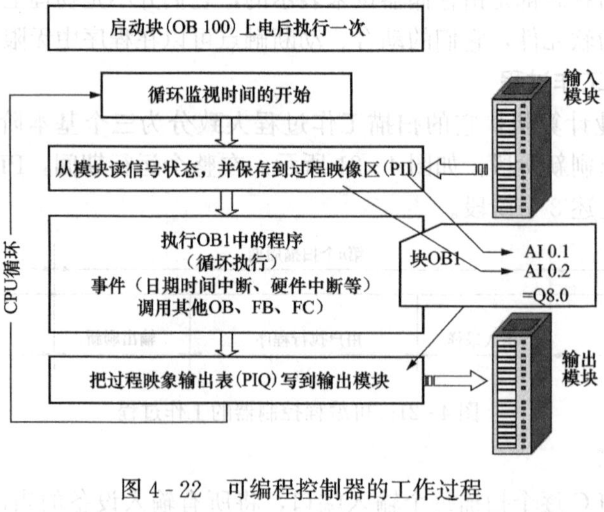

图 4-22　可编程控制器的工作过程

由以上 PLC 的工作过程可以看出，PLC 在执行用户程序的时候，是“不断循环运行”的。

图 4 - 20 控制电路的工作原理过程如图 4 - 23 所示。在采样期间，将所有输入信号一起读入，此后在整个程序处理过程中 PLC 系统与外界隔开，直至输出信号。外界信号的变化要到下一个工作周期才会在控制过程中有所反应。这从根本上提高了系统的抗干扰能力，提高了工作的可靠性。缺点是破坏了系统的实时性。

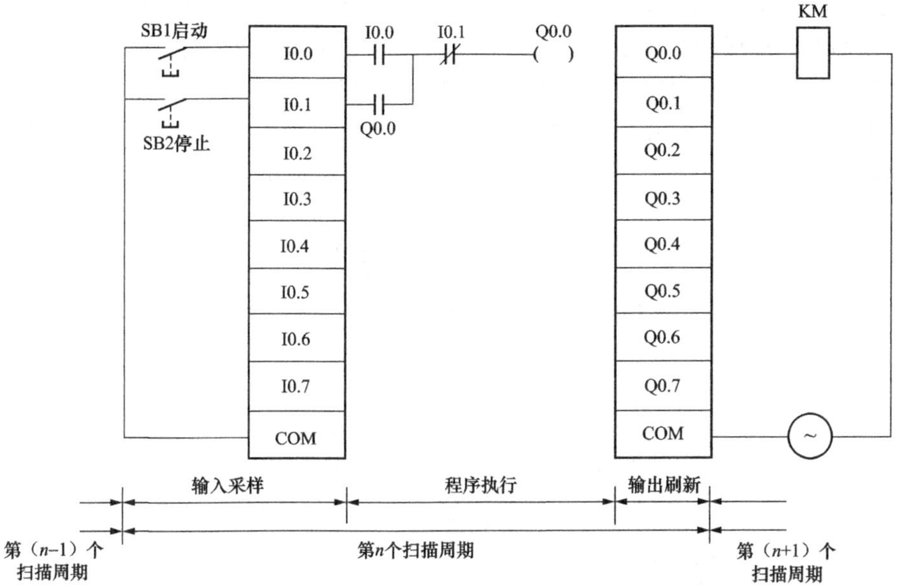

图 4 - 23　PLC 工作过程示意图

4.5.3　PLC 控制系统与继电器—接触器控制系统的区别

PLC 控制系统与继电器—接触器控制系统的比较。

(1) 控制方式。继电器—接触器控制系统是一种“硬件逻辑系统”。继电器—接触器控制系统采用的是并行工作方式。PLC 的工作原理是建立在计算机的工作原理基础上的，它是通过执行用户程序来实现控制。CPU 是以分时操作方式来处理各项任务的，所以程序的执行是按程序顺序依次完成相应的各存储器单元（软继电器）的写操作，它属于串行工作方式。

(2) 控制速度。继电器控制逻辑是依靠触点的机械动作来实现控制，工作频率低，触点的通断动作时间为毫秒级，机械触点有抖动现象；PLC 是由程序指令控制半导体电路来实现控制，速度快，触点的通断动作时间为微秒级，严格同步，无抖动现象。

(3) 定时控制。继电器接触器控制系统是靠时间继电器来实现延时控制。时间继电器定时精度不高，范围有限，效果受环境影响，调整时间困难。PLC 用半导体集成电路作定时器，时钟脉冲由晶体振荡器产生，精度高，调整时间只需要修改程序，定时方便，定时范围不受限制，且不受环境影响。

(4) 可靠性。传统的继电器接触器控制系统使用了大量的中间继电器、时间继电器等。由于接触点不良，容易出现故障，PLC 用软件代替大量的中间继电器和时间继电器，仅剩下与输入和输出有关的少量硬件。PLC 采用了硬件和软件抗干扰措施，可以直接应用于有强烈干扰的工业生产现场。

（5）维护性。传统的继电器接触器控制系统中电路复杂，一旦有故障发生，需要大量的工作寻找故障点。PLC 的故障率很低，且有完善的自诊断和显示功能，可以根据 PLC 的发光二极管或编程器提供的信息迅速查明故障原因，用更换模块的方法迅速排除故障。

如图 4-24（a）所示，按下按钮 SB2，接触器 KM 线圈得电吸合，其 KM 辅助触点闭合实现自锁。当按下 SB3 时，由于 SB3 的动断触点会先断开，动合触点会后闭合，则首先断开 KM 的自锁电路，然后 SB3 的动合触点闭合，KM 得电吸合。当断开 SB3 时，SB3 的动断触点会先断开，造成动合触点此时处于开路状态，KM 的自锁电路为断路，此时 KM 就失电。根据图 4-21（a）对应的 PLC 梯形图图 4-24（b），此时当按下 SB3 时，I0.2 为高电平，此时 Q0.0 为 1，当松开 SB3 时，I0.2 为低电平，Q0.0 为 1。则 SB3 无法实现改变 Q0.0 的输出，即 KM 的状态，这就是电气控制与 PLC 控制的差异性。

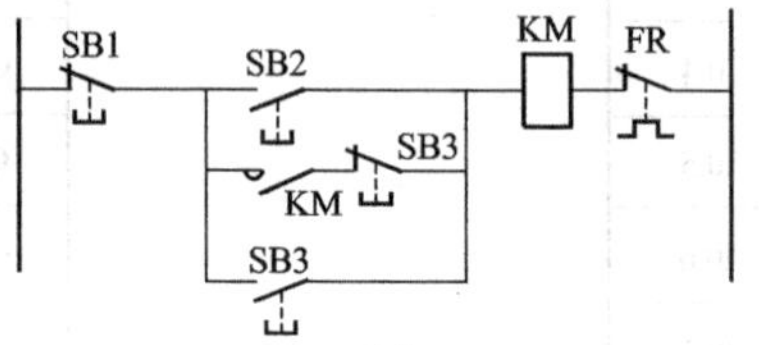

（a）

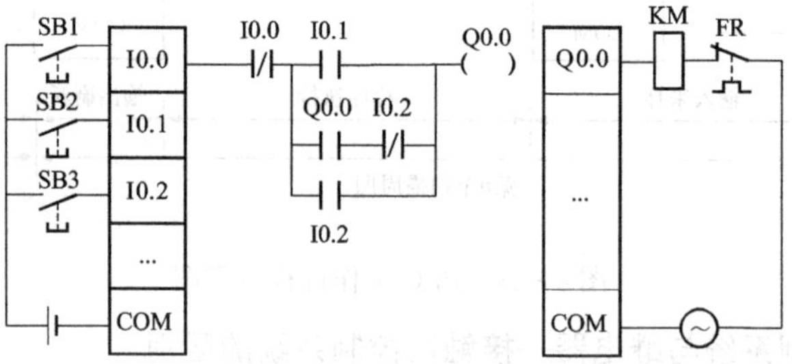

（b）

图 4-24　能点动又能连续运行的控制电路以及对应梯形图

（a）控制电路；（b）梯形图

根据上述过程的描述，可以对 PLC 工作过程的特点总结如下。

（1）PLC 采用集中采样、集中输出的工作方式，这种方式减少了外界干扰的影响。

（2）PLC 的工作过程是循环扫描的过程，循环扫描时间的长短取决于指令执行速度、用户程序的长度等因素。

（3）输出对输入的响应有滞后现象。PLC 采用集中采样、集中输出的工作方式，当采样阶段结束后，输入状态的变化将要等到下一个采样周期才能被接收，因此这个滞后时间的长短又主要取决于循环周期的长短。此外，影响滞后时间的因素还有输入电路滤波时间、输出电路的滞后时间等。

（4）输出映像寄存器的内容取决于用户程序扫描执行的结果。

（5）输出锁存器的内容由上一次输出刷新期间输出映像寄存器中的数据决定。

（6）PLC 当前实际的输出状态由输出锁存器决定。

除了上面总结的六条外，需要补充说明的是，当系统规模较大、I/O 点数众多、用户程序比较长，单纯采用上面的循环扫描工作方式会使系统的响应速度明显降低，甚至会丢失、错漏高频输入信号，因此，大多数大中型 PLC 在尽量提高程序指令执行速度的同时，也采取了一些其他措施来加快系统的响应速度。例如，采用定周期输入采样、输出刷新，直接输入采样、直接输出刷新，中断输入、输出，或者开发智能 I/O 模块，模块本身带有 CPU，可以与主机的 CPU 并行工作，分担一部分任务，从而加快整个系统的执行速度。

习题与思考题

1. 简述可编程控制器的产生及其发展过程。
2. 简述可编程控制器的特点。
3. 可编程控制器在结构上有哪两种形式？并说明它们的不同。
4. 简述 PLC 的基本组成，并从软、硬件两个角度说明 PLC 的高抗干扰性能。
5. PLC 的编程语言有哪几种？并说明它们的区别。
6. PLC 控制系统与继电器—接触器控制系统相比有哪些异同？
7. PLC 怎样执行用户程序？说明 PLC 在正常运行时的工作过程。
8. 如果数字量输入的脉冲宽度小于 PLC 循环周期，PLC 能否检测到该脉冲？为什么？
9. 影响 PLC 输出响应滞后的因素有哪些？你认为最重要的原因是哪一个？
10. 图 4-25 所示的梯形图说明了编程顺序对输出响应滞后时间的影响，如果在第一个扫描周期中，输入 I0.0 的状态为 ON，则 Q0.0，Q0.1，Q0.2 将分别在第几个周期内变为 ON 状态？如果要改善输出响应的滞后时间，应当怎样修改程序？

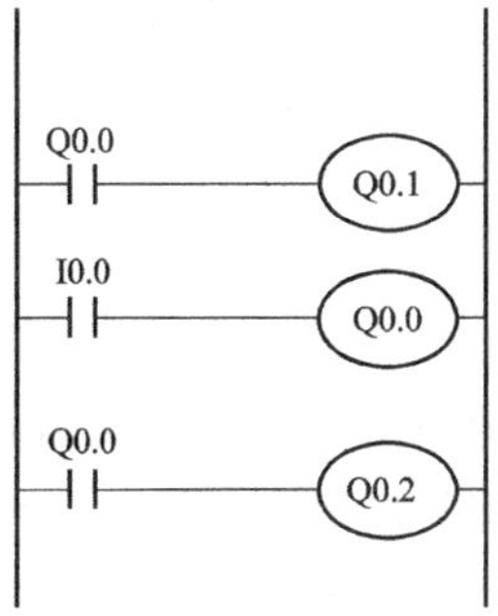

图 4-25　编程顺序对滞后的影响

第五章　S7-1200系统配置与开发环境

SIMATIC S7-1200 PLC是继SIMATIC S7-200 PLC之后西门子公司推出的一种新产品，主要面向简单而高精度的自动化任务。它集成了PROFINET接口，采用模块化设计并具备强大的工艺功能，适用于多种场合，满足不同的自动化需求。在基于STEP 7 Basic工程组态软件的平台下，SIMATIC S7-1200和SIMATIC HMI精简系列面板的完美集成为用户提供了全新整合的小型自动化解决方案。这些产品的完美整合及其所具有的创新特点，为小型自动化系统带来了前所未有的高效率。

SIMATIC S7-1200系列PLC可广泛应用于物料输送机械、输送控制、金属加工机械、包装机械、印刷机械、纺织机械、水处理厂、石油/天然气泵站、电梯和自动升降机设备、配电站、能源管理控制、锅炉控制、机组控制、泵控制、安全系统、火警系统、室内温度控制、暖通空调、灯光控制、安全/通路管理、农业灌溉系统、太阳能跟踪系统等独立离散自动化系统领域。

5.1　S7-1200 PLC概述

5.1.1　S7-1200 PLC在西门子PLC系列产品中的定位

目前，西门子公司的PLC系列型谱依次为SIMATIC S7-400、SIMATIC S7-300、SIMATIC S7-1200、SIMATIC S7-200、SIMATIC S7-1500及逻辑模块LOGO，如图5-1所示。

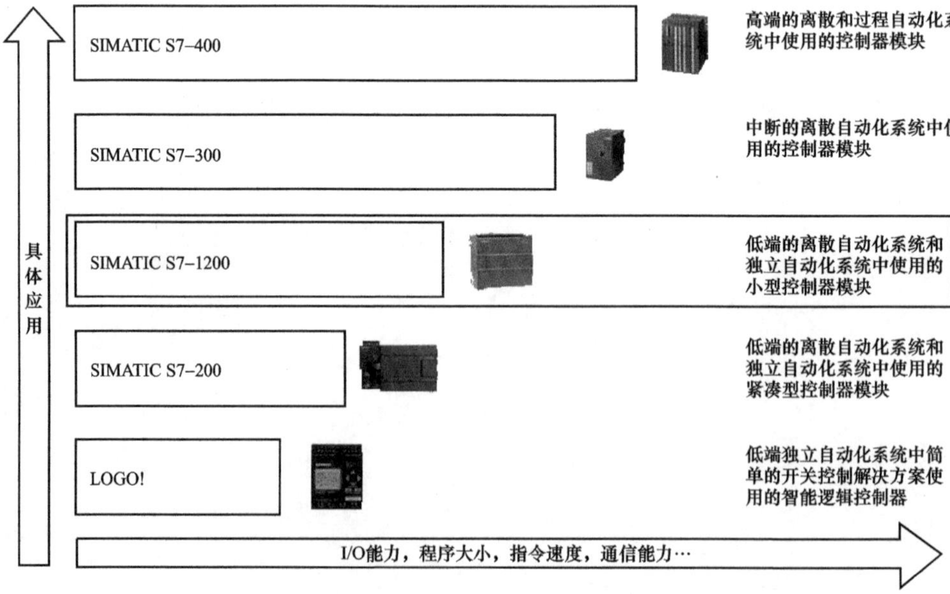

图5-1　S7-1200 PLC在西门子PLC系列产品中的定位

从应用角度看，SIMATIC S7 - 1200 系列 PLC 和 SIMATIC S7 - 200 系列 PLC 同属小型自动化系统应用领域范畴。从性能特点看，SIMATIC S7 - 1200 系列 PLC 吸纳了 SIMATIC S7 - 300 系列 PLC 和 SIMATIC S7 - 200 系列 PLC 的一些特点，并融合了 SIMATIC HMI 精简系列面板技术，SIMATIC S7 - 1200 系列 PLC、人机界面和工程组态软件无缝整合和协调，以满足小型独立离散自动化系统对结构紧凑，能处理复杂自动化任务的需求。

5.1.2 SIMATIC S7 - 1200 PLC 的主要特点

1. S7 - 1200 PLC 工程组态系统

（1）S7 - 1200 PLC。SIMATIC S7 - 1200 PLC 具有模块化、结构紧凑、功能全面等特点，适用于多种应用领域，能够保障现有投资的长期安全。控制器具有可扩展的灵活设计，拥有符合工业通信最高标准的通信接口及全面的集成工艺功能，可以作为一个组件集成在完整的综合自动化解决方案中。

SIMATIC S7 - 1200 PLC 系统采用 SIMATIC STEP 7 Basic Totally Integrated Automation Portal V13（简称 SIMATIC STEP 7 Basic V13 或 TIA Portal V13）工程组态软件进行组态和编程。SIMATIC STEP 7 Basic V13 工程组态软件是一个统一的工程组态系统，具有公共数据管理，处理程序、组态数据和可视化数据，可使用拖放操作编辑，将数据加载到设备和操作，支持图形组态和诊断等。

（2）SIMATIC HMI 系列面板。SIMATIC HMI 精简系列面板专注于简单应用，可以满足不同用户特殊的可视化需求，为实现创新的自动化解决方案提供了一种经济可行的选择。SIMATIC HMI 精简系列面板拥有高对比度的图形显示屏（包括触摸屏和按键屏），其简便组网和无缝通信的特点使其成为适用于 SIMATIC S7 - 1200 PLC 的理想面板。

SIMATIC STEP 7 Basic V13 中包含了可视化视窗中心 SIMATIC WInCC Basic V13，从而实现过程可视化，也就是说，可以使用 TIA Portal 在同一个工程组态系统中组态 SIMATIC S7 - 1200 PLC 和 SIMATIC HMI 精简系列面板（SIMATIC HMI Basic Panel），统一编程、统一配置硬件和网络、统一管理项目数据，以及对已组态系统测试、试运行和维护等，并且所有项目数据均存储在一个公共的项目文件中，修改后的应用程序数据（如变量）会在整个项目内（甚至跨越多台设备）自动更新。TIA Portal V13 中包含用于 S7 - 1200 PLC 系统编程（STEP 7 Basic V 10.5）和过程可视化（WInCC Basic V13）的组件不是相互独立的，而是可以相互统一访问公共数据库及其编辑器，可以使用一个适合项目中所有任务的公共用户界面来访问所有的编程和可视化功能。

TIA Portal V13 最基本的应用是利用 SIMATIC S7 - 1200 系列 PLC 通过用户程序来控制机器，并使用 SIMATIC HMI 设备操作和监视过程，如图 5 - 2 所示。

2. 用户环境

SIMATIC STEP 7 Basic 通过两种不同的视图（Portal 视图和项目视图）构成了用户环境。Portal 视图是面向任务的工具箱视图。项目视图是由项目中所有组件组成的面向对象的结构化视图，其中包含了各种编辑器，可以用来创建和编辑相应的项目组件。操作时，可以随时使用用户界面左下角的链接通过鼠标单击切换 Portal 视图和项目视图。在组态期间，视图也会根据正在执行的任务类型自动切换。在 Portal 视图中，可以概览某个自动化项目中的所有任务，可以借助于面向任务的编辑器进行工程组态。在项目视图中，整个项目按层级结构显示在项目树中，可以快速直观地调用所有的编辑器、参数和项目数据，以便进行面向对象的工程组态。保存项目时，无论打开哪个视图或编辑器，始终会保存整个项目，这样，可以快速高效地完成工程组态任务。

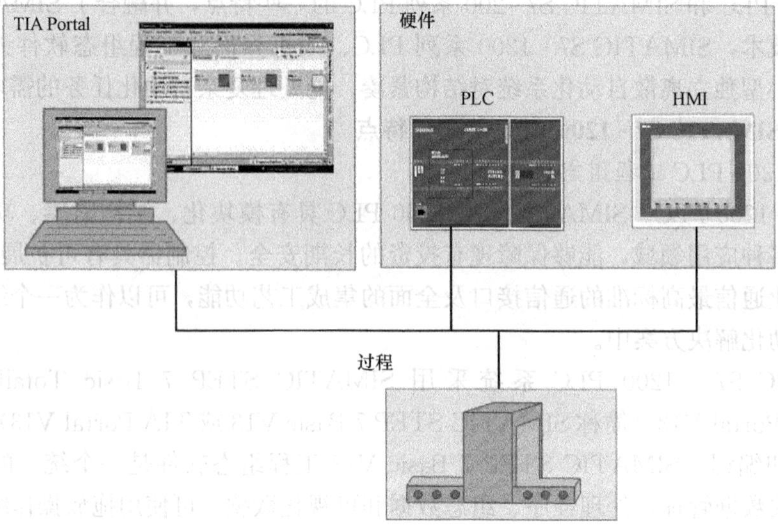

图 5-2 TIA Portal V13 典型应用示意图

3. 可视化

SIMATIC S7-1200 系列 PLC 的 PROFINET 接口与 SIMATIC HMI 精简系列面板通过集成的 PROFINET 接口进行物理连接，两者间的通信连接可以集中定义。在同一个项目中组态和编程，人机界面可以直接使用 S7-1200 系列 PLC 的变量。变量的交叉引用确保了项目各个部分及各种设备中变量的一致性，可以统一在 PLC 变量表中查看或更新。从应用方面看，SIMATIC HMI 精简系列面板处于现场操作和控制的核心位置，根据需要可完成控制系统上层的现场操作和管理，并可上传控制数据。

4. 集成 PROFINET 接口

SIMATIC S7-1200 系列 PLC 的一个显著特点是在 CPU 模块上集成一个工业以太网 PROFINET 接口，PROFINET 的物理接口支持 10/100MB/s 的 RJ45 端口，数据传输速率 10/100Mbit/s。使得编程过程、调试过程、可编程控制器和人机界面的操作、运行均可采用工业以太网技术通信。

集成 PROFINET 接口支持以太网和基于 TCP/IP 的通信标准，支持 S7 通信的服务器（Sever）端通信，支持 TCP/IP native、ISO-on-TCP 和 S7 通信协议，支持电缆交叉自适应。因此，标准的或是自动交叉网线（Auto-Oross-Over）的以太网都可以用这个接口。使用这个通信接口可实现 S7-1200 CPU 与编程设备的通信，与 SIMATIC HMI 精简系列面板的通信，以及与其他 S7-1200 CPU 之间的通信。支持与第三方设备通信，支持最多 15 个以太网节点连接，包括：①3 个连接用于 SIMATIC HMI 精简系列面板与 S7-1200 CPU 的通信；②1 个连接用于编程设备（PG）与 S7-1200 CPU 的通信；③8 个连接用于 Open IE（TCP，ISO on TCP）的编程通信，使用 T-block 指令来实现；④3 个连接用于 S7 通信的服务器端连接，可以实现与 S7-200、S7-300 及 S7-400 的以太网 S7 通信。

S7-1200 CPU 可以同时支持以上 15 个通信连接，这些连接数是固定不变的，不能进行自定义。

5. 嵌入CPU模块本体的信号板

SIMATIC S7-1200系列PLC的另一个显著特点是在CPU模块上嵌入一个信号板(SB)，这也是S7-1200系列PLC的一大创新。信号板嵌入在CPU模块的前端，可在不增加CPU模块占用空间的前提下扩展CPU的控制能力。信号板嵌入在CPU模块的前端，具有两个数字量输入/输出接口或者一个模拟量输出。

6. 存储器

SIMATIC S7-1200 CPU内置50KB工作存储器、1～2MB装载存储器和2KB保持性存储器，用户程序和用户数据的存储空间可变（不固定）。另外，还有可选的SIMATIC存储卡，SIMATIC存储卡可作为外部装载存储器，也可作为程序卡，以便将程序传输至多个CPU，还可以用来存储各种项目文件或更新SIMATIC S7-1200系列PLC系统的固件。SIMATIC S7-1200 CPU将保留的数据自动存储在内部装载存储器中，最多可建立2048字节的保持存储区。SIMATIC S7-1200系列PLC的可选存储卡有2MB和24MB两种，可用于存储用户程序和数据、系统数据、文件和项目。

7. 高速输入/输出

SIMATIC S7-1200系列PLC集成6个高速计数器（3个100kHZ，3个30kHZ)、两个脉宽调制输出（PWM）和两个脉冲串输出（PTO)，输出脉冲序列最高频率为100kHZ。高速计数器可用于精确监视增量编码器、频率计数或对过程事件进行高速计数和测量。高速脉冲输出可用作脉冲串输出（PTO）或脉宽调制输出（PWM)。当组态成PTO时，将输出最高频率为100kHZ的50%占空比高速脉冲，可用于步进电机或伺服驱动器的开环速度控制和定位控制。当组态成PWM输出时，将生成一个具有可变占空比的固定周期输出，可用于控制电动机速度、阀位置或加热元件的占空比。功能组态十分简单，通过一个轴工艺对象和通用的PLC open运行功能块即可实现。它支持绝对、相对运动和在线改变速度的运动控制，支持找原点和爬坡控制。

8. PID功能

SIMATIC S7-1200系列PLC集成了16个PID控制回路，并且是支持自适应的快速功能块，支持PID自动调节功能，可以自动计算最佳的调整增益值、积分时间和微分时间，具有图形显示结果和错误报警显示。这些控制回路可以通过一个PID控制器工艺对象和SIMATIC STEP 7 Basic中的编辑器进行组态。SIMATIC STEP 7 Basic中包含的PID调试和观测控制面板，简化了控制回路的调节过程，在不熟悉PID参数如何调整的情况下，也可把工艺参数控制到所需标准。对于单个控制回路，它除提供了自动调节和手动控制方式外，还提供了调节过程的图形化趋势图。

9. 库功能

通过库功能可以在同一项目和其他已有项目中调用或移植使用项目的组成部分，如硬件配置、变量及程序等。设备和定义的功能可以重复使用，可以将已有项目移植在库中，以便重复使用。代码块、PLC变量、PLC变量表、中断、HMI画面、单个模块或完整站等元素可存储在本地库和全局库中。通过全局库可轻松实现项目之间的数据交换。

5.1.3 SIMATIC S7-1200 PLC的系统结构

SIMATIC S7-1200系列PLC系统主要由S7-1200可编程序控制器、精简系列面板

HMI和SIMATIC STEP 7 Basic工程组态软件组成，如图5-3所示。S7-1200 CPU可以使用TCP/IP通信协议与其他S7-1200 CPU、STEP 7 Basic编程设备、HMI设备和非西门子设备通信。使用PROFINET通信可以采用直接连线或网络通信连接两种方法，在连接单个CPU的编程设备、HMI设备或另一个CPU时采用直接通信，在连接两个以上的设备（如CPU、HMI、编程设备和非西门子设备）时采用网络通信连接。含有两个以上CPU或HMI设备的网络需要紧凑型以太网交换机（CSM 1277）。CSM 1277是一个4端口非托管交换机，可用于连接CPU模块和HMI设备。

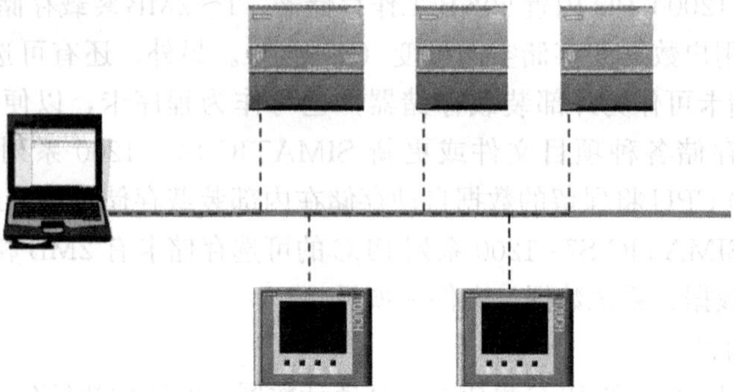

图5-3 SIMATIC S7-1200系列PLC系统的基本结构

S7-1200 PLC主要由CPU模块（CPU 1211C、CPU 1212C和CPU 1214C三种型号）、通信模块（CM）、信号模块（SM）、信号板（SB）及各种附件组成，如图5-4所示。通过S7-1200 PLC集成的PROFINET接口可直接与编程器PG、精简系列面板HMI或其他第三方设备相连，还可使用RS-485或RS-232通信模块进行点对点通信。SIMATIC S7-1200 PLC的基本数据见附录1，SIMATIC S7-1200 PLC的订货数据见附录2。

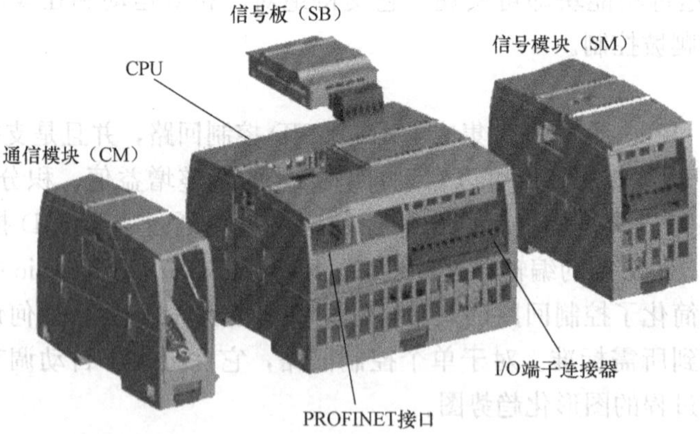

图5-4 SIMATIC S7-1200 PLC系统结构

5.2 S7-1200 PLC的硬件系统

S7-1200系列PLC有着高度的灵活性，用户可以根据自身需求确定PLC的结构，在本节中将对S7-1200的硬件基础进行介绍。

5.2.1 S7-1200 CPU模块

S7-1200现在有5种型号的CPU模块，以常见的CPU 1211C、CPU 1212C、CPU 1214C及CPU 1215C型为例，其技术特性见表5-1。

表5-1 S7-1200 CPU技术特性

特性	CPU 1211C	CPU 1212C	CPU 1214C	CPU 1215C
本机数字量I/O点数 本机模拟量输入点数	6点输入/4点输出 2路输入	8点输入/6点输出 2路输入	14点输入/10点输出 2路输入	14点输入/10点输出 2路输入/2路输出
脉冲捕获输入点数	6	8	14	14
扩展模块个数	—	2	8	8
上升沿/下降沿中断点数	6/6	8/8	12/12	12/12
集成/可扩展的工作存储器 集成/可扩展的装载存储器	25KB/不可扩展 1MB/24MB	25KB/不可扩展 1MB/24MB	50KB/不可扩展 2MB/24MB	100KB/不可扩展 4MB/24MB
高速计数器点数/最高频率	3点/100kHz —	3点/100kHz 1点/30kHz	3点/100kHz 3点/30kHz	3点/100kHz 3点/30kHz
高速脉冲输出点数/最高频率	2点/100kHz（DC/DC/DC型）			
操作员监控功能	无	有	有	有
传感器电源输出电源/mA	300	300	400	400
外形尺寸/(mm×mm×mm)	90×100×75	90×100×75	110×100×75	130×100×75

1. CPU的共性

（1）集成的24V传感器/负载电源可供传感器和编码器使用，也可以用作输入回路的电源。

（2）2点集成的模拟量输入0～10V，输入电阻100kΩ，10位分辨率。

（3）2点脉冲列输出（PTO）或脉宽调制（PWM）输出，最高频率100kHz。

（4）每条位运算、字运算和浮点数数学运算指令的执行时间分别为0.1μs，12μs和18μs。

（5）最多可以设置2048B有掉电保持功能的数据区（包括存储器、功能块的局部变量和全局数据块的变量）。通过可选的SIMATIC存储卡，可以方便地将程序传输到其他CPU。存储卡还可以用来存储各种文件或更新PLC系统的固件。

（6）过程映象输入、输出各1024B。

数字量输入电路的电压额定值为DC 24V，输入电流为4mA。1状态允许的最小电压/电流为DC 15V/2.5mA，0状态允许的最大电压/电流为DC 5V/1mA。可组态输入延迟时间（0.2～12.8ms）和脉冲捕获功能。在过程输入信号的上升沿或下降沿可以产生快速响应的中断输入。

继电器输出的电压范围为DC 5～30V或AC 5～250V，最大电流为2A，白炽灯负载为DC 30W或AC 200W。DC/DC型MOSF.ET的1状态最小输出电压为DC 20V，输出电流为0.5A。0状态最大输出电压为DC 0.1V，最大白炽灯负载为5W。

（7）可以扩展3块通信模块和一块信号板，CPU可以用信号板扩展一路模拟量输出或高速数字量输入/输出。

（8）时间延迟与循环中断，分辨率为1ms。

（9）实时时钟的缓存时间典型值为10天，最小值为6天，25℃时的最大误差为60s/月。

（10）带隔离的PROFINET以太网接口，可使用TCP/IP和IOS-on-TCP两种协议，支持S7通信，可以作服务器和客户机，传输速率为10Mbit/s、100Mbit/s，可建立最多16个连接。自动检测传输速率，RJ-45连接器有自协商和自动交叉网线（Auto Cross Over）功能。后者是指用一条直通网线或者交叉网线都可以连接CPU和其他以太网设备或交换机。

（11）用梯形图和功能块图这两种编程语言。

（12）可选的SIMATIC存储卡扩展存储器的容量和更新PLC的固件。还可以用存储卡来方便地将程序传输到其他CPU。

（13）参数自整定的PID控制器。

（14）仿真器（小开关板）为数字量输入点提供输入信号来测试用户程序。

2. CPU的技术规范

S7-1200的3种CPU有着不同电源电压和输入、输出电压版本，详情见表5-2。

表5-2 S7-1200 CPU版本

版　本	电源电压	DI输入电压	DO输出电压	DO输出电流
DC/DC/DC	DC 24V	DC 24V	DC 24V	0.5A，MOSFET
DC/DC/Relay	DC 24V	DC 24V	AC 5～30V，DC 5～250V	2A，DC 30W/AC 200W
AC/DC/Relay	AC 85～264V	DC 24V	DC 5～30V，DC 5～250V	2A，DC 30W/AC 200W

图5-5是CPU 1214C AC/DC/Relay（继电器）型的外部接线图。输入回路一般使用CPU内置的DC 24V电源，此时需要除去图中的外部DC电源，将输入回路的1M端子与24V电源的M端子连接起来，将24V电源的L（+）端子接到外接触点的公共端。

CPU 1214C DC/DC/Relay型的外部接线图与图5-5最主要的区别在于前者的电源电压为DC 24V，如图5-6所示。

CPU 1214C DC/DC/DC的外部接线图如图5-7所示，其电源电压、输入回路电压和输出回路电压均为DC 24V。输入回路也可以使用内置的DC 24V。

3. CPU集成的工艺功能

S7-1200集成了高速计数与频率测量、高速脉冲输出、PWM控制、运动控制和PID控制功能。

（1）高速计数器。S7-1200的CPU最多有6个高速计数器，用于对来自自增式编码器和其他设备的频率信号计数，或对过程事件进行高速计数。3点集成的高速计数器的最高频率为100kHz（单相）或80kHz（互差90°的AB相信号），其余各点的最高频率为30kHz（单相）或20kHz（互差90°的AB相信号）。

（2）高速输出。S7-1200提供最高频率为100kHz的50%占空比的高速脉冲输出，可以对步进电机或伺服驱动器进行开环速度控制和定位控制，通过两个高速计数器对高速脉冲输出进行内部反馈。

组态为PWM输出时，将生成一个具有可变占空比、周期固定的输出信号，经滤波后，得到与占空比成正比的模拟量，可以用来控制电动机速度和阀门位置等。

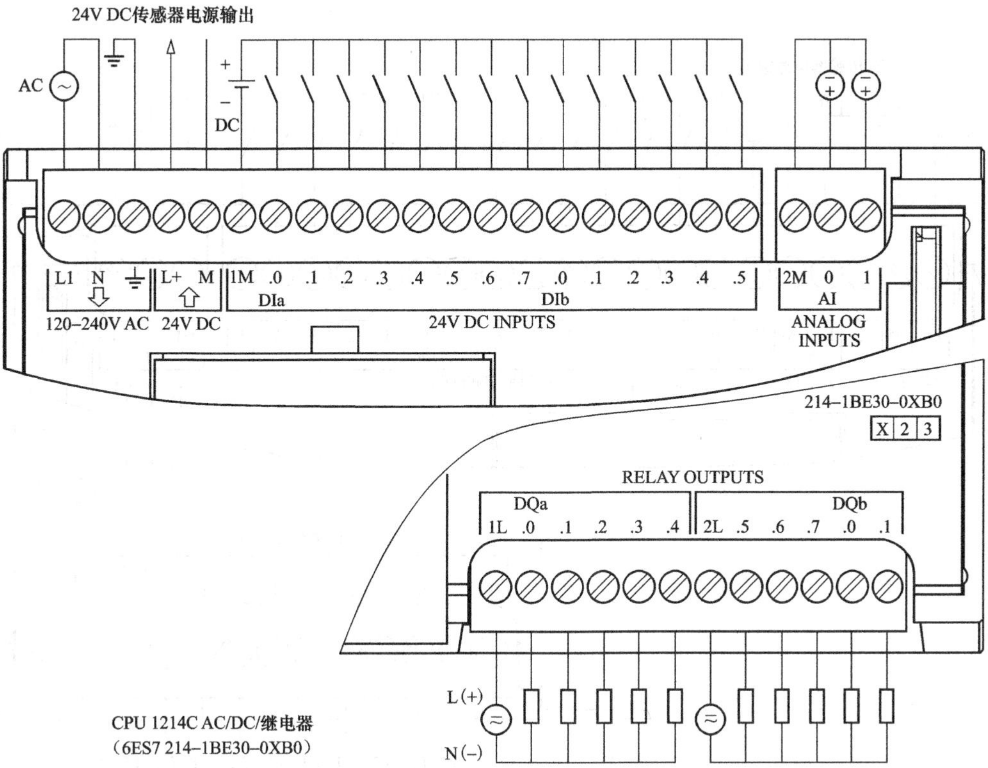

图 5 - 5　CPU 1214 AC/DC/Relay 外部接线图

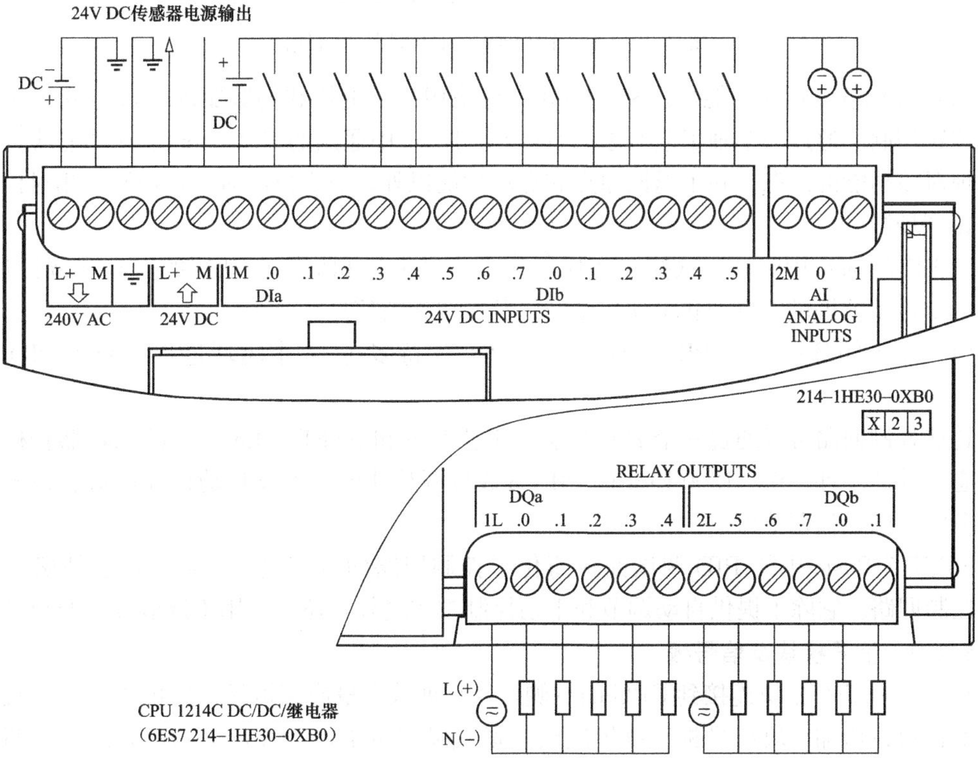

图 5 - 6　CPU 1214 DC/DC/Relay 外部接线图

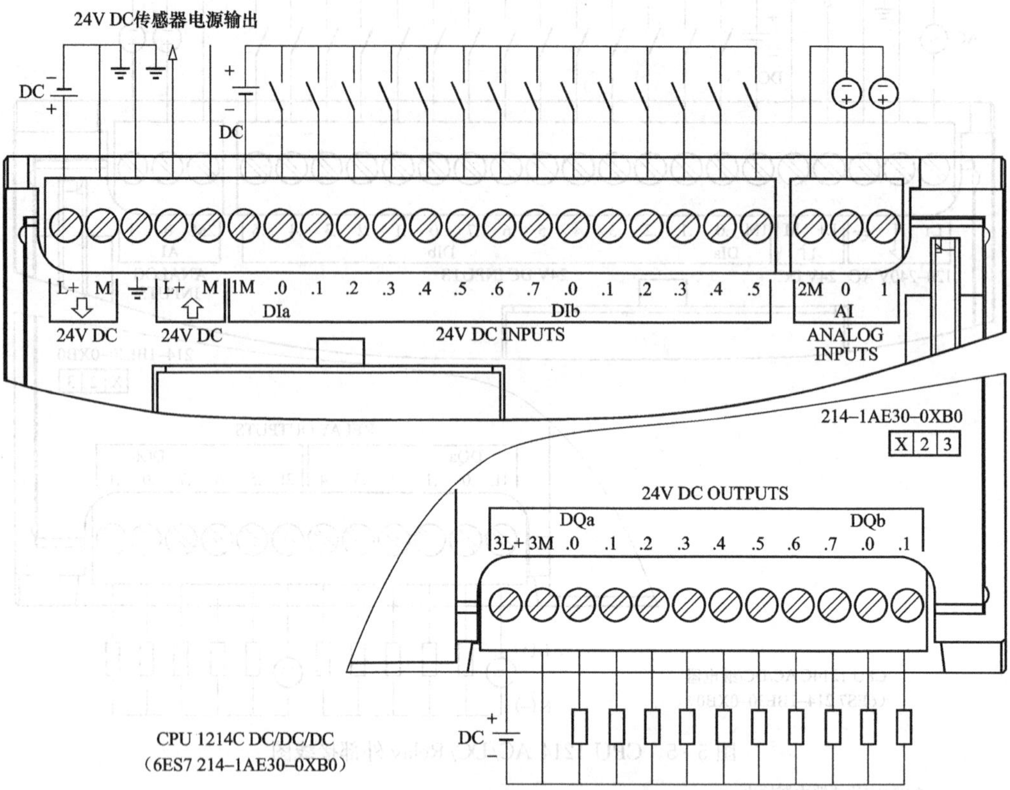

图 5-7 CPU 1214 DC/DC/DC 外部接线图

（3）PLCopen 运动功能块。S7-1200 支持使用步进电机和伺服驱动器进行开环速度控制和位置控制。通过一个轴工艺对象和 STEP 7 Basic 中通用的 PLCopen 运动功能块，就可以实现对该功能的组态。除了返回原点和点动功能以外，还支持绝对位置控制、相对位置控制和速度控制。

STEP 7 Basic 中驱动调试控制面板简化了步进电机和伺服驱动器的启动和调试过程。它为单个运动轴提供了自动和手动控制，以及在线诊断信息。

（4）用于闭环控制的 PID 功能。S7-1200 支持多达 16 个闭环过程控制的 PID 控制回路。

这些控制回路可以通过一个 PID 控制器工艺对象和 STEP 7 Basic 中的编辑器轻松地进行组态。除此之外，S7-1200 还支持 PID 参数自调整功能，可以自动计算增益、积分时间和微分时间的最佳调节值。

STEP 7 Basic 中的 PID 调试面板简化了控制回路的调节过程，可以快速精确地调节 PID 控制回路。它除了提供自动调节和手动控制方式之外，还提供用于调节过程的趋势图。

5.2.2 信号模块及信号板

S7-1200 信号模块连接到 CPU 的右侧，以扩展数字量或模拟量 I/O 的点数，并且每一个正面都可以增加一块信号板，以扩展数字量或模拟量 I/O。CPU 1211C 只能连接两个信号模块，CPU 1214C 可以连接 8 个信号模块。

S7－1200 所有的模块都具有内置的安装夹，能方便地安装在一个标准的 35mm DIN 导轨上。S7－1200 的硬件可以竖直安装或者水平安装。所有的 S7－1200 硬件都配备了可拆卸的端子板，不用重新接线，就能迅速地更换组件。

1. 信号板

信号板可以用于只需少量附加 I/O 的情况。所有的 S7－1200 CPU 模块都可以安装一块信号板，并且不会增加安装的空间。在某些情况下使用信号板，可以提高控制系统的性价比。只需要添加一块信号板，就可以根据需要增加 CPU 的数字量或模拟量 I/O 点。

安装时将信号板直接插入 S7－1200 CPU 正面的槽内即可。信号板有可拆卸的端子，因此可以很容易的更换信号板。

常见的信号板有两种如下。

（1）SB 1223 数字量输入/输出信号板如图 5－8 所示。它的两点 DC 24V 输入有上升沿、下降沿中断脉冲捕获功能。输入参数与 CPU 集成的输入点基本相同。当用作高速计数器的时钟输入时，最高输入频率为 30kHz。

两个 DC 24V MOSFET 输出点的最大输出电流为 0.5A，最大白炽灯负载为 DC 5W，可以输出最高 20kHz 的脉冲列。

（2）SB 1232 模拟量输出信号板如图 5－9 所示。能够输出分辨率为 12 位的－10～10V 电压信号，负载阻抗大于等于 1000Ω；或输出分辨率为 11 位的 0～20mA 电流信号，负载阻抗≤600Ω，不需要附加的放大器。25℃满量程的最大误差为±0.5%，0～55℃满量程的最大误差为±1%。有超上限/超下限、电压模式对地短路和电流模式断线的诊断功能。

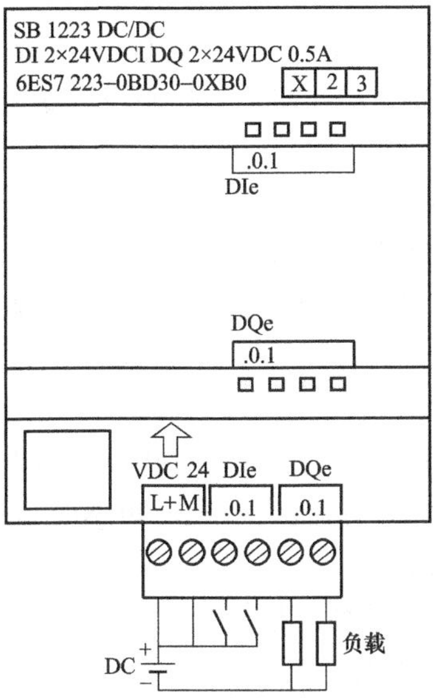

图 5－8 2DI/2DO 信号板

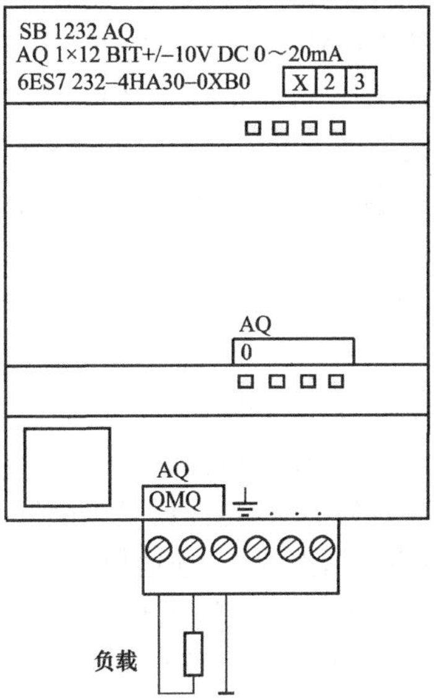

图 5－9 SB 1232 模拟量输出信号板

S7－1200 后来又增加了 3 种高速数字量输入和 3 种高速数字量输出信号板，工作频率为 200kHz，其端子接线图见附录 3。

2. 数字量 I/O 模块

数字量输入/输出（DI/DO）模块和模拟量输入/输出（AI/AO）模块统称为信号模

块。可以选用8点、16点和32点的数字量输入/输出模块（见附录4），来满足不同的控制需要。

3. PLC对模拟量的处理

在工业控制中，某些输入量（如压力、温度、流量、转速等）是模拟量，某些执行机构（如点动调节阀和变频器等）要求PLC输出模拟量信号，PLC的CPU只能处理数字量。首先，模拟量被传感器和变送器转换为标准量程的电流或电压，如4～20mA，1～5V，0～10V，然后PLC用模拟量输入模块的A/D转换器将它们转换成数字量，带正负号的电流或电压在A/D转换后用二进制补码来表示。

模拟量输出模块的D/A转换器将PLC中的数字量转换成模拟量电压或电流，再去控制执行机构。模拟量I/O模块的主要任务就是实现A/D转换（模拟量输入）和D/A转换（模拟量输出）。

A/D转换器和D/A转换器的二进制的位数反映了它们的分辨率，位数越多，分辨率越高。此外模拟量输入/输出模块的另一个重要指标是转换时间。

4. 模拟量模块

S7-1200有5种模拟量模块（见附录4），此外还有后来热电阻模块和热电偶模块。

（1）4通道模拟量输入模块SM 1231 AI 4×13bit

该模块的模拟量输入可选±10V、±5V、±2.5V电压，或0～20mA电流。分辨率为12位加上符号位，电压输入的输入电阻大于或等于9MΩ，电流输入的输入电阻为250Ω，模块中有中断和诊断功能，可监视电源电压和断线故障。所有通道的最大循环时间为625μs。

额定范围的电压转换后对应的数字为－27648～27648。25℃或0～55℃满量程的最大误差为±0.1%或±0.2%。可按弱、中、强3个级别对模拟量信号做平滑（滤波）处理，也可以选择不做平滑处理。模拟量模块的电源电压均为DC 24V。

（2）2通道模拟量输出模块SM 1232 AO 2×14bit

该模块的输入电压为－10～＋10V时，分辨率为14位，最小负载阻抗为10000Ω。输出电流为0～20mA时，分辨率为13位，最大负载阻抗600Ω有中断和诊断功能，可监视电源电压、短路和断线故障。数字－27648～27648被转换为－10～＋10V的电压，数字0～27648被转换为0～20mA的电流。

电压输出负载为电阻时转换时间为300μs，负载为1μF电容时转换时间为750μs。

电流输出负载为1mH电感时转换时间为600μs，负载为10mH电感时为2ms。

（3）4通道模拟量输入/2通道模拟量输出模块

模块SM 1234的模拟量输入和模拟量输出通道的性能指标分别为SM 1231 AI 4×13bit和SM 1232 AO 2×14bit的相同，相当于这两种模块的组合。

5. 模拟量转换关系

模拟量输入/输出模块中模拟量对应的数字称为模拟值，模拟值用16位二进制补码（整数）表示。最高位（第16位）为符号位，正数的符号位为0，负数的符号位为1。

SIMATIC S7-1200 PLC数字化模拟量的表示方法示例见表5-3所示，模拟量输入/输出的表示方法见附录5～附录8。

表 5-3　数字化模拟值的表示方法示例

分辨率	模拟值															
位	15	14	13	12	11	10	9	8	7	6	5	4	3	2	1	0
位值	2^{15}	2^{14}	2^{13}	2^{12}	2^{11}	2^{10}	2^{9}	2^{8}	2^{7}	2^{6}	2^{5}	2^{4}	2^{3}	2^{2}	2^{1}	2^{0}
16 位	0	1	0	0	0	1	1	0	0	1	0	1	1	1	1	1
12 位	0	1	0	0	0	1	1	0	0	1	0	1	1	0	0	0

表 5-3 中，当转换精度小于 16 位时，相应的位左侧对齐，最小变化位为 16=该模板分辨率，未使用的最低位补“0”。如表 5-3 中 12 位分辨率的模板是从 16−12=4，即低字节的第 4 位 bit3 开始变化，为其最小变化单位 $2^3=8$，bit0～bit2 补“0”，则 12 位模板 A/D 模拟量转换的转换精度为 $2^3/2^{15}=1/4096$。在实际应用中，输入的模拟量信号会有波动、噪声和干扰，内部模拟电话也会产生噪声、漂移，这些都会对转换的最后精度造成影响，造成转换误差。为消除转换误差，根据模块的种类和测量类型不同，有 2.5ms、16.6ms、20ms 和 100ms 四挡积分时间可选，对应的每一种积分时间有一个最佳噪声抑制频率 f_0，分别为 400Hz、60Hz、50Hz 和 10Hz。如积分时间设为 20ms，则它的转换分辨率为 12 位，此时对 50Hz 的噪声干扰有很强的抑制作用。

这种处理方法的优点在于模拟量的量程与移位处理后的数字的关系是固定的，与左对齐之前的转换值无关，便于后续的处理。

根据模拟量输入模块的输出值计算对应的物理量时，应考虑变送器的输入/输出量程和模拟量输入模块的量程，找出被测物理量与 A/D 转换后的数字之间的比例关系。

【例 5-1】 压力变送器的量程为 0～10MPa，输出信号为 0～10V，模拟量输入模块的量程为 0～10V，转换后的数字量为 0～27648。

解： 设转换后得到的数字为 N，试求以 kPa 为单位的压力值。

0～10MPa 的模拟量对应于数字量 0～27648，转换公式为

$$P = 10000 \times N/27648(\text{kPa})$$

注意：在运算时一定要先乘后除，否则会损失原始数据的精度。

【例 5-2】 某温度变送器的量程为−1000～5000℃，输出信号为 4～20mA，某模拟量输入模块将 0～20mA 的电流信号转换后，得到数字 0～27648，如图 5-10 所示。

解： 设转换后得到的数字为 N，求以 0.1℃ 为单位的温度值。

单位为 0.1℃ 的温度值 −1000～5000 对应于数字量 5530～27648，转换公式为

$$\frac{T-(-1000)}{N-5530} = \frac{5000-(-1000)}{27648-5530}$$

$$T = \frac{6000 \times (N-5530)}{22118} - 1000(0.1℃)$$

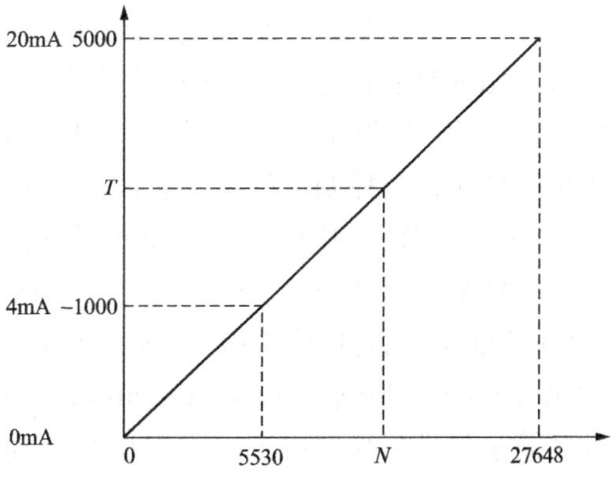

图 5-10　某温度变送器数值转换图

5.2.3 集成通信接口和通信模块

1. 集成的 PROFINET 接口

实时工业以太网是现场总线发展的趋势，PROFINET 是基于工业以太网的现场总线（IEC 61158 现场总线标准的类型 10），是开放式的工业以太网标准，它使工业以太网的应用扩展到了控制网络最底层的现场设备。

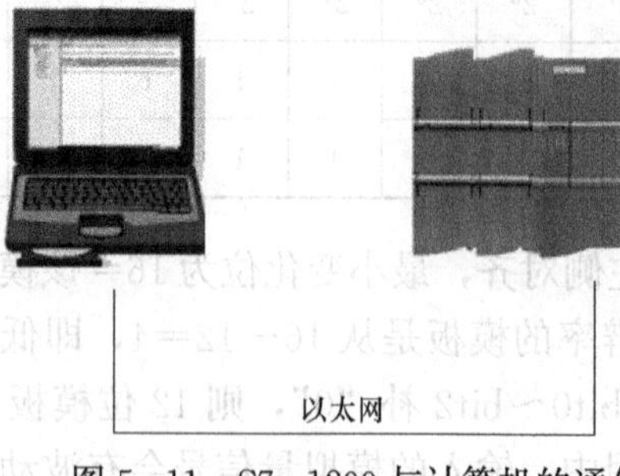

图 5-11 S7-1200 与计算机的通信

通过 TCP/IP 标准，S7-1200 提供的集成 PROFINET 接口可用于与编程软件 STEP 7 Basic 通信，如图 5-11 所示，以及与 SIMATIC HMI 精简系列面板通信，或与其他 PLC 通信，如图 5-12 所示。

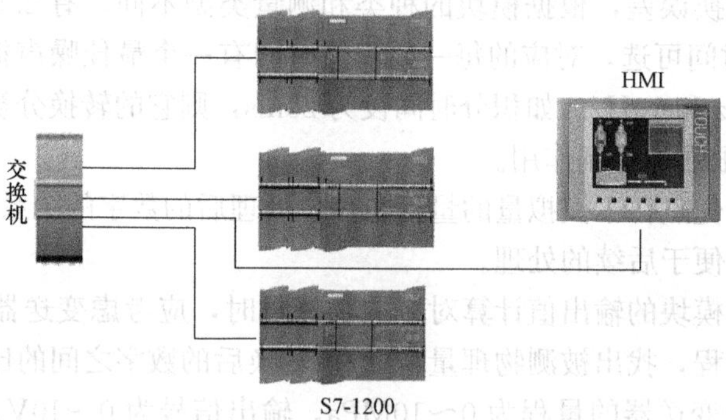

图 5-12 S7-1200 与 HMI 的通信

此外它还通过开放的以太网协议 TCP/IP 和 ISO-on-TCP 支持与第三方设备的通信。该接口的 RJ-45 连接器具有自动交叉网线（Auto-Cross-Over）功能，数据传输速率为 10Mbit/s、100Mbit/s，支持最多 16 个以太网连接。该接口能实现快速、简单、灵活的工业通信。

S7-1200 可以通过成熟的 S7 通信协议连接到多个 S7 控制器和 HMI 设备。将来还可以通过 PROFINET 接口将分布式现场设备连接到 S7-1200，或将 S7-1200 作为一个 PROFINET IO 设备，连接到作为 PROFINET IO 主控制器的 PLC。它将为 S7-1200 系统提供从现场级到控制级的统一通信，以满足当前工业自动化的通信需求。

STEP 7 Basic 中的网络视图使用户能够轻松地对网络进行可视化组态。

SIMATIC STEP 7 Basic 是西门子公司开发的高集成度工程组态系统，包括面向任务的 HMJ 智能组态软件 SIMATIC WinCC Basic。上述两个软件集成在一起，也被称为全集成自动化（Totally Integrated Automation，TLA），它提供直观易用的编辑器，用于对 SF-1200 和精简系列进行高效组态。除支持编程外，STEP 7 Basic 还为硬件和网络组态、诊断等提供通用的工程组态框架。

为了使布线最少并提供最大的组网灵活性，可以将紧凑型交换机模块 CSM 1277 和 S7-1200一起使用，以便组建成一个具有线形、树形或星形拓扑结构的网络。CSM 1277 是一个4端口的紧凑型交换机，用户可以通过它将S7-1200连接到最多3个附加设备。除此之外，如果将S7-1200和SIMATIC NET工业无线局域网组件一起使用，还可以构建一个全新的网络。

2. 通信模块

S7-1200最多可以增加3个通信模块，它们安装在CPU模块的左边。RS-485和RS-232通信模块为点对点（P2P）的串行通信提供连接，如图5-13所示。STEP 7 Basic工程组态系统提供了扩展指令和库功能、USS驱动协议、Modbus RTU主站协议和Modbus RTU从站协议，用于串行通信的组态和编程。

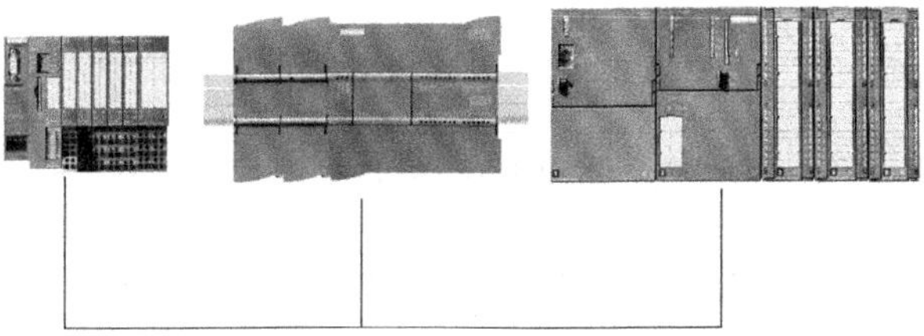

图5-13 使用通信模块的串行通信

此外还有PROFINET（控制器/IO设备）模块和Profibus主站/从站模块。

5.3 SIMATIC TIA Portal STEP 7 Basic V13开发环境简介

5.3.1 STEP 7 Basic编程软件简介

SIMATIC STEP 7 Basic是西门子开发的自动化编程软件，包括面向任务的HMI智能组态软件WinCC Basic，两者构成了全集成自动化软件TIA Portal，其编辑器可对S7-1200和HMI精简系列面板进行编程、组态，还为硬件和网络配置、诊断等提供通用的项目组态框架，实现控制器与HMI之间的完美协作。

STEP 7 Basic操作直观、使用简单，由于具有通用的项目视图、用于图形化工程组态的最新用户接口技术、智能的拖放功能以及共享的数据处理等，能高效地进行工程组态，对S7-1200控制器进行编程和调试。

STEP 7 Basic还能在自动化项目的各个阶段提供支持：①组态和参数化设备；②指定的通信；③运用LAD（梯形图语言）和FBD（功能块图语言）编程；④可视化组态；⑤测试、试运行和维护。

STEP 7 Basic V13软件具有7大亮点：①库的应用使重复使用项目单元变得非常容易；②在集成的项目框架（PLC、HMI）中编辑器之间进行智能拖拽；③共同数据存储和同一符号（单一的入口点）；④任务入口视图为初学者和维修人员提供快速入门；⑤设备和网络可在一个编辑器中进行清晰的图形化配置；⑥所有的视图和编程器都有清晰、直观的友好界面；⑦高性能程序编辑器创造高效率工程。

5.3.2 STEP 7 Basic V13安装要求及步骤

1. 安装要求

表5-4显示了安装STEP 7 Basic V13的软件/硬件最低要求。

表 5-4 **STEP 7 Basic V13 安装的软件/硬件最低要求**

硬件/软件	需　求
处理器类型	Pentium 4，1.7GHz 或相似
RAM	Windows XP：1GB Windows Vista：2GB
硬件空间	2GB
操作系统	Windows XP（Home SP3，Professional SP3） Windows Vista（Home Premium SP1，Business SP1，Ultimate SP1）
显卡	32MB RAM 32bit 色深
显示分辨率	1024×768
网络	10Mbit/s 以太网或更快，10/100Mbit/s 以太网卡
光驱	DVD-ROM

2. 软件安装步骤

软件安装的具体步骤如下所述。

（1）将安装媒体插入相关驱动器中，如果计算机系统没有禁止自启动则会自动进入安装界面。

（2）如果安装程序没有自动启动，可以手动双击 Start. exe 程序进行启动。

（3）弹出要选择产品语言的对话框，选择产品用户接口的语言。如果想阅读产品的使用注意事项，则单击“Yes，I would like to read the Product Information”按钮，产品信息的帮助文件会被打开。

（4）阅读完产品注意事项，关闭帮助文件，单击“Next”按钮。

（5）弹出选择产品安装的描述和路径的对话框，选择相应的安装路径后单击“Next”按钮。

（6）弹出显示安装的纵览和许可同意的对话框，用户可阅读并接受许可，单击“Install”按钮。

（7）安装程序并开始执行。

注意：如果安装成功，屏幕会显示成功安装的消息。如果安装时有错误发生，将会显示错误消息，可从中知道出现错误的类型。有可能需要重启计算机，此时可选择“Yes，restart my computer now”选项。

单击“Finish”或“Restart”按钮，安装完毕。

安装成功后，必须重新启动计算机。重新启动后，在计算机的“开始”>“所有程序菜单”下添加一个“Siemens Automation”程序项，并在桌面上会出现“TIA Portal V13”和“Automation License Manager”两个图标，如图 5-14 所示。

图 5-14　桌面 TIA Portal V13 和管理器图标

点击图标可以启动和打开 TIA Portal V13 窗口，或者在 Windows 中，选择“开始”>“程序”>“Siemens Automation”>“TIA Portal V13”，启动和打开 TIA 窗口。

打开后的首个 TIA Portal V13 登录界面窗口即 Portal 视图，如图 5-15 所示。

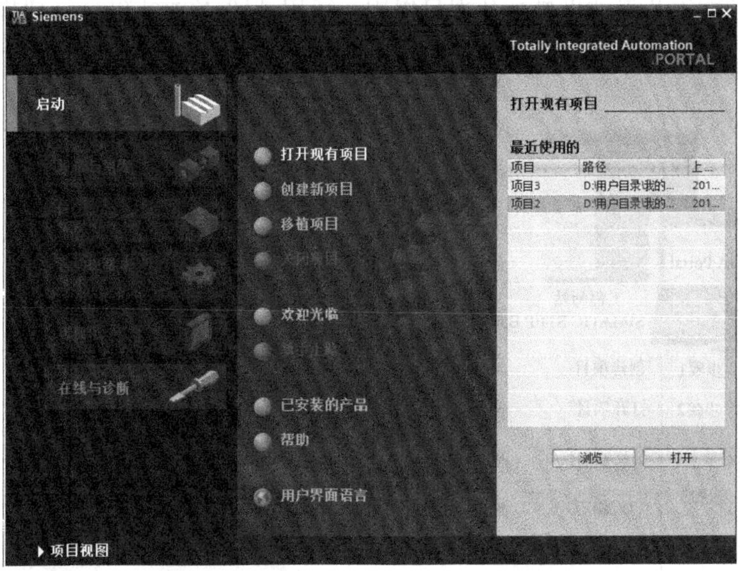

图 5-15　TIA Portal 登录界面窗口

在 Portal 任务区选择基本功能。在可使用的操作选项区选择所需要的操作选项。在所选操作选择需要打开的项目，当前打开的是哪个项目可在已打开的项目栏中显示。可以使用“项目视图”链接切换到项目视图。

3. 软件卸载步骤

软件卸载的具体步骤如下所述。

（1）通过选择“Start Settings Control Panel”选项打开控制面板。

（2）双击“Add or Remove Programs”选项。

（3）选择需要删除的软件，单击“Remove”按钮。

（4）选择需要的安装语言，单击“Next”按钮。

（5）选择需要卸载的设备，单击“Next”按钮。

（6）检查需要卸载的条目，如果需要修改，可单击“Back”按钮。

（7）单击“Uninstall”按钮，卸载开始。

（8）可能需要重启计算机。如果出现这种情况，选择“Yes，restart my computer now”选项。

（9）单击“Finish”或“Restart”按钮，卸载完毕。

5.4　STEP 7 Basic V13 硬件组态

5.4.1　TIA PORTAL 创建自动化项目的基本步骤

创建自动化项目（简称“项目”）用于存储创建自动化解决方案而产生的数据和程序，构成项目的数据包括硬件结构的组态数据和模块的参数分配数据、用于网络通信的项目工程数据和用于设备的项目工程数据等。数据以对象的形式存储在项目中。在项目中，对象按树形结构安排（项目层级），项目层级根据设备和工作站及属于它们的组态数据和程序而构成。项目和在线访问的公共数据也显示在项目树中。使用 TIA Portal 组态自动化工程项目的方法有多种，图 5 - 16 所示为完成一项自动化工程项目的基本步骤，这些基本步骤也可称为任务。

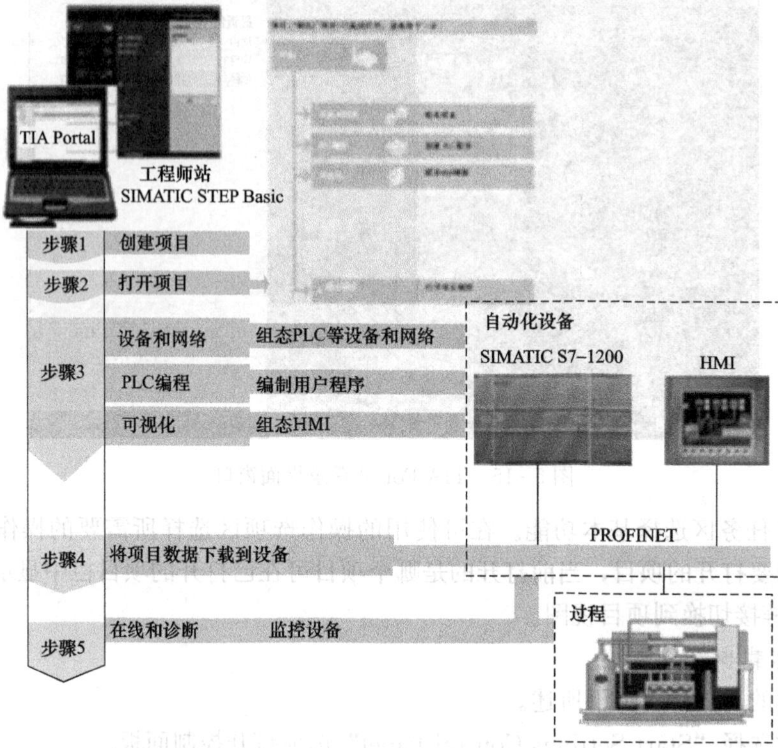

图 5 - 16　完成一项自动化工程项目的基本步骤

由图 5 - 16 可知，完成一项自动化工程项目的基本步骤如下。

（1）创建项目/打开现有项目。

（2）配置硬件。

（3）设备联网。

（4）对 PLC 编程。

（5）组态可视化。

（6）装载组态数据。

（7）使用在线和诊断功能。

上述任务可以使用一个公共的用户接口通过图形化方式在一个工程项目中组态 PLC 系统和可视化，以及测试和诊断。

完成一项自动化工程项目时，应首先登录 TIA Portal 的界面窗口“创建新项目”，然后“打开现有项目”。往下的步骤顺序不是固定不变的，可以从图 5 - 16 中看出步骤 3 里任意选择组态设备和网络、编制用户程序或组态 HMI 画面，并继续。完成后，就可将项目数据装载到设备，进行在线监视设备等。要求装载的项目数据应一致，并已经为所选设备或对象的数据完成编译。如果没有完成编译，则会在装载项目数据之前自动进行编译。

设备上装载的项目数据分为硬件项目数据和软件项目数据。硬件项目数据是通过组态硬件、网络和连接而生成的。软件项目数据包括用户程序的块。项目数据装载到所选的设备后，就可在设备上执行测试和诊断功能，进一步监控设备。

5.4.2　S7 - 1200 PLC 的设备和网络组态

S7 - 1200 PLC 系统将所有组件统称为设备，因此，S7 - 1200 PLC 系统的设备和网络组态（硬件组态）就是对应项目组态，一般包括站组态、网络组态和 HMI 设备组态。

1. 创建项目、打开项目和移植项目

（1）创建项目。创建新项目时，在图 5 - 17 所示的窗口中，单击“创建新项目”出现如图 5 - 17 所示的窗口，默认项目名为“项目 1”，在此窗口中可修改项目名称及其属性。

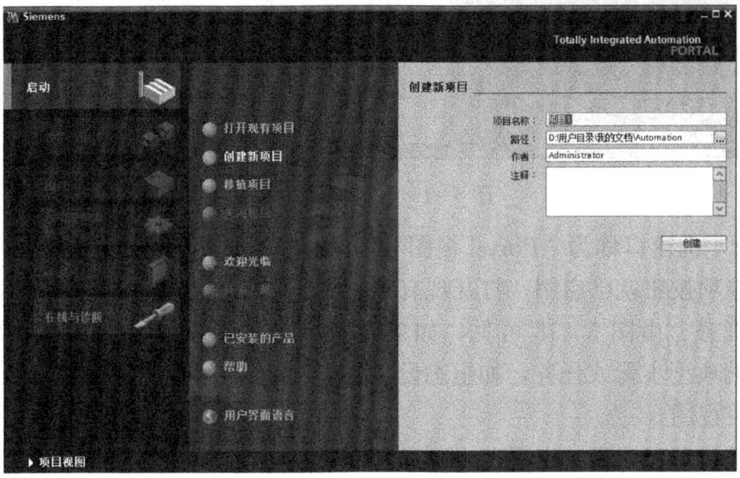

图 5 - 17　创建新项目窗口

在已打开项目窗口中，若要创建新项目，则在“项目”菜单中，选择“新建”命令，“创建新项目”对话框随即打开。输入项目名称和路径，或接受默认设置，单击“创建”按钮，新项目将创建在“打开现有项目”对话框中，并显示在项目树中。创建新项目后的“打开现有项目”对话框，如图 5 - 18 所示。

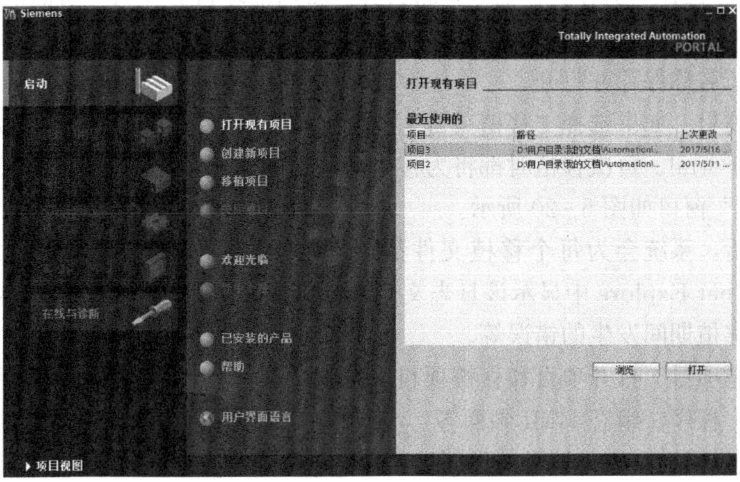

图 5 - 18　“打开现有项目”对话框

(2) 打开项目。创建新项目后，图 5-19 所示的画面就是登录“TIA Portal”的窗口。登录后，单击要打开的项目，并单击“打开”按钮，即可登录到要打开项目的窗口。如打开“项目 1”，项目登录窗口如图 5-19 所示。

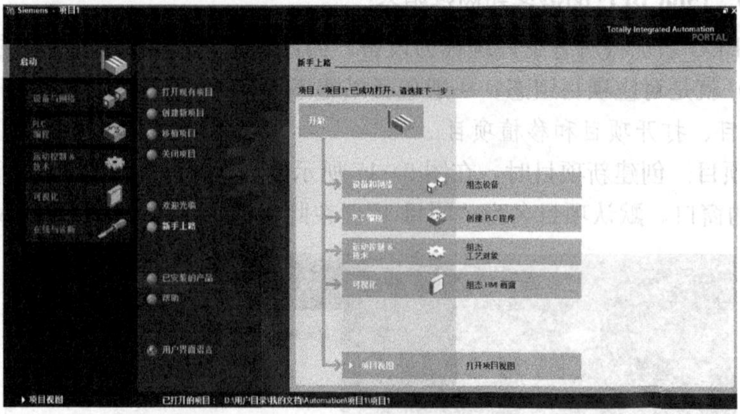

图 5-19 项目登录窗口

图 5-19 所示的窗口称为“Portal 视图”，创建新项目后，Portal 视图中用于选择各种面向任务的登录选项按钮就已启用。打开现有项目之后，就可以使用“新手上路”命令来执行已创建项目的任务。由图 5-18 可见，如果在 Portal 视图中选择“新手上路”，则将显示 TIA Portal 中的典型步骤或任务，如组态设备、创建 PLC 程序、组态工艺对象、组态 HMI 画面、打开项目视图。

若要打开其他现有项目，也可在“项目”菜单中，选择“打开”命令。将打开“打开项目”对话框，其中包括最近所用项目的列表。从列表中选择一个项目，然后单击“打开”。如果所需的项目没有包括在列表中，则单击“浏览”按钮。浏览到所需的项目文件夹，然后打开项目文件，文件扩展名为“.ap10”。

可以随时以相同或不同的名称保存项目。要保存项目，在“项目”(Project) 菜单中，选择“保存”命令。对项目的所有更改都以当前项目名称保存。要以其他名称保存项目，在“项目”菜单中，选择“另存为”命令，将打开“将当前项目另存为”对话框，在“保存在”对话框中选择项目文件夹，在“文件名”对话框中输入新项目名称，单击“保存”确认输入，项目即以新名称保存并打开。

(3) 移植项目。如果选择“移植项目”按钮。就可以将对象或整个项目从以前已有项目中移植到 TIA Portal。每次移植时都将为移植的数据创建一个新的项目，之后即可使用该项目。“移植项目”窗口如图 5-20 所示。

移植项目后，系统会为每个移植文件都创建一个 XML 格式的“日志文件”，可以在 Microsoft Internet Explore 中显示该日志文件，日志文件包含移植的对象、因移植引起的对象修改内容和移植期间发生的错误等。

在完成创建项目、打开项目和移植项目后，就可通过在线 PLC 识别或手动配置来组态硬件、编制用户程序、组态 HMI 画面等，步骤的顺序可任意。如果首先配置硬件，随后可将组态的 PLC 分配给程序；如果首先创建程序块，则这些块被分配给一个自动创建的、未指定的 PLC。

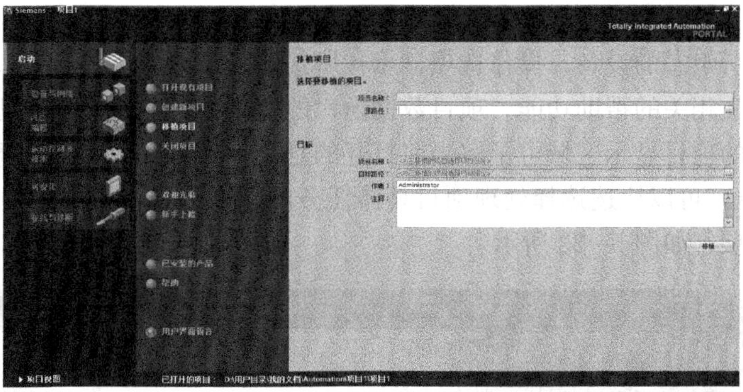

图 5-20 “移植项目”窗口

2. 用户界面布局

TIA Portal V13 的用户界面包括视图、项目树、工作区、巡视窗口、任务卡、详细视图和总览窗口，通过它们可快速访问工具箱和各个项目组件。

(1) TIA Portal 中的视图。TIA Portal V13 具有“Portal 视图”(Portal view) 和“项目视图”两种不同的工作视图。Portal 视图是面向任务的工具箱视图，用于浏览项目任务和数据，以引导完成关键任务，通过各个登录选项可访问处理关键任务所需的功能。项目视图是项目所有组件的结构化视图，包括项目各组件及相关工作区和编辑器，也是基于项目数据、包含项目中各元素面向对象的视图。通过项目视图可以快速访问所有项目数据，通过单击相应按钮即可在 Portal 视图和项目视图之间切换。

(2) 登录 Portal 视图。图 5-21 是组态设备及设备联网的 Portal 视图登录选项实例。登录选项说明见表 5-5。

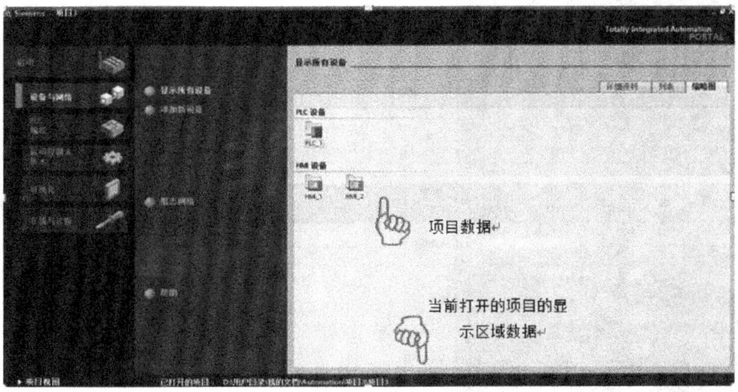

图 5-21 登录 Portal 视图选项示例

表 5-5 登 录 选 项 说 明

登录选项	描　　述
开始	使用“开始”登录选项用于建立项目，可以在此处创建新项目、打开现有视图以及浏览项目中的关键任务
设备和网络	使用“设备和网络”登录选项定义和组态项目中的设备及其通信关系。如组态 PLC 和 HMI 设备并定义设备间的网络连接，还可以创建逻辑链接，通过这种方法，设备可以使用共同的变量
PLC 编程	使用“PLC 编程”登录选项为项目中的各个设备创建控制程序
可视化	在“可视化”登录选项中为项目中的 HMI 设备创建画面
在线和诊断	在“在线和诊断”登录选项中可以显示可访问的设备及其在线状态

图 5 - 21 中，登录选项显示各个任务区的基本功能。在 Portal 视图中，登录选项中的可操作选项取决于所组态的设备，操作选项显示在所选登录选项可使用的操作，可在每个登录选项中调用上下文相关的帮助功能。项目数据窗口的内容取决于当前打开已建项目的设备内容。在当前打开的项目显示区域可了解当前打开的是哪个项目。通过开始登录选项中显示的“新手上路”总览，可以快速选择处理项目具体任务的登录选项。单击其中的特定链接可转到所需的登录选项，如图 5 - 22 所示。

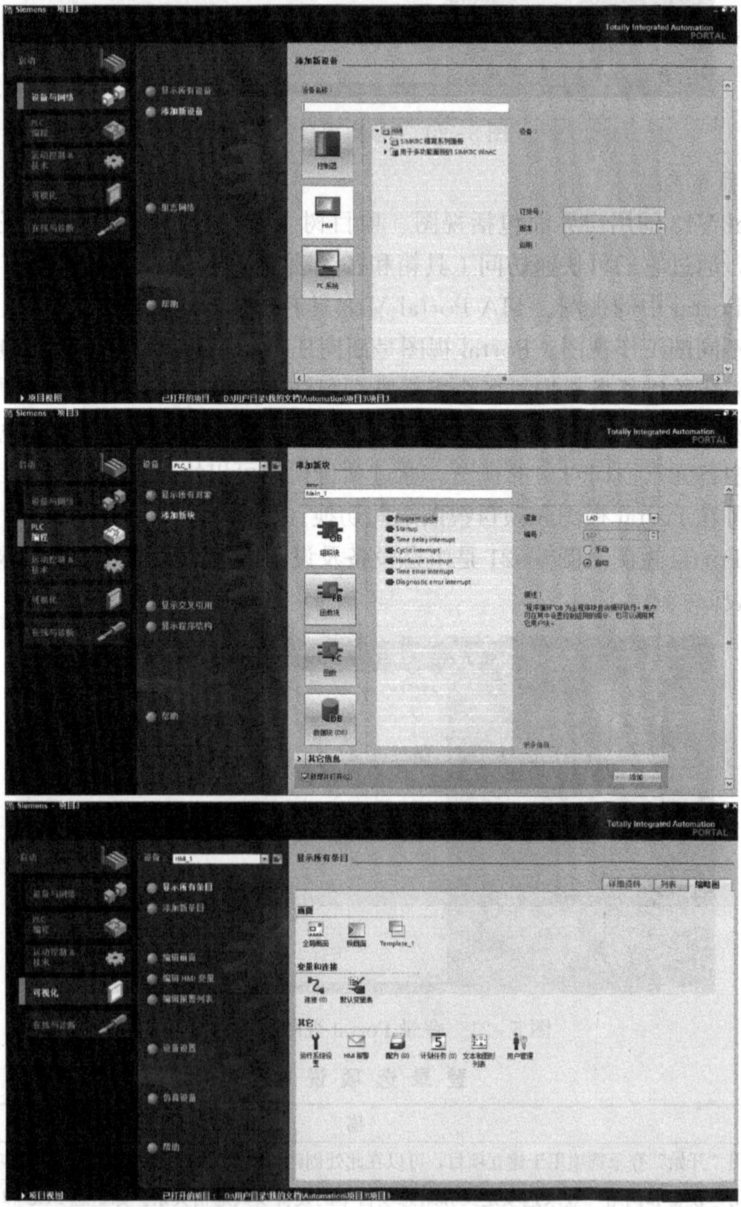

图 5 - 22　登录 Portal 视图选项示例窗口

(3) 登录项目视图。可以使用“Portal 视图”链接切换到“项目视图”。项目视图界面就是硬件和网络编辑器，是用户执行组态、参数化及联网设备和模块的界面。单击图 5 - 22

左下角的“项目视图”按钮即可登录到项目视图。在项目树中双击“设备和网络”，可打开硬件和网络编辑器。项目视图窗口如图5－23所示。

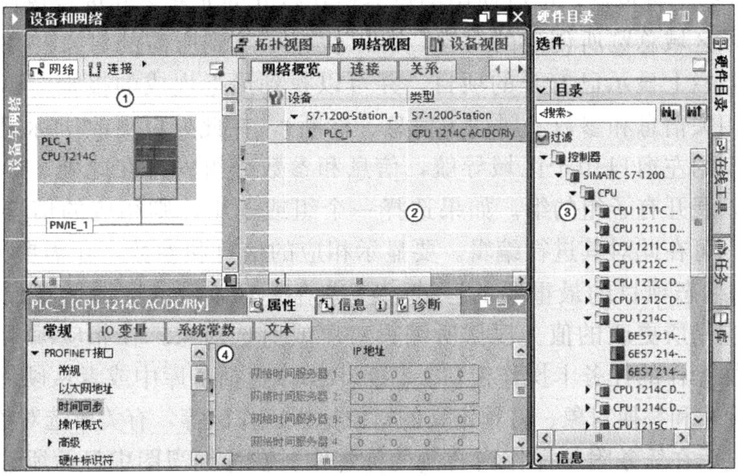

(a)

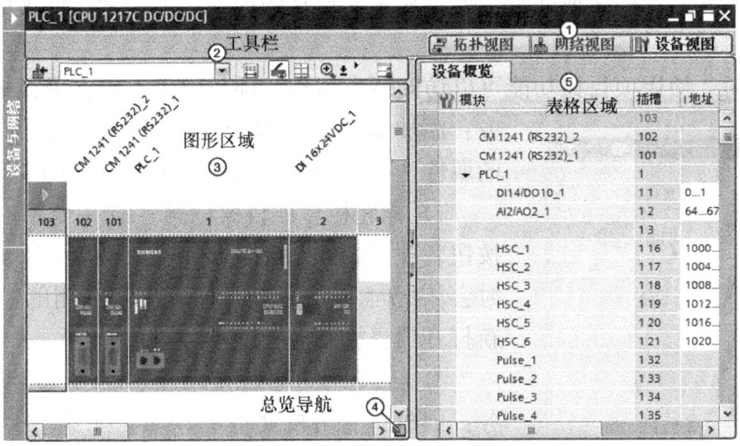

(b)

图5－23　项目视图的设备和网络编辑器窗口示例

(a) 网络视图；(b) 设备视图

项目视图是基于项目数据和程序的视图，而且相应项目的所有元素以结构化形式显示。通过项目视图可以快速访问所有项目数据和程序。构成项目的数据和程序包括有关硬件结构的组态数据和模块的参数分配数据、用于网络通信的项目工程数据、用于设备的项目工程数据和用户程序。数据以对象的形式存储在项目中。在项目中，对象按树形结构排列（项目层级）。项目层级根据设备和工作站，以及属于它们的组态数据和程序而构成。项目和在线访问的公共数据显示在项目树中。

图5－23是已打开的设备和网络编辑器窗口示例，设备和网络编辑器窗口是个集成开发环境，用于对设备和模块进行组态、联网和参数分配，它由设备视图、网络视图、巡视窗口和硬件目录几部分组成，可以根据生成和编辑的是单个设备和模块，还是整个网络和设备组态，随时在设备视图和网络视图间切换。

在图5-23中，项目名称显示在标题栏中，菜单栏包含工作所需的全部命令，工具栏包含常用命令。编辑器栏显示打开的编辑器，包含总览、设备和网络、图形和项目文件等标签。如果已打开多个编辑器，可以使用编辑器栏在打开的元素之间进行快速切换。单击总览导航可在图形区域总览所创建的对象，可以快速导航到所需的对象并在图形区域中显示它们。在状态栏上显示已打开的项目，并可以找到最近生成的报警。巡视窗口包含当前所标记对象相关信息和参数（属性、信息、诊断），在此处可更改所标记对象的设置和属性。巡视窗口的左窗口用于区域导航，信息和参数分组安排在此处。单击组名称左侧的箭头符号可以展开有子组的组。如果选择一个组或子组，则相应的信息和参数将在右窗口中显示，也可在此对其进行编辑。要显示相应的信息和参数，在需要的区域中单击。“属性”区域是组态项目的最重要的区域，默认情况下显示该区域。修改输入后无需确认，即会立即应用所更改的值。根据所编辑对象或所选对象，在相应编辑器中会同时显示用于执行附加操作的任务卡操作窗口。任务卡操作包括从库中或者从硬件目录中选择对象、在项目中搜索和替换对象、将预定义的对象拖入工作区等，有关所选对象或所执行操作的附加信息均显示在任务附加操作窗右侧的标签中。在详细视图中显示所选对象的某些内容，其中可以包含文本列表或变量，但不显示文件夹的内容。要显示文件夹的内容，可使用项目树或总览窗口。

（4）项目树。使用项目树功能可以访问所有组件和项目数据，可在项目树中执行以下任务：添加新组件、编辑现有组件、扫描和修改现有组件的属性。项目树的设备文件夹示例如图5-24所示。

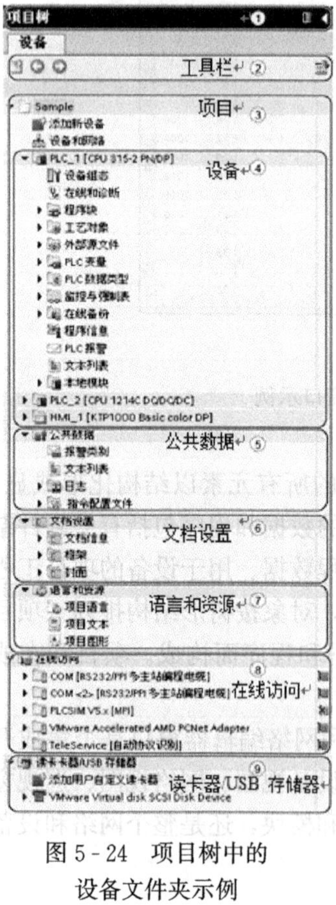

图5-24 项目树中的设备文件夹示例

1）标题栏。项目树标题栏有一个用于折叠项目树的按钮。项目树折叠后，该按钮将显示左侧空白区域，此时会从指向左侧的箭头变为指向右侧的箭头，可用于重新打开项目树。

2）工具栏。可以在项目树的工具栏中执行以下任务：创建新的用户文件夹，如为了组合“程序块”文件夹中的块；向前浏览到链接的源，然后往回浏览到链接本身，项目树中有两个用于链接的按钮，可使用这两个按钮从链接浏览到源，然后再往回浏览；在工作区中显示所选对象的总览，显示总览时，将隐藏项目树中元素的更低级别的对象和操作，要再次显示这些对象和操作，可将总览最小化。

3）项目。在“项目”文件夹中，可找到与项目相关的所有对象和操作，如设备、语言资源和在线访问。

4）设备。在项目树中，项目中的每个设备都有一个单独的文件夹，每个文件夹还具有若干内部子文件夹，属于该设备的对象和对象的操作都排列在此文件夹中。如示例中的“PLC_1”文件夹中有“设备组态”“在线和诊断”“程序块”“工艺对象”“PLC变量”“文本列表”“本地模块”等子文件夹，有些子文件夹下又有若干选项文件夹，如程序块子文件夹下又有“添加新块”“Main [OB1]”“块_1 [FB1]”“块_2 [FC1]”“数据_块_1 [DB1]”的编辑器选项。

5）公共数据。项目树中的“公共数据”文件夹包含可跨多个设备使用的数据，如公用消息类、脚本和文本列表等。

6）语言和资源。“语言和资源”文件夹用于确定项目语言和文本。

7）在线访问。“在线访问”文件夹包含了计算机（编程设备）的所有接口，即使未用于与模块通信的接口也包括在其中。

8）SIMATIC 卡读卡器。“SIMATIC 卡读卡器”文件夹用于管理所有连接到计算机（编程设备）的读卡器。

（5）总览窗口。总览窗口是对项目树的补充，显示项目树中当前所选文件夹的内容。此外，可以在总览窗口中执行以下操作：打开对象、在巡视窗口中显示和编辑对象的属性、重命名对象和从快捷菜单中调用对象特定的操作。可按以下形式显示总览窗口的内容：详细视图、对象显示在一个含有附加信息（如上次更改日期）的列表中、列表视图、对象显示在一个简单列表中、图标视图、以图标的形式显示对象。总览窗口的布局示例如图 5-25 所示。

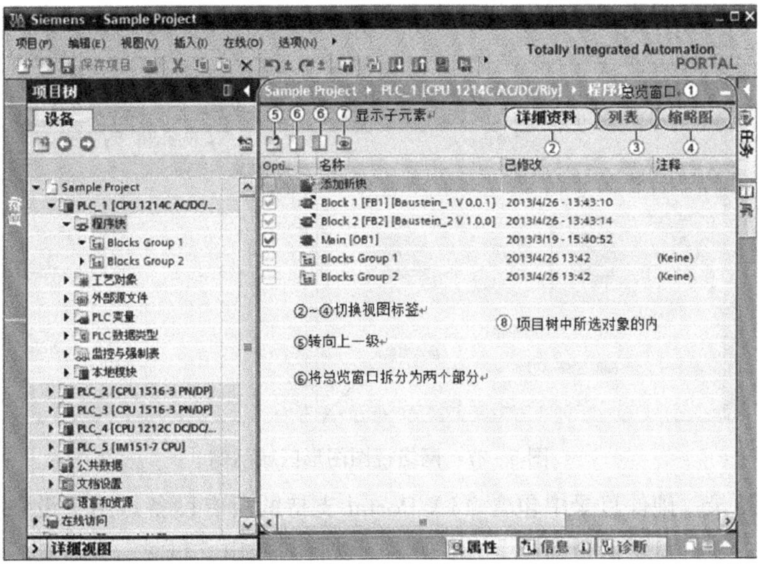

图 5-25　总览窗口的布局示例

（6）工作区及编辑器区。工作区及编辑器区包含设备视图、网络视图、巡视窗口、编辑器栏、状态栏、任务附加操作窗口和任务窗口标签（任务卡），任务卡中包括硬件目录、在线工具、任务和库。设备视图和网络视图是编辑器的工作区域。

1）设备视图。设备视图包含机架中所选设备的图示，是硬件编辑器的工作区域，用于硬件组态和分配设备（模块）参数。软件中机架的图示与实际结构一样，可以看到的插槽数与实际结构中存在的相同。设备视图由“网络视图/设备视图”按钮标签、设备视图的工具栏、设备视图的图形区、设备概览（表格区）等部分组成，如图 5-26 所示。

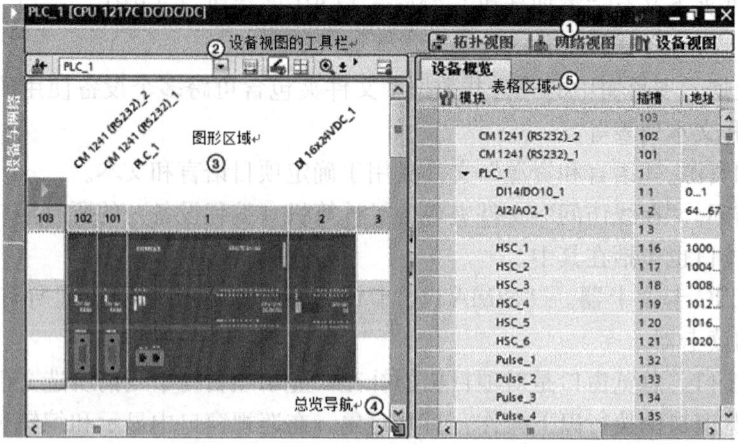

图 5-26　设备视图的图形区域示例

2）网络视图。网络视图的图形区域显示所有与网络相关的设备、网络、连接和关系，是网络编辑器的工作区域，用于网络组态和分配设备（模块）参数。在该区域中，可以添加硬件目录中的设备，通过其接口使其彼此相连及组态通信设置。网络视图由“网络视图/设备视图”按钮标签、网络视图工具栏、设备视图的图形区、网络概览（表格区）等部分组成，如图 5-27 所示。

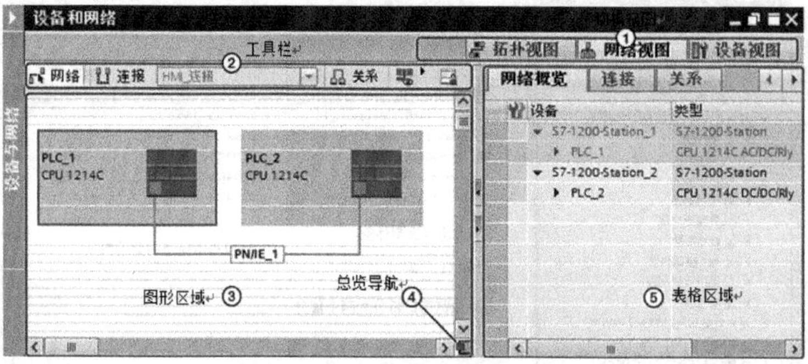

图 5-27　网络视图图形区域示例

（7）硬件目录。硬件目录中包含 TIA Portal 支持的所有设备，用于设备组态和在项目中添加新设备。硬件目录窗口如图 5-28 所示。硬件目录由“目录”搜索和“过滤器”、“目录”选项板以及“信息”窗口三部分组成。

1）“目录”搜索和“过滤器”，可方便地搜索具体的硬件组件。窗口树形结构中提供各种硬件组件，可以将所需的设备或模块从目录中移动到设备视图或网络视图图形工作区域进行硬件组态。如果激活过滤功能，则仅会显示适合当前环境的对象。可以在当前环境中使用的对象包括网络视图中可互连的对象或仅与设备视图中的设备相兼容的模块等。可以使用搜索功能在硬件目录中搜索特定条目，如输入搜索设备或模块的名称、订货号和信息文本，就可查找所选对象的详细信息。

2）“目录”选项板，用于 TIA Portal 支持的所有设备组件选项。设备组态的所有模块均从这里拖放。

3）“信息”窗口，显示有关所选硬件组件的详细信息，包含简图表示、名称、版本号、订货号和简要描述，还可以使用快捷菜单显示有关所选硬件组件的详细信息。

（8）库。每个项目都有一个库。库包括项目库和全局库（Global library）两种类型，可根据不同任务使用不同的库类型。项目库的对象与项目数据一起存储，只可用于在其中创建库的项目。将项目移动到不同的计算机时，包含了在其中创建的项目库。项目库只要不包含任何对象就始终处于隐藏状态。在库视图的快捷菜单中，选择命令“显示项目库”，以显示项目库。

在项目库中可存储想要在项目中多次使用的对象。库对象包括功能、功能块、数据块、设备、PLC 数据类型、监视表格、过程画面和面板等。可将库对象用作副本模板或实例，但并不是每个对象都能用作实例。副本模板用于创建实际副本。如果以后更改模板，将不会对使用中的副本进行这些更改。但如果创建实例，更改将应用到每个使用点。项目库总是随当前项目一起打开、保存和关闭。

在全局库区域中，有随 TIA Portal 软件一起安装的库，其中包括画面对象模板，以及在项目中使用，但不能修改的实例功能和功能块。可以在项目范围内或跨项目重复使用已存储的库对象。也就是说，可以事先创建块模板以便在不同项目中使用，并根据项目的特定要求修改这些模板。在全局库区域中，用户可以自己创建独立于项目的全局库，以存储想要在多个项目中使用的对象，以及想要多次使用的对象，如创建“模板库”“示例库”“组态画面库”等。库窗口示例如图 5-29 所示。

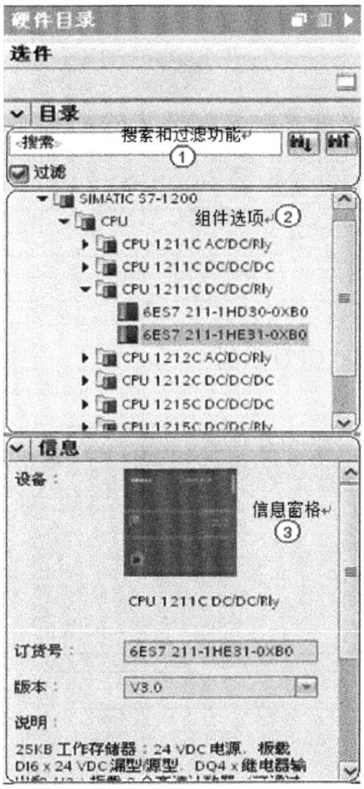

图 5-28　硬件目录窗口

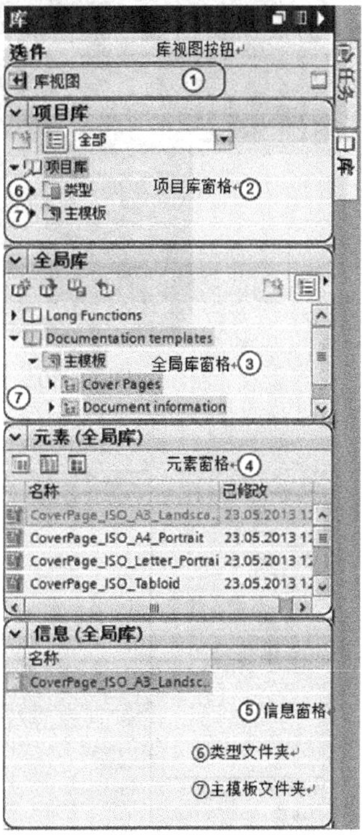

图 5-29　库窗口示例

3. S7-1200 PLC 硬件组态

要建立一个自动化系统，需要对各硬件组件进行组态、参数化和互连。S7-1200 PLC

和SIMTIC HMI设备都能在相同的环境中，以相同的方式插入到所创建的项目中。可以在Portal视图或项目视图中添加新设备。在“设备和网络”登录选项中添加S7-1200 CPU或SIMTIC HMI设备。如果要插入其他模块或将设备联网，则需要使用项目视图。CPU添加后，再为设备配置其他模块。

(1) 配置SIMTIC CPU和HMI面板。要在新建项目中添加SIMTIC PLC和HMI设备，首先在图5-30所示项目登录窗口中单击“组态设备”，然后选择“设备和网络”，再选择“添加新设备”命令，接下来单击“SIMTIC PLC”或“SIMTIC HMI”按钮，将打开SIMTIC PLC的CPU类型或SIMTIC HMI面板类型的列表。选择一个SIMTIC S7-1200 CPU或SIMTIC HMI面板类型，并单击“添加”即可。添加SIMTIC PLC和HMI设备的方法相同，以添加SIMTIC S7-1200 CPU为例，如选择CPU 1214C，如图5-30所示。单击“添加”后的设备视图窗口如图5-31所示。

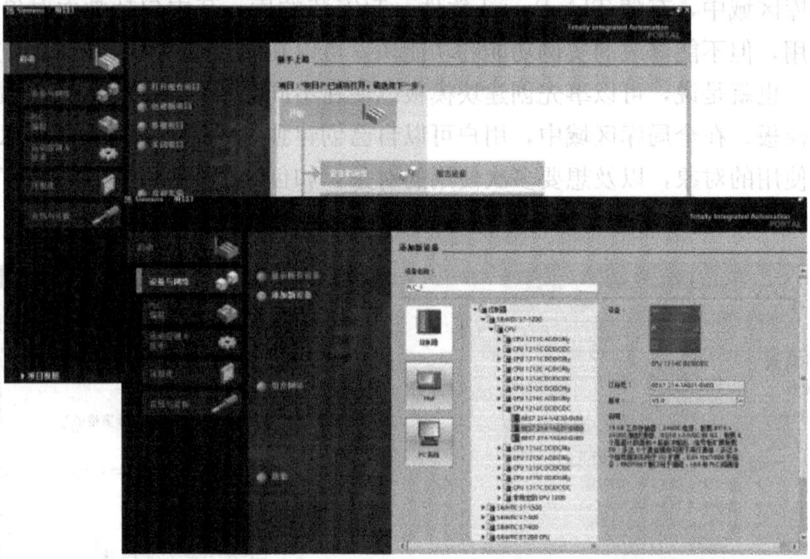

图5-30 添加SIMATIC S7-1200 CPU示例

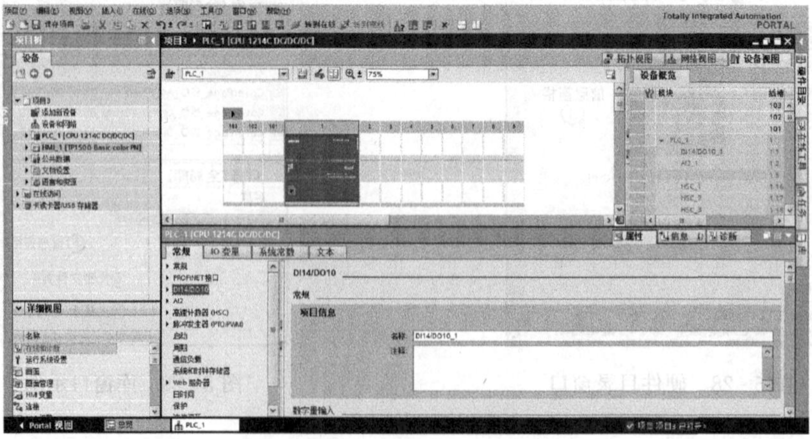

图5-31 单击“添加”后的设备视图窗口

新添加 CPU 时，将同时创建一个配套的机架，将 CPU 插在机架上第 1 个插槽中，此后，在图 5 - 30 所示的设备视图中就可插入通信模块、I/O 模块等，打开网络视图就可在其中将设备联网。双击项目中显示的设备之一，即可浏览到项目视图的硬件和网络编辑器。

在设备视图或网络视图中选择了硬件组件后，即可在巡视窗口中编辑其默认属性，如在网络或设备视图中编辑参数或地址。在网络视图中，只能访问网络相关的硬件组件和站。保存设备组态及其参数后，将生成需要装载到 CPU 的数据，该数据将在启动期间传送到相关的模块。

CPU 的属性包括接口、输入和输出、高速计数器、脉冲发生器、启动特性、日时钟、保护等级、系统位存储器和时钟位存储器、循环时间和通信负载等。可输入的条目用于指定哪些设置可以调整及处于什么值范围。在属性窗口中会禁用或不显示不能编辑的域。

（2）在项目视图中组态硬件。在项目视图中有硬件和网络编辑器，用于硬件组态、参数化及联网设备和模块。在项目树中双击“设备和网络”可打开硬件和网络编辑器。硬件和网络编辑器包含设备视图和网络视图，可以根据是要生成和编辑单个设备还是整个网络，随时在这两个视图间切换。设备视图包含机架中所选设备的图示，该图示与实际结构一样，也就是说，在此看到的插槽数与实际结构中存在的相同。要从网络视图进入设备视图，可在网络视图中双击某个设备或站。

在项目视图中有多种方法可将 PLC 或 HMI 设备添加到硬件配置中，如使用项目树中的命令“添加新设备”、在硬件产品目录中双击设备（模块）、从硬件产品目录中拖放到网络视图中、将模块从硬件产品目录拖到空闲插槽中或者通过网络视图菜单栏中的命令“插入”>“设备”。无论选择哪种方法，添加的设备在项目树以及硬件和网络编辑器的网络视图中都可见，如图 5 - 32 所示。

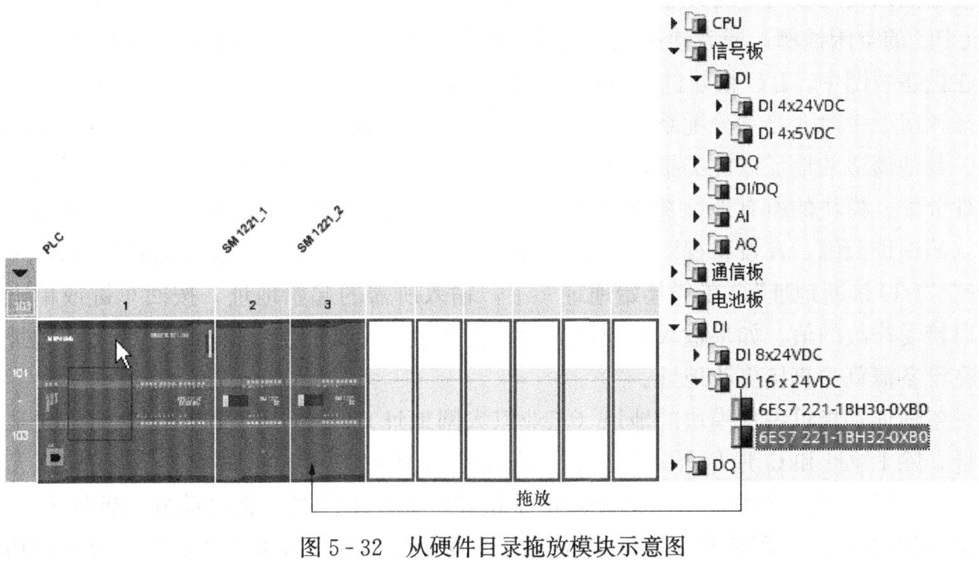

图 5 - 32　从硬件目录拖放模块示意图

在设备视图中有多种将模块添加到机架的方法，可以在硬件目录中双击所选模块，或者通过拖放操作将所选模块从硬件目录移动到图形或表格区域内可用的有效插槽中，或者选择硬件目录中相应模块的快捷菜单中的“复制”，然后在图形或表格区域中可用的有效插槽上选择相应快捷菜单中的“粘贴”。以信号模块为例，说明如何将模块从硬件目录拖放到机架上。在硬件目录中选择所需模块，本例用鼠标选择数字量输入信号模块 DI16×DC 24V，订货号 6ES7221-1BH32-0XB0，然后按住鼠标，将其拖放到第 3 个插槽位置，松开鼠标，这样就将该模块插入到了机架的插槽中，如图 5-31 所示。对其他模块重复执行这些步骤。

还可以拖动模块将其插在已插好的两个模块之间，为此，可按住鼠标按钮将模块拖到两个现有模块之间。在机架上分配硬件组件后，即可编辑其默认属性。如在设备视图中编辑参数或地址，也可在网络视图中编辑属性和参数，但只能访问与网络相关的硬件组件和站。要更改硬件组件的属性和参数，在图形视图中，选择要编辑的模块、机架或接口，然后编辑所选对象的设置，如使用表格视图编辑地址和名称。在巡视窗口中，可以在“属性”中进行其他可能的设置，如图 5-33 所示。

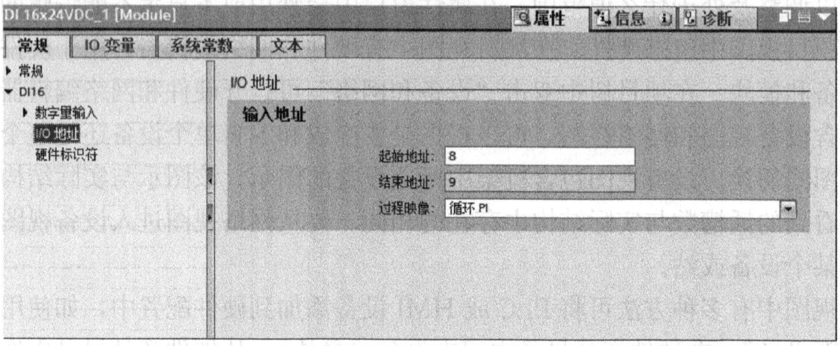

图 5-33　在巡视窗口中设置模块属性

使用信号板可以增加 CPU 自身的输入和输出数目。与所有其他硬件组件一样，也可以在硬件目录中找到信号板。但信号板是直接插在 CPU 自身的插槽中的，一个 CPU 只能将一个信号插入信号板时，可以在硬件目录中双击选择的信号板，也可以将信号板从硬件目录拖到 CPU 的空闲插槽，或者使用硬件目录中选择信号板的快捷菜单进行复制和粘贴。

在设备视图中，I/O 模块的地址或地址范围在“I 地址”和“Q 地址”列中显示。在将模块插入机架中时会自动分配默认的输入和输出地址。第 1 个通道的地址是 I/O 模块的起始地址。其他通道的地址以此类推，结束地址源于模块特定的地址长度，但用户以后可以更改该地址分配。模块的所有地址都位于过程映象区中，过程映象将自动进行周期性更新。要更改默认的地址范围，在设备视图中，单击要为其设置起始地址的模块。转到巡视窗口中“属性”的“I/O 诊断地址”。在“起始地址”下，输入所需的起始地址，按回车键或单击任一对象以接受修改的值。如果输入的地址无效，将会显示一条消息，指示下一个可用地址，也可以在设备概览中直接更改地址。

设备地址是指可编程模块的地址（工业以太网地址），它们用于对子网中的不同站点进行寻址，除 I 地址和 Q 地址外，还会自动分配硬件标识符用于标识模块。硬件 ID 无法更改。在设备视图或网络视图及 PLC 变量的常量表中插入组件时，将自动分配硬件 ID，同时还会自动为硬件 ID 分配名称。PLC 变量的常量表中的这些条目也无法更改。模块的功能单元（如集成计数器）也会接收到硬件标识符。硬件标识符由整数组成，并与诊断报警一起由系统输出。以便能够定位故障模块或功能单元，也可以将硬件标识符用于许多指令以标识将使用相应指令的相关模块。

可将模块 I/O 通道的地址或符号直接分配到程序块中。要在程序中分配模块的地址或符号及位置，必须打开硬件和网络编辑器的设备视图及程序编辑器的指令窗口，并且设置为依次左右或上下进行排列。在设备视图中，将工作区调整到具有所需I/O通道的模块位置，使用缩放功能指定在200%和更高的放大倍数上，模块上会显示各个地址通道的标签并且可进行编辑。在程序工作区中，调整到需要分配模块的地址或符号及位置的指令盒处，将鼠标指针移动到模块上所需分配的I/O地址处，按住鼠标左键将该地址拖放到该块的适当位置，松开鼠标左键，即可将模块的地址或符号分配到程序中的相应位置，或者将程序中的地址或符号分配到模块的I/O通道，如图5-34所示。

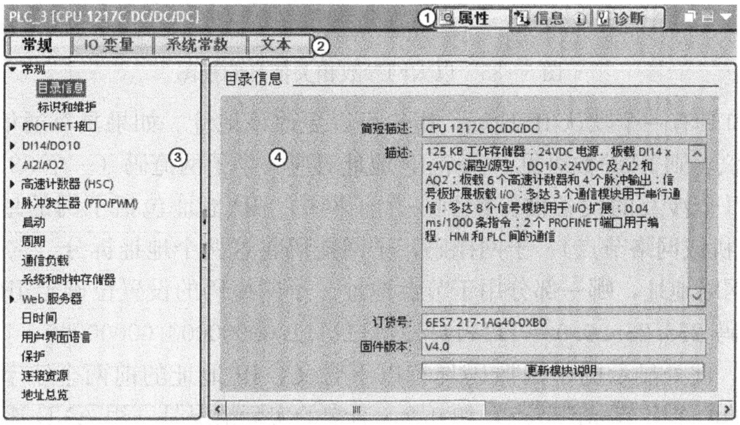

图5-34　将模块I/O通道的地址直接分配到程序块中示例

（3）组态工业以太网。S7-1200 CPU的PROFINET接口有直接连接和网络连接两种网络连接方法。当一个S7-1200 CPU与一个编程设备，或是HMI，或是另一个PLC通信时，也就是说只有两个通信设备时，实现的是直接通信。直接用网线直接连接两个设备即可。当多个通信设备进行通信时，也就是通信设备为两个以上时，实现的是网络连接。多个通信设备的网络连接需要使用以太网交换机来实现。可以使用导轨安装的西门子CSM1277的4端口交换机连接其他CPU及HMI设备。CSM1277交换机是即插即用的，使用前不用做任何设置。

网络组态构成了通信的基础，网络中的所有设备都具有唯一的地址。组态网络时首先将设备连接到子网，然后为每个联网模块和子网指定属性/参数，将组态数据下载到设备，以给接口提供网络组态所生成的设置。对于开放式用户通信，可通过连接参数分配来创建和组态子网。开放式用户通信是一种程序控制的通信，用于通过CPU的集成PN/IE接口进行通信。由于设备的任务不同或工厂规模不同，可能需要使用多个子网，子网及其属性在项目中管理。属性主要通过可调整的网络参数，以及所连接设备的数量和通信属性派生而来，要联网的设备必须在同一个项目中。在项目中，通过子网名称和ID标识子网。子网ID与可互连的接口一起保存在所有组件中。在项目中，可以创建设备并将其与具有通信功能的组件联网。

在网络视图的图形工作区中，可以方便地将具备通信功能组件的接口联网，并在网络视图表格中显示包含以太网地址参数等的所有相关信息的视图，如图5-35所示。

1）IP地址和子网掩码。在Internet上的每台主机指定的地址称为IP地址。IP地址是唯一的，具有固定、规范的格式。IP地址由4段0～255之间的十进制数字组成，每段十进制数字应于8位（1个字节）二进制数，各十进制数字相互之间用点隔开，如140.80.0.2。每个IP地址含32位，被分为4段，每段8位（1个字节），段与段之间用句点分隔。

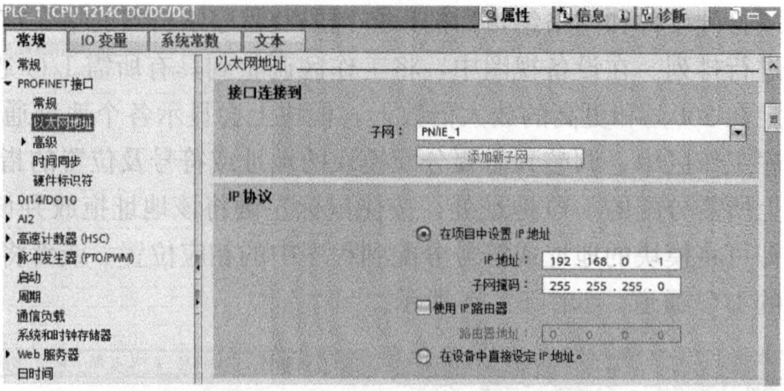

图 5-35 以太网参数相关信息的视图

以太网接口具有一个默认 IP 地址，用户可以更改该地址。如果具有通信功能的模块支持 TCP/CP 协议，则 IP 参数可见。每个 IP 地址对应一个子网掩码（一个 32 字节的值）。通过子网掩码，每个涉及的设备被分配到一个子网中。IP 地址包括子网的地址、节点地址（通常也称为主机或网络节点）、子网掩码，子网掩码将这两个地址拆分。它确定 IP 地址的哪一部分用于网络地址，哪一部分用于节点地址。子网掩码的设置位确定 IP 地址的网络部分，如子网掩码 255.255.0.0＝11111111.11111111.00000000.00000000，在针对 IP 地址 140.80.0.2 中，此处显示的子网掩码具有以下含义：IP 地址的前两个字节标识子网，即 140.80，最后的两个字节标识节点，如 0.2。通常的实际情况是：用 AND 连接 IP 地址和子网掩码产生网络地址。用 AND-NOT 连接 IP 地址和子网掩码就产生节点地址。IP 地址和默认子网掩码之间的关系见表 5-6。

表 5-6　　IP 地址和默认子网掩码之间的关系

IP 地址（十进制）	IP 地址（二进制）	地址类型	默认子网掩码
0～126（1.0～127.0）	0×××××××.××××××××…	A	255.0.0
128～191（128.0～191.255）	10××××××.××××××××…	B	255.255.0.0
192～233（192.0～233.255.255）	110×××××.××××××××…	C	255.255.255.0

IP 地址中的第一个十进制数字（从左边起）决定默认子网掩码的结构。它决定数值“1”（二进制）的个数。具体的地址类别之间的区别是：A 类最多可连接 16 个多重输入、输出设备/网络，B 类最多可连接 65000 个设备/网络，C 类可连接 254 个设备/网络。可通过将子网掩码的其他低位部分设置为“1”，实现被指定了地址类别 A、B 或 C 之一的子网形成“专用”子网。每将一个位设置为“1”，“专用”网络的数目就会加倍，而它们包含的节点数将会减半，在外部，以单个网络方式运行。如有一个地址类别为 B 的子网的 IP 地址为 129.80.×××.×××，并按表 5-7 所示更改默认子网掩码，则地址在 129.80.001.×××和 129.80.127.×××之间的所有节点都位于一个子网上，地址在 129.80.128.×××和 129.80.255.×××之间的所有节点都位于另一个子网上。

表 5-7　　更改默认子网掩码例

掩码	十进制	二进制
默认子网掩码	255.255.0.0	11111111.11111111.00000000.00000000
子网掩码	255.255.128.0	11111111.11111111.10000000.00000000

2）路由器。路由器的工作是连接子网。如果要将 IP 数据报发送到另一个网络，则它必须先传送到路由器。为实现此目的，这种情况下，必须为子网中的每个节点输入路由器的地址。子网中节点的 IP 地址和路由器的地址可能只是在子网掩码中有“0”的部分有所差异。

在网络视图的图形工作区中，可以方便地将具备通信功能组件的接口联网，并在网络视图表格中显示包含地址参数等的所有相关信息的有序视图。

3）两个目标设备间联网。实现两个 S7 - 1200 CPU 之间通信的步骤如下。

①建立硬件通信物理连接。由于 S7 - 1200 CPU 的 PROFINET 物理接口支持交叉自适应功能，故连接两个 S7 - 1200 CPU 既可以使用标准的以太网电缆也可以使用交叉的以太网线直接连接。

②配置硬件设备。在“设备视图”中配置硬件组态。

③配置永久 IP 地址。为两个 S7 - 1200 CPU 配置不同的永久 IP 地址。

④在网络连接中建立两个 S7 - 1200 CPU 的逻辑网络连接。配置完 S7 - 1200 CPU 的硬件后，在项目树下的“设备和网络”的“网络视图”下创建两个设备的逻辑连接。具体方法是用鼠标指针点中第一个 S7 - 1200 PLC 上的 PROFINET 通信口的绿色小方框，然后按住鼠标左键拖拽出一条线，到另外一个 S7 - 1200 PLC 上的 PROFINET 通信口上，松开鼠标左键，连接就建立起来了。

⑤编程配置连接及发送、接收数据参数。在两个 S7 - 1200 CPU 里分别调用 TSEND_C、TRCV_C 通信指令，并配置参数，使能双边通信。

另外，要将两个目标设备联网，首先将鼠标指针置于一个需要联网组件的 PROFINET 通信口上，单击鼠标左键并按住，向另一个联网组件接口移动鼠标指针，此时鼠标指针显示锁定符号，该符号只有在鼠标指针移动到有效目标上时才会消失，松开鼠标左键，即实现联网，如图 5 - 36 所示。

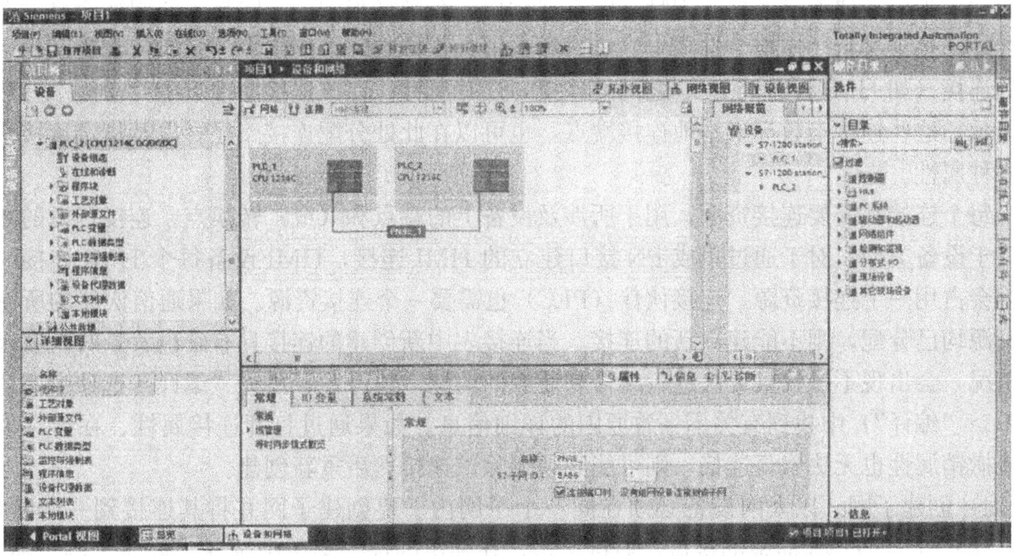

图 5 - 36　手动连接

也可以单击“连接”按钮，所选连接类型的连接模式随即激活，项目中可用于所选连接类型的设备在网络视图中以彩色高亮显示，如图 5 - 37 所示。

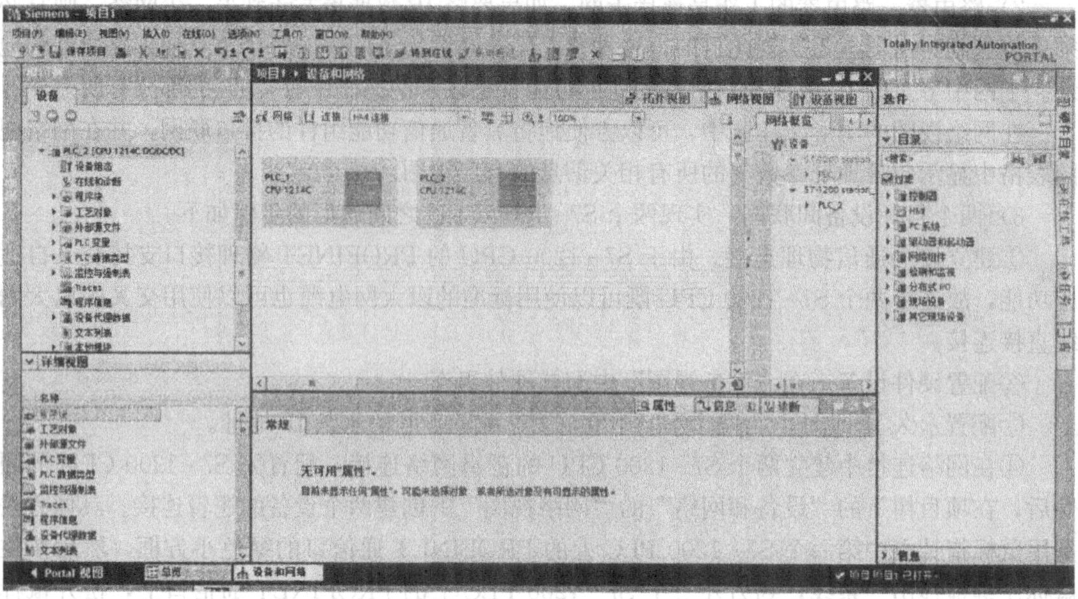

图 5 - 37　高亮显示

按住鼠标左键，并将鼠标指针从连接的设备（PlC_1）拖到连接终止的设备（HMI_1）。在目标设备上松开鼠标左键以创建这两个设备之间的连接，此时连接路径高亮显示，连接将输入到连接表中。

建立 HMI 连接是为执行通信服务而对两个通信伙伴进行的逻辑分配，包括通信伙伴、连接类型（如 HMI 连接）、特殊属性（如连接是否是永久建立，或是否是在用户程序中动态建立和终止，以及是否要发送状态消息等）和连接路径。连接组态期间，需要为 HMI 连接分配一个以本地连接名称作为唯一的本地标识。在网络视图中，除显示"网络概览"选项卡之外，还会显示"连接"选项卡。该选项卡包含连接表，连接表中的每一行都表示一个组态的连接（如 HMI 设备与 PLC 之间的连接）及其属性。在该连接属性下的"常规"参数组中显示，这些连接参数标识本地连接端点，也可以在此处分配连接路径，以及指定连接伙伴的各种属性。

每个连接都需要连接资源，用于所涉及设备上的端点和（或）转换点。连接资源的数目取决于设备类型。对于通过集成 PN 接口建立的 HMI 连接，HMI 设备每个 HMI 连接的端点都会占用一个连接资源。连接伙伴（PLC）也需要一个连接资源。如果通信伙伴的所有连接资源均已分配，则不能建立新的连接。当连接表中新创建的连接具有红色背景时，就是这种情况，会出现不一致且无法进行编译和装载的情况。编译后，可在"编译"选项卡（"编辑"＞"编译"）中找到有关不一致原因的详细信息。如果通过打开连接属性、在组态中更改或撤销属性也无法修复连接，则可能必须删除该连接然后重新创建。

4）创建子网。以太网设备必须在同一个子网内。要创建子网并将其连接到一个接口，先选择 CPU 或 HMI 面板的接口，右键单击，在弹出的快捷菜单中选择"创建子网"命令，单击即可。或者在联网视图工作区中选择一个 CPU 或 HMI 面板，在网络视图表格中选择"添加新子网"命令，选择或定义子网接口即可。图 5 - 38 是引出线路连接到子网的接口示例。

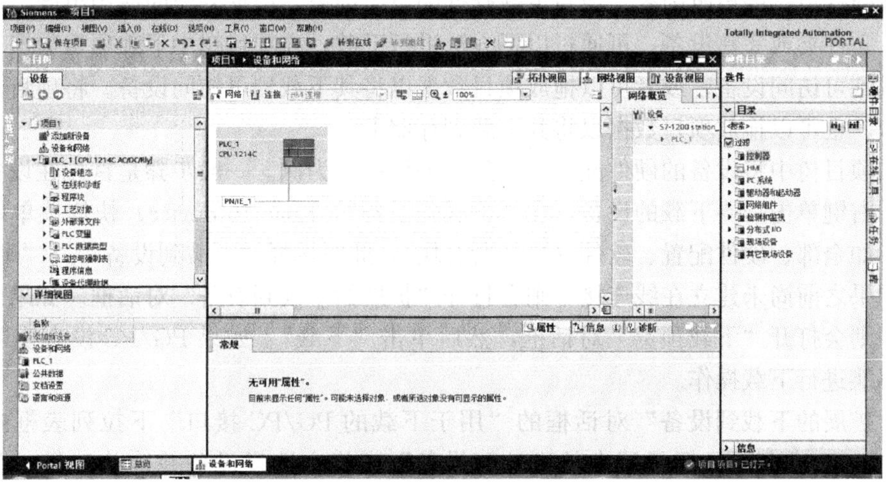

图 5-38　添加新子网

(4) 下载和编译项目数据。设备上下载的项目数据分为硬件项目数据和软件项目数据。硬件项目数据是通过组态硬件、网络和连接而生成的。软件项目数据由用户编制而成，包括用户程序的所有程序块。项目数据必须在下载前编译，包括编译硬件项目数据和软件项目数据，如设备或网络连接的组态数据，以及程序块或过程画面等。编译项目数据时，根据项目中的设备可选择编译全部、编译硬件配置、编译软件（包括重建所有块）等。编译期间会自动转换项目数据，便于设备读取。硬件配置数据和程序数据可分别编译或一起编译，可以同时编译一个或多个目标系统的项目数据。注意，编译的目的是进行一致性检查，编译通过后只说明可以链接到指定位置，此时应注意保存数据。

要编译项目数据，在项目树中，右键单击要编译项目数据的设备，在"编译"快捷菜单中选所需选项，如全部、硬件配置、软件（包括重建所有块）。此后可以在巡视窗口中通过"信息"＞"编译"检查编译是否成功，如图 5-39 所示。

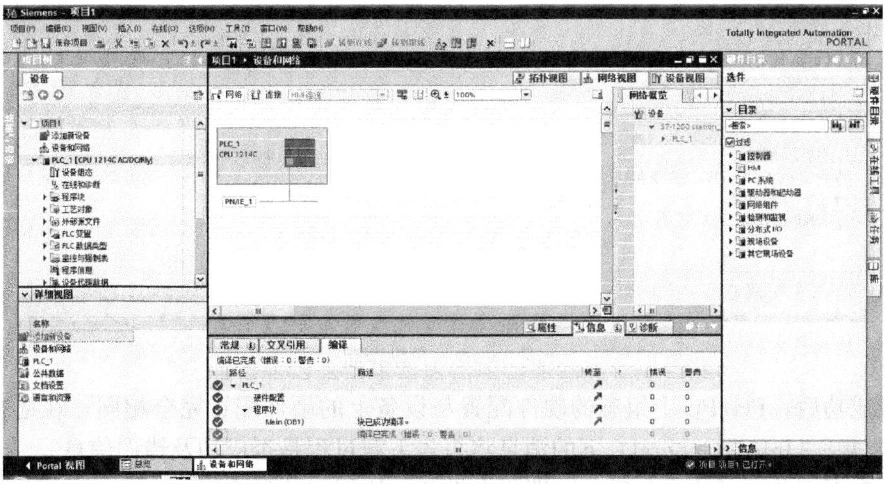

图 5-39　程序编译

首次下载时会下载全部硬件项目数据和全部软件项目数据（所有块）。以后再下载时，可只下载硬件组态的更改内容，或只下载软件的更改内容。根据安装的适用范围，可下载单个对象、文件夹或完整设备，可通过以下方法进行下载：在项目树中下载项目数据，将项目数据下载到可访问设备，或者可以拖放项目数据以将其下载到可访问设备。将项目数据下载到存储卡，也可以拖放项目数据以将其下载到存储卡。

以在项目树中将设备的硬件配置下载到相关设备上为例。一般步骤是首先在设备的快捷菜单中，右键单击需要下载的设备，在“下载到设备”（Load to device）快捷菜单中选择所需选项，如全部、硬件配置、软件（包括所有块），此时选择“下载到设备”>“硬件配置”命令。如果之前尚未建立在线连接，则会打开“扩展的下载到设备”对话框。如果已定义在线连接，则会打开“下载预览”对话框，然后单击“下载”。如果PG/PC没有实际连接设备，则不能进行下载操作。

从“扩展的下载到设备”对话框的“用于下载的PG/PC接口”下拉列表框中，选择PG/PC接口。或在“目标子网中的可访问设备”表格中选择设备并确认选择，单击“下载”，将下载硬件配置，并且将打开“下载结果”对话框，显示下载后的状态和操作，如图5-40所示。

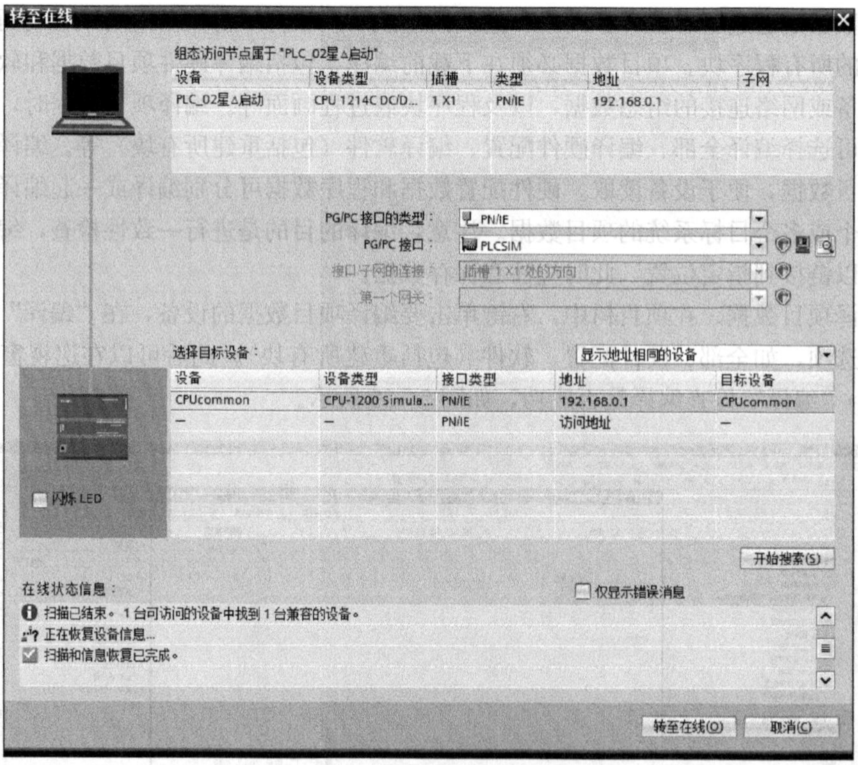

图5-40 下载界面

下载成功后，PG/PC上组态的硬件配置与设备上的硬件配置完全相同。在巡视窗口中“信息>常规”（Info>General）下的消息将报告下载过程是否成功及错误信息。

项目数据下载到所选设备后，随即可在设备上执行测试和诊断功能。

(5) 在线和诊断。

1) 在线模式。在建立在线和诊断连接之前，必须通过PROFINET接口连接PG/PC和设备。然后才能在在线和诊断视图中或使用“在线工具”任务卡访问设备上的数据。设备的当前在线状态由项目树中该设备右边的图标指示，在相关的工具提示中可找到各个状态图标的含义。

2）硬件诊断。PG/PC 与设备之间建立在线连接后，就可以进行硬件诊断和测试用户程序，以及显示和切换 CPU 的工作模式、日期和日时钟、模块信息等。可按以下方式执行硬件诊断：使用在线和诊断视图、使用“在线工具” online tools 任务卡、使用巡视窗口的“诊断”＞“设备信息” diagnostios＞device Info 区域、使用诊断符号。

3）测试用户程序。可以在线测试用户程序在设备中的运行情况，可以监视信号状态和变量值，并且可以在程序运行期间给变量赋值以便仿真特定情况。可使用程序状态测试用户程序，通过程序状态可以监视程序的运行情况。可以显示操作数的值和程序段逻辑运算的结果，从而可以识别和修复程序中的错误，或者使用监视表格测试用户程序。通过监视表格可以监视、修改或强制用户程序或 CPU 中各变量的当前值。可以给各变量赋值来进行测试和在不同的情况下运行程序，也可以在 STOP 模式下给 CPU 的 I/O 分配固定值，如用于检查接线情况。

习题与思考题

1. 简述 S7 - 1200 系列 PLC 系统的基本构成。
2. 简述 S7 - 1200 系列 PLC 的主要特点。
3. S7 - 1200 的接口模块有多少种类？各有什么用途？
4. 常用的 S7 - 1200 的扩展模块有哪些？各适用于什么场合？
5. S7 - 1200 的存储系统分为几类？其特点是什么？
6. S7 - 1200 的数据类型有哪些？各有什么特点？
7. S7 - 1200 的寻址方式有哪些？
8. S7 - 1200 系列 PLC 主机中有哪些主要的软元件？
9. 简述 STEP 7 Basic V13 安装要求及步骤。

第六章　S7 - 1200 PLC 的指令系统

6.1　S7 - 1200 PLC 存储区、寻址方式及数据类型

6.1.1　S7 - 1200 PLC 存储区

1. 物理存储器

物理存储区是指在实质的 PLC 设备中，它可以帮助 PLC 的操作系统使 PLC 具有基本的智能，能够完成 PLC 设计者规定的各种工作。用户程序由用户设计，它使 PLC 能完成用户要求的特定功能。

（1）PLC 使用的物理存储器。

1）随机存取存储器（RAM）。CPU 可以读出 RAM 中的数据，也可以将数据写入 RAM。它是易失性的存储器，断电后，存储的信息将会丢失。

RAM 的工作速度快，价格便宜，改写方便。在关断 PLC 的外部电源之后，可以使用锂电池等保存 RAM 中的用户程序及某些数据。

2）只读存储器（ROM）。只读存储器的内容只能读出，不能写入。它是非易失性的，一般用来存放 PLC 的操作系统。

3）快闪存储器（FEPROM）和电可擦除可编程只读存储器（EEPROM）。FEPROM 和 EEPROM 是非易失性的，可以用编程装置对它们编程，兼有 ROM 的非易失性和 RAM 的随机存储的优点。但是信息写入的时间比 RAM 要长，因此常用来存放用户程序和断电时需要保存的重要信息。

（2）微存储卡。SIMATIC 微存储卡基于 FEPROM，用于在断电时保存用户程序和某些数据。用来做装载存储器或便捷式媒体。

（3）装载存储器与工作存储器。

1）装载存储器。装载存储器是非易失性的存储器，用于保存用户程序、数据和组态信息。所有的 CPU 都有内部装载存储器。当一个项目被下载到 CPU，它首先被存储在装载存储器中。用户可以通过存储卡来扩展装载存储器。

2）工作存储器。工作存储器是集成在 CPU 中的高速存取的 RAM。当 CPU 上电时用户程序将从装载存储器被复制到工作存储器运行。工作存储器类似于计算机中的内存条，装载存储器类似于计算机中的硬盘。CPU 断电时，工作存储器中的内容将会丢失。

（4）断电保持寄存器。断电保存寄存器用来防止在电源关闭时丢失数据，暖启动后保持寄存器中的数据不变，冷启动时保持存储器的数据将会被清除。它属于工作存储器中的非易失性部分存储器，可以在 CPU 掉电时保存用户指定区域的数据。

在暖启动时，所有非保持的位存储器被删除，非保持的数据块的内容被复位为装载存储器中的初始值。保持存储器和有保持功能的数据块的内容被保持。可以用以下方法设置变量的断电保持属性。

1）位存储器中的变量。用户可以在 PLC Tags 界面中单击 Retain 图标，来定义 MB0 开

始的有断电保持功能的位存储器的地址范围。

2）FB的局部变量。如果生成FB时激活了“仅符号访问”属性，可以在FB的界面区定义单个变量是否有保持功能。如果没有激活FB的该属性，只能在指定的背景数据块中定义所有的变量是否有断电保持属性。

3）全局数据块的变量。如果激活了“仅符号访问”属性，可以定义单个变量是否有保持功能。如果没有激活DB的该属性，只能定义DB中的所有的变量是否有断电保持属性。

在线时可以用CPU操作员面板上的“WRES”按钮复位存储器，只能在STOP模式复位存储器。存储器复位使CPU进入所谓的“初始状态”，清除所有的工作存储器，包括保持和非保持的存储区，将装载存储器的内容复制给工作存储器，数据块中变量的值被初始值替代。编译设备与CPU的在线连接被中断，诊断缓冲区、时间、IP地址、硬件组态和激活的强制任务保持不变。

如果在CPU断电时更换了存储卡，CPU上电时将复位存储器。

（5）存储卡。SIMATIC存储卡用于存储用户程序，或用于传送程序。CPU仅支持预先格式化的SIMATIC存储卡。打开CPU的顶盖后，将存储卡插入到插槽中。并将存储卡上的写保护开关滑动到离开“LOCK”位置。可以设置存储卡用作程序卡或传送卡。

1）使用传送卡可将项目复制到多个CPU。传送卡可将存储的项目从卡中复制到CPU的存储器，复制后必须取出传送卡。

2）程序卡可以替代CPU的存储器，所有CPU的功能都由程序卡进行控制。插入程序卡会擦除CPU内部装载寄存器的所有内容（包括用户程序和强制的I/O），CPU会执行程序卡的内容。程序卡必须保留在CPU中，如果取出程序卡，CPU将切换到STOP模式。

2. 系统存储区

（1）过程映象输入/输出。过程映象输入的标示符为I，它的每一位对应于一个物理数字量输入接点。CPU仅在每个扫描周期的循环组织块OB执行之前对物理输入点进行采样，并将这些值写入到过程映象输入区。用户程序访问PLC的输入和输出地址时，不是去读、写物理输入/输出，而是访问过程映象输入/输出。

物理输入点只能以位为单位存取，但可以按位、字节、字或双字访问输入映像寄存器，对过程映象输入点进行读写访问，过程映象输入点通常为只读。通过在地址后面添加“：P”，就可以立即访问物理输入。访问时使用I：P取代I的区别在于前者的数字直接来自被访问的输入点，数据从信号源立即被读取，而不是从最后一次被刷新的过程映象输入中复制，这种访问被称为“立即读”访问。物理输入点直接从与其连接的现场设备接收数值，所以不允许对这些点进行写访问，即I：P访问为只读访问，而I访问是可读/写访问。I：P访问也仅限于单个CPU、SB或SM所支持的输入大小，如信号板SB1223只有2×DC 24V输入/2×DC 24V输出，如果输入组态从I4.0开始，可以进行I4.0：P和I4.1：P访问输入点，或者按IB4：P访问输入点。这时I4.2：P～I4.7：P是没有意义的。但不允许IW4：P和ID4：P的访问形式，因为它们超出了与SB1223相关的字节偏移量。使用I：P访问不会影响存储在输入映象存储器中的相应值。

过程映象输出的标示符为Q，它的每一位对应于一个物理数字量输出接点。CPU将过程映象输出的数据传送到输出模块。在扫描循环中，用户程序将输出值放入过程映象输出区。在下一个扫描循环开始时，将过程映象输出区的内容写到数字量输出模块。

在物理输出点地址后面添加“：P”，就可以立即写入物理输出，不用等到下一次刷新时将过程映象输出中的数据传送给目标点。物理输出点直接控制与其连接的现场设备，所以不允许对这些点进行读访问，即Q：P访问为只写访问，而Q访问是可读/写访问。Q：P访问也仅限于单个CPU、SB或SM所支持的输出大小，如信号板SB1223只有2×DC 24V输入/2×DC 24V输出，如果输出组态从Q4.0开始，可以进行Q4.0：P和Q4.1：P访问输出点，或者按QB4：P访问输出点。这时Q4.2：P~Q4.7：P是没有意义的。但不允许QW4：P和QD4：P的访问形式，因为它们超出了与SB1223相关的字节偏移量。使用Q：P访问既会影响物理输出，也会影响存储在输出映象存储器中的相应值。

(2) 位存储器（M）。位存储器用来存储运算的中间操作状态或其他控制信息。可以用位、字节、字、双字读/写位存储器区。

(3) 数据块（DB）。数据块用来存储代码块的数据，包括中间操作状态、其他控制信息，以及某些指令（如定时器、计数器指令）需要的数据结构。可以设置数据块具有写保护功能。

数据块是用户声明的用于存取数据的存储区，可以被打开或关闭。数据块有全局数据块DB和背景数据块DB两种类型。全局数据块又称共享数据块，用户程序中的任何代码块OB、FB或FC都可访问全局数据块DB中的数据。背景数据块不是由用户编辑，而是由编辑器生成的，它实际上是功能块FB运行时的工作存储区，其中数据的结构反映了功能块FB的参数（Input和Output）和静态数据。FB的临时存储器不存储在背景数据块DB中。一般情况下，每个功能块FB都有一个对应的背景数据块。一个FB也可以使用不同的背景数据块。用户程序中的相关代码块执行完成后，数据块DB中存储的数据不会被删除。

(4) 临时存储器。临时存储器用于存储代码块的局部变量、调用功能（FC或FB）时要传递的参数、程序中的中间逻辑结果等。CPU根据需要分配临时存储器，在代码块启动（对于OB）或被调用（对于FC或FB）时为其分配临时存储器。为代码块分配临时存储器时，可能会重复使用其他OB、FC或FB之前使用的相同临时存储单元。CPU在分配临时存储器时不会对其进行初始化，因而临时存储器可能包含任何值。

临时存储器是“局部”范围内有效，只有创建或声明了临时存储单元的OB、FC或FB才可以访问临时存储器中的数据。临时存储器不会被其他代码块共享，即使在代码块调用其他代码块时也一样。只能通过符号寻址的方式访问临时存储器，如当OB调用FC时，FC无法访问对其调用的OB的临时存储器。

6.1.2 寻址方式

SIMATIC S7 CPU中可以按照位、字节、字和双字对存储单元进行寻址。

二进制的一位（Bit）只有0和1两种不同的取值，可用来表示数字量的两种不同的状态，如触点的断开和接通，线圈的通电和断电等。8位二进制数组成一个字节（Byte，B），其中的第0位为最低位、第7位为最高位。两个字节组成一个字（Word，W），其中的第0位为最低位、第15位为最高位。两个字组成一个双字（Double Word，DW），其中的第0位为最低位、第31位为最高位。位、字节、字、双字示意图如图6-1所示。

（1）“位”寻址方式。对位数据的寻址由字节地址和位地址组成，如 I3.2，其中的区域标识符“I”表示寻址输入映象区，字节地址为 3，位地址为 2，这种存取方式称为“字节．位”寻址方式，如图 6-2 所示。

（2）“字节”寻址方式。访问一个 8 位存储区域称为字节寻址。寻址时，采用存储区标识符、数据大小标识及起始字节地址。例如，MB2，其中的区域标识符“M”表示位存储区，“2”表示寻址单元的起始字节地址，“B”表示寻址长度为一个字节，即寻址位存储区的第 2 个字节，如图 6-3 所示。

（3）“字”寻址方式。访问一个 16 位存储区域称为字寻址。相邻的两个字节组成一个字，低位字节是高 8 位，高位字节是低 8 位。寻址时，采用存储区标识符、数据大小标识及第一字节地址。例如，MW2，其中“M”表示位存储区，“2”表示寻址单元的起始字节地址，“W”表示寻址长度为一个字，也就是寻址位存储区第 2 个字节开始的一个字，即字节 2 和字节 3，如图 6-3 所示。

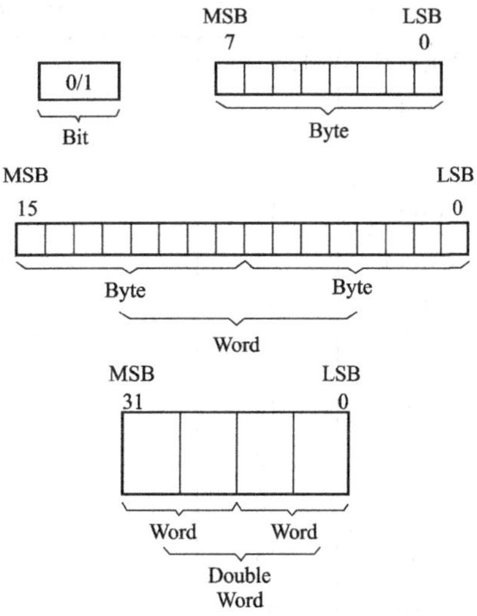

图 6-1　位、字节、字和双字示意图

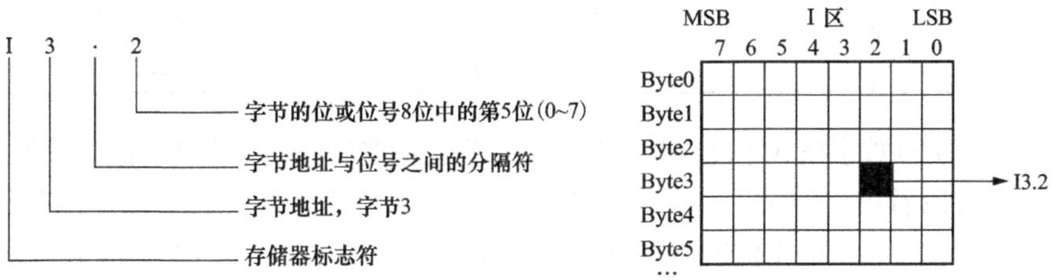

图 6-2　“位”寻址举例

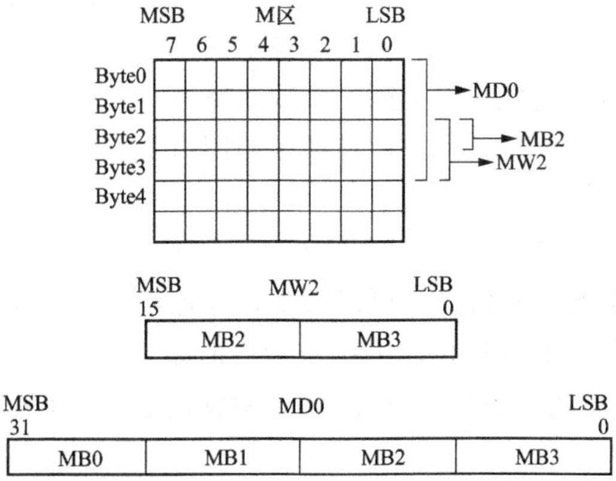

图 6-3　字节、字、双字寻址示意图

（4）“双字”寻址方式。访问一个 32 位存储区域称为双字寻址。相邻的 4 个字节组成一个双字，最低位字节是一个双字中的最高 8 位。寻址时，采用存储区标识符、数据大小标识及第一字节地址。例如，MD0，其中的区域标识符“M”表示位存储区，“0”表示寻址单元的起始字节地址，“D”表示寻址长度为一个双字，即字节 0、字节 1、字节 2 和字节 3，如图 6-3 所示。

6.1.3　S7-1200 数据类型与结构

1. 基本数据类型

一组预声明的、标准化的数据称为基本数据类型，主要用于指定数据可保存的类型。基本数据类型包括整型常量、整型变量、浮点常量、浮点变量、字符常量、字符变量、BCD 码等。

S7-1200 PLC 声明的基本数据类型见表 6-1。

表 6-1　S7-1200 PLC声明的基本数据类型

数据类型	长度/Bit	取 值 范 围	常数输入举例
Bool	1	0～1	TRUE，FALSE，或 1，0
Byte	8	16＃00～16＃FF	16＃12，16＃AB
Word	16	16＃0000～16＃FFFF	16＃ABCD，16＃0001
DWord	32	16＃00000000～16＃FFFFFFFF	16＃02468ACE
Char	8	16＃00～16＃FF	A，t，@
SInt	8	−128～127	123，−123
Int	16	−32768～32767	123，−123
DInt	32	−2147483648～2147483647	123，−123
USInt	8	0～255	123
UInt	16	0～65535	123
UDInt	32	0～4294967295	123
Real	32	＋/－1.18×10－38～＋/－3.40×10－38	12.45，－3.4，－1.2E＋3
LReal	64	±＋/－2.23×10－308～＋/－1.79×10－308	12345.12345，－1.2E＋40
Time	32	T＃－24d_20h_31m_23s_648ms～ T＃24d_20h_31m_23s_647ms	T＃1d_2h_15m_30s_45ms
BCD16	16	−999～999	−123，123
BCD32	32	−9999999～9999999	1234567，−1234567

注意，尽管BCD数字格式不能用作数据类型，但它们受转换指令支持，故将其列入此处。

由表6-1可以看出，字节、字和双字数据类型都是无符号数，其取值范围分别为B＃16＃00～FF，W＃16＃0000～FFFF和DW＃16＃00000000～FFFFFFFF。字节、字和双字数据类型中的特殊形式是BCD数据及以ASCII码形式表示一个字符的CHAR类型。

8位、16位、32位整数（SInt、Int、DInt）是有符号数，整数的最高位为符号位，最高位为0时为正数，为1时为负数。整数用补码来表示，正数的补码就是它本身，将一个正数对应的二进制数的各位求反码后加1，可以得到绝对值与它相同的负数的补码。

8位、16位、32位无符号整数（USInt、UInt、UDInt）只取正值，使用时要根据情况选用正确的数据类型。

32位浮点数又称实数（Real），浮点数表示的基本格式为 $1.m \times r^e$（其中 r 一般为2），如157.4可表示为 1.234×10^2。图6-4所示为浮点数的格式，可以看出，浮点数一共占用一个双字（32位），其最高位（第31位）为浮点数的符号位，最高位为0时是正数，为1时是负数。8位指数占用第23～30位。因为规定尾数的整数部分总是1，只保留了尾数的小数部分 m（第0～22位）。

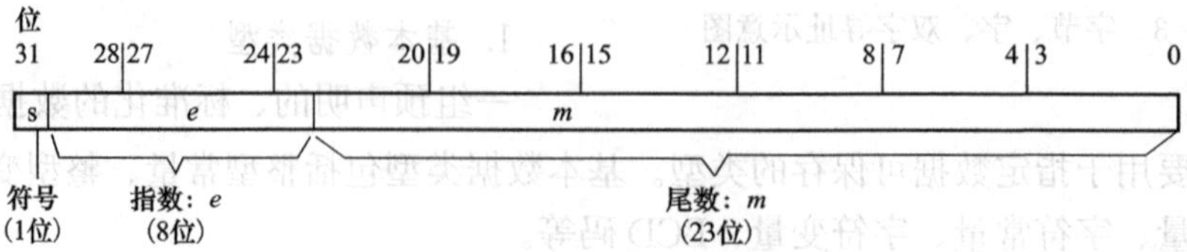

图6-4　浮点数的格式

长实数（LReal）为 64 位数据，比 32 位实数有更大的取值范围。浮点数的优点是用很小的存储空间（4B）可以表示非常大和非常小的数。PLC 输入和输出的数值大多是整数（如模拟量输入值和输出值），用浮点数来处理这些数据需要进行整数和浮点数之间的相互转换，需要注意的是，浮点数的运算速度比整数运算的慢得多。

时间型数据为 32 位数据，其格式为 T＃多少天（day）多少小时（hour）多少分钟（minute）多少秒（second）多少毫秒。时间数据类型以表示毫秒时间的有符号双精度整数形式存储。

2. 复杂数据类型

复杂数据类型是由其他数据类型组成的数据组，不能将任何常量或绝对地址用作复杂数据类型的实参。S7-1200 PLC 声明的复杂数据类型见表 6-2。

表 6-2　S7-1200 PLC 声明的复杂数据类型

数据类型	描　　述
DTL	DTL 数据类型表示由日期和时间定义的时间点
STRING	STRING 数据类型表示最多包含 254 个字符的字符串
ARRAY	ARRAY 数据类型表示由固定数目的同一数据类型的元素组成的域
STRUCT	STRUCT 数据类型表示由固定数目的元素组成的结构。不同的结构元素可具有不同的数据类型

（1）DTL 数据类型。DTL 数据类型变量的长度为 12 个字节，在预定义结构中保留日期和时间信息，见表 6-3。最小值为 DTL＃1970-01-01-00：00：00.0，最大值为 DTL＃2554-12-31-23：59：59.999999999。

表 6-3　DTL 举例

长度/B	格　式	取　值　范　围	输入值实例
12	时钟和日历（年-月变量：小时：分钟：秒．纳秒）	最小值：DTL＃1970-01-01-00：00：00.0 最大值：DTL＃2554-12-31-23：59：59.999 999 999	DTL＃2008-12-16-20：30：20.250

DTL 变量的结构和属性见表 6-4。

表 6-4　DTL 变量的结构和属性

字节	元素	数据类型	取　值　范　围
0～1	年	UINT	1970～2550
2	月	USINT	0～12
3	日	USINT	1～31
4	星期	USINT	1（星期日）～7（星期天）值输入中不考虑工作日
5	小时	USINT	0～23
6	分钟	USINT	0～59
7	秒	USINT	0～59
8～11	纳秒	UDINT	0～999 999 999

（2）STRING 数据类型。字符串（STRING）数据类型的变量将多个字符保存在一个字

符串中，该字符串最多由254个字符组成。每个变量的字符串最大长度可由方括号中的关键字STRING指定（如STRING [4]）。如果省略了最大长度信息，则为相应的变量设置254个字符的标准长度。在内存中，STRING数据类型的变量比指定最大长度多占两个字节，如表6-5所示。

表6-5 **STRING变量的属性**

长度/B	格式	取值范围	输入值实例
$n+2$	ASCII字符串	0～254个字符	'Name'

可为STRING数据类型的变量分配字符。字符在单引号中指定。如果指定字符串的实际长度小于声明的最大长度，则剩余的字符空间留空。在值处理过程中仅考虑已占用的字符空间。表6-6所示实际定义了一个最大字符数为10而当前字符数为3的字符串，这表示该STRING当前包含3个单字节字符，但可以扩展到包含最多10个单字节字符。

表6-6 **字符串举例**

总字符数	当前字符数	字符1	字符2	字符3	…	字符10
10	3	C (16#43)	A (16#41)	T (16#54)	…	—
字节0	字节1	字节2	字节3	字节4	…	字节11

（3）ARRAY数据类型。数组（ARRAY）数据类型表示由固定数目的同一数据类型的元素组成的域，它的元素可以是基本数据类型或者复杂数据类型。数组中每一维的下标取值范围为−32768～32767。数组可以在OB、FC、FB和DB的块接口编辑器中创建，但不能在PLC变量编辑器中创建。ARRAY元素的范围信息显示在关键字ARRAY后面的方括号中。范围的下限值必须小于或等于上限值，见表6-7。

表6-7 **数组的属性**

长度	格式	取值范围
元素的数目×数据类型的长度	<数据类型>的ARRAY 下限值...上限值	[−32768..+32767]

表6-8所示例子说明了如何声明一维ARRAY变量。

表6-8 **数组举例**

名称	数据类型	注释
Op_Temp	ARRAY 1..3 of INT	具有3个元素的一维ARRAY变量
My_Bits	ARRAY 1..3 of BOOL	该数组包含10个布尔值
My_Data	ARRAY −5..5 of SINT	该数组包含11个SINT值，其中包括下标0

访问ARRAY中的元素可通过下标访问来进行。第一个ARRAY元素的下标为1，第二个元素的下标为2，第三个元素的下标为3。在本例中要访问第二个ARRAY元素的值，需要在程序中指定“Op_Temp 2”。

变量“Op_Temp”也可声明为ARRAY 1..3 of INT，则第一个ARRAY元素的

下标为1，第二个元素的下标为0，第三个元素的下标为1。例如，“#My_Bits 3”表示引用数组“My_Bits”的第3位，“#My_Data 2”表示引用数组“My_Data”的第4个SINT元素。注意“#”符号由程序编辑器自动插入。

(4) STRUCT数据类型。结构（STRUCT）数据类型的变量将值保存在一个由固定数目的元素组成的结构中。不同的结构元素可具有不同的数据类型。

注意：不能在STRUCT变量中嵌套结构。STRUCT变量始终以具有偶地址的一个字节开始，并占用直到一个字限制的内存。

3. 参数类型

参数类型是为了逻辑块之间传递参数的形式参数（Formal Parameter）定义的数据类型，包括VARIANT和VOID两种。

VARIANT类型的参数是一个可以指向各种数据类型或参数类型变量的指针。VARIANT参数类型可识别结构并指向这些结构。使用参数类型VARIANT还可以指向STRUCT变量的各元素，见表6-9。VARIANT参数变量在内存中不占用任何空间。

表6-9　VARIANT参数类型的属性

表示法	格　式	长度（字节）	输入值实例
符号	操作数	0	MyTag
	数据块名称．操作数名称．元素		MyDB. StructTag. FirstComponent
绝对	操作数		%MW10
	数据块编号．操作数类型长度		P#DB10. DBX10. 0INT 12

4. 系统数据类型（SDL）

系统数据类型由系统提供并且具有预定义的结构。系统数据类型的结构由固定数目的可具有各种数据类型的元素构成。不能更改系统数据类型的结构。系统数据类型只能用于特定的指令。系统数据类型及其用途见表6-10。

表6-10　系统数据类型及其用途见

系统数据类型	结构长度/Byte	描　述
IEC_TIMER	16	时钟的结构，如“TP”“TOF”
IEC_SCOUNTER	3	计数器的结构，其计数为SINT数据类型
IEC_USCOUNTER	3	计数器的结构，其计数为USINT数据类型
IEC_COUNTER	6	计数器的结构，其计数为INT数据类型
IEC_UCOUNTER	6	计数器的结构，其计数为UINT数据类型
IEC_DCOUNTER	12	计数器的结构，其计数为DINT数据类型
IEC_UDCOUNTER	12	计数器的结构，其计数为UDINT数据类型
ERROR_STRUCT	28	编程或I/O访问错误的错误信息结构，如在“GET_ERROE”
CONDITIONS	52	定义的数据结构，定义了数据接收和结束的条件，如“GET_ERROR”指令
TCON_PARAM	64	指定数据块结构，用于存储通过PROFINET进行开放式通信的连接说明
VOID	—	VOID数据类型不保存任何值。用于输出不需要返回任何值

5. 硬件数据类型

硬件数据类型由CPU提供，根据硬件配置中设置的模块存储特定硬件数据类型的常量。在用户程序中插入用于控制或激活已组态模块的指令时，可将这些可用常量用作参数。硬件数据类型及用途见表6-11。

表6-11 硬件数据类型及用途

数据类型	基本数据类型	描述
HW_ANY	WORD	任何硬件组织（如模块）的标识
HW_IO	HW_ANY	I/O组件的标识
HW_SUBMODULE	HW_IO	中央硬件组件的标识
HW_INTERFACE	HW_SUBMODULE	接口组件的标识
HW_HSC	HW_SUBMODULE	快速计数器的标识
HW_PWM	HW_SUBMODULE	脉冲宽度调制的标识
HW_PTO	HW_SUBMODULE	脉冲传感器的标识
AOM_IDENY	DWORD	AS运行系统中对象的标识
EVENT_ANY	AOM_IDENY	用于标识任意事件
EVENT_ATT	EVENT_ANY	用于标识可动态分配给OB的事件
EVENT_HWINT	EVENT_ATT	用于标识硬件中断
OB_ANY	INT	用于标识任意OB
OB_DELAY	OB_ANY	用于标识发生延时中断时调用的OB
OB_CYCLE	OB_ANY	用于标识发生循环中断时调用的OB
OB_ATT	OB_ANY	用于标识可动态分配给OB的事件
OB_PCYCLE	OB_ANY	用于标识可分配给“循环事件”类别事件的OB
OB_HWINT	OB_ANY	用于标识发生硬件中断时调用的OB
OB_DIAG	OB_ANY	用于标识发生诊断错误中断时调用的OB
OB_TIMEERROR	OB_ANY	用于标识发生时间错误时调用的OB
OB_STARTUP	OB_ANY	用于标识发生启动事件时调用的OB
PORT	UINT	用于标识通信端口，此数据类型用于点对点通信
CONN_ANY	WORD	用于标识任意连接
CONN_OUC	CONN_ANY	用于标识通过PROFINET进行开放式通信的连接

6.2 基本指令

S7-1200的指令使用了西门子指令系统，是西门子公司设计的编程语言，该指令执行的时间通常较短，可以使用梯形图（LAD）、功能块图（FBD）和结构化控制语言（SCL）编程语言。其中SCL，属于可程控的控制卡上使用的Pascal高级语言（在本书中不做详细介绍）。本书主要使用的是梯形图编程语言。

S7-1200的指令从功能上大致可以分为三类：基本指令、扩展指令和全局库指令。

基本指令包括位逻辑指令、定时器、计数器、比较指令、数学指令、移动指令、转换指令、程序控制指令、逻辑运算指令及移位和循环移位指令等。

6.2.1 位逻辑指令

位逻辑指令使用 1 和 0 两个数字，将 1 和 0 两个数字称作二进制数字或位。在触点和线圈中，1 表示激活状态，0 表示未激活状态。位逻辑指令是 PLC 中最基本的指令，见表 6-12。

表 6-12 常用的位逻辑指令

图形符号	功 能	图形符号	功 能
┤├	动合触点	-(S)-	置位线圈
┤/├	动断触点	-(R)-	复位线圈
-( )-	输出线圈	-(SET_BF)-	置位域
-(/)-	反向输出线圈	-(RESET_BF)-	复位域
┤NOT├	取反	┤P├	P 触点，上升沿检测
RS —— R Q - …— S1	RS 置位优先型 RS 触发器	┤N├	N 触点，下降沿检测
		-(P)-	P 线圈，上升沿
		-(N)-	N 线圈，下降沿
SR —— S Q - …— R1	SR 复位优先型 SR 触发器	P_TRIG - CLK Q -	P_Trig，上升沿
		N_TRIG - CLK Q -	N_Trig，下降沿

1. 触点、线圈指令

(1) 动合触点与动断触点。动合触点在指定的位为 1 状态（ON）时闭合，为 0 状态（OFF）时断开。动断触点在指定的位为 1 状态时断开，为 0 状态时闭合。

(2) NOT（取反）触点。NOT 触点用来转换能流输入的逻辑状态。如果没有能流输入 NOT 触点，则有能流流出。如果有能流流入 NOT 触点，则没有能流流出，如图 6-5 所示。

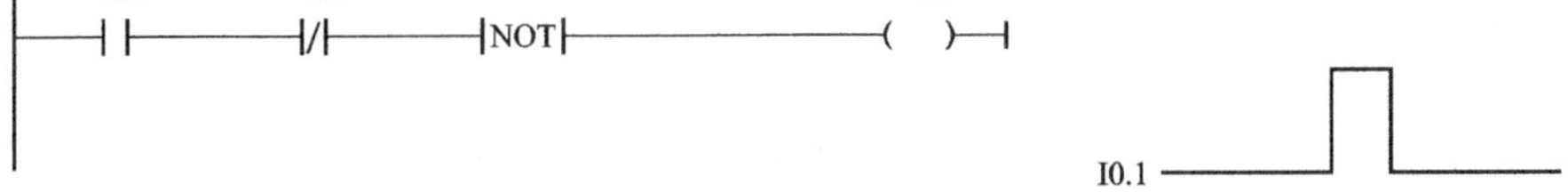

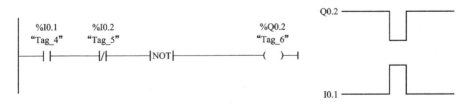

图 6-5 触点指令程序及时序图

(3) 输出线圈。线圈输出指令将线圈的状态写入指令的地址，线圈通电时写入 1，断电时写入 0。如果是 Q 区的地址，CPU 将输出的值传送给对应的过程映象输出。在 RUN 模式，CPU 不停地扫描输入信号，根据用户程序的逻辑处理输入状态，通过向过程映象输出写入新的输出状态值来做出响应。在写输出阶段，CPU将存储在过程映象输出区中的新的输出状态传送给对应的输出电路。

可以用Q0.4：P的线圈将位数据值写入映象输出Q0.4，同时直接写给对应的物理输出点。

反向输出线圈中间“/”符号，如果有能流过M1.1的反向输出线圈，如图6-6（a）所示，则M1.1的输出位为0状态，其动合触点断开，如图6-6（b）所示，反之，M1.1的输出位为1状态，其动断触点闭合。

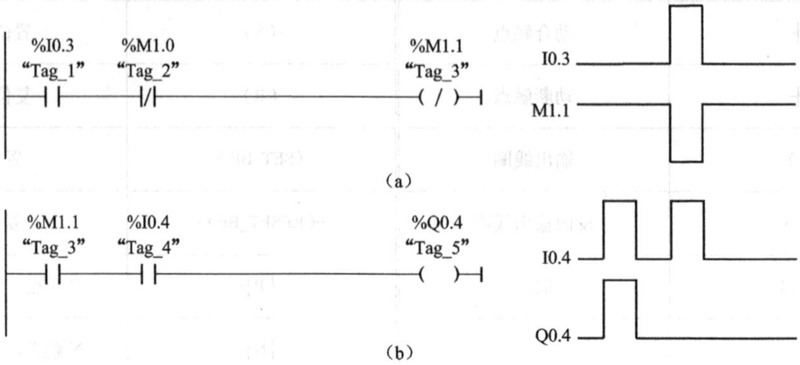

图6-6 输出线圈程序及时序图

（a）输出为0状态；（b）输出位为1状态

2. 置位复位指令

（1）S（Set，置位或置1）指令将指定的地址位置位（变为1状态并保持）。

（2）R（Reset，复位或置0）指令将指定的地址位复位（变为0状态并保持）。

如图6-7所示，若I0.5的动合触点闭合，Q0.6变为1状态并保持该状态。即使I0.5的动合触点断开，Q0.6也仍然保持1状态。若I0.6的动合触点闭合时，Q0.6变为0状态并保持该状态，即使I0.6的动合触点断开，Q0.6也仍然保持0状态。

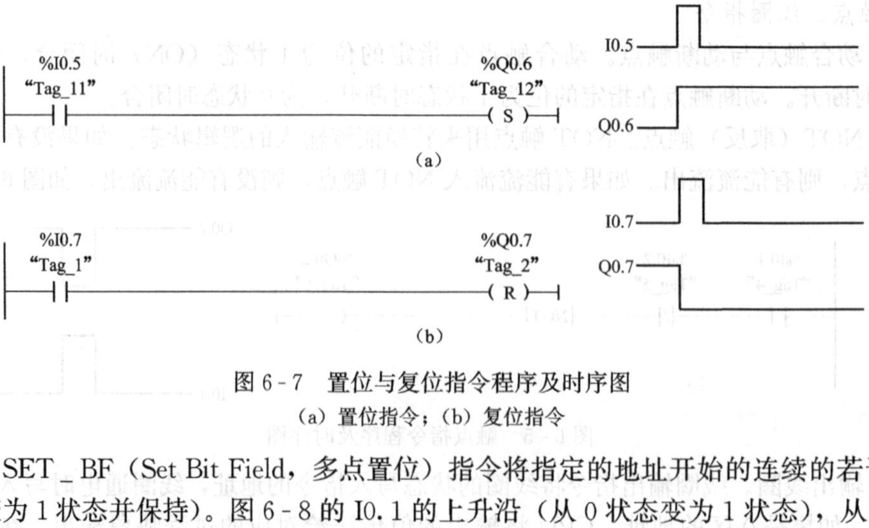

图6-7 置位与复位指令程序及时序图

（a）置位指令；（b）复位指令

（3）SET_BF（Set Bit Field，多点置位）指令将指定的地址开始的连续的若干地址位置位（变为1状态并保持）。图6-8的I0.1的上升沿（从0状态变为1状态），从M5.0开始的4个连续的位被置位为1并保持1状态。

（4）RESET _ BF（Reset Bit Field，多点复位）指令将指定的地址开始的连续的若干地址位复位（变为 0 状态并保持）。在图 6-8 中的 M4.4 的下降沿（从 1 状态变为 0 状态），从 M5.4 开始的 3 个连续的地址位被复位为 0 并保持 0 状态。

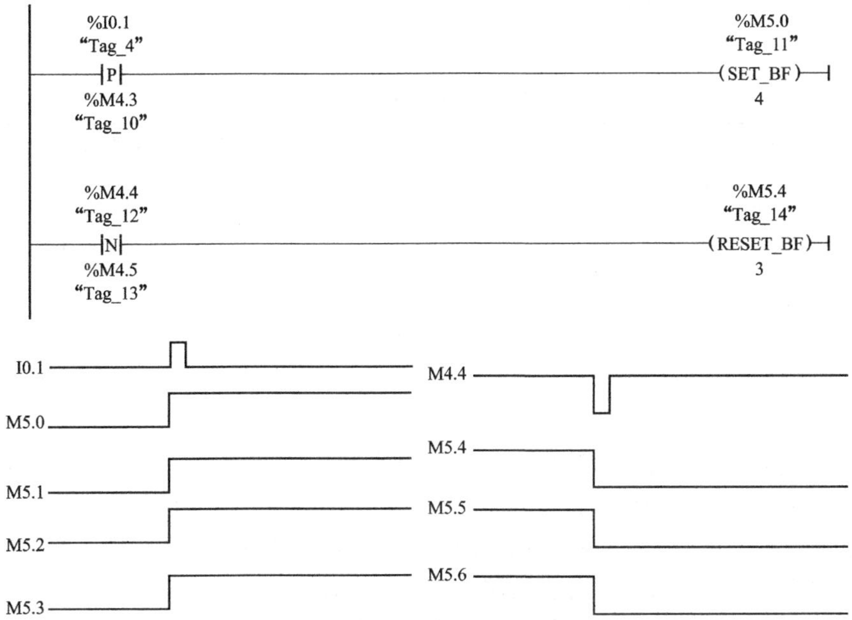

图 6-8　多点置位与复位程序及时序图

（5）触发器的置位复位指令。触发器的置位复位指令如图 6-9 所示。可以看出，触发器有置位输入和复位输入两个输入端。触发器指令上的 M7.2 和 M7.6 为标志位。R、S 输入端首先对标志位进行复位和置位，然后再将标志位的状态送到输出端。

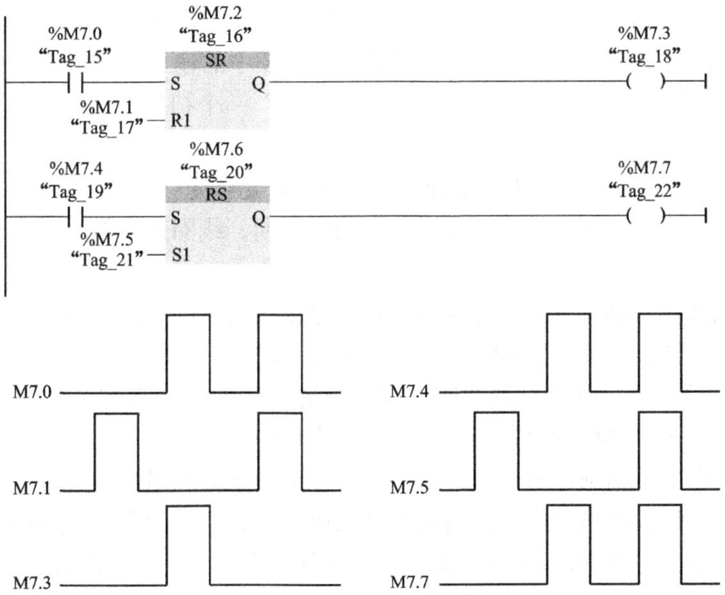

图 6-9　触发器的置位复位指令及时序图

SR是复位优先触发器，在置位（S）和复位（R1）信号同时为1时，输出位M7.2被复位为0，可选的输出Q反映了M7.2的状态。

RS是置位优先触发器，在置位（S1）和复位（R）信号同时为1时，M7.6为1，可选的输出Q反映了M7.6的状态。

输入/输出关系见表6-13。

表6-13　　RS和SR锁存器的功能

复位优先锁存器（SR）			置位优先锁存器（RS）		
S	R1	输出位	R	S1	输出位
0	0	保持前一状态	0	0	保持前一状态
0	1	0	1	0	0
1	0	1	0	1	1
1	1	0	1	1	1

3. 边沿检测指令

（1）触点边沿。触点边沿检测指令包括P触点和N触点指令，是当触点地址位的值从"0"到"1"（上升沿或正边沿，Positive）或从"1"到"0"（下降沿或负边沿，Negative）变化时，该触点地址保持了一个扫描周期的高电平，即对应动合触点接通一个扫描周期。触点边沿指令可以放在程序段中除分支结尾外的任何位置。

在图6-8中有P的触点是上升沿检测触点，如果输入信号I0.1由0状态变为1状态（输入信号I0.1的上升沿），则该触点接通一个扫描周期。边沿检测触点不能放在电路结束处。P触点下面的M4.3为边沿存储位，用来存储上一次扫描循环时I0.1的状态。通过比较输入信号的当前状态和下一次循环的状态，来检测信号的边沿。边沿存储位的地址只能在程序中使用一次，它的状态不能在其他地方被改写。只能使用局部变量M、全局变量和静态局部变量（Static）来作边沿存储位，不能使用临时局部数据或I/O变量来作边沿存储位。

中间有N的触点是下降沿检测触点，如果图6-8中的输入信号M4.4由1状态变为0状态（M4.4的下降沿），RESET_BF的线圈"通电"一个扫描周期。N触点下面的M4.5为边沿存储位。

（2）线圈边沿。线圈边沿包括P线圈和N线圈，是当进入线圈的能流中检测到上升沿或下降沿变化时，线圈对应的位地址接通一个扫描周期。线圈边沿指令可以放在程序段中的任何位置。

中间有P的线圈，如图6-10所示为上升沿检测线圈，仅在流进该线圈的能流的上升沿（线圈由断电变为通电），输出位M6.1为1，M6.2为边沿存储位。

中间有N的线圈是下降沿检测线圈，仅在流进该线圈的能流的下降沿（线圈由通电变为断电），输出位M6.3为1状态。M6.4为边沿存储位。

边沿存储线圈不会影响逻辑运算结果，它对能流是畅通无阻的，其输入端的逻辑运算结果被立即送给线圈的输出端。边沿检测线圈可以放置在程序段的中间或程序段的最右边。在运行时用外接的小开关使I0.7变为1状态，I0.7的动合触点闭合，能流经P线圈和N线圈流过M6.5的线圈。在I0.7的上升沿，M6.1的动合触点闭合一个扫描周期，使M6.6置位。在I0.7的下降沿，M6.3的动合触点闭合一个扫描周期，使M6.6复位。

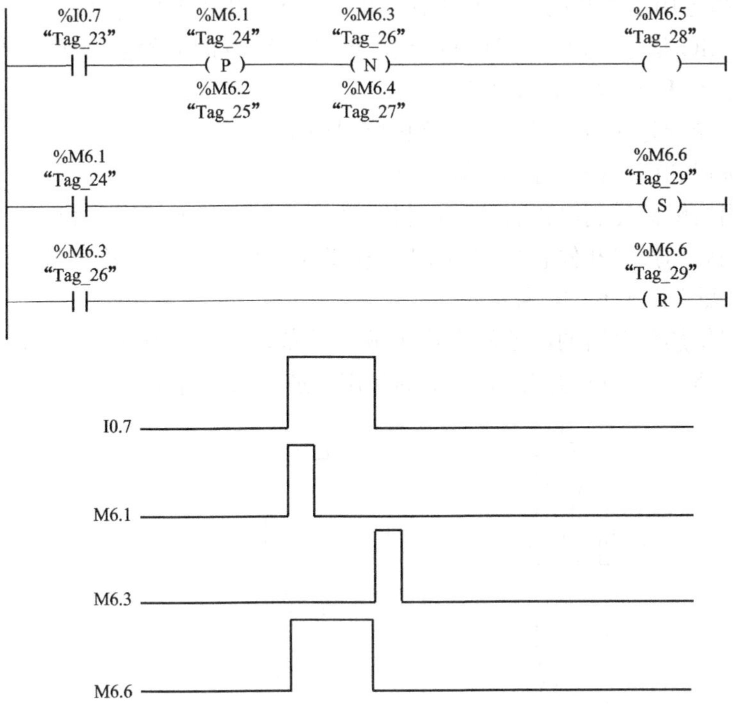

图 6 - 10　边沿检测线圈指令程序及时序图

(3) TRIG 边沿。TRIG 边沿指令包括 P _ TRIG 指令和 N _ TRIG 指令，当在"CLK"输入端检测到上升沿或下降沿时，输出端接通一个扫描周期。

如图 6 - 11 所示，在流进 P _ TRIG 指令的 CLK 输入端的能流的上升沿，Q 端输出脉冲宽度为一个扫描周期的能流，使 M8.1 置位。方框下面的 M8.0 是脉冲存储器位。在流进 N _ TRIG指令的 CLK 输入端的能流的下降沿，Q 端输出脉冲宽度为一个扫描周期的能流，使 Q0.6 复位。指令方框下面的 M8.2 是脉冲存储器位。

P _ TRIG 指令与 N _ TRIG 指令不能放在电路的开始处和结束处。

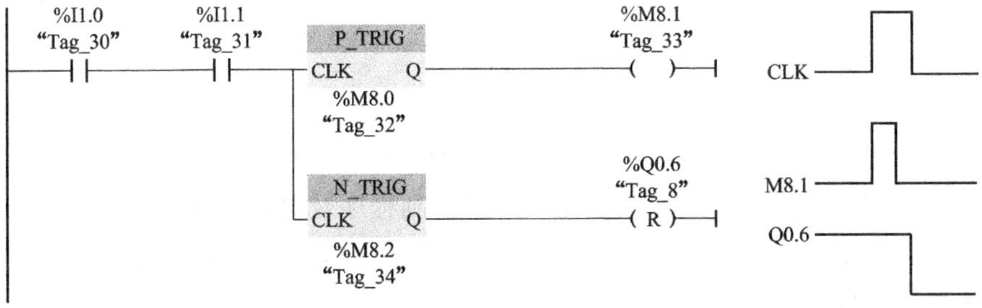

图 6 - 11　P _ TRIG 指令与 N _ TRIG 指令程序及时序图

(4) 3 种边沿检测指令的区别。以上升沿检测为例。

在 P 触点指令中，触点上面的地址的上升沿，该触点接通一个扫描周期，因此 P 触点用于检测触点上面地址的上升沿，并且直接输出上升沿脉冲。

在 P 线圈的能流的上升沿，线圈上面的地址在一个扫描周期为 1 状态，因此 P 线圈用于检测能流的上升沿，并用线圈上面的地址来输出上升沿脉冲。

P _ TRIG 指令用于检测能流的上升沿，并且直接输出上升沿脉冲。

如果 P _ TRIG 指令左边只有 I1.0 触点，可以用 I1.0 的 P 触点来代替 P _ TRIG 指令。

4. 位逻辑指令 PLC 程序设计实例

【例 6-1】 单向运转电动机启动、停止控制程序。

利用启动按钮和停止按钮分别控制电机启停。

主回路采用接触器控制电机启停。控制回路采用 S7-1200 CPU 进行控制。图 6-12 所示控制电路采用启动按钮和停止按钮给 PLC 提供输入信号。PLC 输出信号 Q0.0 控制接触器 KM。I/O 分配表如表 6-14 所示。

注意：没有将热继电器的动断触点作为输入设备，而是将其串接在 PLC 输出设备——接触器的线圈回路中，不仅起到过载保护的作用，还可以节省输入点。

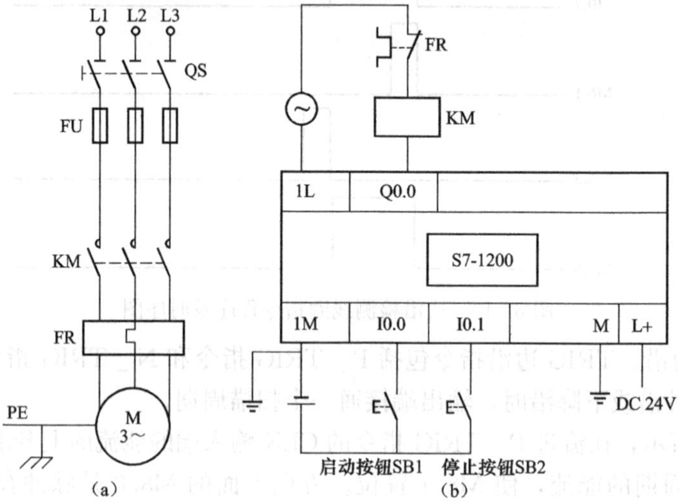

图 6-12 单向运转电机启动、停止控制接线图

(a) 主电路；(b) 控制电路

表 6-14 **I/O 分配表**

输入信号		输出信号	
启动按钮 SB1	I0.0	接触器 KM	Q0.0
停止按钮 SB2	I0.1		

方法一：采用自锁指令——停止优先（自锁控制程序及时序图见图 6-13）。

图 6-13（c）中采用 Q0.0 的动合触点组成自锁回路，实现启、停控制。对于该程序，若同时按下启动和停止按钮，则停止优先。

图 6-13（d）对于该程序，若同时按下启动和停止按钮，则启动优先。

注意：触点的通断与 PLC 外部接的是动合按钮还是动断按钮没有关系，只取决于输入映像寄存器的位值。位值为 1，则动断触点断开，动合触点闭合。而输入映像寄存器的位值取决于外部输入电路的通断。外部输入电路接通时，输入映像寄存器的位值为 1。

方法二：采用置位、复位指令实现（置位与复位指令程序及时序图见图 6-14）。

自行思考：停止按钮为动合按钮，如换为动断按钮程序应如何编写？

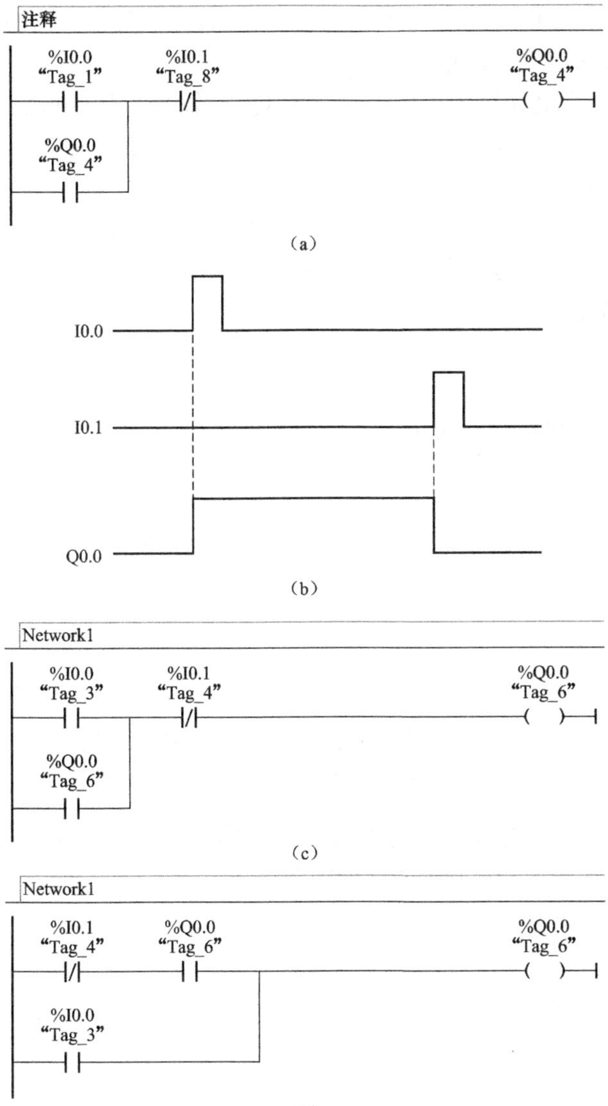

图 6 - 13　自锁控制程序及时序图

(a) 控制程序；(b) 时序图；(c) 停止优先启、停控制程序；(d) 启动优先启、停控制程序

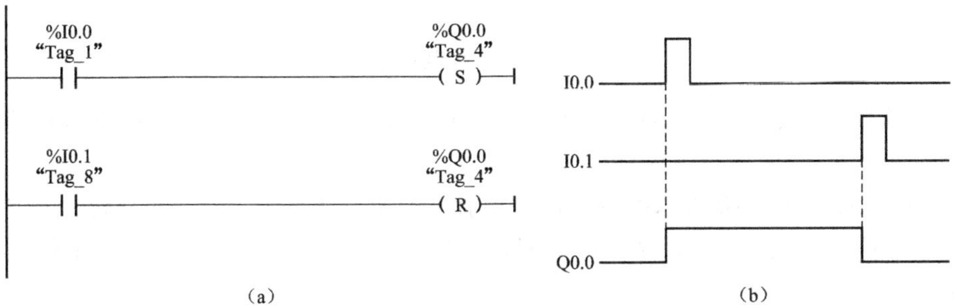

图 6 - 14　置位与复位指令程序及时序图

(a) 控制程序；(b) 时序图

若同时按下启动和停止按钮，则复位优先。因为程序中写在后面的指令有优先权。

【例 6-2】 单按钮起动、停止控制程序。

【例 6-1】中，一台电动机的启停控制（由 Q0.0 输出）是通过启动、停止两个按钮来控制的。为了节省输入点，可以采用一个按钮（由 I0.0 输入），通过软件编程来实现启、停控制。可以采用三种方法实现。

方法一：用经验设计方法，采用自锁结构实现该功能，如图 6-15 所示。I0.0 作为启动、停止按钮的输入地址，第一次按下时 Q0.0 有输出并自锁，第二次按下时 M1.0 输出，Q0.0 断开并停止，如此反复。

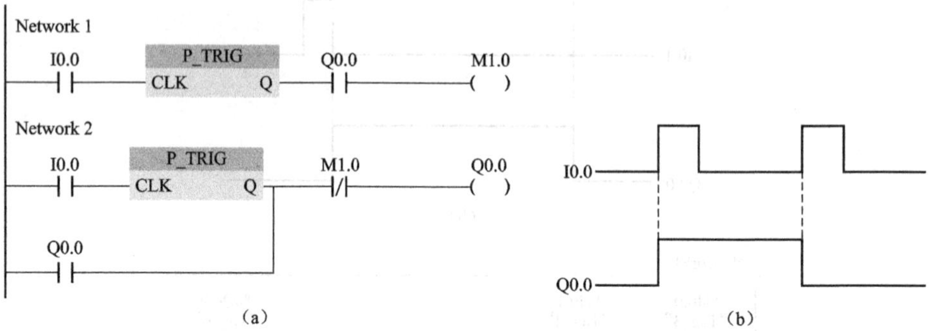

图 6-15 单按钮启动、停止控制程序及时序图

（a）控制程序；（b）时序图

方法二：该功能的实质是逻辑电路中的 T 触发器功能，所以可以采用 RS 触发器构建 T 触发器的方法实现，如图 6-16 所示的梯形图程序。

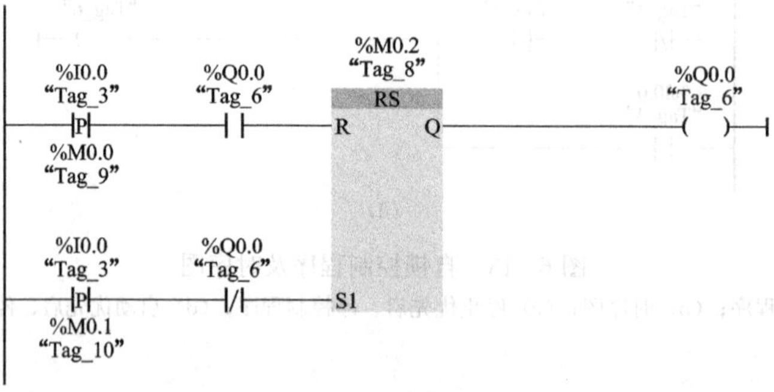

图 6-16 控制程序

按动一次瞬时按钮 I0.0，输出 Q0.0 亮，再按动一次按钮，输出 Q0.0 灭；重复以上过程。

方法三：通过逐行扫描在 M2.0 中产生单脉冲，第一次按下 I0.0 时，M2.0 产生单脉冲并控制 Q0.0 输出为 1；第二次按下 I0.0 时，M2.0 产生单脉冲控制 M2.2 输出为 1，从而使 Q0.0 输出为零。

【例 6-3】 具有点动调整功能的电动机启动、停止控制程序。PLC 控制的主电路及 PLC 逻辑控制电路如图 6-18 所示。

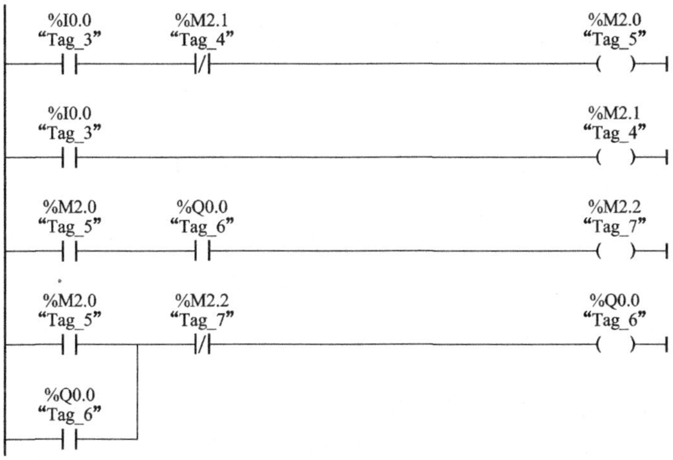

（a）

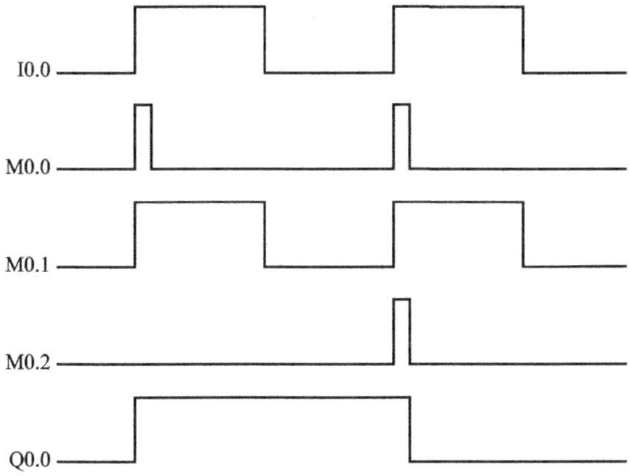

（b）

图 6-17　控制程序及时序图

（a）控制程序；（b）时序图

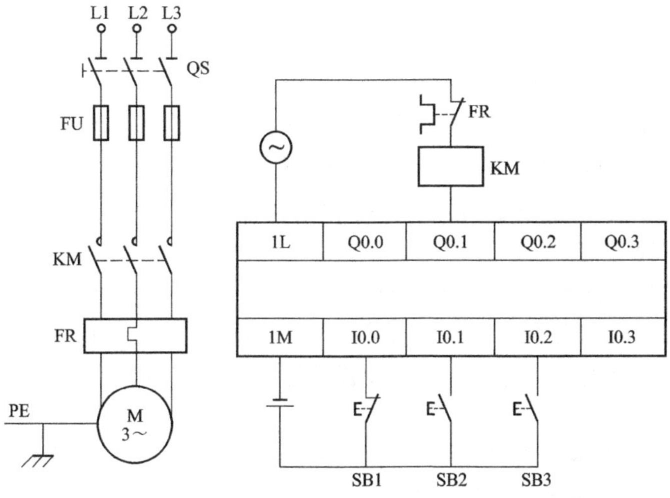

（a）　　　　　　　　（b）

图 6-18　具有点动调整功能的电动机启动、停止控制接线图

（a）主电路；（b）控制电路

表 6-15 I/O 分配表

输入信号		输出信号	
停止按钮 SB1	I0.0	接触器 KM	Q0.1
启动按钮 SB2	I0.1		
点动按钮 SB3	I0.2		

除了启动按钮、停止按钮外，还增加了点动按钮 SB3。

在继电器控制系统中，点动控制可以采用复合按钮，利用动合、动断触点的先断后合的特点实现。

而 PLC 梯形图中软继电器动合和动断按钮的状态转换是同时进行的。

可以采用图 6-19 中所示的中间继电器 M2.0 和它的动断触点来模拟先断后合型电器的特性。按下 SB3，Q0.1 得电，M2.0 得电，则（M2.0 的非）=0，断开 Q0.1 的自锁回路。

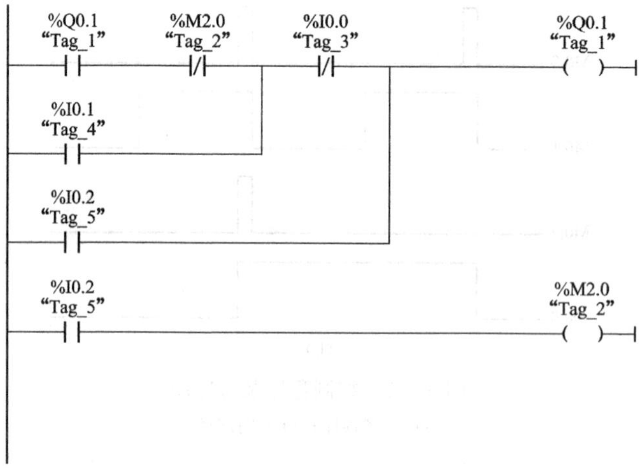

图 6-19 电动机启、停、点动控制程序

【例 6-4】 故障信息显示。

设计故障信息显示电路，从故障信号 I0.0 的上升沿开始，Q0.7 控制的指示灯以 1Hz 的频率闪烁。操作人员按复位按钮 I0.1 后，如果故障已经消失，则指示灯灭，如果没有消失，则指示灯转为常亮，直至故障消失。如图 6-20 所示。

【例 6-5】 多路报警。

标准的报警功能应该是声光报警。当故障发生时，报警指示灯闪烁，报警电铃或蜂鸣器鸣响。操作人员知道故障发生后，按下消铃按钮关闭电铃，报警指示灯从闪烁变为长亮。故障消失后，报警指示灯熄灭。另外，还应设置试灯、试铃按钮，用于平时检测报警指示灯和电铃的好坏。

实际系统中可能出现多种故障，一般一种故障对应一个故障指示灯，但系统只能有一个电铃。报警指示灯采用闪烁控制，利用两个定时器配合实现。当任何一种故障发生后，按下消铃按钮后，不能影响其他故障发生时报警电铃的正确鸣响。I/O 分配表见表 6-16。

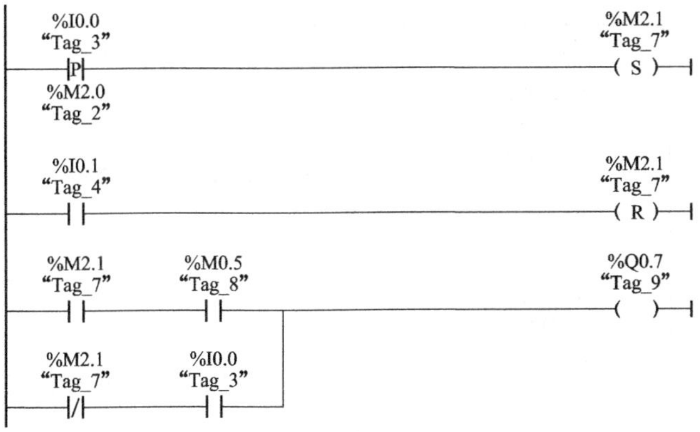

(a)

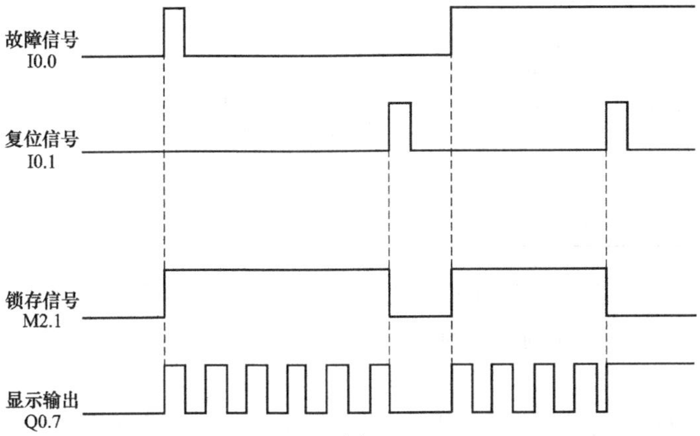

(b)

图 6 - 20　故障信息显示程序及时序图

(a) 控制程序；(b) 时序图

表 6 - 16　I/O 分 配 表

I0.0	I0.1	I1.0	I1.1
故障 1 输入	故障 2 输入	消铃按钮	试灯、试铃按钮
Q0.0	Q0.1	Q0.7	—
故障 1 指示灯	故障 2 指示灯	报警电铃	—

6.2.2 定时器指令

使用定时器指令可创建编程的时间延迟，S7 - 1200 PLC 有 4 种定时器，见表 6 - 17。

表 6 - 17　S7 - 1200 定时器

类　型	指　令	描　述
脉冲定时器（TP）	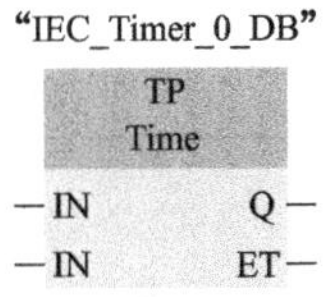	脉冲定时器可生成具有预设宽度时间的脉冲

续表

类　型	指　令	描　述
接通延迟定时器（TON）	“IEC_Timer_0_DB_2” 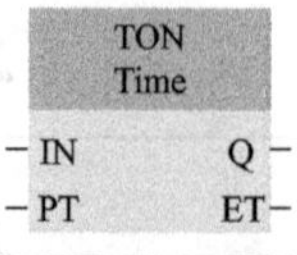	接通延迟定时器输出 Q 在预设的延时过后设置为 ON
关断延迟定时器（TOF）	“IEC_Timer_0_DB_3” 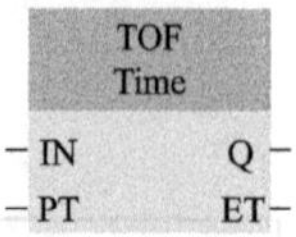	关断延迟定时器输出 Q 在预设的延时过后重置为 OFF
保持型接通延迟定时器（TONR）	“IEC_Timer_0_DB_1” 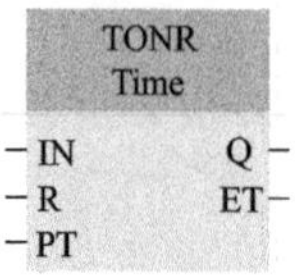	保持型接通延迟定时器输出在预设的延时过后设置为 ON。在使用 R 输入重置经过的时间之前，会跨越多个定时时段一直累加经过的时间

还有一个 RT 指令，RT 指令通过清除存储在指定定时器背景数据块中的时间数据来重置定时器，可创建自己的“定时器名称”来命名定时器数据块，还可以描述该定时器在过程中的用途。

TP、TON 和 TOF 定时器具有相同的输入和输出参数。TONR 定时器具有附加的复位输入参数 R。参数 IN 可以启动和停止定时器。参数 IN 从“0”变为“1”时，将启动定时器 TP、TON 和 TONR，从“1”变“0”时，将启动定时器 TOF。PT（Preset Time）为时间预置值，ET（Elapsed Time）为定时开始后经过的时间或称为已耗时间值，参数 PT 和参数 ET 值以表示毫秒时间的有符号双精度整数形式存储在存储器中。时间型数据使用“T＃××ms”或“T＃×s_××ms”的形式输入。ET（可以不为 ET 指定地址）的数值类型为 32 位的 Time，单位为 ms，最大定时时间为 T＃24D_20H_31M_23S_647MS。各变量均可使用 I（仅用于输入变量）、Q、M、D、L 存储区。

表 6－18 所示为定时器输入输出参数数据类型及其说明。

表 6－18　　定时器输入输出参数数据类型

参　数	数据类型	存　储　区	说　明
IN	Bool	I、Q、M、D、L	启用定时器输入
PT（Preset Time）	Time	I、Q、M、D、L 或常数	预设的时间值输入
Q	Bool	I、Q、M、D、L	定时器输出
ET（Elapsed Time）	Time	I、Q、M、D、L	经过的时间值输出
R	Bool	I、Q、M、D、L	将 TONR 经过的时间重置为零

定时器的基本功能如图 6－21 所示。

表 6－19 所示为不同定时器运行期间 PT 和 ET 参数值的变化。

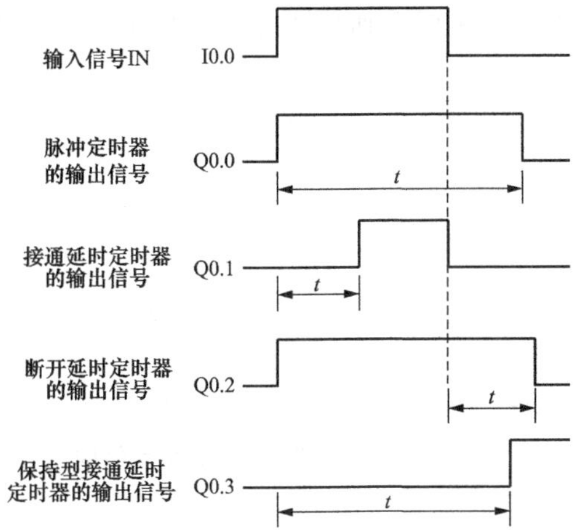

图 6-21　定时器的基本功能

表 6-19　　PT 和 ET 参数值变化

定时器	PT 和 ET 参数值变化
TP	定时器运行期间，更改 PT 没有任何影响 定时器运行期间，更改 IN 没有任何影响
TON	定时器运行期间，更改 PT 没有任何影响 定时器运行期间，将 IN 更改为 FALSE 会复位并停止定时器
TOF	定时器运行期间，更改 PT 没有任何影响 定时器运行期间，将 IN 更改为 TRUE 会复位并停止定时器
TONR	定时器运行期间更改 PT 没有任何影响，但对定时器中断后继续运行会有影响 定时器运行期间将 IN 更改为 FALSE 会停止定时器但不会复位定时器 将 IN 改回 TRUE 将使定时器从累积的时间值开始定时

每个定时器都使用一个存储在数据块中的结构来保存定时器数据。在编辑器中放置定时器指令时可分配该数据块。IEC 定时器和 IEC 计数器属于功能块，调用时需要指定配套的背景数据块，定时器和计数器指令的数据保存在背景数据块中。

在梯形图中输入定时器指令时，打开右边的指令窗口将“定时器操作”文件夹中的定时器指令拖放到梯形图中适当的位置，在出现的“调用选项”对话框中修改将要生成的背景数据块的名称，或采用默认的名称。单击“确定”按钮，自动生成数据块，如下图 6-22 所示。

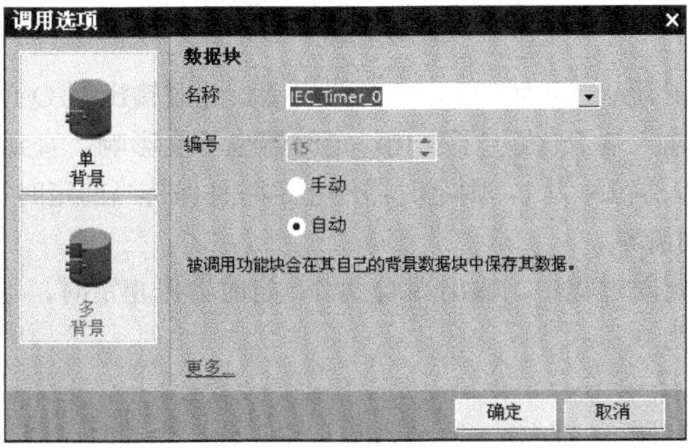

图 6-22　建立背景数据块

打开定时器的背景数据块，可以看到其结构含义类似图 6-23 所示。

IEC_Timer_0				
	名称	数据类型	初始值	注释
1	▼ Static			
2	START	Time	T#0ms	开始时间
3	PRESET	Time	T#0ms	预设时间
4	ELAPSED	Time	T#0ms	过去时间
5	RUNNING	Bool	false	运行状态
6	IN	Bool	false	输入信号
7	Q	Bool	false	输出信号
8	PAD	Byte	B#16#00	
9	PAD_1	Byte	B#16#00	
10	PAD_2	Byte	B#16#00	

图 6-23　定时器的背景数据块结构

1. 脉冲定时器

脉冲定时器如图 6-24（a）所示，图 6-24（b）所示为其时序图。图 6-24 中，%DB 表示定时器的背景数据块，TP 表示为脉冲定时器。由图 6-24（b）可得到其工作原理如下。

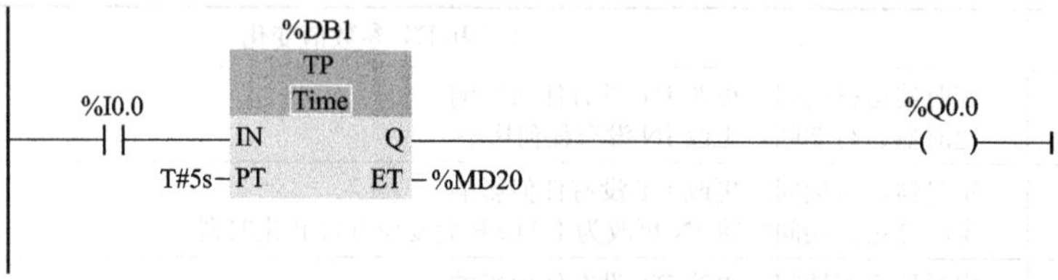

（a）

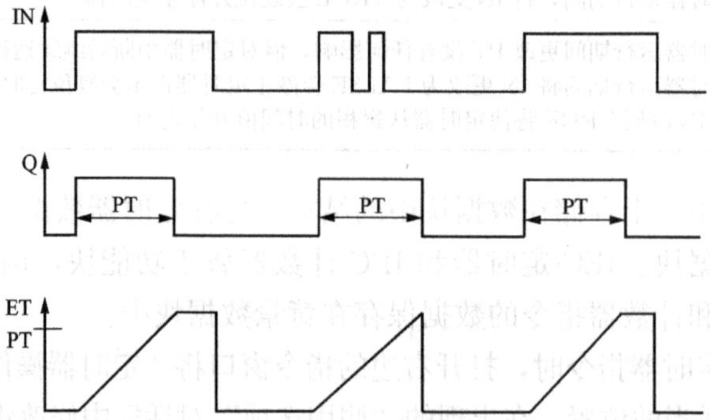

（b）

图 6-24　脉冲定时器及其时序图

（a）脉冲定时器；（b）时序图

启动：当输入端 IN 从 0 变为 1 时，定时器启动，此时输出端 Q 也置为 1。在脉冲定时器定时过程中，即使输入端 IN 发生了变化，定时器也不受影响，直到到达预设值时间。到达预设值后，如果输入端 IN 为 1，则定时器停止定时且保持当前定时值。如果输入端 IN 为 0，则定时器定时时间清零。

输出：在定时器定时过程中，输出端 Q 为 1，定时器停止定时，不论是保持当前值还是清零当前值其输出均为 0。

2. 接通延时定时器

接通延时定时器如图 6-25（a）所示，图 6-25（b）为其时序图。图 6-25 中%DB1 表示定时器的背景数据块（此处只显示了绝对地址，因此背景数据块地址显示为%DB1，也可设置显示符号地址），TON 表示为接通延时定时器。由图 6-25（b）可得到其工作原理如下。

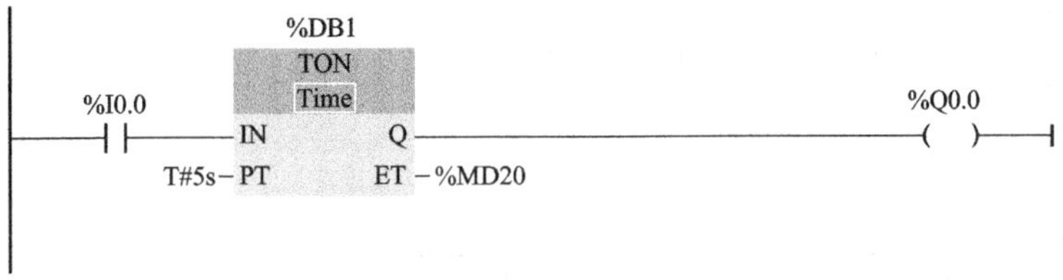

（a）

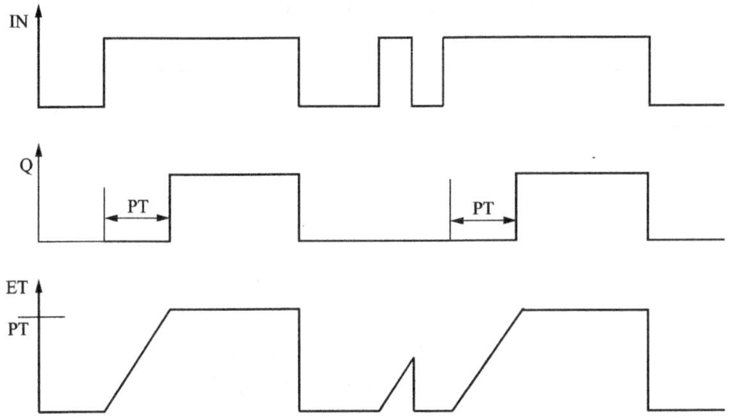

（b）

图 6-25　接通延时定时器及其时序图

（a）接通延时定时器；（b）时序图

启动：当定时器的输入端 IN 由 0 变为 1 时，定时器启动进行由 0 开始的加定时，到达预设值后，定时器停止计时且保持为预设值。只要输入端 IN=1，定时器就一直起作用。

预设值：在输入端 PT 输入格式如“T＃5S”的定时时间，表示定时为 5s。

定时器的当前计时时间值可以在输出端 ET 输出。定时器的当前值不为负，若设置值为负，则定时器指令执行时将被设置为 0。

输出：当定时器定时时间到，没有错误且输入端 S=1 时，输出端 Q 置位为 1。

如果在定时时间到达前输入端 S 从 1 变为 0，则定时器停止运行，当前计时值为 0，此时输出端 Q=0。若输入端 S 又从 0 变为 1，则定时器重新由 0 开始加定时。

3. 断开延时定时器

断开延时定时器如图 6-26（a）所示，图 6-26（b）为其时序图。图 6-26 中，%DB4 表示定时器的背景数据块，TOF 表示为断开延时定时器。由图 6-26（b）可得到其工作原理如下。

启动：当定时器的输入端 IN 从 0 变为 1 时，定时器尚未开始定时且当前定时值清零。当 IN 由 1 变为 0 时，定时器启动开始加定时。当定时时间到达预设值时，定时器停止计时并保持当前值。

输出：当输入端 IN 由 0 变为 1 时，输出端 Q=1，如果输入端又变成 0，则输入端 Q 继续保持 1，直到到达预设值时间。

断开延时定时器可以用于设备停机后的延时，如大型变频电动机的冷却风扇的延时。

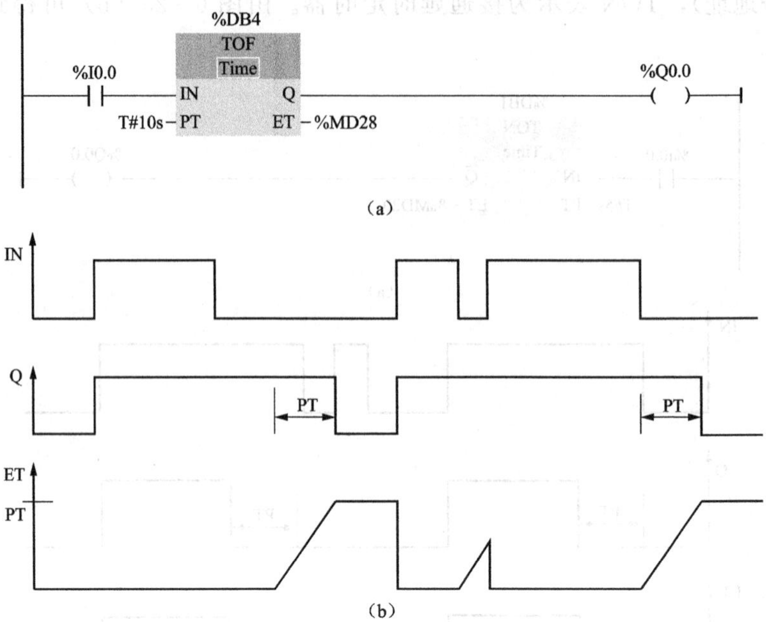

图 6-26 断开延时定时器及其时序图

(a) 断开延时定时器；(b) 时序图

如图 6-27 所示的程序为采用接通延时定时器（TON）实现断电延时功能，图 6-28 为其时序图。I0.1 代表开始按钮，I0.2 表示停止按钮。当 I0.1 按下时 Q0.0 输出为 1，当 I0.2 按下时，Q0.0 经 8s 后延时关断。

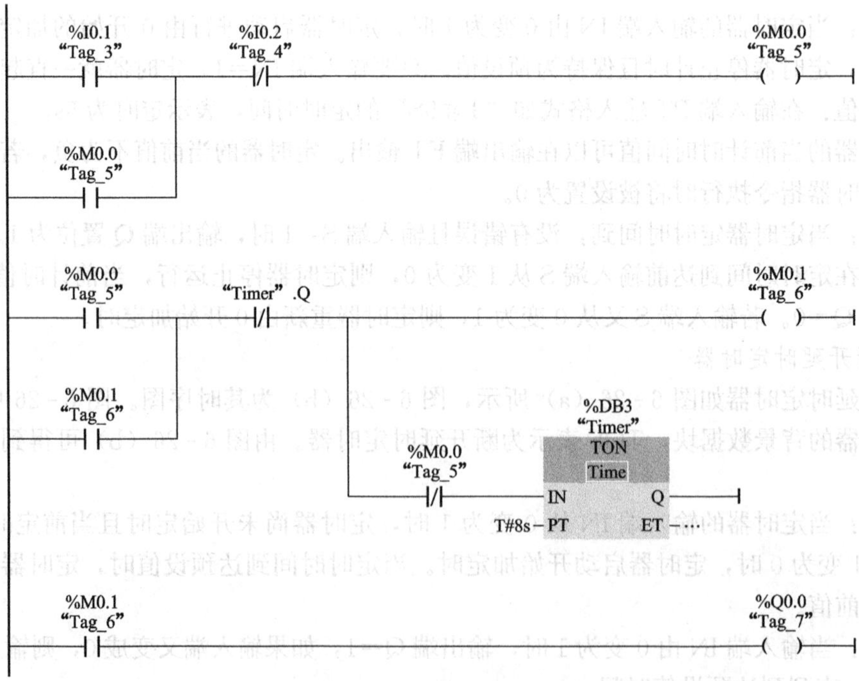

图 6-27 TON 实现断电延时功能

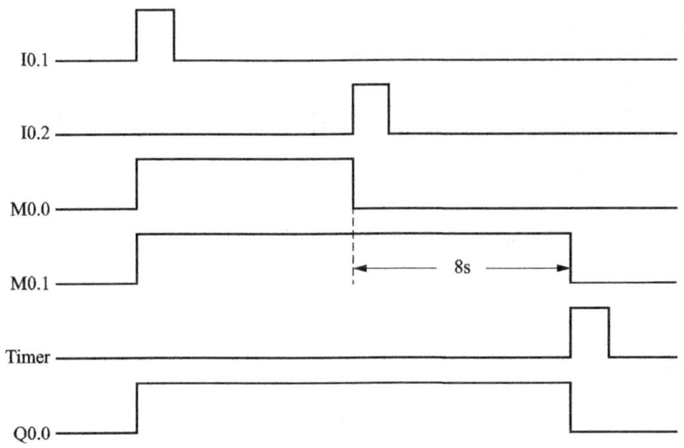

图 6-28　TON 实现断电延时功能的时序图

4. 保持型接通延时定时器

保持型接通延时定时器如图 6-29（a）所示，图 6-29（b）所示为其时序图。图 6-29 中，%DB3 表示定时器的背景数据块，TONR 表示为保持型接通延时定时器。由图 6-29（b）可得到其工作原理如下。

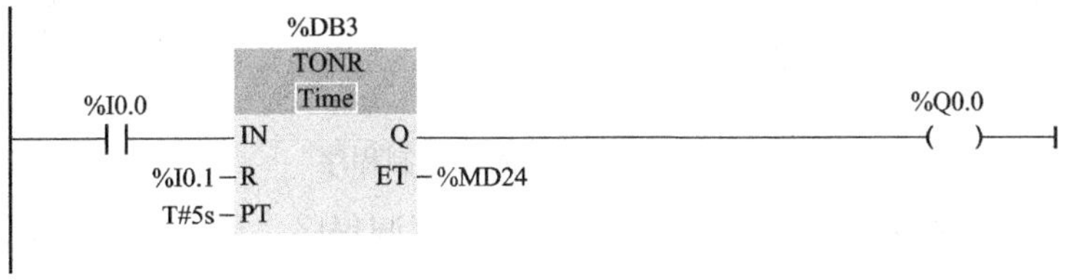

（a）

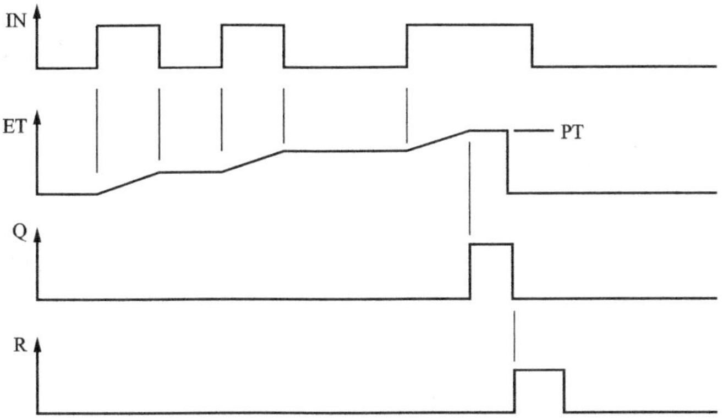

（b）

图 6-29　保持型接通延时定时器

（a）保持型接通延时定时器；（b）时序图

启动：当定时器的输入端 IN 从 0 变为 1 时，定时器启动开始加定时，当 IN 端变为 0 时，定时器停止工作保持当前计时值。当定时器的输入端 IN 又从 0 变为 1 时，定时器继续计时，当前值继续增加。如此重复，直到定时器当前值达到预设值时，定时器停止计时。

复位：当复位输入端 R 为 1 时，无论 IN 端如何，都清除定时器中的当前定时值，而且输出端 Q 复位。

输出：当定时器计时时间到达预设值时，输出端 Q 变为 1。

【例 6-6】 最大限时控制程序。

要求启动后 2 分钟之内按下停止按钮，否则（超过 2 分钟）自动停止。

程序控制如图 6-30 所示。

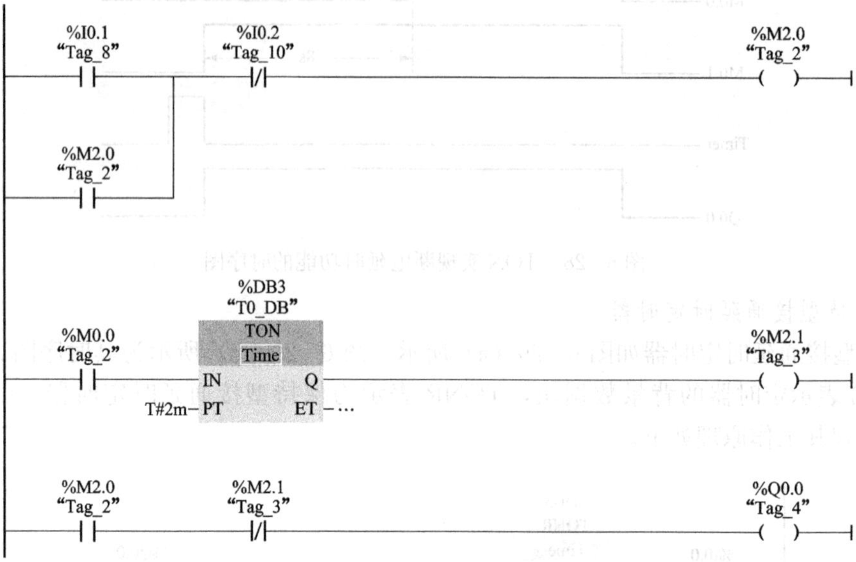

图 6-30 最大限时控制程序

【例 6-7】 连续脉冲产生程序、连续脉冲周期可调程序、周期占空比可调程序。

（1）连续脉冲产生程序如图 6-31 所示。

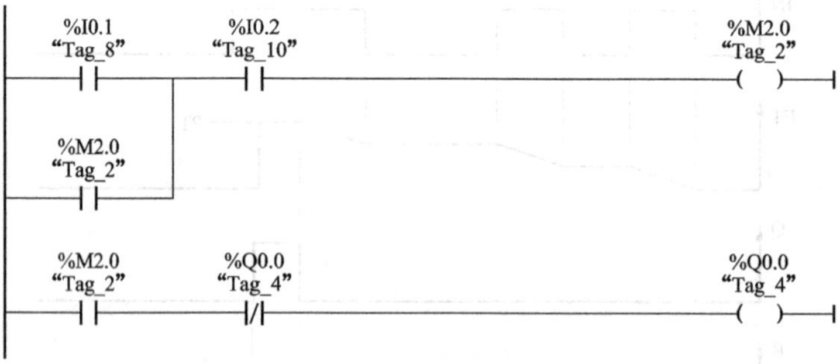

图 6-31 连续脉冲产生程序

脉冲周期为两个扫描周期的连续脉冲，实用价值不高。

（2）连续脉冲周期可调程序如图 6-32 所示。

（3）用接通延时定时器实现一个周期占空比可调振荡电路，如图 6-33 所示。

振荡电路的高、低电平时间分别由两个定时器的 PT 值确定。

图 6-33 中 I1.1 的动合触点接通后，左边的定时器的 IN 输入为 1 状态开始定时。2s 后定时时间到，它的 Q 输出端的能流流入右边的定时器的 IN 输入端，使右边的定时器开始定时，同时 Q0.7 的线圈通电。

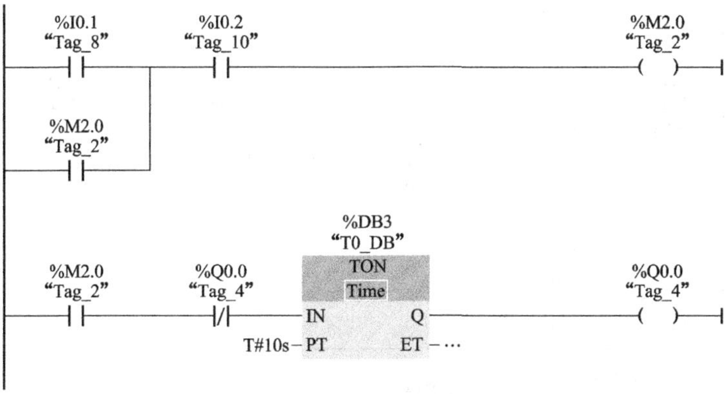

图 6-32 连续脉冲周期可调程序

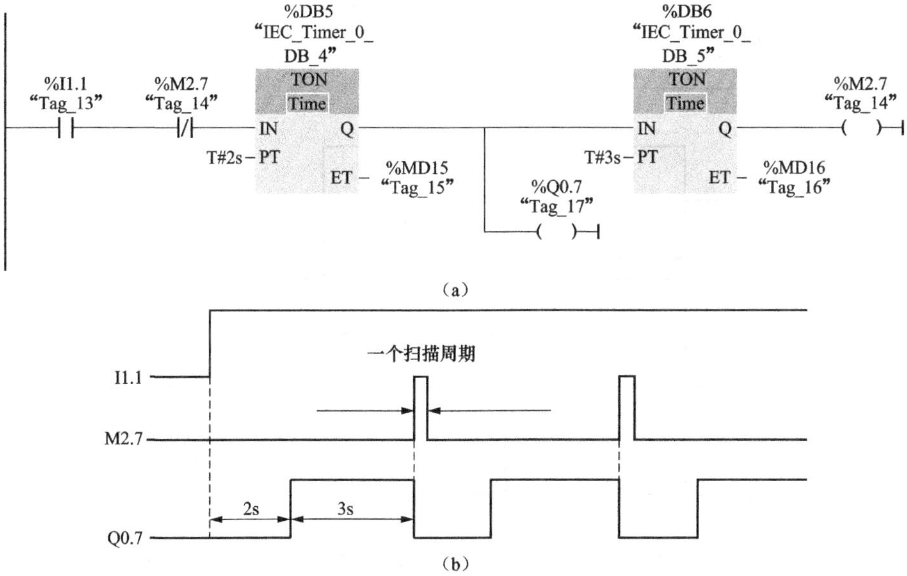

图 6-33 振荡电路及时序图

(a) 振荡电路；(b) 时序图

3s 后右边的定时器的定时时间到，它的输出 Q 变为 1 状态，使 M2.7 的动断触点断开，左边的定时器的 IN 状态为 0，其 Q 输出变为 0 状态，使 Q0.7 和右边的定时器的 Q 输出也变为 0 状态。下一个扫描周期因为 M2.7 的动断触点接通，左边的定时器又从预置值开始定时，以后 Q0.7 线圈将这样周期性地通电和断电，直到 I1.1 变为 0 状态。Q0.7 线圈通电和断电的时间分别等于右边和左边的定时器的预置值。振荡电路实际上是一个有正反馈的电路，两个定时器的输出 Q 分别控制对方的输入 IN。

CPU 的时钟存储器字节个位提供周期为 0.1～2s 的时钟脉冲，它们输出高电平和低电平时间相等的方波信号，可以用它们的触点来控制需要闪烁的指示灯。

【例 6-8】 用 3 种定时器设计卫生间冲水控制电路。

图 6-34 是卫生间冲水控制电路及其波形图。I0.7 表示光电开关是否检测到使用者，用 Q1.0 控制冲水电磁阀。图 6-34（b）是有关信号的时序图。

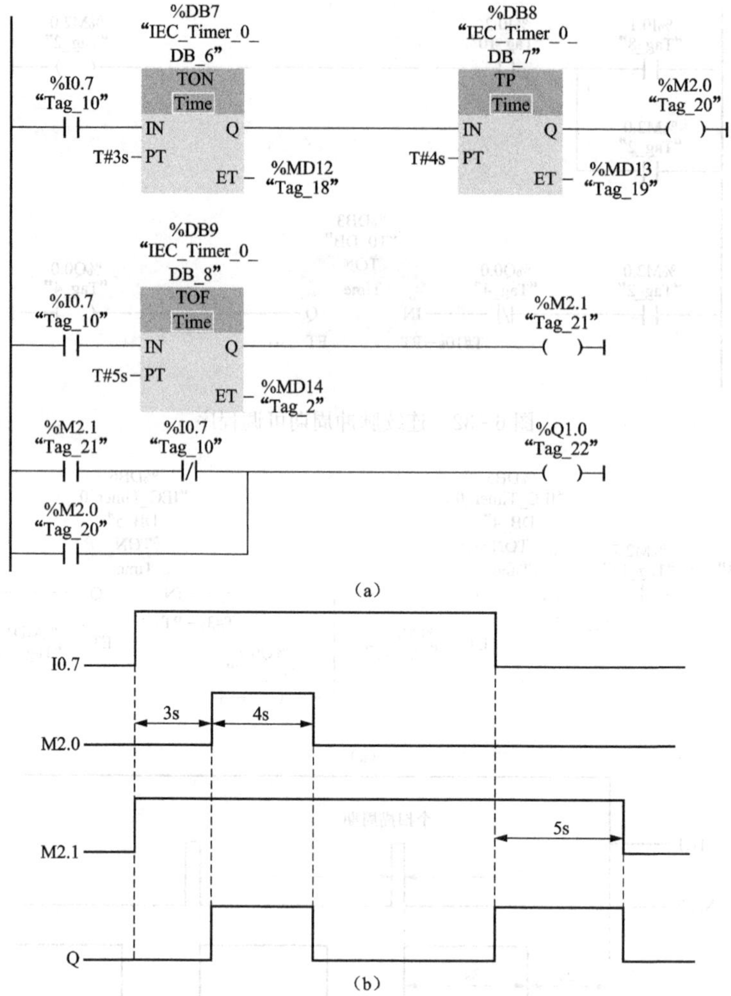

图 6-34 卫生间冲水控制电路及其时序图

(a) 控制电路；(b) 时序图

从 I0.7 的上升沿（有人使用）开始，用接通延时定时器，TON 延时 3s，3s 后 TON 输出由 0 变为 1 状态，使脉冲定时器（TP）的 IN 输入为 1 状态，TP 的 Q 输出端通过 M2.0 输出一个宽度为 4s 的脉冲。从 I0.7 的上升沿开始，断开延时器（TOF）的 Q 输出控制的 M2.1 变为 1 状态。使用者离开时（在 I0.7 的下降沿），TOF 开始定时，5s 后 M2.1 变为 0 状态。

由波形图可知，控制冲水电磁阀的 Q1.0 输出由两部分共同决定组成，4s 的脉冲波形由 TP 的 Q 输出控制的 M2.0 提供。TOF 控制的 M2.1 的波形减去 I0.7 的波形得到宽度为 5s 的脉冲波形，可以用 M2.1 的动合触点与 I0.7 的动断触点串联的电路来实现上述要求。两块脉冲波形的叠加用并联电路来实现。

【例 6-9】 延时启动、延时断开控制程序。如图 6-35 所示。

按下瞬时启动按钮 I0.0，5s 后电动机启动，按下瞬时停止按钮 I0.1，10s 后电动机停止。

方法一：一般方法。

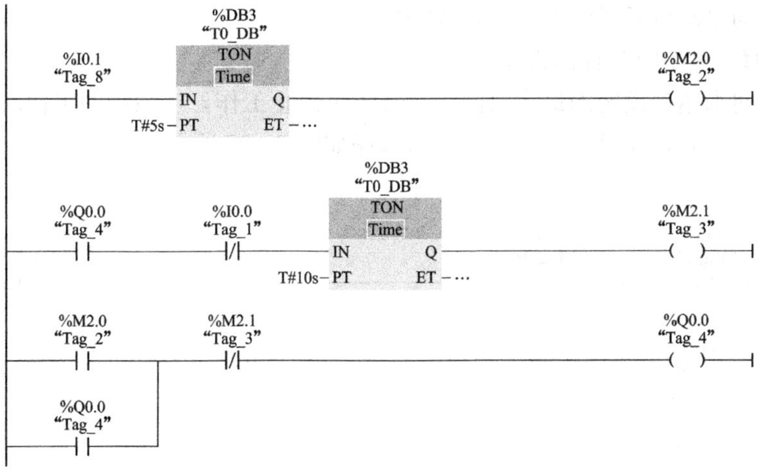

图 6-35　控制程序

方法二：步进方法。

由于为瞬时按钮，而接通延时定时器要求输入端 S 一直为高电平，故采用位存储区 M 作为中间变量，编写程序如图 6-36 所示。

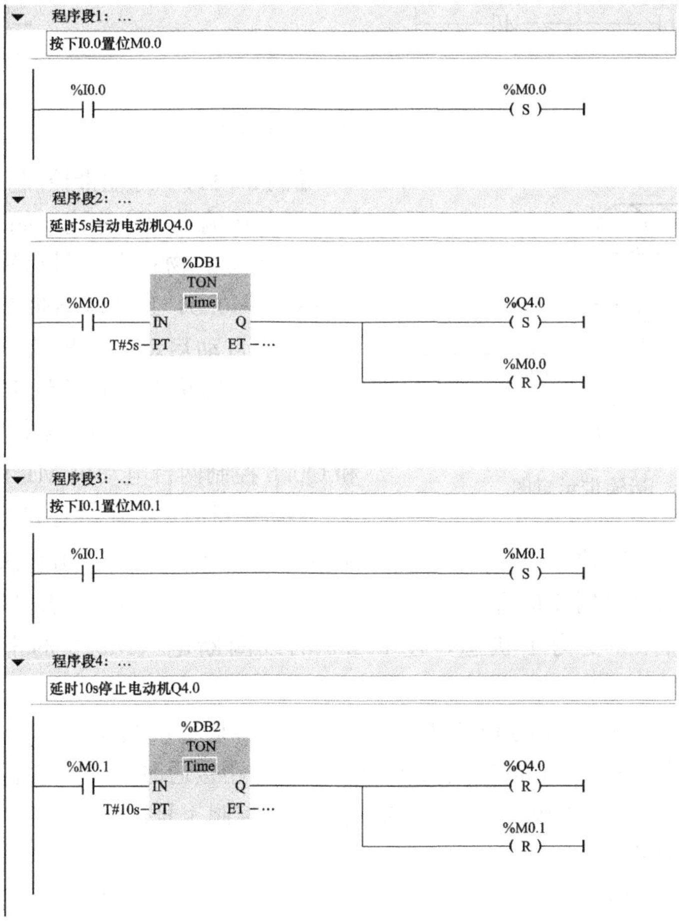

图 6-36　步进法控制程序

注意：启动电动机后要将中间变量 M 复位。

【例 6-10】 最小限时控制程序。

若工作时间未达到设定的最小时间，系统不可停止工作，当系统的工作时间达到或大于设定的最小工作时间，才可停止工作。编写程序如图 6-37 所示。

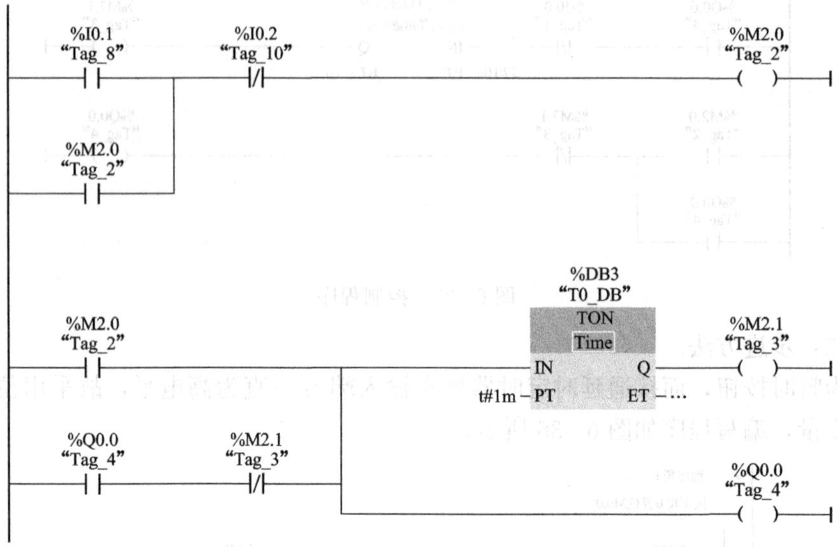

图 6-37 最小限时控制程序

【例 6-11】 运输带控制。

两条运输带顺序相连，如图 6-38 所示，为了避免运送的物料在 1 号运输带上堆积，按下启动按钮 I0.3，1 号运输带开始运行，8s 后 2 号运输带自动启动。停机的顺序与启动的顺序正好相反，即按下停止按钮 I0.2 后，先停 2 号运输带，8s 后停 1 号运输带。PLC 通过 Q1.1 和 Q0.6 控制两台电动机 M1 和 M2。

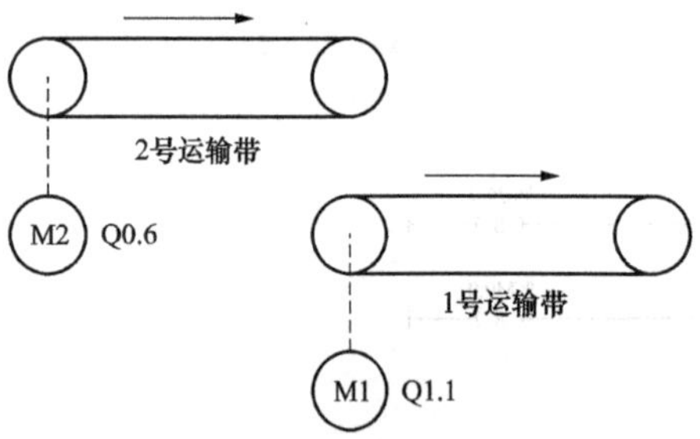

图 6-38 运输带示意图

梯形图程序及其时序图如图 6-39 所示。程序中设置了一个用启动按钮和停止按钮控制的辅助元件 M2.3，用它来控制接通延时定时器（TON）和断开延时定时器（TOF）的 IN 输入端。TON 的 Q 输出端控制的 Q0.6 在 I0.3 的上升沿之后 8s 变为 1 状态，在 M2.3 的线圈断电（M2.3 的下降沿）时变为 0 状态。

综上所述，可以用 TON 的 Q 输出端直接控制 2 号运输带 Q0.6。

断开延时定时器（TOF）的输出 Q 在它的输入电路接通时变为 1 状态，在它结束 8s 延时时变为 0 状态，因此可以用 TOF 的 Q 输出端直接控制 1 号运输带 Q1.1。

6.2.3 计数器指令

在 S7-1200 有 3 种计数器：加计数器（CTU）、减计数器（CTD）、加减计数器（CTUD）。计数器指令见表 6-20。

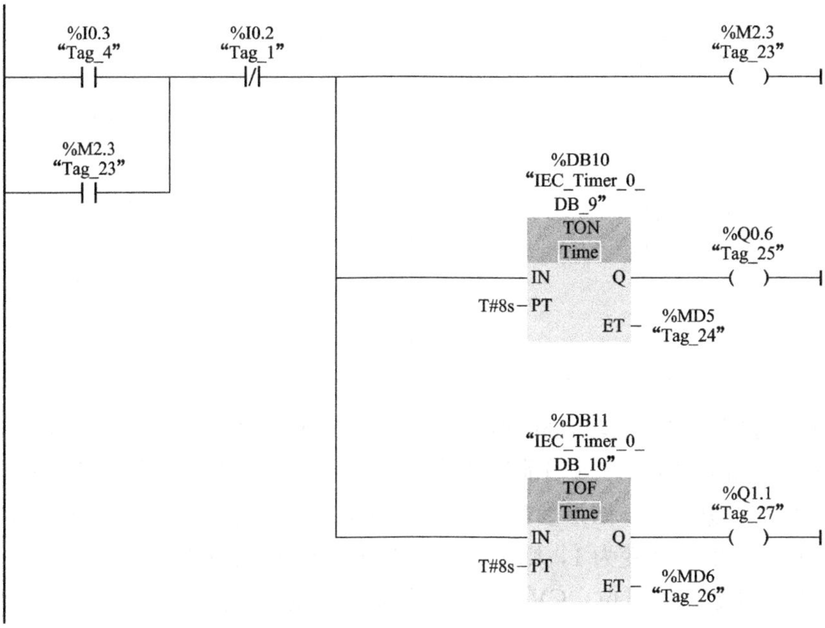

(a)

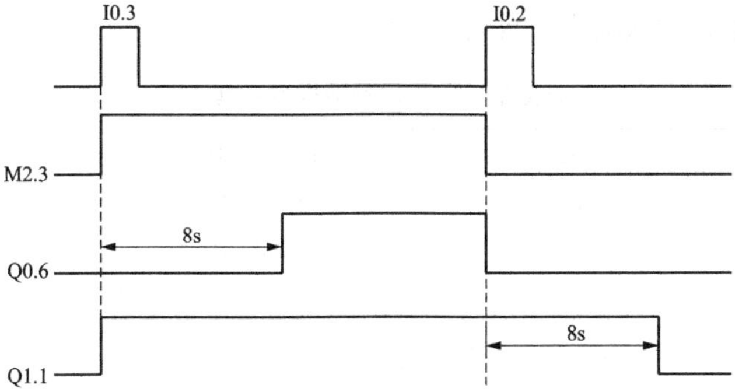

(b)

图 6 - 39　运输带控制程序及时序图

(a) 控制程序图；(b) 时序图

表 6 - 20　　计 数 器 指 令

类　　型	指　　令
加计数器 (CTU)	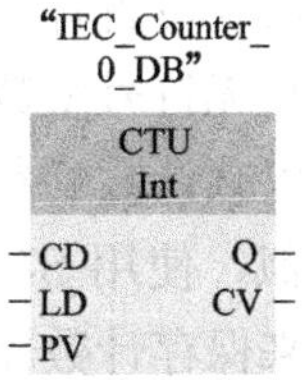"IEC_Counter_ 0_DB" CTU Int CD Q LD CV PV
减计数器 (CTD)	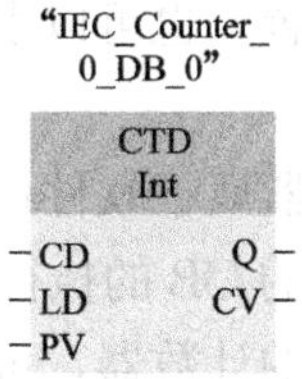"IEC_Counter_ 0_DB_0" CTD Int CD Q LD CV PV

续表

类　　型	指　　令
加减计数器 (CTUD)	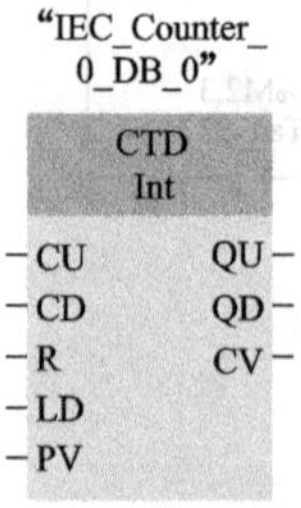

CU和CD分别是加计数输入和减计数输入，在CU或CD由0变为1时，实际计数值CV加1或减1。如果参数CV（当前计数值）的值大于或者等于参数PV（预设值）的值，则计数器输出参数QU=1。如果参数CV的值小于或等于零，则计数器输出参数QD=1。如果参数LOAD的值从0变为1，则参数PV的值将作为新的CV装载到计数器。如果复位输入R为1时，计数器被复位，CV被清0，计数器的输入Q变为0。各变量均可以使用I（仅用于输入变量）、Q、M、D和L存储区。

表6-21为计数器输入输出参数数据类型及其说明。

表6-21　　计数器输入输出参数类型及其说明

参　　数	数据类型	存　储　区	说　　明
CU、CD	BOOL	I、Q、M、D、L	加计数或减计数，按加或减一计数
R（CTU、CTUD）	BOOL	I、Q、M、D、L	将计数值重置为零
LOAD（CTD、CTUD）	BOOL	I、Q、M、D、L	预设值的装载控制
PV	SInt、Int、DInt、USInt、UInt、UDInt	I、Q、M、D、L或常数	预设计数值
Q、QU	BOOL	I、Q、M、D、L	CV≥PV时为真
QD	BOOL	I、Q、M、D、L	CV≤0时为真
CV	SInt、Int、DInt、USInt、UInt、UDInt	I、Q、M、D、L	当前计数值

使用计数器需要设置计数器的计数数据类型，计数值的数值范围取决于所选的数据类型。如果计数值是无符号整数型，则可以减计数到零或加计数到范围限值。如果计数值是有符号整数，则可以减计数到负整数限值或加计数到正整数限值。

与定时器类似，使用S7-1200的计数器需要注意的是，每个计时器都使用一个存储在数据块中的结构来保存计数器数据。在程序编辑器中放置计数器指令时即可分配该数据块，可以采用默认设置，也可以手动自行设置。打开计数器的背景数据块，可以看到其结构含义如图6-40所示。

这三种计数器属于软件计数器，其最大的计数速率受到它所在的OB的执行速率限制。计数器指令所在的OB的执行频率必须足够高，才能检测CU或CD输入端的所有信号。如果需要速度更高的计数器，可以使用CPU内置的高速计数器。

IEC_Counter_0

	名称	数据类型	初始值	注释
1	▾ Static			
2	COUNT_UP	Bool	false	加计数输入
3	COUNT_DOWN	Bool	false	减计数输入
4	RESET	Bool	false	复位
5	LOAD	Bool	false	装载输入
6	Q_UP	Bool	false	递增计数器的状…
7	Q_DOWN	Bool	false	递减计数器的状…
8	PAD	Byte	B#16#00	
9	PRESET_VALUE	Ulnt	0	预设计数值
10	COUNT_VALUE	Ulnt	0	当前计数值

图6-40　计数器的背景数据块结构含义

1. 加计数器

加计数器如图6-41（a）所示，图6-41（b）为其时序图。在6-41（a）中，%DB5表示计数器的背景数据块，CTU表示为加计数器，计数器数据类型是无符号整数，预设值PV=3。由图6-41（b）可得到其工作原理如下。

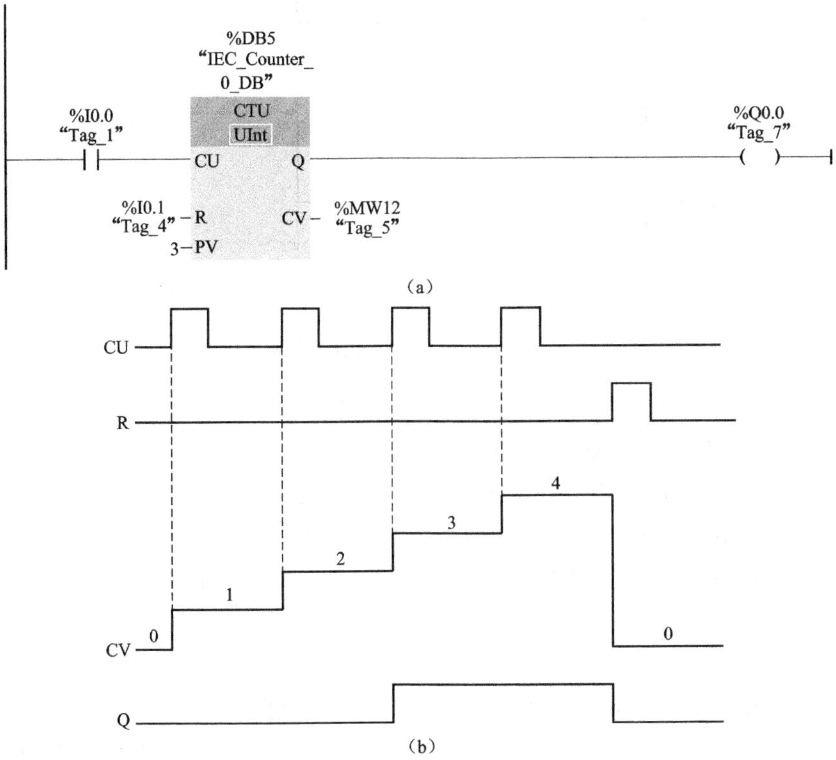

图6-41　加计数器及其时序图

（a）加计数器；（b）时序图

R输入端的复位输入I1.1为0状态，且输入参数CU的值从0变为1时，CTU使计数值CV加1，直到CV达到指定的数据类型的上限值。如果参数CV（当前计数值）的值大于或等于参数PV（预设计数值）的值，则计数器输出参数Q=1，反之Q=0。如果复位参数R的值从0变为1，则当前计数值复位为0，输出Q也为0。

2. 减计数器

减计数器如图 6-42（a）所示，图 6-42（b）为其时序图。在 6-42（a）中，%DB6 表示计数器的背景数据块，CTD 表示为减计数器，计数器数据类型是无符号整数，预设值 PV=3。由图 6-42（b）可得到其工作原理如下。

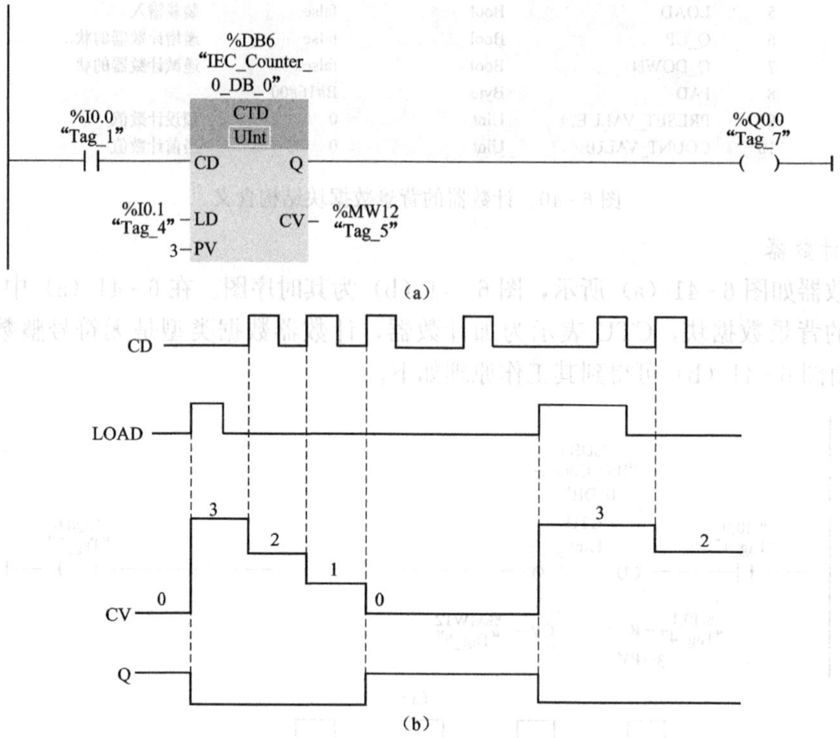

图 6-42 减计数器及其时序图

（a）减计数器；（b）时序图

减计数器的装载输入 LOAD 为 1 状态时，输出 Q 被复位为 0，并把预置计数值 PV 的值装入 CV。输入参数 CD 的值从 0 变为 1 时，减计数器的当前计数值 CV 减 1，直到 CV 达到指定的数据类型的下限值。如果参数 CV 的值等于或小于 0，则计数器输出参数 Q=1，反之 Q=0。如果参数 LOAD 的值从 0 变为 1，则参数 PV 的值将作为新的 CV 装载到计数器。

3. 加减计数器

加减计数器如图 6-43（a）所示，图 6-43（b）为其时序图。在 6-43（a）中，%DB7 表示计数器的背景数据块，CTUD 表示为加减计数器，计数器数据类型是无符号整数，预设值 PV=4。由图 6-43（b）可得到其工作原理如下。

加计数器或减计数器输入的值从 0 跳变为 1 时，CTUD 会使当前计数值加 1 或减 1。如果参数 CV 的值大于或等于参数 PV 的值，则计数器输出参数 QU=1。如果参数 CV 的值小于或等于 0，则计数器输出参数 QD=1。如果参数 LOAD 的值从 0 变为 1，则参数 PV 的值作为新的 CV 装载到计数器。如果复位参数 R 的值从 0 变为 1，则当前计数值复位为 0。

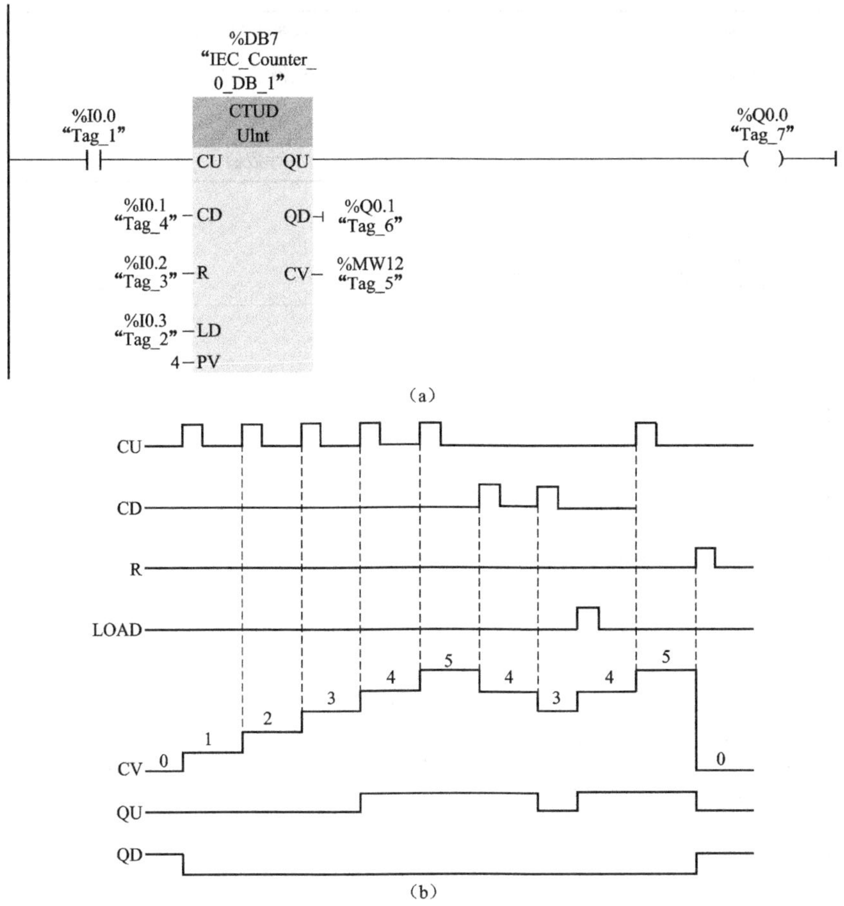

图 6-43　加减计数器及其时序图

(a) 加减计数器；(b) 时序图

【例 6-12】 产品数量检测。

如图 6-44 所示，通过传送带电机 KM1 带动传送带传送物品，通过产品检测器 PH 检测产品通过的数量，传送带每传送 24 个产品机械手 KM2 动作 1 次，进行包装，机械手动作后，延时 2s，机械手的电磁铁切断。通过传送带启动按钮、传送带停机按钮控制传送带的运动。

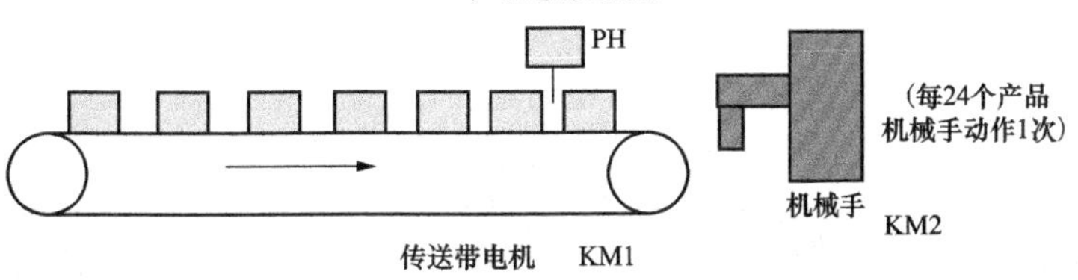

图 6-44　传输示意图

产品数量检测的 I/O 分配见表 6-22。

控制程序如图 6-45 所示。

表 6-22 **产品数量检测 I/O 分配表**

传送带停机按钮	I0.0	传送带电机 KM1	Q0.0
传送带启动按钮	I0.1	机械手 KM2	Q0.1
产品通过检测器 PH	I0.2	定时器	定时 2s
		计数器	设定值 24

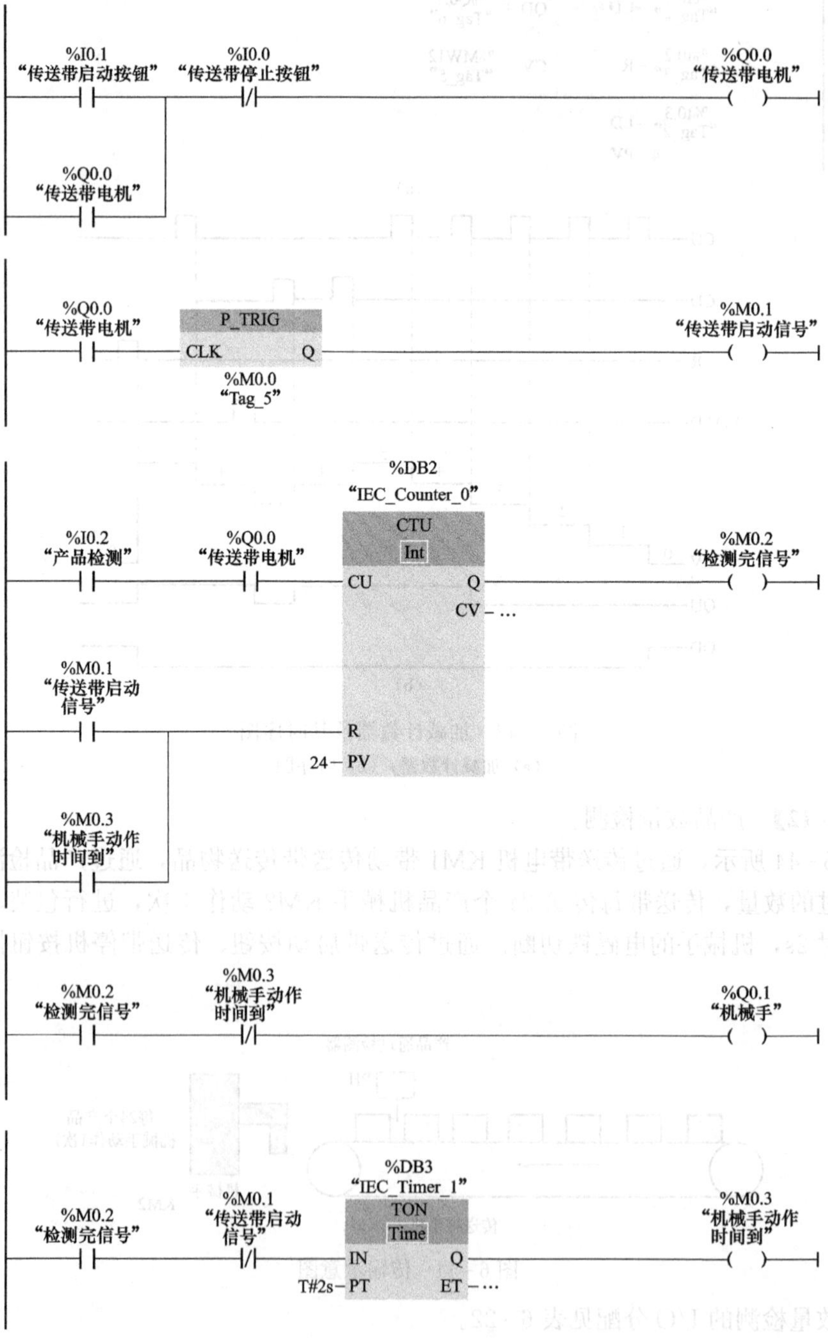

图 6-45 控制程序

测到一个产品，I0.2 产生一个正脉冲，使计一个数。C10 每计 24 个数，机械手动作一次。机械手动作后，延时 2s，机械手的电磁铁切断。

【例 6-13】 展厅人数控制系统。

控制要求：现有一展厅，最多可容纳 50 人同时参观。展厅进口与出口各装一传感器，每有一人进出，传感器给出一个脉冲信号。试编程实现，当展厅内不足 50 人时，绿灯亮，表示可以进入；当展厅满 50 人时，红灯亮，表示不准进入。

如表 6-23 所示为展厅人数控制系统 I/O 分配表。

表 6-23　展厅人数控制系统 I/O 分配表

输入信号	系统功能说明	输出信号	系统功能说明
I0.0	系统启动按钮	Q0.0	绿灯输出
I0.1	进口传感器 S1	Q0.1	红灯输出
I0.2	出口传感器 S2		

控制程序如图 6-46 所示。

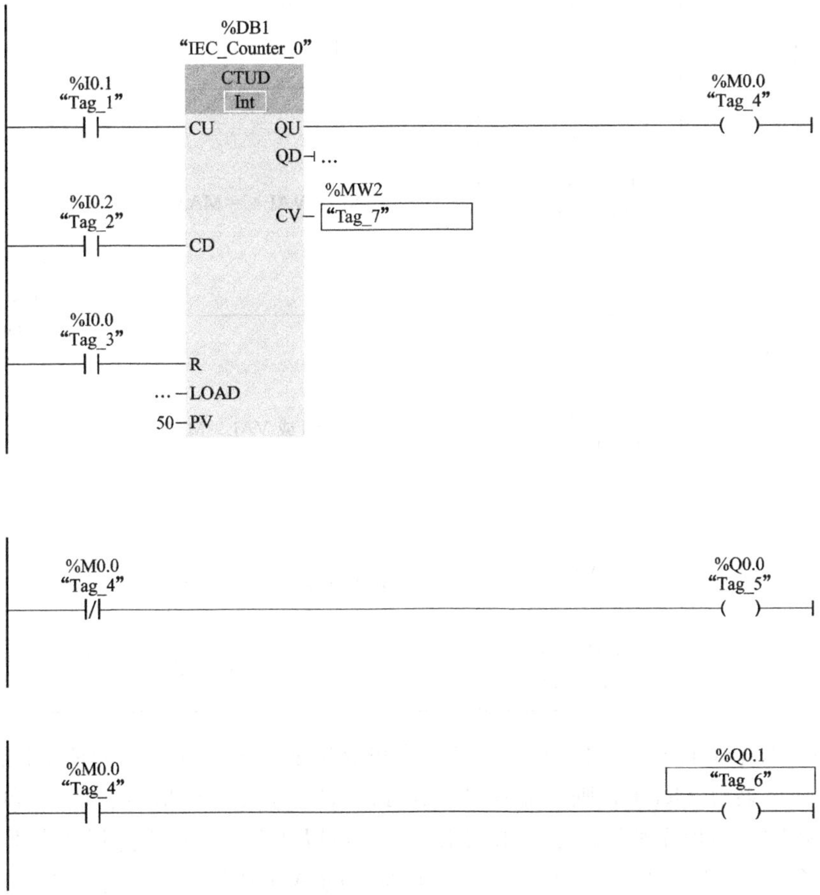

图 6-46　控制程序

6.2.4 比较指令

比较指令是用来比较数据类型相同的两个数 IN1 和 IN2 的大小。操作数可以是 I、Q、M、L、D 存储区中的变量或常数。S7-1200 PLC 的比较指令见表 6-24。

表 6-24 S7-1200 PLC 的比较指令

指令	关系类型	满足以下条件时比较结果为真	支持的数据类型
─┤ == ??? ├─	=（等于）	IN1 等于 IN2	SInt、Int、DInt、USInt、UInt、UDInt、Real、LReal、String、Char、Time、DTL、Constant
─┤ <> ??? ├─	<>（不等于）	IN1 不等于 IN2	
─┤ >= ??? ├─	>=（大于等于）	IN1 大于等于 IN2	
─┤ <= ??? ├─	<=（小于等于）	IN1 小于等于 IN2	
─┤ > ??? ├─	>（大于）	IN1 大于 IN2	
─┤ < ??? ├─	<（小于）	IN1 小于 IN2	
IN_RANGE ??? MIN VAL MAX	IN_RANGE（值在范围内）	MIN<=VAL<=MAX	SInt、Int、DInt、USInt、UInt、UDInt、Real、Constant
OUT_RANGE ??? MIN VAL MAX	OUT_RANGE（值在范围外）	VAL<MIN 或 VAL>MAX	
─┤ OK ├─	OK（检查有效性）	输入值为有效 REAL 数	Real、LReal
─┤ NOT_OK ├─	NOT_OK（检查无效性）	输入值不是有效 REAL 数	

使用 IN_RANGE 和 OUT_RANGE 指令可测试输入值是在指定的值范围之内还是之外。如果比较结果为 TRUE，则功能框输出为 TRUE。输入参数 MIN、VAL 和 MAX 的数据类型必须相同。在程序编辑器中单击该指令后，可以从下拉菜单中选择数据类型。

比较两个字符串时，实际上比较的是它们对应的 ASCII 码值的大小。第一个不相同的字母决定了比较的结果。表 6-25 显示了字符串比较指令实例，表 6-26 为表 6-25 所列实例参数说明。

表 6-25　字符串比较指令实例

	<操作数 1>	<操作数 2>	运算的 RLO
─┤ == String ├─	AA	AA	1
	Hello Word	HelloWord	0
	AA	aa	0
─┤ > String ├─	BB	AA	1
	AAA	AA	1
	AA	aa	0
	AAA	a	0

表 6-26　参 数 说 明

参　数	描　述	数 据 类 型	存　储　区
<操作数 1>	要比较的第一个值	SInt、Int、DInt、USInt、UInt、UDInt、Real、String、Char、Time、DTL	I、Q、M、L、D 存储区中的变量或常数
<操作数 2>	要比较的第二个值	SInt、Int、DInt、USInt、UInt、UDInt、Real、String、Char、Time、DTL	I、Q、M、L、D 存储区中的变量或常数

可以使用“等于”操作确定第一个比较值是否等于第二个比较值。要比较的两个值必须为相同的数据类型。该 LAD 触点比较结果为 TRUE 时，则该触点会被激活。在程序编辑器中单击该指令后，可以从下拉菜单中选择比较类型和数据类型。

可以使用“大于”操作确定第一个比较值是否大于第二个比较值。要比较的两个值必须为相同的数据类型。如果比较为真，则 RLO 为 1。

在比较字符串时，通过字符 ASCII 码比较字符（如 a 大于 A）。从左到右执行比较。第一个不同的字符决定比较结果。如果较长字符串的左侧部分和较短字符串相同，则认为较长字符串更大。

【例 6-14】 用比较和计数指令编写开关灯程序，要求灯控按钮 I0.0 按下一次，灯 Q4.0 亮，按下两次，灯 Q4.0，Q4.1 全亮，按下三次灯全灭，如此循环。

编写程序如图 6-47 所示。

【例 6-15】 在 HMI 设备上可以设定电动机的转速，设定值 MW20 的范围为 100～1440 转/分钟，若输入的设定值在此范围内，则延时 5s 启动电动机 Q0.0，否则 Q0.1 长亮提示。

编写程序如图 6-48 所示。

【例 6-16】 使用 OK 和 NOT _ OK 指令可测试输入的数据是否为符合 IEEE 规范 754 的有效实数。图 6-49 中，当 MD0 和 MD4 中为有效的浮点数时，会激活实数乘（MUL）运算并置位输出，即将 MD0 的值将与 MD4 的值相乘，结果存储在 MD10 中同时 Q4.0 输出为 1。

6.2.5　数学指令

数学指令见表 6-27。使用数学指令时，可以通过单击指令，从下拉菜单选择运算类型和数据类型。数学指令的输入输出参数的数据类型要一致。

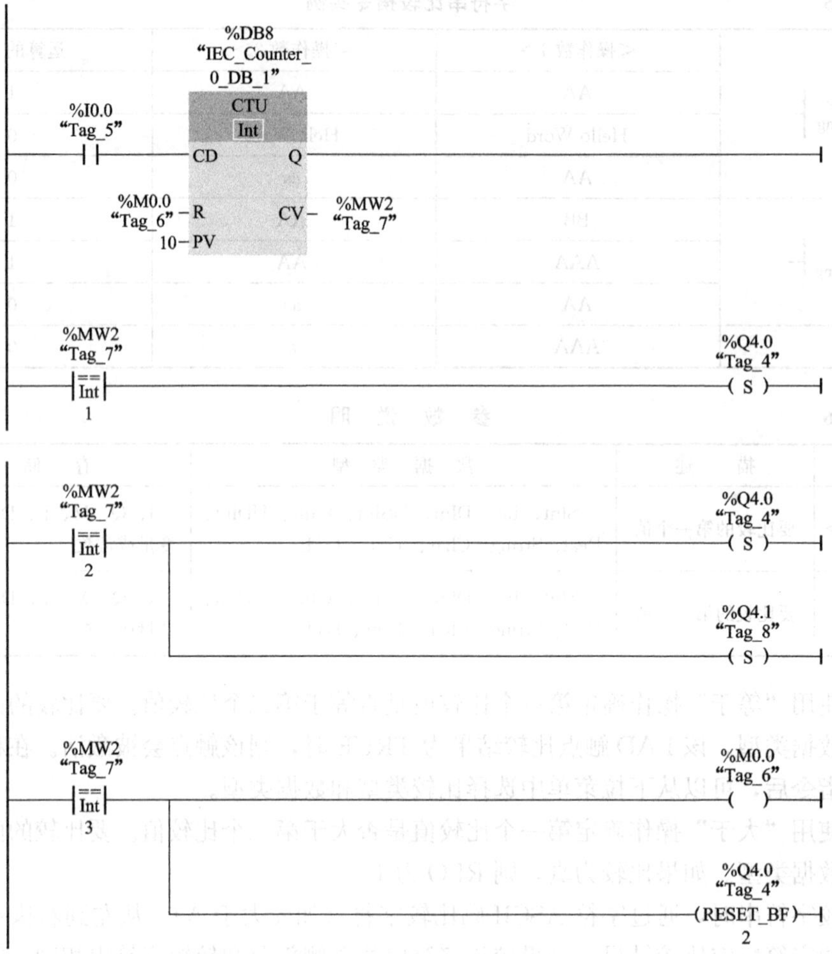

图 6-47 控制程序

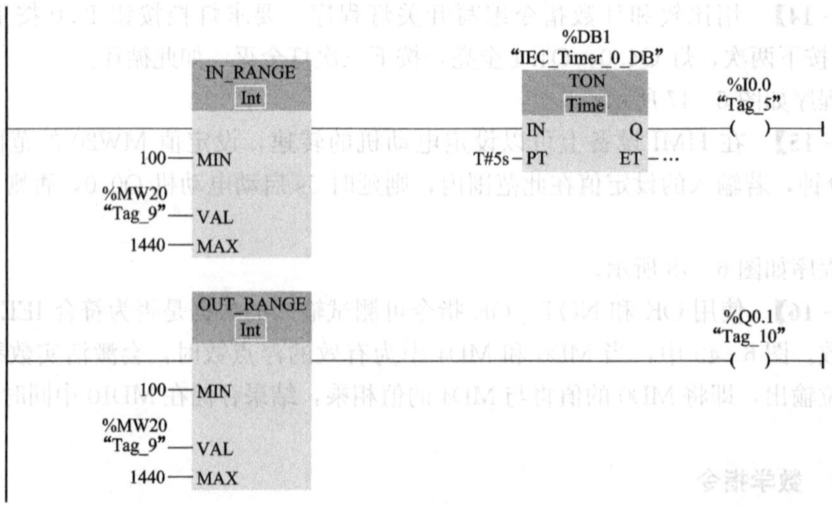

图 6-48 控制程序

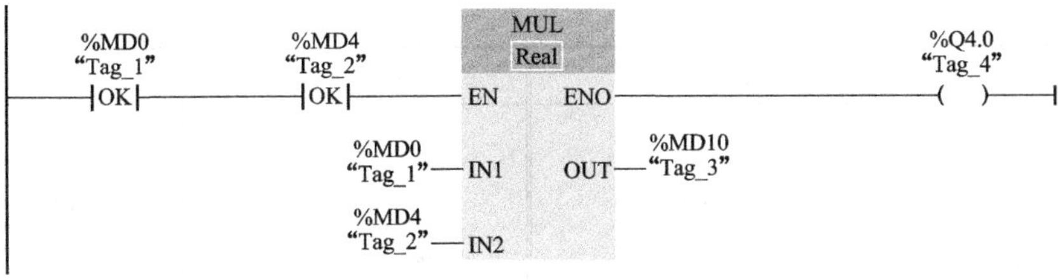

图 6-49　控制程序

表 6-27　　**数　学　指　令**

指　　令	功　　能	指　　令	功　　能
ADD Auto(???) EN　ENO IN1　OUT IN2	加	SQR ??? EN　ENO IN　OUT	计算平方
SUB Auto(???) EN　ENO IN1　OUT IN2	减	SQRT ??? EN　ENO IN　OUT	计算平方根
MUL Auto(???) EN　ENO IN1　OUT IN2	乘	LN ??? EN　ENO IN　OUT	计算自然对数
DIV Auto(???) EN　ENO IN1　OUT IN2	除	EXP ??? EN　ENO IN　OUT	计算指数值
MOD Auto(???) EN　ENO IN1　OUT IN2	求余数	SIN ??? EN　ENO IN　OUT	计算正弦值
NEG ??? EN　ENO IN　OUT	求二进制补码	COS ??? EN　ENO IN　OUT	计算余弦值
INC ??? EN　ENO IN/OUT	递增	TAN ??? EN　ENO IN　OUT	计算正切值
DEC ??? EN　ENO IN/OUT	递减	ASIN ??? EN　ENO IN　OUT	计算反正弦值

续表

指　　令	功　　能	指　　令	功　　能
ABS ??? EN ENO IN OUT	绝对值	ACOS ??? EN ENO IN OUT	计算反余弦值
MIN ??? EN ENO IN1 OUT IN2	最小值	ATAN ??? EN ENO IN OUT	计算反正切值
MAX ??? EN ENO IN1 OUT IN2	最大值	FRAC ??? EN ENO IN OUT	小数
LIMIT ??? EN ENO MN OUT IN MX	设置限值	FRAC ??? EN ENO IN OUT	取幂

【例 6-17】 编程实现公式：$c\ \sqrt{a^2+b^2}$，其中 a 为整数，存储在 MW0 中，b 为整数，存储在 MW2 中；c 为实数，存储在 MD16 中。

程序如图 6-50 所示。第一段程序中计算了"a^2+b^2"；结果为整数存在 MW8 中。由于求平方根指令的操作数只能是实数，故通过转换指令 CONV 将整数转换成实数，再进行开平方根，结果存在 MD16 中。

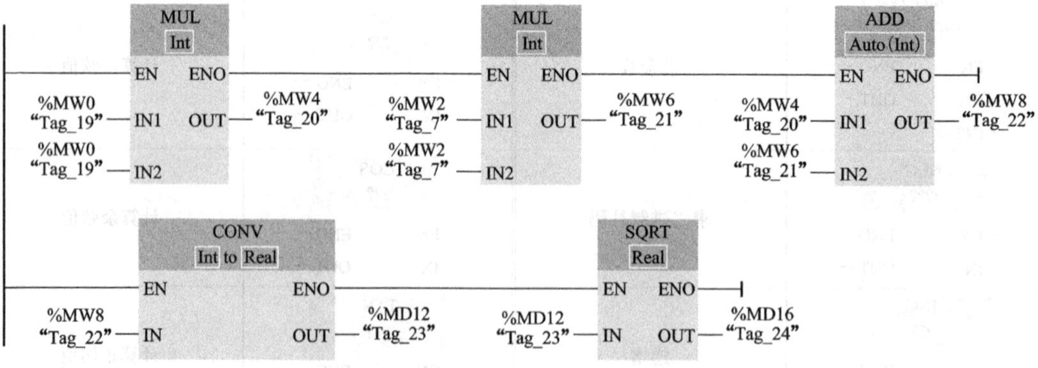

图 6-50　梯形图

6.2.6　移动指令

使用移动指令将数据元素复制到新的存储器地址，并从一种数据类型转换为另一种数据类型。移动过程不会更改源数据。S7-1200 PLC 的移动指令见表 6-28。

表 6-28 移动指令

指令	功能
MOVE — EN ENO — — IN OUT1 —	将存储在指定地址的数据元素复制到新地址
MOVE_BLK — EN ENO — — IN OUT — — COUNT	将数据元素块复制到新地址的可中断移动，参数 COUNT 指定要复制数据元素
UMOVE_BLK — EN ENO — — IN OUT — — COUNT	将数据元素块复制到新地址的不中断移动，参数 COUNT 指定要复制数据元素
FILL_BLK — EN ENO — — IN OUT — — COUNT	可中断填充指令使用指定数据元素的副本填充地址范围，参数 COUNT 指定要填充的数据元素个数
UFILL_BLK — EN ENO — — IN OUT — — COUNT	不中断填充指令使用指定数据元素的副本填充地址范围，参数 COUNT 指定要填充的数据元素个数
SWAP ??? — EN ENO — — IN OUT —	SWAP 指令用于调换二字节和四字节数据元素的字节顺序，但不改变每个字节中的位顺序，需要指定数据类型

对于数据复制操作有以下规则。

(1) MOVE 指令将单个数据元素从 IN 参数指定的源地址复制到 OUT 参数指定的目标地址。

(2) MOVE _ BLK 和 UMOVE _ BLK 指令具有附加的 COUNT 参数。COUNT 指定要复制的数据元素个数。每个被复制元素的字节数取决于 PLC 变量表中分配给 IN 和 OUT 参数变量名称的数据类型。要复制的元素的宽度由输入 IN 的元素宽度定义。复制操作沿地址升序方向进行。

(3) 只有使能输入 EN 的信号状态为 1 时，才执行该操作。如果运算执行过程中未发生错误，则输出 ENO 的信号状态为 1。

如果满足下列条件之一，使能输出 ENO 将返回信号状态 0。

1) 输入 EN 的信号状态为 0。

2) 复制的数据量超出输出 OUT 存储区所提供的数据量。

(4) 另外注意：MOVE _ BLK 和 UMOVE _ BLK 指令在处理中断的方式上有所不同。

在 MOVE _ BLK 执行期间排队并处理中断事件。在中断 OB 子程序中未使用移动目标地址的数据时，或者虽然使用了该数据，但目标数据不必一致时，使用 MOVE _ BLK 指令。如果 MOVE _ BLK 操作被中断，则最后移动的一个数据元素在目标地址中是完整并且一致的。MOVE _ BLK 操作会在中断 OB 执行完成后继续执行。

在 UMOVE _ BLK 完成执行前排队但不处理中断事件。如果在执行中断 OB 子程序前移动操作必须完成且目标数据必须一致，则使用 UMOVE _ BLK 指令。

对于数据填充操作有以下规则。

（1）可以通过填充块操作使用输入 IN 的值填充存储区（目标区域）。从输出 OUT 指定的地址开始填充目标区域。重复的复制操作次数由参数 COUNT 指定。执行该操作时，将选择输入 IN 的值并将其按照参数 COUNT 指定的重复次数复制到目标区域。

（2）只有使能输入 EN 的信号状态为 1 时，才执行该操作。如果运算执行过程中未发生错误，则输出 ENO 的信号状态为 1。

如果满足下列条件之一，使能输出 ENO 将返回信号状态 0。

1）输入 EN 的信号状态为 0。

2）复制的数据量超出输出 OUT 存储区所提供的数据量。

（3）另外注意：FILL _ BLK 和 UFILL _ BLK 指令在处理中断方式上有所不同。

FILL _ BLK 指令在执行期间排队并处理中断事件。在中断 OB 未使用移动目标地址的数据时，或者虽然使用了该数据，但目标数据不必一致时，使用 FILL _ BLK 指令。

UFILL _ BLK 指令完成执行前排队但不处理中断事件。如果在执行中断 OB 子程序前移动操作必须完成且目标数据必须一致，则使用 UFILL _ BLK 指令。

6.2.7 转换指令

S7 - 1200 的转换指令包括：转换指令、取整和截取指令、上取整和下取整指令及标定和标准化指令，见表 6 - 29。

表 6 - 29　　　　转换指令

指令	名称	指令	名称
CONV ??? to ??? — EN　ENO — — MIN　OUT —	转换	CEIL Real to ??? — EN　ENO — — IN　OUT —	上取整
ROUND Real to ??? — EN　ENO — — IN　OUT —	取整	FLOOR Real to ??? — EN　ENO — — IN　OUT —	下取整
TRUNC Real to ??? — EN　ENO — — IN　OUT —	截尾取整	SCALE_X ??? to ??? — EN　ENO — — MIN　OUT — — VALUE — MAX	标定
		NORM_X ??? to ??? — EN　ENO — — MIN　OUT — — VALUE — MAX	标准化

1. 转换（CONV）指令

转换操作读取参数 IN 的数据，然后根据指定的数据类型对其进行转换。

仅当使能输入 EN 的信号状态为 1 时，才能启动转换操作。如果执行过程中未发生错误，则输出 ENO 的信号状态也为 1。

如果满足下列条件之一，使能输出 ENO 将返回信号状态 0。

（1）输入 EN 的信号状态为 0。

（2）处理过程中发生溢出之类的错误。

如图 6-51 所示为 CONV 指令程序。如果输入 I0.0=1，则会以三位 BCD 码数字的形式读取 MW10 中的数据并将其转换为整数（16 位）。结果存储在 MW12 中。如果未执行转换（ENO=EN=0），则输出 Q4.0 为 1。

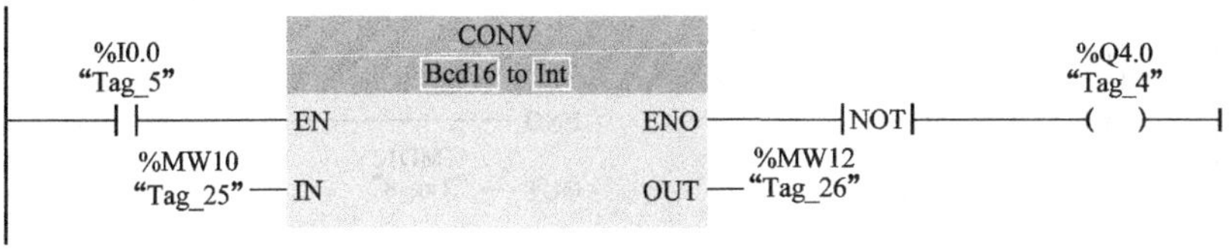

图 6-51　CONV 指令程序

2. 取整（ROUND）指令

可以使用取整数字值运算将输入 IN 的值取整为最接近的整数。该运算将输入 IN 的值解释为浮点数并将其转换为最接近的双精度整数。如果输入值恰好是相邻偶数和奇数的平均数，则选择偶数。运算结果放在输出 OUT 中，可供查询。

只有使能输入 EN 的信号状态为 1 时，才执行该操作。如果运算执行过程中未发生错误，则输出 ENO 的信号状态为 1。

如果满足下列条件之一，使能输出 ENO 将返回信号状态 0。

（1）输入 EN 的信号状态为 0。

（2）处理过程中发生溢出之类的错误。

如图 6-52 所示为 ROUND 指令程序。如果输入 I0.0 的信号状态为 1，则执行取整数字值运算。MD8 输入端的浮点数将取值到最近的偶数双精度整数并发送到输出 OUT。如果运算执行过程中未发生错误，则置位输出 Q4.0。表 6-30 为其输入输出参数值。

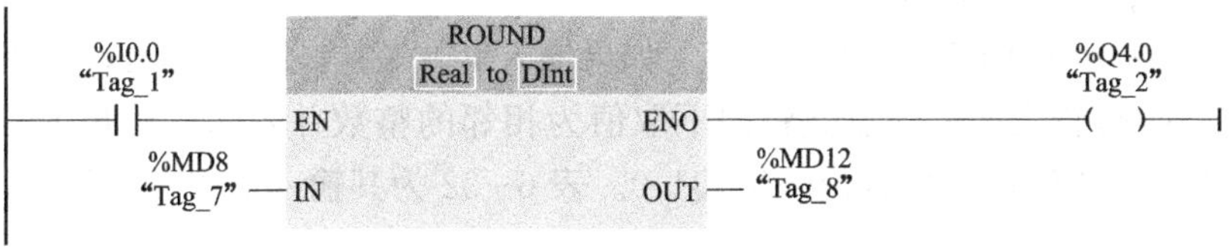

图 6-52　ROUND 指令程序

表 6-30　输入输出参数值

IN	MD8=0.50000000
OUT	MD12=0

3. 浮点数向上取整（CEIL）指令

可以使用浮点数向上取整运算将输入 IN 的值向上取整为相邻整数。该运算将输入 IN 的值解释为浮点数并将其向上转换为相邻的整数。运算结果放在输出 OUT 中，可供查询。输出值可以大于或等于输入值。

只有使能输入EN的信号状态为1时，才执行该操作。如果运算执行过程中未发生错误，则输出ENO的信号状态为1。

如果满足下列条件之一，使能输出ENO将返回信号状态0。

（1）输入EN的信号状态为0。

（2）处理过程中发生溢出之类的错误。

如图6-53所示为CEIL指令程序。如果输入I0.0的信号状态为“1”，则执行“浮点数向上取整”运算。MD8输入端的浮点数将向上取值为相邻的整数并发送到输出MD12。如果运算执行过程中未发生错误，则置位输出Q4.0。表6-31为其输入输出参数值。

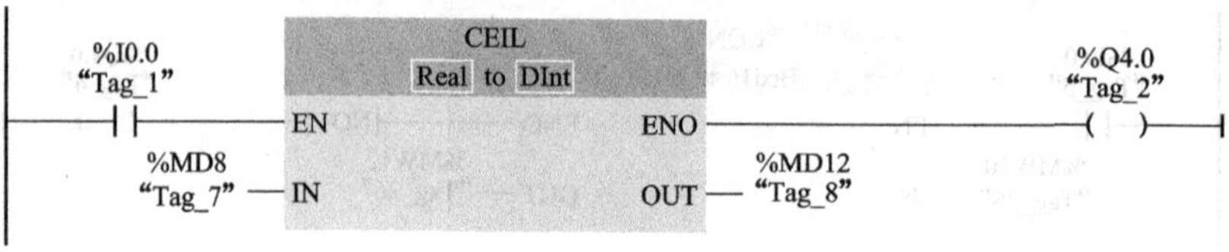

图6-53 CEIL指令程序

表6-31 **输入输出参数值**

IN	MD8=0.50000000
OUT	MD12=1

4. 浮点数向下取整（FLOOR）指令

可以使用浮点数向下取整运算将输入IN的值向下取整为相邻整数。该运算将输入IN的值解释为浮点数并将其向下转换为相邻的整数。运算结果放在输出OUT中，可供查询。输出值可以小于或等于输入值。

只有使能输入EN的信号状态为1时，才执行该操作。如果运算执行过程中未发生错误，则输出ENO的信号状态为1。

如果满足下列条件之一，使能输出ENO将返回信号状态0。

（1）输入EN的信号状态为0。

（2）处理过程中发生溢出之类的错误。

如图6-54所示为FLOOR指令程序。如果输入I0.0的信号状态为1，则执行浮点数向下取整运算。MD8输入端的浮点数将向下取值为相邻的整数并发送到输出MD12。如果运算执行过程中未发生错误，则置位输出Q4.0。表6-32为其输入输出参数值。

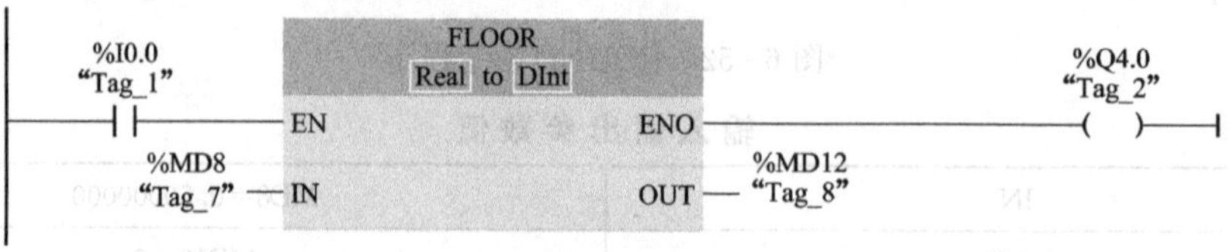

图6-54 FLOOR指令程序

表6-32 **输入输出参数值**

IN	MD8=0.50000000
OUT	MD12=0

5. 截尾取整（TRUNC）指令

可以使用截尾取整运算得出整数而不对输入 IN 的值进行舍入。输入 IN 的值被视为浮点数。该运算仅选择浮点数的整数部分，并将其发送到输出 OUT 中，不带小数位。

只有使能输入 EN 的信号状态为 1 时，才执行该操作。如果运算执行过程中未发生错误，则输出 ENO 的信号状态为 1。

如果满足下列条件之一，使能输出 ENO 将返回信号状态 0。

（1）输入 EN 的信号状态为 0。

（2）输入 IN 的信号状态为 0。

如图 6-55 所示为 TRUNC 指令程序。如果输入 I0.0 的信号状态为 1，则执行截尾取整运算。MD8 输入端的浮点数的整数部分转换为整数并发送到输出 MD12。如果运算执行过程中未发生错误，则置位输出 Q4.0。表 6-33 为其输入输出参数值。

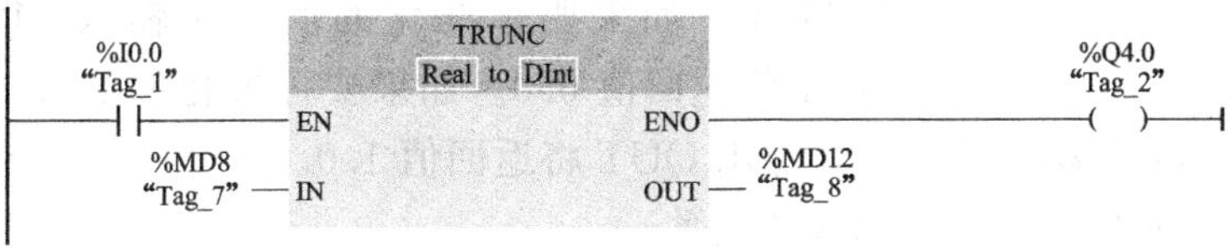

图 6-55　TRUNC 指令程序

表 6-33　输入输出参数值

IN	MD8=0.50000000
OUT	MD12=0

6. 标定（SCALE_X）指令

可以使用标定运算通过将输入 VALUE 的值映射到指定的取值范围对该值进行标定。执行标定运算时，会将输入 VALUE 的浮点数值标定到由参数 MIN 和 MAX 定义的取值范围。标定结果为整数，并存储在输出 OUT 中。图 6-56 为 SCALE_X 指令的线性关系图。

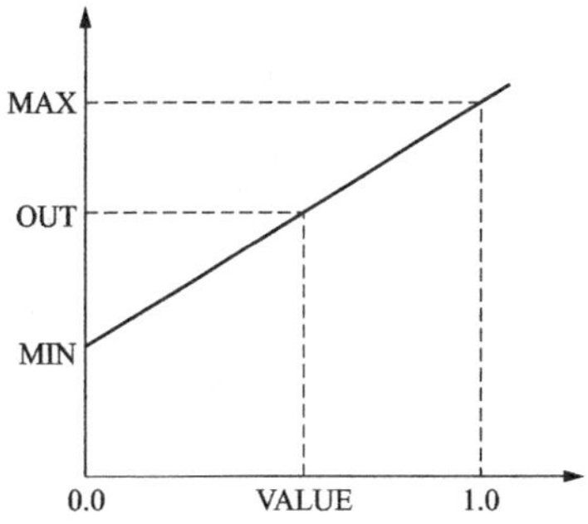

图 6-56　SCALE_X 指令的线性关系

只有使能输入端 EN 的信号状态为 1 时，才执行标定运算。在这种情况下，使能输出 ENO 的信号状态也为 1。

如图 6-57 所示为 SCALE_X 指令程序。如果输入 I0.0 的信号状态为 1，则执行标定运算。输入 MD20 的值标定到输入 MD10 和 MD30 所定义的取值范围内，结果存储到 MD40 中。如果运算执行过程中未发生错误，则信号 ENO 的信号状态为 1 并置位输出 Q4.0。表 6-34 为其输入输出参数值。

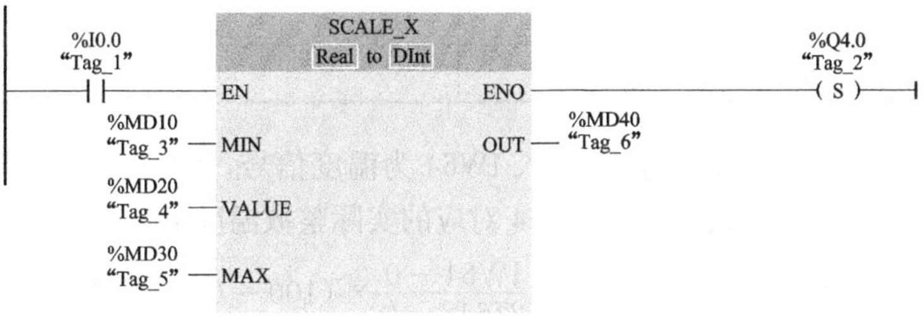

图 6-57　SCALE_X 指令程序

表 6-34 输入输出参数值

VALUE	MD20=0.5
MIN	MD10=10
MAX	MD30=30
OUT	MD40=20

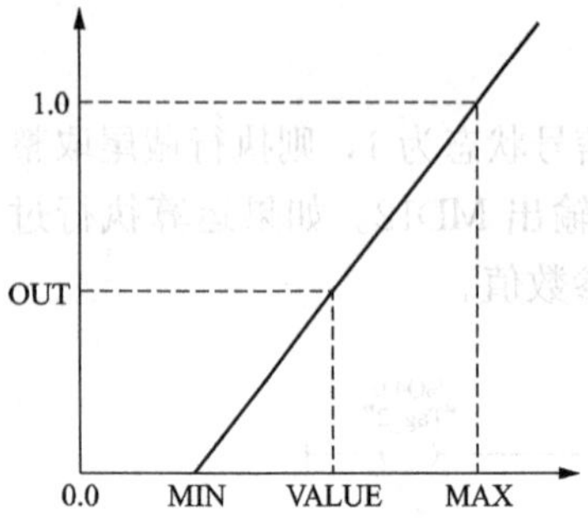

图 6-58 NORM_X 指令的线性关系

7. 标准化（NORM_X）指令

可以使用标准化运算通过将输入 VALUE 的变量值映射到线性标尺对其进行标准化。可以使用参数 MIN 和 MAX 定义（应用于该标尺的）取值范围的限值。根据标准化值在该取值范围内的位置，计算结果并以浮点数形式存储在输出 OUT 中。如果要标准化的值等于输入 MIN 的值，输出 OUT 将返回值 0.0。如果要标准化的值等于输入 MAX 的值，输出 OUT 将返回值 1.0。图 6-58 为 NORM_X 指令的线性关系。

如图 6-59 所示，为 NORM_X 指令程序。如果输入 I0.0 的信号状态为 1，则执行标准化运算。对在 MD10 和 MD30 定义的取值范围内输入 MD20 的值进行标准化运算，并标出对应标准化值的位置。结果存储到 MD40 中。如果运算执行过程中未发生错误，则信号 ENO 的信号状态为 1 并置位输出 Q4.0。表 6-35 为其输入输出参数值。

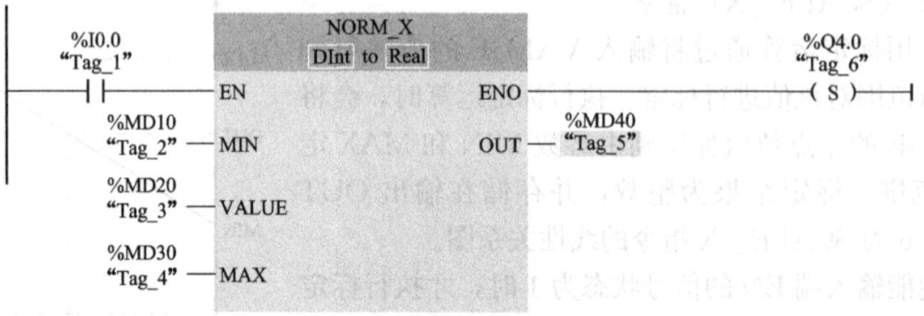

图 6-59 NORM_X 指令程序

表 6-35 输入输出参数值

VALUE	MD20=20
MIN	MD10=10
MAX	MD30=30
OUT	MD40=0.5

【例 6-18】 S7-1200 的模拟量输入 IW64 为温度信号，0～100℃对应 0～10V 电压，对应于 PLC 内部 0～27648 的数，求 IW64 对应的实际整数温度值。

根据上述对应关系，得到公式：$T=\frac{IW64-0}{27648-0}\times(100-0)+0$。程序如图 6-60 所示。

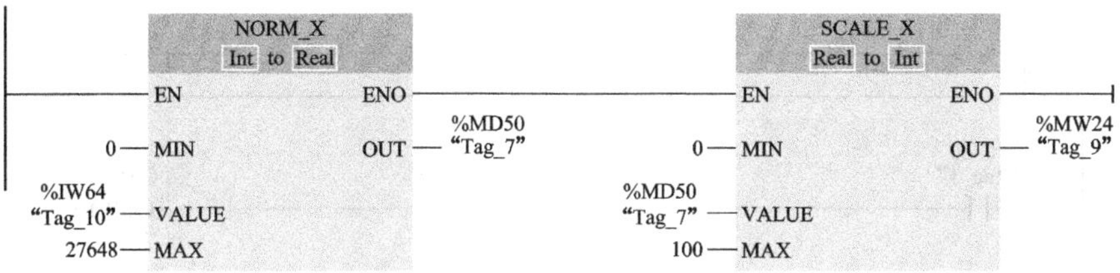

图 6 - 60　程序图

6.2.8　程序控制指令

程序控制指令用于有条件地控制执行顺序，见表 6 - 36。

表 6 - 36　程序控制指令功能表

指　　令	功　　能
-(JMP)-	如果有能流通过该指令线圈，则程序将从指定标签后的第一条指令继续执行
-(JMPN)-	如果没有能流通过该指令线圈，则程序将从指定标签后的第一条指令继续执行
<???>	JMP 或 JMPN 跳转指令的目标标签
-(RET)-	用于终止当前块的执行

1. JMP 指令

可以使用为 1 时块中跳转（有条件）目标程序段必须标有跳转标签。需要指定该跳转标签的名称以便执行该操作。指定的跳转标签位于该操作的上方。

指定的跳转标签必须在执行该操作的块中。指定的名称在块中只能出现一次。

如果该操作的输入端的逻辑运算结果为 1，则跳转到跳转标签所标识的程序段。跳转方向可以朝向更大或更小的程序段编号。

如果该操作的输入不为真（RLO=0），则程序继续在下一个程序段中执行。

可以使用跳转标签指定跳转的目标程序段，程序应在目标程序段中继续执行。跳转标签的名称可以包含字母、数字或下画线。

跳转标签及指定了该跳转标签的操作必须位于同一个块中。跳转标签的名称在块中只能分配一次。

如图 6 - 61 所示为 1 时块中跳转（有条件）程序。如果输入 I0.0 的信号状态为 1，则执行“为 1 时块中跳转（有条件）”操作。程序的线性执行被中断并在跳转标签 CAS1 标识的“程序段 3”中继续执行。如果输入信号 I0.4 的信号状态为 1，则复位输出 Q4.1。

2. JMPN 指令

可以使用为 0 时块中跳转（有条件）操作，目标程序段必须标有跳转标签。需要指定该跳转标签的名称以便执行该操作。指定的跳转标签位于该操作的上方。

指定的跳转标签必须在执行该操作的块中。指定的名称在块中只能出现一次。

如果该操作的输入端的逻辑运算结果（RLO）为 0，则跳转到跳转标签所标识的程序段。跳转方向可以朝向更大或更小的程序段编号。

如果该操作的输入端的逻辑运算结果为 1，则程序在下一个程序段中继续执行。

如图 6 - 62 所示为 0 时块中跳转（有条件）程序。如果输入 I0.0 的信号状态为 0，则执行为 0 时块中跳转（有条件）操作。程序的线性执行被中断并在跳转标签 CAS1 标识的“程序段 3”中继续执行。如果输入信号 I0.4 的信号状态为 1，则复位输出 Q4.1。

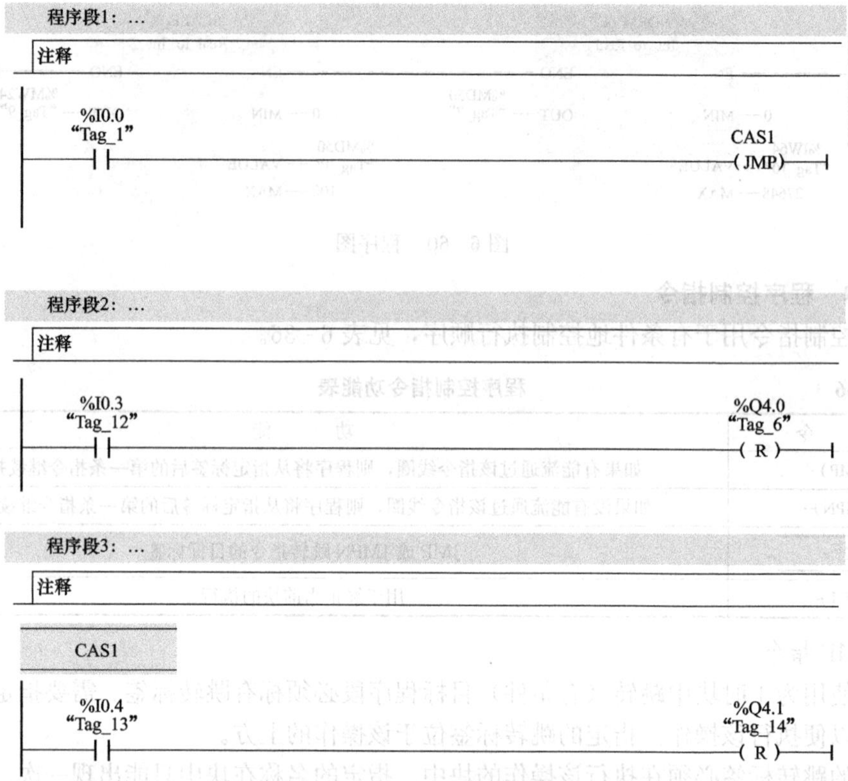

图 6-61　为 1 时块中跳转（有条件）程序

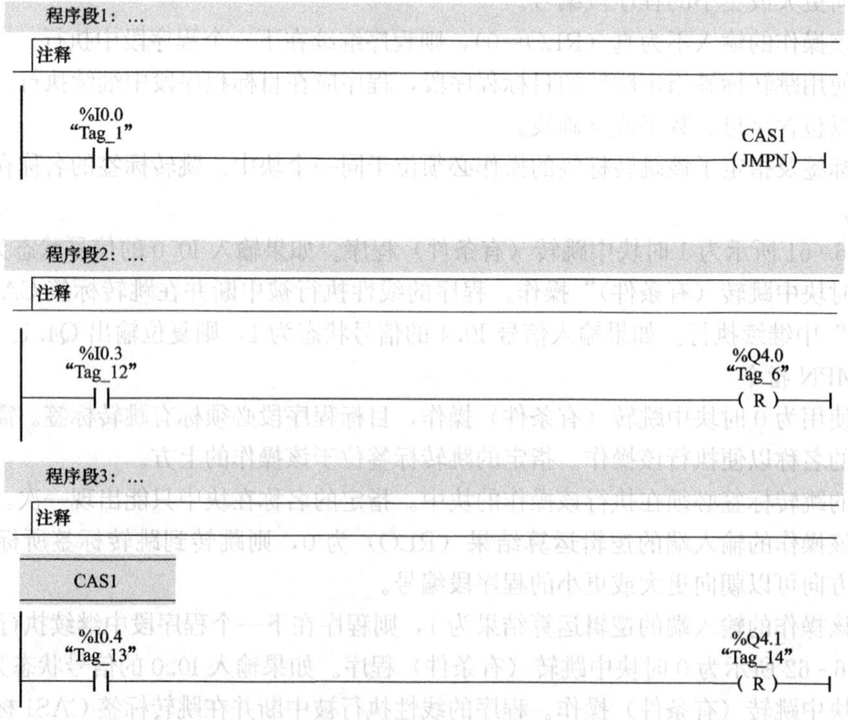

图 6-62　为 0 时块中跳转（有条件）程序

3. RET 指令

可以使用返回操作停止块的执行。只有左侧接头的信号状态为 1 时，才会执行该操作。如果满足该条件，将在当前被调用块中终止执行程序并在调用块（如调用 OB）中的调用功能后继续执行。调用功能的状态由“返回”操作的参数决定。该参数可以为以下值。

TRUE：调用功能的输出 ENO 置位为 1。

FALSE：调用功能的输出 ENO 复位为 0。

＜操作数＞：调用功能的输出 ENO 由指定操作数的信号状态决定。

如果组织块被返回操作终止，则 CPU 继续执行系统程序。

如果返回操作输入端的信号状态为 0，则不执行该操作。在这种情况下，程序继续在被调用块的下一个程序段中执行。

如图 6 - 63 所示为返回操作指令程序。如果输入 I0.0 的信号状态为 0，则执行返回操作。被调用块中的程序执行被终止，并继续在调用块中执行。调用功能的输出 ENO 信号状态被复位为 0。

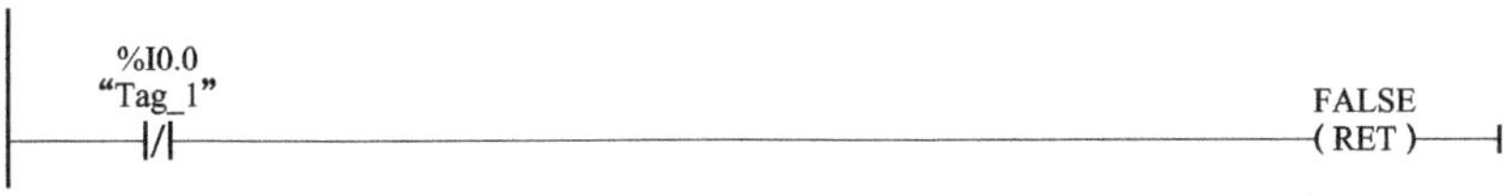

图 6 - 63　返回操作指令

6.2.9　字逻辑运算指令

字逻辑运算指令见表 6 - 37。字逻辑指令需要选择数据类型。

表 6 - 37　**字逻辑运算指令表**

指　　令	名　　称	指　　令	名　　称
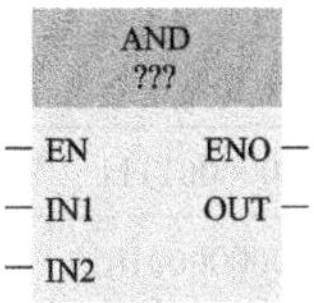	与逻辑运算	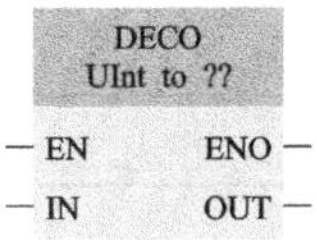	解码
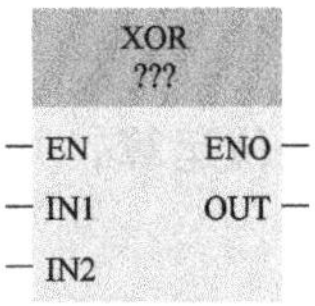	或逻辑运算	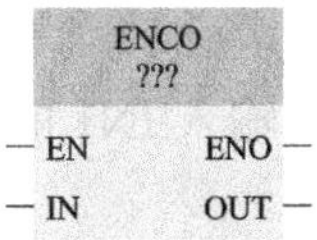	编码
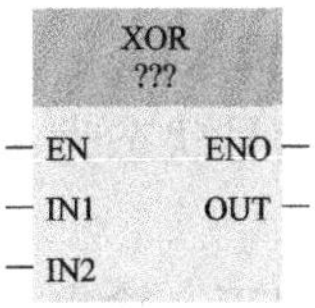	异或逻辑运算	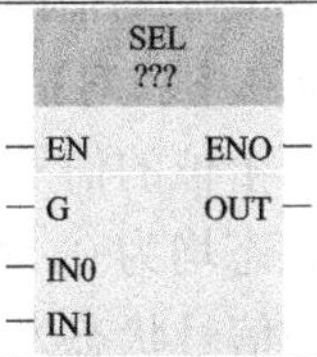	选择
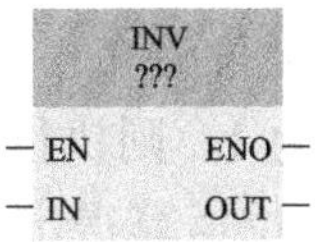	反码	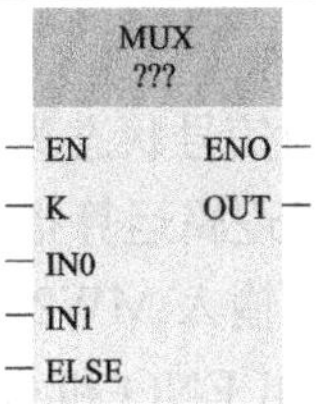	多路复用

1. 与（AND）逻辑运算指令

使用AND逻辑运算将输入IN1的值与输入IN2的值通过AND逻辑逐位运算，并通过输出OUT查询结果。

执行该运算时，输入IN1的值的位0与输入IN2的值的位0通过AND逻辑进行运算。结果存储在输出OUT的位0中。对指定值的所有其他位都执行相同的逻辑运算。

仅当该逻辑运算中的两个位的信号状态均为1时，结果位的信号状态才为1。如果该逻辑运算的两个位中有一个位的信号状态为0，则对应的结果位将复位。

只有使能输入EN的信号状态为1时，才执行该操作。在这种情况下，输出ENO的信号状态也为1。

如果使能输入EN的信号状态为0，则使能输出ENO的信号状态复位为0。

如图6-64所示为与逻辑运算指令程序。如果输入I0.0信号状态为1，则执行AND逻辑运算。输入MW0的值与输入MW20的值通过AND逻辑进行运算。逐位运算得出结果并发送到输出MW10中，输出ENO和Q4.0的信号状态置位为1。表6-38为其输入输出参数。

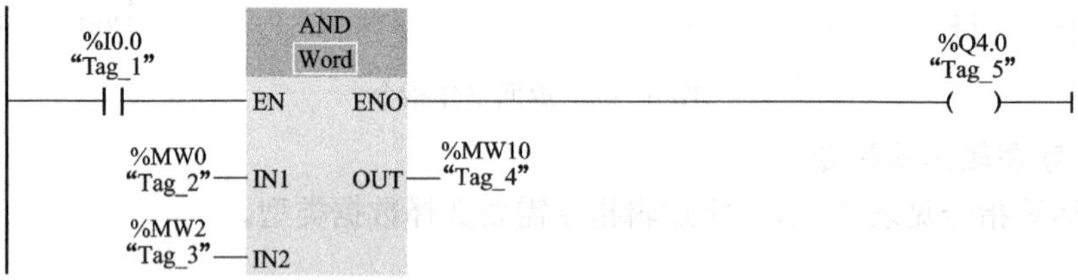

图6-64　与逻辑运算指令程序

表6-38　　输入输出参数

IN1	MW0=0101010101010101
IN2	MW2=0000000000001111
OUT	MW10=0000000000000101

2. 或（OR）逻辑运算指令

使用OR逻辑运算将输入IN1的值与输入IN2的值通过OR逻辑逐位运算，并通过输出OUT查询结果。

执行该运算时，输入IN1的值的位0与输入IN2的值的位0通过OR逻辑进行运算。结果存储在输出OUT的位0中。对指定值的所有其他位都执行相同的逻辑运算。

当该逻辑运算中的两个位的信号状态其中一个为1时，结果位的信号状态为1。如果该逻辑运算的两个位信号状态均为0，则对应的结果位将复位。

只有使能输入EN的信号状态为1时，才执行该操作。在这种情况下，输出ENO的信号状态也为1。

如果使能输入EN的信号状态为0，则使能输出ENO的信号状态复位为0。

如图6-65所示为或逻辑运算指令程序。如果输入I0.0信号状态为1，则执行OR逻辑运算。输入MW0的值与输入MW20的值通过OR逻辑进行运算。逐位运算得出结果并发送到输出MW10中，输出ENO和Q4.0的信号状态置位为1。表6-39为其输入输出参数。

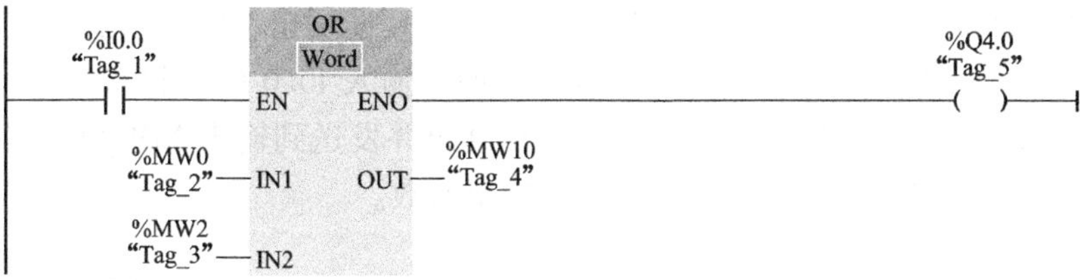

图 6-65　或逻辑运算指令程序

表 6-39　　**输 入 输 出 参 数**

IN1	MW0=0101010101010101
IN2	MW2=0000000000001111
OUT	MW10=0101010101011111

3. 异或（XOR）逻辑运算指令

使用 XOR 逻辑运算将输入 IN1 的值与输入 IN2 的值通过 XOR 逻辑逐位运算，并通过输出 OUT 查询结果。

执行该运算时，输入 IN1 的值的位 0 与输入 IN2 的值的位 0 通过 OR 逻辑进行运算。结果存储在输出 OUT 的位 0 中。对指定值的所有其他位都执行相同的逻辑运算。

当该逻辑运算中的两个位的信号状态不相同，结果位的信号状态为 1。如果该逻辑运算的两个位信号状态相同，则对应的结果位将复位。

只有使能输入 EN 的信号状态为 1 时，才执行该操作。在这种情况下，输出 ENO 的信号状态也为 1。

如果使能输入 EN 的信号状态为 0，则使能输出 ENO 的信号状态复位为 0。

如图 6-66 所示为异或逻辑运算指令程序。如果输入 I0.0 信号状态为 1，则执行 XOR 逻辑运算。输入 MW0 的值与输入 MW20 的值通过 XOR 逻辑进行运算。逐位运算得出结果并发送到输出 MW10 中，输出 ENO 和 Q4.0 的信号状态置位为 1。表 6-40 为其输入输出参数。

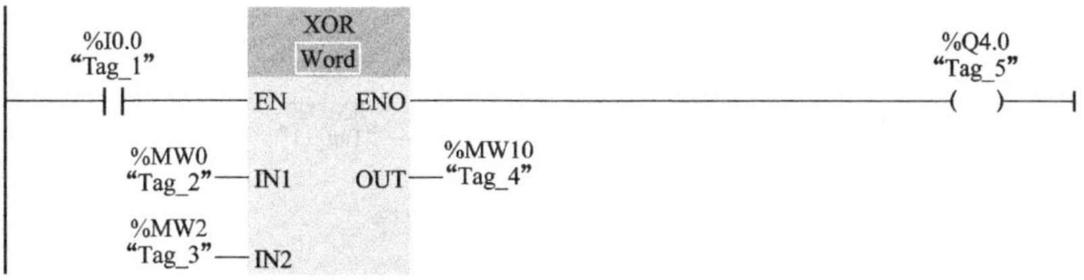

图 6-66　异或逻辑运算指令程序

表 6-40　　**输 入 输 出 参 数**

IN1	MW0=0101010101010101
IN2	MW2=0000000000001111
OUT	MW10=0101010101011010

4. 反码（INV）指令

使用 INV 逻辑运算将输入 IN 的值进行逐位取反，并通过输出 OUT 查询结果。

只有使能输入 EN 的信号状态为 1 时，才执行该操作。在这种情况下，输出 ENO 的信号状态也为 1。如果使能输入 EN 的信号状态为 0，则使能输出 ENO 的信号状态复位为 0。

如图 6-67 所示为反码逻辑运算指令程序。如果输入 I0.0 信号状态为 1，则执行 INV 逻辑运算。将输入 MW1 的值逐位取反运算得出结果并发送到输出 MW2 中，输出 ENO 和 Q4.0 的信号状态置位为 1。表 6-41 为其输入输出参数。

图 6-67 反码逻辑运算指令程序

表 6-41 输入输出参数

IN	MW1=0101 1001 0011 1011
OUT	MW2=1010011011000100

5. 解码（DECO）指令

可以使用解码运算在输出值中置位一个位，该位通过输入值指定。

解码运算读取输入 IN 的值，然后在输出值中置位一个位，该位位置与读取的值一致。输出值中的其他位以零填充。

只有使能输入 EN 的信号状态为 1 时，才能启动解码运算。如果执行过程中未发生错误，则输出 ENO 的信号状态也为 1。

如果使能输入 EN 的信号状态为 0，则使能输出 ENO 的信号状态复位为 0。

如图 6-68 所示为解码指令程序。如果输入 I0.0 信号状态为 1，则执行 DECO 逻辑运算。该运算通过 MW10 的值读取位号 3，然后将输出 MD20 的第 3 位置位。如果运算执行过程中未发生错误，则输出 ENO 和 Q4.0 的信号状态置位为 1。

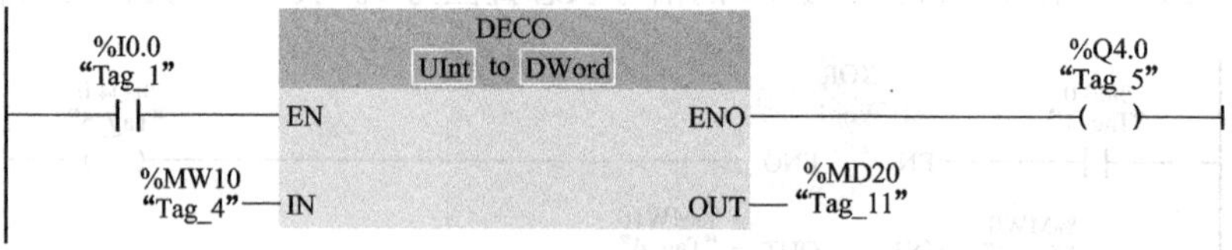

图 6-68 解码指令程序

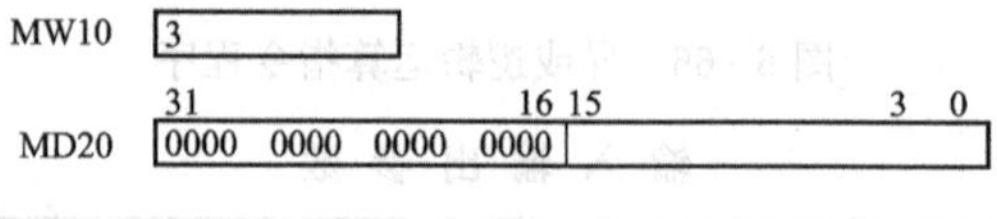

6. 编码（ENCO）指令

可以使用编码运算读取输入值中最低有效置位位的位号并将其发送到输出 OUT。

编码运算选择输入 IN 值的最低有效位并将该位号写入输出 OUT 的变量中。

只有使能输入 EN 的信号状态为 1 时，才能启动编码运算。如果执行过程中未发生错误，则输出 ENO 的信号状态也为 1。

如果使能输入 EN 的信号状态为 0，则使能输出 ENO 的信号状态复位为 0。

如图 6-69 所示，为编码指令程序。如果输入 I0.0 信号状态为 1，则执行 ENCO 逻辑运算。该运算选择输入 MD10 的最低有效置位位并将位置 3 写入输出 MW30 变量中。如果运算执行过程中未发生错误，则输出 ENO 和 Q4.0 的信号状态置位为 1。

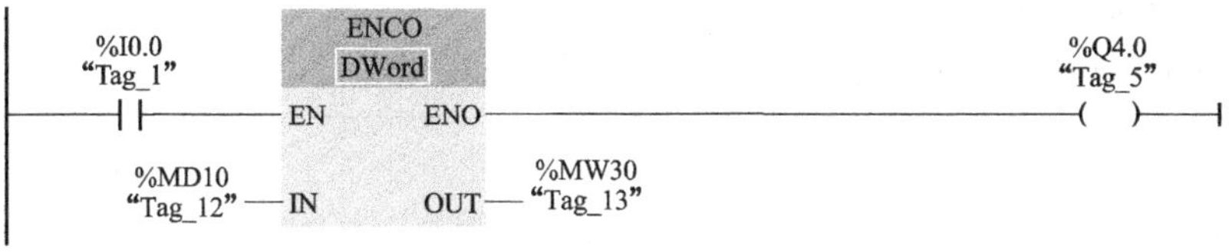

图 6-69　编码指令程序

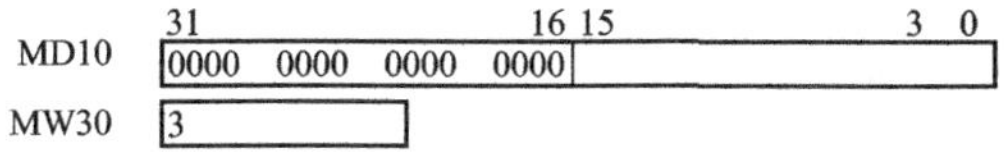

7. 选择（SEL）指令

选择操作依靠一个开关（参数 G）选择输入 IN0 或 IN1 中的一个并将其数据复制到输出 OUT。如果参数 G 的信号状态为 0，则复制输入 IN0 的值。如果参数 G 的信号状态为 1，则将输入 IN1 的值复制到输出 OUT。

只有使能输入 EN 的信号状态为 1 时，才执行该操作。如果执行过程中未发生错误，则输出 ENO 的信号状态也为 1。

如果使能输入 EN 的信号状态为 0 或执行该操作期间出错，将复位使能输出 ENO。

指令程序如图 6-70 所示。其输入输出参数见表 6-42。

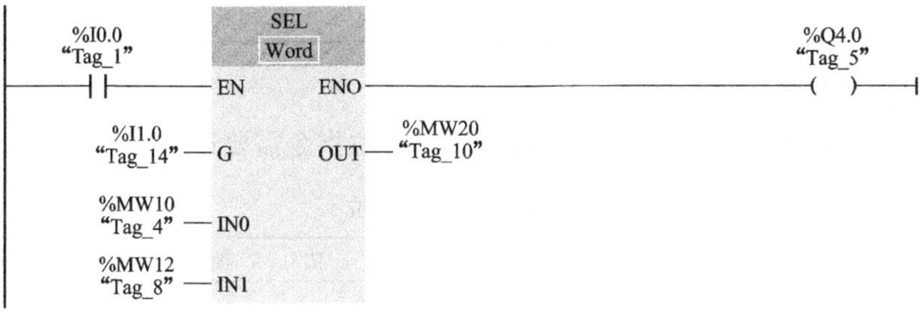

图 6-70　选择指令程序

表 6-42　　**输入输出参数**

G	I0.1=1
IN0	MW10=W#16#0000
IN1	MW12=W#16#FFFF
OUT	MW20=W#16#FFFF

8. 多路复用（MUX）指令

可以使用多路复用操作将所选输入的数据复制到输出 OUT。功能框 MUX 的可选输入数可以扩展。输入会在该功能框中自动编号。从 IN0 起开始编号，每个新输入的编号连续递增。可以使用参数 K 确定应该将哪个输入的数据复制到输出 OUT。如果参数 K 的值大于可用输入数，则将参数 ELSE 的数据复制到输出 OUT，并将使能输出 ENO 设置为信号状态 0。

只有所有输入的变量和输出 OUT 的变量具有相同数据类型时，才能执行多路复用操作。参数K例外，因为只能为其指定整数。

只有使能输入EN的信号状态为1时，才执行该操作。如果执行过程中未发生错误，则输出ENO的信号状态也为1。

指令程序如图6-71所示。其输入输出参数见表6-43。

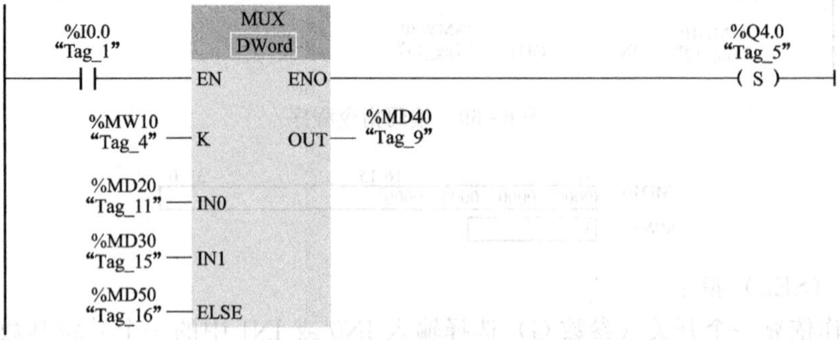

图6-71　多路复用指令程序

表6-43　　输入输出参数

K	MW10=1
IN0	MD20=DW#16#00000000
IN1	MD30=DW#16#FFFFFFFF
ELSE	MD50=DW#16#FFFF0000
OUT	MD40=DW#16#FFFFFFFF

6.2.10　移位与循环移位指令

移位与循环移位指令见表6-44。移位与循环移位指令需要选择数据类型。

表6-44　　移位与循环移位

指　　令	功　　能
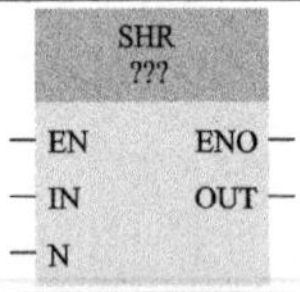 SHR ??? EN ENO IN OUT N	将参数IN的位序列右移N位，结果送给参数OUT
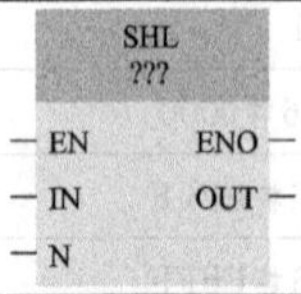 SHL ??? EN ENO IN OUT N	将参数IN的位序列左移N位，结果送给参数OUT
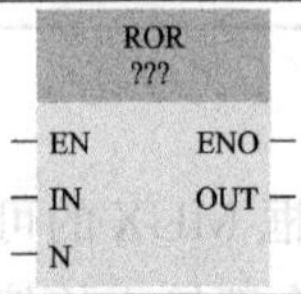 ROR ??? EN ENO IN OUT N	将参数IN的位序列循环右移N位，结果送给参数OUT
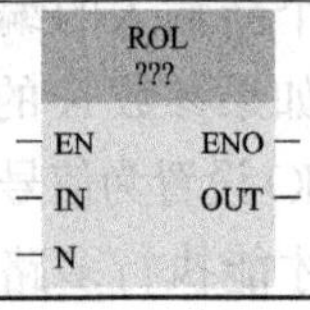 ROL ??? EN ENO IN OUT N	将参数IN的位序列循环左移N位，结果送给参数OUT

1. 右移（SHR）指令

可以使用右移操作将输入 IN 的变量数据逐位右移，并通过输出 OUT 查询结果。使用参数 N 设置指定将移位的位数。

参数 N 的值为 0 时，输入 IN 的值将被复制到输出 OUT 的变量中。

当参数 N 的值大于位数时，输入 IN 的变量值将按其可用位数向右移位。

无符号值移位时，用零填充变量左侧区域中空出的位。如果指定值有符号，则用符号位的信号状态填充空出的位。

如图 6-72 所示为右移指令程序。当输入 I0.0 的信号状态为 1 时，则执右移操作。变量 MW10 中的数据右移三位，结果放在输出 MW40 中。如果运算执行过程中未发生错误，则输出 ENO 和 Q4.0 的信号状态置位为 1。表 6-45 为无符号位输入输出参数。

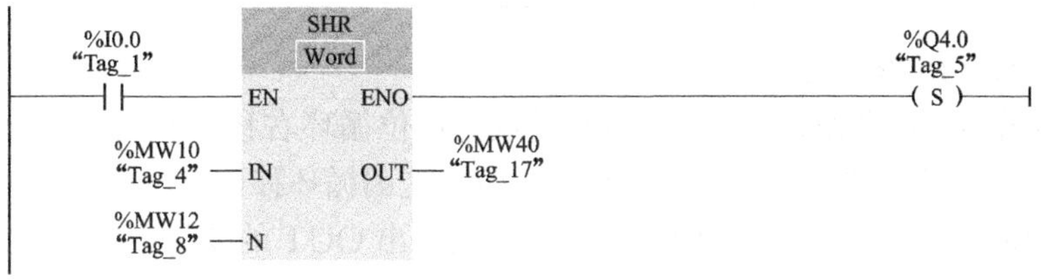

图 6-72　右移指令程序

表 6-45　　**无符号位输入输出参数**

IN	MW10=0011 1111 1010 1111
N	MW12=3
OUT	MW40=0000 0111 1111 0101

无符号位变量右移 4 位：

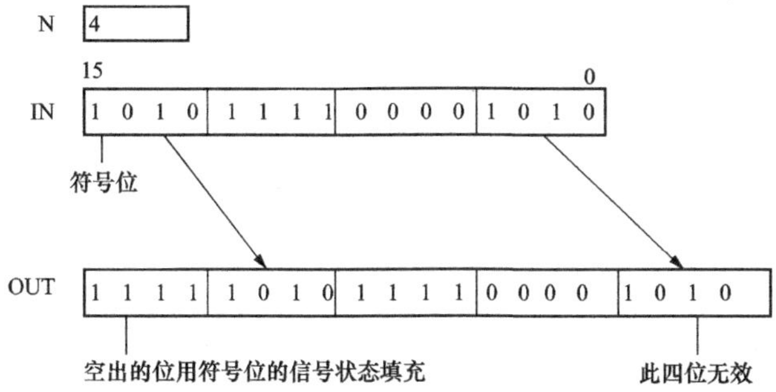

2. 左移（SHL）指令

可以使用左移操作将输入 IN 中的变量数据逐位左移，并通过输出 OUT 查询结果。使用参数 N 设置指定将移位的位数。

参数 N 的值为 0 时，输入 IN 的值将被复制到输出 OUT 的变量中。

当参数 N 的值大于位数时，输入 IN 的变量值将按其可用位数向左移位。

用零填充变量右侧部分因移位空出的位。

如图 6-73 所示为左移指令程序。当输入 I0.0 的信号状态为 1 时，则执左移操作。变量 MW10 中的数据左移四位，结果放在输出 MW40 中。如果运算执行过程中未发生错误，则输出 ENO 和 Q4.0 的信号状态置位为 1。表 6-46 为其输入输出参数。

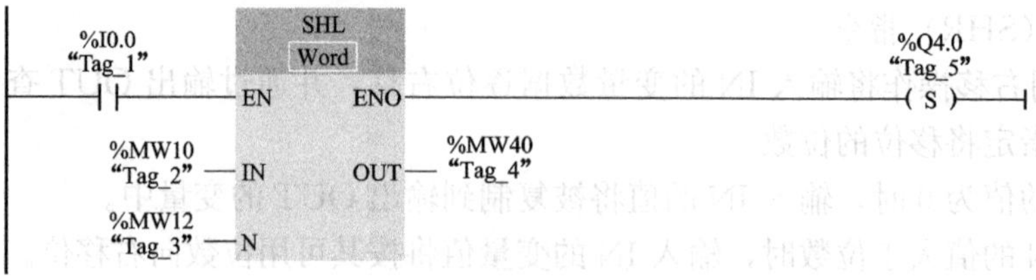

图 6-73 左移指令程序

表 6-46 输入输出参数

IN	MW10=0011 1111 1010 1111
N	MW12=4
OUT	MW40=1111 1010 1111 0000

3. 循环右移（ROR）指令

可以使用循环右移操作将输入 IN 的变量数据逐位循环右移，并通过输出 OUT 查询结果。参数 N 指定将循环移位的位数。用移出的位填充因循环移位空出的位。

参数 N 的值为 0 时，输入 IN 的值将被复制到输出 OUT 的变量中。

当参数 N 的值大于位数时，输入 IN 的变量值将按其可用位数进行循环移位。

如图 6-74 所示为循环右移指令程序。当输入 I0.0 的信号状态为 1 时，则执行循环右移操作。变量 MW10 中的数据循环右移五位，结果放在输出 MW40 中。如果运算执行过程中未发生错误，则输出 ENO 和 Q4.0 的信号状态置位为 1。表 6-47 为其输入输出参数。

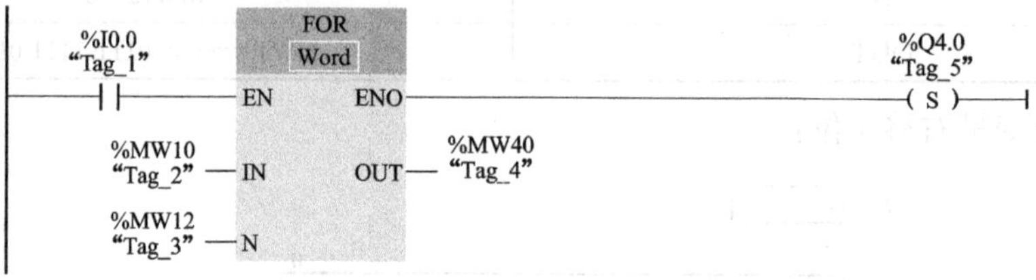

图 6-74 循环右移指令程序

表 6-47 输入输出参数

IN	MW10=0000 1111 1001 0101
N	MW12=5
OUT	MW40=1010 1000 0111 1100

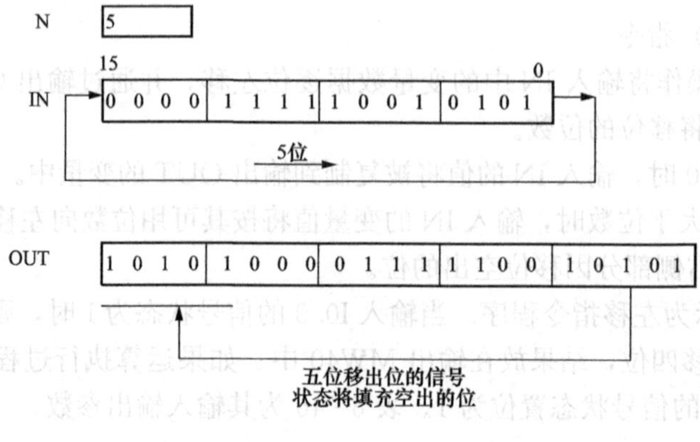

4. 循环左移（ROL）指令

可以使用循环左移操作将输入 IN 的变量数据逐位循环左移，并通过输出 OUT 查询结果。参数 N 指定将循环移位的位数。用挤出的位填充因循环移位空出的位。

参数 N 的值为 0 时，输入 IN 的值将被复制到输出 OUT 的变量中。

当参数 N 的值大于位数时，输入 IN 的变量值将按其可用位数进行循环移位。

如图 6-75 所示为循环左移指令程序。当输入 I0.0 的信号状态为 1 时，则执行循环左移操作。变量 MW10 中的数据循环左移五位，结果放在输出 MW40 中。如果运算执行过程中未发生错误，则输出 ENO 和 Q4.0 的信号状态置位为 1。表 6-48 为其输入输出参数。

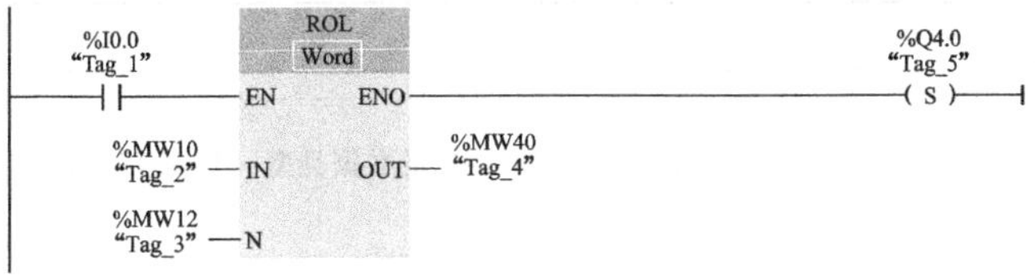

图 6-75　循环左移指令程序

表 6-48　输入输出参数

IN	MW10=1010 1000 1111 0110
N	MW12=5
OUT	MW40=0001 1110 1101 0101

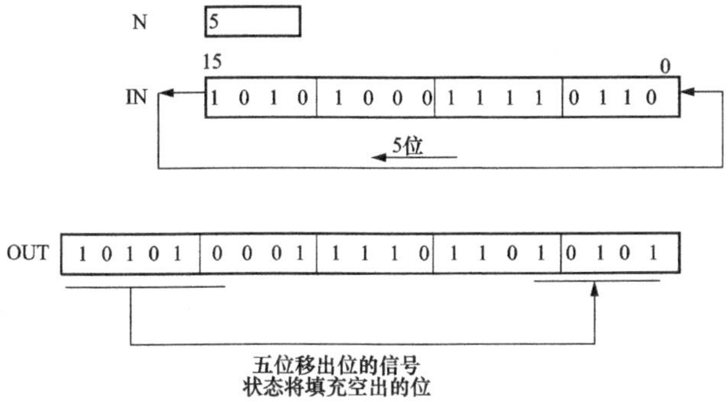

【例 6-19】 通过循环指令实现彩灯控制。

编写程序如图 6-76 所示，其中 I0.0 为控制开关，M1.5 为周期为 1s 的时钟存储器位，实现的功能为当按下 I0.0，QD4 中为 1 的输出位每秒钟向左移动 1 位。第 1 段程序的功能是赋初值，即将 QD4 中的 Q7.0 置位，第 2 段程序的功能是每秒钟 QD4 循环左移一位。

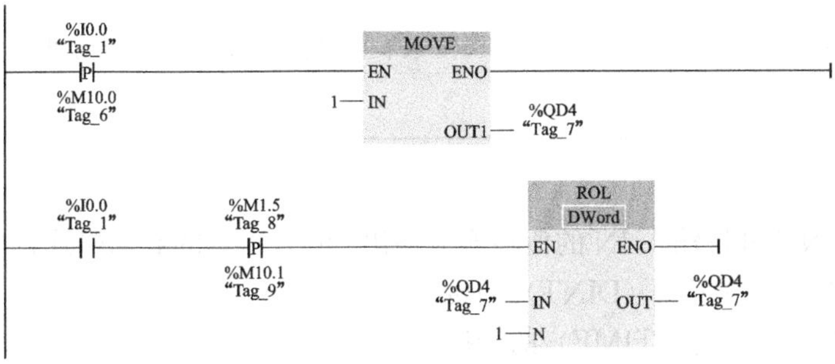

图 6-76　彩灯控制程序

6.3 扩 展 指 令

S7-1200 PLC的扩展指令包括日期和时间指令、字符串和字符指令、程序控制指令、通信指令、中断指令、PID控制指令、运动控制指令及脉冲指令等。

6.3.1 日期和时间指令

日期和时间指令用于计算日期和时间，见表6-49。

表6-49 日期和时间指令功能表

指令	功能
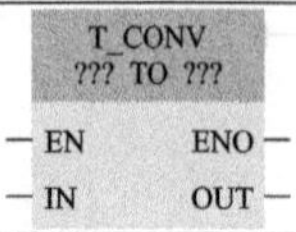	T_CONV用于转换时间值的数据类型：Time转换为DInt或DInt转换为Time
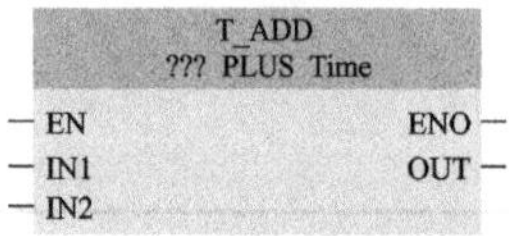	T_ADD用于将Time和DTL值相加
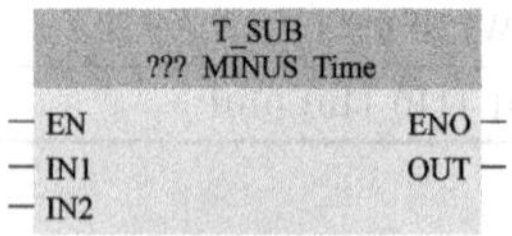	T_SUB用于将Time和DTL值相减
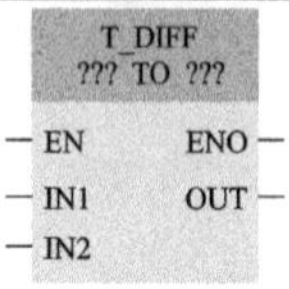	T_DIFF提供两个DTL值的差作为Time值
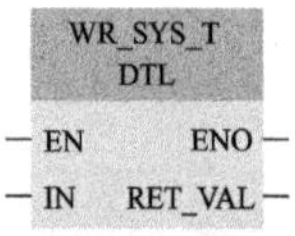	WR_SYS_T（写入系统时间）使用参数IN中的DTL值设置PLC日时钟
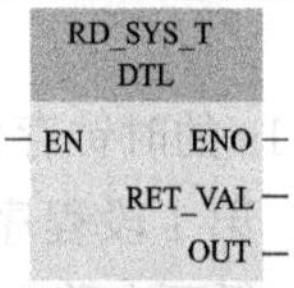	RD_SYS_T（读取系统时间）从PLC读取当前系统时间
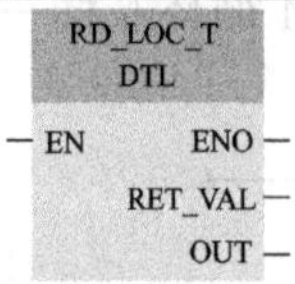	RD_LOC_T（读取本地时间）以DTL数据类型提供PLC的当前系统时间

1. T_CONV指令

使用T_CONV可将输入IN的值转换成输出OUT指定的数据格式，可实现下列转换。

时间（TIME）到数字值（DINT）的转换。

数值（DINT）到时间（TIME）的转换。

通过选择指令输入和输出的数据类型来决定转换的类型。可通过输出OUT查询转换结果。

2. T _ ADD 指令

使用 T _ ADD 可将输入 IN1 的时间与输入 IN2 的时间相加。通过输出 OUT 查询结果。可以对下列格式进行相加操作。

时间段（TIME）与时间段（TIME）相加，结果可以输出到 TIME 格式的变量中。

时间段（TIME）与时间点（DTL）相加，结果可以输出到 DTL 格式的变量中。

通过选择指令输入和输出的数据类型来决定输入 IN1 和输出 OUT 的格式。在输入 IN2 中，只能指定 TIME 格式的时间。

3. T _ SUB 指令

使用 T _ SUB 可将输入 IN1 的时间与输入 IN2 的时间相减。通过输出 OUT 查询差值。可以对下列格式进行相减操作：

时间段（TIME）与时间段（TIME）相减。结果可以输出到 TIME 格式的变量中。

从某时间点（DTL）减去一个时间段（TIME）。结果可以输出到 DTL 格式的变量中。

通过选择指令输入和输出的数据类型来决定输入 IN1 和输出 OUT 的格式。在输入 IN2 中，只能指定 TIME 格式的时间。

4. T _ DIFF 指令

使用 T _ DIFF 可将输入 IN1 的时间与输入 IN2 的时间相减。以 TIME 格式通过输出 OUT 输出结果。在输入 IN1 和 IN2 中只能指定 DTL 格式的值。

如果在输入 IN2 中指定的时间大于在输入 IN1 中指定的时间，则结果将以负值的形式通过输出 OUT 输出。如果该指令的结果超出允许范围，则此结果将限制为相应的值，并且能使输出 ENO 设置为 0。

5. WR _ SYS _ T 指令

可使用 WR _ SYS _ T 设置 CPU 时钟的日期和时间。在指令的输入 IN 指定 DTL 格式的日期和时间。在输出 RET _ VAL 中（见表 6 - 50），可以查询指令执行期间是否出错。不能使用“WR _ SYS _ T”指令发送有关本地时区或夏令时的信息。

表 6 - 50　　参数 RET _ VAL

错误代码 （W＃16＃...）	描　　述
0000	无错误
8081	年无效
8082	月无效
8083	日无效
8084	小时信息无效
8085	分钟信息无效
8086	秒信息无效
8087	纳秒信息无效
80B0	实时时钟发生了故障

6. RD _ SYS _ T 指令

可使用 RD _ SYS _ T 读取 CPU 时钟的当前日期和当前时间。数据以 DTL 格式放在指令的输出 OUT 中。得出的值不包含有关本地时区或夏令时的信息。在输出 RET _ VAL 中（见表 6 - 51），可以查询指令执行期间是否出错。

表 6 - 51　　参数 RET _ VAL

错误代码（W#16#...）	描　述
0000	无错误
8222	结果超出允许的取值范围
8223	结果无法以指定的数据类型保存

7. RD _ LOC _T 指令

可使用 RD _ LOC _ T 从 CPU 时钟读取当前本地时间，并在输出 OUT 以 DTL 格式输出该值。在 CPU 时钟的组态中设置的时区和夏令时开始时间及标准时间，其相关信息均包括在本地时间信息中（见表 6 - 52）。

表 6 - 52　　参数 RET _ VAL

错误代码（W#16#...）	描　述
0000	无错误
8080	无法读取本地时间

6.3.2　字符串转换指令

字符串转换指令中，可以使用表 6 - 53 所示的指令将数字字符串转换成数值或将数值转换为数字字符串。

表 6 - 53　　字 符 串 转 换 指 令

指　　令	功　　能
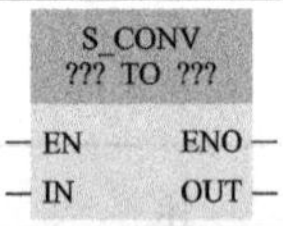	S _ CONV 用于将数字字符串转换成数值或将数值转换成数字字符串
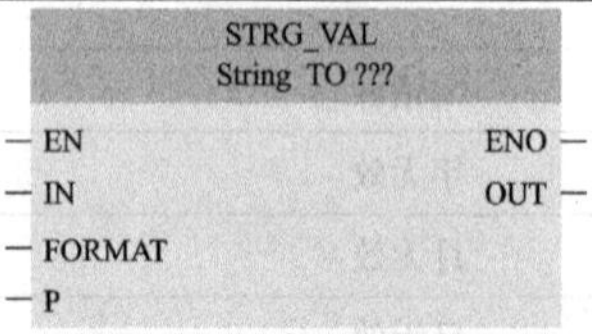	STRG _ VAL 使用格式选项将数字字符串转换成数值
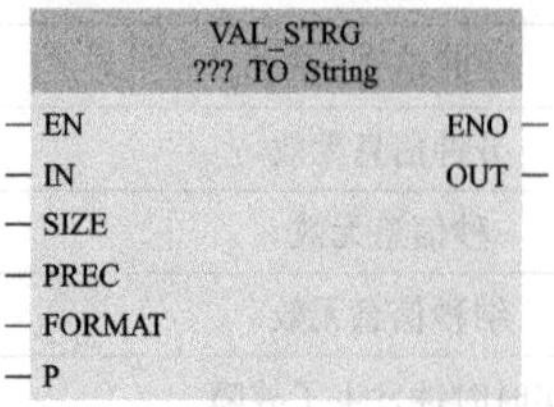	VAL _ STRG 使用格式选项将数值转换成数字字符串

1. S _ CONV 指令

使用 S _ CONV 可将输入 IN 的值转换成在输出 OUT 中指定的数据格式。可实现下列转换。

（1）字符串（String）转换为数字值。在输入 IN 中指定的字符串的所有字符都将进行转换。允许的字符为数字 0 到 9、小数点以及加号和减号。字符串的第一个字符可以是有效数字或符号。前导空格和指数表示将被忽略。无效字符可能会中断字符转换。此时，使能输出 ENO 将设置为 0。可通过选择输出 OUT 的数据类型来决定转换的输出格式。

（2）数字值转换为字符串（String）。通过选择输入 IN 的数据类型来决定要转换的数字值格式。必须在输出 OUT 中指定一个有效的 String 数据类型的变量。转换后的字符串长度取决于输入 IN 的值。由于第一个字节包含字符串的最大长度，第二个字节包含字符串的实际长度，因此转换的结果从字符串的第三个字节开始存储。输出正数字值时不带符号。

（3）复制字符串。如果在指令的输入和输出均输入 String 数据类型，则输入 IN 的字符串将被复制到输出 OUT。如果输入 IN 字符串的实际长度超出输出 OUT 字符串的最大长度，则将复制 IN 字符串中完全适合 OUT 的字符串的那部分，并且使能输出 ENO 将设置为 0 值。

2. STRG_VAL 指令

使用 STRG_VAL 可将字符串转换为数字值。在输入 IN 中指定要转换的字符串。可通过选择输出 OUT 的数据类型来决定输出值的格式。通过输出 OUT 查询结果。

从参数 P 中指定位置的字符开始转换。例如，参数 P 中指定的值为“1”，则将从指定字符串的第一个字符开始转换。转换允许的字符为数字 0 到 9、小数点、逗号小数点、符号“E”和“e”及加号和减号字符。无效字符可能会中断转换。此时，使能输出 ENO 将设置为 0。

使用参数 FORMAT 可指定要如何解释字符串中的字符，也可以使用 STRG_VAL 指令来转换和表示指数值。只能为参数 FORMAT 指定 USINT 数据类型的变量。详见表 6-54。

表 6-54　　参数 FORMAT 的可能值及其含义

参数值（W#16#…）	表　示　法	小数点表示法
0000	小数	“.”
0001		“,”
0002	指数	“.”
0003		“,”
0004～FFFF	无效值	

3. VAL_STRG 指令

使用 VAL_STRG 可将数字值转换为字符串。在输入 IN 中指定要转换的值。通过选择数据类型来决定数字值的格式。通过输出 OUT 查询转换结果。

通过参数 P 可指定从字符串中的哪个字符开始写入结果。例如，参数 P 中指定的值为 2，则将从字符串的第二个字符开始保存转换值。

通过参数 SIZE 可以指定字符串中写入的字符数。这要从参数 P 中指定的字符开始算起。如果由参数 P 和 SIZE 定义的长度不够，则使能输出 ENO 将设置为 0。如果输出值比指定长度短，则结果将以右对齐方式写入字符串。空字符位置将填入空格。

转换允许的字符为数字 0 到 9、小数点、逗号小数点、符号“E”和“e”及加号和减号字符。无效字符可能会中断转换。此时，使能输出 ENO 将设置为 0。

参数 PREC 用于指定字符串中小数部分的精度或位数。如果参数 IN 的值为整数，则 PREC 指定小数点的位置。例如，如果数据值为 123 而 PREC=1，则结果为 12.3。

对于 REAL 数据类型支持的最大精度为 7 位。

使用参数 FORMAT 可指定在转换期间如何解释数字值及如何将其写入字符串。只能为参数 FORMAT 指定 USINT 数据类型的变量。详见表 6-55。

表 6-55　参数 FORMAT 的可能值及其含义

参数值（W＃16＃…）	表示法	符号	小数点表示法
0000	小数	“—”	“.”
0001			“,”
0002	指数		“.”
0003			“,”
0004	小数	“+”和“—”	“.”
0005			“,”
0006	指数		“.”
0007			“,”
0008 到 FFFF	无效值		

6.3.3　字符串指令

字符串操作指令见表 6-56。

表 6-56　字符串操作指令功能表

指令	功能	指令	功能
LEN String EN ENO IN OUT	获取字符串长度	DELETE String EN ENO IN OUT L P	删除字符串中的字符
CONCAT String EN ENO IN1 OUT IN2	合并（连接）两个字符串	INSERT String EN ENO IN1 OUT IN2 P	在字符串中插入字符
LEFT String EN ENO IN OUT L	读取字符串的左侧字符串	REPLACE String EN ENO IN1 OUT IN2 L P	替换字符串中的字符
RIGHT String EN ENO IN OUT L	读取字符串的右侧字符串	FIND String EN ENO IN1 OUT IN2	在字符串中查找字符
MID String EN ENO IN OUT L P	读取字符串中间几个字符		

String 类型的变量包含两个长度：最大长度和当前长度（当前有效字符的数量）。每个变量的字符串最大长度在 String 关键字的方括号中指定。当前长度表示实际使用的字符位置数。当前长度必须小于或等于最大长度。字符串占用的字节数为最大长度加 2。

1. LEN 指令

可使用 LEN 指令查询在输入 IN 中指定的字符串的当前长度，并在输出 OUT 以数字值的形式将其输出。空字符串（''）的长度为零。

如果操作处理期间出错，则将输出空字符串。

LEN 指令参数见表 6-57。

表 6-57　LEN 指令参数说明

参　数	数据类型	存　储　区	说　明
IN	String	D、L 或常数	字符串
OUT	INT	I、Q、M、D、L	有效字符串

2. CONCAT 指令

CONCAT 连接字符串参数 IN1 和 IN2 以形成一个字符串，并放在 OUT 中。目标字符串必须足够长，否则结果字符串将被截短并且使能输出 ENO 将设置为 0 值。

如果指令处理期间出错并且可以写入到输出 OUT，则将输出空字符串。

CONCAT 指令参数见表 6-58。

表 6-58　CONCAT 指令参数说明

参　数	数据类型	存　储　区	说　明
IN1	STRING	D、L 或常数	字符串
IN1	STRING	D、L 或常数	字符串
OUT	STRING	D、L	结果字符串

3. LEFT 指令和 RIGHT 指令

可使用 LEFT 从输入 IN 字符串的左侧第一个字符开始提取出一部分字符串。可使用 RIGHT 从输入 IN 字符串的右侧第一个字符开始提取出一部分字符串。通过参数 L 指定要提取的字符数。以 STRING 格式通过输出 OUT 输出提取的字符。

如果要提取的字符数大于字符串的当前长度，则输出 OUT 将返回输入字符串。参数 L 的值为 0 时或者输入值为空字符串时都将返回空字符串。如果参数 L 的值为负值，则将输出空字符串并且使能输出 ENO 将设置为 0 值。

LEFT、RIGHT 指令参数见表 6-59。

表 6-59　LEFT、RIGHT 指令参数说明

参　数	数据类型	存　储　区	说　明
IN	STRING	D、L 或常数	字符串
L	INT	I、Q、M、D、L 或常数	要提取的字符串的长度值
OUT	STRING	D、L	提取的部分字符串

4. MID 指令

可使用MID将输入IN字符串的一部分提取出来。可通过参数P指定要提取的第一个字符的位置。通过参数L指定要提取的字符串长度。提取的部分字符串通过输出OUT输出。

执行该指令时应遵循以下规则。

如果要提取的字符数超出输入IN字符串的当前长度，则将输出从字符位置P开始到该字符串末尾的这一部分字符串。

如果通过参数P指定的字符位置超出输入IN字符串的当前长度，则将通过输出OUT输出空字符串并且使能输出ENO将设置为0值。

如果参数L或P的值等于零或为负值，则将通过输出OUT输出空字符串并且使能输出ENO将设置为0值。

MID指令参数见表6-60。

表6-60 MID指令参数说明

参数	数据类型	存储区	说明
IN	STRING	D、L或常数	字符串
L	INT	I、Q、M、D、L或常数	要提取的字符串的长度值
P	INT	I、Q、M、D、L或常数	要提取的第一个字符的位置
OUT	STRING	D、L	提取的部分字符串

5. DELETE 指令

可使用DELETE将输入IN字符串的一部分删除。可通过参数P指定要删除的第一个字符的位置。可使用参数L指定要删除的字符数。剩余部分的字符串通过输出OUT以STRING格式输出。

执行该指令时应遵循以下规则。

如果参数L或P的值等于零，则输出OUT将返回输入字符串。

如果参数P的值大于输入IN字符串的当前长度，则输出OUT将返回输入字符串。

如果要删除的字符数大于输入IN字符串的长度，则将输出空字符串。

如果参数L或P的值为负值，则将输出空字符串并且使能输出ENO将设置为0值。

DELETE指令参数见表6-61。

表6-61 DELETE指令参数说明

参数	数据类型	存储区	说明
IN	STRING	D、L或常数	字符串
L	INT	I、Q、M、D、L或常数	要删除的字符数
P	INT	I、Q、M、D、L或常数	要删除的第一个字符的位置
OUT	STRING	D、L	结果字符串

6. INSERT 指令

从字符串1的某个字符位置开始插入字符串2，并将结果存储在目标字符串中。可使用参数P指定要插入字符的字符位置。以STRING格式通过输出OUT输出结果。

执行该指令时应遵循以下规则。

如果参数 P 的值超出输入 IN1 字符串的当前长度，则输入 IN2 的字符串将附加到输入 IN1 的字符串的后面。

如果参数 P 的值为负值或等于零，则将通过输出 OUT 输出空字符串。使能输出 ENO 将设置为 0 值。

如果结果字符串比在输出 OUT 中指定的变量长，则结果字符串将被限制为有效长度。使能输出 ENO 将设置为 0 值。

INSERT 指令参数见表 6-62。

表 6-62　INSERT 指令参数说明

参　　数	数据类型	存　储　区	说　　明
IN1	STRING	D、L 或常数	字符串
IN2	STRING	D、L 或常数	要插入的字符串
P	INT	I、Q、M、D、L 或常数	要插入字符串的位置
OUT	STRING	D、L	结果字符串

7. REPLACE 指令

可使用 REPLACE 将输入 IN1 的字符串替换为输入 IN2 的字符串。可通过参数 P 指定要替换的第一个字符的位置。通过参数 L 指定要替换的字符数。以 STRING 格式通过输出 OUT 输出结果。

执行该指令时应遵循以下规则。

如果参数 L 的值等于零，则输出 OUT 将返回输入 IN1 的字符串。

如果 P 等于 1，则将从输入 IN1 字符串的第一个字符开始（包括该字符）对其进行替换。

如果参数 P 的值超出输入 IN1 字符串的当前长度，则输入 IN2 的字符串将附加到输入 IN1 的字符串的后面。

如果参数 P 的值为负值或等于 0，则将通过输出 OUT 输出空字符串。使能输出 ENO 将设置为 0 值。

如果结果字符串比在输出 OUT 中指定的变量长，则结果字符串将被限制为有效长度。使能输出 ENO 将设置为 0 值。

REPLACE 指令参数见表 6-63。

表 6-63　REPLACE 指令参数说明

参　　数	数据类型	存　储　区	说　　明
IN1	STRING	D、L 或常数	要替换其中字符的字符串
IN2	STRING	D、L 或常数	含有要插入的字符的字符串
L	INT	I、Q、M、D、L 或常数	要替换的字符数
P	INT	I、Q、M、D、L 或常数	要替换的第一个字符串的位置
OUT	STRING	D、L	结果字符串

8. FIND 指令

可使用 FIND 来搜索输入 IN1 的字符串以查找特定字符或特定字符串。在输入 IN2 中指定要搜索的值。搜索从左向右进行。将通过输出 OUT 输出第一个搜索结果的位置。如果搜索未返回任何匹配值，则将通过输出 OUT 输出 0 值。

如果指令处理期间出错，则将输出空字符串。

FIND 指令参数见表 6 - 64。

表 6 - 64　　FIND 指令参数说明

参　　数	数据类型	存　储　区	说　　明
IN1	STRING	D、L 或常数	被搜索的字符串
IN2	STRING、CHAR	D、L 或常数 （对于 CHAR 还包括 I、Q、M）	要搜索的字符
OUT	INT	I、Q、M、D、L	字符位置

6.3.4　程序控制指令

程序控制指令见表 6 - 65。

表 6 - 65　　程序控制指令功能表

指　　令	功　　能
RE_TRIGR — EN　ENO —	RE _ TRIGR（重新触发扫描时间监视狗）用于延长扫描循环监视狗定时器生成错误前允许的最大时间
STP — EN　ENO —	STP（停止 PLC 扫描循环）将 PLC 置于 STOP 模式
GET_ERROR — EN　ENO — ERROR —	GET _ ERROR 指示发生程序块执行错误并用详细错误信息填充预定义的错误数据结构
GET_ERR_ID — EN　ENO — ID —	GET _ ERR _ ID 指示发生程序块执行错误并报告错误 ID

1. RE _ TRIGR 指令

监控定时器在每次扫描循环它都被自动复位一次，正常工作时最大扫描循环时间小于监控定时器的时间设定值，它不会起作用。以下几种扫描循环时间可能大于监控定时器的设定时间，监控定时器将会起作用。

（1）用户程序很长。

（2）一个扫描循环内执行中断程序的时间很长。

（3）循环指令执行的时间太长。

指令 RE _ TRIGR 可以在程序中的任意位置使用，来复位监控定时器，如图 6 - 77 所示。

该指令仅在优先级为 1 的程序循环 OB 和它调用的块中起作用；该指令在 OB80 中将被忽略。如果在优先级较高的块中（如硬件中断、诊断中断和循环中断 OB）调用该指令，使能输出 ENO 被置为 0，不执行该指令。在组态 CPU 时，可以用参数“循环时间”设置最大扫描循环时间，默认值为 150ms。

2. STP 指令

STP 指令的 EN 输入为 1 状态时，使 PLC 进入 STOP 模式。STP 指令使 CPU 集成的输出、信号板和信号模块的数字量输出或模拟量输出进入组态时设置的安全状态。可以使输出冻结在最后的状态，或用代替值设置为安全状态。默认的数字量输出状态为 FALSE，默认的模拟量输出值为 0。指令程序如图 6-77 所示。

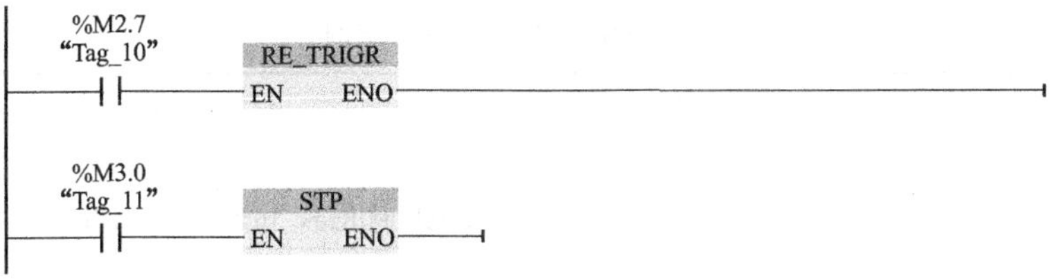

图 6-77 RE_TRIGR 和 STP 指令程序

3. GET_ERROR 与 GET_ERR_ID 指令

GET_ERROR 指令用来提供有关程序块执行错误的信息，用输出参数 ERROR（错误）显示发生的程序块执行错误（见图 6-78），并且将详细的错误信息填入预定义的 Error Struct（错误结构）数据类型（见表 6-64）。可以用程序来分析错误信息，并做出适当的响应。第一个错误消失时，指令输出下一个错误的信息。

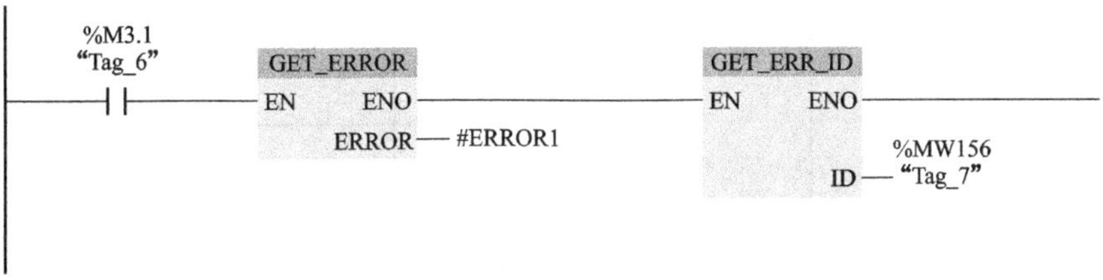

图 6-78 读取错误信息的指令

在块的界面区定义一个名为 ERROR1 的变量（见图 6-79）来作参数 ERROR 的实参，用下拉式列表设置其数据类型为 Error Struct。也可以在数据块中定义 ERROR 的实参。GET_ERR_ID 指令用来报告错误的 ID（标识符）。

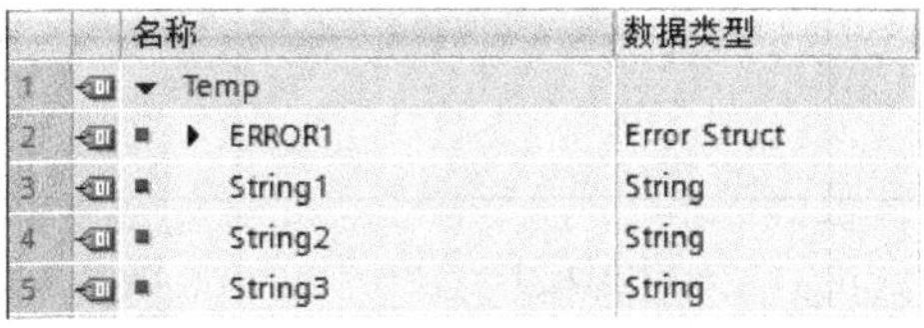

	名称	数据类型
1	▼ Temp	
2	▶ ERROR1	Error Struct
3	String1	String
4	String2	String
5	String3	String

图 6-79 定义 Error Struct 数据

如果块执行时出现错误，且指令的 EN 输入为 1 状态，出现的第一个错误的标识符保存在指令的输出参数 ID 中，ID 的数据类型为 Word。第一个错误消失时，指令输出下一个错误的 ID。作为默认的设置，程序块的执行发生错误时，PLC 将错误记录在诊断缓冲区中并使 CPU 切换到 STOP 模式。

如果在代码块中调用 GET_ERROR 与 GET_ERR_ID 指令，出现错误时 PLC 不再做出上述的响应，详细的错误信息将由 GET_ERROR 指令的输出参数 ERROR 来提供，错误的标识符（ID）在 GET_ERR_ID 指令的输出参数 ID 指定的地址中。通常第一条错误是最重要的，后面的错误由第一条错误引起。

如果GET_ERROR与GET_ ERR _ID指令的ENO为1状态，表示出现了代码执行错误，有错误数据可用。如果ENO为0状态，表示没有代码块执行错误。可以用GET_ERROR与GET_ ERR _ID的ENO来连接处理错误的程序。GET_ERROR与GET_ERR_ID可以用于从当前执行的块（被调用的块）发送错误信息给调用它的块。将它们放在被调用块的最后一个程序段，以报告被调用块的最后执行状态。

4. Error Struct数据类型的结构

Error Struct数据类型的结构见表6-66。

表6-66 Error Struct数据类型的结构

<table>
<tr><th>结构元素</th><th>数据类型</th><th colspan="6">描　　述</th></tr>
<tr><td>ERROR _ID</td><td>Word</td><td colspan="6">错误标识符</td></tr>
<tr><td>FLAGS</td><td>Byte</td><td colspan="6">16#01：块调用时出错，16#00：块调用时没有出错</td></tr>
<tr><td>REACTION</td><td>Byte</td><td colspan="6">默认的反应：0为写错误，忽略；1为读错误，继续使用替代值0；2为系统错误，跳过指令</td></tr>
<tr><td>BLOCK_TYPE</td><td>Byte</td><td colspan="6">出现错误的块类型：1为OB；2为FC；3为FB</td></tr>
<tr><td>PAD_0</td><td>Byte</td><td colspan="6">内部字节，用来分隔Error Struct不同的结构区，其内容无关紧要</td></tr>
<tr><td>CODE_BLOCK_NUMBER</td><td>UInt</td><td colspan="6">出错的代码块的编号</td></tr>
<tr><td>ADDRESS</td><td>UDInt</td><td colspan="6">出现的指令的内部存储单元</td></tr>
<tr><td rowspan="10">MODE</td><td rowspan="10">Byte</td><td colspan="6">访问模式：取决于访问的类型，可能输出下面的信息</td></tr>
<tr><td>模式</td><td>(A)</td><td>(B)</td><td>(C)</td><td>(D)</td><td>(E)</td></tr>
<tr><td>0</td><td></td><td></td><td></td><td></td><td></td></tr>
<tr><td>1</td><td></td><td></td><td></td><td></td><td>偏移量</td></tr>
<tr><td>2</td><td></td><td></td><td>区域</td><td></td><td></td></tr>
<tr><td>3</td><td>位置</td><td>范围</td><td></td><td>DB编号</td><td></td></tr>
<tr><td>4</td><td></td><td></td><td>区域</td><td></td><td>偏移量</td></tr>
<tr><td>5</td><td></td><td></td><td>区域</td><td>DB编号</td><td>偏移量</td></tr>
<tr><td>6</td><td>指针编号/Acc</td><td></td><td>区域</td><td>DB编号</td><td>偏移量</td></tr>
<tr><td>7</td><td>指针编号/Acc</td><td>槽编号/范围</td><td>区域</td><td>DB编号</td><td>偏移量</td></tr>
<tr><td>PAD_1</td><td>Byte</td><td colspan="6">内部字节，用来分隔Error Struct不同的结构区，其内容无关紧要</td></tr>
<tr><td>OPERAND_NUMBER</td><td>UInt</td><td colspan="6">内部指令的操作数标号</td></tr>
<tr><td>POINTER_NUMBER_LOCATION</td><td>UInt</td><td colspan="6">(A) 内部指令指针位置</td></tr>
<tr><td>SLOT_NUMBER_SCOPE</td><td>UInt</td><td colspan="6">(B) 内部存储器的存储位置</td></tr>
<tr><td>AREA</td><td>Byte</td><td colspan="6">(C) 出现错误的存储区。L：16#40～4E、86、87、8E、8F、C0～CE；I：16#81；Q：16#82；DB：16#84、85、8A、8B</td></tr>
<tr><td>PAD_2</td><td>Byte</td><td colspan="6">内部字节，用来分隔Error Struct不同的结构区，其内容无关紧要</td></tr>
<tr><td>DB_NUMBER</td><td>UInt</td><td colspan="6">(D) 出现错误时的数据块编号，未用数据块时为0</td></tr>
<tr><td>OFFSET</td><td>UDInt</td><td colspan="6">(E) 出现错误时的位移量编号，如12为字节1的第4位</td></tr>
</table>

习题与思考题

1. 用置位、复位（S、R）指令设计一台电动机的启、停控制程序。

2. 定时器有几种类型？各有什么特点？它们的刷新方式有什么不同？对它们执行复位指令后，它们的当前值和位状态是什么？

3. 计数器有几种类型？各有什么特点？对它们执行复位指令后，它们的当前值和位状态是什么？

4. 设计一个定时 10h 的定时器。

5. 设计一个计数范围为 10000 的计数器。

6. 设计周期为 5s，占空比为 20％的方波输出信号程序。

7. 用移位指令设计一个路灯照明控制程序，4 路灯按 H1，H2，H3，H4 的顺序依次点亮。各路灯之间点亮的时间间隔为 1h。

8. 用循环移位指令设计一个彩灯控制程序，6 路彩灯串按 H1，H2，H3，…，H6 的顺序依次点亮，且不断重复循环。各路彩灯之间的间隔时间为 0.1s。

9. 用整数除法指令将 VW20 中的数（300）除以 6 后存放在 VW30 中。

10. 试设计一个高速计数器程序，信号源是一个编码器，高速计数器对其输出的脉冲信号进行计数，要求实现：

（1）当脉冲数为 100 的偶数倍时，点亮彩灯 L1，关断彩灯 L2。

（2）当脉冲数为 100 的奇数倍时，点亮彩灯 L2，关断彩灯 L1。

（3）当脉冲总计数值为 20000 时，计数器复位，并开始下一个循环。

第七章 梯形图程序设计方法

7.1 S7-1200 PLC用户程序结构

S7-1200编程采用模块化编程的概念，将复杂的任务分解为独立的、自成体系的子任务。

程序分解为独立的、自成体系的各个部件，块类似于子程序的概念。每个子任务对应于一个称为“块”的子程序，可以通过块与块之间的相互调用来组织程序。这样的程序易于修改、查错和调试。S7-1200程序提供了不同类型的块，见表7-1。块结构显著增强了PLC程序的组织透明性、可理解性和易维护性。

表7-1 S7-1200 PLC程序中的块

块	简要描述
组织块（OB）	操作系统与用户程序的接口，决定用户程序的结构
功能块（FB）	用户编写的包含经常使用的功能的子程序，有专用的背景数据块
功能（FC）	用户编写的包含经常使用的功能的子程序，无专用的背景数据块
全局数据块（DB）	存储用户数据的数据区域，供所有的代码块共享
背景数据块（DB）	用于保存FB的输入变量、输出变量和静态变量，数据在编译时自动生成

7.1.1 组织块

组织块（OB）是CPU中操作系统与用户程序的接口，由操作系统调用，用于控制用户程序扫描循环和中断程序的执行、PLC的启动和错误处理等。组织块的程序是用户编写的。组织块的编号必须唯一，200以下的一些默认OB编号被保留，其他OB编号必须大于或等于200。其中OB1是用于扫描循环处理的组织块，操作系统调用OB1来启动用户程序的循环执行。组织块还包括启动组织块、延时中断组织块、循环中断组织块、硬件中断组织块、时间错误中断组织块、诊断错误中断组织块。

S7-1200 CPU具有基于事件的特性，CPU中的特定事件将触发组织块的执行。在PLC操作时，有些事件是由系统预先设计好的，如组织块。在执行组织块时，一般无法人工干预，如果需要强制结束，就需要用到中断事件和中断指令。

1. 程序循环组织块

程序循环OB在CPU处于RUN模式时循环执行。允许使用多个程序循环OB，它们按编号顺序执行。OB1是默认循环组织块。CPU循环执行操作系统程序，在每一次循环中，操作系统调用一次OB1。

2. 启动组织块

启动组织块用于系统初始化即初始化程序循环OB中的某些变量，在CPU的工作模式从STOP切换到RUN时执行一次。OB100是默认的启动OB，允许有多个启动OB。

3. 延时中断组织块

通过启动中断（SRT_DINT）指令组态事件后，指定的延迟时间结束后，时间延迟组织块将中断正常的循环程序执行。对任何给定的时间最多可以组态 4 个时间延迟事件，每个组态的时间延迟事件只允许对应一个 OB。事件延迟 OB 必须是 OB200 或更大。

4. 循环中断组织块

循环中断组织块以指定的时间间隔执行。循环中断组织块将按用户定义的时间间隔中断循环程序执行。最多可以组态 4 个循环中断事件，每个组态的循环中断事件只允许对应一个 OB。循环中断 OB 必须是 OB200 或更大。

（1）硬件中断组织块。硬件中断组织块在发生相关硬件事件时执行，包括内置数字输入端的上升沿和下降沿事件及高速计数器事件。硬件中断 OB 将中断正常的循环程序执行来响应硬件事件信号。可以在硬件配置的属性中定义事件。每个组态的硬件事件只允许对应一个 OB。硬件中断 OB 必须是 OB200 或更大。

（2）时间错误中断组织块。时间错误中断组织块在检测到时间错误时执行。如果超出最大循环时间，时间错误中断 OB 将中断正常的循环程序执行。OB80 是唯一支持时间错误事件的 OB。

（3）诊断错误中断组织块。诊断错误中断组织块在检测到和报告诊断错误时执行。OB82 是唯一支持诊断错误事件的组织块。

中断组织块用来实现对特殊内部事件或外部事件的快速响应。如果没有中断事件出现，CPU 循环执行组织块 OB1。如果出现中断事件，如诊断中断和时间延迟中断等。因为 OB1 的中断优先级最低，操作系统在执行完当前程序的当前指令后，立即响应中断。CPU 暂停正在执行的程序块，自动调用一个分配给该事件的组织块（中断程序）来处理中断事件。执行完中断组织块后，返回被中断的程序的断点处继续执行原来的程序。这意味着部分用户程序不必在每次循环中处理，而是在需要时才被及时处理。处理中断事件的程序存放在该事件驱动的 OB 中。

没有可以调用 OB 块的指令，不要在 OB、FC、FB 中调用 OB 块，除非用户在 OB 块中触发与某个 OB 块相关的事件。例如，用户可以在 OB1 中通过 SRT_DINT 指令设置延迟时间，当延迟时间到达时，延迟中断 OB 被触发。当特定事件发生时，相应 OB 被调用，无论其是否包含程序代码。

7.1.2　功能和功能块

功能（FC）和功能块（FB）属于用户编程的块。

1. 功能

功能 FC 是用户程序编写的子程序，它包含完成特定任务的代码和参数，属于一种不带“存储区”的逻辑块。FC 的临时变量存储在局部数据堆栈中，当 FC 执行结束后，这些临时数据就丢失。可以用全局数据块或 M 存储区来存储那些在功能执行结束后需要保持的数据。功能是快速执行的代码块，用于执行任务：完成标准的和可重复使用的操作，如逻辑运算；完成技术功能，如使用位逻辑运算的控制。

在功能中有 5 种局部变量。

（1）Input（输入参数）：由调用它的块提供的输入数据。

（2）Output（输出参数）：返回给调用它的块的程序执行结果。

（3）InOut（输入输出参数）：初值由调用它的块提供，块执行后将它的值返回给调用它的块。

（4）Temp（临时数据）：暂时保存在局部数据堆栈中的数据。只是在执行块时使用临时数据，执行完后，不再保存临时数据的值，它可能被别的块的临时数据覆盖。

（5）Return 中的 Ret _ Val（返回值），属于输出参数。

在FC的界面区中定义的参数称为FC的形式参数，简称为形参，形参在FC内部的程序中使用，在别的逻辑块调用FC时，需要为每个形参指定实际的参数，简称实参。实参与它对应的形参应具有相同的数据类型

例如，设压力变送器量程的下限为0MPa，上限为High MPa，经A/D转换后得0～27648的整数。数字N和压力P之间的计算公式为

$$P = (High \times N)/27648$$

为实现上述功能，设计的功能变量如图7-1所示。图7-2为实现特定功能的程序。图7-3为在OB块中调用功能。

界面

	名称	数据类型	注释
1	▾ Input		
2	输入数据	Int	
3	量程上限	Real	
4	▾ Output		
5	压力值	Real	
6	▾ InOut		
7			
8	▾ Temp		
9	中间变量	Real	
10	▾ Return		
11	Ret_Val	Void	

图7-1 设计功能变量

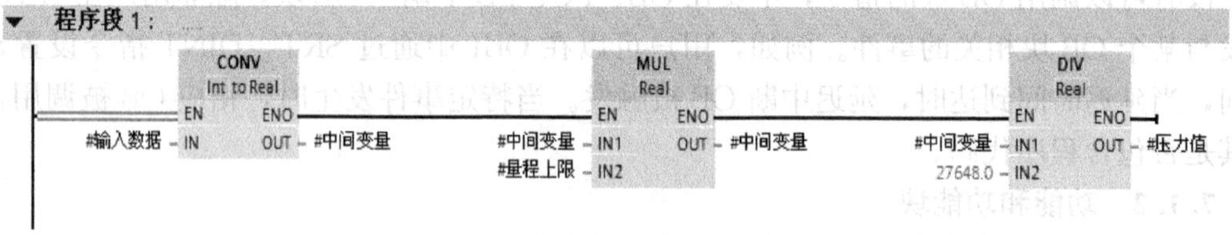

图7-2 实现特定功能的PLC程序

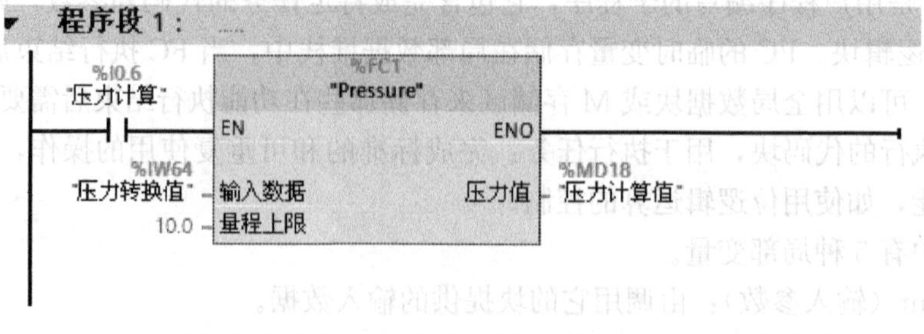

图7-3 OB块中调用功能

2. 功能块

功能块（FB）是用户程序编写的子程序，不同于功能的是调用功能块时，需要制定背景数据块，即 FB 是一种带存储功能的块。功能块有局部变量 Input（输入）、Output（输出）、InOut（输入输出）、Temp（临时变量）以及 Static（静态变量）。功能块的输入、输出参数和静态变量（Static）都保存在背景数据块中，临时局部变量（Temp）保存在本地数据堆栈中。当 FB 结束时，存在背景数据块中的数据不会丢失，存在本地数据堆栈中的数据将丢失。其他代码块可以访问背景数据块中的变量。不能直接删除和修改背景数据块中的变量，只能在它的功能块的界面区中删除和修改这些变量。CPU 执行 FB 中的程序代码，将块的输入、输出参数和局部静态变量保存在背景数据块中，以便可以从一个扫描周期到下一个扫描周期快速访问它们。FB 的典型应用是执行不能在一个扫描周期结束的操作，如定时器操作。

一个 FB 有可以有多个背景数据块，使 FB 用于不同的被控对象，称为多重背景模型。S7-1200 的部分指令（如 IEC 标准的定时器和计数器指令）实际上是功能块，在调用它们时需要指定配套的背景数据块。

在调用 FB 的时候，会自动添加背景数据块，用来设置 FB 程序中的变量。背景数据块中的变量就是其功能块的局部变量 Input、Output、InOut、Static、Constant。其他代码块可以访问背景数据块的变量，不能直接删除和修改背景数据块中的变量，只能在它的功能块的界面区中删除和修改这些变量。

在 OB 块中调用 FB 块时会自动生成背景数据块。为各形参指定实参时可以使用变量表中定义的符号地址，也可以使用绝对地址。当程序需要多次调用定时器或计数器指令时，将会在系统内生成大量的数据块“碎片”。为解决这个问题，在功能块中使用定时器或计数器指令时，可以在功能块中的 Static 变量区域定义数据类型为 IEC _ Timer 或 IEC _ Counter 的变量，用这些静态变量来提供定时器或计数器的背景数据块。

例如，设计功能块能够实现电动机启动时，电磁制动线圈不动作电动机停止时，电磁制动线圈延时吸合一段时间，因此设计的功能块界面图如图 7-4 所示，对应的背景数据块如图 7-5 所示，图 7-6 为实现目的的功能块的 PLC 程序，图 7-7 所示为在 PLC 程序中调用功能块，如果没有给功能块（FB）的输入、输出或输入/输出参数赋值，将使用背景数据块（DB）中存储的值。可以给 FB 接口中的参数赋初值。这些值将传送到相关的背景 DB 中。如果未分配参数，将使用当前存储在背景 DB 中的值。

界面

	名称	数据类型	默认值
1	▾ Input		
2	启动按钮	Bool	false
3	停止按钮	Bool	false
4	定时时间	Time	T#0ms
5	▾ Output		
6	电动机	Bool	false
7	制动器	Bool	false
8	▾ InOut		
9			
10	▾ Static		
11	▸ TimerDB	IEC_Timer	
12	▾ Temp		

图 7-4　功能块的界面

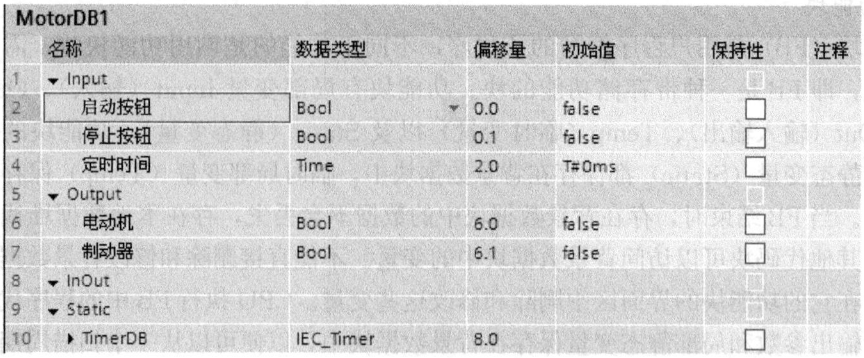

MotorDB1

	名称	数据类型	偏移量	初始值	保持性	注释
1	▼ Input					
2	启动按钮	Bool	0.0	false	☐	
3	停止按钮	Bool	0.1	false	☐	
4	定时时间	Time	2.0	T#0ms	☐	
5	▼ Output					
6	电动机	Bool	6.0	false	☐	
7	制动器	Bool	6.1	false	☐	
8	▼ InOut					
9	▼ Static					
10	▸ TimerDB	IEC_Timer	8.0		☐	

图 7-5 功能块对应的背景数据块

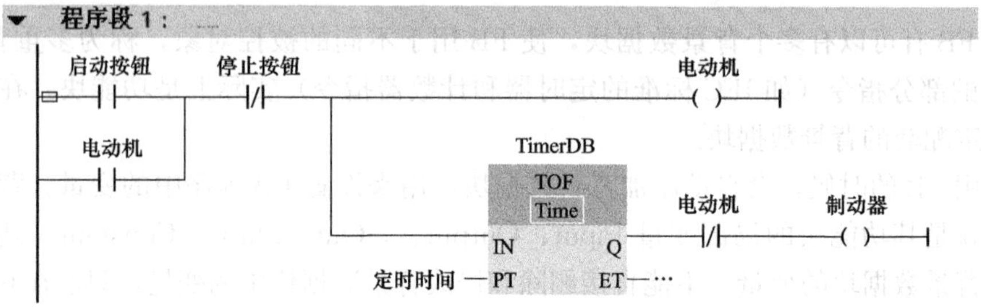

图 7-6 实现目的功能块的内部程序

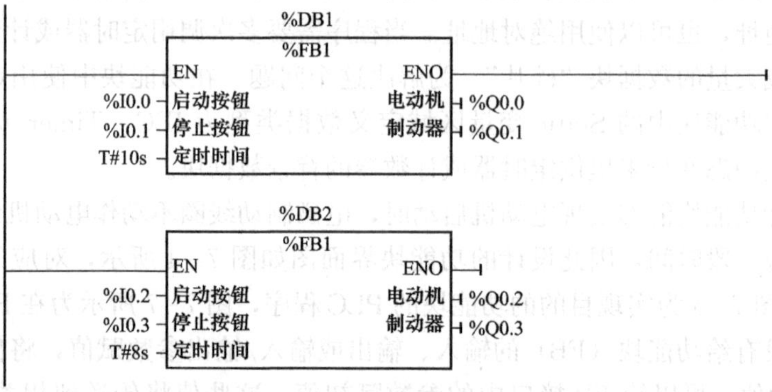

图 7-7 PLC 程序中调用功能块

功能块与功能的区别表现如下。

（1）功能块有背景数据块，功能无背景数据块。

（2）只能在功能内部访问它的局部变量。其他代码块或 HMI（人机界面）可以访问功能块的背景数据块中的变量。

（3）功能没有静态变量（Static），功能块有保存在背景数据块中的静态变量。

（4）功能块的局部变量（不包括 Temp）有默认值，功能的局部变量没有默认值。在调用功能块时如果没有设置某些输入、输出参数的实参，将使用背景数据块中的初始值。调用功能时应给所有的形参指定实参。

组织块与功能块、功能的区别如下。

（1）对应的事件发生时，由操作系统调用组织块，FB 和 FC 是用户程序在代码块中调用的。

(2) 组织块没有输入参数、输出参数和静态变量，只有临时局部数据。有的组织块自动生成的临时局部数据包含了启动组织块的事件有关的信息，它们由操作系统提供。

OB、FB、FC 都包含代码，统称为代码块（Code）。被调用的代码块又可以调用别的代码块，这种调用称为嵌套调用。在块调用中，调用者可以是各种代码块，被调用的块是 OB 之外的代码块。编程时被调用的块应该是已经存在的块，即应先创建被调用的块及其背景数据块。如图 7-8 所示为代码块的调用关系图。

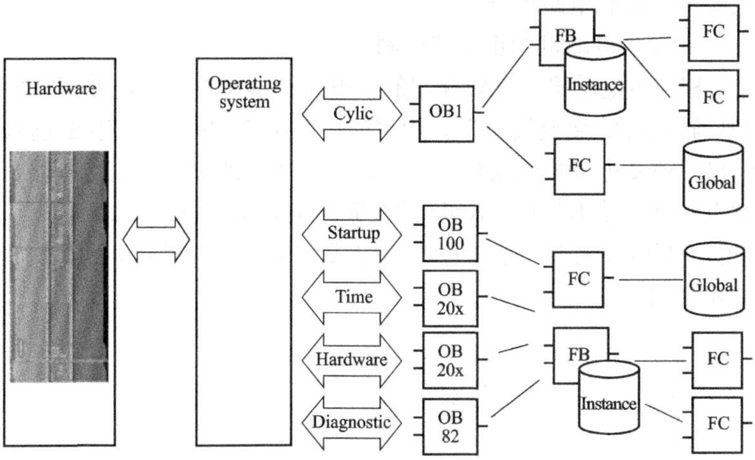

图 7-8　代码块的调用关系图

7.1.3　数据块

数据块（Data block，DB）是用于存放执行代码块时所需的数据的数据区，数据块没有指令，系统会根据数据生成的顺序自动地为数据块中的变量分配地址。数据块的类型有两种：全局（Global）数据块，存储供所有的代码块使用的数据，所有的 OB、FB 和 FC 都可以访问；背景数据块，存储供特定的功能块（FB）使用的数据。背景数据块中保存的是对应的 FB 的 Input、Output、InOut 及 Static 变量。

7.2　梯形图的经验设计方法

【例 7-1】 启保停电路与置位复位电路。

启动—保持—停止电路（简称为启保停电路）在梯形图中的电路，如图 7-9 所示。

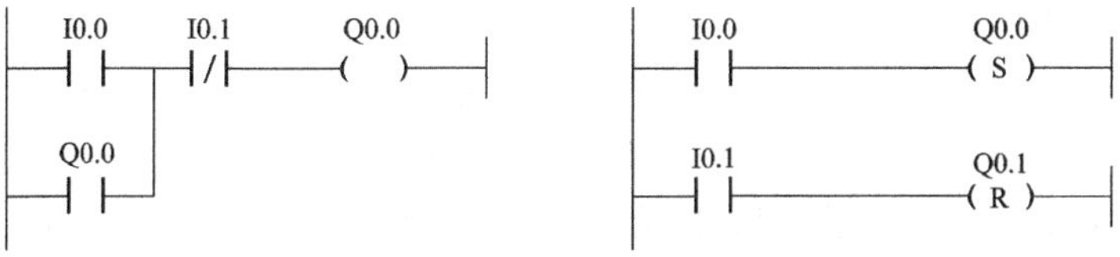

图 7-9　启保停电路与置位复位电路

图 7-9 中的启动信号 I0.0 和停止信号 I0.1（如启动按钮和停止按钮提供的信号）持续为 1 状态的时间一般都很短。启保停电路最主要的特点是具有“记忆”功能，按下启动按

钮，I0.0的动合触点接通，Q0.0的线圈“通电”，它的动合触点同时接通。放开启动按钮，I0.0的动合触点断开，“能流”经Q0.0的动合触点和I0.1的动断触点流过Q0.0的线圈，Q0.0仍为1状态，这就是所谓的“自锁”或“自保持”功能。按下停止按钮I0.1的动断触点断开，使Q0.0的线圈“断电”，其动合触点断开。以后即使放开停止按钮，I0.1的动断触点恢复接通状态，Q0.0的线圈仍然“断电”。

这种记忆功能也可以用图7-9中的S指令和R指令来实现。启保停电路与置位复位电路是后面要重点介绍的顺序控制设计的基本电路。在实际电路中，启动信号和停止信号可能由多个触点组成的串、并联电路提供。

【例7-2】 三相异步电动机的正反转控制电路。

图7-10是三相异步电动机正反转控制的主电路和继电器控制电路图，KM1和KM2分别是控制正转和反转运行的交流接触器。用KM1和KM2的主触点改变进入电动机的三相电源的相序，就可以改变电动机的旋转方向。图7-10中的FR是热继电器，在电动机过载时，它的动断触点断开，使KM1或KM2的线圈断电，电动机停转。

图7-10中的控制电路由两个起保停电路组成，为了节省触点，FR和SB1的动断触点供两个启保停电路公用。

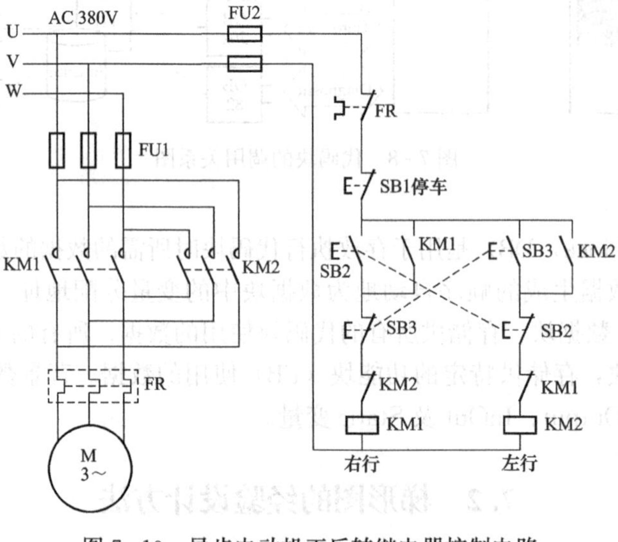

图7-10 异步电动机正反转继电器控制电路

按下正转启动按钮SB2，KM1的线圈通电并自保持，电动机正转运行。按下反转启动按钮SB3，KM2的线圈通电并自保持，电动机反转运行。按下停止按钮SB1，KM1或KM2的线圈断电，电动机停止运行。

为了方便操作和保证KM1和KM2不会同时动作，在图7-10中设置了“按钮连锁”，将正转启动按钮SB2的动断触点与控制反转的KM2的线圈串联，将反转启动按钮SB3的动合触点与控制正转的KM1的线圈串联。设KM1的线圈通电，电动机正转，这时如果想改为反转，可以不按停止按钮SB1，直接按反转启动按钮SB3，它的动断触点断开，使KM1的线圈断电，同时SB3的动合触点接通，使KM2的线圈得电，电动机由正转变为反转。

由主电路可知，如果KM1和KM2的主触点同时闭合，将会造成三相电源相间短路的故障。在控制电路中，KM1 的线圈串联了 KM2 的辅助动断触点，KM2 的线圈串联了 KM1 的辅助动断触点，它们组成了硬件互锁电路。

假设 KM1 的线圈通电，其主触点闭合，电动机正转。因为 KM1 的辅助动断触点与主触点是联动的，此时与 KM2 的线圈串联的 KM1 的动断触点断开，因此按反转启动按钮 SB3 之后，要等到 KM1 的线圈断电，它的主电路的动合触点断开，辅助动断触点闭合，KM2 的线圈才会通电，因此这种互锁电路可以有效地防止电源短路故障。

图 7-11 和图 7-12 是实现上述功能的 PLC 的外部接线图和梯形图。将继电器电路图转换为梯形图时，首先应确定 PLC 的输入信号和输出信号。3 个按钮提供操作人员发出的指令信号，按钮信号必须输入到 PLC 中去，热继电器的动合触点提供了 PLC 的另一个输入信号。显然，两个交流接触器的线圈是 PLC 输出端的负载。

画出 PLC 的外部接线图后，同时也确定了外部输入/输出信号与 PLC 内的过程映象输入/输出位的地址之间的关系。可以将继电器电路图“翻译”梯形图，即采用与图 7-10 中的继电器电路完全相同的结构来画梯形图。各触点的动合、动断的性质不变，根据 PLC 外部接线图中给出的关系，来确定梯形图中各触点的地址。图 7-10 中 SB1 和 FR 的动断触点串联电路对应于图 7-12 中的 I0.2 的动断触点。

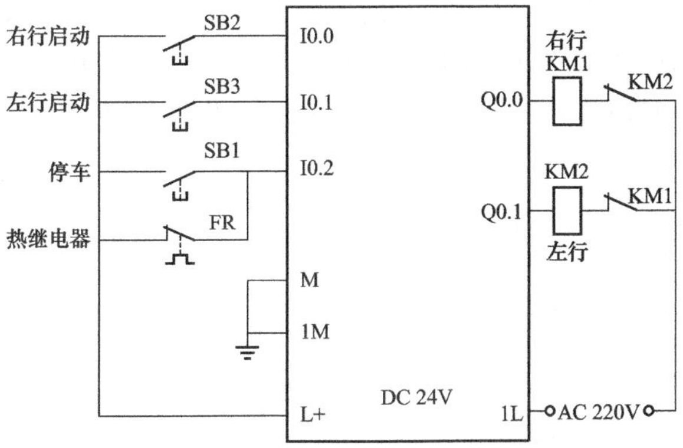

图 7-11　PLC 的外部接线图

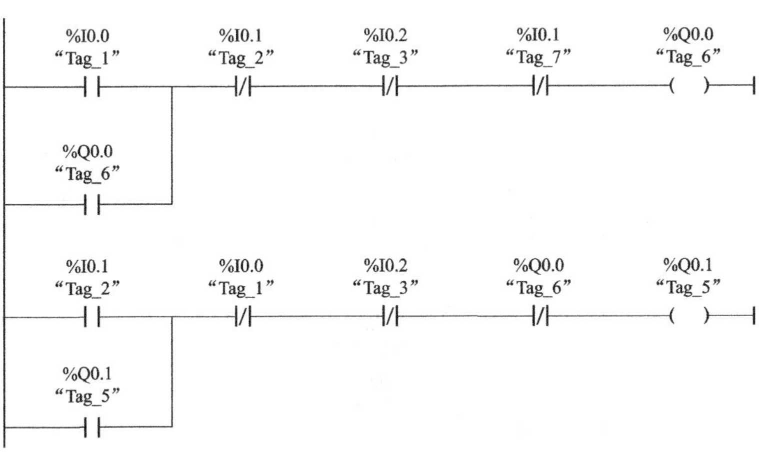

图 7-12　小功率异步电动机正反转继电器控制的梯形图

图7-12中的梯形图将控制Q0.0和Q0.1的两个启保停电路分离开来，电路的逻辑关系比较清晰。虽然多用了一个I0.2的动断触点，但是并不会增加硬件成本。

图7-12使用了Q0.0和Q0.1的动断触点组成的软件互锁电路。如果没有图7-11的硬件互锁电路，从正转马上切换到反转时，由于切换过程中电感的延时作用，可能会出现原来接通的接触器的主触点还未断弧，另一个接触器的主触点已经合上的现象，从而造成交流电源瞬间短路的故障。

此外，如果没有硬件互锁电路，且因为主电路电流过大或接触器质量不好，某一接触器的主触点被断电时产生的电弧熔焊而被黏结，其线圈断电后主触点仍然是接通的，这时如果另一个接触器的线圈通电，也会造成三相电源短路事故。为了防止出现这种情况，应在PLC外部设置由KM1和KM2的辅助动断触点组成的硬件互锁电路（见图7-13)。这种互锁与图7-2的继电器电路的互锁原理相同，假设KM1的主触点被电弧熔焊，这时它与KM2线圈串联的辅助动断触点处于断开状态，因此KM2的线圈不可能得电。

在设计程序时，必须防止由于电源换向引起的短路事故。例如，当正向运行切换到反向运行时，当正转接触器KM1断开时，主触点内瞬时产生的电弧，会使这个触点仍处于接通状态，如果这时使反转接触器KM2闭合，就会使电源短路。所以，必须在保证KM1触点断开的情况下才能使KM2闭合。而PLC在内部处理过程中，同一元件的动合、动断触点的切换没有时间延迟，所以尽管硬件设计采用了互锁，还应采取防止电源短路的方法。如图7-13所示在程序中，采用定时器T33、T34分别为正转、反转的延迟时间。

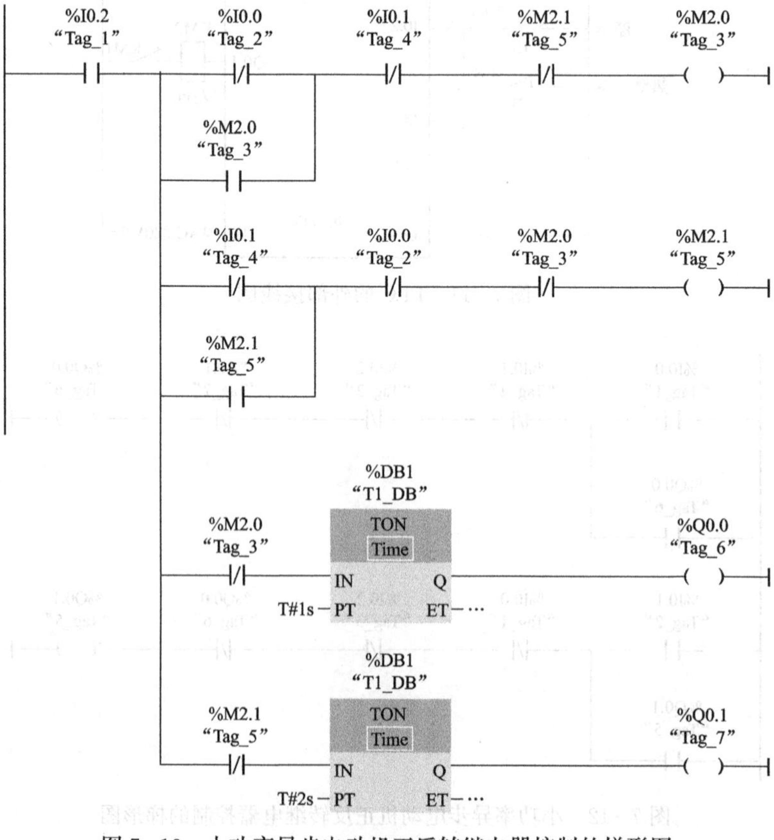

图7-13　大功率异步电动机正反转继电器控制的梯形图

【例 7 - 3】 电动机的三角形与星形软启动 PLC 程序控制。

如图 7 - 14 为小功率电机的启动主电路。接触器 KM1 控制电机的启动，KM2 与 KM3 分别控制将电动机绕组连接成为三角形和星形。KM2 和 KM3 不能同时吸合，否则产生电源短路。图 7 - 15 是实现控制小功率电机启动方式的 PLC 外部接线图，I0.0 和 I0.1 分别控制电机的启动与停止，电机的停止也会受到过载的控制。Q0.0、Q0.1 及 Q0.2 的输出分别对应接触器的 KM1、KM2 和 KM3 接触器线圈。图 7 - 16 为小功率电机的启动控制的梯形图。

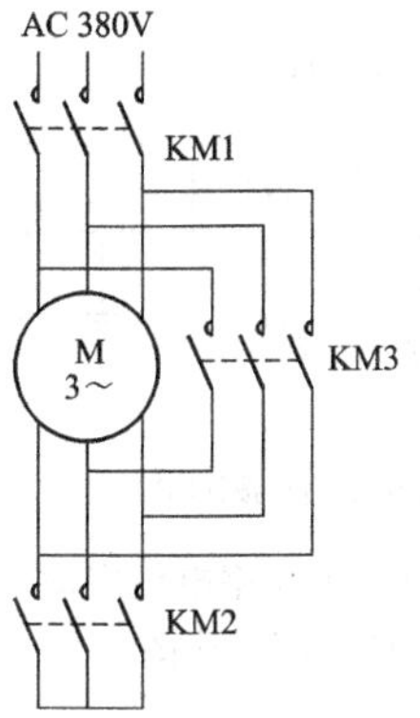

图 7 - 14　小功率电机的启动控制电路

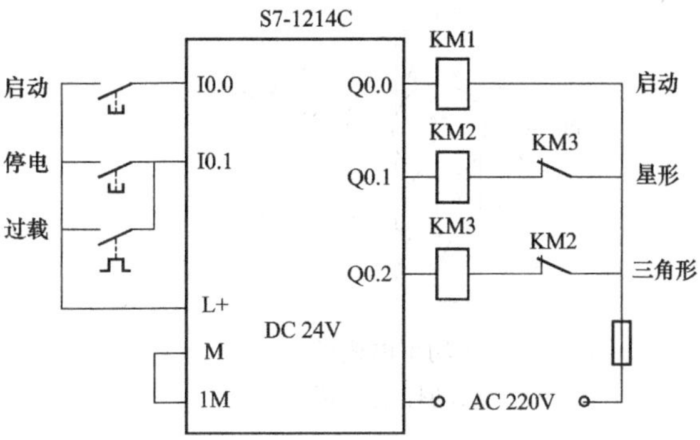

图 7 - 15　PLC 的接线图

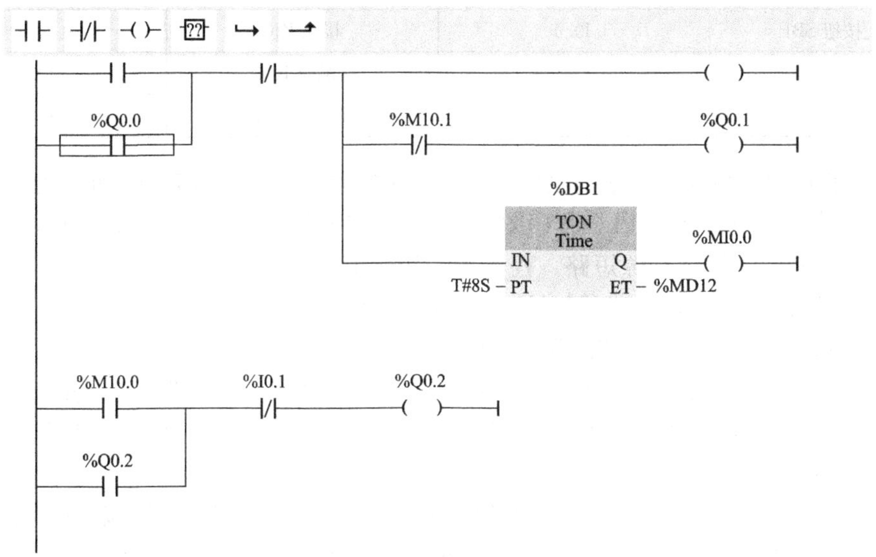

图 7 - 16　小功率电机的启动控制的梯形图

【例 7 - 4】 大功率电动机的Y - △减压启动控制程序。

如图 7 - 17 所示，电动机的启动由接触器 KM1、KM2、KM3 控制，KM3 将电动机绕组连接成星形，KM2 将电动机绕组连接成三角形。KM2 和 KM3 不能同时吸合，否则产生电源短路。I/O 接线图为图 7 - 18，地址分配图见表 7 - 2。PLC 的输入信号由停止按钮 SB1、启动按钮 SB2 提供，输出信号提供给接触器 KM1、KM2、KM3。

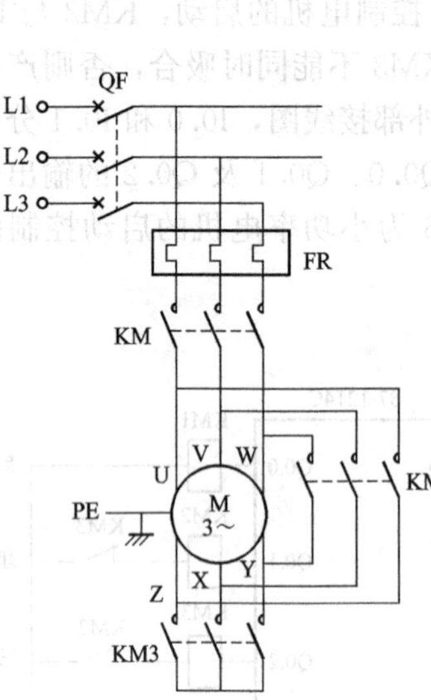

图 7-17　大功率电机的Y-△减压启动控制电路

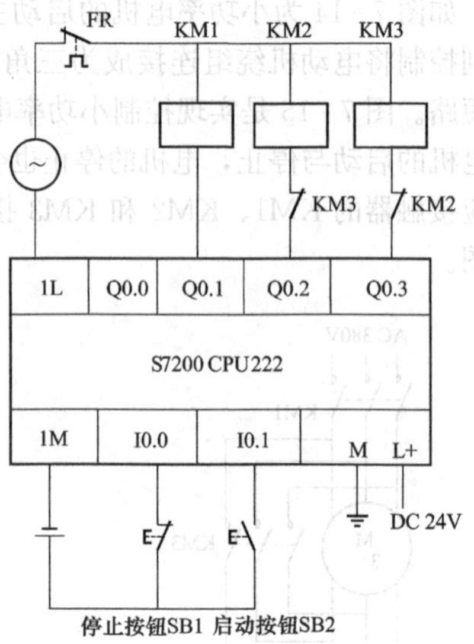

图 7-18　大功率电机启动 PLC 外部接线图

表 7-2　　大功率电机启动 PLC 的 IO 分配表

输入信号		输出信号	
停止按钮 SB1	I0.0	接触 KM	Q0.1
起动按钮 SB2	I0.1	接触器 KM2	Q0.2
		接触器 KM3	Q0.3

在设计程序时，应充分考虑由星形向三角形切换的时间，如图 7-19 所示为功率电动机的Y-△减压启动控制程序的 PLC 程序图，由 KM3 完全断开（包括灭弧时间）到 KM2 接通这段时间应锁定住，防止电源短路。程序中，用定时器 T38 使 KM3 断电 T2 时间后再让 KM2 通电，保证 KM2、KM3 不同时接通，避免电源短路。T1 是启动时间。

【例 7-5】 小车自动往返控制程序的设计。

如图 7-20 为小车自动往返示意图，控制小车运行的异步电动机的主回路与图 7-10 中的相同。在图 7-11 的基础上，增加了接在 I0.3 和 I0.4 输入端子的左限位开关 SQ1 和右限位开关 SQ2 的动合触点（见图 7-21）。

按下右行启动按钮 SB2 或是左行启动按钮 SB3 后，要求小车在两个限位开关之间不停地循环往返，按下停止按钮 SB1 后，电动机断电，小车停止运动。可以在三相异步电动机正反转继电器控制电路的基础上，设计出满足要求的梯形图（见图 7-22）。

为了使小车的运动在极限位置自动停止，将右限位开关 I0.4 的动断触点与控制右行的 Q0.0 的线圈串联，将左限位开关 I0.3 的动断触点与控制左行的 Q0.1 的线圈串联。为了使小车自动改变运动方向，将左限位开关 I0.3 的动合触点与手动启动右行的 I0.0 的动合触点并联，将右限位开关 I0.4 的动合触点与手动启动左行的 I0.1 的动合触点并联。

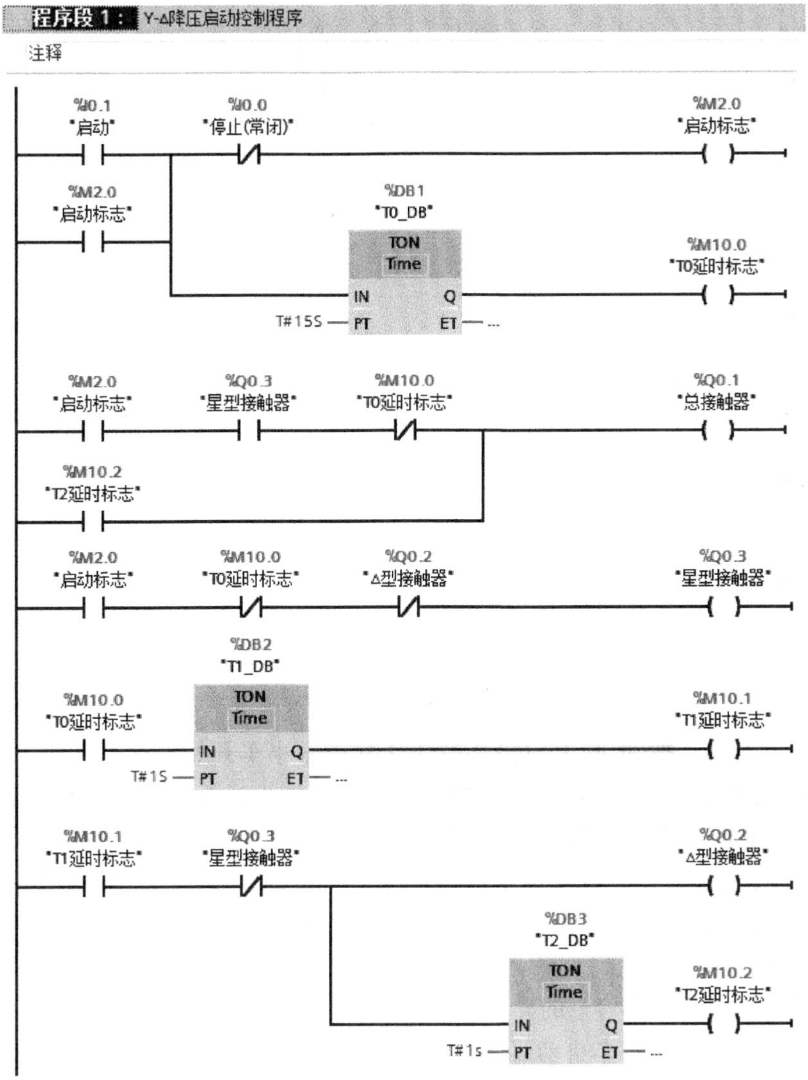

图 7 - 19　大功率电机的Y - △减压启动控制梯形图

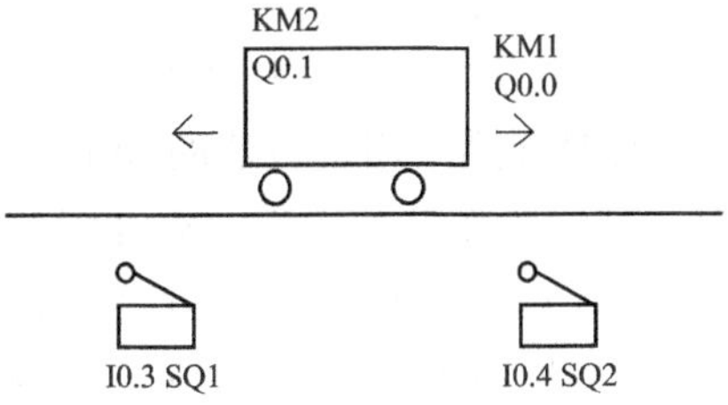

图 7 - 20　小车自动往返示意图

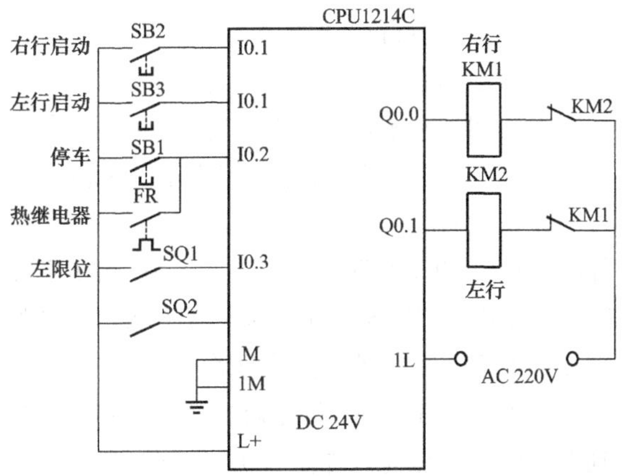

图 7 - 21　PLC 外部接线图

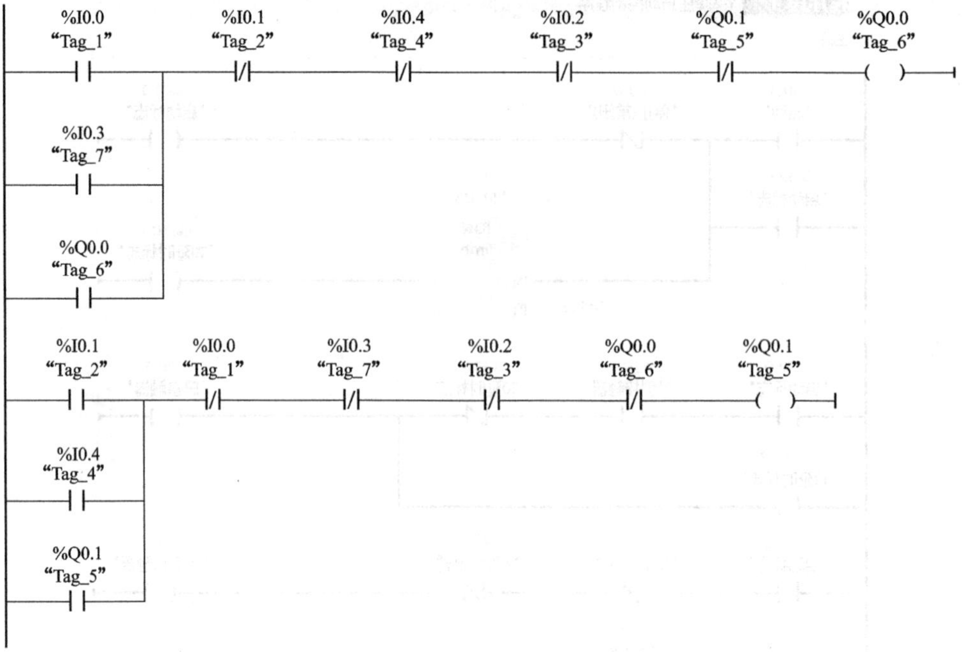

图 7-22 小车自动往返的梯形图

假设按下左行启动按钮 I0.1，Q0.1 变为 1 状态，小车开始左行，碰到左限位开关时，I0.3 的动断触点断开，使 Q0.1 的线圈“断电”，小车停止运行。I0.3 的动合触点接通，使 Q0.3 的线圈“通电”，开始右行。碰到右限位开关时，I0.4 的动断触点断开，使 Q0.0 的线圈“断电”，小车停止右行。I0.4 的动合触点接通，使 Q0.1 的线圈“通电”，又开始左行。以后将这样不断地往返运动下去，直到按下停车按钮，I0.2 变为 1 状态，其动断触点使 Q0.0 或 Q0.1 的线圈断电。

这种控制方法适用于小容量的异步电动机，且往返不能太频繁，否则电动机将会过热。

【例 7-6】 较复杂的小车自动运行控制程序的设计。

PLC 外部接线图与图 7-21 相同。小车开始时停在左边，左限位开关 SQ1 的动合触点闭合。要求按下列顺序控制小车。

(1) 按下右行启动按钮，小车开始右行。

(2) 走到右限位开关处，小车停止运动，延时 8s 后开始左行。

(3) 回到左限位开关处，小车停止运动。

在异步电动机正反转控制电路的基础上设计满足上述要求的梯形图，如图 7-23 所示。

在控制右行的 Q0.0 的线圈支路中串联了 I0.4 的动断触点，小车走到右限位开关 SQ2 处时，I0.4 的动断触点断开，使 Q0.0 的线圈断电，小车停止右行。同时 I0.4 的动合触点闭合，定时器 TON 的 IN 输入为 1 状态，开始定时。8s 后定时时间到，用定时器的 Q 输出端控制的 M2.0 的动合触点闭合，使 Q0.1 的线圈通电并自保持，小车开始左行。离开限位开关 SQ2 后，I0.4 的动合触点断开，定时器因为其 IN 输入变为 0 状态而被复位。小车运行到左边的起始点时，左限位开关 SQ1 的动合触点闭合，I0.3 的动断触点断开，使 Q0.1 的线圈断电，小车停止运动。

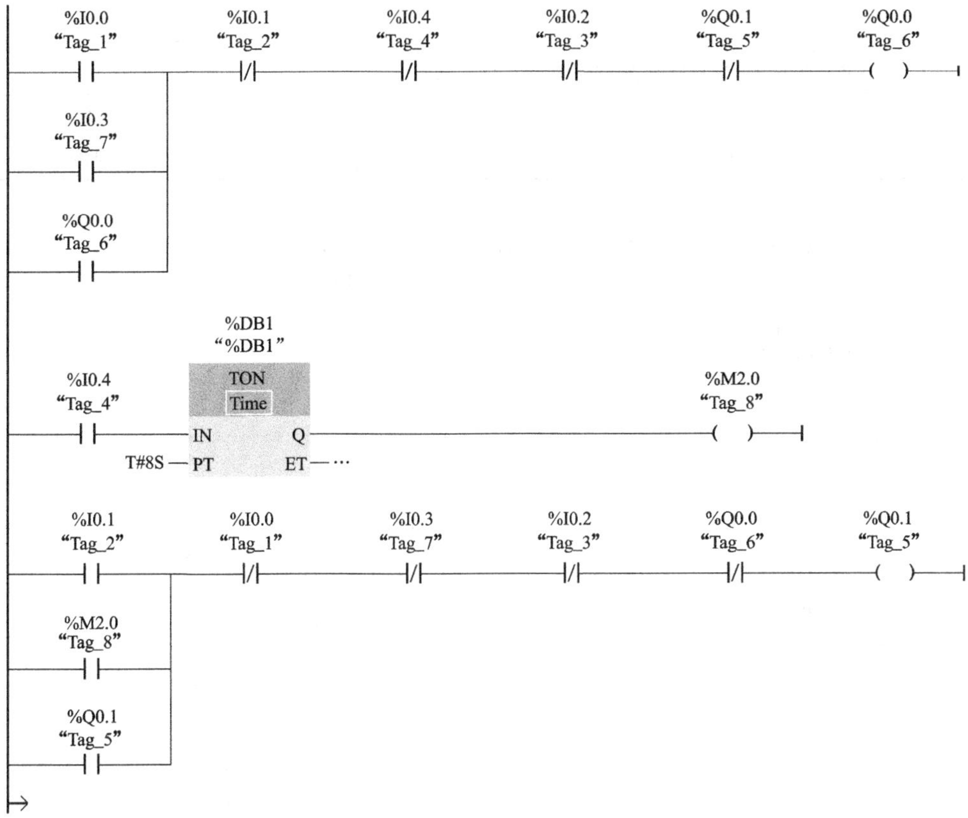

图 7-23　小车自动运行控制 PLC 梯形图

在梯形图中，保留了左行启动按钮 I0.1 和停止按钮 I0.2 的触点，使系统有手动操作的功能。串联在启保停电路中的限位开关 I0.3 和 I0.4 的动断触点在手动时可以防止小车的运动超限。

【例 7-7】 运料车自动装、卸料控制。

控制要求：①某运料车如图 7-24 所示，可在 A、B 两地分别启动。运料车启动后，自动返回 A 地停止，同时控制料斗门的电磁阀 Y1 打开，开始装料。1 分钟后，电磁阀 Y1 断开，关闭料斗门，运料车自动向 B 地运行。到达 B 地后停止，小车底门由电磁阀 Y2 控制打开，开始卸料。1 分钟后，运料车底门关闭，开始返回 A 地。之后重复运行。②运料车在运行过程中，可用手动开关使其停车。再次启动后，可重复①中内容。

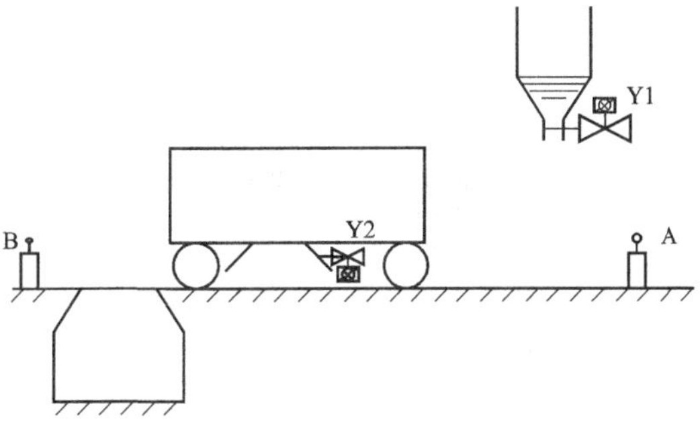

图 7-24　运料车工作过程图

为实现上述功能，设计 PLC 的 IO 分配表见表 7-3，设计的 PLC 程序的梯形图如图 7-25 所示。

表 7-3　　运料车自动装、卸料 PLC 的 IO 分配表

输入触点	功能说明	输出线圈	功能说明
I0.0	启动按钮	Q0.0	右行
I0.2	A 点行程开关（装料启动结束自锁按钮）	Q0.1	左行
I0.3	B 点行程开关	Q0.2	电磁阀 Y1，装料
I0.4	停止按钮	Q0.3	电磁阀 Y2，卸料

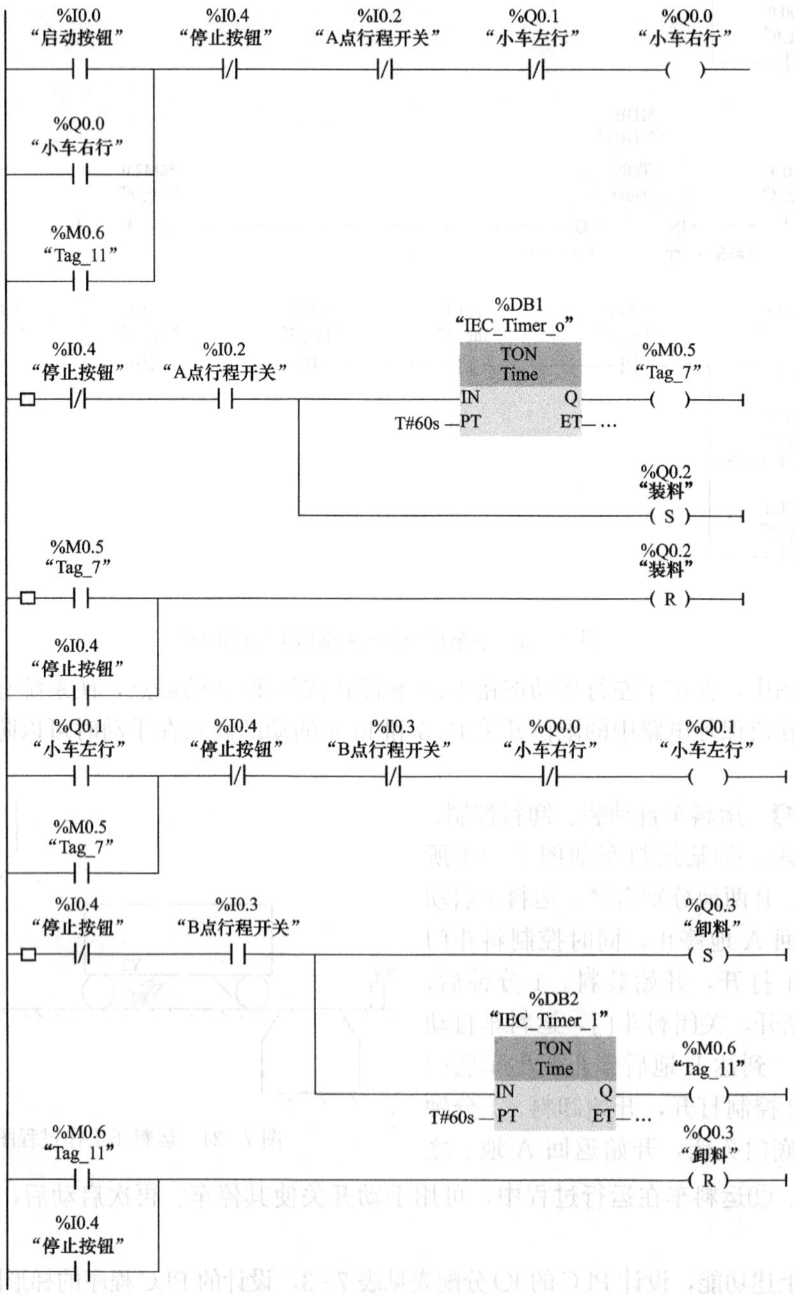

图 7-25　运料车自动装、卸料 PLC 梯形图

【例 7-8】 多台电动机顺序启动、停止控制程序。

如图 7-26 所示，要求三台电动机 M1、M2、M3 在按下自动启动按钮后顺序启动，启动的顺序为 M1→M2→M3，顺序启动的时间间隔为 1min，启动完毕，三台电动机正常运行。按下停止按钮后逆序停止，停止的顺序为 M3→M2→M1，停止的时间间隔为 30s。

如图 7-27 所示为三台电动机与 PLC 的外部接线图，表 7-4 为 PLC 的 IO 分配表。本文分别采用以下方法实现。

（1）采用定时器指令实现，如图 7-28 所示为 S7-1200 的 IO 分配图，图 7-29 所示为使用定时器指令实现多台电动机顺序启动、停止控制程序功能的 PLC 的梯形图。

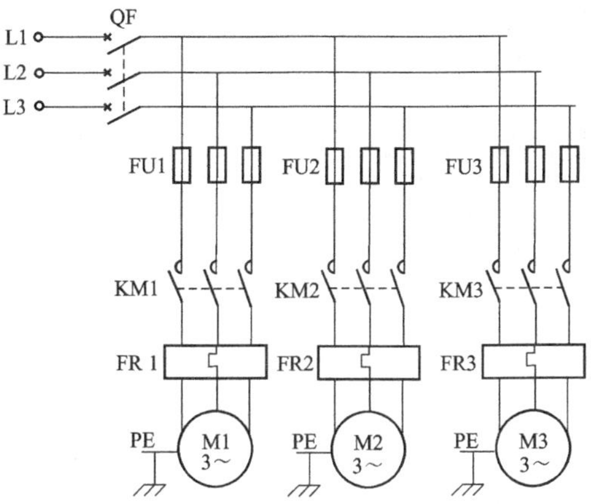

图 7-26　三台电动机启动的主电路图

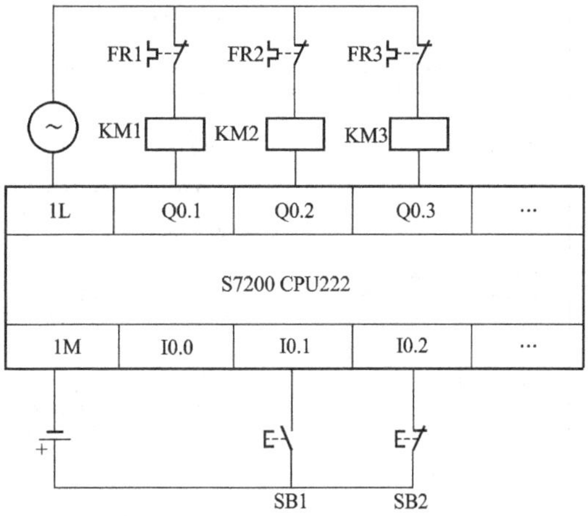

图 7-27　三台电动机启动的 PLC 的 IO 接线图

表 7-4　三台电动机启动 PLC 的 IO 分配表

种类	名称	地址	种类	名称	地址
输入信号	自动启动按钮 SB1	I0.1	输出信号	接触器 KM1	Q0.1
	停止按钮 SB2	I0.2		接触器 KM2	Q0.2
				接触器 KM3	Q0.3

PLC 变量

	名称	变量表	数据类型	地址	保持	在 H...	可从 ...
1	tag1	默认变量表	Bool	%I0.0		☑	☑
2	启动	默认变量表	Bool	%I0.1		☑	☑
3	停止(常闭)	默认变量表	Bool	%I0.2		☑	☑
4	电机M1	默认变量表	Bool	%Q0.1		☑	☑
5	电机M2	默认变量表	Bool	%Q0.2		☑	☑
6	电机M3	默认变量表	Bool	%Q0.3		☑	☑
7	阶段1标志	默认变量表	Bool	%M2.0		☑	☑
8	阶段2标志	默认变量表	Bool	%M2.1		☑	☑
9	阶段3标志	默认变量表	Bool	%M2.2		☑	☑
10	阶段4标志	默认变量表	Bool	%M2.3		☑	☑
11	T0延时继电器	默认变量表	Bool	%M10.0		☑	☑
12	T1延时继电器	默认变量表	Bool	%M10.1		☑	☑
13	T2延时继电器	默认变量表	Bool	%M10.2		☑	☑
14	T3延时继电器	默认变量表	Bool	%M10.3		☑	☑
15	Tag_1	默认变量表	Bool	%M0.1		☑	☑

图 7-28　定时器实现的 IO 分配图

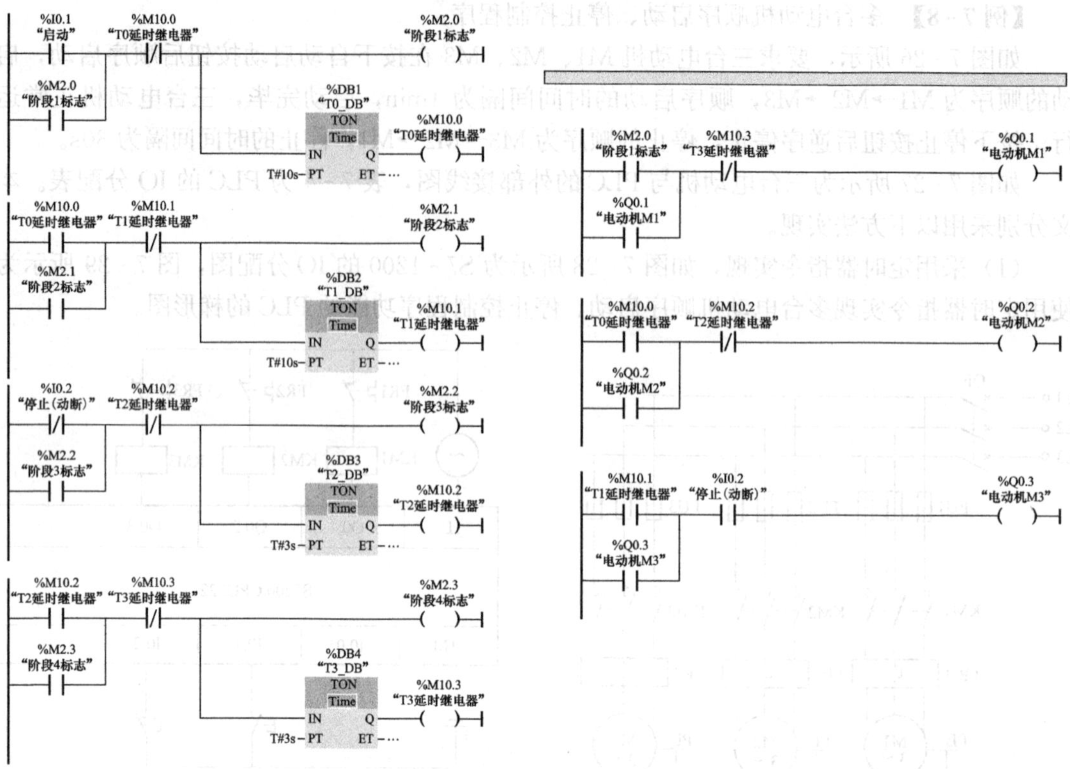

图 7-29 定时器实现的 PLC 程序梯形图

(2) 采用比较指令实现，如图 7-30 所示为使用比较指令实现多台电动机顺序启动、停止控制程序功能的 PLC 梯形图。

【例 7-9】 十字路口的红绿灯控制。

如图 7-31 所示为交通灯的示意图，控制要求为接通启动按钮后，信号灯开始工作，南北向红灯、东西向绿灯同时亮。东西向绿灯亮 25s 后，闪烁 3 次（1s/次），接着东西向黄灯亮，2s 后东西向红灯亮，30s 后东西向绿灯又亮……如此不断循环，直至停止工作。南北向红灯亮 30s 后，南北向绿灯亮，25s 后南北向绿灯闪烁 3 次（1s/次），接着南北向黄灯亮，2s 后南北向红灯又亮……如此不断循环，直至停止工作。表 7-5 为 PLC 对交通信号灯的输入与输出变量的 IO 分配图。根据控制要求绘制出交通信号灯的时序图，如图 7-32 所示。图 7-33 为 PLC 控制交通灯的梯形图。

表 7-5 交通信号灯控制 I/O 地址分配表

输入信号		输出信号	
启动按钮 SB1	I0.1	南北红灯 HL1、HL2	Q0.0
停止按钮 SB2	I0.2	南北绿灯 HL3、HL4	Q0.4
		南北黄灯 HL5、HL6	Q0.5
		东西红灯 HL7、HL8	Q0.3
		东西绿灯 HL9、HL10	Q0.1
		东西黄灯 HL11、HL12	Q0.2

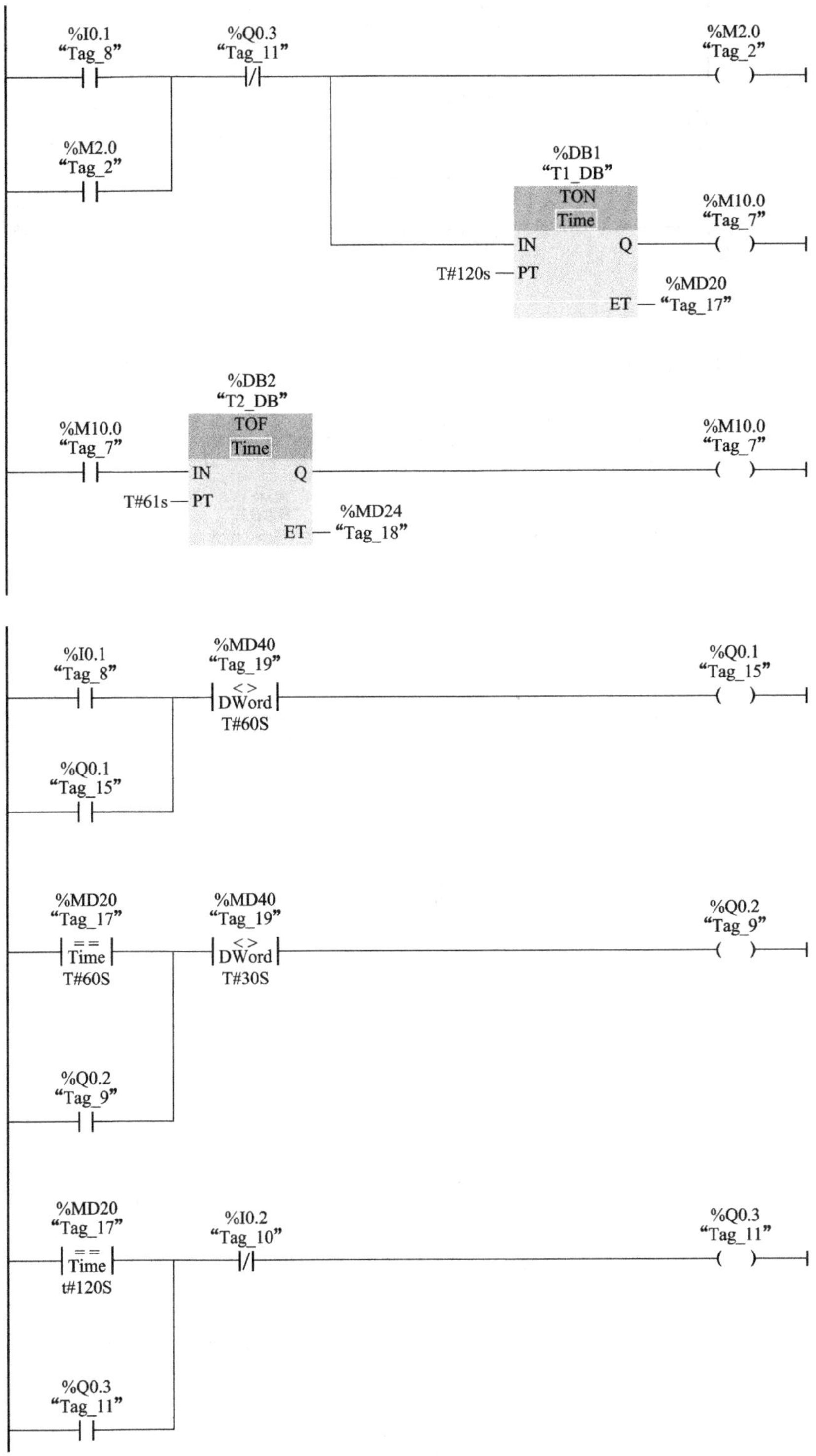

图 7-30　比较指令实现的 PLC 程序梯形图

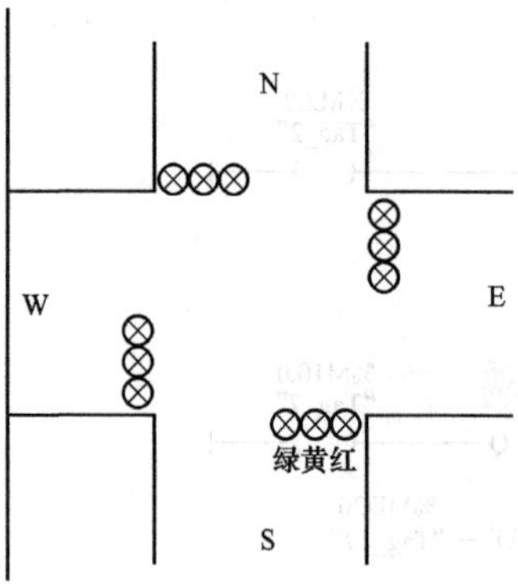

图 7-31 交通信号灯的示意图

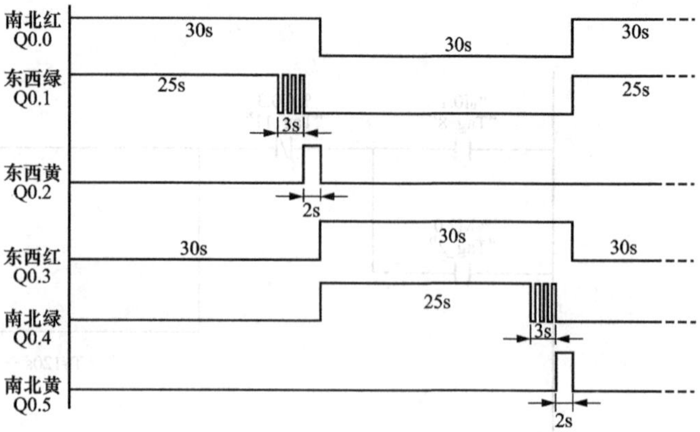

图 7-32 信号灯工作时序图

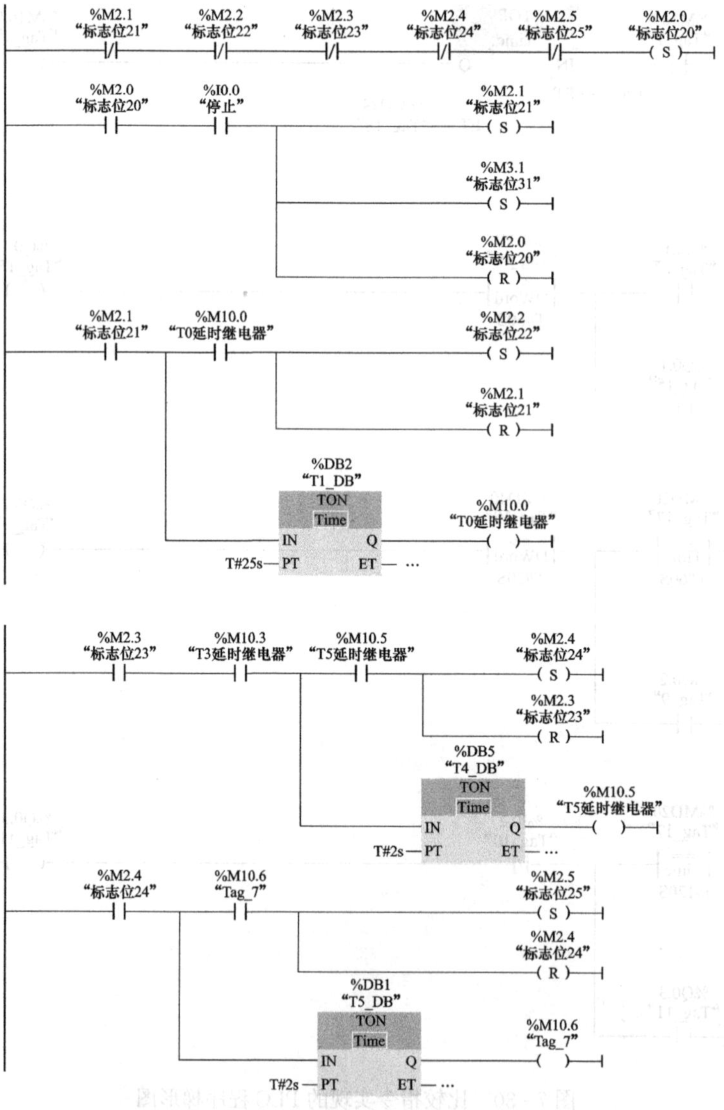

图 7-33 红绿灯控制的 PLC 程序梯形图（一）

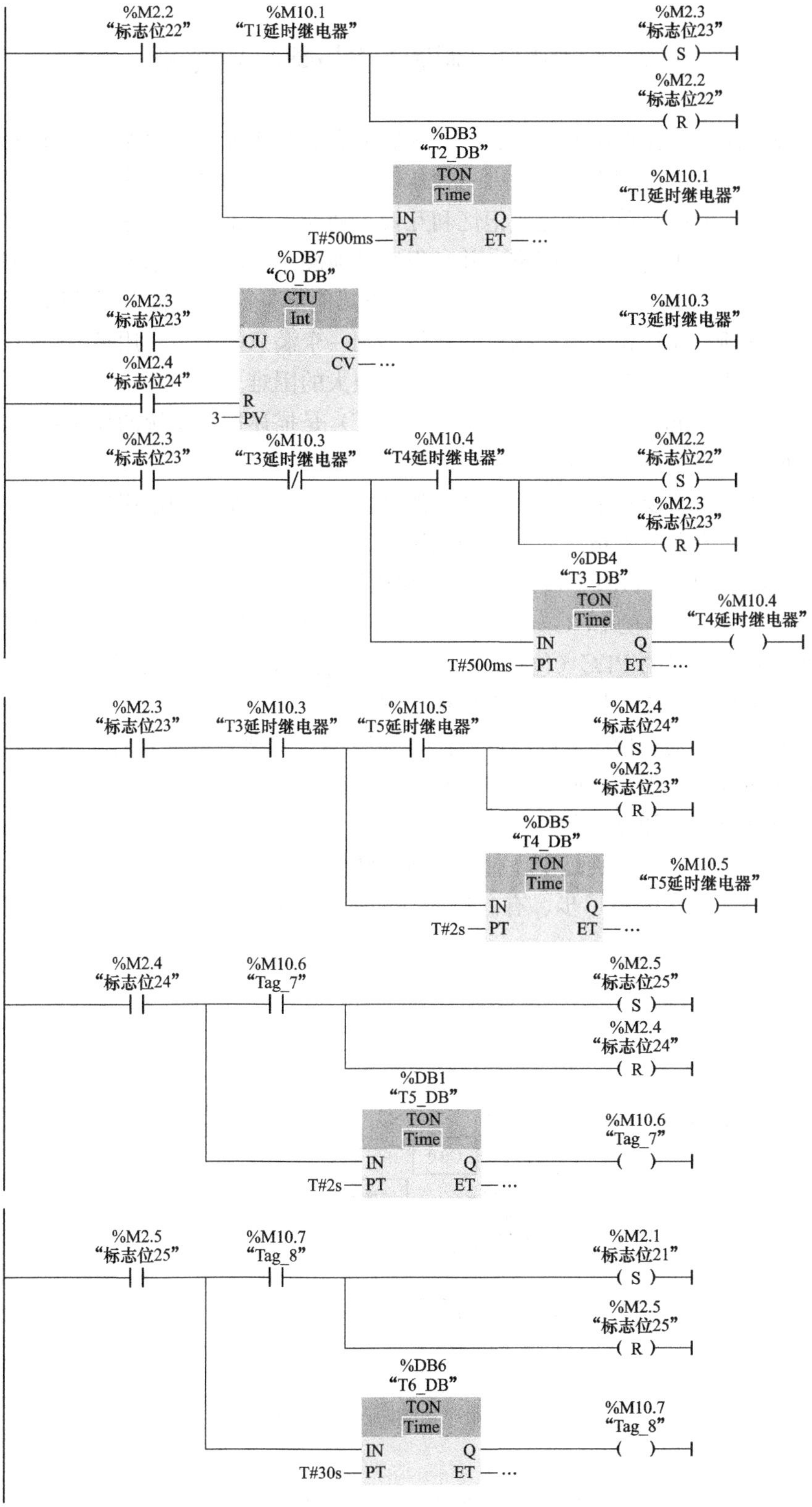

图 7 - 33　红绿灯控制的 PLC 程序梯形图（二）

7.3 顺序控制设计法与顺序功能图

用经验设计法设计梯形图时，没有一套固定的方法和步骤可以遵循，具有很大的试探性和随意性，对于不同的控制系统，没有一种通用的容易掌握的设计方法。在设计复杂系统的梯形图时，用大量的中间单元来完成记忆和互锁等功能，由于需要考虑的因素很多，它们往往又交织在一起，分析起来非常困难，并且很容易遗漏一些应该考虑的问题。修改某一局部电路时，很可能会“牵一发而动全身”，对系统的其他部分产生意想不到的影响，因此梯形图的修改也很麻烦，往往花了很长的时间还得不到一个满意的结果。用经验法设计出的复杂的梯形图很难阅读，给系统的维护和改进带来了很大的困难。

顺序功能图（Sequential Function Chart，SFC）是描述控制系统的控制过程、功能和特性的一种图形，也是设计 PLC 的顺序控制程序的有力工具。

顺序功能图并不涉及所描述的控制功能的具体技术，它是一种通用的技术语言，可以供进一步设计和不同专业的人员之间技术交流用。

顺序功能图是 IEC 61131 - 3 位居首位的编程语言，有的 PLC 为用户提供了顺序功能图语言，例如 S7 - 300/400 的 S7 Graph 语言，在编程软件中生成顺序功能图后便完成了编程工作。现在还有相当多的 PLC（包括 S7 - 1200）没有配备顺序功能图语言。但可以用顺序功能图来描述系统的功能，根据它来设计梯形图程序。

顺序控制设计法是一种先进的设计方法，很容易被初学者接受，对于有经验的工程师，也会提高设计的效率，程序的调试、修改和阅读也很方便。

7.3.1 顺序功能图的五要素

顺序功能图的五要素分别是步、有向连线、转换、转换条件及动作。如图 7 - 34 所示为一个顺序功能图，并且标注了步、有向连线、转换、转换条件、动作及顺序功能图对应的 PLC 梯形图。

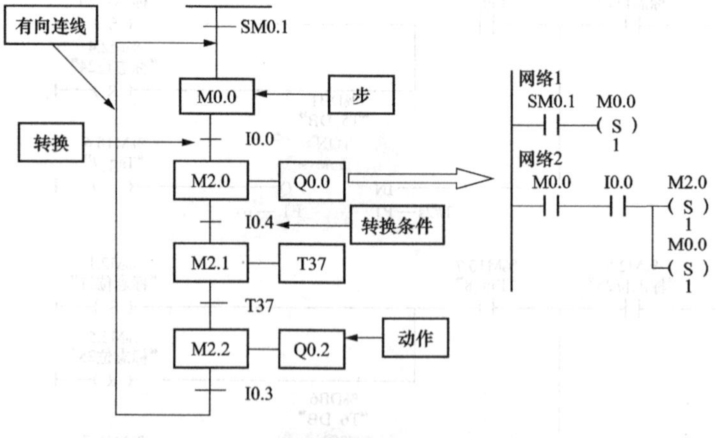

图 7 - 34 顺序功能图及对应的梯形图

1. 步的基本概念及步的划分原则

顺序控制设计法最基本的思想是将系统的一个工作周期划分为若干个顺序相连的阶段，这些阶段称为步（Step），并用编程软件（如位存储器 M）来代表各步。步是根据输出量的状态变化来划分的，在任何一步之内，各输出量的 ON/OFF 状态不变，但是相邻两步输出量总的状态是不同的，步的这种划分方法使代表各步的编程元件的状态与输出量的状态之间有着极为简单的逻辑关系。

顺序控制设计法用转换条件控制代表各步的编程元件，让它们的状态按一定的顺序变化，然后用代表各步的编程元件去控制 PLC 的各输出位。

图 7-35 中的小车开始时停在最左边，限位开关 I0.2 为 1 状态。按下启动按钮，Q0.0 变为 1 状态，小车右行。碰到右限位开关 I0.1 时，Q0.0 变为 0 状态，Q0.1 变为 1 状态，小车改为左行。返回起始位置时，Q0.1 变为 0 状态，小车停止运行，同时 Q0.2 变为 1 状态，使制动电磁线圈通电，接通延时定时器开始定时。定时时间到，制动电磁铁线圈断电，系统返回初始状态。

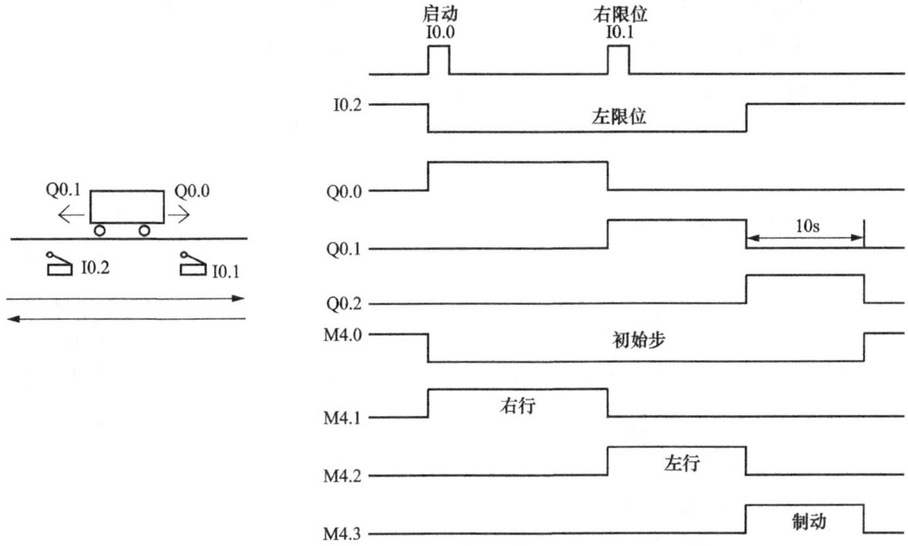

图 7-35　系统示意图与波形图

根据 Q0.0～Q0.2 的 ON/OFF 状态的变化，显然可以将上述工作过程分为 3 步，分别用 M4.1～M4.3 来代表这 3 步，另外还设置了一个等待启动的初始步。图 7-36 是描述该系统的顺序功能图，图中用矩形方框表示步，方框中可以用数字表示该步的编号，也可以用代表该步的编程元件的地址作为步的编号，例如 M4.0 等。

为了便于将顺序功能图转换为梯形图，用代表各步的编程元件的地址作为步的代号，并用编程元件的地址来标注转换条件和各步的动作或指令。

步可以分为以下几类。

(1) 初始步。与系统的初始状态相对应的步称为初始步，初始状态一般是系统等待启动命令的相对静止状态。初始步用双线方框表示，每一个顺序功能图至少应该有一个初始步。如图 7-36 中的 M4.0。

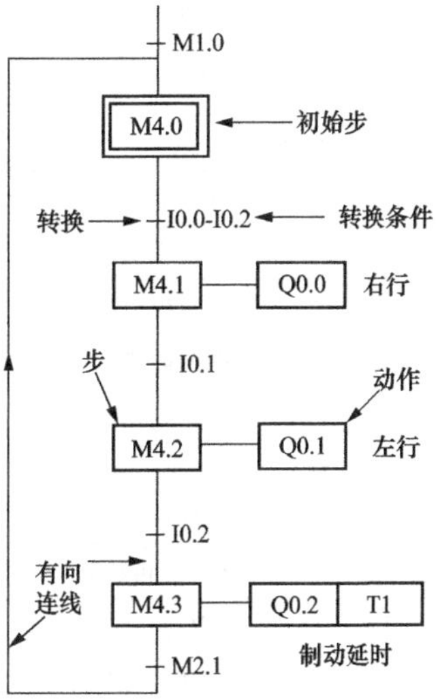

图 7-36　顺序功能图

（2）活动步。当系统正处于某一步所在的阶段时，该步处于活动状态，称该步为“活动步”。步处于活动状态时，执行相应的非存储型动作；处于不活动状态时，则停止执行。某一步变为活动步的两个条件：该步的前级步为活动步；相应的转换条件得到满足。

2. 动作

可以将一个控制系统划分为被控系统和施控系统，如在数控车床系统中，数控装置是施控系统，而车床是被控系统。对于被控系统，在某一步中要完成某些“动作”（Action），对于施控系统，在某一步中则要向被控系统发出某些“命令”（Command）。为了叙述方便，下面将命令或动作统称为动作，并用矩形框中的文字或变量表示动作，该矩形框应与它所在的步对应的方框相连。

动作分为保持型动作和非保持型动作。若为保持型动作，则该步不活动时继续执行该动作。若为非保持型动作则指该步不活动时，动作也停止执行每一个稳定的状态一般会有相应的动作或命令，并用矩形框中的文字或符号表示，该矩形框应与相应的状态符号相连。如果某一步有几个动作，但是并不隐含这些动作之间的任何顺序。可以表述如图 7-37 中的两种画法，说明动作的语句需要清楚表明该命令是否属于存储型。如某一状态的存储型动作“打开 1 号阀并保持”，说明在该状态为动状态时 1 号阀打开，在该状态为静状态时继续打开；非存储型动作“打开 1 号阀”，说明在该状态为动状态时 1 号阀打开，在该状态为静状态时关闭。

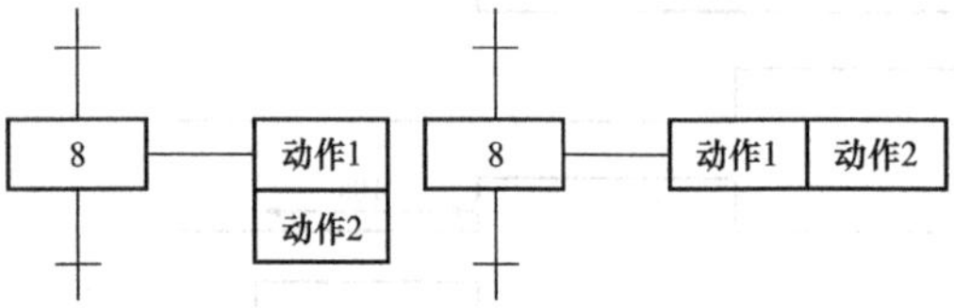

图 7-37　保持型和非保持型动作画法

某些动作在连续的若干步都应为 1 状态，可以在顺序功能图中，用动作的修饰词“S”（见表 7-6）将它在应为 1 状态的第一步置位，用动作的修饰词“R”将它在应为 1 状态的最后一步的下一步复位为 0 状态。这种动作是存储型动作，在程序中用置位、复位指令来实现。在图 7-36 中，定时器 T1 的 IN 输入在步 M4.3 为活动步时为 1 状态，步 M4.3 为不活动步时为 0 状态，从这个意义上来说，T1 的 IN 输入相当于步 M4.3 的一个非存储型动作，所以将 T1 放在步 M4.3 的动作框内。

使用动作的修饰词（见表 7-6），可以在一步中完成不同的动作。修饰词允许在不增加逻辑的情况下控制动作。例如，可以使用修饰词 L 来限制配料阀打开的时间。

表 7-6　动作的修饰词

N	非存储型	当步变为不活动步时动作终止
S	置位（存储）	当步变为不活动步时动作继续，直到动作被复位
R	复位	被修饰词 S、SD、SL 或 DS 启动的动作被终止
L	时间限制	步变为活动步时动作被启动，直到步变为不活动步或设定时间到
D	时间延迟	步变为活动步时延时定时器被启动，如果延迟之后步仍然是活动的，动作被启动和继续，直到步变为不活动步
P	脉冲	当步变为活动步，动作被启动并且只执行一次
SD	存储与时间延迟	在时间延迟之后动作被启动，一直到动作被复位
DS	延迟与存储	在延迟之后如果步仍然是活动的，动作被启动直到被复位
SL	存储与时间限制	步变为活动步时动作被启动，一直到设定的时间到或动作被复位

3. 有向连线

在顺序功能图中，随着时间的推移和转换条件的实现，将会发生步的活动状态的进展，这种进展按有向连线规定的路线和方向进行。在画顺序功能图时，将代表各步的方框按它们成为活动步的先后次序顺序排列，并用有向连线将它们连接起来。步的活动状态习惯的进展方向是从上到下或从左至右，在这两个方向有向连线上的箭头可以省略。如果不是上述的方向，则应在有向连线上用箭头注明进展方向。为了更易于理解，在可以省略箭头的有向连线上也可以加箭头。

如果在画图时有向连线必须中断（如在复杂的图中，或用几个图来表示一个顺序功能图时），应在有向连线中断之处标明下一步的标号和所在的页数，如“步 83、12 页”。

4. 转换

转换用有向连线上与有向连线垂直的短画线来表示，转换将相邻两步分割开。步的活动状态的进展是由转换的实现来完成的，并与控制过程的发展相对应。

5. 转换条件

使系统由当前步进入下一步的信号称为转换条件，转换条件可以是外部的输入信号，如按钮、指令开关、限位开关的接通或断开等；也可以是 PLC 内部产生的信号，如定时器、计数器常开触点的接通等，转换条件还可以是若干个信号的与、或、非逻辑组合。

转换条件可以用文字语言、布尔代数表达式或图形符号标注在表示转换的短线旁，使用的最多的是布尔代数表达式（见图 7-38）。

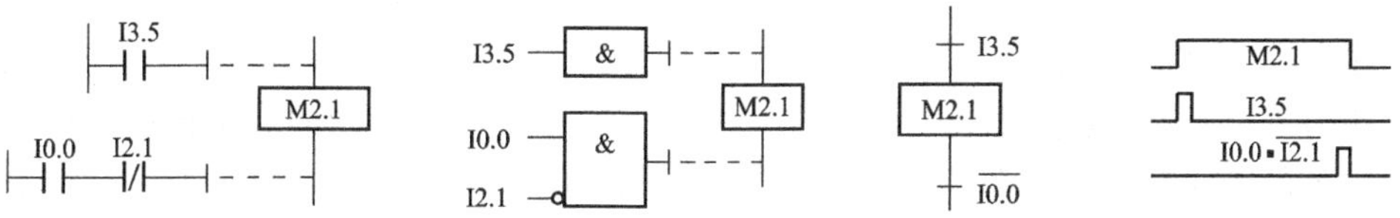

图 7-38　转换与转换条件

转换条件 I0.0 和 $\overline{I0.0}$ 分别表示当输入信号为 1 状态和 0 状态时转换实现。符号 ↑I0.0 和 ↓I0.0 分别表示当 I0.0 从 0 状态到 1 状态和从 1 状态到 0 状态时转换实现。实际上即使不加符号“↑”，转换一般也是在信号的上升沿实现的，因此一般不加“↑”。

图 7-38 用高电平表示步 M2.1 为活动步，反之则用低电平表示。转换条件 I0.0 · $\overline{I2.1}$ 表示 I0.0 的动合触点与 I2.1 的动断触点同时闭合，在梯形图中则用两个触点的串联来表示这样一个“与”逻辑关系。

图 7-36 中步 M4.3 下面的转换条件 M2.1 对应定时器 T1 的 Q 输出信号，T1 的定时时间到时，转换条件满足。在顺序功能图中，只有当某一步的前级步是活动步，该步才有可能变成活动步。如果用没有断电保持功能的编程元件来代表各步，进入 RUN 工作方式时，它们均处于 0 状态。

如果系统有自动、手动两种工作方式，顺序功能图是用来描述自动工作过程的，这时还应在系统由手动工作方式进入自动工作方式时，用一个适当的信号将初始步置为活动步。

7.3.2 顺序功能图的基本结构

1. 单序列

单序列由一系列相继激活的步组成，每一步的后面仅有一个转换，每一个转换的后面只有一个步［见图7-39（a)］，单序列的特点是没有下述的分支与合并。

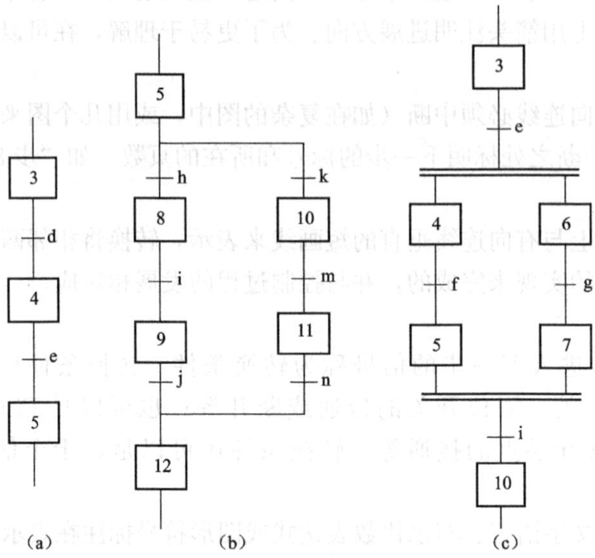

图7-39 单序列、选择序列与并行序列

(a) 单序列；(b) 选择序列；(c) 与并序列

单序列顺序功能图转换为PLC梯形图有两种方法，采用置位、复位命令；采用自锁控制命令。如图7-40所示为采用置位与复位指令实现的功能图与梯形图的简单转换。图7-41为一个单序列的顺序功能图，图7-42与7-43为采用不同的梯形图指令实现的顺序功能图的转换。

转换实现的条件如下。

(1) 该转换所有的前级步都是活动步。

(2) 相应的转换条件得到满足。

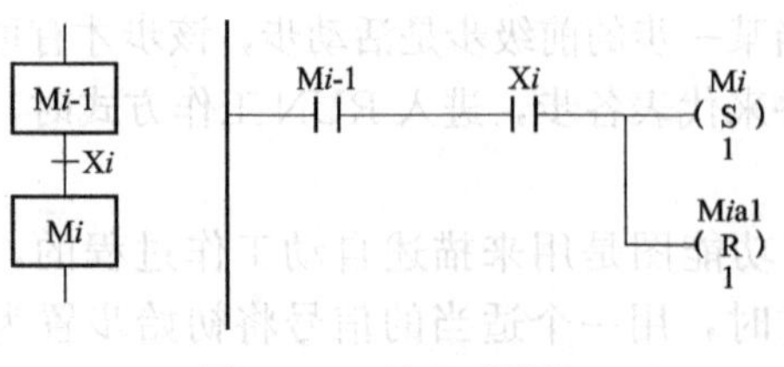

图7-40 单序列转换

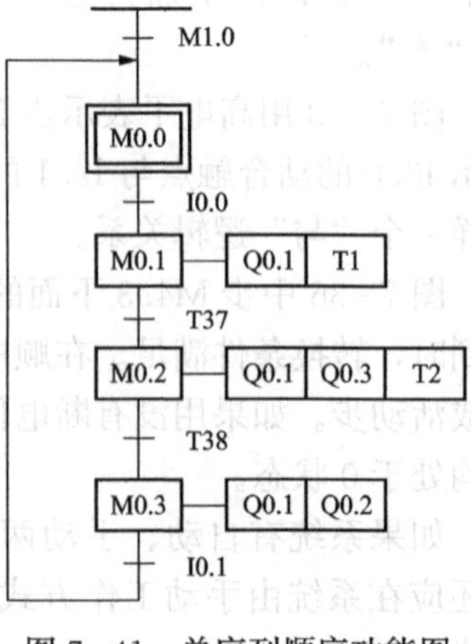

图7-41 单序列顺序功能图

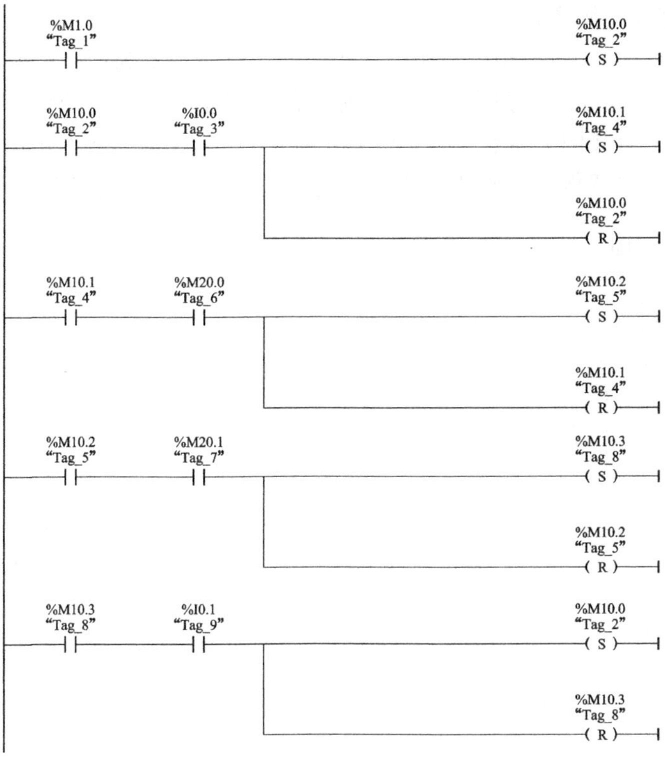

图 7 - 42　置位或复位指令转换的梯形图

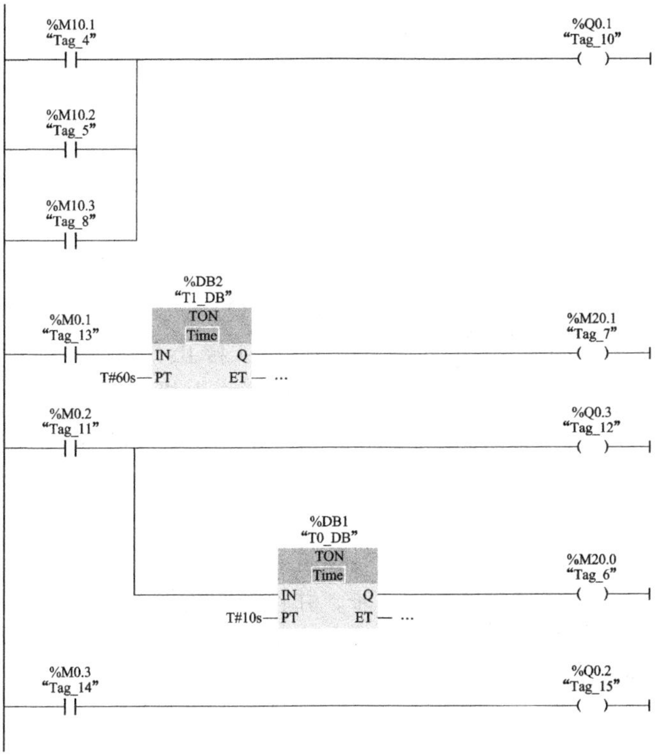

图 7 - 43　顺序功能图转换的梯形图

转换实现应完成的操作。

(1) 使所有由有向连线与相应转换符号相连的后续步都变为活动步。

(2) 使所有由有向连线与相应转换符号相连的前级步变为不活动步。

【例 7-10】 针对【例 7-4】中的大功率电机的Y-△启动的顺序功能图如图 7-44 所示。

【例 7-11】 针对【例 7-7】中的小车往返运送料物的顺序功能图如图 7-45 所示。

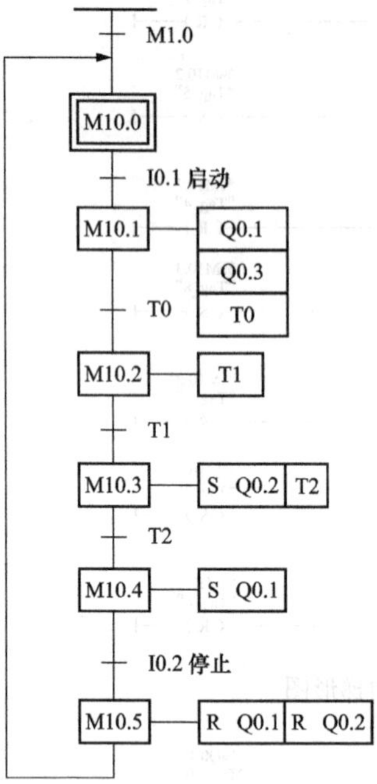

图 7-44 大功率电机的Y-△启动控制程序

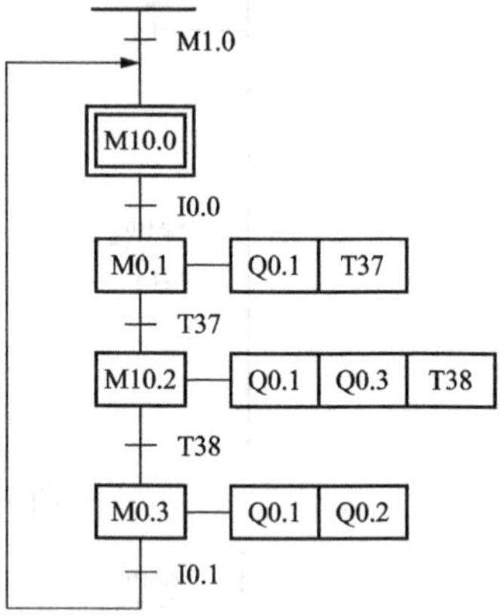

图 7-45 小车往返运送料物控制程序

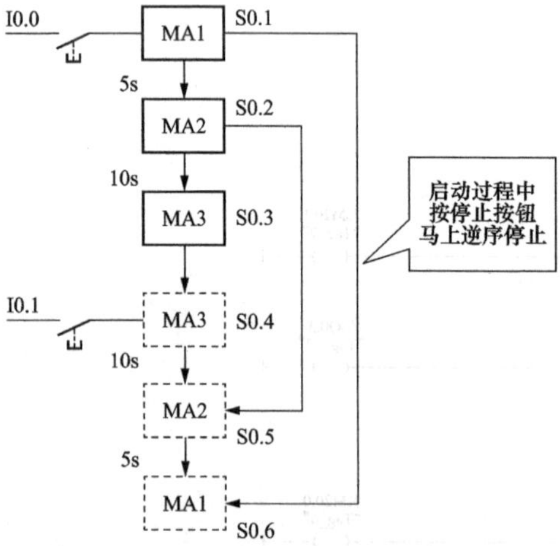

图 7-46 小三台电机顺序启动控制程序

【例 7-12】 三电机顺序启动与停止。

启动按钮为 I0.0，停止按钮为 I0.1 三台电机分别为 Q0.1（MA1）、Q0.2（MA2）、Q0.3（MA3）。当 I0.0 启动后，电机 Q0.1 运行，延时 5s 后电机 Q0.2 运行，延时 10s 后电机 Q0.3 运行。当 I0.1 停止有效时，电机 Q0.3 先终止，延时 10s 后终止电机 Q0.2，再延时 5s 终止电机 1。如图 7-46 为三台电机顺序启动的顺序功能图。

2. 选择序列

选择序列的开始称为分支 [见图 7-39 (b)]，转换符号只能在水平连线之下。如果步 5 是活动步，并且转换条件 h 为 1 状态，则发生由步 5 到步 8 的进展。如果步 5 是活动步，并且 k 为 1 状态，则发生由步 5 到步 10 的进展。如果将选择条件 k 改为 $k \cdot \bar{h}$，则当 k 和 h 同时为 1 状态时，将优先选择 h 对应的序列，一般只允许同时选择一个序列。

选择序列的结束称为合并 [见图 7-39 (b)]，几个选择序列合并到一个公共序列时，用需要重新组合的序列相同数量的转换符号和水平线来表示，转换符号只允许在水平连线之上。

如果步 9 是活动步，并且转换条件 j 为 1 状态，则发生由步 9→步 12 的进展。如果步 11 是活动步，并且 n 为 1 状态，则发生由步 11→步 12 的进展。

如图 7-47（a）为选择序列的顺序功能图，图 7-47（b）为其转换的梯形图。

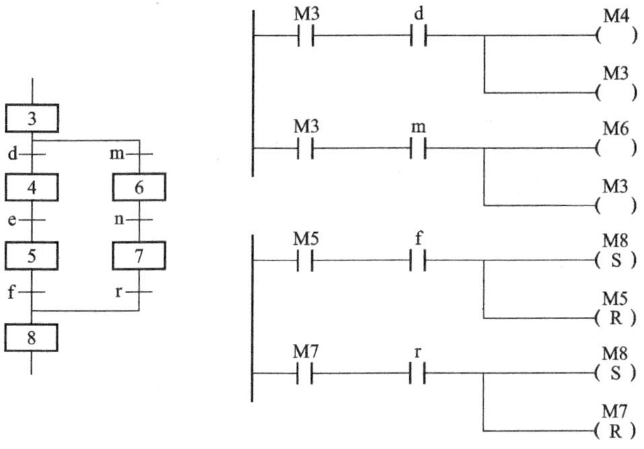

图 7-47 选择序列及对应的转换梯形图
（a）顺序功能图；（b）转换的梯形图

【例 7-13】 三电机顺序启动与停止。

PLC 的 IO 分配跟【例 7-12】中一致。当启动按钮启动后，电机 Q0.1 运行，延时 5s 后电机 Q0.2 运行，延时 10s 后电机 Q0.3 运行。当停止按钮有效时，电机 Q0.3 先终止，延时 10s 后终止电机 Q0.2，再延时 5s 终止电机 Q0.1。若电机 Q0.1 启动，电机 Q0.2 没启动，按下停止按钮后速停电机 Q0.1；若电机 2 启动，电机 3 没启动时按下停止按钮，速停电机 2，延时 5s 后再停电机 1。如图 7-48 为实现上述功能的顺序功能图。

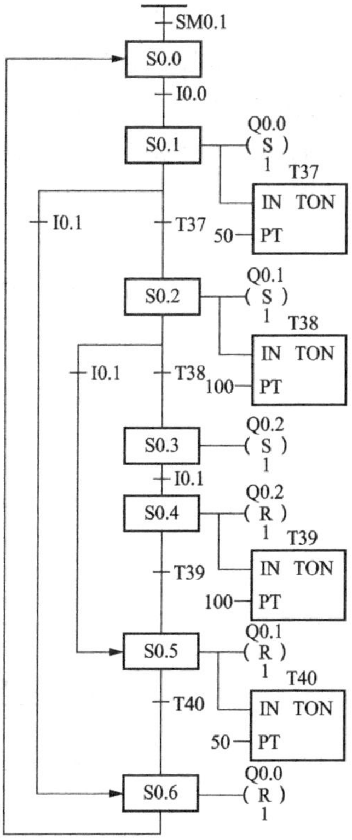

图 7-48 三电机启动停止的控制程序

3. 并行序列

并行序列用来表示系统的几个同时工作的独立部分的工作情况。并行序列的开始称为分支［见图 7-39（c）］，当转换的实现导致几个序列同时被激活时，这些序列称为并行序列。当步 3 是活动的，并且转换条件 e 为 1 状态，步 4 和步 6 同时变为活动步，同时步 3 变为不活动步。为了强调转换的同步实现，水平连线用双线表示。步 4 和步 6 被同时激活后，每个序列中活动步的进展将是独立的。在表示同步的水平双线之上，只允许有一个转换符号。

并行序列的结束称为合并［见图 7-39（c）］，在表示同步的水平双线之下，只允许有一个转换符号。当直接连在双线上的所有前级步（步 5 和步 7）都处于活动状态，并且转换条件 i 为 1 状态时，才会发生步 5 和步 7 到步 10 的进展，即步 5 和步 7 同时变为不活动步，而步 10 变为活动步。如图 7 - 49 (a) 所示为并行序列的顺序功能图，图 7 - 49（b）为其转换的梯形图。

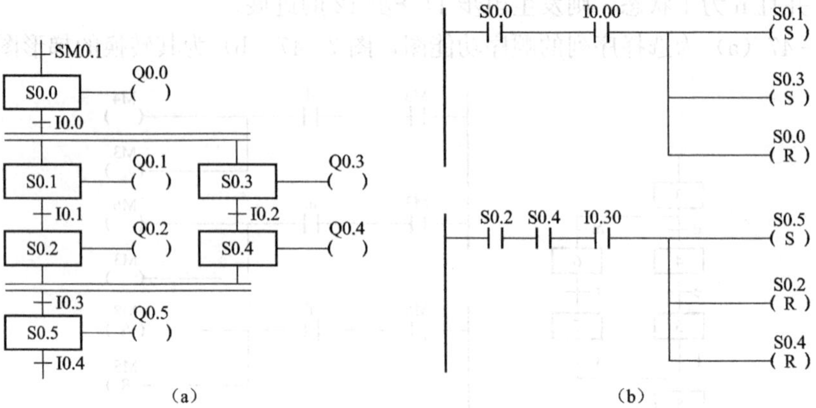

图 7 - 49　并行序列以及对应的转换梯形图

(a) 顺序功能图；(b) 梯形图

【例 7 - 14】　交通信号灯。

如图 7 - 50 所示为十字路口红绿灯控制要求的时序图。图 7 - 51 为实现交通信号灯控制的顺序功能图，典型的并行序列顺序功能图。

4. 混合序列

单一顺序、选择和并发是功能图的基本形式。多数情况下，这些形式会混合出现，即所谓混合序列。在混合序列中，跳转和循环是非常典型的。根据状态的转移条件，决定流程是单周期操作还是多周期循环，是跳转还是顺序执行。如图 7 - 52 所示为混合序列的顺序功能图。

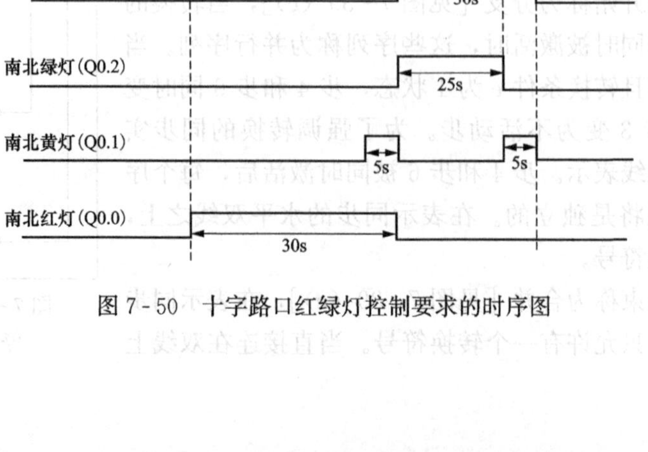

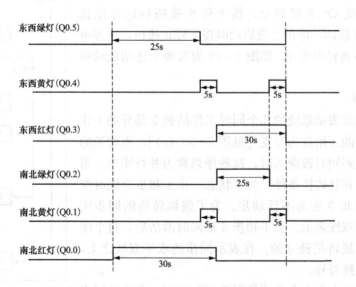

图 7 - 50　十字路口红绿灯控制要求的时序图

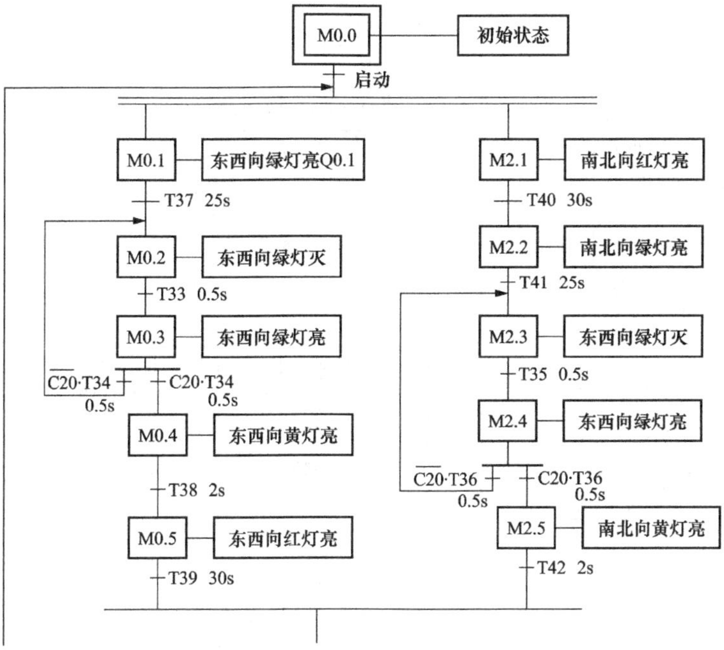

图 7-51　交通信号灯的顺序功能图

5. 顺序功能图举例

某专用钻床用来加工圆盘状零件均匀分布的 6 个孔（见图 7-53），上面是侧视图，下面是工件的俯视图。在进入自动运行之前，两个钻头应在最上面，上限位开关 I0.3 和 I0.5 为 1 状态，系统处于初始步，加计数器 C0 被复位，实际计算值 CV 被清零。用存储器位 M 来代表各步，顺序功能图中包含了选择序列和并行序列。操作人员放好工件后，按下启动按钮 I0.0，转换条件 I0.0 • I0.3 • I0.5 满足，由初始步转换到步 M4.1，Q0.0 变为 1 状态，工件被夹紧。夹紧后压力继电器 I0.1 为 1 状态，由步 M4.1 转换到步 M4.2 和 M4.5，Q0.1 和 Q0.3 使两只钻头同时开始向下钻孔。大钻头钻到由限位开关 I0.2 设定的深度时，进入步 M4.3，Q0.2 使大钻头上升，升到由限位开关 I0.3 设定的起始位置时停止上升，进入等待步 M4.4。小钻头到由限位开关 I0.4 设定的深度时，进入步 M4.6，Q0.4 使小钻头上升，设定值为 3 的加计数器 C0 的实际计数值加 1，升到由限位开关 I0.5 设定的起始位置时停止上升，进入等待步 M4.7。

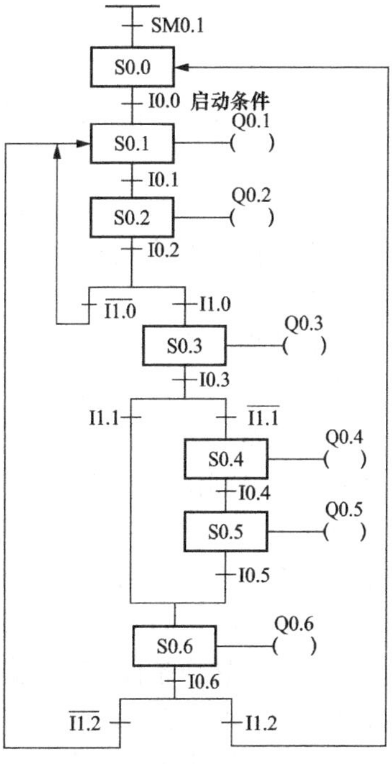

图 7-52　混合序列的顺序功能图

C0 加 1 后的实际计数值为 1，C0 的 Q 输出端控制的 M2.2 的动断触点闭合，转换条件 $\overline{\text{M2.2}}$ 满足。两个钻头都上升到位后，将转换到步 M5.0。Q0.5 使工件旋转 120°旋转到位时 I0.6 为 1 状态，又返回步 M4.2 和 M4.5，开始钻第二对孔。3 对孔都钻完后，实际计数值为 3，其 Q 输出端控制的 M2.2 变为 1 状态，转移到步 M5.1，Q0.6 使工件松开。松开到位时，限位开关 I0.7 为 1 状态，系统返回初始步 M4.0。

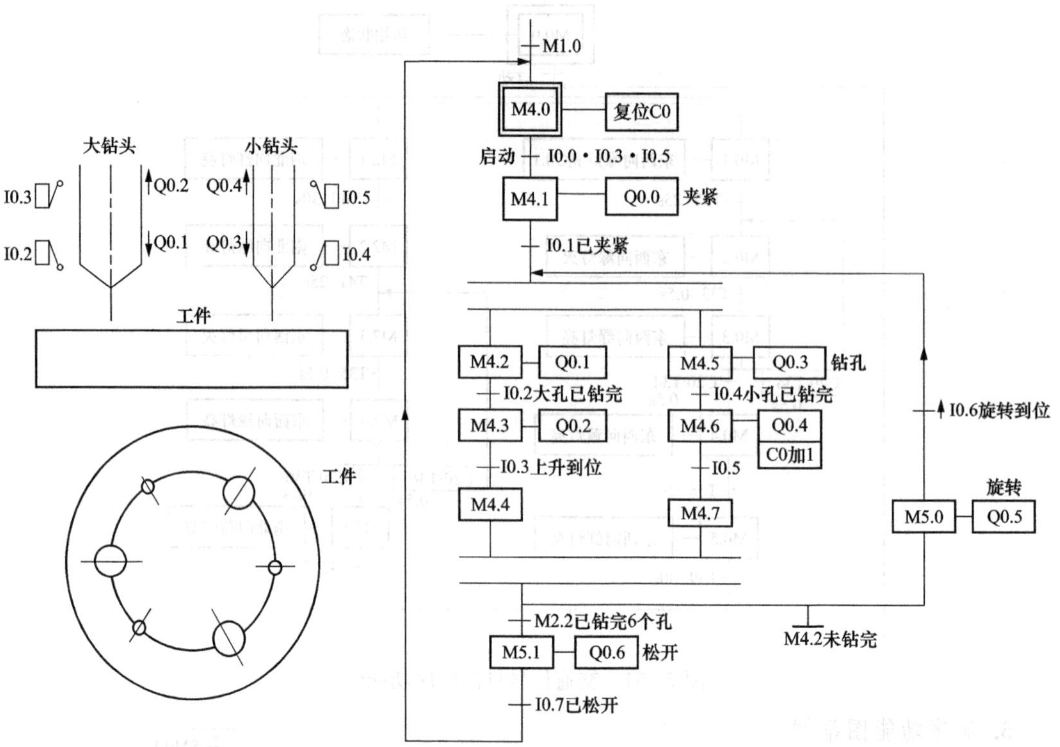

图 7-53　专用钻床控制系统的顺序功能图

因为要求两个钻头向下钻孔和钻头提升的过程同时进行，故采用并行序列来描述上述的过程。

由 M4.2～M4.4 和 M4.5～M4.7 组成的两个单序列分别用来描述大钻头和小钻头的工作过程。在步 M4.1 之后，有一个并行序列的分支。当 M4.1 为活动步，并且转换条件 I0.1 得到满足（I0.1 为 1 状态），并行序列的两个单序列中的第一步（步 M4.2 和 M4.5）同时变为活动步。此后两个单序列内部各步的活动状态的转换是相互独立的，如大孔或小孔钻完时的转换一般不是同步的。

两个单序列的最后一步（M4.4 和 M4.7）应同时变为不活动步。但是两个钻头一般不会同时上升到位，不可能同时结束运动，所以设置了等待步 M4.44 和 M4.7，它们用来同时结束两个并行序列。当两个钻头均上升到位，限位开关 I0.3 和 I0.5 分别为 1 状态，大、小钻头两个子系统分别进入两个等待步，并行序列将会立即结束。

在步 M4.4 和 M4.7 之后，有一个选择序列的分支。没有钻完 3 对孔时，M2.2 的动断触点闭合，转换条件 $\overline{\text{M2.2}}$ 满足，如果两个钻头都上升到位，将从步 M4.4 和 M4.7 转换到步 M5.0。如果已经钻完了 3 对孔，M2.2 的满足，将从步 M4.4 和 M4.7 转换到步 M5.1。

在步 M4.1 之后，有一个选择序列的合并。当步 M4.1 为活动步，而且转换条件 I0.1 得到满足（I0.1 为 1 状态），将转换到步 M4.2 和 M4.5。当步 M5.0 为活动步，而且转换条件↑I0.6 得到满足，也会转换到步 M4.2 和 M4.5。

7.3.3　顺序功能图的注意事项

1. 转换实现注意事项

在单序列和选择序列中，一个转换仅有一个前级步和一个后续步。在并行序列的分支处，转换有几个后续步［见图 7-39（c）］，在转换实现时应同时将它们对应的编程元件置位。在并行序列的合并处，转换有几个前级步，它们均为活动步时才可能实现转换，在转换实现时应将它们对应的编程元件全部复位。

为了同步实现，有向连线的水平部分用双线表示。

在梯形图中，用编程元件或者位存储区（如 M）代表步，当某步为活动步时，该步对应的编程软件为 1 状态。当该步之后的转换条件满足时，转换条件对应的触点或电路接通，因此可以将该触点或电路与代表所有前级步的编程元件的动合触点串联，作为与转换实现的两个条件同时满足对应的电路。

以图 7-54 为例，转换条件的布尔代数表达式为 $\overline{\text{I0.1}}+$ I0.3，它的两个前级步对应于 M4.2 和 M4.4，应将 M4.2、M4.4 的动合触点组成的串联电路与 I0.3 的动合触点和 I0.1 的动断触点组成的并联电路串联，作为转换实现的两个条件同时满足对应的电路。在梯形图中，该电路接通时，应使代表前级步的 M4.2 和 M4.4 复位（变为 0 状态并保持），同时使代表后续步的 M4.5 和 M4.7 置位（变为 1 状态并保持），完成以上任务的电路将在下一节中介绍。

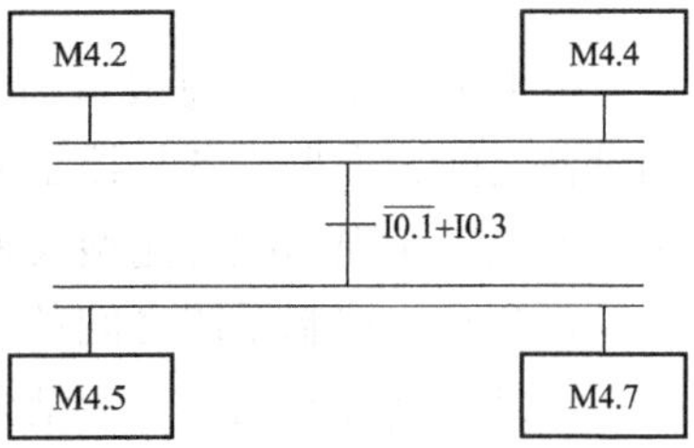

图 7-54　转换的同步实现

2. 绘制顺序功能图时的注意事项

下面是针对绘制顺序功能图时常见的错误提出的注意事项。

（1）两个步绝对不能直接相连，必须用一个转换将它们分隔开。

（2）两个转换也不能直接相连，必须分隔开。第 1 条和第 2 条可以作为检查顺序功能图是否正确的判据。

（3）顺序功能图中的初始步一般对应于系统等待启动的初始状态，这一步可能没有什么输出处于 ON 状态，因此有的初学者在画顺序功能图时很容易遗漏这一步。初始步是必不可少的，一方面，因为该步与它的相邻步相比，输出变量的状态各不相同；另一方面，如果没有该步，无法表示初始状态，系统也无法返回等待启动的停止状态。

（4）自动控制系统应能多次重复执行同一工艺过程，因此在顺序功能图中一般应有由步和有向连线组成的闭环，即在完成一次工艺过程的全部操作之后，应从最后一步返回初始状步，系统停留在初始状态（单周期操作，见图 7-36），在连续循环工作方式时，应从最后一步返回下一个工作周期开始运行第一步（见图 7-53）。

第八章 现 场 总 线

8.1 现 场 总 线 概 述

根据IEC对现场总线（Field bus）的定义是：现场总线是一种应用于生产现场，在现场设备之间、现场设备与控制装置之间实行双向、串行、多节点数字通信的技术。现场总线主要解决工业现场的智能型仪表、控制器、执行机构等现场设备间的数字通信及这些现场控制设备和高级控制系统之间的信息传递问题。它是近年来迅速发展起来的一种工业数据总线，它是一种开放式的、新型全分布式控制系统。

8.1.1 现场总线的发展历史

20世纪50年代之前气动信号控制系统是第一代控制系统。1950年至今使用的4～20mA等电动模拟信号控制系统称为第二代控制系统。20世纪70年代，数字式计算机被引入到测控系统中，当时计算机提供的是集中式控制处理，这被称为第三代控制系统。20世纪80年代微处理器在控制领域的应用，形成了分布式控制系统，这是第四代控制系统。现在一般把现场总线系统称为第五代控制系统，也称作FCS——现场总线控制系统。现场总线的现场设备在不同程度上都具有数字计算和数字通信能力。FCS借助现场设备的计算、通信能力，把控制功能彻底下放到现场。FCS同时克服DCS的封闭系统的缺陷，采用基于公开化、标准化的解决方案，形成真正分散在现场的完整的控制系统。

FCS与DCS的差异性表现在以下方面。

（1）FCS取消了控制站，而DCS控制依赖控制站。

（2）现场总线多块仪表共用一块安全栅，DCS系统的每一块仪表均要配一块安全栅。

（3）FCS控制在现场中完成，而DCS控制在控制站中完成。

（4）FCS的信息是双向的，DCS的信息是单向的。

现场总线的发展。

1984年美国Intel公司提出一种计算机分布式控制系统——位总线（BITBUS），它主要是将低速的面向过程的输入输出通道与高速的计算机多总线（MULTIBUS）分离，形成了现场总线的最初概念。1986年，德国推出Profibus过程现场总线。1990年，美国Echelon公司退出LonWorks现场总线产品。1992年Siemens、ABB等公司联合成立ISP协会，决定在Profibus基础上制定标准。1993年，HoneWell等公司以法国标准FIP为基础制定标准。1996年，FF（FoundationFieldbus）公布了低速总线H1标准。2000年IEC颁布了现场总线国际标准，其中包含8种不同的现场总线协议。

8.1.2 现场总线的特点

现场总线技术的主要特征表现在以下方面。

1. 系统的开放性

系统的开放性主要是指通信协议公开，不同厂家的设备之间可进行网络互联与信息交换。这里的开放是指对相关标准的一致、公开性，强调对标准的共识与遵从。一个开放系统，它可以与任何遵守相同标准的其他设备或系统相连。一个具有总线功能的现场总线网络系统必须是开放的，开放系统把系统集成的权利交给了用户。用户可按自己的需要和对象把来自不同供应商的产品组成大小随意的系统。

2. 互可操作性与互用性

互可操作性是指网络中互连的设备之间可实现数据信息传送与交换；互用性则意味着不同生产厂家的性能类似的设备可进行互换而实现互用。

3. 通信的实时性与确定性

现场总线系统的基本任务是实现测量的控制，有些测控任务有严格的时序和实时性要求。现场总线系统能提供相应的通信机制，提供时间发布与时间管理功能，满足控制系统的实时性要求。现场总线系统中的媒体访问控制机制、通信模式、网络管理与调度方式等会影响到通信的实时性、有效性与确定性。

4. 现场设备的智能化与功能自治性

智能主要体现在现场设备的数字计算和数字通信能力上，功能自治性是指将传感测量、补偿计算、工程量处理与控制计算等功能分散嵌入到现场设备中完成，仅靠现场设备即可完成自动控制的基本功能，构成全分布式控制系统，并可随时诊断设备的运行状态。

5. 对现场环境的适应性

高温、严寒、粉尘环境下保持正常工作状态，具备抗震动、抗电磁干扰能力，在易燃易爆环境下能保证本质安全，有能力支持供电等，这是总线控制网络区别于普通计算机网络的重要方面。

8.1.3 现场总线的优点

现场总线的优点主要表现在以下几个方面。

1. 节省硬件数量与投资

智能现场设备直接执行多参数测量、控制、报警、累计计算等功能，减少了变送器的数量，不需要 DCS 系统的信号调理，转换等功能单元，节省了硬件投资。

2. 节省安装费用

现场总线系统在一对双绞线或一条电缆上通常可挂接多个设备，因此连线简单，电缆、端子、槽盒、桥架的用量大大减少。当需要增加现场控制设备时，无须增设新的电缆，可就近连接在原有的电缆上，减少了设计、安装的工作量。

3. 节省维护开销

由于现场控制设备具有自诊断与简单故障处理的能力，并通过数字通信将相关的诊断维护信息送往控制室，用户可以查询所有设备的运行，诊断维护信息，以便早期分析故障原因并快速排除。由于系统结构简化，连线简单而减少了维护工作量。

4. 系统集成主动权

用户可以自由选择不同厂商所提供的设备来集成系统，使系统集成过程中的主动权完全掌握在用户手中。

5. 准确性与可靠性

现场总线设备的智能化、数字化，与模拟信号相比，它从根本上提高了测量与控制的准确度，减少了传送误差。同时，由于系统的结构简化，设备与连线减少，现场仪表内部功能加强：减少了信号的往返传输，提高了系统的工作可靠性。此外，由于它的设备标准化和功能模块化，因而还具有设计简单，易于重构等优点。

8.1.4 网络体系结构

由于在一个网络中有许多相互连接的节点，这些节点要不断进行数据的交换，因此需要制定规则来明确规定交换数据的格式及时序问题。网络协议是为网络中的数据交换而建立的规则、标准或约定。

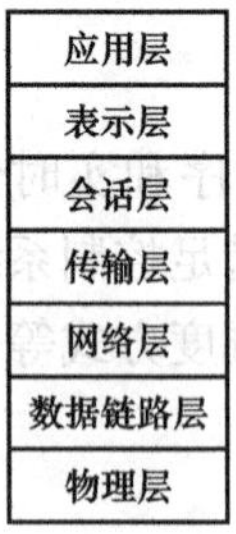

图 8-1 OSI/RM 参考模型

国际化标准化组织（ISO）在 1978 年提出了开放系统互联参考模型，如图 8-1 所示为 OSI/RM 参考模型。

物理层：规定激活、维持、关闭通信端点之间的机械特性、电气特性、功能特性和过程特性，该层为上层协议提供一个传输数据的物理媒体。该层数据的单位是比特（bit），典型规范包括 EIA/TIA RS-499、RJ-45、EIA/TIA RS-499 等。

数据链路层：是为网络层提供数据发送和接收的功能，为了弥补物理媒体上传输数据的不可靠性，数据链路层应具有物理地址寻址、数据的成帧、流量控制、数据的检错、重发等功能。该层协议包括 SDLC、HDLC、PPP、STP、帧中继等。

网络层：对子网间的数据包进行路由选择。网络层还具有拥塞控制、网络互联等功能，该层数据的单位是数据包。网络层协议包括 IP、OSPF、IPX 等。

传输层：负责将上层数据分段并提供端到端的、可靠或不可靠的传输。它提供建立、维护和拆除传送连接的功能，并提供端到端的错误恢复和流量控制。该层数据的单位是数据段。传输层协议包括 TCP、UDP、SPX 等。

会话层：管理主机之间会话进程的建立、维护和结束会话。

表示层：对上层数据或信息进行变换。数据转换包括数据的加密、压缩、格式转换等。

应用层：提供 OSI 用户服务，如事务处理程序、文件传送协议和网络管理等。

如图 8-2 所示为 OSI 环境中的数据流。

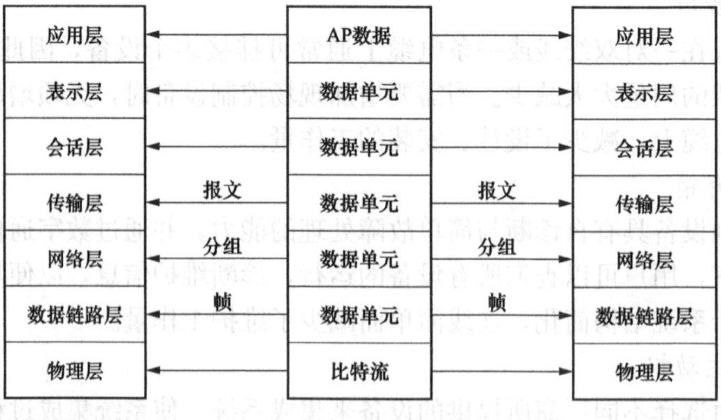

AP：无线接入点

图 8-2 OSI 环境中的数据流

AP：无线接入点

工业通信网络的特殊性要考虑到效率、确定性、鲁棒性、节点成本和本质安全性。现场总线是应用在生产现场的局域网，参考了 OSI 参考模型中的第 1、2、7 层，即物理层、数据链路层和应用层。IEEE 802 专门负责局域网的标准化。将数据链路层分为两个子层次：逻辑链路控制（LLC）和媒体访问控制（MAC）。现场总线模型中应该包括三个基本要素：底层协议、上层协议和行规。如图 8-3 为现场总线通信模型。

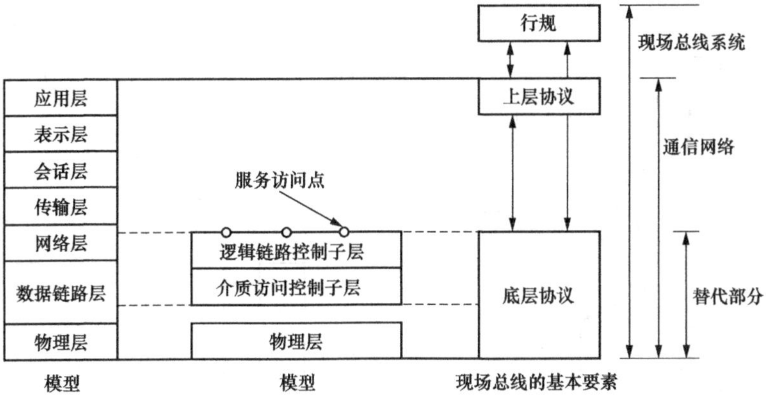

图 8-3 现场总线通信模型

8.1.5 现场总线网络的拓扑结构

通信网络的拓扑结构就是指结构通信网络中节点的互联方法。现场总线一般采用的拓扑结构为：总线型、星型、环型、树型和菊花链型。

1. 总线型结构

如图 8-4 所示，传输媒体是一条总线，工作节点通过称为分接头的硬件接口接至总线上。

每个总线段上有且只有两个终端器。终端器用来使信号变形最小，保护信号，减少衰减与畸变。总线型结构是无源的。

2. 星型结构

如图 8-5 所示每个节点都通过点对点的方式连接到中央节点，任何两个节点之间的通信都要经过中央节点。中央节点的构造比较复杂，一旦发生故障，整个系统就会瘫痪，因此现场总线控制系统中很少用这种拓扑结构。

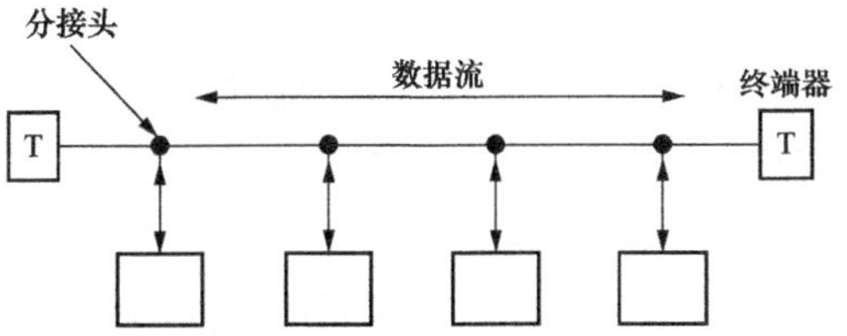

图 8-4 总线型拓扑结构

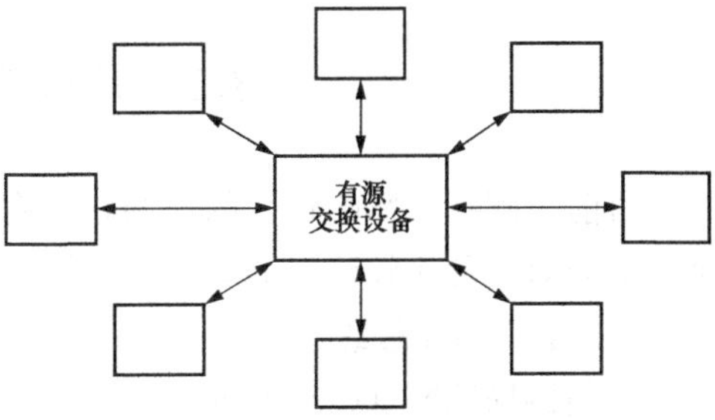

图 8-5 星型拓扑结构

3. 环型结构

如图 8-6 所示，网络由形成封闭环路的、点对点链路连接的转发器构成，信息在环中只能按某一确定的方向传递。缺点是环是封闭的不易于扩充。

4. 树型结构

如图 8-7 所示，树型结构是从总线结构演变而来，它易于扩展、适应性强。对网络设备的数量等没有太多的限制。网络的可靠性类似于星型结构，根部的可靠性很重要。

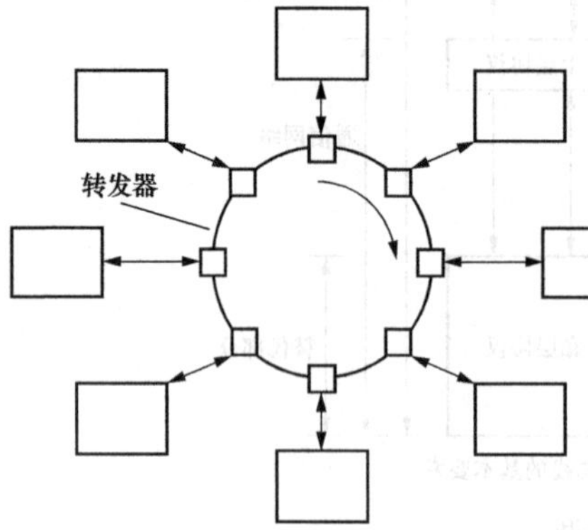

图 8-6 环型拓扑结构

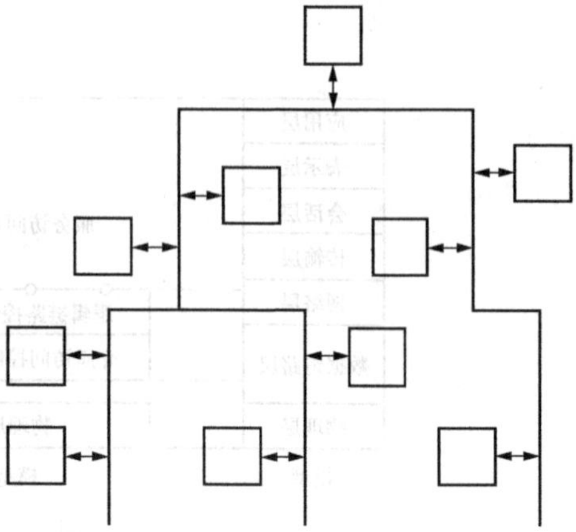

图 8-7 树型拓扑结构

5. 菊花链型结构

如图 8-8 所示，菊花链型拓扑结构是用电缆把一个节点依次连接到下一个节点，一直到终端器。当一个节点从其区域取下来，该节点后面区域上的所有节点都将失去连接，这将导致许多节点失效。

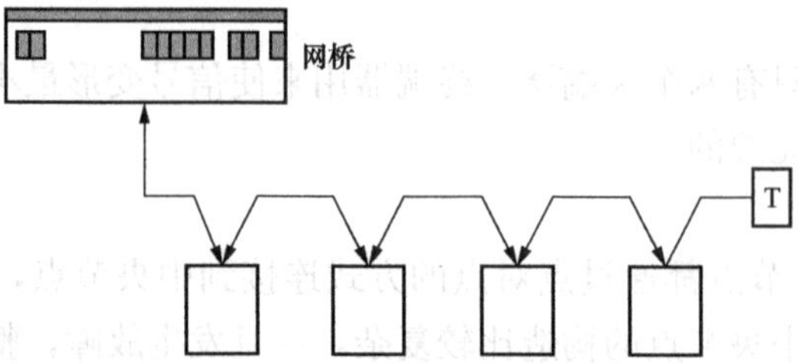

图 8-8 菊花链型结构

8.2 几种典型的现场总线技术

目前，国际上影响较大的现场总线有 40 多种，其中被 IEC 61158 国际标准认可的有 8 种。下面对几种比较流行的现场总线做一下简要介绍。

8.2.1 CAN 总线

控制器局域网（Controller Area Network，CAN）总线是一种用于实时应用的串行通信协议总线，它可以使用双绞线来传输信号，是世界上应用最广泛的现场总线之一。CAN 协议由德国的 Robert Bosch 公司开发，用于汽车中各种不同元件之间的通信，以此取代昂贵而笨重的配电线束。该协议的健壮性使其用途延伸到其他自动化和工业应用。CAN 协议的特性包括完整性的串行数据通信、提供实时支持、传输速率高达 1Mb/s、同时具有 11 位的寻址及检错能力。

CAN 总线是一种多主方式的串行通信总线，基本设计规范要求有高的位速率，高抗电子干扰性，并且能够检测出产生的任何错误。CAN 总线可以应用于汽车电控制系统、电梯控制系统、安全监测系统、医疗仪器、纺织机械、船舶运输等领域。

CAN 总线通信接口中集成了 CAN 协议的物理层和数据链路层功能，可完成对通信数据的成帧处理，包括位填充、数据块编码、循环冗余检验、优先级判别等工作。CAN 协议的一个最大特点是废除了传统的站地址编码，而代之以对通信数据块进行编码。采用这种方法的优点可使网络内的节点个数在理论上不受限制，数据块的标识码可由 11 位或 29 位二进制数组成，因此可以定义 211 个或 229 个不同的数据块，这种按数据块编码的方式，还可使不同的节点同时接收到相同的数据，这一点在分布式控制系统中非常有用。数据段长度最多为 8 个字节，可满足通常工业领域中控制命令、工作状态及测试数据的一般要求。同时，8 个字节不会占用总线时间过长，从而保证了通信的实时性。CAN 协议采用 CRC 检验并可提供相应的错误处理功能，保证了数据通信的可靠性。CAN 总线卓越的特性、极高的可靠性和独特的设计，特别适合工业过程监控设备的互联，因此，越来越受到工业界的重视，并已公认为最有前途的现场总线之一。

较之目前许多 RS - 485 基于线构建的分布式控制系统而言，基于 CAN 总线的分布式控制系统在以下方面具有明显的优越性。

(1) 网络各节点之间的数据通信实时性强。首先，CAN 控制器工作于多主方式，网络中的各节点都可根据总线访问优先权（取决于报文标识符）采用无损结构的逐位仲裁的方式竞争向总线发送数据，且 CAN 协议废除了站地址编码，而代之以对通信数据进行编码，这可使不同的节点同时接收到相同的数据，这些特点使得 CAN 总线构成的网络各节点之间的数据通信实时性强，并且容易构成冗余结构，提高系统的可靠性和灵活性。而利用 RS - 485 只能构成主从式结构系统，通信方式也只能以主站轮询的方式进行，系统的实时性、可靠性较差。

(2) 缩短了开发周期。CAN 总线通过 CAN 收发器接口芯片 82C250 的两个输出端 CANH 和 CANL 与物理总线相连，而 CANH 端的状态只能是高电平或悬浮状态，CANL 只能是低电平或悬浮状态。这就保证不会再出现在 RS - 485 网络中的现象，即当系统有错误，不会出现多节点同时向总线发送数据时，导致总线呈现短路，从而损坏某些节点的现象。而且 CAN 节点在错误严重的情况下具有自动关闭输出功能，以使总线上其他节点的操作不受影响，从而保证不会出现在网络中，因个别节点出现问题，使得总线处于“死锁”状态。而且，CAN 具有的完善的通信协议可由 CAN 控制器芯片及其接口芯片来实现，从而大大降低了系统开发难度，缩短了开发周期，这些是仅有电气协议的 RS - 485 所无法比拟的。

(3) 已形成国际标准的现场总线。与其他现场总线比较而言，CAN 总线是具有通信速率高、容易实现且性价比高等许多特点的一种已形成国际标准的现场总线。这些也是目前 CAN 总线应用于众多领域，具有强劲的市场竞争力的重要原因。

(4) 最有前途的现场总线之一。CAN 总线属于工业现场总线的范围。与一般的通信总线相比，CAN 总线的数据通信具有突出的可靠性、实时性和灵活性。由于其良好的性能及独特的设计，CAN 总线越来越受到人们的重视。它在汽车领域上的应用是最广泛的，世界上一些著名的汽车制造厂商，如 BENZ（奔驰）、BMW（宝马）、PORSCHE（保时捷）、

ROLLS - ROYCE（劳斯莱斯）和JAGUAR（捷豹）等都采用了CAN总线来实现汽车内部控制系统与各检测和执行机构间的数据通信。同时，由于CAN总线本身的特点，其应用范围目前已不再局限于汽车行业，而向自动控制、航空航天、航海、过程工业、机械工业、纺织机械、农用机械、机器人、数控机床、医疗器械及传感器等领域发展。CAN已经形成国际标准，并已被公认为几种最有前途的现场总线之一。其典型的应用协议有SAEJ1939/ISO11783、CANOpen、CANaerospace、DeviceNet、NMEA2000等。

1. CAN总线的特点

(1) 具有实时性强、传输距离较远、抗电磁干扰能力强、成本低等优点。

(2) 采用双线串行通信方式，检错能力强，可在高噪声干扰环境中工作。

(3) 具有优先权和仲裁功能，多个控制模块通过CAN控制器挂到CAN - bus上，形成多主机局部网络。

(4) 可根据报文的ID决定接收或屏蔽该报文。

(5) 可靠的错误处理和检错机制。

(6) 发送的信息遭到破坏后，可自动重发。

(7) 节点在错误严重的情况下具有自动退出总线的功能。

(8) 报文不包含源地址或目标地址，仅用标志符来指示功能信息、优先级信息。

2. CAN总线的工作原理

CAN总线使用串行数据传输方式，可以1MB/s的速率在40m的双绞线上运行，也可以使用光缆连接，而且在这种总线上总线协议支持多主控制器。CAN与I2C总线的许多细节很类似，但也有一些明显的区别。

当CAN总线上的一个节点（站）发送数据时，它以报文形式广播给网络中所有节点。对每个节点来说，无论数据是否是发给自己的，都对其进行接收。每组报文开头的11位字符为标识符，定义了报文的优先级，这种报文格式称为面向内容的编址方案。在同一系统中标识符是唯一的，不可能有两个站发送具有相同标识符的报文。当几个站同时竞争总线读取时，这种配置十分重要。

当一个站要向其他站发送数据时，该站的CPU将要发送的数据和自己的标识符传送给本站的CAN芯片，并处于准备状态；当它收到总线分配时，转为发送报文状态。CAN芯片将数据根据协议组织成一定的报文格式发出，这时网上的其他站点处于接收状态。每个处于接收状态的站点都会对接收到的报文进行检测，判断这些报文是否是发给自己的，以确定是否接收它。

由于CAN总线是一种面向内容的编址方案，因此很容易建立高水准的控制系统并灵活地进行配置。我们可以很容易地在CAN总线中加进一些新站而无须在硬件或软件上进行修改。当所提供的新站是纯数据接收设备时，数据传输协议不要求独立的部分有物理目的地址。它允许分布过程同步化，即总线上控制器需要测量数据时，可由网上获得，而无须每个控制器都有自己独立的传感器。

3. CAN总线的应用

CAN总线在组网和通信功能上的优点及其高性价比确定了它在许多领域有广泛的应用前景和发展潜力。这些应用有些共同之处：CAN总线实际就是在现场起一个总线拓扑的计算机局域网的作用。不管在什么场合，它负担的是任一节点之间的实时通信，但是它具备结构简单、高速、抗干扰、可靠、价位低等优势。

(1) 汽车生产中的应用。CAN 总线最初是为汽车的电子控制系统而设计的，目前在欧洲生产的汽车中 CAN 总线的应用已非常普遍。不仅如此，这项技术已推广到火车、轮船等交通工具中。应用 CAN 总线，可以减少车身布线，进一步节省了成本，由于采用总线技术，模块之间的信号传递仅需要两条信号线。布线局部化，车上除掉总线外其他所有横贯车身的线都不再需要了，节省了布线成本。CAN 总线系统数据稳定可靠，CAN 总线具有线间干扰小、抗干扰能力强的特点。CAN 总线专为汽车量身定做，充分考虑到了汽车上恶劣工作环境，如点火线圈点火时产生的强大的反充电压，电涡流缓冲器切断时产生的浪涌电流及汽车发动机 100℃左右的高温。

随着安全性能日益受到重视，安全气囊也将逐渐增多，以前是在驾驶员前面安装一个，今后侧面与后座都会安装安全气囊，这些气囊通过传感器感受碰撞信号，通过 CAN 总线将传感器信号传送到一个中央处理器内，控制各安全气囊的启动弹出动作。同时，先进的防盗设计也正基于 CAN 总线网络技术。首先，确认钥匙合法性的校验信息通过 CAN 网络进行传递，改进了加密算法，其校验的信息比以往的防盗系统更丰富；其次，车钥匙、防盗控制器和发动机控制器相互储存对方信息，而且在校验码中掺杂随机码，无法进行破译，从而提高防盗系统的安全性。而这些功能的实现无一不借助 CAN 总线来完成，CAN 总线成为汽车智能化控制的“定海神针”。

在现代汽车的设计中，CAN 已经成为必须采用的装置。奔驰、宝马、大众、沃尔沃、雷诺等汽车都采用了 CAN 作为控制器联网的手段。据报道，中国首辆 CAN 网络系统混合动力汽车已在奇瑞公司试装成功，并进行了初步试运行。在上海大众的帕萨特和 POLO 汽车上也开始引入了 CAN 总线技术。国内在技术、设计和应用上进行网络总线的“深造”势在必行。

(2) 大型仪器设备中的应用。大型仪器设备是一种参照一定步骤对多种信息采集、处理、控制、输出等操作的复杂系统。过去这类仪器设备的电子系统往往是在结构和成本方面占据相当大的部分，而且可靠性不高。采用 CAN 总线技术后，在这方面有了明显改观。

以医疗设备为例，病理分布式监控系统分别由中央控制式的中央监控单元和现场采集单元组成。现场采集单元对医院各室诊断测量仪器进行数据、图像的实时采集，同时完成数据统计、存储；中央监控单元可以定期或不定期地从现场采集单元获取数据并完成图像监测、数据统计、报表打印及数据库管理。中央监控单元和现场采集单元之间通过 CAN 总线连接在一起，在这个网络中，中央监控单元处于主控位置，而现场采集单元可以随时响应中央监控单元的命令。其现场采集单元由单片机 8C552 及采集、存储、显示、遥控和通信模块组成，每个现场采集单元可与 10 个测量仪器相接。

CAN 总线是针对测控领域设计的，所以一次传输的报文量很小，一次报文量最大能够承载的数据上限为 8 字节，这种小数据量的传输一方面能够实现低优先级事务的传输，另一方面也非常符合测控需求。针对 CAN 总线技术的诸多优点，非常适合应用于大型仪器系统模块化之间的互相通信，采用模块化组网的方式构建大型仪器系统。

(3) 工业控制中的应用。随着计算机技术、通信技术和控制技术的发展，传统的工业控制领域正经历着一场前所未有的变革，而工业控制的网络化，更拓展了工业控制领域的发展空间，带来新的发展机遇。在广泛的工业领域，CAN 总线可作为现场设备级的通信总线，而且与其他的总线相比，具有很高的可靠性和性能价格比。这将是CAN技术开发应用的一个主要的方向。

例如，瑞士一家公司开发的轴控制系统ACS-E就带有CAN接口。该系统可作为工业控制网络中的一个从站，用于控制机床、机器人等。一方面通过CAN总线上上位机通信，另一方面可通过CAN总线对数字式伺服电机进行控制。通过CAN总线最多可连接6台数字式伺服电机。

目前CAN总线技术在工程机械上的应用越来越普遍。国际上一些著名的工程机械大公司如CAT、VOLVO、利勃、海尔等都在自己的产品上广泛采用CAN总线技术，大大提高了整机的可靠性、可检测性和可维修性，同时提高了智能化水平。而在国内，CAN总线控制系统也开始在工程汽车的控制系统中广泛应用，在工程机械行业中也正在逐步推广应用。

（4）智能家居和生活小区管理中的应用。小区智能化是一个综合性系统工程，要从其功能、性能、成本、扩充能力及现代相关技术的应用等多方面来考虑。基于这样的需求，采用CAN技术所设计的家庭智能管理系统比较适合用于多表远传、防盗、防火、防可燃气体泄漏、紧急救助、家电控制等方面。

CAN总线是小区管理系统的一部分，负责将家庭中的一些数据和信号收集起来，并送到小区管理中心处理，CAN总线上的节点是每户的家庭控制器、小区的三表抄收系统和报警监测系统，每户的家庭控制系统可通过总线发送报警信号，定期向自动抄表系统发送三表数据，并接收小区管理系统的通告信息，如欠费通知、火警警报等。

该系统充分利用CAN技术的特点和优势，构成住宅小区智能化检测系统，系统集多表集抄、防盗报警、水电控制、紧急求助、可燃气体泄漏报警、火灾报警和供电监控子系统等功能，并提供远程通信服务。

（5）机器人网络互联中的应用。制造车间底层设备自动化，近几年仍是我国开展新技术研究和新技术应用工程及产品开发的主要领域，其市场需求不断增大且越发活跃，竞争也日益激烈。伴随着工业机器人的产业化，目前机器人系统的应用大多要求采用机器人生产方式，这就要求多台机器人能通过网络进行互联。随之而来的是，在实际生产过程中，这种连网的多机器人系统的调度、维护工作也变得尤为重要。制造车间底层电气装置联网是近几年内技术发展的重点。其电器装置包括运动控制器、基于微处理器的传感器、专用设备控制器等底层设备。在这些装置所构成的网络上另有车间级管理机、监控机或生产单元控制器等非底层装置。结合实际情况和要求，将机器人控制器视为运动控制器。

把CAN总线技术充分应用于现有的控制器当中，将可开发出高性能的多机器人生产线系统。利用现有的控制技术，结合CAN技术和通信技术，通过对现有的机器人控制器进行硬件改进和软件开发，并相应地开发出上位机监控软件，从而实现多台机器人的网络互联。最终实现基于CAN网络的机器人生产线集成系统。这样做的好处很多，如实现单根电缆串接全部设备，节省安装维护开销；提高实时性，信息可共享；提高多控制器系统的检测、诊断和控制性能；通过离线的任务调度、作业的下载及错误监控等技术，把一部分人从机器人工作的现场彻底脱离出来。

8.2.2 LonWorks总线

LonWorks是由美国Echelon公司于20世纪90年代初推出的现场总线，它采用ISO/OSI模型的全部7层通信协议，这是在现场总线中唯一提供全部服务的现场总线，在工业控制系统中可同时应用在 Sensor Bus、Device Bus、Field Bus 等任何一层总线中。它除了具有上面提到的现场总线的公共特点外，在一个 LonWorks 控制网络中，智能控制设备（节点）使用同一个通信协议与网络中的其他节点通信。每个节点都包含内置的智能来完成协议的监控功能。一个 LonWorks 控制网络可以有 3 个到 30000 个或更多的节点。由于不需要像传统控制系统中的中央控制器，LonWorks 分布式控制技术显示出很高的系统可靠性和系统响应性能，并且降低了系统的成本和运行费用。神经元芯片完成节点的事件处理，并通过多种介质把处理结果传递给网络上的其他节点。同时还采用面向对象的设计方法，通过网络变量把网络通信设计简化为参数设置。支持双绞线、同轴电缆、光缆和红外线等多种通信介质和多种拓扑结构，并开发了本质安全防爆产品，被誉为通用控制网络。

LonWorks 的核心是神经元芯片（Neuron Chip），使用 CMOS CLSI 技术的神经元芯片使实现低成本的控制网络成为可能。神经元芯片是高度集成的，内部含有 3 个 8 位的 CPU：第一个 CPU 为介质访问控制处理器，处理 LonTalk 协议的第一层和第二层；Neuron 芯片的编程语言为 Neuron C，它是从 ANSI C 中派生出来的，并对 ANSI C 进行了删减和增补。Neuron 芯片可以通过 5 个通信管脚与网络上的其他节点交换信息，也可以通过 11 个应用管脚与现场的传感器和执行器交换信息。11 个应用管脚具有 34 种应用操作模式，可以在不同的配置下为外部提供灵活的接口和芯片内部的计时器应用。第二个 CPU 为网络处理器，它实现了 LonTalk 协议的第三层至第六层；第三个 CPU 为应用处理器，实现了 LonTalk 协议的第七层，执行用户编写的代码及用户代码所调用的操作系统服务。神经元芯片实现了完整的 LonWorks 总线的 LonTalk 通信协议。开放式 LonWorks 系统具有如下的特点。

（1）在设计、安装和启动上采用工业标准的网络服务。

（2）包含来自多个厂商的符合 LonMark 的产品。

（3）除非和传统系统相互作用或者规范要求，一般不需要网关。

（4）与专用垂直子系统的实施不同，强调水平功能性。

由于在工程应用中这个开放式系统包含来自多厂商的设备，为了实现各个厂家的设备之间的一致性和可互操作性，LonWorks 总线制定了 LonMark 标准。如果 LonWorks 系统集成商想要构建开放式系统，就应该尽可能使用满足 LonMark 标准的产品，并且要使用基于 LonWorks 的网络服务的网络工具设计、安装和启动网络。

1. LonWorks 的一致性和互操作性

（1）LonWorks 的一致性。LonWorks 的一致性是指产品符合 ANSI/EIA 709.1 标准。ANSI/EIA 709.1 标准符合国际标准化组织的底层协议标准，其中从第一层到第六层的功能完全由此标准来处理，使用者只需对应用层进行编程。最容易达到的办法是应用包含有 ANSI/EIA 709.1 标准的微处理器。神经元芯片和 ANSI/EIA 709.1 标准配合作为固件可进入所有采用神经元芯片的设备中去。它可作为主处理器被执行应用，也可以作为总线连接器给实际的主机提供通信渠道。

（2）LonWorks 的互操作性。因为符合一致性的两个设备在如何交换数据的过程中仍然存在各种可能性，所以一致性还不足以保证节点之间有意义的相互作用。节点之间必须在如何交换数据，如何翻译数据，以及动作引起的反应等方面做出约定，才能保证互操作性和可靠的通信。LonMark 互操作性准则便为 LonWorks 设备之间的互操作提供了基础。

一个基于互操作的 LonWorks 设备的应用层接口包括很多元素：节点对象；特定应用的

LonMark 对象；一般的 LonMark 对象，如传感器、执行器和控制器对象；单个的网络变量、配置属性和互操作文件传输机制。

物理层的互操作性和收发设备有关。介质、通信方法、位速率和收发器型号必须匹配。目前，LonMark 标准的物理层通道类型包括光纤、双绞线、电力线、Internet 协议。

除了要有连接神经元芯片或相当处理器的通信端口的合适的收发器外，还要设置合适的一系列的通道参数，使通信协议能够以正确的格式发送和接收报文，来实现互操作。这个通信协议便是 LonTalk 协议。

2. LonTalk 通信协议

LonTalk 协议遵循 ISO 定义的开放系统互联（OSI）模型，它除了为 LonWorks 控制网络实现可互操作性提供条件，还提供了 OSI 参考模型所定义的全部七层服务。它具有以下的特点。

（1）LonTalk 协议支持包括双绞线、电力线、无线、红外线、同轴电缆和光纤在内的多种传输介质。

（2）LonTalk 应用可以运行在任何主处理器（Host Processor）上。主处理器（微控制器、微处理器、计算机）管理 LonTalk 协议的第六层和第七层并使用 LonWorks 网络接口管理第一层到第五层。

（3）LonTalk 协议使用网络变量与其他节点通信。网络变量可以是任何单个数据项也可以是结构体，并都有一个由应用程序说明的数据类型。网络变量的概念大大简化了复杂的分布式应用的编程，大大降低了开发人员的工作量。

（4）LonTalk 协议支持总线型、星型、自由拓扑等多种拓扑结构类型，极大地方便了控制网络的构建。

综上可知，LonWorks 技术是支持完全分布式的网络控制技术，是开放的、可互操作的控制系统的一个技术平台。近年来的 LonWorks 的用户、系统集成商和 OEM 产品生产商的队伍迅速扩大，其中包括世界上许多著名的自动化厂商，如 Honeywell、ABB、Philips、HP 等。据 1997 年统计，已有 2500 家企业生产和使用 LonWorks 产品，已有 500 万个 LonWorks 节点在使用运用。已有 3500 种 LonWorks OEM 产品问世，其中 30%～40%应用于工业领域。而 LonWorks 最大的应用领域在楼宇自动化，它包括建筑物监控系统的所有领域，即人口控制、消防/救生/安全、照明、保暖通风、测量、保安等。在工业控制领域，LonWorks 在半导体制造厂、石油、印刷、造纸等应用领域都占有重要的地位。

3. LonWorks 技术在楼宇自动化系统中的应用

为了方便我们更好地理解 LonWorks 所控制的对象是什么，应该怎样控制，如何更好地控制。下面给出两个具体的工程应用实例对 LonWorks 技术进行说明。为此，本文插入下面一些有关 BAS（Building Automation System）的一些相关知识。

相比于传统的那种封闭的楼宇控制系统，现在的楼宇自动化控制系统（BAS）是对大厦内的各种机电设施进行全面的计算机监控管理，如空调制冷系统、给排水系统、变配电系统、照明系统、电梯、消防、安全防范系统等；通过对各个子系统进行监控、控制、信息记录，实现分散节能控制和集中科学管理，为建筑物用户提供良好的工作环境，为建筑物的管理者提供方便的管理手段，从而减少建筑物的能耗并降低管理成本。其基本组成及相应功能如下。

BAS 的组成：

(1) 建筑设备运行管理的监控，包括①暖通空调系统的监控（HVAC）；②给排水系统监控；③供配电与照明系统监控。

(2) 火灾报警与消防联动控制、电梯运行管制。

(3) 公共安全技术防范，包括①电视监控系统；②防盗报警系统；③出入口控制及门禁系统；④安保人员巡查系统；⑤汽车库综合管理系统；⑥各类重要仓库防范设施；⑦安全广播信息系统。

诸多的机电设备之间有着内在的相互联系，于是就需要完善的自动化管理。建立机电设备管理系统，达到对机电设备进行综合管理、调度、监视、操作和控制的目的。

BAS 的功能：

(1) 制定系统的管理、调度、操作和控制的策略。

(2) 存取有关数据与控制的参数；管理、调度、监视与控制系统的运行。

(3) 显示系统运行的数据、图像和曲线；打印各类报表。

(4) 进行系统运行的历史记录及趋势分析；统计设备的运行时间、进行设备维护、保养管理等。

具体地说，传统的楼宇自控系统就其本身而言是一种封闭的系统，主要表现在其通信协议上。不同厂商的产品采用不同的通信协议，互不兼容，而现在的 BAS 则使用的是一种开放控制技术，实现对建筑物内水、电、消防、保安等各类设备的综合监控和管理，利用计算机网络和接口技术将分散在各子系统中不同楼层的直接数字控制器连接起来，通过联网实现各个子中央监控管理级计算机及子系统之间的信息通信是一套分布式智能控制系统，该系统在网络结构上突破了传统集散系统二级网、三级网的概念，系统中所有的控制和管理设备均可通过 LonWords 现场总线连接在一起，各控制设备之间可实现点对点的通信方式，组成对等式的通信网络。

8.2.3 FF 基金会现场总线

FF 现场总线基金会是由 WORLDFIP NA（北美部分，不包括欧洲）和 ISP Foundation 于 1994 年 6 月联合成立的，它是一个国际性的组织，其目标是建立单一的、开放的、可互操作的现场总线国际标准。这个组织给予了 IEC 现场总线标准起草工作组以强大的支持。这个组织目前有 100 多成员单位，包括了全世界主要的过程控制产品及系统的生产公司。1997 年 4 月这个组织在中国成立了中国仪协现场总线专业委员会（CFC）。致力于这项技术在中国的推广应用。FF 成立的时间比较晚，在推出自己的产品和把这项技术完整地应用到工程上相对于 Profibus 和 WORLDFIP 要晚。但是正由于 FF 是 1992 年 9 月成立的，是以 Fisher Rosemount 公司为核心的 ISP（可互操作系统协议）与 WORLDFIP NA 两大组织合并而成的，因此这个组织具有相当强的实力：目前 FF 在 IEC 现场总线标准的制定过程中起着举足轻重的作用。

FF（HSE）现场总线即为 IEC 定义的 H2 总线，它由 Fieldbus Foundation（FF）组织负责开发，并于 1998 年决定全面采用已广泛应用于 IT 产业的高速以太网（highspeed ethernet HSE）标准。该总线使用框架式以太网（Shelf Ethernet）技术，传输速率从 100Mbps 到 1Gbps 或更高。HSE 完全支持 IEC 61158 现场总线的各项功能，如功能块和装置描述语言等，并允许基于以太网的装置通过一种连接装置与 H1 装置相连接。连接到一个连接装置上的H1装置无须主系统的干预就可以进行对等层通信。连接到一个连接装置上的H1装置同样无须主系统的干预也可以与另一个连接装置上的H1装置直接进行通信。

1. FF的一般特点

具有适合工业现场应用的通信规范和网络操作系统。采用单一串行线上连接多个设备的网络连接方法，1条总线最多可连接32台设备。通信介质可以是金属双绞线、同轴电缆、动力线或光纤。通信信号可以采用10mA电流方式，也可以采用电压方式。通信线路可用设备的供电线路。具有比较完备的工业设备描述语言。采用虚拟设备的概念实现设备的模块化处理。实现了开放式系统，在FF系统内，不同厂家的产品具有互操作性。提供了比较完善的系统测试手段和方法。可以说，FF是个生命力强大的现场总线。

2. FF现场总线技术

基金会现场总线是一个充当工厂/车间测试和控制设备局域网的全数字、串行双工的通信系统。在车间网络的等级系列中，现场总线环境为数字网络的低层FF的协议规范建立在ISO/OSI层间通信模型之上，它由三个主要功能部分组成：物理层、通信栈和用户层。

(1) 物理层。物理层对应于OSI第1层。从上层接收编码信息并在现场总线传输媒体上将其转换成物理信号，也可以进行相反的过程。

(2) 通信栈。通信栈对应于OSI模型的第2层和第7层。第2层即数据链路层（DLL），它控制信息通过第1层传输到现场总线。DLL同时通过LAS（连接活动调度器）连接到现场总线，LAS用来规定确定信息的传输和批准设备间数据的交换，第7层即应用层（AL），对用户层命令进行编码和解码。

(3) 用户层。用户层是一个基于模块和设备描述技术的详细说明的标准的用户层，定义了一个利用资源模块、转换模块、系统管理和设备描述技术的功能模块应用过程（FDAP）。

资源模块定义了整个应用过程，如制造标识（设备类型等）的参数。功能模块浓缩了控制功能（如PID控制器、模拟输入等）转换模块表示温度、压力、流量等传感器的接口。

3. FF的功能模块

FF发布的最初10个功能模块覆盖了80%以上的基础过程控制轮廓。除此之外，FF还增加了19个高级功能模块。

一个现场总线设备必须具有资源模块和至少一个功能模块，这个功能模块借助总线在同一或分开的设备中通过输入和/或输出参数连接到其他功能模块，每一个输入/输出参数都有一个值和一个状态。每个参数的状态部分带有这个值的质量信息，如好、不定或差。

功能模块执行同步化和功能模块参数在现场总线上的传送使得将控制分散到现场总线成为可能。系统管理和网络管理负责处理这一功能，以及将时间发布给所有设备，自动切换到冗余时间打印者，自动分配设备地址，在现场总线上寻找参数名或标识。

4. FFH1的通信模型

FF由二部分组成，即H1低速现场总线及H2高速现场总线。H1的通信速率为31.25Kb/s。H2的通信速率为1Mb/s及2.5Mb/s，后改为HSE（High Speed Ethernet）速率为100Mb/s。H1与HSE通过FF的连接设备连接。

FF是专门为过程自动化（Process Automation），即连续控制的过程而设计的，吸收了DCS及HART行之有效的技术，如功能块及DDL（设备描述语言）等技术，所以熟悉DCS的用户使用比较方便，但由于设想十分周到，技术比较复杂。

FFH1 的通信模型参照了 OSI 参考模型的第 1、2、7 层，另外增加了用户层，这是 FF 与其他总线不同之处。FFH1 通信模型和 OSI 参数模型如图 8 - 9 所示。

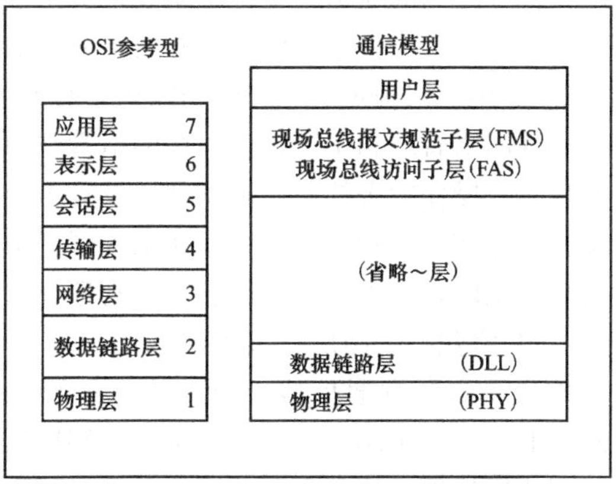

图 8 - 9 FFH1 通信模型和 OSI 参数模型

(1) 通信原理。如果需要将一信息从一处送到他处，必须按照协议规定的格式自用户层经应用层、数据链路层及物理层发送才能奏效。这一过程可用邮寄信件的方式作为比喻，如要从某地发一信件给其他地方的某人时，可按照邮局规定的方式，将信件放入信封，在信封上根据规定的格式写上地址及收信人，贴上邮票投入信箱即可。若不按照邮局的规定进行，则信件就有可能收不到。比喻的过程如图 8 - 10 所示。FF 的通信协议规定了其通信方式。

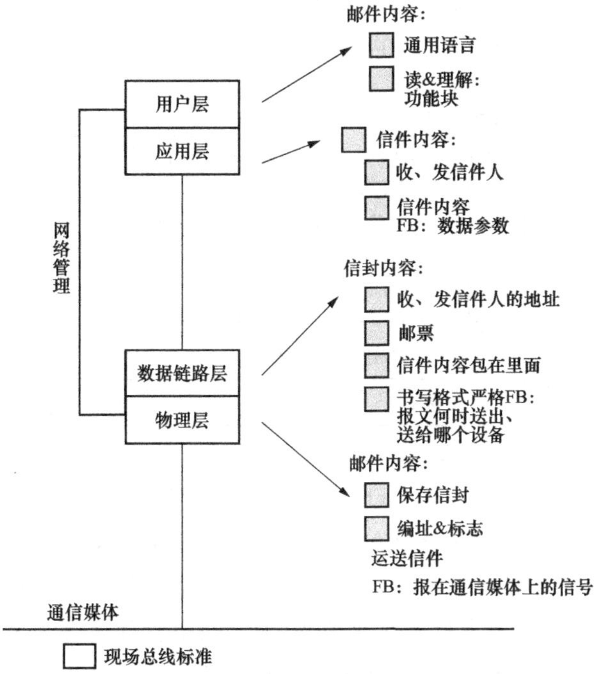

图 8 - 10 通信原理

1) 物理层 (Physical Layer，PHY) 与传输介质 (电缆、光缆等) 相连接规定了如何发送信号和接收信号。数据链路层 (Data Link Layer，DLL) 规定了总线设备如何共享网络，怎样调度通信。

2) 应用层分为现场总线访问子层 (Fieldbus Access Sub. Layer，FAS) 和现场总线报文规范子层 (Fieldbus Message Specification，FMS) 2 个子层，其中 FAS 规定数据访问的关系模型和规范，在 DLL 与 FMS 之间提供服务；FMS 则规定了标准的报文格式，为用户提供了所需的通信服务。应用层的任务是描述应用进程 (Application Process，AP)，实现应用进程之间的通信，提供应用接口的标准操作，实现应用层的开放性。应用层规定了设备间交换数据、命令、事件信息和请求应答的信息格式。

3）用户层规定了标准的功能块，对象字典和设备描述，供用户组成所需要的应用程序，并实现网络管理和系统管理。在网络管理中，为了提供一个集成网络各层通信协议的机制，实现设备操作状态的监控和管理，设置了网络管理代理和网络管理信息库，提供组态管理、运行管理和差错管理的功能。在系统管理中，设置系统管理内核、系统管理内核协议和系统管理信息库，提供设备管理、功能管理、时钟管理和安全管理等功能。

FF将数据链路层、应用层和用户层的软件集成为通信栈（Communication Stack），供软件开发商开发通信栈；通过软件编程来实现。另外再开发专用集成电路（Application Specific Integrated Circuit，ASIC）及其相关硬件来实现物理层和数据链路层部分功能。这样就能用软硬件相结合的办法来实现FF通信模型。

（2）FF通信模型的三大功能。FF通信模型作为现场总线设备的物理实体，再通过传输线构成通信网络，按层次分别分为上述物理层等4层；如按功能分别可分为三部分，即通信实体、系统管理内核和功能块应用进程，如图8-11所示。各部分之间通过虚拟通信关系（Virtual Communication Relationship，VCR）来沟通信息，即相当于逻辑的通信信道，VCR表示了2个或多个应用进程之间的关系。

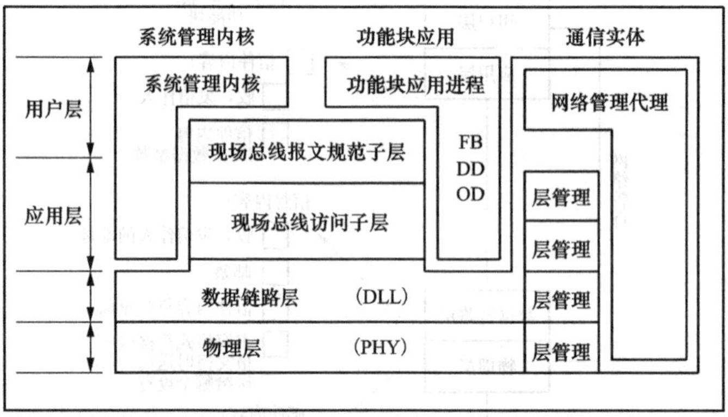

图8-11 FF通信模型的三个组成部分

1）通信实体（Entitg）。由各层协议和网络管理代理（Network Management Agent，NMA）共同组成。其任务是生成报文（Message）和提供报文传送服务，是现场总线设备通信的核心部分。层协议的基本目标是构成VCR，网络管理代理，负责管理通信栈，支持组态、运行和差错管理，这些管理信息保存在网络管理信息库（Network Manage - ment Base，NMIB）中并由对象字典（Object Dictionary，OD）来描述。OD中保存有数据类型、长度等描述信息，为总线设备的网络可视对象提供定义和描述。

2）系统管理内核。系统管理内核（System Management Kernel，SMK）在通信模型中位于应用层和用户层。SMK是总线设备的管理实体，负责与网络系统相关的任务管理，支持节点地址分配，应用服务调度、应用时钟同步和应用进程分析。SMK把控制系统管理操作的信息组成对象，存储在系统管理信息库（System Management Information Base，SMIB）中，并可以通过网络来访问SMIB。SMK支持网络设备管理，在设备运行之前将其基本的系统信息置入SMIB，并分配一个物理设备位号，然后使设备进入初始化状态；在不影响网络上其他设备运行的情况下，使该设备进入运行状态，并根据它的物理设备位号分配节点地址；当设备加入网络以后，可按需设置远程设备和功能块。SMK 采用系统管理内核协议（SMK Protocol，SMKP）与远程 SMK 通信，另外采用 FMS 访问 SMIB。SMK 亦能为 OD 提供服务。首先在网络上对所有设备广播对象名，然后等待设备的响应，从而获得网络上对象的信息。

3）功能块应用进程（FunctionBlock Application Process，FBAP）。功能块应用进程位于应用层和用户层。功能块（Function Block，FB）实现某种应用功能或算法如 PID 功能块实现 PID 控制功能，模拟输入（AI）和模拟输出（AO）功能块分别实现参数输入和输出功能，如将 AI、PID、AO 功能块的输出端和输入端相连接就可以实现单回路控制策略。FF 规定了 10 个基本功能块和 19 个附加功能块，分布在现场总线设备内，供用户组态实现所需控制策略，从而构成全分布式网络控制系统，也就是所谓现场总线控制系统（Fieldbus Control System，FCS），它与 DCS 的区别之一就在于 DCS 将所有的控制功能集中在 DCS 的主机中；而 FCS 则将 60%～80%的一般控制功能分散到现场智能化仪表中去了，这不仅提高了系统的可靠性，而且还使控制更加及时和精确。

8.2.4 WorldFip 总线

WorldFip 现场总线组织成立于 1987 年。目前已有一百多个成员，其中许多是工控领域的世界著名大公司，如霍尼韦尔（Honeywell）、西技来克（Cegelec）、阿尔斯通（Alstom）、施耐德（Schneider）等。前期产品是 Fip（Factory Instrumentation Protocol）。Fip 是法国标准，后来采纳了 IEC 国际标准（IEC 61158 - 2）改名为 WorldFip。相应的欧洲标准是 EN 50170 - 3。不久前国内也成立了 WorldFip 技术推广中心。我国引进的一些大型工程，如上海地铁、岭奥核电站、军粮城电厂等都可以看到这种现场总线。

1. WorldFip 现场总线的特点

WorldFip 总线是面向工业控制的，其主要特点可归纳为实时性、同步性、可靠性。

WorldFip 目前使用的传输速率是 31.5Kb/s，1Mb/s 和 2.5Mb/s，典型速率为 1Mb/s。典型的传输介质是工业级屏蔽双绞线。对接线盒、9 针 D 型插头座等都有严格的规定。每个网段最长为 1km，加中继器（Repeater）以后可扩展到 5km。

WorldFip 与 Internet 类似，使用曼彻斯特码传输。但它是一种令牌网。网络由仲裁器和若干用户站组成。

WorldFip 使用信息生产者和消费者的概念，和通常意义上的输出量、输入量略有区别。每个生产者或消费者变量有一个 IP 地址。每个用户站可以有 16 个生产者/消费者变量。任何时候，生产者只能有一个，而消费者可以是 1 个或多个。

WorldFip 的设计思想是，按一定的时序，为每个信息生产者分配一个固定的时段，通过总线仲裁器诸个呼叫每个生产者，如果该生产者已经上网，应在规定时间内应答。生产者提供必要的信息，同时提供一个状态字，说明这一信息是最新生产的，还是过去传送过的老信息。消费者接收到信息时，可根据状态字判断信息的价值。

WorldFip 将信息分为周期性同步数据、周期性异步数据和非周期性消息包。同步数据严格地按确定的时序呼叫，接下去是周期性异步数据，用于对同步性要求不太高的数据传送。最后呼叫消息包。周期性同步数据、异步数据用于时序要求严格，数据包不大的信息（8～128 字节），消息包指时序要求不严格，数据量大的信息，如每包 256 字节。形象地比喻，网线可以看成一个流水的管道。一半（或 1/3、2/3，由用户设计）流的是水，是不可压缩的。即周期性同步和异步数据。另一半可以看成是空的，留给非周期性消息包的传送。

网络仲裁器是整个网络通信的主宰者。网络仲裁器轮番呼叫每一个生产者变量。整个网线上总是有信号的。如果若干时间间隔内（如几十毫秒）没有监听到网上的信号则可以诊断为网络故障，此时可以自动将冗余热备份网线切换上去，也可以设计成各用户站回本质安全态。WorldFip 在网络安全性方面的考虑有其独到之处。在一个网络中可以有一个或多个网络仲裁器。在任意给定时刻，只有一个在起作用，其他处于热备份态，监听网络状态。而每个用户站的网络冗余则是通过一个控制器驱动两路驱动器，接入两个独立的网线实现的。当一个网线被破坏，自动切换到另一网线。

2. World Fip 协议

除用户层外，World Fip 使用以下三层通信协议：应用层、数据链路层、物理层。

用户层指有用的信息，一个变量（生产者或消费者），可以是 8 字节，也可以是 16、32、48 乃至 128 字节。一则消息，则可以长至 256 字节。以下三层是在 World Fip 网络控制器中自动实现的，不需要用户 CPU 干预。它对应于 7 层网络通信协议的第 1、2 和 7 层。

应用层在用户层信息的前面加上两个字节的识别码（ID）。这两个字节第一个是变量类型，即所谓 PDU 类型，第二个字节是数据长度。

数据链路层则在应用层基础上加上一头一尾。头上是一个字节的状态字，表示该信息是最近刷新的，还是重复以前的数据。尾上加两个字节，用于 CRC 校验。

物理层，则在数据链路层基础上再加上头尾。头上加两个字节，一个是前同步字符，由 10101010 组成，第二个是帧开始分界符，由 1、高电平、低电平、1、0、高电平、低电平、0 组成。尾部加一个帧结束字节，由 1、高电平、低电平、高电平、低电平、1、0、1、组成。

综上所述，三层协议一共在有用信息两端增加了 8 个字节。当速率为 1MB 时，帧与帧之间的间隔可设定在 10～70μs 之间。如果每个数据都是 8 字节，有用通量在 200～300Kb/s 之间。如果数据长度为 128 字节，有用通量可达 800Kb/s。

在 1MB 速率下，如果扫描周期为 10ms。假设 5ms 用于周期性同步和异步数据，5ms 用于传送信息包，则 5ms 中可以扫描 23 个 8 字节变量或 4 个 128 字节变量。如果网上真的有 250 个用户站，每站有 16 个变量，即总共 4000 个变量，一半的时间留给消息包传输，则一次扫描约需要 2s。

8.2.5 DeviceNet 总线

DeviceNet 是 20 世纪 90 年代中期发展起来的一种基于 CAN 总线技术的符合全球工业标准的开放型通信网络。它既可连接底层现场设备，又可连接变频器、操作员终端这样的复杂设备。它通过一根电缆将诸如可编程控制器、传感器、测量仪表、光电开关、操作员终端和变频器等现场智能设备连接起来，它是分布式控制系统的理想解决方案。这种网络虽然是工业控制网络的低端网络，通信速率不高，传输的数据量也不太大，但它采用了先进的通信概念和技术，具有低成本、高效率、高性能、高可靠性等优点。

DeviceNet 是基于 CAN 的一种低成本的网络，可以直接连接控制器和工业设备，从而大大减少了硬接线输入输出点。CAN 可提供快速的节点响应时间和较高的可靠性。典型的 DeviceNet 设备包括控制器、限位开关、光电传感器、电机启动器、按钮、变频驱动器和简单的操作员接口等。DeviceNet 具有很多优点，如网络供电、安装快速、良好的故障诊断功能等。其通信速率为125～500Kbps，每个网络的最大节点数是64个，每个节点支持的I/O数量没有限制，干线长度为100～500m，采用生产者/消费者模式，允许网络上的所有节点同时存取同一数据源的数据，支持对等、多主和主/从通信方式。

DeviceNet网络上的设备增减非常简单。设备设计满足即插即用的要求，与其他网络相比，设备节点的添加或删除不必花费太多的时间进行重新设计或施工。设备的组态参数被存储起来，一旦设备出现故障，操作者只需简单地换上一个匹配的新设备，且设备参数会自动下载到新更换的设备中。这一特性称为自动设备更换（Automatic Device Replacement，ADR），它可使系统快速恢复正常。

吞吐量是真正衡量网络性能的指标。DeviceNet优异的吞吐性能是由其较小的网络开销和较小的数据包来保证的。DeviceNet数据包大小被限制在8字节以内，特别适合应用于低成本、简单的设备，并可进行快速、高效的数据传送。较长的报文被分段为多个数据包来发送，这对组态参数或其他不经常出现且长度可能较大的报文传送特别重要。

8.2.6 Profibus

Profibus是作为德国国家标准DIN 19245和欧洲标准prEN 50170的现场总线。ISO/OSI模型也是它的参考模型。由Profibus - Dp、Profibus - FMS、Profibus - PA组成了Profibus系列。DP型用于分散外设间的高速传输，适合于加工自动化领域的应用。FMS意为现场信息规范，适用于纺织、楼宇自动化、可编程控制器、低压开关等一般自动化，而PA型则是用于过程自动化的总线类型，它遵从IEC 1158 - 2标准。该项技术是由西门子公司为主的十几家德国公司、研究所共同推出的。它采用了OSI模型的物理层、数据链路层，由这两部分形成了其标准第一部分的子集，DP型隐去了3～7层，而增加了直接数据链接拟合作为用户接口，FMS型只隐去第3～6层，采用了应用层，作为标准的第二部分。PA型的标准还处于制定过程之中，其传输技术遵从IEC 1158 - 2（1）标准，可实现总线供电与本质安全防爆。

Porfibus支持主—从系统、纯主站系统、多主多从混合系统等几种传输方式。主站具有对总线的控制权，可主动发送信息。对多主站系统来说，主站之间采用令牌方式传递信息，得到令牌的站点可在一个事先规定的时间内拥有总线控制权，并事先规定好令牌在各主站中循环一周的最长时间。按Profibus的通信规范，令牌在主站之间按地址编号顺序，沿上行方向进行传递。主站在得到控制权时，可以按主—从方式，向从站发送或索取信息，实现点对点通信。主站可采取对所有站点广播（不要求应答）或有选择地向一组站点广播。

Profibus的传输速率为96～12kb/s最大传输距离在12kb/s时为1000m，15Mb/s时为400m，可用中继器延长至10km。其传输介质可以是双绞线，也可以是光缆，最多可挂接127个站点。

Profibus作为工业界最具代表性的现场总线技术，其应用领域非常广泛，它既适用于工业自动化中离散加工过程的应用，也适用于流程自动化中连续和批处理过程的应用，而且随着技术的不断进步，其应用领域呈现出进一步扩大之势。目前具体的应用领域主要体现在以下几个方面。

（1）制造业自动化——如汽车制造（机器人、装配线、冲压线）、造纸、纺织等。

（2）过程控制自动化——如石化、制药、水泥、食品、啤酒等。

（3）电力——发电、输配电等。

(4) 楼宇——空调、风机、照明等。

(5) 铁路系统——信号系统等。

另外，Profibus 现场总线在冶金、交通、制药、水利、水处理、食品等自动化领域中也得到了广泛应用。

8.3 通用串行通信接口技术

在通用串行通信接口中，常用的有 RS-232C 接口、RS-422 接口及 RS-485 接口。PC 及兼容计算机均具有 RS-232C 接口。当需要长距离（几百米到 1km）传输时，则采用 RS-485 接口（二线差分平衡传输）。如果要求通信双方均可以主动发送数据，必须采用 RS-422 接口（四线差分平衡传输）。RS-232C 接口可通过转换模块变成 RS-485 接口。有些控制器（如 PLC）则直接带有 RS-485 接口，当需要多个 RS-485 接口时，可以在 PC 上插上基于 PCI 总线板卡（如 MOXA 卡）。

图 8-12 RS-232 实物图

8.3.1 串行通信接口标准的物理特性

1. RS-232 物理特性

(1) RS-232 的介绍。RS-232 的连接插头用 25 针或 9 针的 EIA 连接插头座，图 8-12 所示是 9 针的连接器，其主要端子分配见表 8-1。

表 8-1 RS-232 主要端子

端脚		方向	符号	功能
25 针	9 针			
2	3	输出	TXD	发送数据
3	2	输入	RXD	接收数据
4	7	输出	RTS	请求发送
5	8	输入	CTS	为发送清零
6	6	输入	DSR	数据设备准备好
7	5		GND	信号地
8	1	输入	DCD	数据信号检测
20	4	输出	DTR	
22	9	输入	RI	

表 8-1 中各信号的含义，从计算机到 Modem 的信号如下。

DTR：数据终端（DTE）准备好，告诉 Modem 计算机已接通电源，并准备好了。

RTS：请求发送，告诉 Modem 现在要发送数据。

从 Modem 到计算机的信号如下。

DSR：数据设备（DCE）准备好，告诉计算机 Modem 已接通电源，并准备好了。

CTS：为发送清零，告诉计算机 Modem 已作好了接收数据的准备。

DCD：数据信号检测，告诉计算机 Modem 已与对端的 Modem 建立了连接。

RI：振铃指示器，告诉计算机对端电话已在振铃。

数据信号如下。

TXD：发送数据。

RXD：接收数据。

（2）RS-232 电气特性。RS-232 的电气线路连接方式如图 8-13 所示。

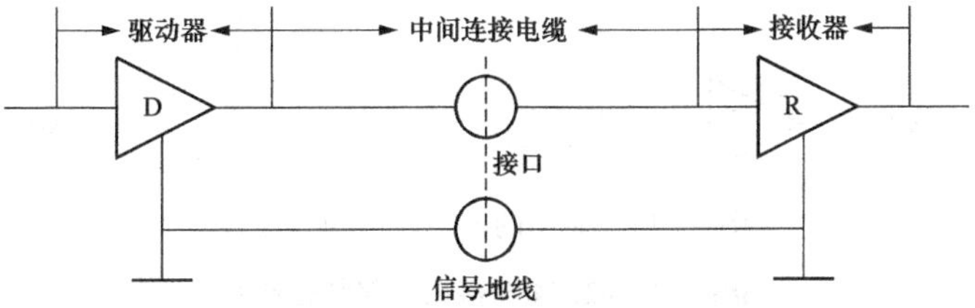

图 8-13 RS-232 的电气线路连接

接口为非平衡型，每个信号用一根导线，所有信号回路共用一根地线。信号速率限于 20kbit/s 内，电缆长度限于 15m 之内。由于是单线，线间干扰较大。其电性能用±12V 标准脉冲。值得注意的是 RS-232C 采用负逻辑。

在数据线上：传号 Mark＝－15～－5V，逻辑"1"电平。

空号 Space＝＋5～＋15V，逻辑"0"电平。

在控制线上：通 On＝＋5～＋15Y，逻辑"0"电平。

断 Off＝－15～－5V，逻辑"1"电平。

RS-232C 的逻辑电平与 TTL 电平不兼容，为了与 TTL 器件相连必须进行电平转换。

由于 RS-232C 采用电平传输，在通信速率为 19.2kbit/s 时，其通信距离只有 15m。若要延长通信距离，必须以降低通信速率为代价。

2. RS-422 物理特性

（1）RS-422 的介绍。RS-422 由 RS-232 发展而来，它是为弥补 RS-232 不足而提出的。为克服 RS-232 通信距离短、速度低的缺点，RS-422 定义了一种平衡通信接口，并允许在一条平衡总线上连接最多 10 个接收器。

（2）RS-422 电气特性。RS-422 标准全称是平衡电压数字接口电路的电气特性，它定义了接口电路的特性。图 8-14 是典型的 RS-422 四线接口。实际上还有一根信号地线，共 5 根线。由于接收器采用高输入阻抗和发送驱动器比 RS-232 更强的驱动能力，故允许在相同传输线上连接多个接收节点，最多可接 10 个节点。即只有一个主设备，其余为从设备，从设备之间不能通信，所以 RS-422 支持点对多的双向通信。RS-422 四线接口由于采用单独的发送和接收通道，因此不必控制数据方向，各装置之间任何必须的信号交换均可以按软件方式（XON/XOFF 握手）或硬件方式（一对单独的双绞线）实现。

RS-422 的最大传输距离为 4000 英尺（约 1219m），最大传输速率为 10Mb/s。其平衡双绞线的长度与传输速率成反比，在 100kb/s 速率以下，才可能达到最大传输距离。只有在很短的距离下才能获得最高速率传输。一般 100 米长的双绞线上所能获得的最大传输速率仅为 1Mb/s。

RS-422 需要终接电阻，要求其阻值约等于传输电缆的特性阻抗。在短距离传输时可以无须终接电阻，即一般在 300 米以下无须终接电阻。终接电阻接在传输电缆的最远端（RS-422 有关电气参数见表 8-2）。

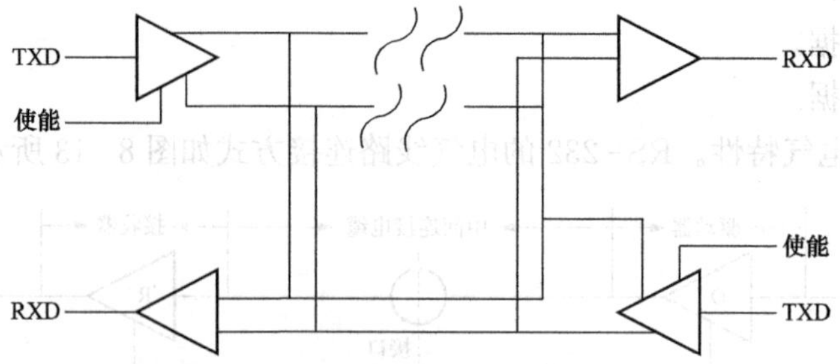

图 8-14 典型的 RS-422 四线接口

表 8-2 **RS-232/422/485 接口电路特性比较**

规定		RS-232	RS-422	RS-485
工作方式		单端	差分	差分
节点数		1收、1发	1发、10收	1发、32收
最大传输电缆长度（英尺）		50	400	400
最大传输速率		20Kb/s	10Mb/s	10Mb/s
最大驱动输出电压（V）		±25	−0.25～+6	−7～+12
驱动器输出信号电平（负载最小值）	负载	±5～±15V	±2.0V	±1.5V
驱动器输出信号电平（空载最大值）	空载	±25V	±6V	±6V
驱动器负载阻抗（Ω）		3～7k	100	54
摆率（最大值）		30V/μs	N/A	N/A
接收器输入电压范围（V）		±15	−10～+10	−7～+12
接收器输入门限		±3V	±200mV	±200mV
接收器输入电阻（Ω）		3k～7k	4k（最小）	≥12k
驱动器共模电压（V）			−3～+3	−1～+3
接收器共模电压（V）			−7～+7	−7～+12

3. RS-485 物理特性

（1）RS-485 的介绍。RS-485 串行总线接口标准以二线差分平衡方式传输信号，具有较强的抗共模干扰的能力，允许一对双绞线上一个发送器驱动多个负载设备。其信号定义为：当采用+5V 电源供电时，若差分电压信号为−2500～−200mV 时，为逻辑“0”；若差分电压信号为+200～+2500mV 时，为逻辑“1”；若差分电压信号为−200～+200mV 时，为高阻状态。

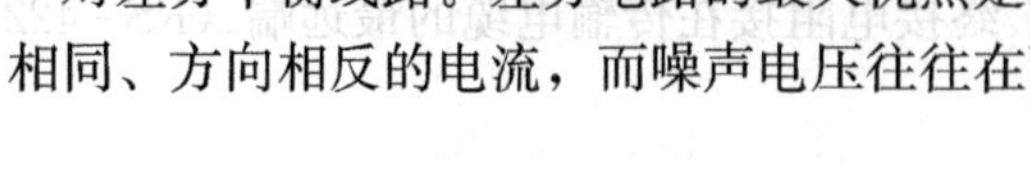

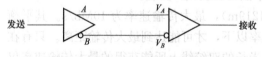

图 8-15 RS-485 的差分平衡电路

RS-485 的差分平衡电路如图 8-15 所示。其一根导线上的电压是另一根导线上的电压值取反。接收器的输入电压为这两根导线电压的差值 V_A-V_B。

RS-485 实际上是 RS-422 的变型。RS-422 采用两对差分平衡线路，而 RS-485 只用一对差分平衡线路。差分电路的最大优点是抑制噪声。由于在它的两根信号线上传递着大小相同、方向相反的电流，而噪声电压往往在两根导线上同时出现，一根导线上出现的噪声电压会被另一根导线上出现的噪声电压抵消，因而可以极大地削弱噪声对信号的影响。

差分电路的另一个优点是不受节点间接地电平差异的影响。在非差分（单端）电路中，多个信号共用一根接地线，长距离传输时，不同节点接地线的电压差异可能相差好几伏，甚至会引起信号的误读。差分电路则完全不会受到接地电压差异的影响。

（2）RS-485 电气特性。

发送端：逻辑“1”以两线间的电压差为 2～6V 表示。

逻辑“0”以两线间的电压差为－2～－6V 表示。

接收端：A 比 B 高 200mV 以上即认为是逻辑“1”，A 比 B 低 200mV 以上即认为是逻辑“0”。

8.3.2 串行通信协议

串行通信协议是指计算机与外设或计算机之间的通信。通常有两种方式：并行通信和串行通信。并行通信指数据的各位同时传送。并行方式传输数据速度快，但占用的通信线多，传输数据的可靠性随距离的增加而下降，只适用于近距离的数据传送。串行通信是指在单根数据线上将数据一位一位地依次传送。发送过程中，每发送完一个数据，再发送第二个，以此类推。接受数据时，每次从单根数据线上一位一位地依次接收，再把它们拼成一个完整的数据。在远距离数据通信中，一般采用串行通信方式，它具有占用通信线少、成本低等优点。

1. 串行通信基本概念

（1）同步和异步通信方式。串行通信有两种最基本的通信方式：同步串行通信方式和异步串行通信方式。

同步通信方式是指在相同的数据传送速率下，发送端和接受端的通信频率保持严格同步，在数据开始处用同步字符（通常为 1～2 个）来表示。由定时信号（时钟）来实现收发端同步，一旦检测到与规定的同步字符相符合，接下去就连续按顺序传送数据。在这种传送方式中，数据以一组数据（数据块）为单位传送，数据块中每个字不需要起始位和停止位，可以提高数据的传输速率，但发送器和接受器的成本较高。因此通常在数据传递速率超过 2Kbps 的系统中才采用同步传送方式。

异步通信是指发送端和接受端在相同的波特率下不需要严格地同步，允许有相对的时间时延，即收、发两端的频率偏差在 10%以内，就能保证正确实现通信。在异步通信中，数据是一帧一帧（包括一个字符代码或一个字节数据）地传送。在帧格式中，一个字符由 4 部分组成：起始位、数据位、奇偶校验位和停止位，首先字节传送的起始位由“0”开始；然后是编码的字符，通常规定低位在前，高位在后，接下来是校验位（可省略）；最后是停止位“1”（可以是 1 位、1.5 位或 2 位）表示字节的结束。异步通信在不发送数据时，数据信号线上总是呈现高电平状态，称为空闲状态（又称 MARK 状态）。

例如，传送一个 ASCII 字符（每个字符有 7 位），选用 1 位停止位，那么传送这个 7 位的 ASCII 字符就需 10 位，其中包括 1 位起始位、1 位校验位、1 位停止位和 7 位数据位。如果传送 8 位数据位，则需 11 位。其格式如图 8-16 所示。

异步通信就是按照上述约定好的固定格式，一帧一帧地传送，因此采用异步传送方式时，硬件结构简单，但是传送每一个字节就要加起始位、停止位，因而传送效率低，主要用于中、低速的通信。

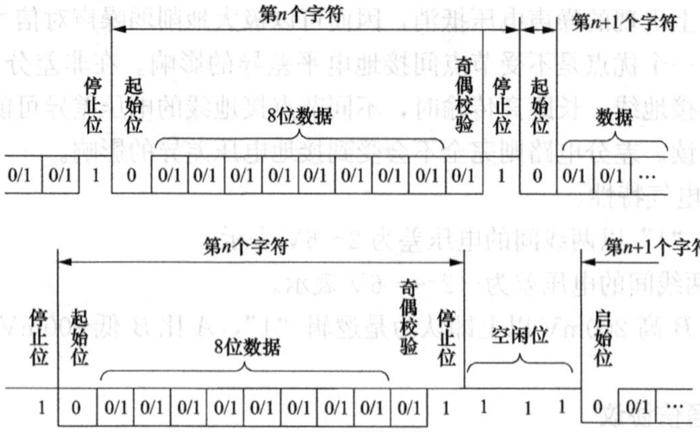

图 8-16 异步通信

（2）数据传送方式。

1）单工通信方式。单工通信就是指信息的传送始终保持一个方向传输，而不能进行反向传输，如无线电广播、电视广播等就属于这种类型。图 8-17（a）中 A 只能作为发送器，B 只能作为接收器，数据只能从 A 传送到 B，不能从 B 传送到 A。

2）半双工通信方式。半双工通信是就指数据流可以在两个方向上流动，但同一时刻只限于一个方向流动，又称为双向交替通信。图 8-17（b）中在某一时刻，A 为发送器，B 为接收器，数据从 A 传送到 B；而在另一个时刻，A 可以作为接收器，B 作为发送器，数据从 B 传送到 A。

3）全双工通信方式。全双工通信方式下通信双方能够同时进行数据的发送和接收。图 8-17（c）中 A 和 B 具有独立的发送器和接收器，在同一时刻，既允许 A 向 B 发送数据，又允许 B 向 A 发送数据。

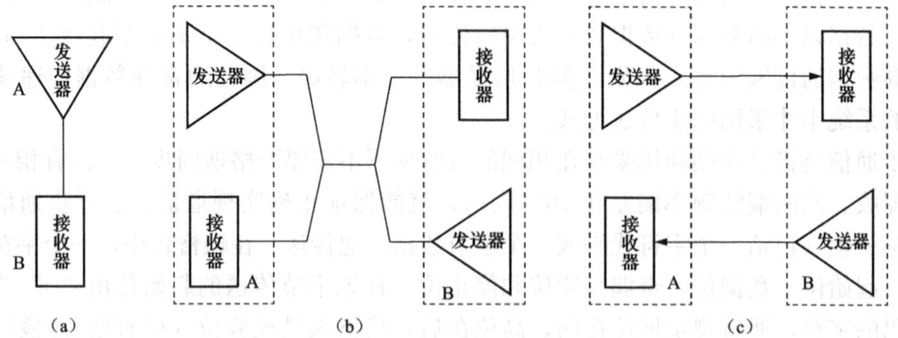

图 8-17 数据传送方式

（a）单工方式；（b）半双工方式；（c）全双工方式

（3）波特率。波特率是指每秒内传送二进制数据的位数，以 b/s 或 bps（位/秒）为单位。它是衡量串行数据传送速度快慢的重要指标和参数。计算机通信中常用的波特率是：110，300，600，1200，2400，4800，9600，19200bps。

假如数据传送速率是 120 字符/s，而每个字符包含 10 个数据位（一个起始位、一个终止位、8 个数据位）。这时传送的波特率为

$$10\text{b/字符} \times 120\text{字符/s} = 1200\text{bps}$$

(4) 串行通信的检错和纠错。在串行通信过程中存在不同程度的噪声干扰，这些干扰有时会导致在传输过程中出现差错。因此在串行通信中对数据进行校验是非常重要的，也是衡量通信系统质量的重要指标。检错，就是如何发现数据传输过程中出现的错误，而纠错就是在发现错误后，如何采取措施纠正错误。

1) 误码率。误码率是指数据经传输后发生错误的位数与总传输位数之比。在计算机通信中，一般要求误码率达到 10^{-6} 数量级。误码率与通信过程中的线路质量、干扰、波特率等因素有关。

2) 奇偶校验。奇偶校验是常用的一种检错方式。奇偶校验就是在发送数据位最后一位添加一位奇偶校验位（0 或 1），以保证数据位和奇偶校验位中 1 的总和为奇数或偶数。若采用偶校验，则应保证 1 的总数为偶数；若采用奇校验，则应保证 1 的总和为奇数。在接受数据时，CPU 应检测数据位和奇偶校验位中 1 的总数是否符合奇偶校验规则，如果出现误码，则应转去执行相应的错误处理服务程序，进行后续纠错。

3) 纠错。在基本通信规程中一般采用奇偶校验或方阵码检错，以重发方式进行纠错。在高级通信中一般采用循环冗余码（CRC）检错，以自动纠错方式来纠错。一般说来，附加的冗余位越多，检测、纠错能力就越强，但通信效率也就越低。

2. 串行通信接口标准

串行通信接口按电气标准及协议来分包括 RS-232、RS-422、RS485、USB 等。RS-232、RS-422 与 RS-485 标准只对接口的电气特性做出规定，不涉及接插件、电缆或协议。USB 是近几年发展起来的新型接口标准，主要应用于高速数据传输领域。

RS-232 只用于点对点通信系统，不能用于多点通信系统，所有 RS-232 系统都必须遵从这些限制。

RS-422 是单向、全双工通信协议，适合嘈杂的工业环境。RS-422 规范允许单个驱动器与多个接收器通信，数据信号采用差分传输方式，速率最高可达 50Mbps。接收器共模范围为±7V，驱动器输出电阻最大值为 100Ω，接收器输入阻抗可低至 4kΩ。

RS-485 是双向、半双工通信协议，允许多个驱动器和接收器挂接在总线上，其中每个驱动器都能够脱离总线。该规范满足所有 RS-422 的要求，而且比 RS-422 稳定性更强。具有更高的接收器输入阻抗和更宽的共模范围（−7～+12V）。

8.3.3 S7-1200 PLC 的串口通信

S7-1200 PLC 的串口通信模块有两种型号，分别为 CM1214 RS-232 接口模块和 CM1241 RS-485 接口模块。CM1214 RS-232 接口模块支持基于字符的自由口协议和 MODBUS RTU 主从协议。两种串口通信模块有如下共同特点。

(1) 通信模块安装于 CPU 模块的左侧，且数量之和不能超过 3 块。

(2) 串行接口与内部电路隔离。

(3) 由 CPU 模块供电，无须外部供电。

(4) 模块上有一个 DIAG（诊断）LED 灯，可根据此 LED 灯的状态判断模块状态。模块上部盖板下有 Tx（发送）和 Rx（接收）两个 LED 灯指示数据的收发。

(5) 可使用扩展指令或库函数对串口进行配置和编程。

CM1214 RS-232 接口模块集成一个 9 针 D 型公接头，符合 RS-232 接口标准。连接电缆为屏蔽电缆，最多可达 10m。RS-232 接口各引脚分布及功能描述见表 8-3。

表 8-3　RS-232接口各引脚分布及功能描述

引脚号	引脚名称	连接器（母）	功 能 描 述
1	DCD	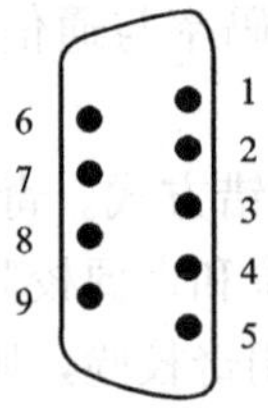	数据载波检测
2	RxD		接收数据：输入
3	TxD		发送数据：输出
4	DTR		数据终端准备好输出
5	GND		逻辑地
6	DSR		数据设备准备好输入
7	RTS		请求发送：输出
8	CTS		允许发送：输入
9	RI		振铃指示（未使用）
外壳			外壳地

CM1214 RS-485接口模块集成一个9针D型母接头，符合RS-485接口标准。连接电缆为三芯屏蔽电缆，最多可达1000m。RS-485接口各插孔分布及功能描述见表8-4。

表 8-4　RS-485接口各引插孔分布及功能描述

引脚号	引脚名称	连接器（母）	功 能 描 述
1	GND	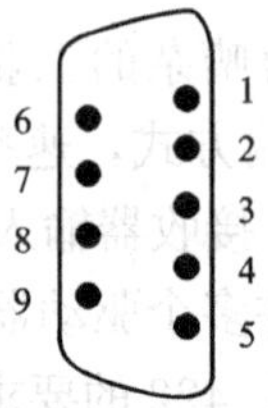	逻辑或通信地
2			未连接
3	TxD+		信号B（RxD/TxD+）：输入/输出
4	RTS		发送请求（TTL电平）：输出
5	GND		逻辑或通信地
6	PWR		+5V，串联100Ω电阻：输出
7			未连接
8	RxD−		信号A（RxD/TxD−）：输入/输出
9			未连接
外壳			外壳地

1. 自由口协议通信

CM1214 RS-232接口模块和CM1241 RS-485接口模块都支持使用点对点协议（PTP）进行基于字符的自由口协议，下面以RS-232模块为例介绍S7-1200 PLC如何在STEP 7 Basic V13中与计算机超级终端进行通信，即S7-1200 PLC与第三方设备实现自由口通信的方法。本例实现S7-1200 PLC发送数据给超级终端，超级终端发送数据给S7-1200 PLC两个功能。图8-18是S7-1200 CPU1214C与CM1241 RS-232的硬件组态的连接示意图。

（1）S7-1200 PLC发送数据给超级终端。S7-1200 PLC发送数据给超级终端的情况，即S7-1200 PLC是数据的发送方，超级终端是数据的接收方，S7-1200 PLC需要编写发送程序，超级终端只要打开超级终端程序，配置硬件接口参数与连接的S7-1200 PLC端口参数相同即可。

（2）超级终端发送数据给 S7 - 1200 PLC。超级终端发送数据给 S7 - 1200 PLC，实际上是 S7 - 1200 PLC 是数据的接收方，超级终端是数据的发送方，S7 - 1200 PLC 需要编写接收程序，超级终端只要打开超级终端程序，配置硬件接口参数与 S7 - 1200 PLC 的端口参数一致，在界面上输入发送内容即可。

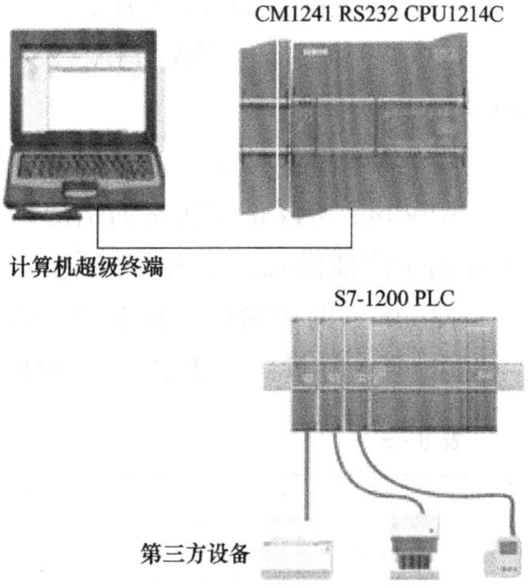

图 8 - 18　S7 - 1200 CPU1214C 与 CM1241 RS232 的硬件组态的连接示意图

2. Modbus 协议

1978 年，Modicon 公司提出了 Modbus 协议。1988 年，Schneider 电气又推出了新一代基于 TCP/IP 以太网的 Modbus TCP。Modbus 是应用于电子控制器上的一种通用语言。通过此协议，控制器相互之间、控制器经由网络（如以太网）和其他设备之间可以通信。Modbus 已经成为一种通用工业标准。Modbus 协议定义了一个控制器能认识使用的消息结构，而不管它们是经过何种网络进行通信的。它描述了一控制器请求访问其他设备的过程，如何回应来自其他设备的请求，以及怎样侦测错误并记录。它制定了消息域格局和内容的公共格式。

Modbus 协议的特点。

（1）标准、开放的一种协议，可供用户使用。

（2）Modbus 可以支持多种电气接口，如 RS - 232、RS - 485 等，还可以在各种介质上传送，如双绞线、光纤、无线等。

（3）Modbus 的帧格式简单、紧凑，通俗易懂。

如图 8 - 19 所示为 Modbus 通信栈，Modbus 是 OSI 模型第七层上的应用层报文协议，它在连接至不同类型总线或网络的设备之间提供客户机/服务器通信。目前，使用下列情况实现 Modbus。

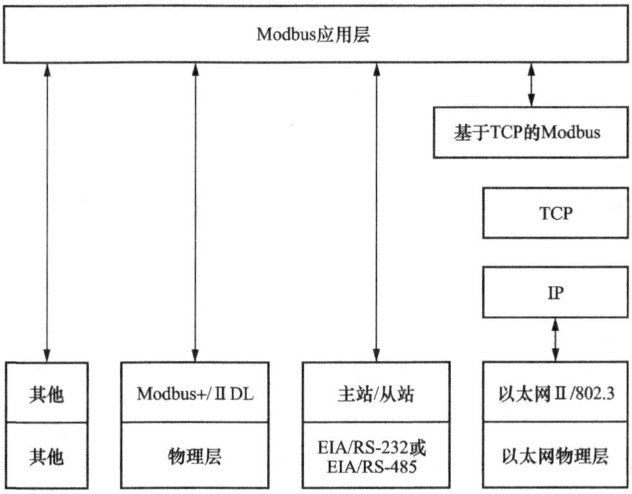

图 8 - 19　Modbus 通信栈

（1）以太网上的TCP/IP。

（2）各种媒体（EIA/TIA-232-E、EIA-422、EIA/TIA-485-A、光纤、无线等）上的异步串行传输。

（3）Modbus PLUS，一种高速令牌传递网络。

Modbus协议是主从站通信协议，网络上的每个从站必须有唯一的地址（1～247），地址0用于广播模式，不需要响应。

Modbus的传输模式有RTU（远程终端设备）和ASCII类型（美国信息交换码）。

（1）RTU模式。表8-5为数据帧格式。

表8-5 数据帧格式

地址	功能码	数据	校验码
8bits	8bits	$N\times$8bits	16bits

1）地址域：它标明了用户指定的终端设备的地址，该设备将接收来自与之相连的主机数据。每个终端设备的地址必须是唯一的，仅仅被寻址到的终端会响应包含了该地址的查询。当终端发送回一个响应，响应中的从机地址数据便告诉了主机哪台终端正与之进行通信。

2）功能域：代码告诉了被寻址到的终端执行何种功能。表8-6列出了所有的功能码及它们的初始功能。

表8-6 功能码及其意义

功能码	作　　用
01	Read Coil Status（取得一组开关量输出的当前状态）
02	Read Input Status（取得一组开关量输入的当前状态）
03	Read Holding Registers（取得一组模拟量输出的当前状态）
04	Read Input Registers（取得一组模拟量输入的当前状态）
05	Force Single Coil（强制设定某个开关量输出的值）
06	Preset Single Registers（强制设定某个模拟量输出的值）
15	Force Multiple Coil（强制设定从站几个开关量输出的值）
16	Preset Multiple Registers（强制设定从站几个模拟量输出的值）

3）数据域：它包含了终端执行特定功能所需要的数据或者终端响应查询时采集到的数据。这些数据的内容可能是数值、参考地址或者设置值。例如，功能域码告诉终端读取一个寄存器，数据域则需要指明从哪个寄存器开始及读取多少个数据，内嵌的地址和数据依照类型和从机之间的不同内容而有所不同。

4）错误校验域：该域允许主机和终端检查传输过程中的错误。有时，由于电噪声和其他干扰，一组数据在从一个设备传输到另一个设备时在线路上可能会发生一些改变，出错校验能够保证主机或者终端不去响应那些传输过程中发生了改变的数据，这就提高了系统的安全性和效率，出错校验使用了16位循环冗余的方法（CRC16）。

表8-7为主站读取从站数据的格式。

表 8-7 **主站读取从站数据的格式**

地址	功能码	数据起始地址寄存器高位	数据起始地址寄存器低位	数据读取个数寄存器高位	数据读取个数寄存器低位	CRC16 高位	CRC16 低位

主站从地址为 17 的从机读取 DO1 到 DO6 的状态（起始地址为 00H），则数据帧格式应该为：

11H	01H	00H	00H	00H	06H	BEH	98H

若从站 DO1 到 DO6 的状态分别为关、开、关、开、关、开，则从站响应数据帧为：

11H	01H	01H	2AH	D4H	97H
从站地址	功能码	字节的个数	应答数据	CRC16 高位	CRC16 低位

（2）ASCII 模式。Modbus 网络上以 ASCII（美国标准信息交换代码）模式通信时，在数据链路层上，ASCII 模式将在一个字节作为 2 个 ASCII 字符传输，如数值 63H 用 ASCII 方式时，需发送两个字节，即 ASCII“6”（0110110）和 ASCII“3”（0110011），传输时的格式为 1 个起始位、7 个数据位、1 个奇偶校验位，无校验则无、1 个停止位（有校验时），2 个 Bit（无校验时）及 LRC（纵向冗长检测）。

（3）S7 - 1200 PLC 的 Modbus RTU 通信。S7 - 1200 采用 RTU 模式，串口通信模块 CM1241 RS - 232 和 CM1241 RS - 485 均支持 Modbus RTU 协议。使用 S7 - 1200 串口通信模块进行通信，首先调用 MB _ COMM _ LOAD 指令来设置通信端口参数，然后调用 MB _ MASTER 或 MB _ SLAVE 指令作为主站或从站。

S7 - 1200 串口通信模块的 Modbus RTU 协议通信应注意以下几点。

1）如果一个通信端口作为从站与另一主站通信，MB _ SLAVE 只能调用一次。

2）如果一个通信端口作为主站与另一从站通信，MB _ MASTER 可调用多次，并要使用相同的背景数据块。

3）Modbus 指令不使用通信中断时间来控制通信过程，需要在程序中循环调用 MB _ MASTER 或 MB _ SLAVE 指令检查通信状态。

4）如果一个通信端口作为从站，则调用 MB _ SLAVE 指令的循环时间必须短到足以及时响应来自主站的请求。

5）如果一个通信端口作为主站，则循环调用 MB _ MASTER 指令直到收到从站的响应。

S7 - 1200 作从站，使用 CM1241 RS - 232 通信模块通信的步骤如下。

（1）组态通信模块。如图 8 - 20 所示，在 STEP 7 Basic 的项目视图中，打开设备视图，将硬件目录文件夹下的通信模块 RS - 232 拖放到 CPU 左边的槽内。选中模块后，设置通信接口的属性，如波特率、奇偶校验、数据位、停止位及流控制等。

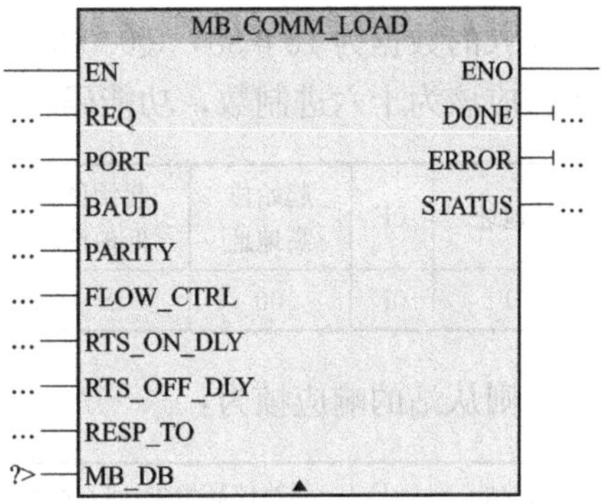

图 8 - 20 组态通信模块

1）MB _ COMM _ LOAD。

2）用于Modbus通信的每个通信模块的通信接口，都必须在初始化组织块OB100中调用一次MB_COMM_LOAD指令组态通信接口。必须为每个接口分配一个唯一的背景数据块。

PORT：通信端口标示符。

BAUD：波特率，可选300～115200b/s。

FLOW_CTRL：流控制为0、1、2时分别对应的意义是无流控制、RTS始终为ON的硬件流控制、带RTS切换的硬件流控制，硬件流控制只是适用于RS-232接口。

RTS_ON_DLY：从RTS激活直到传送报文的第一个字符之前的延迟时间。

RTS_OFF_DLY：从传送报文的最后一个字符直到RTS转入不活动状态之前的延迟时间。RS-485接口不使用这两个参数。

MB_DB：使用MB_SLAVE或MB_MASTER指令时分配的背景数据块。

ERROR：为0时表示无误，1时有错误。

STATUS：错误代码。

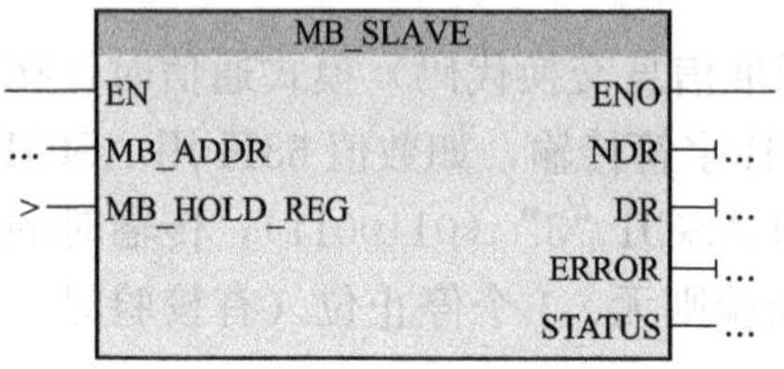

图8-21　MB_SLAVE

（2）MB_SLAVE。如图8-21所示，Modbus RTU主站发出请求后，从站通过执行MB_SLAVE来响应。

MB_SLAVE的执行频率取决于Modbus主站的响应超时时间（主站等待从站开始响应的时间）。在该时间内至少应执行两次MB_SLAVE。

MB_ADDR：Modbus RTU从站的地址（1～127）。

MB_HOLD_REG：指向Modbus保持寄存器数据块的指针，该数据块是全局数据块，用来保存供主站读写的数据值。生成数据块时，不能激活“仅符号访问”。

NDR：为1时表示Modbus主站已写入新数据。

DR：为1时表示Modbus主站已经读取数据。

ERROR：为1时表示检测到错误，参数STATUS中的错误码有效。

（3）通信实验。

【例8-1】 S7-1200作主站，使用CM1241 RS-485通信模块通信，选PC作为从站的步骤如下。

主站用功能15号（写多个输出位）来改写从站地址为1的从Q0.0开始的8个输出值，则写入的数据为16#38，Q0.0的Modbus地址为16#0000，改写的点数为16#0008，则请求帧应该为十六进制数，功能码15对应的对应的帧的格式为：

站地址	0F	起始位高地址	起始位低地址	数据个数高位	数据个数低位	字节数	数据 $N\times8$bits	CRC高位	CRC低位
01	0F	00	00	00	08	01	38	FF	47

则从站的响应帧为：

站地址	0F	起始位高地址	起始位低地址	数据个数高位	数据个数低位	CRC高位	CRC低位
01	0F	00	00	00	08	54	0D

1）调用 MB _ COMM _ LOAD 指令进行配置。如图 8 - 22 所示，选择波特率为 19200bit/s，8 位数据位，无奇偶校验和一位停止位。同样需要在 PC 中的串口通信配置相同的数据。

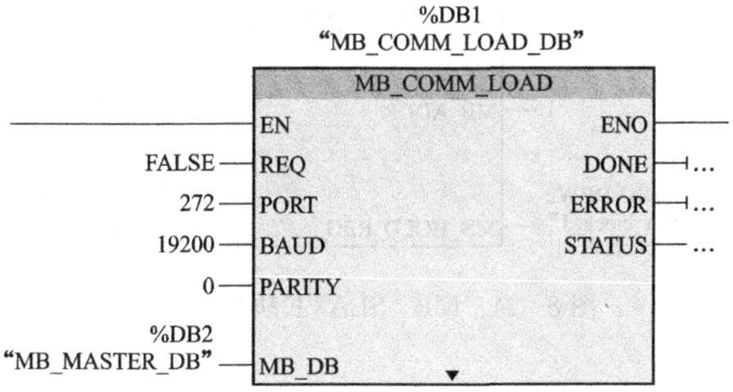

图 8 - 22 MB _ COMM _ LOAD 配置图

2）调用 MB _ MASTER 指令进行配置。如图 8 - 23 所示为配置的 MB _ MASTER 块。

调用 MB _ MASTER 指令创建 Modbus 主站时，必须创建全局数据块，来保存读、写 Modbus 从站的数据。该数据块不能设置为“仅符号访问功能”。

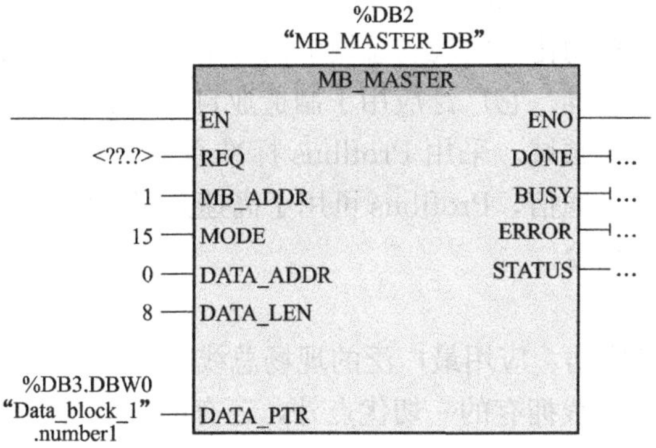

图 8 - 23 MB _ MASTER 块指令

【例 8 - 2】 S7 - 1200 作从站，使用 CM1241 RS - 485 通信模块通信，选 PC 作为主站的步骤如下。

PC 用功能号 1 来读取 S7 - 1200 的从 Q0. 0 开始的 8 点输出值，从站地址为 1。如果请求读取的输出点数不能被 8 整除，返回最后一个数据字节的高位用 0 填充。假设 S7 - 1200 的 QB0 的值为 16＃38。功能 1 的请求帧的格式为：

站地址	功能号	起始位高地址	起始位低地址	数据个数高位	数据个数低位	CRC 高位	CRC 低位
01	01	00	00	00	08	3D	CC

功能 1 的响应帧为：

站地址	功能号	数据字节数	数据	CRC 高位	CRC 低位
01	01	01	38	50	5A

1）与例 8 - 1 的第一步相同，调用 MB _ COMM _ LOAD 指令进行配置。与 PC 配置相

同的参数。

2）调用 MB _ SLAVE 指令进行配置。如图 8 - 24 所示为配置的 MB _ SLAVE 块。

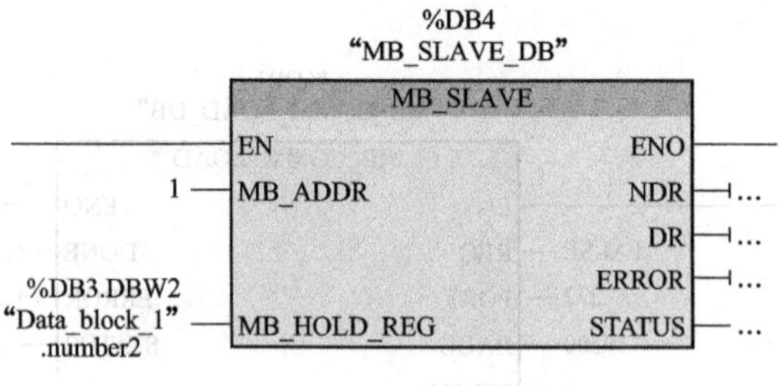

图 8 - 24 MB _ SLAVE 块指令配置

8.4 Profibus - DP 概述

8.4.1 Profibus 现场总线技术简介

1. 概述

Profibus 是 Process Fieldbus 的缩写，是由 Siemens 等公司组织开发的一种唯一全集成 H1（过程）和 H2（工厂自动化）的现场总线解决方案，是一种国际化的、开放的、不依赖于设备生产商的现场总线标准。它广泛应用于制造业自动化、流程工业自动化、楼宇自动化及交通、电力等其他自动化领域。采用 Profibus 标准系统，不同制造商所生产的设备无须对其接口进行特别调整就可通信，Profibus 可用于高速并对时间有苛刻要求的数据传输，也可用于大范围的复杂通信场合。

2. Profibus 的特点

Profibus 作为业界最成功、应用最广泛的现场总线技术，除具有节省硬件投资、安装费用和维护开销等一般现场总线拥有的一切优点外，还有许多自身的特点，具体表现如下。

（1）最大传输信息长度为 255B，最大数据长度为 244B，典型长度为 120B。

（2）网络拓扑为线型、树型或总线型，两端带有有源的总线终端电阻。

（3）传输速率取决于网络拓扑和总线长度，从 9. 6kb/s 到 12Mb/s 不等。

（4）站点数取决于信号特性，如对屏蔽双绞线，每段为 32 个站点（无转发器），最多 127 个站点（带转发器）。

（5）传输介质为屏蔽/非屏蔽或光纤。

（6）当用双绞线时，传输距离最长可达 9. 6km，用光纤时最大传输长度为 90km。

（7）传输技术为 DP 和 FMS 的 RS - 485 传输、PA 的 IEC1158 - 2 传输和光纤传输。

（8）采用单一的总线访问协议，包括主站之间的令牌传递方式和主站与从站之间的主从方式。

（9）数据传输服务包括循环和非循环两类。

3. Profibus 协议结构与 OSI 参考模型

过程现场总线 Profibus（Process Fieldbus）诞生于 1987 年，最初是由 SIEMENS 公司为主的十几家德国公司和研究所共同推出的。1989 年，Profibus 被立项为德国国家标准 DIN19245。1991—1995 年，Profibus - FMS（DIN19245，第 1、2 部分）、Profibus - DP

（DIN19245，第 3 部分）和 Profibus - PA（DIN19245，第 4 部分）先后被批准：1996 年 3 月，Profibus 被欧洲电工标准化委员会（CENELEC）批准为欧洲标准 EN50170（第 2 卷）；2000 年初，Profibus 被国际电工委员会（IEC）批准为国际标准 IEC61158 中的八种现场总线之一。

德国组建了 Profibus 国际支持中心，建立了 Profibus 国际用户组织。目前在世界各地相继组建了 20 个地区性的用户组织，企业会员近 650 家，遍布欧洲、美洲、亚洲和澳大利亚。1997 年 7 月，中国组建了中国现场总线（Profibus）专业委员会（CPO），并筹建了现场总线 Profibus 产品演示及认证的实验室（PPDCC）。

Profibus 使用已经存在的国家标准和国际标准，其协议基于内部 ISO（International Standard Organization）标准的 OSI（Open Systems Interconnenction）参考模型。通信标准 ISO/OSI 模型包括七个层次、两个类别。第一个类别包括面向用户的第 5 层到第 7 层，第二个类别包括面向网络的第 1 层到第 4 层。第 1 层到第 4 层描述了从一个位置到另一个位置的数据传输，而第 5 层到第 7 层为用户提供了以适当形式访问网络系统的方法。

Profibus 的特点可使分散式数字化控制器从现场层到车间级实现网络化，该系统分为主站和从站两种类型。主站决定总线的数据通信，当主站得到总线控制权（令牌）后，即使没有外界请求也可以主动传送信息。从站为外围设备，典型的从站包括输入/输出设备、控制器、驱动器和测量变送器。它们没有总线控制权，仅对接收到的信息给予确认或当主站发出请求时向主站发送信息。

Profibus 现场总线可以将数字自动化设备从低级（传感器/执行器）到中间执行级（单元级）分散开来。根据应用特点和用户不同的需要，Profibus 提供了三种兼容版本通信协议：DP、FMS 和 PA。FMS 主要用于车间级（工厂、楼宇自动化中的单元级）控制网络，是一种令牌结构、实时的多主网络，解决车间级通用性通信任务，提供大量的通信服务，完成中等传输速度的循环和非循环通信任务，多用于纺织工业、楼宇自动化、电气传动、传感器和执行器、PLC 等的一般自动控制；DP 是一种经过优化的高速、廉价通信连接，专为自动控制系统和设备级的分散 I/O 之间通信设计，可取代价格昂贵的 4～20mA/24V DC 并行信号线，用于分布式控制系统的高速数据传输，实现自控系统和分散外围 I/O 设备及智能现场仪表之间的高速数据通信；PA 是专为过程化而设计的，可使传感器和执行机构连在一根总线上，具有本质安全的传输技术，实现了 IEC1158 - 2 中规定的通信规程，用于对安全要求高的场合及由总线供电的站点。

Profibus 协议结构是根据 ISO7498 国际准，以开放式系统互联网络（Open System Interconnection，OSI）作为参考模型的。该模型共有七层，如图 8 - 25 所示。

（1）Profibus - DP。Profibus - DP 定义了第 1、2 层和用户接口。第 3～7 层未加描述。这种精简的结构保证了数据传输的快速和有效，直接数据链路映象（Direct Data Link Mapper，DDLM）提供易于进入第二层的用户接口，用户接口规定了用户及系统，以及不同设备可以调用的应用功能，并详细说明了各种 Profibus - DP 设备的行为，还提供了传输用的 RS - 485 传输技术或光纤。特别适合可编程控制器与现场分散的 I/O 设备之间的通信。用户接口规定了用户及系统，以及不同设备可调用的应用功能，并详细说明了各种不同 Profibus - DP 设备的设备行为。

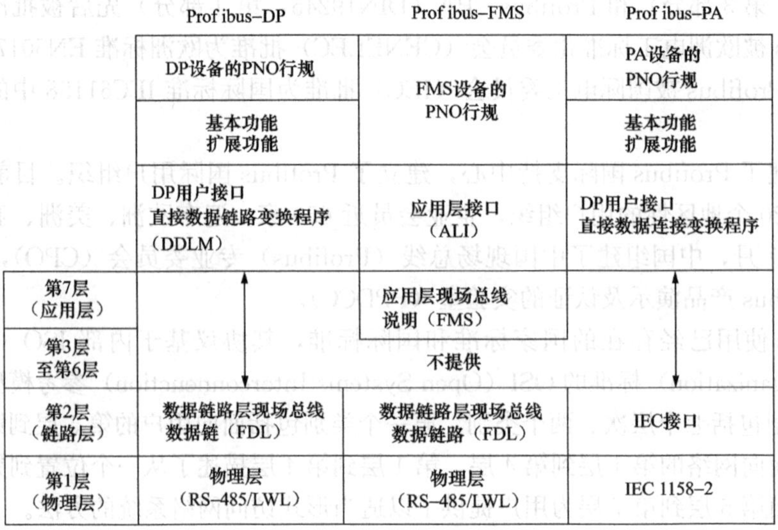

图 8-25 Profibus 协议规范层次结构

(2) Profibus-FMS。Profibus-FMS 定义了第 1、2、7 层，应用层包括现场总线信息规范（Fieldbus Message Specification，FMS）和低层接口（Lower Layer Interface，LLI）。FMS 包括了应用协议并向用户提供了可广泛选用的强有力的通信服务。LLI 协调不同的通信关系并提供不依赖设备的第 2 层访问接口。第 2 层现场总线数据（FDL）可完成总线访问控制和数据的可靠性，还可提供 RS-485 或光纤传输技术。

FMS 处理单元级（PLC 和 PC）的数据通信，功能强大的 FMS 服务可在广泛的应用领域内使用，但近年来由于工业以太网的推广和使用，其功能逐渐被取代。

(3) Profibus-PA。PA 的数据传输采用扩展的 Profibus-DP 协议。另外还使用了现场设备行为的 PA 行规。根据 IEC 1158-2 标准，PA 的传输技术可确保其本征安全性，而且可通过总线给现场设备供电。使用 DP/PA 耦合器和 DP/PA LINK 连接器可在 DP 上扩展 PA 网络。

8.4.2 Profibus 传输技术（物理层，第 1 层）

现场总线系统的应用在很大程度上取决于选用的传输技术，选用依据是既要考虑一些总的要求（传输可靠性、传输距离和高速），又要考虑一些简便而又费用不大的机电因数。当涉及过程自动化时，数据和电源的传送必须在同一根电缆上。由于单一的传输技术不可能满足所有要求，故 Profibus 提供 3 种类型的传输，如下。

(1) 用于 DP 和 FMS 的 RS-485 传输。

(2) 用于 PA 的 IEC 1158-2 传输。

(3) 光缆。

1. 用于 DP/FMS 的 RS-485 传输技术

Profibus-DP 和 Profibus-FMS 系统使用了同样的传输技术和统一的总线访问协议，因此这两套系统可在同一根屏蔽双绞线上同时操作。Profibus 的第 1 层按照 EIARS-485 标准（也被称为 H2 标准）进行对称的数据传输。一段总线是由两端都接有电阻的屏蔽双绞线组成，传输速度可以在 9.6KB/s 到 12MB/s 范围内选择。选择的波特率适用于所有连接到总线端的设备。

(1) 传输过程。Profibus 的 RS-485 的传输过程是建立在半双工、异步、无间隙同步化的基础上的。数据的发送使用 NRZ（不归零）编码，即一个字符帧为 11 位（bit）。在按位传输过程中二进制从“0”到“1”的过渡期间信号的状态不会变化。

在传输期间，线路 RxD/TxD-P（Receive/Transmit-Data-P）为正电位，线路 RxD/TxD-N（Receive/Transmit-Data-N）为负电位。各报文之间的空闲状态对应二进制“1”信号。这两条 Profibus 数据线也经常被称作 A 线和 B 线。A 线对应 RxD/TxD-N（Receive/Transmit-Data-N）信号，而 B 线对应 RxD/TxD-P 信号。

(2) 总线介质。Profibus 最大允许的总线长度也叫片段长度，取决于所选择的传输速度（见表 8-8）。在一个总线段中最多能处理 32 个站点。

表 8-8 基于所选波特率的最大允许段长度

波特率（KB/s）	9.6～187.5	500	1，500	12，000
段长度（m）	1000	400	200	100

(3) 总线终端。国际 Profibus 标准 EN 50170 推荐使用 9 针 D 型连接器用于总线站与总线相连接。D 型连接器的插座与总线站点相连，而 D 型插头与总线电缆相连。

EIA RS-485 标准中，总线终端数据线 A 和 B 的两端均加接总线终端。Profibus 总线终端还包括一个相对于 DGND 数据参考电势的下拉电阻和一个相对于输入正电压 VP（见图 8-26）的上拉电阻。当总线上没有发送数据时，也就是说在两个报文之间总线处于空闲状态时，这两个电阻确保在总线上有一个确定的空闲电位。几乎所有标准的 Profibus 总线接插件都能提供所需的总线终端的组合，并且能通过跳接器或开关启动。当总线系统的传输速度大于 1500KB/s 时，由于所连接的站的电容性负载而引起导线反射，因此必须使用附加有轴向电感的总线连接插头。

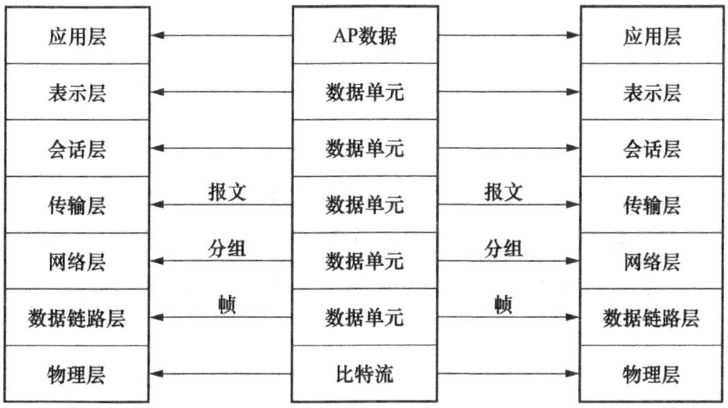

图 8-26 传输速度大于 1500KB/s 的总线接插件和总线终端的布局

2. DP 和 FMS 光缆传输技术

Profibus 第一层的另一种类型是基于 PNO（Profibus Nutzer Organization）的版本，即 1993 年 7 月的 Profibus 的光学传输技术的 1.1 版本，是通过光纤的传输来传送数据的。光缆允许 Profibus 系统的站点之间的传输距离为 15 公里。光缆对电磁干扰不敏感并且能确保单独总线之间的电隔离。随着光纤设备连接技术在近几年的发展，这种传输技术在现场设备的数据通信方面得到相当广泛的应用，尤其是塑料光纤单向连接器的使用使其发展更为迅速。

(1) 总线。传输介质有玻璃光纤和塑料光纤。不同传输介质传输距离不同，玻璃光纤的传输距离能达 15 公里，而塑料光纤只有 80 米。

(2) 总线连接。有几种连接技术都可以把总线站点与光纤连接起来。

1) OLM (Optical Link Module) 技术。类似于 RS-485 中继器，OLM 有两个功能独立的电气的通道，根据模型的不同有一个或两个光学通道。RS-485 线把 OLM 与专线站点或者总线片段（见图 8-27）连接起来。

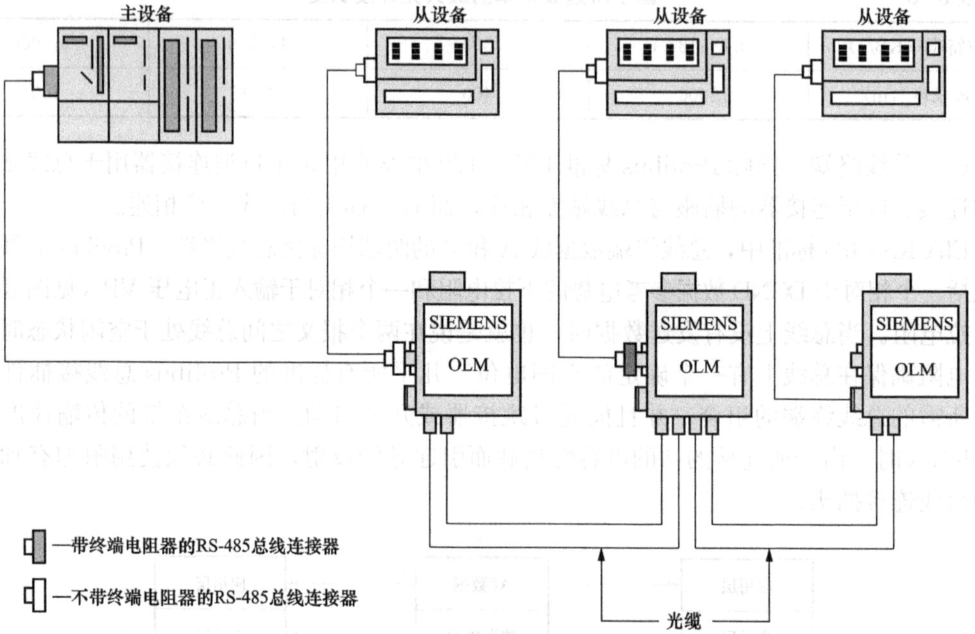

图 8-27　使用 OLM 技术的总线组态实例

2) OLP (Optical Link Plug) 技术。OLP 可用来连接简单副总线与单光纤环。OLP 可直接插在 9 针 D 型插接器上，并且使用总线电源而无须自己的电源。然而，总线站点的 RS-485 接口的＋5V 电源必须能够提供至少 80mA（见图 8-28）的电流。把一个主总线站点连接到 OLP 环需要一个光学环节模块。

3) 集成光缆的连接。用设备中集成的光纤接口直接把 Profibus 节点连接到光缆上。

3. 用于 PA 的 EC 1158-2 传输技术

Profibus-PA 采用符合 IEC 1158-2 标准的传输技术。这种技术可保证安全性并直接给总线上的现场设备供电，同时以自由传输曼彻斯特编码的 TINE 协议数据传输（也被称为 H1 编码）。随着曼彻斯特编码的传输，电平信号从 0 到 1 记为二进制“0”，电平信号从 1 到 0 记为二进制“1”。数据采用调节总线系统的基本电流－9～＋9mA 实现（见图 8-29）。传输速度为 31.25kbit/s。传输媒介为屏蔽的或不屏蔽的双绞线。

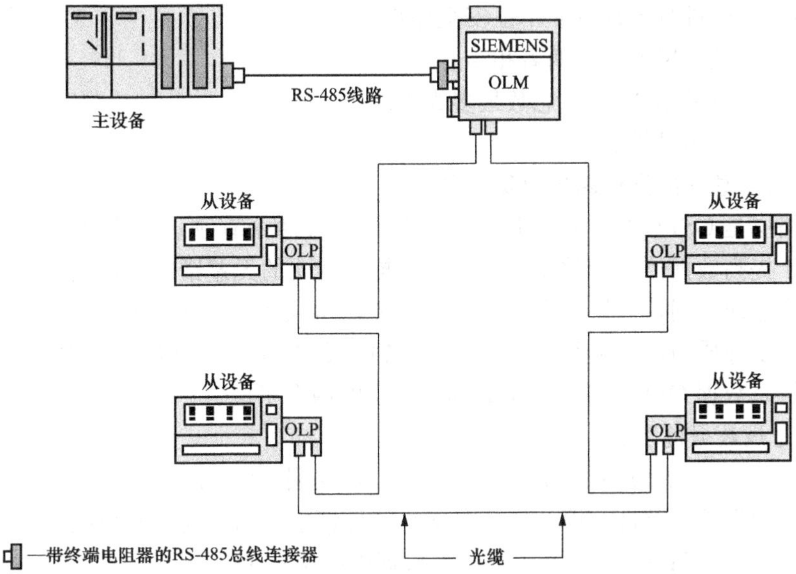

图 8-28 使用 OLP 技术的总线组态实例

具体特点如下：

（1）数据 IEC 1158-2 的传输技术用于 Profibus-PA，能满足化工和石油化工业的要求。它可保持其本征安全性，并通过总线对现场设备供电。

（2）IEC 1158-2 是一种位同步协议，可进行无电流的连续传输，通常称为 H1。

（3）IEC 1158-2 技术用于 Profibus-PA，其传输以下列原理为依据。

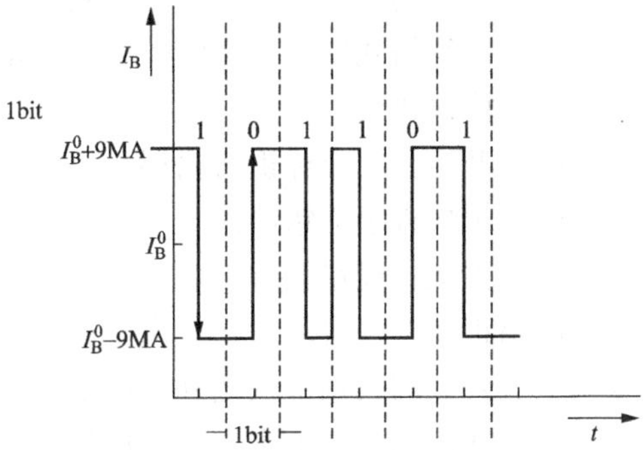

图 8-29 用当前模块的方法与 Profibus-PA 进行数据传输

1）每段只有一个电源作为供电装置。

2）当站收发信息时，不向总线供电。

3）每站现场设备所消耗的为常量稳态基本电流。

4）现场设备其作用如同无源的电流吸收装置。

5）主总线两端起无源终端线作用。

6）允许使用线型、树型和星型网络。

7）为提高可靠性，设计时可采用冗余的总线段。

8）为了调制的目的，假设每个总线站至少需用 10mA 基本电流才能使设备启动。通信信号的发生是通过发送设备的调制，从±9mA 到基本电流。

（4）IEC 1158-2 传输技术特性。

1）数据传输：数字式、位同步、曼彻斯特编码。

2）传输速率：31.25Kbit/s，电压式。

3）数据可靠性：前同步信号，采用起始和终止限定符避免误差。

4）电缆：双绞线，屏蔽式或非屏蔽式。

5）远程电源供电：可选附件，通过数据线。

6）防爆型：能进行本征及非本征安全操作。

7）拓扑：线型或树型，或两者相结合。

8）站数：每段最多32个，总数最多为126个。

9）中继器：最多可扩展至4台。

8.4.3 现场总线数据链路层（第2层）

数据链路层是OSI模型的第二层，该层协议处理两个有物理通道直接。数据链路层协议的目的在于提高数据传输的效率，为其上层提供透明的无差错的通道相连的邻接站之间的通信，定义为总线访问控制层，数据安全性、传输协议和报文处理服务。IEEE 802委员会为局域网定义了介质访问控制层（MAC）、逻辑链路控制层（LLC）。介质访问控制层与逻辑链路控制层是数据OSI参考模型中数据链路层的两个子层。

1. 现场总线数据链路层

在Profibus中，第2层被称为现场总线数据链路层（fieldbus data link，FDL）。其首要的任务是保证数据的完整性，第2层的报文格式保证了传输的高度安全性。所有报文均具有海明距离HD=4。（HD=4的含义是：在数据电报能同时发现三种错误位），这符合国际IEC 870-5-1标准的规则，电报选择特殊的开始和结束标识符，运用无间隙同步、奇偶校验位和控制位而实现的。可检测下列的差错类型。

（1）字符格式错误（奇偶校验、溢出、帧错误）。

（2）协议错误。

（3）开始和结束标识符错误。

（4）帧检查字节错误。

（5）报文长度错误。

出错报文至少自动重发一次。在第2层中，电报重复最多8次（“retry”总线参数）。除逻辑上点到点的数据传输之外，第2层还允许用广播和群播通信的多点传送。

广播通信就是一个主站点把信息发送到其他所有站点（主设和从设），而收到数据则无须应答。多点传送通信就是一个主站点把信息发送到一组站点（主设和从设），收到数据也无须应答。

第二层提供的数据服务在表8-9中列出。

Profibus-DP和Profibus-PA分别使用第二层服务的特定一部分。例如，Profibus-DP只使用SRD和SDN服务，这些服务称为上层协议通过第2层的服务存取点（SAPS），上一层通过第二层的SAP（服务访问点）调用这些服务。在Profibus-FMS中，所有的主从站点允许同时利用若干种服务访问点。我们把它们分为SSAP（源服务访问点）和DSAP（目标服务访问点）。

表8-9　　Profibus传输服务

服务	功　　能	DP	PA	FMS
SDA	确认后发送数据			×
SRD	确认后发送接受数据	×	×	×
SDN	无确认发送数据	×	×	×
CSRD	确认后循环发送和请求数据			×

注　表示支持此服务。

2. Profibus 网络中的总线访问控制

Profibus-DP、Profibus-FMS 和 Profibus-PA 均使用单一的总线存取协议，通过 OSI 参考模型第 2 层实现。介质存取控制（Medium Access Control，MAC）必须确保在任何时刻只能由一个站点发送数据。Profibus 的总线存取控制满足现场总线技术的两个重要需要。其一，同一级的 PLC 或主站之间的通信必须使每一个主站在确定的时间范围内能获得足够的机会来处理它自己的通信任务。其二，复杂的主站与简单的分散的 I/O 外围设备之间的数据交换必须是快速而又尽可能地实现很少的协议开销。为此，Profibus 使用混合的总线存取控制机制来实现上述目标。它包括用于主动节点（主站）间通信的分散的令牌传递程序和用于主动站（主站）与被动站（从站）间通信的集中的主—从程序。

当一个主动节点（总线站）获得了令牌，它就可以拥有主从节点通信的总线控制权。在总线上的报文交换是用节点编址的方法来组织的。每个 Profibus 节点有一个地址，而且此地址在整个总线上必须是唯一的。在一个总线内，最大可使用的站地址范围是在 0～126。这就是说，一个总线系统最多可以有 127 个节点（总线站）。

这种总线存取控制方式允许有如下的系统配置。

(1) 纯主—主系统（令牌传递程序）。

(2) 纯主—从系统（主—从程序）。

(3) 两种程序的组合。

Profibus 的总线存取控制符合欧洲标准 EN50170-2 中规定的令牌总线程序和主—从程序。Profibus 的总线存取控制程序与所使用的传输介质无关。

(1) 令牌总线通信过程。连接到 Profibus 网络的主动节点（主站）按它的总线地址的升序组成一个逻辑令牌环（见图 8-30）。在逻辑令牌环中主动节点是一个接一个地排列的，控制令牌总按这个顺序从一个站传递到下一个站。令牌提供存取传输介质的权利，并用特殊的令牌帧在主动节点（主站）间传递。具有总线地址 HAS（最高站地址）的主动节点例外，它只传递令牌给具有最低总线地址的主动节点，以此使逻辑令牌环闭合。令牌经过所有主动节点轮转一次所需的时间叫作令牌轮转时间。用可调整的令牌时间 TTR（目标令牌时间）来规定现场总线系统中令牌轮转一次所允许的最大时间。

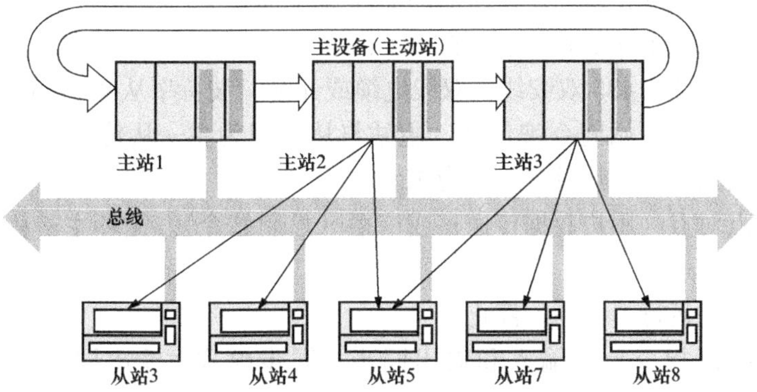

图 8-30 Profibus 中主站之间的通信

在总线初始化和启动阶段，总线存取控制（也称为 MAC，即介质存取控制）通过辨认主动节点来建立令牌环。为了管理控制令牌，MAC 程序首先自动地判定总线上所有主动节点的地址，并将这些节点及它们的节点地址都记录在LAS（主动站表）中。对于令牌管理而言，有两个地址概念特别重要：PS节点（前一站）的地址，即下一站是从此站接收到令牌的；NS节点（下一站）的地址，即令牌传递给此站。在运行期间，为了从令牌环中去掉有故障的主动节点或增加新的主动节点到令牌环中而不影响总线上的数据通信，也需要LAS。

（2）主从通信过程。一个网络中有若干个被动节点（从站），而它的逻辑令牌环只含一个主动节点（主站），这样的网络称为纯主—从系统（见图8-31）。主—从程序允许主站（主动节点）当前有权发送、存取指定给它的从站设备。这些从站是被动节点。主站可以发送信息给从站或从从站获取信息。典型的Profibus-DP总线配置是以此种总线存取程序为基础的。一个主动节点（主站）循环地与被动节点（DP从站）交换数据。

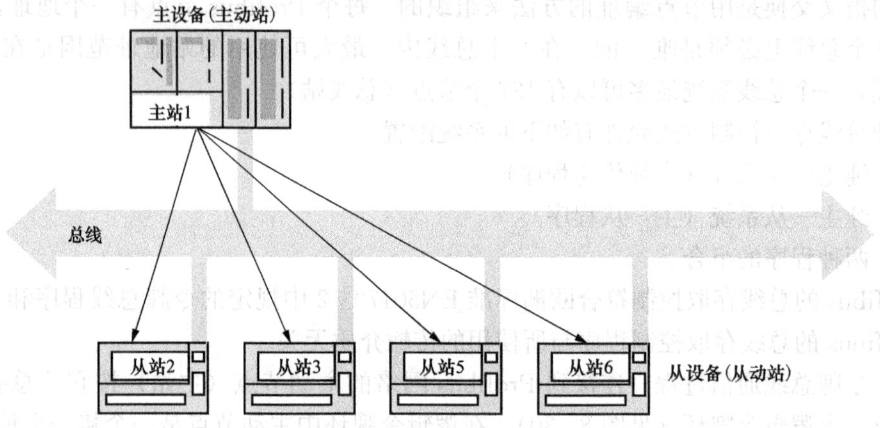

图8-31 Profibus主从通信过程

8.4.4 Profibus-DP数据通信协议

Profibus-DP协议是为自动化制造工厂中的分布式I/O设备和现场设备所需要的高速数据通信而设计，用于现场层的高速数据传送。主站周期地读取从站的输入信息并周期地向从站发送输出信息。总线循环时间必须比主站程序循环时间短。除周期性用户数据传输外，Profibus-DP还提供智能化现场设备所需的非周期性通信以进行组态、诊断和报警处理。

Profibus-DP的基本功能和特点包括以下内容。

（1）传输技术。RS-485双绞线、双线电缆或光缆。波特率从9.6Kbit/s到12Mbit/s。

（2）总线存取。各主站间令牌传递，主站与从站间为主—从传送。支持单主或多主系统。总线上最多站点（主—从设备）数为126。

（3）通信。点对点（用户数据传送）或广播（控制指令）。循环主—从用户数据传送和非循环主—主数据传送。

（4）运行模式。运行、清除、停止。

（5）同步。控制指令允许输入和输出同步。同步模式：输出同步；锁定模式：输入同步。

（6）DP主站和DP从站间的循环用户数据传送。各DP从站的动态激活和可激活。DP从站组态的检查。强大的诊断功能，三级诊断信息。输入或输出的同步。通过总线给DP从站赋予地址。通过总线对DP主站（DPM1）进行配置。每DP从站的输入和输出数据最大为 246 字节。

（7）可靠性和保护机制。所有信息的传输按海明距离 HD=4 进行。DP 从站带看门狗定时器（Watchdog Timer）。对 DP 从站的输入/输出进行存取保护。DP 主站上带可变定时器的用户数据传送监视。

（8）设备类型。第二类 DP 主站（DPM2）是可进行编程、组态、诊断的设备。第一类 DP 主站（DPM1）是中央可编程序控制器，如 PLC、PC 等。DP 从站是带二进制值或模拟量输入输出的驱动器、阀门等。

在一个有着 32 个站点的分布系统中，Profibus - DP 对所有站点传送 512bit/s 输入和 512bit/s 输出，在 12Mbit/s 时只需 1 毫秒。

其他基本功能如下。

（1）保护功能。对 DP 主站 DPM1 使用数据控制定时器对从站的数据传输进行监视。每个从站都采用独立的控制定时器。在规定的监视间隔时间中，如数据传输发生差错，定时器就会超时。一旦发生超时，用户就会得到这个信息。如果错误自动反应功能“使能”，DPM1 将脱离操作状态，并将所有关联从站的输出置于故障安全状态，并进入清除状态。

对 DP 从站使用看门狗控制器检测主站和传输线路故障。如果在一定的时间间隔内发现没有主机的数据通信，从站将自动输出进入故障安全状态

（2）同步和锁定模式。除 DPM1 设备自动执行的用户数据循环传输外，DP 主站设备也可向单独的 DP 从站、一组从站或全体从站同时发送控制命令。这些命令通过有选择的广播命令发送。使用这一功能将打开 DP 从站的同步及锁定模式，用于 DP 从站的事件控制同步。

主站发送同步命令后，所选的从站进入同步模式。在这种模式中，所编址的从站输出数据锁定在当前状态下。在这之后的用户数据传输周期中，从站存储接收到输出的数据，但它的输出状态保持不变；当接收到下一同步命令时，所存储的输出数据才发送到外围设备上。用户可通过非同步命令退出同步模式。

锁定控制命令使得编址的从站进入锁定模式。锁定模式将从站的输入数据锁定在当前状态下，直到主站发送下一个锁定命令时才可以更新。用户可以通过非锁定命令退出锁定模式。

（3）诊断功能。诊断功能包括：经过扩展的 Profibus - DP 诊断能对故障进行快速定位；诊断信息在总线上传输并由主站采集。诊断信息分三级，如下。

本站诊断操作：本站设备的一般操作状态，如温度过高、压力过低。

模块诊断操作：一个站点的某具体 I/O 模块故障。

通道诊断操作：一个单独输入/输出位的故障。

8.4.5 Profibus - DP 的通信协议规范

Profibus - DP 的协议结构见表 8 - 10。Profibus - DP 使用了第 1 层、第 2 层和用户层，第 3 层到第 7 层未使用（这些层必要的功能在第 2 层或用户层中实现），这种精简的结构确保高速数据传输及较小的系统开销。物理层采用 RS - 485 标准，规定了传输介质、物理连接和电气等特性。Profibus - FMS、Profibus - PA 兼容的总线介质访问控制 MAC 及现场总线链路控制（Fieldbus Link Control，FLC），FLC 向上层提供服务存取点的管理和数据的缓存。第 1 层和第 2 层的现场总线管理（FieldBus Management layer 1 and 2，FMA 1/2）完成第 2 层特定总线参数的设定和第 1 层参数的设定，它还完成这两层出错信息的上传。

Profibus-DP的用户层包括直接数据链路映射（Direct Data Link Mapper，DDLM）、DP的基本功能、扩展功能及设备行规。DDLM提供了方便访问FDL的接口，DP设备行规是对用户数据含义的具体说明，规定了各种应用系统和设备的行为特性。

表8-10　　Profibus-DP的协议结构

用户层	DP设备行规	
	DP基本功能和扩展功能	
	DP用户接口（直接数据链路映射程序DDLM）	
第3～7层	空	
第2层（数据链路层）	现场总线数据链路层（FDL）	FMA1/2
第1层（物理层）	物理层（PHY）	

1. Profibus-DP通信物理层规范

Profibus-DP的物理层支持屏蔽双绞线和光纤两种传输介质。

（1）DP（RS-485）的物理层。对于选择屏蔽双绞电缆的基本类型时，可以参照EIA RS-485标准。表8-11给出了符合DP规范的两种电缆的规格。另外，在干扰不严重的情况下，也可以使用非屏蔽的双绞线电缆。

表8-11　　电缆规格

电缆参数	A型	B型
阻抗（Ω）	135～165（f=3～20MHz）	100～130（f>100kHZ）
电容（F/m）	<30p	<60p
电阻	≤110Ω/km	—
导线截面积（mm²）	≥0.34（22AWG）	≥0.22（24AWG）

1）数据传输结构。一个总线段内的导线是屏蔽双绞线电缆，段的两端各有一个终端器，如图8-32所示。传输速率从9.6Kb/s到12Mbps可选，所选用的波特率适用于连接到总线（段）上的所有设备。

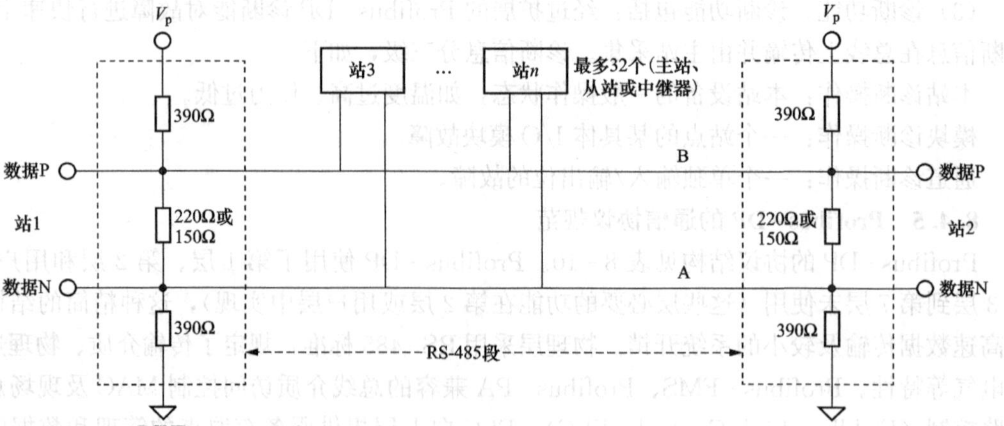

图8-32　多个DP站接口连接

Profibus-DP 支持中继连接，如果在一个中继连接两个网络段的情况下，最大的站配置算法是：31 个站＋1 个中继＋31 个站，共 62 个站（不包括中继），最大传输距离 2.4km（假定线径 0.22mm²，24AWG，美国线规）。在连接两个中继器下，其最大的站配置算法是：31 个站＋1 个中继＋30 个站＋1 个中继＋31 个站，共 92 个站（不包括中继），如图 8-33所示，最大传输距离为 3.6km（假定线径 0.22mm²，24AWG，美国线规）。在使用足够多中继的情况下，一个 DP 网络最多可以有 127 个站（不包括中继），其中主站一般不得多于 32 个。DP 还规定任意两个站之间的中继不得多于 3 个。在总线型拓扑的情况下，最大的站配置是：31 个站＋1 个中继＋30 个站＋1 个中继＋30 个站＋1 个中继＋31 个站，共 122 个站（不包括中继）。如果要构建更多站点的网络，网络拓扑结构必须为树型（多分支）。在树型拓扑中可使用多于三个中继器和连接多于 122 个站，大区域可以用这种拓扑来覆盖。

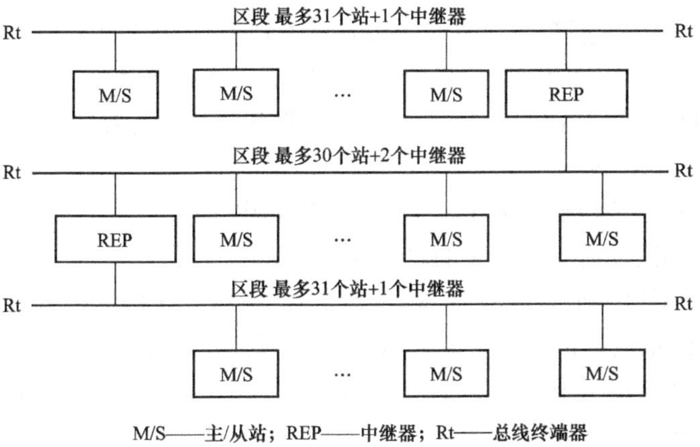

图 8-33 在线性总线拓扑中的中继器

2）总线连接。DP 规定电缆接口通过 9 针 D-Sub 型连接器与介质连接。连接器的插座装在站内，而插头安装在总线电缆上。其机械和电气特性符合 IEC 807-3 的规定。

9 针 D 型连接器如图 8-34 所示。

连接器引脚分配见表 8-12。

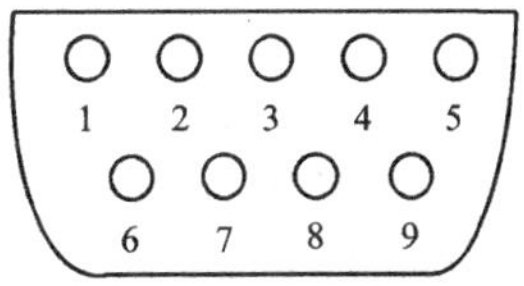

图 8-34 9 针 D 型连接器

表 8-12 连接器引脚分配

引　　脚	RS-485	信 号 名 称	含　　义
1	—	屏蔽（2）	屏蔽，保护地
2	—	M24V（2）	－24V 输出电压
3	B/B′	RXD/TXD-P	接收/发送数据-P
4	—	CNTR-P（2）	控制-P
5	C/C′	DGND	数据地
6	—	VP（1）	正电压

续表

引　脚	RS-485	信　号　名　称	含　义
7	—	P 24V (2)	+24V 输出电压
8	A/A′	RXD/TXD-N	接收/发送数据-N
9	—	CNTR-N (2)	控制-N

注　1. 此信号仅在总线电缆端点的站需要。
2. 此信号是可选的。

两根Profibus数据线也常称为A线和B线。A线对应于RXD/TXD-N信号，而B线则对应于RXD/TXD-P信号。

3）总线终端器。根据EIA RS-485标准，在数据线A和B的两端均加接总线终端器。Profibus的总线终端器包含一个下拉电阻（与数据基准电位DGND相连接）和一个上拉电阻（与供电正电压VP相连接）。当总线上没有站发送数据（空闲时间）时，这两个电阻迫使不同的状态电压（导体间的电压）趋于一个确定值，从而确保在总线上有一个确定的空闲电位。几乎在所有标准的Profibus总线连接器上都组合了所需要的总线终端器，而且可以由跳接器或开关来启动。

当总线系统运行的传输速率大于1.5Mbit/s时，由于所连接站的电容性负载而引起导线反射，因此必须使用附加有轴向电感的总线连接插头。

被指定为终止总线的站（与总线终端器共态），在总线连接器的针脚6，应该为正电压（如+5V±5%）。假定电源供电电压为+5V±5%，则针对不同的电缆采用不同阻值的端接电阻，对于A型电缆端接电阻为220Ω，B型电缆则为150Ω。供给针脚6（Vp）的电源在规定的压容差内应能输送至少10mA的电流。

RS-485的驱动器可以采用集成芯片SN75176，当通信速率超过1.5Mbit/s时，应当选用高速型驱动器，如SN75ALS1176等。不同传输速率时的电缆长度见表8-13。

表8-13　不同传输速率时的电缆长度

波特率/(KB/s)	9.6	19.2	93.75	187.5	500	1500
A型电缆长度/m	1200	1200	1200	1000	400	200
B型电缆长度/m	1200	1200	1200	600	200	70

（2）DP（光缆）的物理层。Profibus第1层的第二种类型是以PNO（Profibus用户组织）的导则“用于Profibus的光纤传输技术，版本1.1，1993年7月版”为基础，它通过光纤中光的传输来传送数据。Profibus系统在有很强的电磁干扰环境中，为了电气隔离或当采用高传输速率来增加最大网络距离的应用中，可以使用光纤进行传输，以增加传输的可靠性和快速性。

随着光纤的连接技术的简化，因此光纤传输技术已普遍用于现场设备的数据通信，特别是塑料光纤的简单单工连接器的使用成为这一发展的重要组成部分。

用玻璃或塑料纤维制成的光纤电缆可用作传输介质，表8-14列出了几种类型光缆的距离。

表 8-14　　光 缆 的 特 性

光 缆 类 型	特　　性
多模态（multimode）玻璃光缆	中距离范围（2～3km）
单模态（monomode）玻璃光缆	长距离范围（<15km）
塑料光缆	短距离范围（<80m）
PCS/HCS 光缆	短距离范围（<500m）

为了把总线站连接到光纤导体上，采用以下几种连接技术。

1）光链路模块（Optical Link Module，OLM）技术。类似于 RS-485 的中继器，OLM 有两个功能隔离的电气通道，并根据不同的模型占有一个或两个光通道，OLM 通过一根 RS-485 导线与各个总线站或总线段相连接。

2）光链路插头（Optical Link Plug，OLP）技术。OLP 可以简单地将从站用一个光纤电缆环连接。OLP 直接插入总线站的 9 针 D 型连接器。OLP 由总线站供电而不需要自备电源。但总线站的 RS-485 接口的+5V 电源须能提供至少 80mA 的电流。

3）集成的光纤电缆连接。使用集成在设备中的光纤接口将 Profibus 节点与光纤电缆直接连接。

2. Profibus-DP 通信数据链路层规范

根据 OSI 参考模型，第 2 层规定了介质访问控制、数据安全性、传输协议和报文的处理。DP 系统中的第 2 层称为 FDL，还包括第 1 层和第 2 层的管理服务 FMA1/2（现场总线 1/2 层管理）。下面主要介绍其帧结构、服务管理内容及总线介质访问控制方式。

（1）帧结构与帧格式。

1）帧字符（UART 字符）。用于 Profibus RS-485 的传输程序是以半双工、异步、无间隙同步为基础的。每个帧由若干个帧字符（UART 字符）组成，它把一个 8 位字符扩展成 11 位，即 NRZ（不归零）编码：首先是一个开始位（ST），它总是为二进制“0”；其次是 8 个信息位（I），它们可以是“0”或“1”；再次是一个奇偶校验位（P），它是二进制“0”或“1”（规定为偶校验）；最后是停止位（SP），它总是为二进制“1”。其结构如图 8-35所示。当发送位（bit）时，由二进制“0”到“1”转换期间的信号形状不改变。

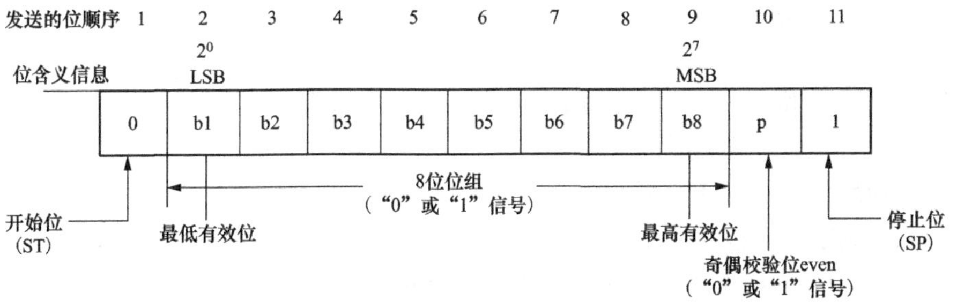

图 8-35　Profibus UART 数据帧

在传输期间，二进制“1”对应于 RXD/TXD-P（Receive/Transmit-Data-P）线上的正电位，而在 RXD/TXD-N 线上则相反。各报文间的空闲（Idle）状态对应于二进制“1”信号，如图 8-36 所示。

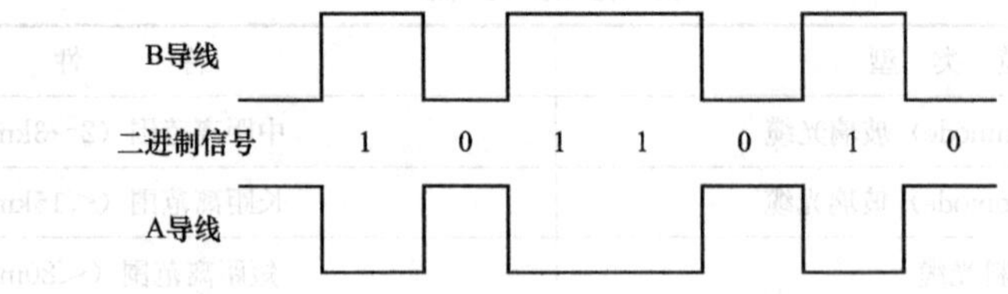

图 8-36 用 RXD 传输时的信号形状

2）帧格式。第 2 层的帧格式如图 8-37 所示。

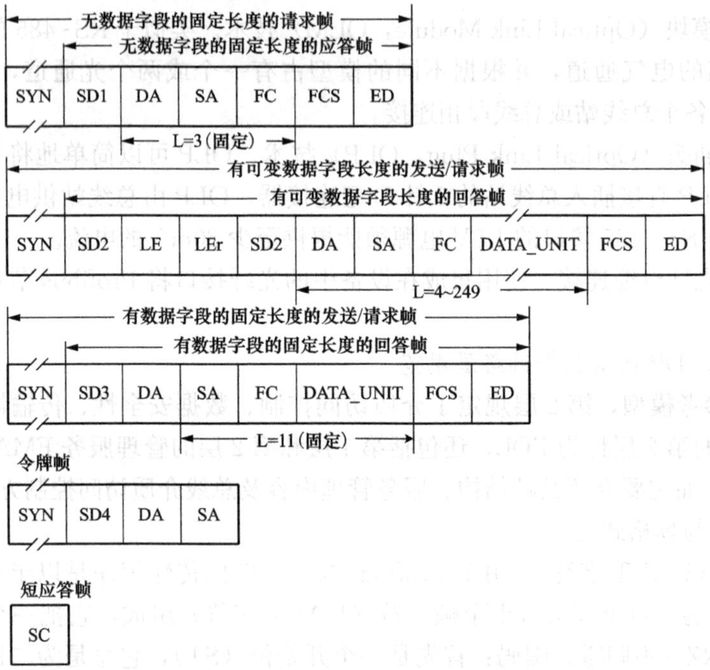

图 8-37 数据链路层的帧格式

其中：

SYN 为同步时间，最小 33 个线空闲位；

SD1～4 为开始定界符，区别不同类型的帧格式，SD1＝0x10，SD2＝0x68，SD3＝0xA2，SD4＝0xDC；

LE/LEr 为八位位组长度，一般 LEr＝LE，其允许值为 4～249；

DA 为目的地址，指示接收该帧的站；

SA 为源地址，指示发送该帧的站；

FC 为帧控制字节，包含用于该帧服务和优先权等的详细说明；

DATA_UNIT 为数据字段，包含有效的数据信息；

FCS 为帧校验字节，不进位加所有帧字符的和；

ED 为帧结束界定符（16H）；

SC 为单一字符（E5H），用在短应答帧中；

L 为信息字段长度。

无/有数据字段的固定长度的帧及令牌帧传输规则为：这些帧既包括主动帧，也包括应答/回答帧，在线空闲状态时相当于信号电平为二进制“1”；帧中字符间不存在空闲位；主动帧和应答/回答帧的帧前的间隙有一些不同，每一个主动帧帧头都有至少33个同步位，即每个通信建立握手报文前必须保持至少33位长的空闲状态（二进制1对应电平信号），这33个同步位长作为帧同步时间间隔，称为同步位SYN。而应答和回答帧前没有这个规定，响应时间取决于系统设置；接收器检查。

有可变数据字段长度的帧在以上的基础之上还要有：LE应相等于LEr；信息八位位组数应从目的地址（DA）开始计算到帧检查顺序（FCS）为止（不含FCS），且此结果应与LE做比较。

应答帧与回答帧也有一定的区别：应答帧是指在从站向主站的响应帧中无数据字段（DATA _ UNIT）的帧，而回答帧是指响应帧中存在数据字段（DATA _ UNIT）的帧。另外，短应答帧只做应答使用，它是无数据字段固定长度的帧的一种简单形式。

3）地址八位位组（DA/SA）。在帧首部（主动、应答和回答帧）的这两个地址八位位组包含目的站（DA）地址和源站（SA）地址。对令牌帧，在开始定界符后面仅包含这两个地址八位位组。

主动帧的地址字节（见图8-38）将在应答帧或回答帧中发送返回，即应答帧或回答帧的SA包含主动帧的目的地址，而DA包含主动帧的源站地址。

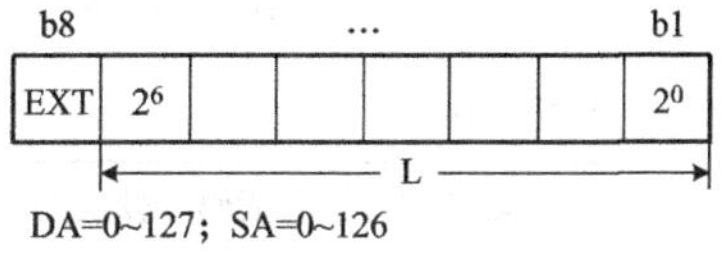

图8-38 地址八位位组编码

在有DATA _ UNIT的帧（开始符为SD2和SD3）中，EXT位（扩展）指示目的和/或源地址扩展（DAE，SAE），它在DATA _ UNIT中紧跟在FC字节之后。它区分存取地址和区域/段地址。两种地址类型也可能同时产生，因此每个地址扩展还包含一个EXT位。主动帧的地址扩展将在回答帧中镜像返回。扩展帧中地址扩展部分的格式如图8-39所示。图8-39（a）为地址扩展字节在帧中的位置，EXT＝0时在DATA _ UNIT中无地址扩展，EXT＝1时在DATA _ UNIT中有地址扩展。图8-39（b）中DAE和SAE最高两位b8＝1，b7＝1表示地址扩展部分是区域/段地址，b8＝0，b7＝0表示地址扩展部分是服务存取点，b7与b6的其余组合在协议中认为是非法的。

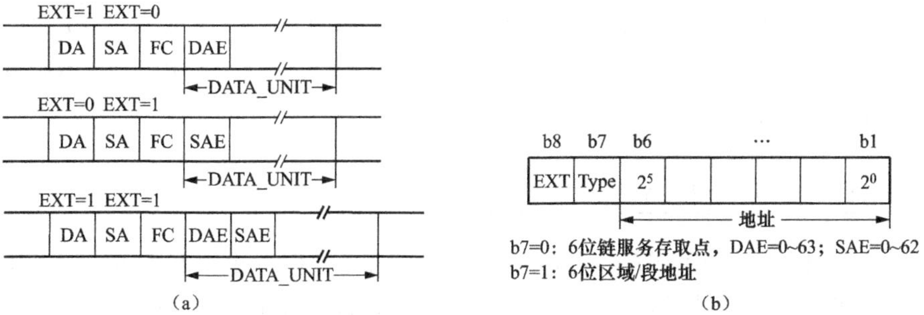

图8-39 在帧中的DAE/SAE八位位组及编码

（a）地址扩展字节在帧中的位置；（b）DAE/SAE八位位组编码

4）控制八位位组（FC）。帧控制八位位组是用来定义帧的类型，表明该帧是主动请求帧还是应答/回答帧。此外，帧控制八位位组还包含功能和防止报文丢失和增多的控制信息或带有FDL状态的站类型。见表8-15。

表 8-15　　帧控制八位位组的定义

<table>
<tr><td>位序</td><td>b8</td><td colspan="2">b7</td><td>b6</td><td>b5</td><td>b4</td><td>b3</td><td>b2</td><td>b1</td></tr>
<tr><td rowspan="2">含义</td><td rowspan="2">Res</td><td rowspan="2">Frame</td><td>1</td><td>FCB</td><td>FCV</td><td colspan="4" rowspan="2">2^3　2^0
Function</td></tr>
<tr><td>0</td><td colspan="2">Stn-Type</td></tr>
</table>

其中：

Res 为保留（发送方将被设置为二进制“0”，接收方不必解释）；

Frame 为帧类型，为“1”时是请求帧；为“0”时是回答帧；

FCB 为帧计数位，0、1 交替出现（帧类型 b7=1）；

FCV 为帧计数位有效（帧类型 b7=1），为“0”时，FCB 的交替功能无效，为“1”时，FCB 的交替功能有效；

Stn-Type 为站类型和 FDL 状态（帧类型 b7=0），见表 8-16；

Function 为功能码，见表 8-15。

表 8-16　　传 输 功 能 码

(a) 主动帧的传输功能码（帧类型 b7=1）		(b) 响应帧的传输功能码（帧类型 b7=0）	
码号	功能	码号	功能
0，1，2	保留	0	应答肯定
3	有应答要求的发送数据（低优先级）	1	应答否定，FDL/FMA 1/2 用户错（UE）
4	无应答要求的发送数据（低优先级）	2	应答否定，发送数据无源（且无回答 FDL 数据）
5	有应答要求的发送数据（高优先级）	3	应答否定，无服务被激活
6	有应答要求的发送数据（高优先级）	4～7	保留
7	保留（请求诊断数据）	8	低优先级回答 FDL/FMA 1/2 数据（且发送数据 OK）
8	保留	9	应答否定，无回答 FDL/FMA 1/2 数据（且发送数据 OK）
9	有回答要求的请求 FDL 状态	10	高优先级回答 FDL 数据（且发送数据 OK）
10，11	保留	11	保留
12	发送并请求数据（低优先级）	12	低优先级回答 FDL 数据，发送数据无源
13	发送并请求数据（高优先级）	13	高优先级回答 FDL 数据，发送数据无源
14	有回答要求的标识用户数据请求	14，15	保留
15	有回答的链路服务存取点（LSAP）状态请求		

帧计数位 FCB（b6）用于防止响应方（responder）数据的重复和发起方（initiator）数据的丢失。为了管理可靠的顺序，发起方将为每一个响应方带一个 FCB，当一个信息发起方第一次给响应方发送请求帧时，这时 FCB=1，FCV=0（见表 8-17）。若此时响应方还未处于运行状态，则响应方无响应。当发起方在第二次对该响应方发起请求时，仍置 FCB=1，FCV=0。若响应方已经正确执行，则响应方将发起方的第一次请求帧归类为第一次帧循环，并将 FCB=1 与发起方的地址（SA）一起存储。发起方收到了响应方的正确应答后将不会重复此请求帧。此时，若发起方再次对同一响应方发送主动帧，设置为 FCB=0/1，FCV=1。

表 8-17 在响应方中的 FCB、FCV

FCB	FCV	条件	含 义	作 用
0	0	DA=TS/127	不需要应答的请求，请求 FDL 状态/标识/LSAP 状态	上次应答或删除回答
0/1	0/1	DA≠TS	对其他响应方请求	上次应答或可被删除回答
1	0	DA=TS	第一个请求	FCBM=1，SAM=SA 上次应答或删除回答
0/1	1	DA=TS SA=SAM FCB≠FCBM	新的请求	上次应答或删除回答 FCBM=FCB 有应答或为重试回答
0/1	1	DA=TS SA≠SAM FCB=FCBM	请求重试	FCBM=FCB，重复应答或回答和保持准备就绪
0/1	1	DA=TS SA≠SAM	新的发起方	FCBM=FCB，SAM=SA 有应答或为重试设备回答
—	—	令牌帧	—	上次应答或回答可被删除

对于响应方来说，当接收到一个 FCV=1 的主动帧时，若收到的主动帧与响应方保存的 SA 相同，则响应方将检查 FCB，并与前一个该发起方发送的主动帧中的 FCB 比较，若存在 FCB（0/1）的交替出现，则响应方确认前一报文循环已正确完成。如果收到的主动帧与响应方保存的 SA 不同，则响应方不检查 FCB 的值。在这两种情况下，响应方都将存储此 FCB 和源地址（SA）的值，直到接收到一个新的请求帧为止。

TS，This Station 本站地址；FCBM，存储的 FCB；SAM，存储的 SA。

响应方在每次响应请求帧时将保存本次的应答或回答帧直到收到前一报文循环已正确完成的确认。如果收到变更了地址的请求帧、不需要应答的发送数据帧（SDN）、令牌帧，响应方认为前一报文循环已正确完成。如果一个应答帧或回答帧被丢失或有错误，则发起方在重试请求时将不会修改 FCB 值，此时响应方将知道前一个报文循环存在错误，它将再次向发起方传送保存了的应答帧或回答帧数据。对于不需应答发送数据、请求 FDL 状态、请求标识和请求 LSAP 状态而言，FCV 和 FCB 都等于 0，故响应方对 FCB 不做分析。

5）检验八位位组（FCS）。在一个帧中 FCS 总是紧接在结束定界符之前，在无数据字段的固定长度的帧中，此校验八位位组将由计算 DA、SA 和 FC 的算术和获得，这里不包括起始和终止定界符，也不考虑进位。在有数据字段的固定长度的帧中和有可变数据字段长度的帧中此校验八位位组将附加 DATA_UNIT。

6）报文传输。在 DP 总线上一次报文循环过程包括主动帧和应答/回答帧的传输。除令牌帧外，无数据字段的固定长度的帧、有数据字段的固定长度的帧和有数据字段无固定长度的帧，既可以是主动请求帧也可是应答/回答帧。图 8-40 中描述了令牌帧和固定长度、带数据、包含地址扩展的主动帧的报文循环情况。

（2）FDL 的数据传输服务。第二层提供的数据服务在表 8-9 中列出。

FDL 可以为其上一层提供四种传输服务：发送数据需应答（SDA）；发送数据无须应答（SDN）；发送并请求数据需回答（SRD）；循环地发送并请求数据需回答（CSRD）。用户和 FDL 之间的这些服务用它们的服务原语和相关参数实现。这些 FDL 服务是可选的。

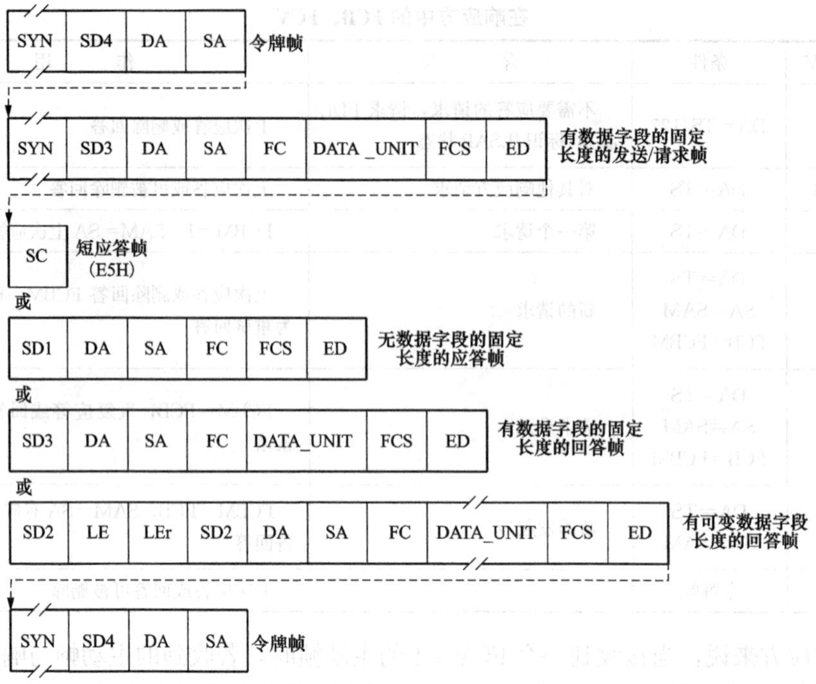

图 8-40　令牌帧和固定长度、带数据、包含地址扩展的发送/请求帧

通常 Profibus-DP 总线的数据传输依靠的是 SDN 和 SRD 两种服务，这些服务称第六层存取点（SAPS），上一层通过第二层的 SAP（服务访问点）调用这些服务。服务存取点有源 SSAP 和目标 DSAP 之分。

1）发送数据需应答（SDA）。该项服务的原语见表 8-18。

表 8-18　　发送数据需应答的服务原语

服 务 原 语	适用的站
FDL_DATA_ACK. resquest（SSAP，DSAP，Rem_add，L_sdu，Serv_class）	主站
FDL_DATA_ACK. indication（SSAP，DSAP，Loc_add，Rem_add，L_sdu，Serv_class）	主站和从站
FDL_DATA_ACK. confirm（SSAP，DSAP，Rem_add，Serv_class，L_status）	主站

关于 SDA 服务的执行过程中原语的使用如图 8-41 所示。图中两条竖线表示 FDL 层的界线，两线之间部分就是整个网络的数据链路层。左边的竖线的外侧是主站中的 FDL 用户（或本地用户）；右边竖线外侧是远程主/从站地 FDL 用户（或远程用户），其地址为 n。

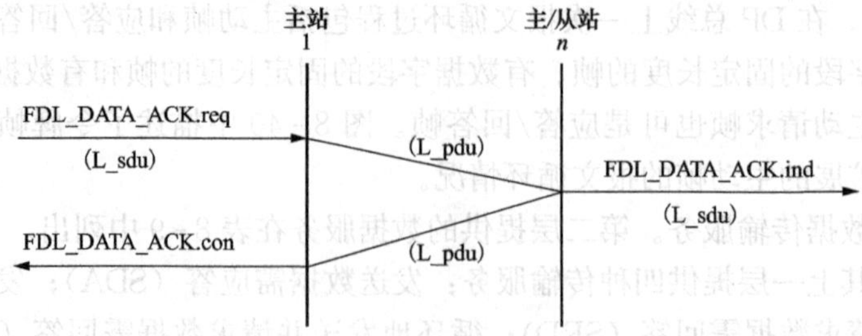

图 8-41　SDA 服务

服务的执行过程是：本地的用户首先使用服务原语 FDL _ DATA _ ACK. resquest 向本地 FDL 设备提出 SDA 服务申请。本地 FDL 设备收到该原语后，按照链路层协议组帧，并发送到远程 FDL 设备，远程 FDL 设备正确收到后利用原语 FDL _ DATA _ ACK. indication 通知远程用户并把数据上传。与此同时又将一个应答帧发回本地 FDL 设备。本地 FDL 设备则通过原语 FDL _ DATA _ ACK. confirm 通知发起这项 SDA 服务的本地用户。

在传输确认给本地用户之前，本地 FDL 控制器需要远程 FDL 控制器的应答。如果此应答在时隙时间 T_{SL} 内未收到，则本地 FDL 控制器将再试发 L _ sdu 给远程 FDL。如果重试 n 次（max _ retry _ limit）后仍未收到应答，则本地 FDL 控制器将通报一个否定应答给本地用户。在数据传输和相关应答的接收期间，在 Profibus 上没有其他传输发生。

如果数据帧被无误地接收，则远程 FDL 控制器通过 FDL 接口用 FDL _ DATA _ ACK. ind 原语把 L _ sdu 传送给远程用户。

对于每一条原语都有许多参数，下面介绍一下常见的服务原语参数，在后面对其他服务原语进行介绍时将省略对相同参数的说明。

SSAP 为源服务存取点，SSAP 的值不允许是 63（全局存取地址）；

DSAP 为目的服务存取点；

Rem _ add 为定义本次服务通信的远程站地址，取值 0～126，127 为广播地址（注：在 SDA 帧中不允许广播地址）；

Loc _ add 为本次服务通信的本地站地址，取值 0～126；

L _ sdu 为链路服务数据单元，为本次服务发送的数据；

Serv _ class 为规定相关的数据传输的 FDL 优先权；

L _ status 为返回本次服务的执行状态，指出先前的 SDA 服务是成功还是失败，此失败是暂时的还是永久性的错误。参数值见表 8 - 19。

表 8 - 19 SDA，L _ status 值

编码	含 义	暂时 t/永久 p
OK	肯定应答，服务完成	—
RR	否定应答，是远程 FDL 控制器的资源失效或不满足	t
UE	否定应答，远程 FDL 用户/FDL 接口有错	p
RS	在远程 LSAP 的服务或 Rem _ add 或远程 LSAP 未激活	p
LS	在本地 LSAP 的服务或本地 LSAP 未激活	p
LR	本地 FDL 控制器的资源失效或不满足	t
NA	远程站没有反应或无有效的反应	t
DS	本地 FDL/PHY 控制器不在逻辑令牌环中或从线上脱开了	p
IV	在请求中有无效参数	—

在请求的 SDA 服务完成时，此原语作为一个指示从本地 FDL 控制器传送给本地用户。在接收原语时，本地用户的反应未做具体规定。当 L _ status 指示一个暂时错误时，后继的重复可能是成功的。

在永久性错误的情况下，在重复服务之前应进行管理查询。在本地错误 LS、LR、DS、

IV的情况下，没有请求帧传输。

2）发送数据无须应答（SDN）。这项服务的原语见表8-20。

表8-20　　发送数据无须应答的服务原语

服务原语	适用的站
FDL _ DATA. resquest（SSAP，DSAP，Rem _ add，L _ sdu，Serv _ class）	主站
FDL _ DATA. indication（SSAP，DSAP，Loc _ add，Rem _ add，L _ sdu，Serv _ class）	主站和从站
FDL _ DATA. confirm（SSAP，DSAP，Rem _ add，Serv _ class，L _ status）	主站

关于SDN服务的执行过程中原语的使用如图8-42所示。由图可看出：SDN服务允许本地用户同时向多个甚至所有远程用户发送数据；所有接收到数据的远程站不做应答。

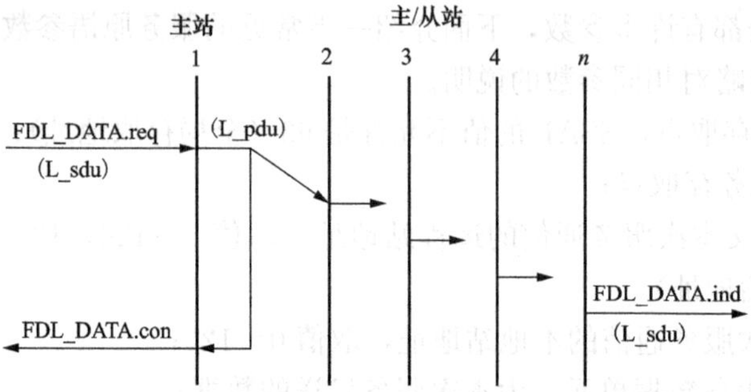

图8-42　SDN服务

本地用户为单个、一组或为全部远程用户准备一个L _ sdu，此L _ sdu通过FDL接口用FDL _ DATA. resquest原语传送给本地FDL控制器，FDL控制器接收此服务请求并试图发送此数据给被请求的一个、一组或全部站的远程FDL控制器。此FDL控制器用FDL _ DATA. confirm原语返回传送的本地确认给本地用户。当没有给出应答又无本地重试时，不能保证在远程FDL控制器上有正确的接收。一旦此数据被发送，它同时（不考虑信号传播时间）到达所有远程用户。每个被寻址的远程FDL控制器，在它无误地接收到此数据后即用FDL _ DATA. indication原语传送此数据给FDL用户。此时原语中的参数L _ status仅表示发送成功，或者本地的FDL设备错误，不能显示远程站是否正确接收，见表8-21。

表8-21　　SDN，L _ status值

编码	含　义	暂时t/永久p
OK	本地FDL/PHY控制器已完成数据传输	—
LS	本地LSAP中的服务或本地LSAP未激活	p
LR	本地FDL控制器的资源失效或不满足	t
DS	本地FDL/PHY控制器不在逻辑令牌环中或从线上脱开了	p
IV	在请求中有无效参数	—

3）发送并请求数据需回答（SRD）。这项服务的原语见表8-22。

表 8-22　　发送并请求数据需回答的服务原语

服务原语	适用的站
FDL _ DATA _ REPLY. resquest（SSAP，DSAP，Rem _ add，L _ sdu，Serv _ class）	主站
FDL _ DATA _ REPLY. indication（SSAP，DSAP，Loc _ add，Rem _ add，L _ sdu，Serv _ class，Update _ status）	主站和从站
FDL _ DATA _ REPLY. confirm（SSAP，DSAP，Rem _ add，L _ sdu，Serv _ class，L _ status）	主站
FDL _ REPLY _ UPDATE. resquest（SSAP，L _ sdu，Serv _ class，Transmit）	主站和从站
FDL _ REPLY _ UPDATE. confirm（SSAP，Serv _ class，L _ status）	主站和从站

关于 SRD 服务的执行过程中原语的使用如图 8-43 所示。SRD 服务除了向远程用户发送数据外，自身还是一个请求，请求远程站的数据回传，远程站把应答和被请求的数据组帧，回传给本地站。

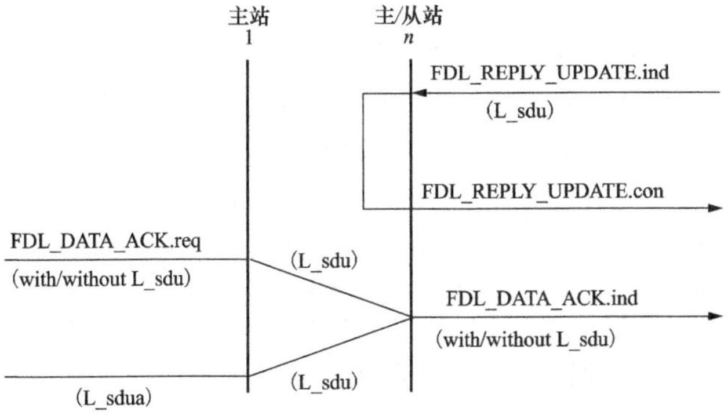

图 8-43　SRD 服务

执行顺序是：远程用户将要被请求的数据准备好，通过原语 FDL _ REPLY _ UPDATE. resquest 把要被请求的数据交给远程 FDL 设备，并收到远程 FDL 设备回传得 FDL _ REPLY _ UPDATE. confirm。参数 Transmit 用来确定远程更新数据回传一次还是多次，如果回传多次，则在后续 SRD 服务到来时，更新数据都会被回传。L _ status 参数显示数据是否成功装入，无误后等待被请求。本地用户使用原语 FDL _ DATA _ REPLY. resquest 发起这项服务，远程站 FDL 设备收到发送数据后，立刻把准备好的被请求数据回传，同时向远程用户发送 FDL _ DATA _ REPLY. indication，其中参数 update _ status 显示被请求数据是否被成功的发送出去。最后，本地用户就会通过原语 FDL _ DATA _ REPLY. confirm 接收到被请求数据 L _ sdu 和传输状态结果 L _ status。

在 FDL _ DATA _ REPLY 原语中的 Update _ status 参数值见表 8-23。

表 8-23　　SRD，Update _ status 值

编码	含义	暂时 t/永久 p
NO	没有传输回答数据（L _ sdu）	t
LO	低优先权传输回答数据	—
HI	高优先权传输回答数据	—

在 FDL _ DATA _ REPLY 原语中的 L _ status 参数值见表 8-24。

表8-24 **SRD，L_status（UPDATE）值**

编码	含义	暂时t/永久p
OK	修改数据（L_sdu）被装入	—
LS	本地LSAP中的服务或本地LSAP未激活	p
LR	本地FDL控制器的资源失效或不充分	t
IV	在请求中有无效参数	—

在原语FDL_DATA_REPLY中的参数L_status包含相应的SRD请求的结果，其值可以为UE、RS、LS、LR、NA、DS和IV，它们与SDA中规定的定义一样，此外还可以取表8-25中的附加值。

表8-25 **SRD，L_status的值**

编码	含义	暂时t/永久p
DL	对发送数据肯定应答，低优先权回答数据（L_sdu）有效	—
DH	对发送数据肯定回答，高优先权回答数据（L_sdu）有效	—
NR	对发送数据肯定回答，对回答数据否定回答，如同远程FDL控制器不可用	t
RDL	对发送数据否定回答，远程FDL控制器的资源不可用或不充分，低优先权的回答数据有效	t
RDH	对发送数据否定回答，远程FDL控制器的不可用或不充分，高优先权的回答数据有效	t
RR	对发送数据否定回答，远程FDL控制器的资源不可用或不充分，回答数据不可用	t

4）循环地发送并请求数据需回答（CSRD）。这项服务的原语见表8-26。

表8-26 **循环地发送并请求数据需回答的服务原语**

服务原语	适用的站
FDL_SEND_UPDATE.resquest（SSAP，DSAP，Rem_add，L_sdu，Transmit）	主站
FDL_SEND_UPDATE.confirm（SSAP，DSAP，Rem_add，L_status）	主站
FDL_REPLY_UPDATE.resquest（SSAP，DSAP，Loc_add，Rem_add，L_sdu，Serv_class，Update_status）	主站和从站
FDL_REPLY_UPDATE.confirm（SSAP，Serv_class，L_status）	主站和从站
FDL_CYC_DATA_REPLY.request（AASP，Poll_list）	主站
FDL_CYC_DATA_REPLY.confirm（SSAP，DSAP，Rem_add，L_sdu，Serv_class，L_status，Update_status）	主站
FDL_DATA_REPLY.indication（SSAP，DSAP，Loc_add，Rem_add，L_sdu，Serv_class，Update_status）	主站和从站
FDL_CYC_ENTRY.request（SSAP，DSAP，Rem_add，Marker）	主站
FDL_CYC_ENTRY.confirm（SSAP，DSAP，Rem_add，L_status）	主站
FDL_CYC_DEACT.request（SSAP）	主站
FDL_CYC_DEACT.confirm（SSAP，L_status）	主站

关于CSRD服务的执行过程中原语的使用如图8-44所示。CSRD服务在理解上可以认为是对许多个远程站自动循环地执行SRD服务。

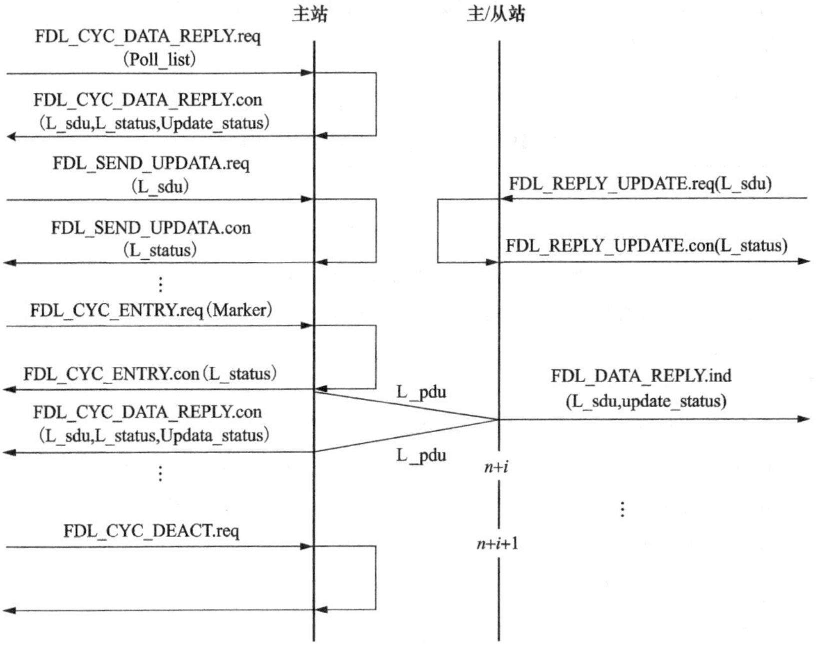

图 8-44 CSRD 服务

本地用户为一个、多个或所有远程用户准备一个 L _ sdu 数据。对每个远程用户，用 FDL _ SEND _ UPDATE. resquest 原语把此数据传送给本地 FDL 控制器。被寻址的远程站的地址和顺序由本地用户用轮询表指定。本地用户用 FDL _ CYC _ DATA _ REPLY. request 原语传送此轮询表，即表 8-27 中所列的参数 Poll _ list 并以一个固定格式告诉本地 FDL 设备本次 CSRD 服务需要轮询的站地址，然后本地用户收到 FDL _ CYC _ DATA _ REPLY. confirm 其中的参数 L _ status 表示轮询表是否接收成功。在轮询表中，第 1 个字节为整个轮询表的长度。第 2、3 字节作为轮询表的第一个登入项，2 字节为站地址，3 字节为目的服务存取点(DSAP)，以后每两个字节为一个登入项。轮询表中允许有多个 FDL 地址，每个 FDL 地址对应一个标志 marker，即表示此地址是否参加轮询。若为“lock”则表示 FDL 地址加锁，轮询时跳过此站地址；反之，若为“unlock”，则表示 FDL 地址解锁，主站发送 SRD 帧到此站。所有登记项的初始值设定为“lock”。

表 8-27　　Poll_list 的值

入口	名　　称	含　　义	
1	Poll _ list _ length	轮询表长度（3～p+1）	
2	Rem _ add	远程 FDL 地址（DA）	第一个登入项
3	DSAP	目的 LSAP（DAE）	
4	Rem _ add	远程 FDL 地址（DA）	第二个登入项
5	DSAP	目的 LSAP（DAE）	
…	…	…	
p	Rem _ add	远程 FDL 地址（DA）	最后一个登入项
p+1	DSAP	目的 LSAP（DAE）	

然后，本地用户通过原语把要发送的数据交给本地 FDL 设备，并接收 FDL _ SEND _ UPDATE. confirm，其参数 L _ status（见表 8 - 28）表示数据是否成功装入。若成功，则按轮询表设置，主站进行轮询。

表 8 - 28　　SCRD，L _ status（UPDATE）值

编码	含　　义	暂时 t/永久 p
OK	修改数据（L _ sdu）被装入	—
LS	本地 LSAP 中的服务或本地 LSAP 未激活	p
LR	本地 FDL 控制器的资源失效或不充分，或 Rem _ add/DSAP 不在轮询表中	t/p
IV	在请求中有无效参数	—

主站轮询完表中的最后一个地址后，自动从第一个地址再开始轮询，且 marker 的值在数据传送完后保持不变，也可通过令“marker=lock”来使某一轮询站加锁。轮询表中的地址可以重复，即在一次轮询周期中可以多次访问某一个远程站。轮询中，本地用户可使用原语 FDL _ SEND _ UPDATE. resquest 随时更新要发送的数据，然后向轮询表中的远程站发送新数据。本地用户采用原语 FDL _ CYC _ DEACT. request 来终止 CSRD 服务，并接收原语 FDL _ CYC _ DEACT. Confirm 来确认是否终止成功。

四种服务都可以发送数据，其中 SDA、SDN 发送的数据不能为空，SRD、CSRD 则可以为空，即单纯的请求数据。

(3) 总线访问控制体系。在 Profibus - DP 的总线访问控制中已经介绍过关于令牌环的基本内容，为了更好地了解 DP 系统中的令牌传输过程，下面将对此进行详细的说明。

1) GAP 表及 GAP 表的维护。GAP 是令牌环中从本站地址到后继站地址之间的地址范围，GAPL 为 GAP 范围内所有站的状态表。

每一个主站中都有一个 GAP 维护定时器，定时器溢出即向主站提出 GAP 维护申请。主站接到申请后，使用询问 FDL 状态的 Request FDL Status 主动帧询问自己 GAP 范围内的所有地址。通过是否有返回和返回的状态，主站就可以知道自己的 GAP 范围内是否有从站从总线脱落，是否有新站添加，并且及时修改自己的 GAPL。具体为：①如果在 GAP 表维护中发现有新从站，则把它们记入 GAPL；②如果在 GAP 维护中发现原先在 GAP 表中的从站在多次重复请求的情况下没有应答，则把该站从 GAPL 中除去，并登记该地址为未使用地址；③如果在 GAP 维护中发现有一个新主站且处于准备进入逻辑令牌环的状态，该主站将自己的 GAP 范围改变到新发现的这个主站，并且修改活动主站表，在传出令牌时把令牌交给此新主站；④如果在 GAP 维护中发现在自己的 GAP 范围中有一个处于已在逻辑令牌环中状态的主站，则认为该站为非法站，接下来询问 GAP 表中的其他站点，传递令牌时仍然传给自己的 NS，从而跳过该主站；⑤该主站发现自己被跳过后，会从总线上自动撤下，即从 Active _ Idle 状态进入 Listen _ Token 状态，重新等待进入逻辑令牌环。

2) 令牌传递。某主站交出令牌时，按照活动主站表传递令牌帧给后继站。传出后，该主战开始监听总线上的信号，如果在一定时间（时隙时间）内听到总线上有帧开始传输，不管该帧是否有效，都认为令牌传递成功，该主站就进入 Active _ Idle 状态。若时隙时间内总线没有活动，就再次发出令牌帧。如此重复至最大重试次数，如果仍不成功，则传递令牌给活动主站表中后继主站的后继主站。以此可推，直到最大地址范围内仍找不到后继，则认为自己是系统内唯一的主站，将保留令牌，直到 GAP 维护时找到新的主站。

3）令牌接收。若一个主站从活动主站表中自己的前驱站收到令牌，则保留令牌并使用总线。若主站收到的令牌帧不是前驱站发出的，将认为是一个错误而不接收令牌。如果此令牌帧被再次收到，该主站将认为令牌环已经修改，将接收令牌并修改自己的活动主站表。

4）令牌持有站的传输。一个主站持有令牌后，工作过程如下。

首先计算上次令牌获得时刻到本次令牌获得时刻经过的时间，该时间为实际轮转时间 TRR，表示的是令牌实际在整个系统中轮转一周耗费的时间，每一次令牌交换都会计算产生一个新的 TRR。主站内有参数目标轮转时间 TTR，其值由用户设定，它是预设的令牌轮转时间。一个主站在获得令牌后，就是通过计算 TTR - TRR 来确定自己可以持有令牌的时间。

5）从站 FDL 状态及工作过程。为了方便理解 Profibus - DP 站点 FDL 的工作过程，将其划分为几个 FDL 状态，其工作过程就是在这几个状态之间不停转换的过程。

Profibus - DP 从站有两个 FDL 状态：Offine 和 Passive _ Idle。当从站上电、复位或发生某些错误时进入 Offine 状态。在这种状态下从站会自检，完成初始化及运行参数设定，此状态下监听总线并对询问自己的数据帧做相应反应。

6）主站 FDL 状态及工作过程。主站的 FDL 状态转化图如图 8 - 45 所示。

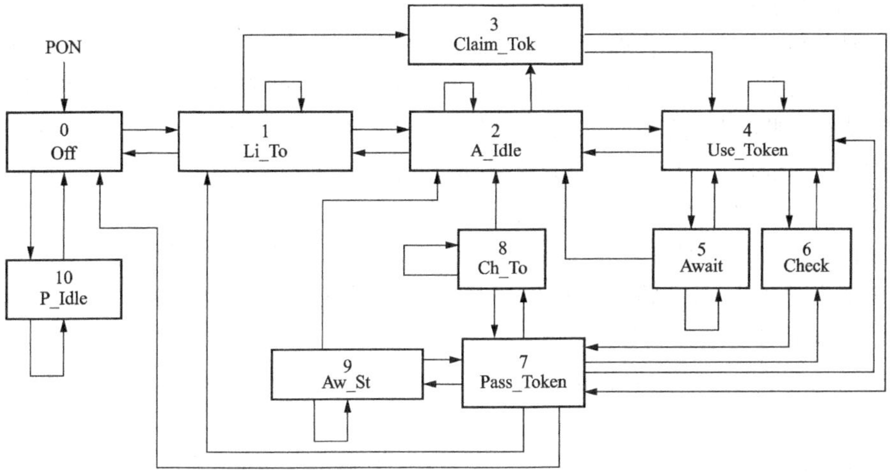

图 8 - 45 主站 FDL 状态及工作过程图

PON—Power on/Reset FDL；0—Offline；1—Listen _ Token 听令牌；2—Active _ Idle 主动空闲；3—Claim _ Token 申请令牌；4—Use _ Token 使用；5—Await _ Data _ Response 等待数据响应；6—Check _ Access _ Time 检查访问时间；7—Pass _ Token 传递令牌；8—Check _ Token _ Pass 检查令牌传递；9—Await _ Status _ Response 等待状态响应；10—Passive _ Idle 被动空闲

主站的工作过程及状态转换比较复杂，这里选择三种典型情况进行说明。

1）令牌环的形成。假定一个 Profibus - DP 系统开始上电，该系统有几个主站，令牌环的形成工作过程如下。

每个主站初始化完成后从 Offline 状态进入 Listen _ Token 状态，监听总线，主站在一定时间 Ttime - out（TTO，超时时间）内没有听到总线上有信号传递，就进入 Claim _ Token 状态，自己生成令牌并初始化令牌环。由于TTO是一个关于地址 n 的单调递增函数，同样条件下整个系统中地址最低的主站最先进入Claim_Token状态。

最先进入Claim_Token状态的主站，获得自己生成的令牌后，马上向自己传递令牌帧两次，通知系统内的其他还处于Listen_Token状态的主站令牌传递开始，其他主站把该主站记入自己的活动主站表。然后该主站做一次对全体可能地址的询问Request FDL Status，根据收到应答的结果确定自己的LAS和GAP。GAP的形成即标志着逻辑令牌环初始化的完成。

2）主站加入已运行的Profibus-DP系统的过程。假定一个Profibus-DP系统已经运行，一个主站加入令牌环的过程如下。

主站上电后在Offline状态下完成自身初始化。之后进入Listen_Token状态，在此状态下，主站听总线上的令牌帧，分析其地址，从而知道该系统上已有哪些主站。主站会听两个完整的令牌循环，即每个主站都被它作为令牌帧源地址记录两次。这样主站就获得了可靠的活动主站表。

3）令牌丢失。假定一个已经开始工作的Profibus-DP系统出现令牌丢失，这样也会出现总线空闲的情况。每一个主站此时都处于Active_Idle状态，FDL发现在超时时间TTO内无总线活动，则认为令牌丢失并重新初始化逻辑令牌环，进入Claim_Token状态，此时重复第一种情况的处理过程。

（4）现场总线第1/2层管理（FMA 1/2）。前面介绍了Profibus-DP规范中FDL为上层提供的服务。而事实上，FDL的用户除了可以申请FDL的服务之外，还可以对FDL及物理层PHY进行一些必要的管理，如强制复位FDL和PHY、设定参数值、读状态、读事件及进行配置等。在Profibus-DP规范中，这一部分叫作FMA 1/2（第1、2层现场总线管理）。

FMA 1/2用户和FMA 1/2之间的接口服务功能主要如下。

1）复位物理层、数据链路层（Reset FMA 1/2），此服务是本地服务；

2）请求和修改数据链路层、物理层及计数器的实际参数值（Set Value/Read Value FMA 1/2），此服务是本地服务；

3）通知意外的时间、错误和状态改变（Event FMA 1/2），此服务可以是本地服务，也可以是远程服务；

4）请求站的标识和链路服务存取点（LSAP）配置（Ident FMA 1/2、LSAP Status FMA 1/2），此服务可以是本地服务，也可以是远程服务；

5）请求实际的主站表（Live List FMA 1/2），此服务是本地服务；

6）SAP激活及解除激活［（R）SAP Activate/SAP Deactivate FMA 1/2］，此服务是本地服务。

8.4.6 S7-1200的Profibus-DP网络通信示例

1. 概述

S7-1200 PLC提供各种各样的通信方式以满足工业现场的需求，如Profinet、Profibus、点对点（PtP）通信、通用串行接口（USS）、Modbus RTU和远距离通信等。通过Profibus-DP主从通信模块，S7-1200支持Profibus通信标准。

Profibus系统使用总线主站来轮询RS-485串行总线上以多点方式分布的从站设备。Profibus从站可以是任何处理信息并将其输出发送到主站的外围设备（I/O传感器、阀、电机驱动器或其他测量设备）。该从站构成网络上的被动站，因为它没有总线访问权限，只能确认接收到的消息或根据请求将响应消息发送给主站。所有 Profibus 从站具有相同的优先级，并且所有网络通信都源于主站。

Profibus 主站构成网络的“主动站”。Profibus - DP 定义两类主站。第 1 类主站通常是中央可编程控制器（PLC）或运行特殊软件的 PC 处理与分配给它的从站之间的常规通信或数据交换。第 2 类主站（通常是组态设备，如用于调试、维护或诊断的膝上型计算机或编程控制台）是主要用于调试从站和诊断的特殊设备。

可以用以下通信模块将 S7 - 1200 连接到 Profibus 现场总线系统。

（1）CM 1242 - 5 作为 DP 从站运行。

（2）CM 1243 - 5 作为 1 类 DP 主站运行。

如果将 CM 1242 - 5 和 CM 1243 - 5 安装在一起，则 S7 - 1200 可以同时执行以下功能。

（1）更高级别 DP 主站系统的从站。

（2）较低级别 DP 主站系统的主站。

两个 Profibus CM 模块允许 S7 - 1200 与以下通信伙伴交换数据。

（1）CM 1242 - 5（DP 从站）可以成为以下 DP V0/V1 主站的通信伙伴。

1）SIMATIC S7 - 1200、S7 - 300、S7 - 400。

2）DP 主站模块和分布式 IO SIMATIC ET200。

3）SIMATIC PC 站。

4）SIMATIC NET IE/PB Link。

5）各家供应商提供的可编程控制器。

（2）CM 1243 - 5（DP 主站）可以成为以下 DP V0/V1 从站的通信伙伴。

1）各家供应商提供的驱动器和执行器。

2）各家供应商提供的传感器。

3）具有 Profibus - DP 从站“CP 1242 - 5”的 S7 - 1200 CPU。

4）带有 Profibus - DP 模块 EM 277 的 S7 - 200 CPU。

5）DP 从站模块和分布式 IO SIMATIC ET200。

6）CP 342 - 5。

7）具有 Profibus 接口的 S7 - 300/400 CPU。

8）具有 Profibus - CP 的 S7 - 300/400 CPU。

S7 - 1200 可通过 CM 1242 - 5 通信模块作为从站连接到 Profibus 网络。CM 1242 - 5（DP 从站）模块可以是 DP V0/V1 主站的通信伙伴。在图 8 - 46 中，S7 - 1200 是 S7 - 300 控制器的 DP 从站。

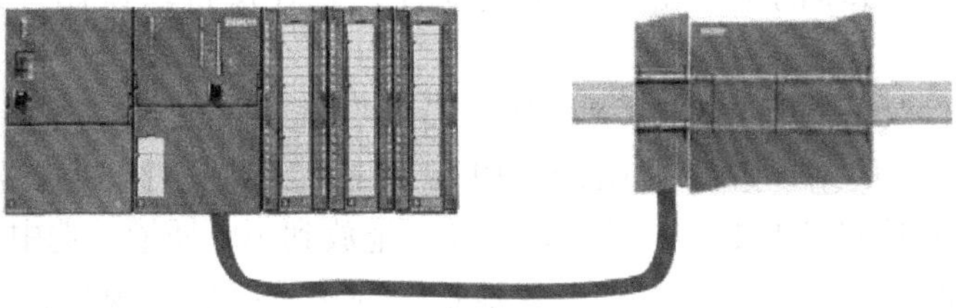

图 8 - 46 S7 - 1200 与 S7 - 300 通信

S7-1200也可通过CM 1243-5通信模块作为主站连接到Profibus网络。CM 1243-5（DP主站）模块可以是DP V0/V1从站的通信伙伴。在图8-47中，S7-1200是控制ET200S DP从站的主站。

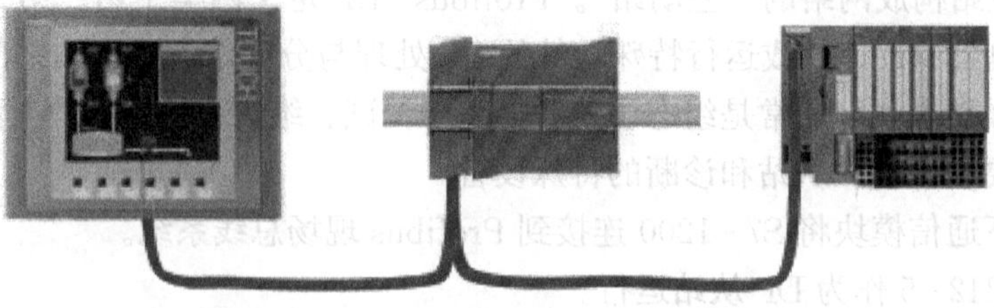

图8-47 S7-1200与ET200S DP通信

下面我们通过一个简单的实例演示S7-1200的Profibus-DP通信方法。

实现两台S7-1200 PLC的Profibus-DP通信，此时安装有Profibus-DP主站通信模块的S7-1200作为主站，而安装有Profibus-DP从站通信模块的S7-1200作为智能从站。

按下主站PLC的按钮I0.6，从站PLC的输出Q0.0进行指示；同样，按下从站PLC的按钮I0.6，主站PLC的输出Q0.0进行指示。

物理连接：通过Profibus电缆连接两台S7-1200 PLC，如图8-48所示。

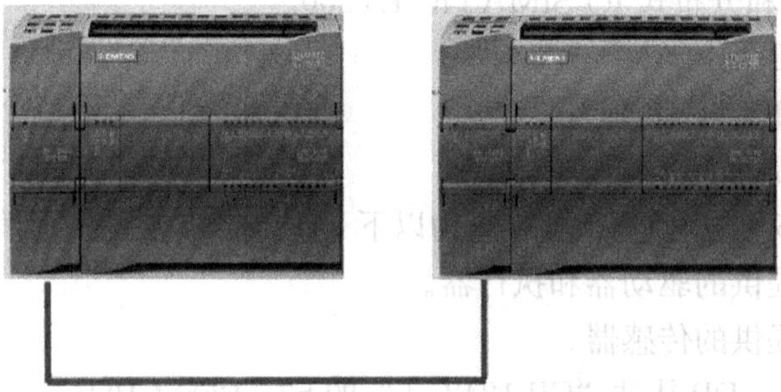

图8-48 两台S7-1200 PLC通信

站组态：

1）组态主站。打开编程软件创建一个STEP 7项目，输入项目名称，单击“创建”按钮，进入下一画面。

选择组态设备，单击“添加新设备”，添加S7-1200PLC的CPU类型，即CPU 1214C DC/DC/DC。单击“添加”按钮，进入设备视图。将Profibus主站通信模块CM 1243-5拖放到101插槽。选中Profibus主站通信模块，单击其“属性”选项卡，在Profibus-DP地址选项中单击添加新子网，则将该站连接到新建的Profibus-1网络上，默认站地址为2。切换到网络视图可以查看新的Profibus网络的属性，此处保持默认属性即可，如图8-49所示。

2）组态从站。双击项目树中的“添加新设备”选项，添加另外一个S7-1200作为Profibus-DP通信的从站，选择从站的CPU，单击“确定”按钮，进入设备视图。将Profibus从站通信模块CM 1242-5（见图8-50）拖放到101插槽。选中Profibus从站通信模块，单击其“属性”选项卡，在Profibus地址选项中选择将该模块接口连接到前面新建的Profibus-1网络上，站地址为3。

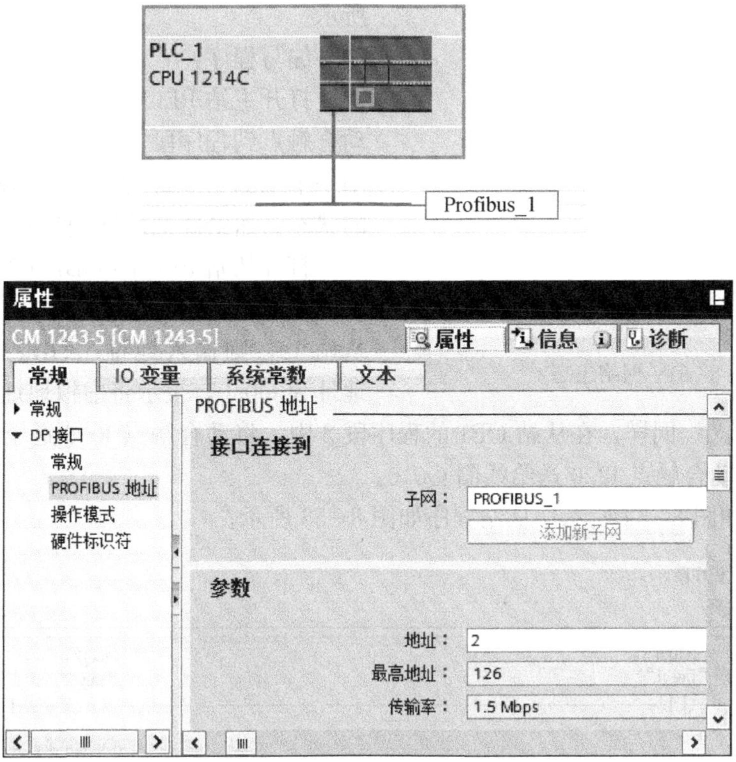

图 8-49 主站 CM 1243-5 网络视图与属性

S7-1200 中 Profibus-DP 从站和主站是通过主从方式进行数据交换的。在从站通信模块的“属性”对话框中，在操作模式中选择分配的DP主站为前面组态的S7-1200 主站，在智能从站通信选项中，双击传输区下的第一行“新增”选项，则建立了一个从站 Q2 到主站 I2 一个字节的虚拟关系；双击下一行的新增传输区 2，单击数据方向下的箭头，使其变为反方向，则建立了主站 Q2 到从站 I2 一个字节的虚拟对应关系。如图 8-50 所示，这样关于从站网络的组态就完成了，单击“保存项目”按钮，保存项目。

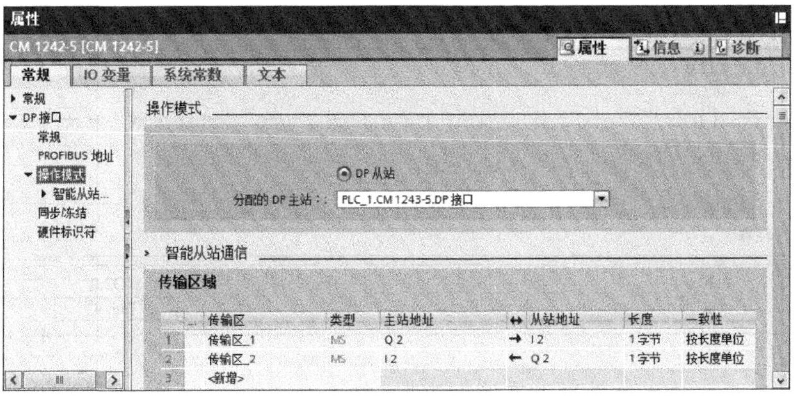

图 8-50 从站 CM 1242-5 属性设置

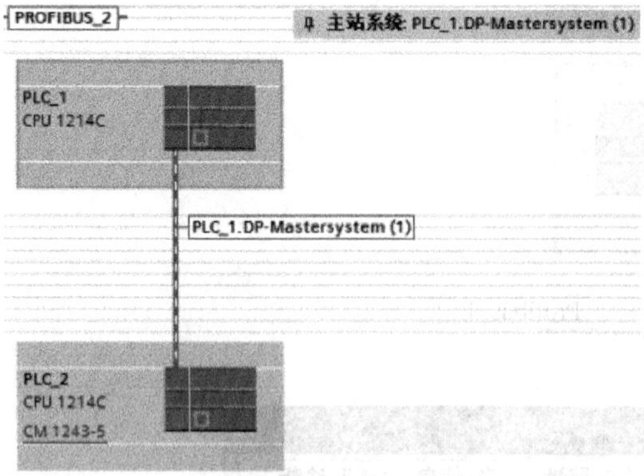

图 8-51 网络组态

两台 S7-1200 通信的组态如图 8-51 所示。

编写程序：

打开主站 PLC 的 OB1 主程序，拖动一个动合触点到程序段 1 中，输入地址为 I0.6，拖动一个线圈，地址为 Q2.0，表示该按钮 I0.6 的状态为送给虚拟地址 Q2.0。

打开从站 PLC 的 OB1 主程序，拖动一个动合触点到程序段 1 中，因为主站 Q2 对应于从站 I2，则输入地址 I2.0，拖动一个线圈，地址为 Q0.0，表示将虚拟地址 I2.0 的状态送给从站输出 Q0.0。同样，在从站 OB1 的程序段 2 中，将动合触点 I0.6 送至线圈 Q2.0，回到主站 OB1 将动合触点 I2.0 送给线圈 Q0.0。

主站程序如图 8-52 所示。从站程序如图 8-53 所示。

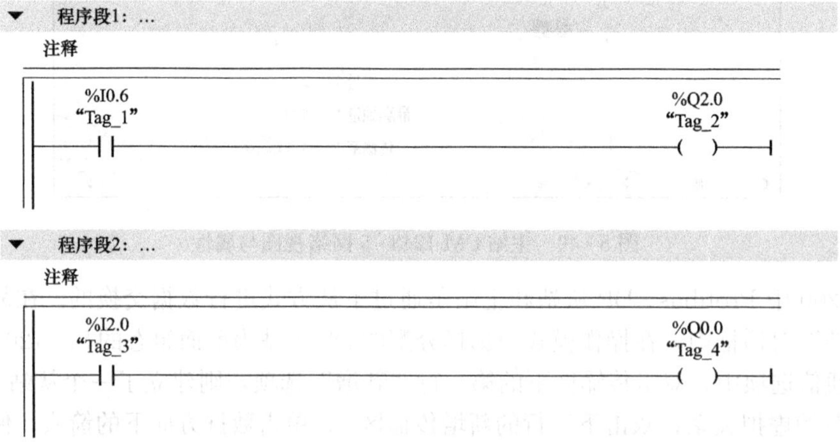

图 8-52 主站程序

图 8-53 从站程序

在程序编写完成后，单击工具栏中的“保存项目”按钮保存项目，选中项目树中的PLC主站，单击工具栏中的“下载到设备按钮”，将项目下载到PLC主站并运行；同样，下载PLC从站并运行程序。在从站中新建监视表格，输入I0.6和Q0.0，在线监视各个变量值，按下主站I0.6按钮，查看从站监视表格中的Q0.0，会发现其值变为1；同样，按下从站I0.6按钮，查看主站的Q0.0，会发现其值变为1。

8.5 以 太 网

8.5.1 以太网的产生和发展

以太网（Ethernet）指的是由Xerox公司创建并由Xerox、Intel和DEC公司联合开发的基带局域网规范，是当今现有局域网采用的最通用的通信协议标准。以太网络使用CSMA/CD（载波监听多路访问及冲突检测）技术，并以10MB/s的速率运行在多种类型的电缆上。

以太网技术的发展历程如图8-54所示。

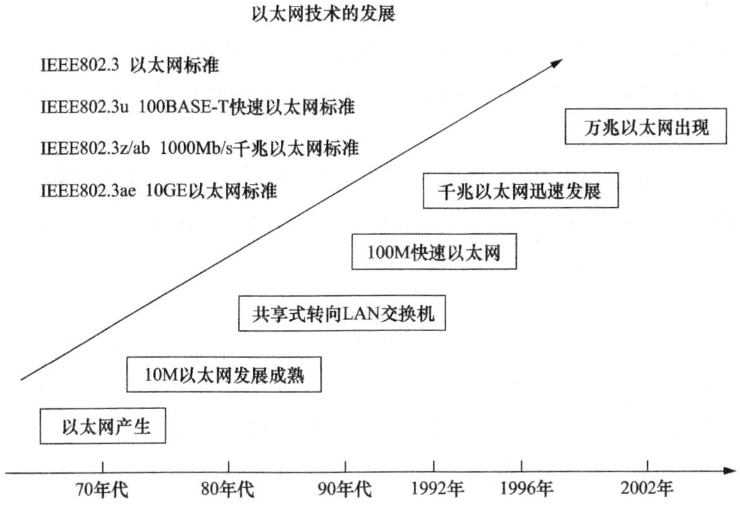

图8-54 以太网技术发展历程图

早期的以太网标准是采用同轴线作为传输介质。同轴电缆的缺陷是电缆上的设备是串联的，单点的故障可以导致整个网络的崩溃。到了20世纪80年代末期，非屏蔽双绞线（UTP）出现，并迅速得到广泛应用，UTP的巨大优势在于其逻辑拓扑是总线的，物理拓扑变为星形，使得网络布线变得简单且收发使用不同的线缆，为实现全双工奠定了物质基础。

共享式以太网即网络中所有主机的收发都依赖于同一套物理介质，同一时刻只能有一台主机在发送，各主机通过遵循CSMA/CD规则来保证网络的正常通信。交换式以太网扩展了网络带宽，分割了网络冲突域，使得网络冲突被限制在最小的范围内。交换机作为更加智能的交换设备，能过提供给用户所要求的功能。

数据传输速率为100Mbps的快速以太网是一种高速局域网技术，能够为桌面用户及服务器或者服务器集群等提供更高的网络带宽。快速以太网的网络定位为接入层是为高性能的

PC机和工作站提供100Mbit/s的接入；汇聚层提供接入层和汇聚层的连接，提供汇聚层到核心层的连接，提供高速服务器的连接；核心层提供交换设备间的连接。

千兆以太网是对IEEE 802.3以太网标准的扩展，在基于以太网协议的基础之上，将快速以太网的传输速率100Mbps提高到了10倍，达到1Gbps。千兆以太网的网络定位为接入层一般不作为使用；汇聚层提供接入层和汇聚层之间的高速连接；核心层提供汇聚层和高速服务器的高速连接，提供核心设备间的高速互联。

万兆以太网已经开始部署，预计未来将有大规模的应用。标准为IEEE 802.3ae，只有全双工模式。创造了一些新的概念，如光物理媒体相关子层（PDM)。

8.5.2 以太网的物理连接与帧结构

1. 以太网的物理连接

以太网物理连接按IEEE 802.3的规定分成两个类别，基带与宽带。基带采用曼彻斯特编码，宽带采用PSK相移键控码。在IEEE 802.3中，又把基带类按传输速率10Mb/s、100Mb/s、1000Mb/s分成不同标准。10Mb/s以太网又有10Base5、10Base2、10BaseT、10BaseF四种，它们的MAC子层和物理层中的编码/译码基本相同，不同的是物理连接中收发器及媒体连接方式。

其中10Base5是最早也是最经典的以太网标准，它的物理层结构特点是外置收发器，安装需要直径为10mm、特征阻抗为50Ω的同轴电缆，称为粗缆以太网。它价格较贵，物理介质最长可达500m。

10Base2是20世纪80年代中期出现的，它在网卡上内置收发器，采用直径5mm、特征阻抗为50Ω的同轴电缆，称为细缆以太网。其物理介质最长可达200m，价格低廉，便于安装是它的主要优势。10Base2在经历了一段时间的使用后，逐渐暴露了可靠性差的弱点。

10BaseT可以称为以太网技术发展的里程碑。它在网卡上内置收发器，采用3、4、5类非屏蔽双绞线作为传输介质，采用RJ-45连接器。采用星形拓扑，要求每个站点有一条专用电缆连接到集线器，其物理介质最长为100m，最多可使用四个集线器，因而两个站点之间的距离不会超过500m。它价格低廉，便于安装，具有一定的抗电磁干扰的能力，是目前计算机网络组网时广泛采用的方式。

RJ-45连接器上最多可以连接4对双绞线，1与2，3与6，4与5，7与8分别各为一对双绞线。10BaseT只连接两对双绞线，在与计算机连接的网卡上一般1、2为发送，3、6为接收。由于在10BaseT标准中推荐在集线器内部实行信号线交叉，因而在集线器上，1、2为接收，3、6为发送。这一点在组网接线时应予以注意。图8-55为运用RJ-45连接器在网卡与集线器、集线器与集线器之间的连线示意图。图中集线器之间的交叉连线方式可以在RJ-45接头与双绞线压接时完成，也可以采用开关切换的方式完成。

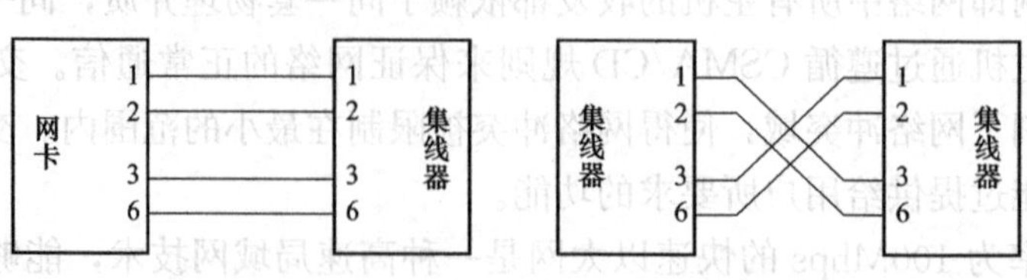

图8-55 运用RJ-45的双绞线连接示意图

10BaseFL 则是以光纤为传输介质的组网方式。它采用 62.5/125 的多模光纤，传输距离可达 2km，采用星形拓扑和集线器组网。具有距离传输远、抗电磁干扰能力强的特点。随着光纤价格的下降，光纤的应用正逐渐广泛。

快速以太网则是近年来在 10BaseT 和 10BaseFL 的基础上发展起来的，分为 100BaseT4、100BaseT2、100BaseTX、100BaseFX 及 100BaseX、100BaseT 等，其中 100BaseT4 采用 4 对 3 类双绞线，100BaseT2 采用 2 对 3 类双绞线，100BaseTX 采用 2 对 5 类双绞线，100BaseFX 采用光纤。以 5 类双绞线和光纤使用最广泛。千兆以太网物理层支持的介质种类也很多，使用 4 对 5 类双绞线的 1000BaseT，长波长光纤的 1000BaseCX，短波长光纤的 1000BaseSX，以及使用高质量屏蔽双绞线的 1000BaseLX 等。

2. 以太网的帧结构

以太网帧由七个域组成：前导码、帧前定界码、目的地址、源地址、协议数据单元的长度/类型、数据域及循环冗余校验 CRC 域。对于 IEEE 802.3 以太网和普通以太网，它们的帧结构略有区别。与 Internet 标准（草案）RFC（Requset For Comments）1024 中对应的是 IEEE 802.3 以太网，与 RFC894 对应的是普通以太网。表 8 - 29 分别表示了它们的帧结构形式，它们之间的区别主要在对类型/长度域的规定上。

表 8 - 29 帧结构形式

(a) 以太网（RFC894）帧结构

前导码 7 字节	帧前定界码 1 字节	目的地址 6 字节	源地址 6 字节	类型 2 字节	数据域 46～1500 字节	CRC 4 字节

(b) IEEE 802.3 以太网（RFC1024）帧结构

前导码 7 字节	帧前定界码 1 字节	目的地址 6 字节	源地址 6 字节	长度 2 字节	数据域 46～1500 字节	CRC 4 字节

前导码为 802.3 以太网帧结构的第一个域，用来表示数据流的开始。它包含 7 个字节（56 位），在这个域中全是二进制“1”与“0”的交替代码，即 7 个字节均为 10101010，通知接收端有数据帧到来，使接收端能够利用曼彻斯特编码的信号跳变来同步时钟。

帧前界定码是帧中的第二个域，它只有一个字节，“10101011”，表示这一帧的实际内容即将开始，通知接收方后面紧接着的是协议数据单元的内容。

目标地址 DA 域为 6 个字节，标记了目的节点的地址。如果它的最高位为 0，表示目的节点为单一地址；如果最高位为 1，表示目的节点为多地址，即有一组目的节点；如果目的地址 DA 域为全 1，则表示该帧为广播帧，可为所有节点同时接收。

源地址 SA 域同样也是 6 个字节，表示发送该帧的源节点地址。这个源节点可以是发送数据包的节点，也可以是最近的接收并转发数据包的路由器地址。

长度/类型域为 2 个字节。在 RFC894 中规定这两个字节用于表示上层协议的类型，而 IEEE 802.3 以太网中原先规定这两个字节用于表示数据域的字节长度。其值就是数据域中包含的字节数。1997 年后又修订为当这两个字节的值小于 1536（0600）时表示数据域的字节长度，而它的值大于 1536 时，其值表示所传输的是哪种类型的数据，即高层所使用的协议类型。例如，IP 协议的代码是 0x0800，IPX 协议的代码是 0x8137，ARP 协议的代码是 0x0806。

数据域的长度可以从46个字节到1500个字节。46个字节是数据域的最小长度，这样规定是为了让局域网上所有站点都能检测到该帧。如果数据域小于46个字节，则由高层的有关软件把数据域填充到46个字节。因此，一个完整的以太网帧的最小长度应该是72（46+18+8）个字节。

循环冗余校验码CRC即帧校验序列，是以太网帧的最后一个域，共4个字节。循环冗余校验的范围从目的地址域开始一直到数据域结束。发送节点在发送时边发送边进行CRC校验，形成32位的循环冗余校验码。接收节点也从目的地址域开始，边接收边进行CRC校验，得到的结果如果与收到的CRC域的数据相同，则说明该帧传输无误，否则表明出错。CRC校验中采用的生成多项式$G(X)$为CRC32

$$G(x) = x^{32} + x^{26} + x^{23} + x^{22} + x^{16} + x^{12} + x^{11} + x^{10} + x^{8} + x^{7} + x^{5} + x^{4} + x^{2} + x + 1$$

以太网对接收的数据帧不提供任何确认相应机制，如需确认则必须在高层完成。

3. 以太网的通信帧结构与工业数据封装

图8-56表示以太网的帧结构与封装过程。从图中可以看到，在应用程序中产生的需要在网络中传输的用户数据，将分层逐一添加上各层的首部信息。即用户数据在应用层加上应用首部成为应用数据送往传输层；在传输层加上TCP或UDP首部成为TCP或UDP数据报送往网络层；在网络层加上IP首部成为IP数据报；最后再加上以太网的帧头帧尾，封装成以太网的数据帧。

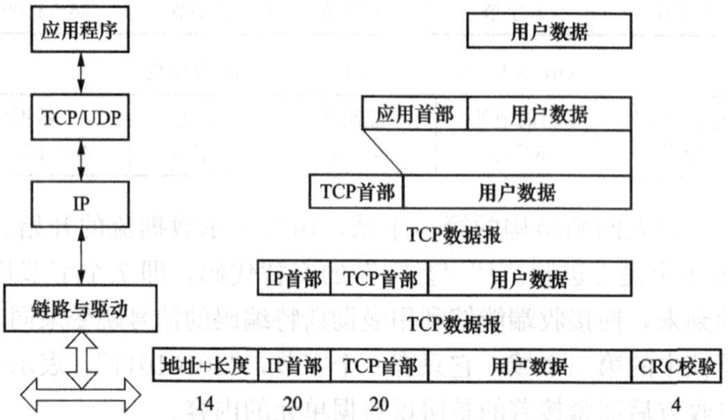

图8-56 以太网的帧结构与封装过程

以TCP/UDP/IP协议为基础，把I/O等工业数据封装在TCP和UDP数据包中，这种技术被称作Tunneling技术。为了使工业数据能够以TCP/IP数据包在以太网上传送数据，首先应将一个工业数据包按TCP/IP的格式封装；然后将这个TCP数据包发送到以太网上，通过以太网传送到与控制网络相连的网络连接设备上。该网络连接设备收到数据包以后，打开TCP/IP封装，把数据发送到控制网段上。图8-57为按TCP/IP封装的工业数据包的结构。

工业以太网中通常利用TCP/IP协议来发送非实时数据，而用UDP/IP来发送实时数据。非实时数据的特点是数据包的大小经常变化，且发送时间不定。实时数据的特点是数据包短，需要定时或周期性通信。TCP/IP一般用来传输组态和诊断信息，UDP/IP用来传输实时I/O数据。

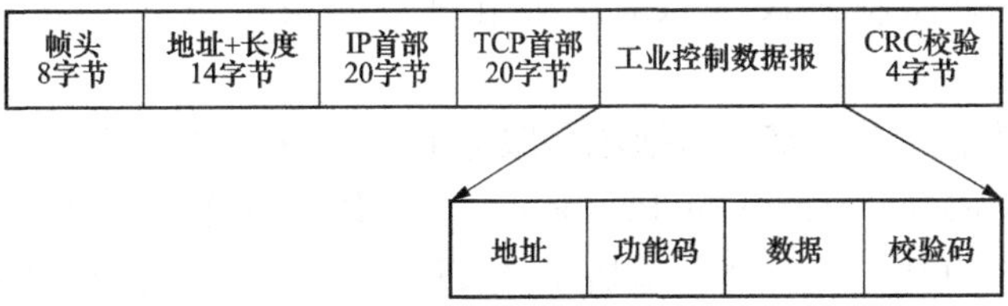

图 8-57 TCP/IP 封装的工业数据包

在现场总线控制网络与以太网相结合，用以太网作为现场总线上层（高速）网段的场合，通常会采用 TCP/IP 和 UDP/IP 协议来包装现场总线数据，让现场总线网段的数据借助以太网通道传送到管理层，以至通过 Internet 借船出海，远程传送到异地的另一现场总线网段上。

8.5.3 TCP/IP 协议组

1. TCP/IP 协议组的构成

TCP/IP（Transmission Control Protocol/Internet Protocol 传输控制协议/网际协议）组包括 IP、TCP 在内的一组协议。图 8-58 表示 TCP/IP 协议组的分层。

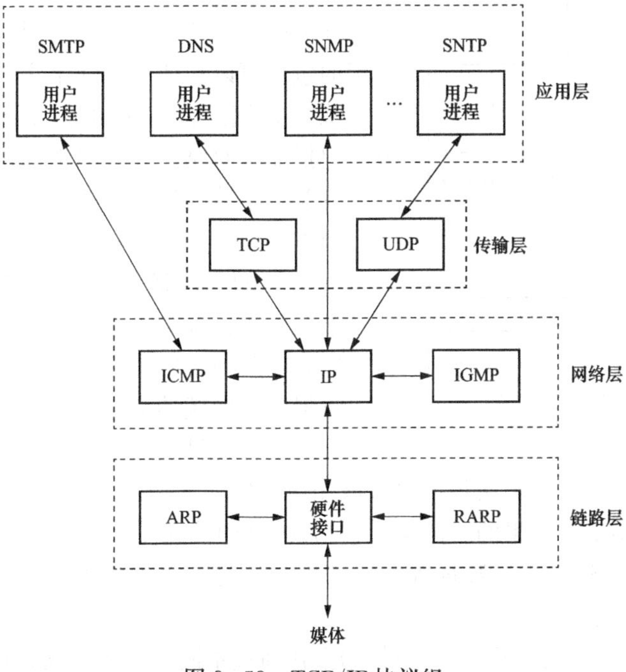

图 8-58 TCP/IP 协议组

在 TCP/IP 协议组中，属于网络层的协议有网际互联协议 IP，地址解析协议（Address Resolution Protocol，ARP）和反向地址解析协议（RARP），网际控制报文协议（Internet Control Message Protocol，ICMP）与网际组管理协议（Internet Group Management Protocol，IGMP）。

ARP 的功能是将 IP 地址转换成网络连接设备的物理地址。而 RARP 则相反，它将网络连接设备的物理地址转换为 IP 地址。ICMP 负责因路由问题引起的差错报告和控制。IGMP 则是多目标传送设备之间的信息交换协议。

传输层包括传输控制协议（TCP）和用户数据报协议（User Datagram Protocol，UDP）。

应用层的协议内容十分丰富，包括域名服务 DNS，文件传输协议 FTP，简单网络管理协议（Simple Network Management Protocol，SNMP），简单邮件传输协议（SMTP），简单网络定时协议（SNTP），超文本传输协议（HTTP）等等。它们称为 TCP/IP 协议组的高层协议。

2. IP 协议

IP 协议以包的形式传输数据，这种包被称为数据包。每个包都将独立传输。数据报可能通过不同的路径传输，因此有可能在到达目的地的时候次序发生颠倒，或者出现重复。IP 并不追踪传输路径，也没有任何机制来对报文重新排序。由于 IP 是一个无连接的服务，因此它并不为传输创建虚电路，也并不存在一个呼叫建立过程来通知接受者将有包要到来。

IP 协议是网络层的主要协议，它的主要功能是提供无连接的数据报传送和数据报的路由选择。这种无连接的服务不提供确认相应信息，不知道传送结果正确与否，因而它通常都与 TCP 协议一起使用。

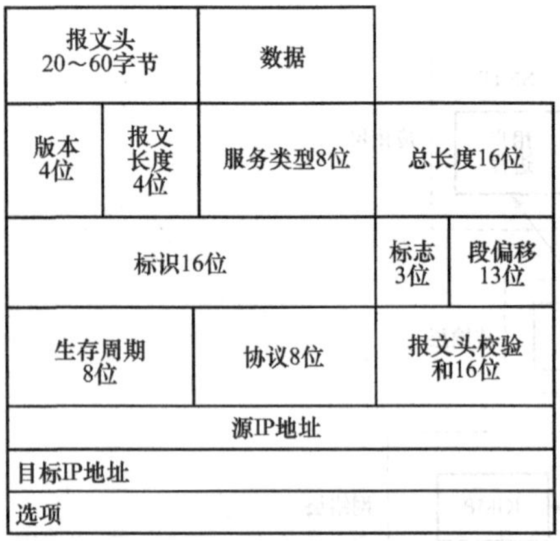

图 8 - 59　IP 数据报的格式

（1）IP 数据报格式。IP 层中的包被称为数据报，图 8 - 59 显示了 IP 数据报的格式。数据报是一个可变长度的包（可以长达 65536 个字节），包含有两部分：报文头和数据。报文头可以从 20 个字节到 60 个字节，包括那些对路由和传输来说相当重要的信息。

有关每个域的作用简述如下。

版本：第一个域定义 IP 的版本号。目前的版本是 IPv4，它的二进制表示为 0100。

报文长度：报文长度域定义报文头的长度，这四位可以表示从 0～15 的数字。它以 4 字节为一个单位。将报文长度域的数乘以 4，就得到报文头的长度值。报文头长度最大为 60 字节。

服务类型：服务类型域定义数据报应该如何被处理。它包括数据报的优先级，也包括发送者所希望的服务类型。这里的服务类型包括吞吐量的层次、可靠性以及延时。

总长度：总长度域定义 IP 数据报的总长度。这是一个 2 字节的域（16 位），能定义的长度最长可达 65536 个字节。

标识：标识域用于识别分段。一个数据报在通过不同网络的时候，可能需要分段以适应网络帧的大小。这时，将在标识域中使用一个序列号来识别每个段。

标志：标志域在处理分段中用于表示数据可以或不可以被分段，是属于第一个段，中间段还是最后一个段等。

段偏移：段偏移是一个指针，表示被分段的数据在原始数据报中的偏移量。

（2）IP 地址。IP 地址有别于计算机网卡、路由器的 MAC 地址，是用于在互联网上表示源地址和目标地址的一种逻辑符号。由于源和目的计算机位于不同网络，故源和目标地址要由网络号和主机号组成。如果局域网不与 Internet 相连，可以自定义 IP 地址。如果局域网要连接到 Internet，必须向有关部门申请，网络中的主机和路由器则必须采用全球唯一的

IP 地址。

IP 地址为一个 32 位的二进制数串，以每 8 位为一个字节，每个字节分别用十进制表示，取值范围为 0～255，用点分隔。例如，设有以下 32 位二进制的 IP 地址，用带点的十进制标记法就可以记为 166.111.170.10。Internet 指导委员会将 IP 地址划分为 5 类，适用于不同规模的网络。IP 地址的格式如图 8-60 所示。

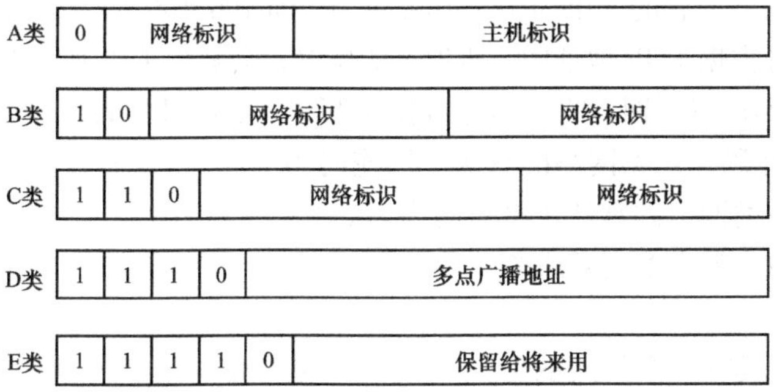

图 8-60 IP 地址的格式

从图 8-60 中可以看到，每个 IP 地址都由网络标识号和主机标识号组成。不同类型 IP 地址中网络标识号和主机标识号的长度各不相同，它们可能容纳的网络数目即每个网络可能容纳的主机数目区别很大。A 类地址首位为 0，网络标识号占 7 位，主机标识号占 24 位，即最多允许 27 个网络，每个网络中可接入多达 224 个主机，所以 A 类地址范围为 0.0.0.0～127.255.255.255；B 类地址首 2 位规定为 10，网络标识号占 14 位，主机标识号占 16 位，即最多允许 214 个网络，每个网络可接入多达 216 个主机，所以 B 累地址范围为 128.0.0.0～91.255.255.255；C 类地址规定前 3 位为 110，网络标识号占 21 位，主机标识号占 8 位，即最多允许 221 个网络，每个网络可接入 28 个主机，所以 C 类地址的范围为 192.0.0.0～223.255.255.255。

实际上，每类地址并非准确地拥有它所在范围内的所有 IP 地址，其中有些地址要留作特殊用途。比如网络标识号首字节规定不能是 127、255 或 0，主机标识号的各位不能同时为 0 或 1。这样的话，A 类地址实际上最多就只有 126 个网络标识号，每个 A 类网络最多可接入 222（224-2）个主机。

(3) 子网和子网掩码。使用 A 类地址或 B 类地址的单位可以把他们的网络划分成几个部分，称为子网。每个子网对应一个部门或一个地理范围。这样会给管理和维护带来许多方便。子网的划分方法很多，常见的方法是用主机号的高位来标识子网号，其余位表示主机号。以 166.166.0.0 为例，它是一个 B 类网络。如选取第三字节的最高两位用于标识子网号，则可在 166.166.0.0 底下产生 166.166.0.0、166.166.64.0、166.166.128.0、166.166.192.0 四个子网。假如把第三字节全部用于标识子网号，这样就会在 166.166.0.0 底下产生 166.166.0.0～166.166.255.0 这么多子网。

一个网络被划分为若干个子网之后，就存在一个识别子网的问题。一种方法是由原来的 IP 地址＝网络号＋主机号改为 IP 地址＝网络号＋子网号＋主机号。然而，由于子网划定是各单位的内部做法，无统一的规定，如何来判别描述一个 IP 地址属于哪个子网？子网掩码就是为解决这一问题而采取的措施。

子网掩码也是一个32位的数字。把IP地址中的网络地址域和子网域都写成1，把IP地址中的主机地址域都写成0，便形成该子网的子网掩码。将子网掩码和IP地址进行相“与”运算，得到的结果表明该IP地址所属的子网号，若结果与该子网号不一致，则可判断出是远程IP地址。以166.166这个网络为例，若选用第三字节的最高两位标识子网号，这样该网络的子网掩码即是由18个1和14个0组成，即255.255.192.0。设有一个IP地址为166.166.89.4，它与上述掩码相“与”之后的结果为166.166.64.0，即166.166.89.4属于166.166.64.0这一子网。当然子网地址占据了IP地址中主机地址的位置，会减少主机地址的数量。

如果一个网络不设置子网，将网络号各位全写1，主机号的各位全写为0，这样得到的掩码称为默认子网掩码。A类网络的默认子网掩码为255.0.0.0；B类网络的默认子网掩码为255.255.0.0；C类网络的默认子网掩码为255.255.255.0。

8.5.4 S7-1200基本以太网通信

1. 概述

S7-1200 CPU具有一个集成的以太网接口，支持面向连接的以太网传输层通信协议。协议会在数据传输开始之前建立到通信伙伴的逻辑连接。数据传输完成后，这些协议会在必要时终止连接。面向连接的协议尤其适用于注重可靠性的数据传输。一条物理线可以存在多个逻辑连接（8个）。

S7-1200可实现CPU与编程设备、HMI和其他CPU之间的多种通信。

PROFINET（使用用户程序通过以太网与其他通信伙伴交换数据）：①对于PROFINET和Profibus，CPU总共支持16台设备、256个子模块，以及最多8台PROFINET IO设备和128个子模块，以先达到的数目为准；②S7通信；③用户数据报协议（UDP）；④ISO on TCP（RFC 1006）；⑤传输控制协议（TCP）。

作为采用PROFINET RT的IO控制器，S7-1200可与本地PN网络上或通过PN/DP耦合器（连接器）连接的最多8台PN设备通信。此外，S7-1200还支持PN/DP耦合器连接到Profibus网络。

2. 物理网络连接

CPU可使用标准TCP通信协议与其他CPU、编程设备、HMI设备和非Siemens设备通信。如图8-61所示。

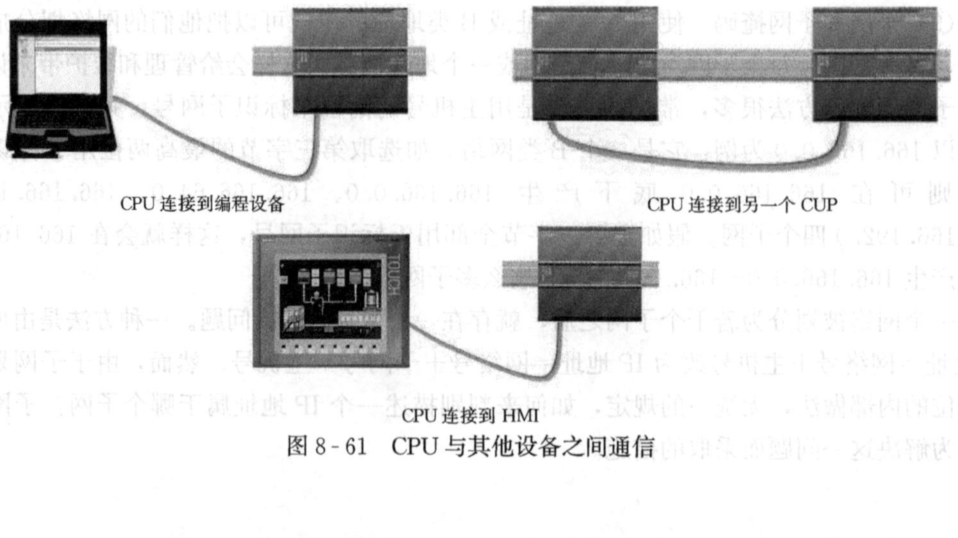

图8-61 CPU与其他设备之间通信

CPU 上的 PROFINET 端口不包含以太网交换设备。编程设备或 HMI 与 CPU 之间的直接连接不需要以太网交换机。不过，含有两个以上的 CPU 或 HMI 设备的网络需要以太网交换机。如图 8-62 所示，①为 CSM1277 以太网交换机，可以使用安装在机架上的 CSM1277 4 端口以太网交换机来连接多个 CPU 和 HMI 设备。

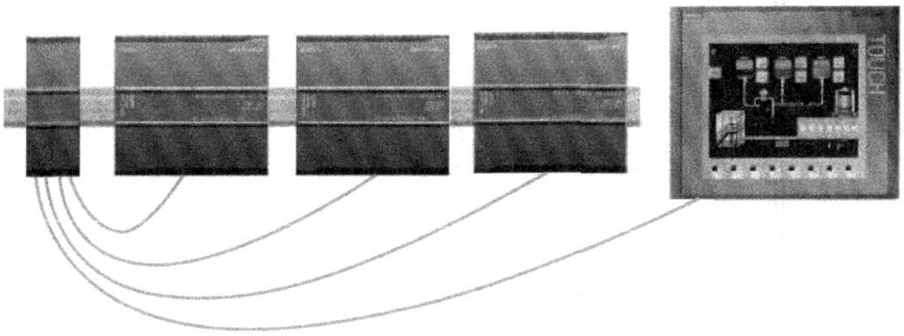

图 8-62 以太网交换机

3. 两台 S7-1200 CPU 通过以太网进行通信

S7-1200 与 S7-1200 之间的以太网通信可以通过 TCP 或 ISO-on-TCP 协议来实现，使用的通信指令是双方 CPU 调用 T-block（TSEND_C、TRCV_C、TCON、TDISCON、TSEN、TRCV）来实现。通信方式为双边通信，因此 TSEND 和 TRCV 必须成对出现。因为 S7-1200 CPU 目前只支持 S7 通信的服务器（Sever）端，所以它们之间不能使用 S7 这种通信方式。

通信任务：①PLC_1 将通信数据区 DB 块中的数据发送到 PLC_2 接收数据区 DB 块中；②PLC_2 将通信数据区 DB 块中的数据发送到 PLC_1 接收数据区 DB 块中；③双方将接收到的数据传送给 QB0，并将数据加 1 循环发送。

（1）组态 CPU 之间的通信连接。新建一个项目，在项目树中添加两个新设备 CPU 1214C，根据订货号选择。双击项目树中的“设备与网络”，打开网络视图。选中 CPU 左下角的以太网口将其连接到另一台 CPU 的以太网口上，将会出现绿色的以太网线和名称为 PN/IE_1 的连接，网络组态图如图 8-63 所示。

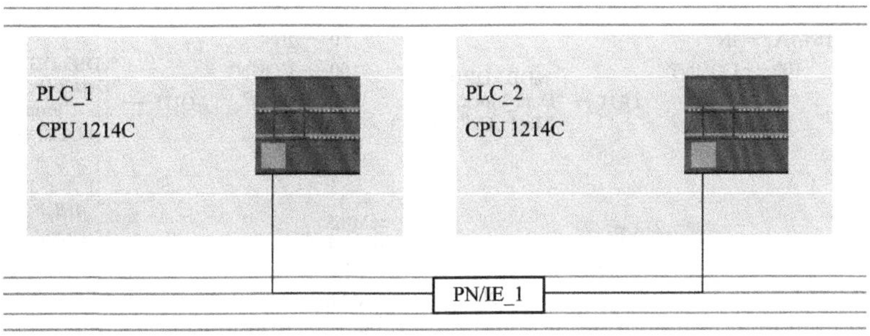

图 8-63 网络组态

（2）调用通信指令。在 PLC_1 主程序 OB1 中打开程序编辑器，将右侧通信文件夹中开放式用户通信的 TSEND_C 拖放到工作区，将自动生成自己的背景数据块 TSEND_C_DB 和功能块。用同样的方法调用 TRCV_C，也会自动生成自己的背景数据块 TRCV_C_DB 和功能块。

打开 PLC_2 的 OB1，用上述的方法调用 TSEND_C 和 TRCV_C。两台 PLC 的用户程序基本上相同。项目视图如图 8-64 所示。

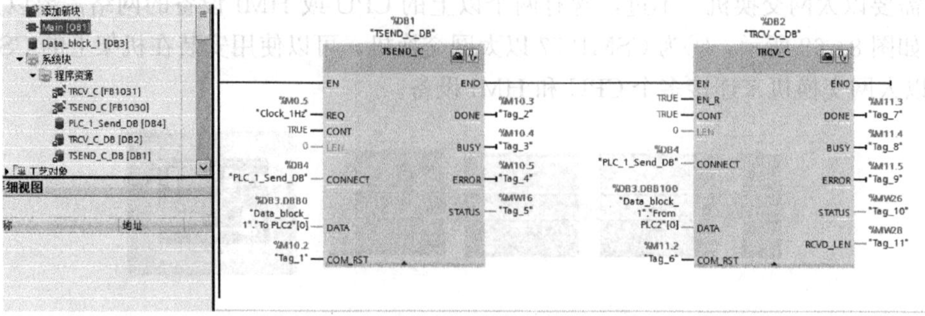

图 8-64　项目视图

（3）发送数据区与接收数据区。要求通信双方发送和接受 100B 的数据。为此生成 PLC _ 1 的名为全局数据块（DB3）。在 DB3 中生成保存要发送的数据的数组 To PLC _ 2 和保存接收到的数组 From PLC _ 2。它们分别有 100 个字节元素，有断电保持功能。同理，PLC _ 2 中的 DB3 中的两个数组的名称为 To PLC _ 1 和 From PLC _ 1。如图 8-65 所示。

	名称	数据类型	偏移量	启动值	保持性	可从 HMI ...	在 HMI ...	设置值
1	▼ Static				☐	☐	☐	☐
2	▸ To PLC_2	Array[0..99] of Byte	0.0		☑	☑	☑	☐
3	▸ From PLC_2	Array[0..99] of Byte	100.0		☑	☑	☑	☐

图 8-65　定义数组

在通信双方的设备视图中，设置 MB0 为时钟存储器字节，MB1 为系统存储器字节。在首次扫描循环时，M1.0 的动合触点接通，将两块 CPU 的发送数据区的 100B 数据分别初始化为 16＃AA 和 16＃55（见图 8-66），将接收数据区的 100B 数据清零。用周期为 1s 的时钟脉冲 M0.5 的上升沿将要发送的第一个字节 DB3. DBB0 加 1。

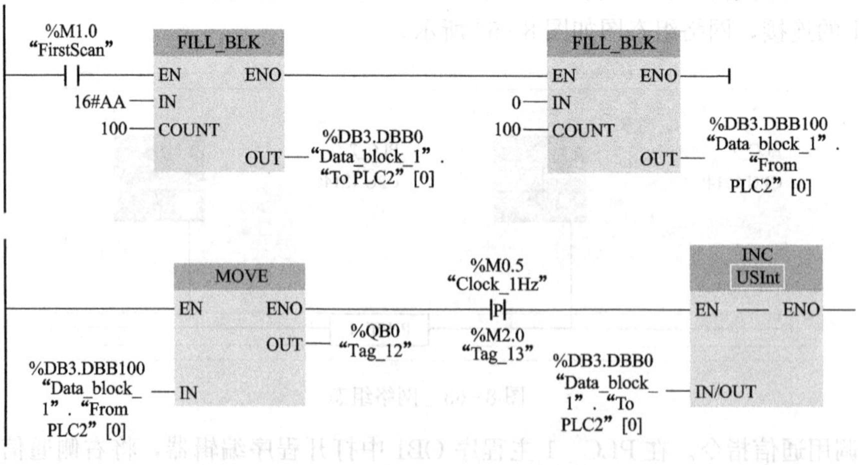

图 8-66　OB1 中初始化发送/接收数据区的程序

为了监控通信是否成功，可以将两块 CPU 和计算机的以太网口连接到普通交换机上；用监视表监视两台 CPU 的 DB3 中接收到的数据。如果没有交换机，可以将接收到的不断变化的第一字节 DB3. DBB100 传送给 QB0。如果通信正常，双方的 QB0 的值应每秒加 1。

(4) 通信指令的参数。TSEND _ C 的参数的意义如下。

在请求信号 REQ 的上升沿，根据参数 CONNECT 指定的 DB4 中的连接描述，启动数据发送任务。发送成功后，参数 DONE 在一个扫描周期内为 1。CONT 为 1 时建立和保持连接，为 0 时断开连接，接收缓冲区中的数据将会消失。连接被成功建立时，参数 DONE 在一个扫描周期内为 1。CPU 进入 STOP 模式时，已有的连接被断开。LEN 时要发送的数据的最大字节数。LEN 为默认值 0 时，发送用参数 DATA 定义的所有数据。

图 8 - 53 中 TSEND _ C 的参数 DATA 的实参是数据块 Data 中的数组 To PLC _ 2。TRCV _ C 的参数 DATA 的实参是数据块 Data 中的数据 From PLC _ 2 的地址。

COM _ RST 为 1 时，断开现有的通信连接，新的连接被建立。如果此时数据正在传送，可能导致丢失数据。DONE 为 1 时表示任务执行成功，为 0 时任务未启动或正在运行。

BUSY 为 0 时任务完成，为 1 时任务尚未完成，不能触发新的任务。

ERROR 为 1 时执行任务出错，字变量 STATUS 中是错误的详细信息。

指令 TRCV _ C 的参数的意义如下。

EN _ R 为 1 时，准备好接收数据。CONT 和 EN _ R 均为 1 时，连续的接收数据。DATA 是接收区的起始地址和最大数据长度。

LEN 是接收区的字节长度，为 0 时用参数 DATA 的长度信息来指定接收区的字节长度。RCVD _ LEN 是实际接收的数据的字节数。其余的参数与 TSEND _ C 的相同。

(5) S7 - 1200 通信的组态。打开 PLC _ 1 的 OB1，首先选中指令 TSEND _ C，单击窗口属性组态左侧的“连接参数”。将会出现如图 8 - 67 所示的 CPU 组态通信连接图。

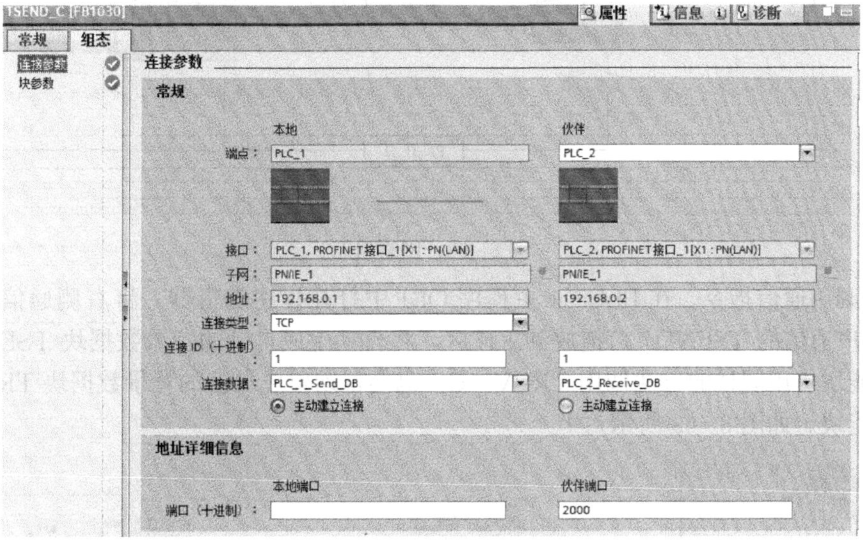

图 8 - 67 CPU 组态通信连接图

在右侧“伙伴”单击下拉菜单选择通信伙伴为“PLC _ 2”。通信的一方作为主动的伙伴，启动通信的连接。另一方作为被动的伙伴，对启动的连接做出响应。在“连接数据”一栏单击下拉菜单选择“新建数据块”，“PLC _ 1”下方将出现“PLC _ 1 _ Send _ DB”，“PLC _ 2”下方将出现“PLC _ 2 _ Receive _ DB”。

连接类型可以选择 TCP 协议模式或 ISO - On - TCP 协议模式。

组态建立完成之后，将程序编译分别下载到两块 PLC 的 CPU 当中，令它们处于运行模式。用电缆连接两块 CPU 的以太网口。因为参数 CONT 为 TRUE 状态，所以连接被建立和保持。由于时钟存储器位 M0.5 的作用，双方每秒发送 100B 的数据。通信伙伴接收到后，将接收到的第一个字节传送给 QB0。通信正常时，可以看到通信双方的 QB0 的值每秒加 1。

4. S7 - 1200 与 S7 - 300 的以太网进行通信

S7 - 1200 与 S7 - 300 之间的以太网通信可以使用 ISO - on - TCP、TCP 或 S7 连接。

如果采用 ISO - on - TCP 和 TCP 连接，S7 - 1200 调用 TSEND _ C 和 TRCV _ C 指令。S7 - 300 使用以太网接口，调用 TUSEND 和 TURCV 指令。

通信任务：①S7 - 1200 将通信数据区 DB 块中的数据发送到 S7 - 300 接收数据区 DB 块中；②S7 - 300 将接收到的数据发送给 S7 - 1200 接收数据区 DB 块中；③双方将接收到的数据传送给 QB0。

(1) 组态 CPU 之间的通信连接。新建一个项目，在项目树中添加一个新设备 S7 - 1200 CPU 1214C，根据订货号选择。随后再次添加一个新设备 S7 - 300 CPU 314C - 2 PN/DP。双击项目树中的“设备与网络”，打开网络视图。选中 CPU 左下角的以太网口将其连接到另一台 CPU 的以太网口上，将会出现绿色的以太网线和名称为 PN/IE _ 1 的连接，网络组态图如图 8 - 68 所示。

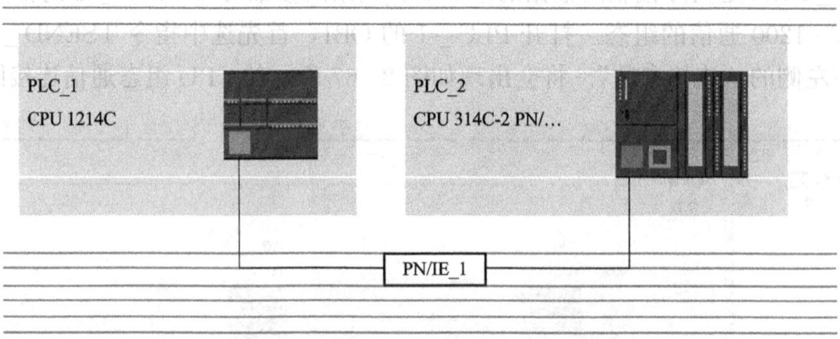

图 8 - 68 网络组态

(2) 调用通信指令。在 PLC _ 1 主程序 OB1 中打开程序编辑器，将右侧通信文件夹中开放式用户通信的 TSEND _ C 拖放到工作区，将自动生成自己的背景数据块 TSEND _ C _ DB 和功能块。用同样的方法调用 TRCV _ C，也会自动生成自己的背景数据块 TRCV _ C _ DB 和功能块。如图 8 - 69 所示。

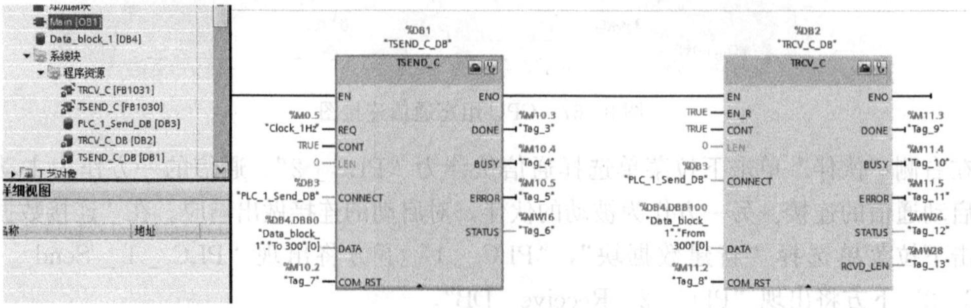

图 8 - 69 S7 - 1200 项目视图

在 PLC _ 2 主程序 OB1 中打开程序编辑器，将右侧通信一栏中开放式通信的 TUSEND 拖放到工作区，将自动生成自己的背景数据块 TUSEND _ DB 和功能块。用同样的方法调用 TURCV，也会自动生成自己的背景数据块 TURCV _ DB 和功能块。如图 8 - 70 所示。

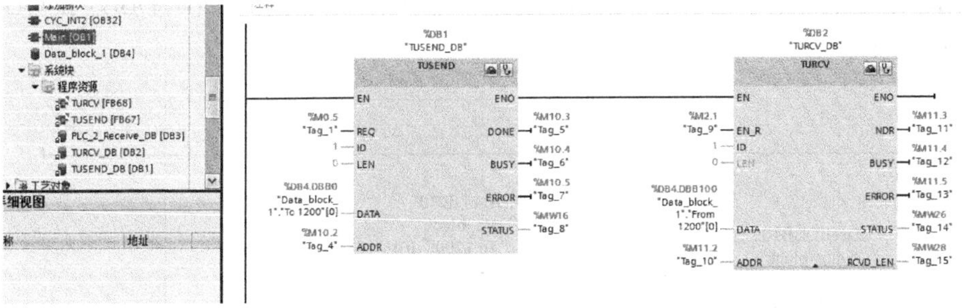

图 8 - 70 S7 - 300 项目视图

（3）发送数据区与接收数据区。要求通信双方发送和接受 100B 的数据。为此生成 PLC _ 1 的名为全局数据块（DB4）。在 DB4 中生成保存要发送的数据的数组 To 300 和保存接收到的数组 From 300。它们分别有 100 个字节元素，有断电保持功能。同理，PLC _ 2 中的 DB4 中的两个数组的名称为 To 1200 和 From 1200。如图 8 - 71 所示。

图 8 - 71 定义数组

在 S7 - 1200 的设备视图中，设置 MB0 为时钟存储器字节，MB1 为系统存储器字节。在首次扫描循环时，M1.0 的动合触点接通，将 CPU 的发送数据区的 100B 数据初始化为 16＃AA（见图 8 - 72），将接收数据区的 100B 数据清零。用周期为 1s 的始终脉冲 M0.5 的上升沿将要发送的第一个字节 DB4. DBB0 加 1。

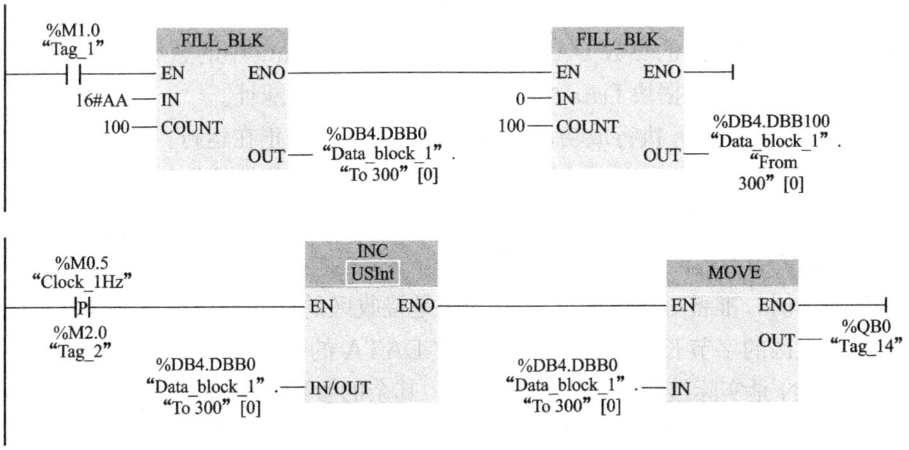

图 8 - 72 PLC _ 1 中 OB1 中初始化发送/接收数据区的程序

为了监控通信是否成功，可以将两块 CPU 和计算机的以太网口连接到普通交换机上；用监视表监视两台 CPU 的 DB4 中接收到的数据。如果没有交换机，可以将接收到的不断变化的第一字节 DB4. DBB100 传送给 QB0。如果通信正常，双方的 QB0 的值应每秒加 1。

在 S7 - 300 的设备视图中，设置 MB0 为时钟存储器字节，M0.5 为 1Hz 的时钟脉冲用于触发传送指令。也可以调用循环中断块 OB32，循环周期为 1000ms。在 OB32 块中写入发送接收指令。

用 MOVE 指令将 PLC _ 1 所发送的数据 DB4. DBB100 传送到 DB4. DBB0 和 QB0。程序如图 8 - 73 所示。

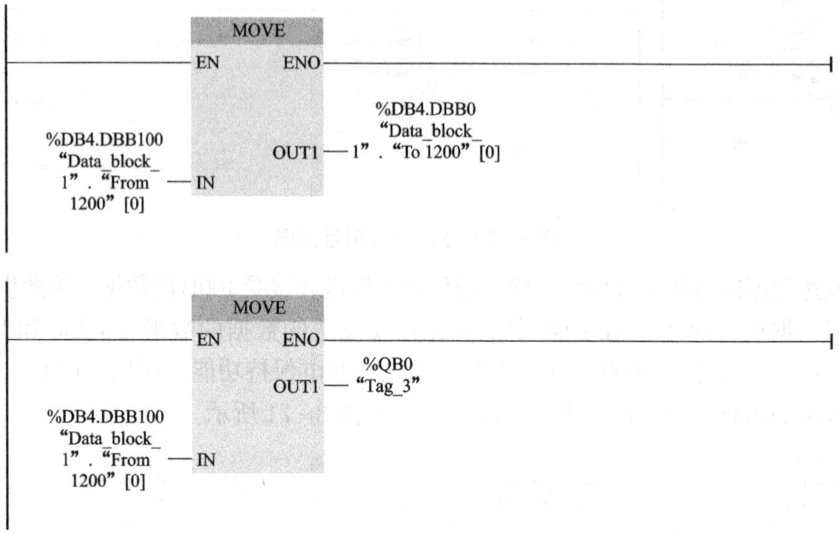

图 8 - 73　PLC _ 2 中 OB1 中初始化发送/接收数据区的程序

（4）通信指令的参数。TUSEND 的参数的意义如下。

在请求信号 REQ 的上升沿，启动数据发送任务。ID 为连接号，应与配置表中一致。发送成功后，参数 DONE 在一个扫描周期内为 1。连接被成功建立时，参数 DONE 在一个扫描周期内为 1。CPU 进入 STOP 模式时，已有的连接被断开。LEN 时要发送的数据的最大字节数。LEN 为默认值 0 时，发送用参数 DATA 定义的所有数据。

图 8 - 70 中 TUSEND 的参数 DATA 的实参是数据块 Data 中的数组 To 1200。TURCV 的参数 DATA 的实参是数据块 Data 中的数据 From 1200 的地址。

DONE 为 1 时表示任务执行成功，为 0 时任务未启动或正在运行。

BUSY 为 0 时任务完成，为 1 时任务尚未完成，不能触发新的任务。

ERROR 为 1 时执行任务出错，字变量 STATUS 中是错误的详细信息。

指令 TURCV 的参数的意义如下：

EN _ R 为 1 时，准备好接收数据。DATA 是接收区的起始地址和最大数据长度。

LEN 是接收区的字节长度，为 0 时用参数 DATA 的长度信息来指定接收区的字节长度。RCVD _ LEN 是实际接收的数据的字节数。其余的参数与 TSEND _ C 的相同。

（5）S7 - 1200 通信的组态。打开“PLC _ 1”的“OB1”，首先选中指令“TSEND _ C”，单击窗口属性组态左侧的“连接参数”。将会出现如图 8 - 68 所示的 CPU 组态通信连接图。

在右侧“伙伴”单击下拉菜单选择通信伙伴为“PLC _ 2”。通信的一方作为主动的伙伴，启动通信的连接。另一方作为被动的伙伴，对启动的连接做出响应。在连接数据一栏单击下拉菜单选择“新建数据块”，“PLC _ 1”下方将出现“PLC _ 1 _ Send _ DB”，“PLC _ 2”下方将出现“PLC _ 2 _ Receive _ DB”。

连接类型可以选择 TCP 协议模式或 ISO - on - TCP 协议模式，如图 8 - 74 所示。

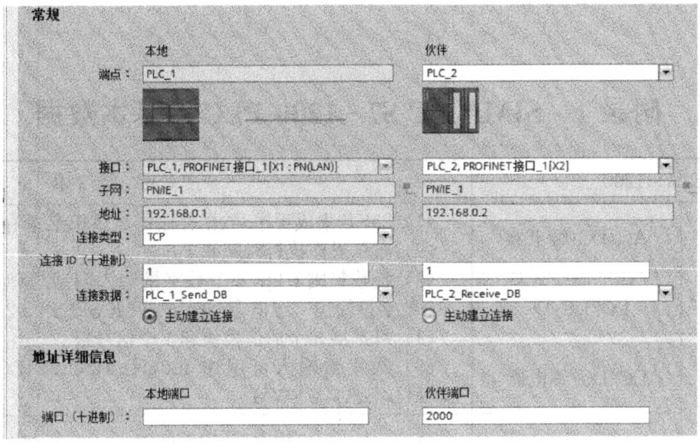

图 8 - 74 S7 - 1200 通信的组态

组态建立完成之后，将程序编译分别下载到两块 PLC 的 CPU 当中，令它们处于运行模式。用电缆连接两块 CPU 的以太网口。由于时钟存储器位 M0.5 的作用，双方每秒发送 100B 的数据。通信伙伴接收到后，将接收到的第一个字节传送给 QB0。通信正常时，可以看到通信双方的 QB0 的值每秒加 1。

习题与思考题

1. 请简述现场总线技术的特点。
2. 何谓现场总线的主设备、从设备?
3. 现场总线的优点体现在哪些方面?
4. ISO/OSI 参考模型为哪 7 层? 各层的主要功能是什么?
5. 现场总线通信模型有哪些主要特点?
6. 比较现场总线网络通信系统中的几种拓扑结构?
7. 常用的现场总线检错有哪些?
8. 基金会现场总线的通信模型包括哪些层次，各自的作用是什么?
9. 什么样的现场设备可以作为现场控制网络节点? 举出几个例子。
10. Profibus 由哪三个兼容部分组成? 各自应用的行业有哪些?
11. Profibus 控制系统有哪几部分组成?
12. 简述 RS - 485 传输技术的基本特征。
13. 工业以太网络有哪些特点?
14. 分析 CAN 总线如何进行位仲裁的?
15. 某企业想要建设工业以太网，其现场设备包括 Profibus _ DP 的设备、模拟数字信号的采集、设备的流程控制等，按照工业以太网的三层网络标准，请画出相应的以太网络图，并列出主要的设备及其功能。

附　　录

附录1　SIMATIC S7 - 1200 PLC的基本数据

SIMATIC S7 - 1200			产　品　描　述
CPU模块	CPU 1211C	AC/DC/继电器	（1）25KB集成程序/数据存储器、1MB装载存储器 （2）布尔操作执行时间0.1μs （3）板载集成I/O：6个数字量输入漏型/源型（IEC类型1漏型）、4个数字量输出（继电器干触点或MOSFET）、2个模拟量输入 （4）可扩展3个通信模块和1个信号板 （5）数字量输入可用作100kHz HSC、24DC数字量输出可用作100kHz PTO或PWM
		DC/DC/DC	
		DC/DC/继电器	
	CPU 1212C	AC/DC/继电器	（1）25KB集成程序/数据存储器、1MB装载存储器 （2）布尔操作执行时间0.1μs （3）板载集成I/O：8个数字量输入漏型/源型（IEC类型1漏型）、6个数字量输出（继电器干触点或MOSFET）、2个模拟量输入 （4）可扩展3个通信模块、2个信号模板和1个信号板 （5）数字量输入可用作100kHz HSC、24DC数字量输出可用作100kHz PTO或PWM
		DC/DC/DC	
		DC/DC/继电器	
	CPU 1214C	AC/DC/继电器	（1）50KB集成程序/数据存储器、2MB装载存储器 （2）布尔操作执行时间0.1μs （3）板载集成I/O：14个数字量输入漏型/源型（IEC类型1漏型）、10个数字量输出（继电器干触点或MOSFET）、2个模拟量输入 （4）可扩展3个通信模块、8个信号模板和1个信号板 （5）数字量输入可用作100kHz HSC、24DC数字量输出可用作100kHz PTO或PWM
		DC/DC/DC	
		DC/DC/继电器	
	CPU 1215C	AC/DC/继电器	（1）100KB集成程序/数据存储器、4MB装载存储器 （2）布尔操作执行时间0.1μs （3）板载集成I/O：14个数字量输入漏型/源型（IEC类型1漏型）、10个数字量输出（继电器干触点或MOSFET）、2个模拟量输入 （4）可扩展3个通信模块、8个信号模板和1个信号板 （5）数字量输入可用作100kHz HSC、24DC数字量输出可用作100kHz PTO或PWM
		DC/DC/DC	
		DC/DC/继电器	
数字量/模拟量信号板（SB）	SB 1221	4×DC 24V输入	（1）4个输入、DC 24V、漏型/源型 （2）可用作最大200kHz的附加HSC
	SB 1222	4×DC 24V输出	（1）4个晶体管输出DC 24V、0.5A
	SB 1223	2×DC 24V输入 2×DC 24V输出	（1）2个输入、DC 24V、漏型/源型（IEC类型1漏型） （2）2个晶体管输出DC 24V、0.5A、5W（继电器干触点或MOSFET） （3）可用作最大30kHz的附加HSC
	SB 1231	16×热电偶输入	（1）1个热电偶输入，温度，J、K、T、E、R&S、N、C、TXK/XK（L） （2）电压±80mV（27648），15位加符号位
	SB 1231	16×热电阻输入	（1）1个热电阻输入，温度，J、K、T、E、R&S、N、C、TXK/XK（L） （2）电压±80mV（27648），15位加符号位

续表

SIMATIC S7-1200			产 品 描 述
数字量/模拟量信号板（SB）	SB 1231	1个模拟量输入	（1）1个模拟量输入：±1.0V、±5V、±2.5V、0～20mA、11位加符号位 （2）电压或电流（差动）
	SB 1232	1个模拟量输出	（1）1个模拟量输出，12位±10V或11位0～20mA （2）SM总线电流消耗15mA
数字量信号板（SM）	SM 1221	8×DC 24V输入	（1）8个输入、DC 24V、4mA/每点、IEC类型1漏型 （2）SM总线电流消耗105mA
	SM 1221	16×DC 24V输入	（1）16个输入、DC 24V、4mA/每点、漏型/源型（IEC类型1漏型） （2）SM总线电流消耗130mA
	SM 1222	8×继电器输出	（1）8个继电器输出、DC 5～30V/AC 5～250V、最大电流2A、灯负载30W DC/200W AC （2）SM总线电流消耗130mA
	SM 1222	8×DC 24V输出	（1）8个晶体管输出、DC 24V、最大电流0.5A、灯负载5W （2）SM总线电流消耗120mA
	SM 1222	16×继电器输出	（1）16个继电器输出、DC 5～30V/AC 5～250V、最大电流2A、灯负载30W DC/200W AC （2）SM总线电流消耗135mA
	SM 1222	16×DC 24V输出	（1）16个晶体管输出、DC 24V、最大电流0.5A、灯负载5W （2）SM总线电流消耗140mA
	SM 1223	8×DC 24V输入 8×继电器输出	（1）8个输入、DC 24V、源型/漏型（IEC类型1漏型）、耗流 （2）8个继电器输出、DC 5～30V/AC 5～250V、最大电流2A、灯负载30W DC/200W AC （3）SM总线电流消耗145mA
	SM 1223	8×DC 24V输入 8×DC 24V输出	（1）8个输入、DC 24V、源型/漏型（IEC类型1漏型）、耗流 （2）8个继电器输出、DC 24V、最大电流0.5A、灯负载5W （3）SM总线电流消耗145mA
	SM 1223	16×DC 24V输入 16×继电器输出	（1）16个输入、DC 24V、源型/漏型（IEC类型1漏型）、耗流 （2）16个继电器输出、DC 5～30V/AC 5～250V、最大电流2A、灯负载30W DC/200W AC （3）SM总线电流消耗180mA
	SM 1223	16×DC 24V输入 16×DC 24V输出	（1）16个输入、DC 24V、源型/漏型（IEC类型1漏型）、耗流 （2）8个继电器输出、DC 24V、最大电流0.5A、灯负载5W （3）SM总线电流消耗180mA
	SM 1231	4×模拟量输入	（1）4个模拟量输入：±1.0V、±5V、±2.5V、0～20mA、13位 （2）电压或电流（差动）：可两个选为一组
	SM 1231	4×热电偶输入 AI4×TC×16位	（1）4个热电偶输入，温度，J、K、T、E、R&S、N、C、TXK/XK(L) （2）电压±80mV（27648），15位加符号位
	SM 1231	4×热电阻输入 AI4×RTD×16位	（1）4个热电阻输入，温度，J、K、T、E、R&S、N、C、TXK/XK(L) （2）电阻，0～27648，15位
	SM 1232	2×模拟量输出	2个模拟量输出：±10V、14位或0～20mA、13位

续表

SIMATIC S7-1200			产 品 描 述
数字量信号板（SM）	SM 1234	4×模拟量输入 2×模拟量输出	(1) 4 个模拟量输入：±10V、±5V、±2.5V、0～20mA、13 位 (2) 2 个模拟量输出：±10V、0～20mA、14 位 (3) 电压或电流（差动）：可两个选为一组
通信模块（CM）	CM 1241	RS-485	用于 RS-485 点对点通信模块，电缆最长 1000m
	CM 1241	RS-232	用于 RS-232 点对点通信模块，电缆最长 10m
附件	SIM 1274	8 通道输入模拟器	用于 1211C/1212C，8 个输入开关
	SIM 1274	14 通道输入模拟器	用于 CPU 1214C，14 个输入开关
	存储卡	SIMATIC MC 2MB	2MB 存储卡
	存储卡	SIMATIC MC 24MB	24MB 存储卡
	CSM 1277	紧凑型交换机模块	(1) CSM 1277（4×RJ45 端口）、10/100Mbit/s（半/全双工）、浮地 (2) 通过双绞线连接终端设备或网络组件，实现各种网络拓扑。通过工业以太网 FC TP 电缆连接 0～100m
	PM 1207	230/24V 电源模块	(1) 额定输入：AC 115/230V (2) 额定输出：24V DC/2.5A。可为 SIMATIC S7-1200 提供稳定电源，可选
	SIMATIC 精简面板	SIMATIC KTP400 Basic mono PN3.8″ 单色显示器	(1) 320×240 像素、4 个灰度级 (2) 触摸屏+4 个功能键 (3) 横向/纵向模式 (4) PROFINET 以太网端口
		SIMATIC KTP600 Basic mono PN5.7″ 单色显示器	(1) 320×240 像素、4 个灰度级 (2) 触摸屏+6 个功能键 (3) 横向/纵向模式 (4) PROFINET 以太网端口
		SIMATIC KTP600 Basic mono PN5.7″ 256 色显示器	(1) 320×240 像素、256 色 (2) 触摸屏+6 个功能键 (3) 横向/纵向模式 (4) PROFINET 以太网端口
		SIMATIC KTP1000 Basic mono PN10.4″ 256 色显示器	(1) 640×480 像素、256 色 (2) 触摸屏+8 个功能键 (3) 横向/纵向模式 (4) PROFINET 以太网端口
		SIMATIC KTP1500 Basic mono PN15″ 256 色显示器	(1) 1024×768 像素、256 色 (2) 触摸屏（不带功能键） (3) 横向/纵向模式 (4) PROFINET 以太网端口
工程组态软件		STEP 7 Basic V10.5	用于 S7-1200 PLC 和 SIMATIC 精简系列面板编程组态

附录 2　SIMATIC S7 - 1200 可编程序控制器的订货数据

名　　称	订　货　号
CPU 1211C，AC/DC/继电器	6ES7211 - 1BD30 - 0XB0
CPU 1211C，DC/DC/DC	6ES7211 - 1AD30 - 0XB0
CPU 1211C，DC/DC/继电器	6ES7211 - 1HD30 - 0XB0
CPU 1212C，AC/DC/继电器	6ES7212 - 1BD30 - 0XB0
CPU 1212C，DC/DC/DC	6ES7212 - 1AD30 - 0XB0
CPU 1212C，DC/DC/继电器	6ES7212 - 1HD30 - 0XB0
CPU 1214C，AC/DC/继电器	6ES7214 - 1BE30 - 0XB0
CPU 1214C，DC/DC/DC	6ES7214 - 1AE30 - 0XB0
CPU 1214C，DC/DC/继电器	6ES7214 - 1HE30 - 0XB0
CPU 1215C，AC/DC/继电器	6ES7215 - 1BG31 - 0XB0
CPU 1215C，DC/DC/DC	6ES7215 - 1AG31 - 0XB0
CPU 1215C，DC/DC/继电器	6ES7215 - 1HG31 - 0XB
SM 1221，8×DC 24V 输入	6ES7221 - 1BF30 - 0XB0
SM 1221，16×DC 24V 输入	6ES7221 - 1BH30 - 0XB0
SM 1222，8×继电器输出	6ES7222 - 1HF30 - 0XB0
SM 1222，16×继电器输出	6ES7222 - 1HH30 - 0XB0
SM 1222，8×DC 24V 输出	6ES7222 - 1BF30 - 0XB0
SM 1222，16×DC 24V 输出	6ES7222 - 1BH30 - 0XB0
SM 1223，8×DC 24V 输入/8×继电器输出	6ES7223 - 1PH30 - 0XB0
SM 1222，8×DC 24V 输入/8×DC 24V 输出	6ES7223 - 1BH30 - 0XB0
SM 1223，16×DC 24V 输入/16×继电器输出	6ES7223 - 1PL30 - 0XB0
SM 1222，16×DC 24V 输入/16×DC 24V 输出	6ES7223 - 1BL30 - 0XB0
SM 1231，4×模拟量输入	6ES7231 - 4HD30 - 0XB0
SM 1231 AI4×TC×16 位，4×热电偶输入	6ES7231 - 5QD30 - 0XB0
SM 1231 AI4×RTD×16 位，4×热电阻输入	6ES7231 - 5PD30 - 0XB0
SM 1232，2×模拟量输出	6ES7232 - 4HB30 - 0XB0
SM 1234，4×模拟量输入/2×模拟量输出	6ES7234 - 4HE30 - 0XB0
SB 1221，4×DC 24V 输入	6ES7221 - 3BD30 - 0XB
SB 1222，4×DC 24V 输出	6ES7222 - 1BD30 - 0XB0
SB 1223，2×DC 24V 输入/2×DC 24V 输出	6ES7223 - 0BD30 - 0XB0
SB 1231，16×热电偶输入	6ES7231 - 5QA30 - 0XB0
SB 1231，16×热电阻输入	6ES7231 - 5PA30 - 0XB0
SB 1231，1 个模拟量输入	6ES7231 - 4HA30 - 0XB0

续表

名　　称	订　货　号
SB 1232，1模拟量输出	6ES7232 - 4HA30 - 0XB0
CM 1241 RS - 485	6ES7241 - 1CH30 - 0XB0
CM 1241 RS - 232	6ES7241 - 1AH30 - 0XB0
SIM 1274，14通道输入模拟器	6ES7274 - 1XH30 - 0XA0
SIM 1274，8通道输入模拟器	6ES7274 - 1XF30 - 0XA0
SIMATIC存储卡，2MB	6ES7954 - 8LB00 - 0AA0
SIMATIC存储卡，24MB	6ES7954 - 8LF00 - 0AA0
KTP400，3.8″STN单色显示器	6AV6647 - 0AA11 - 3AX0
KTP600，5.7″STN单色显示器	6AV6647 - 0AB11 - 3AX0
KTP600，5.7″TFT彩色显示器	6AV6647 - 0AD11 - 3AX0
KTP1000，10.4″TFT彩色显示器	6AV6647 - 0AF11 - 3AX0
KTP1500，15″TFT彩色显示器	6AV6647 - 0AG11 - 3AX0
编程软件STEP 7 Basic V10.5	6ES7822 - 0AA0 - 0YA0

附录 3　SIMATIC S7 - 1200PLC 信号扩展板接线图

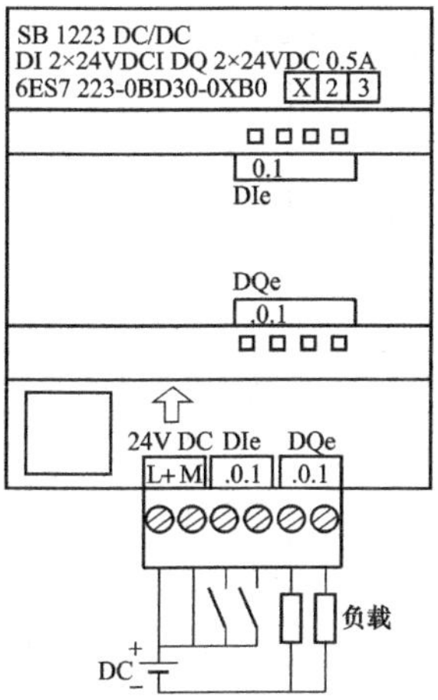

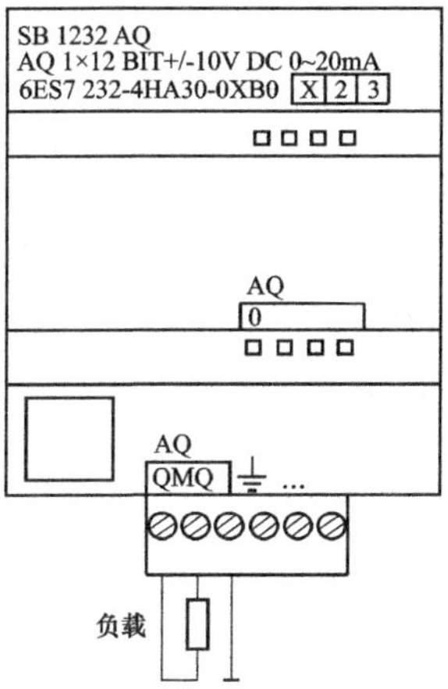

SB 1221 DI 4×24 VDC，200kHz

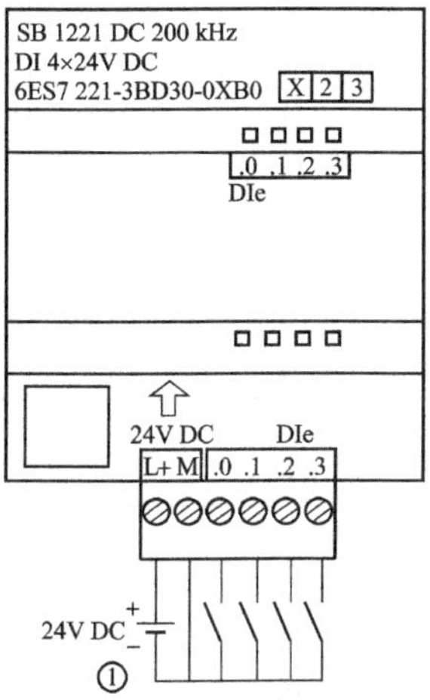

SB 1222 DQ 4×24 VDC，200kHz

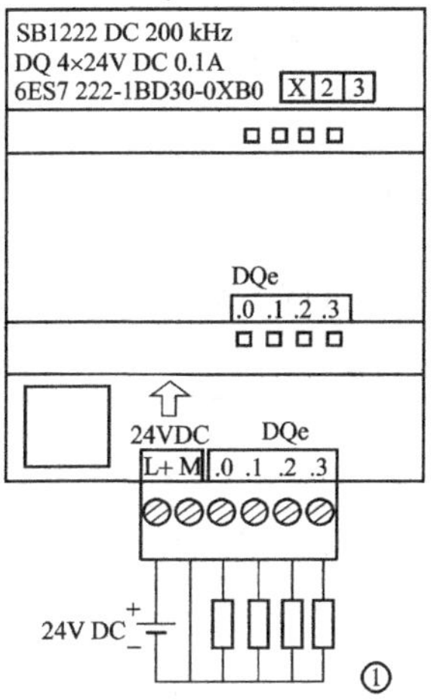

SB 1223 DI2×24V DC/DQ2×24V DC，200 kHz

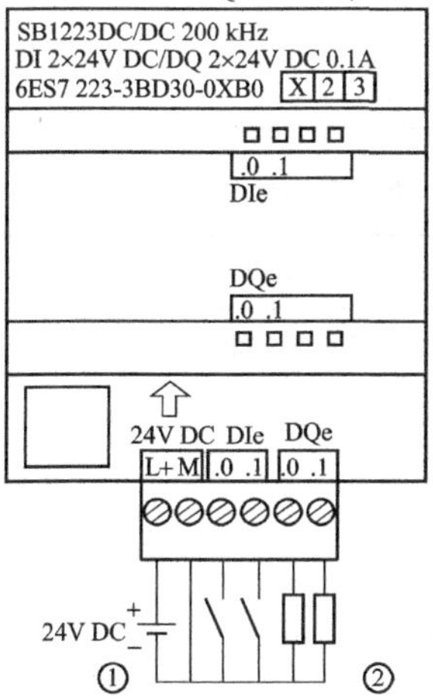

附录4 SIMATIC S7-1200 PLC数字量技术特性和接线图

数字量模块常规规范（一）

型　　号	尺寸 W×H×D/(mm×mm×mm)	质量/g	功耗/W	+5V DC 功耗/mA	+24V DC 功耗/mA
SM 1221，8输入DC 24V	45×100×75	170	1.5	105	4mA/每个输入点
SM 1221，16输入DC 24V	45×100×75	210	2.5	130	4mA/每个输入点
SM 1222，8继电器输出	45×100×75	180	1.5	120	11mA（继电器线圈使用）
SM 1222，16继电器输出	45×100×75	220	2.5	140	11mA（继电器线圈使用）
SM 1222，8输出DC 24V	45×100×75	190	4.5	120	—
SM 1222，16输出DC 24V	45×100×75	260	8.5	135	—
SM 1223，8输入DC 24V/8继电器输出	45×100×75	210	2.5	145	4mA/每个输入点，11mA（继电器线圈使用）
SM 1223，16输入DC 24V/16继电器输出	70×100×75	310	4.5	185	4mA/每个输入点，11mA（继电器线圈使用）
SM 1223，8输入DC 24V/8输出DC 24V	45×100×75	230	5.5	145	4mA/每个输入点
SM 1223，16输入DC 24V/16输出DC 24V	70×100×75	350	10	180	4mA/每个输入点

数字量模块输入规范（二）

输入类型	源型/漏型（IEC类型1漏型）	输入类型	源型/漏型（IEC类型1漏型）
额定电压	24V DC，4mA	逻辑0信号（最大）	5V DC，1mA
持续的允许电压	最大30V DC	隔离（现场到PLC）	500V AC，1分钟
浪涌电压	0.5s，35V DC	电缆长度	屏蔽电缆500m，不屏蔽电缆300m
逻辑1信号（最小）	15V DC，2.5mA		

数字量模块输出规范（三）

类　　型	继电器，干节点	固态MOSFET
电压范围	5～30V DC，或者5～250V AC	20.4～28.8V DC
最大电流，逻辑1信号	—	最小20V DC
10kΩ负载时，逻辑0信号	—	最大0.1V DC
最大电流	2.0A	0.5A
灯负载	30W DC/200W AC	5W
接通时的电阻	最大0.2Ω，新模块	最大0.6Ω
每个点的漏电流	—	最大10μA

续表

类　　型	继电器，干节点	固态 MOSFET
浪涌电流	7A，动断触点	最大 8A，100ms
过载保护	没有	—
隔离（现场到 PLC）	1min，1500V AC（线圈到触点） 没有（线圈到 CPU）	1min，500V AC
隔离电阻	最大时 100MΩ，新模块	—
动合接触点的隔离	1min，750V AC	—
感应钳位电压	—	L+—48V DC，1W 损耗
开关延迟	最大 10ms	最大 5μs，断开到接通；最大 200μs 接通到断开
空载时的机械寿命	10 000 000 开/关次数	—
额定负载时触点寿命	100 000 开/关次数	—
CPU 从运行到停止时的反应	最后一个值或替换值（默认 0）	—
电缆长度	屏蔽电缆 500m，不屏蔽电缆 150m	—

数字量模块接线图

SM 1221 DI 8×24 VDC

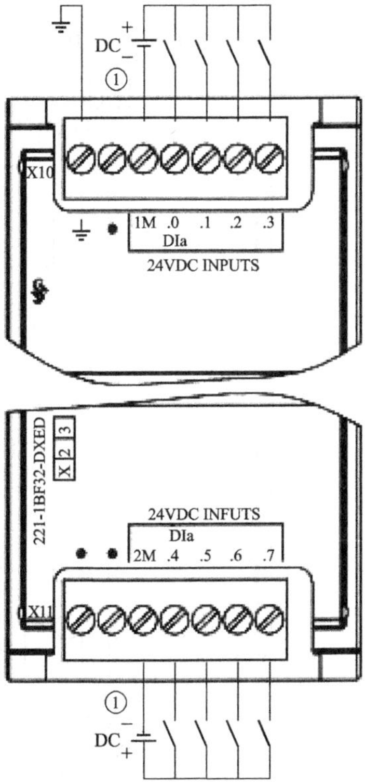

6ES7 221-1BF30-0XB0

SM 1221 DI 6×24 VDC

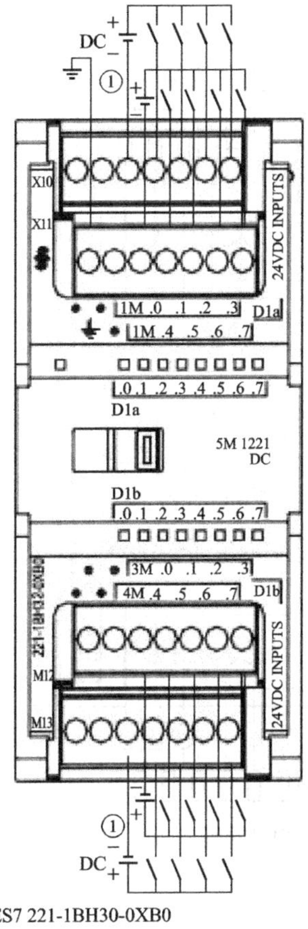

6ES7 221-1BH30-0XB0

SM 1222 DQ 8×继电器

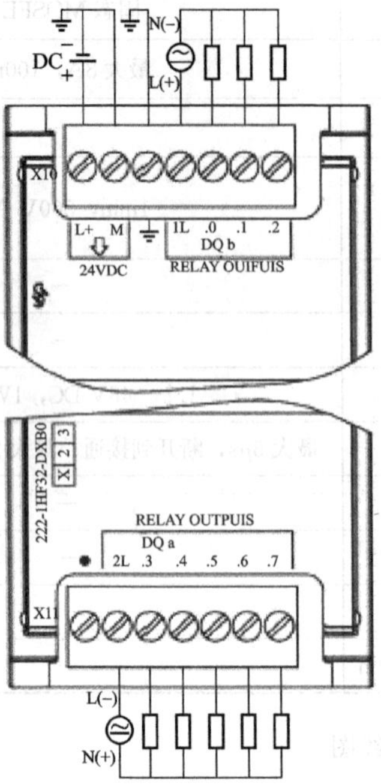

6ES7 222-1HF30-0XB0

SM 1221 DQ 8×24 V DC

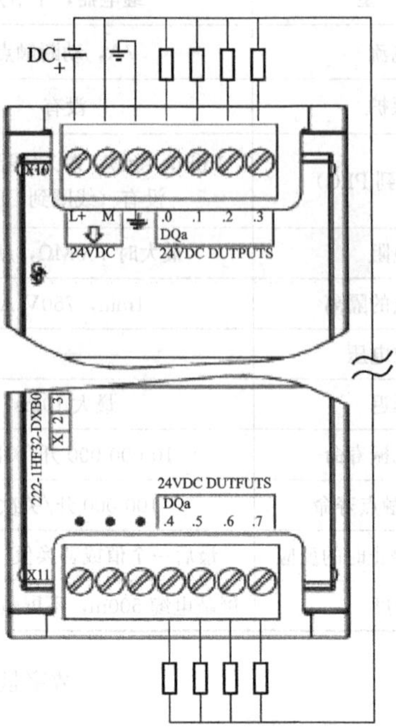

6ES7 222-1BF30-0XB0

SM 1222 DQ 16×继电器

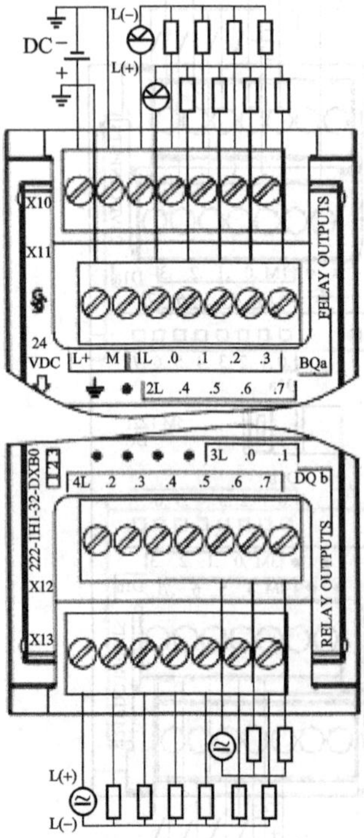

6ES7 222-1HH30-0XB0

SM 1222 DQ 16×24 V DC

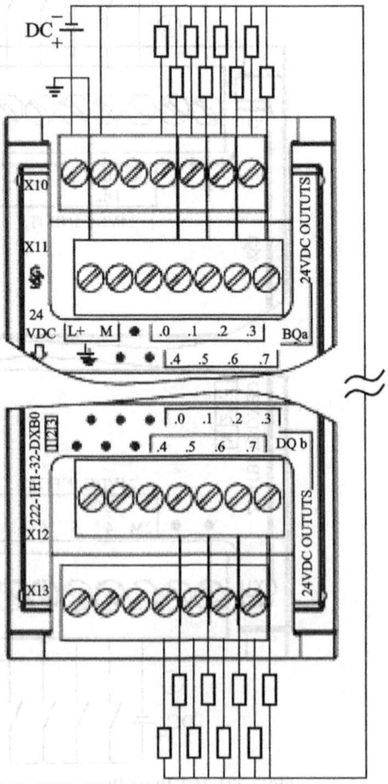

6ES7 222-1BH30-0XB0

SM 1223 DI 8×24 V DC，DQ 8×继电器

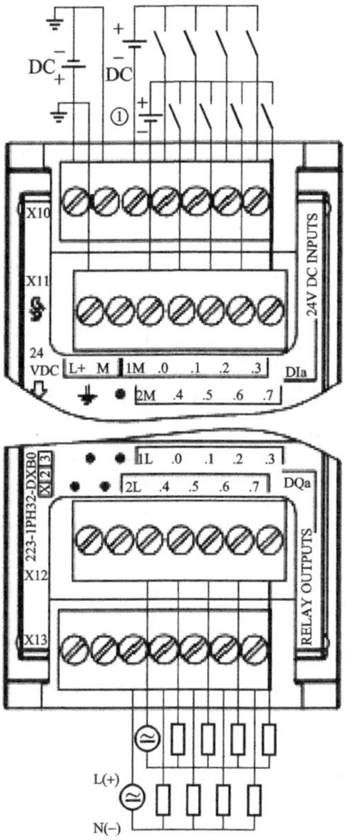

6ES7 223-1PH30-0XB0

SM 1223 DI 16×24 V DC，DQ 16×继电器

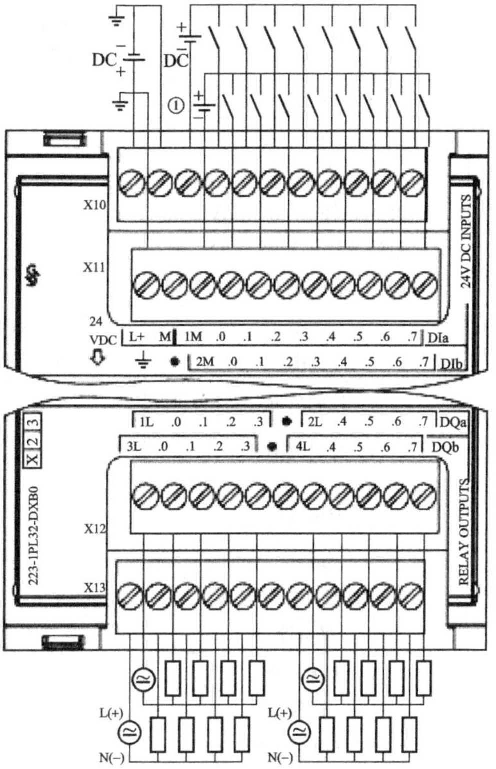

6ES7 223-1PL30-0XB0

SM 1223 DI 8×24 VDC，DQ 8×24VDC

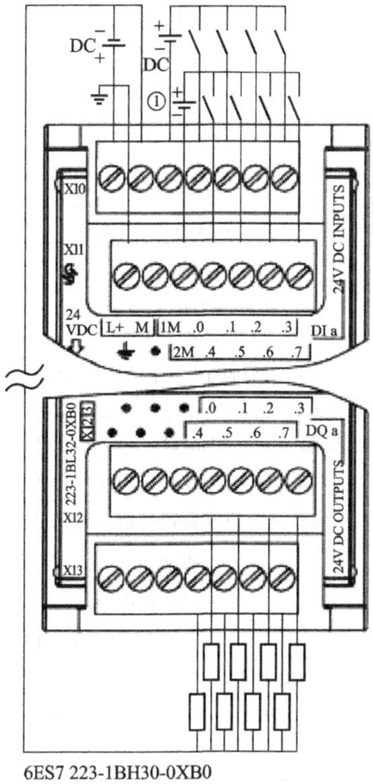

6ES7 223-1BH30-0XB0

SM 1223 DI 16×24 VDC，DQ 16×24VDC

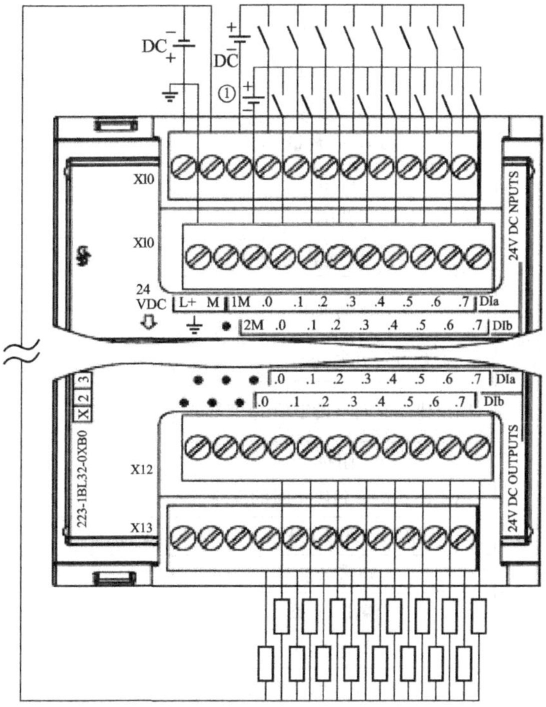

6ES7 223-1BL30-0XB0

SM1231、SM1232、SM1234 模拟量输入/输出模块常规规范（四）

技术特性		SM1231 AI 4×13 位	SM1234 AI 4×13 位 AQ 2×14 位	SM1232 AQ 2×14 位
一般特点	尺寸 W×H×D/(mm×mm×mm)	45×100×75		
	质量/g	180	220	180
	功率/W	1.5	2.0	1.5
	电流消耗 5V DC/mA	80		
	电流消耗 24V DC/mA	45	60	45（不带负载）
模拟量输入	输入点数量	4		0
	类型	电压或者电流（差分），2 组可选		—
	范围	±10V，±5V，±2.5V，或者 0～20mA		—
	比例范围	−27648～27648		—
	超出范围	电压 32511～27649/−27649～−32512 电流 32511～27649/0～−4864		—
	溢出范围	电压 32767～32512/−32513～−32768 电流 32767～32512/−4865～−32768		—
	分辨率	12 位＋信号位		—
	最大允许电压/电流	±35V/±40mA		—
	平滑性	没有，弱，中，强		—
	干扰滤波	400，60，50 或 10Hz		—
	阻抗	≥9MΩ（电压）/250Ω（电流）		—
	隔离（现场到 PLC）	没有		—
	精度（25℃/0～55℃）	比例范围的±0.1%/±0.2%		—
	转换时间	625μs（400Hz 滤波）		—
	共模抑制	40dB，DC 到 60Hz		—
	允许信号范围	−12V＜共模电压＜＋12V		—
	电缆长度	10m，屏蔽双绞线电缆		—
模拟量输出	输入点数量	0	2	
	类型	—	电压或电流	
	范围	—	±10V 或者 0～20mA	
	分辨率	—	电压 14 位，电流 13 位	
	比例范围	—	电压−27648～27648 电流 0～27648	
	精度（25℃/0～55℃）	—	比例范围的±0.1%/±0.2%	
	输出建立时间（设定值的 95%）	—	电压 300μs（R），750μs（1μF） 电流 600μs（1mH），2ms（10mH）	
	阻抗	—	≥1000Ω（电压），≤600Ω（电流）	
	CPU 从运行到停止时的反应	—	最后一个值或者替换值（默认 0）	
	隔离（现场到 PLC）	—	没有	
	电缆长度	—	10m，双绞线电缆	
监控	溢出/下溢	是	—	不适用
	与地短路	没有	在输出时间	是
	断线（仅仅电流模式）	没有	在输出时间	是
	24V DC 低压	是	—	—

模拟量输入/输出模块接线图

SM 1231 AI 4×13位

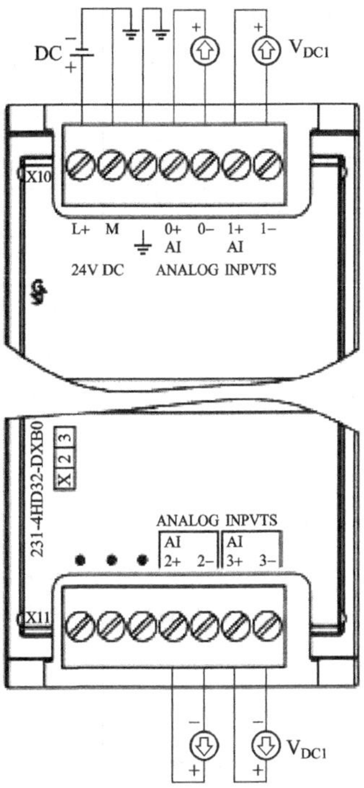

6ES7 231-4HD30-0XB0

SM 1234 AI 4×13位/AQ 2×14位

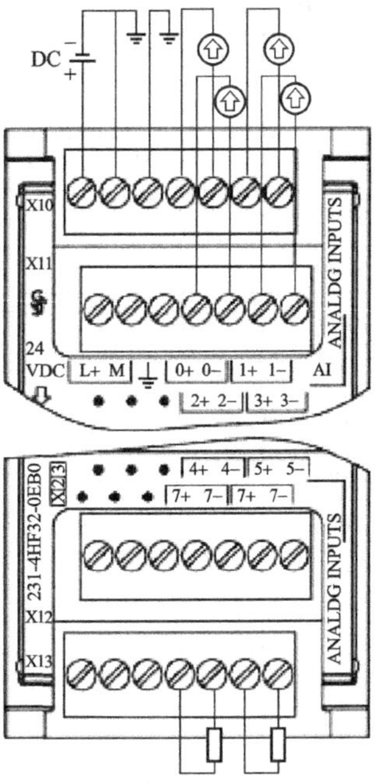

6ES7 234-4HE30-0XB0

SM 1232 AQ 2×14位

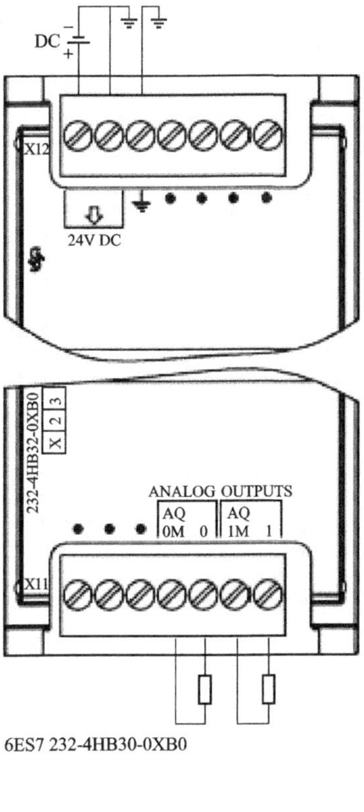

6ES7 232-4HB30-0XB0

附录5 SIMATIC S7-1200 PLC模拟量输入电压的表示方法

十进制	十六进制	±10V	±5V	±2.5V	输入电压范围	0~10V	输入电压范围
32767	7FFF	11.851V	5.926V	2.963V	上溢	11.851V	上溢
32512	7F00	—	—	—		—	
32511	7EFF	11.759V	5.879V	2.940V	过冲范围	11.759V	过冲范围
27649	6C01	—	—	—		—	
27648	6C00	10V	5V	2.5V	额定范围	10V	额定范围
20736	5100	7.5V	3.75V	1.875V		7.5V	
1	1	361.7μV	180.8μV	90.4μV		361.7μV	
0	0	0V	0V	0V		0V	
−1	FFFF	—	—	—		不支持负值	—
−20736	AF00	−7.5V	−3.75V	−1.875V			
−27648	9400	−10V	−5V	−2.5V			
−27649	93FF	—	—	—	下冲范围		
−32512	8100	−11.759V	−5.879V	−2.940V			
−32513	80FF	—	—	—	下溢		
−32768	8000	−11.851V	−5.926V	−2.963V			

附录6　SIMATIC S7-1200 PLC模拟量输出电压的表示方法

十进制	十六进制	±10V	输出电压范围
32767	7FFF	0.00V	上溢
32512	7F00	—	
32511	7EFF	11.759V	过冲范围
27649	6C01	—	
27648	6C00	10V	额定范围
20736	5100	7.5V	
1	1	361.7μV	
0	0	0V	
−1	FFFF	—	
−20736	AF00	−7.5V	
−27648	9400	−10V	
−27649	93FF	—	下冲范围
−32512	8100	−11.759V	
−32513	80FF	—	下溢
−32768	8000	0.00V	

附录7 SIMATIC S7-1200 PLC模拟量输入电流的表示方法

十进制	十六进制	0～20mA	输出电压范围
32767	7FFF	23.70mA	上溢
32512	7F00	—	
32511	7EFF	23.52mA	过冲范围
27649	6C01	—	
27648	6C00	20mA	额定范围
20736	5100	15mA	
1	1	723.4mA	
0	0	0mA	
−1	FFFF	—	下冲范围
−4864	ED00	−3.52mA	
−4865	ECFF	—	下溢

附录 8　SIMATIC S7 - 1200 PLC 模拟量输出电流的表示方法

十进制	十六进制	0～20mA	输出电压范围
32767	7FFF	23.70mA	上溢
32512	7F00	—	
32511	7EFF	23.52mA	过冲范围
27649	6C01	—	
27648	6C00	20mA	额定范围
20736	5100	15mA	
1	1	723.4mA	
0	0	0mA	
−1	FFFF	—	下冲范围
−20736	AF00	—	
−27648	80FF	—	下溢
−27649	8000	—	